计算机科学与技术丛书

Qt 5/PyQt 5 实战指南
手把手教你掌握100个精彩案例

白振勇 ◎ 编著
Bai Zhenyong

THE PRACTICAL DEVELOPING GUIDE FOR Qt 5/PyQt 5
LEARNING 100 EXCELLENT PROJECTS STEP BY STEP

清华大学出版社
北京

内 容 简 介

本书根据跨平台软件研发工作中对 Qt 技术的需求，按照循序渐进的原则逐步介绍 Qt 的各种实用技术。本书共分为 24 章：第 1～14 章讲述 C++版的 Qt 知识，着重介绍 Qt 的安装配置以及开发环境搭建、Qt 项目文件的配置与使用、Qt 常用类与常用控件的应用、使用 Qt Designer 绘制窗体与控件、库的开发与使用、插件开发技术、Qt 的 MVC 机制及应用、SDI 与 MDI 类应用开发技术、Qt 多线程应用开发及并发框架、Qt 网络应用程序开发技术；第 15～22 章讲述 PyQt 版的开发知识，内容同第一部分大体一致，用 Python 语言实现并根据 Python 语言特点省去了部分内容；第 23、24 章分别以 C++语言、Python 语言的实战项目为例，讲解 Qt 技术的综合应用。全书提供了 100 个应用案例，除第 1、23、24 章外，每章后均附有配套练习。

本书适合作为 C++/Python 跨平台软件研发工作人员的参考资料，也可作为高等院校计算机、软件工程等相关专业高年级本科生、研究生的参考教材。

本书封面贴有清华大学出版社防伪标签，无标签者不得销售。
版权所有，侵权必究。举报: 010-62782989，beiqinquan@tup.tsinghua.edu.cn。

图书在版编目(CIP)数据

Qt 5/PyQt 5 实战指南: 手把手教你掌握 100 个精彩案例/白振勇编著. —北京: 清华大学出版社, 2020.9
(2023.1重印)
(计算机科学与技术丛书)
ISBN 978-7-302-55528-5

Ⅰ. ①Q… Ⅱ. ①白… Ⅲ. ①软件工具－程序设计 Ⅳ. ①TP311.561

中国版本图书馆 CIP 数据核字(2020)第 085813 号

责任编辑: 刘　星
封面设计: 吴　刚
责任校对: 李建庄
责任印制: 丛怀宇

出版发行: 清华大学出版社
　　　　　网　　址: http://www.tup.com.cn, http://www.wqbook.com
　　　　　地　　址: 北京清华大学学研大厦 A 座　　邮　编: 100084
　　　　　社 总 机: 010-83470000　　邮　购: 010-62786544
　　　　　投稿与读者服务: 010-62776969, c-service@tup.tsinghua.edu.cn
　　　　　质量反馈: 010-62772015, zhiliang@tup.tsinghua.edu.cn
　　　　　课件下载: http://www.tup.com.cn, 010-83470236
印 装 者: 三河市君旺印务有限公司
经　　销: 全国新华书店
开　　本: 185mm×260mm　　印　张: 37.75　　字　数: 970 千字
版　　次: 2020 年 10 月第 1 版　　　　　　　印　次: 2023 年 1 月第 4 次印刷
印　　数: 4201～5000
定　　价: 129.00 元

产品编号: 087018-01

一、为什么要写本书

随着硬件及物联网技术的飞速发展,PC、平板、手机、智能硬件等越来越多地出现在人们的日常生活中,而为这些硬件设备开发软件已经成为跨平台软件研发工作中非常迫切的需求。Qt作为一款杰出的第三方C++跨平台类库,已经成为跨平台软件研发工作中一个重要支撑。Qt诞生于20世纪90年代初,目前已发布5.15版(截至本书出版时),Qt可运行于Windows/Linux/Unix等操作系统上。Qt既可以用来开发跨平台界面类应用,也可以用来开发跨平台服务器应用。虽然Qt自带非常丰富的Demo以及非常棒的帮助文档,但是对于初学者来说,一本实用的开发指导书还是首选。目前市面上关于跨平台软件研发的书籍少之又少,更别说用来指导一线研发工作的实战指南了,因此本书应运而生。

本书紧扣跨平台软件开发工作的实际需求,采用系统的、循序渐进的方式,从一个个实用案例出发,讲述利用Qt进行开发的各种实用技能;此外,本书还分享了大量的案例程序代码,有助于读者加深对各章节内容的理解。

二、内容特色

与同类书籍相比,本书有如下特色。

(1) 兼顾Qt 5、PyQt 5。

本书既有C++语言的Qt 5知识,又有Python语言的PyQt 5知识。本书设计了100个应用案例,其中C++版的Qt 5案例61个,PyQt 5版的案例39个。通过学习两种编程语言的案例,可以更好地满足实际研发工作对编程技能的需求。

(2) 真正实用。

重点关注软件设计及实战技能,而非罗列一堆控件接口说明。主张将学到的技巧应用到日常的软件开发工作中,比如:在开发大型项目时pri文件的设计与使用、配置文件的开发方法、类对象的二进制文件的序列化、向前兼容的二进制文件格式设计、带子属性的属性窗等都属于实用的软件研发技术案例。

(3) 系统性组织案例。

有利于系统地学习开发技能。本书在内容组织上掌握循序渐进原则,前面的案例为后面的案例打基础。本书提倡的理念是传授跨平台界面开发中用到的系统性解决方案,只要掌握了方法,就有能力自行查阅资料解决问题,毕竟再全面的图书也不可能把Qt的所有知识都包含进来。

(4) 配套练习,加深理解。

除第1、23、24章外,每章后均附有配套练习,本书提供超过140道配套练习题(见配套资源)。通过针对性练习,可以加深对知识的理解与掌握,更快投入真正的研发工作。

(5) 拒绝从零开始。

配套的程序代码中含有改动前的基础代码和改动后的最终代码。在阅读时,读者可以在改动前的基础代码上对照案例讲解的内容直接进行修改,这样可以有效提高学习效率、方便练手。通过利用 Winmerge 等对比软件,也可以对比改动前、改动后的代码,查看改动的具体内容,便于加深对案例的理解。在案例开头一般都配有运行效果图。

(6) 配套资源,超值服务。

本书提供以下配套资源:

- 程序代码、补充习题、辅助资料等,请扫描此处二维码或到清华大学出版社本书页面下载。
- 微课视频(时长共 2000 分钟),请扫描各章节对应位置二维码观看,读者可跟随视频中演示的步骤进行学习。
- 想获取更多跨平台开发知识,请关注微信公众号"软件特攻队"(详见配套资源)。

注意:请先刮开封四的刮刮卡,扫描刮开的二维码进行注册,之后再扫描书中的二维码,获取相关资料。

三、阅读建议

- 先下载本书附带的源代码(见配套资源中),阅读本书时请查阅对应源代码进行学习。
- 本书的源代码分为两部分:改动前的代码在 src.baseline 目录中,各案例以改动前的代码为基础进行修改;改动后的最终代码在 src 中。
- 第 1 章为环境搭建及准备工作,C++版的内容在第 2~14 章,PyQt 5 版的内容在第 15~22 章,第 23、24 章分别为 C++版、PyQt 5 版的实战案例。请根据需求进行阅读。
- 在学习 C++版的内容时,请先阅读第 1~7 章。
- 在文中进行描述时,有的接口只写了接口名称,但是并未写明详细的参数列表,请根据上下文理解。
- 因篇幅所限,文中部分代码做了省略,请查看附带的源代码。为了节省篇幅,PyQt 5 案例代码中删除了函数之间的空行。
- 附录 A 列出了 PyQt 5 常用类所在模块,电子文档见配套资源,便于开发时查询。

四、读者对象

- 有一定 C++/Python 基础的软件爱好者;
- C++跨平台软件研发人员或者 PyQt 5 研发人员;
- 计算机科学与技术相关专业并且有 C++、Python 基础的本科生、研究生。

五、致谢

感谢清华大学出版社的刘星编辑在本书的编写、校对过程中所付出的辛勤劳动,尤其是对我的耐心指导与答疑。感谢广大网友的信任、支持与鼓励,是你们给我带来了写作动力。

感谢我的父母、妻子一直以来对我的关心、照顾与支持。感谢我的女儿带给我的快乐与惊喜。

限于编者的水平和经验,加之时间比较仓促,疏漏或者错误之处在所难免,敬请读者批评指正。有兴趣的朋友可发送邮件至 workemail6@163com,与本书策划编辑进行交流。

编　者

2020 年 7 月于济南

目 录

第 1 章 准备工作 ·· 1
- 1.1 推荐的开发环境 ·· 1
- 1.2 安装 Visual Studio 2017 ································ 1
- 1.3 安装 Python ··· 2
- 1.4 安装 LLVM ··· 4
- 1.5 用编译的方式安装 Qt 5.11.1 ···························· 5
- 1.6 用安装包安装 Qt 5.11.1 ································· 7
- 1.7 在 Linux 上编译代码出错时的处理 ······················ 11
- 1.8 配套源代码 ··· 12

第 2 章 pro 与 pri ·· 13
- 2.1 案例 1 通过一个简单的 EXE 来介绍 pro 的基本配置 ······ 13
- 2.2 案例 2 整理一下目录吧 ································· 19
- 2.3 案例 3 加点料——增加一张图片 ························ 26
- 2.4 知识点 pro 文件常用配置 ······························· 28
- 2.5 知识点 pri 文件有什么用 ······························· 32
- 2.6 知识点 一劳永逸,引入 pri 体系 ························ 36
- 2.7 案例 4 还是不知道 pri 怎么用?来练练手吧 ············· 44
- 2.8 配套练习 ··· 47

第 3 章 多国语言国际化 ··· 48
- 3.1 案例 5 怎样实现国际化 ································· 48
- 3.2 知识点 几种常见的国际化编程场景 ···················· 52
- 3.3 知识点 中英文翻译失败如何处理 ······················ 54
- 3.4 配套练习 ··· 56

第 4 章 打基础 ·· 57
- 4.1 案例 6 开发一个 DLL ···································· 57
- 4.2 知识点 使用命名空间 ··································· 61
- 4.3 案例 7 QString 的 6 个实用案例 ························ 64
- 4.4 案例 8 用 qDebug() 输出信息 ·························· 69
- 4.5 案例 9 使用 QVector 处理数组 ························· 73
- 4.6 案例 10 使用 QList 处理数据集 ························ 79

4.7	案例 11	使用 QMap 建立映射	83
4.8	案例 12	万能的 QVariant	87
4.9	案例 13	使用 QMessagebox 弹出各种等级的提示信息	89
4.10	案例 14	使用 QInputDialog 获取多种类型的用户输入	92
4.11	知识点	开发自己的公共类库	96
4.12	案例 15	普通文本文件读写	99
4.13	案例 16	XML 格式的配置文件	104
4.14	知识点	INI 格式的配置文件	109
4.15	案例 17	把类对象序列化到二进制文件	112
4.16	案例 18	从二进制文件反序列化类对象	117
4.17	案例 19	类的 XML 格式序列化	121
4.18	知识点	类的二进制格式序列化——向后兼容	126
4.19	案例 20	使用流方式读写 XML	135
4.20	知识点	使用单体模式实现全局配置	142
4.21	案例 21	读取 GB 13000 编码的身份证信息	145
4.22	配套练习		149

第 5 章 对话框 150

5.1	知识点	Qt Designer 的使用	150
5.2	知识点	在 Designer 中进行界面布局	156
5.3	案例 22	对话框——走起	160
5.4	案例 23	三种编程方式实现信号-槽开发	166
5.5	案例 24	自定义 signal 与信号转发	170
5.6	案例 25	disconnect 的用途	172
5.7	知识点	消息阻塞-防止额外触发槽函数	174
5.8	案例 26	信号-槽只能用在对话框里吗	177
5.9	案例 27	对象之间还能怎么传递消息	178
5.10	知识点	编程实现控件嵌套布局	180
5.11	知识点	样式	182
5.12	案例 28	使用 QStackedLayout 实现向导界面	188
5.13	案例 29	定时器 1	192
5.14	案例 30	定时器 2	196
5.15	配套练习		199

第 6 章 常用控件 200

6.1	案例 31	使用 QLabel 显示文本或图片	200
6.2	案例 32	使用 QLineEdit 获取多种输入	203
6.3	案例 33	使用 QComboBox 获取用户输入	207
6.4	案例 34	使用 QListWidget 展示数据列表	209
6.5	案例 35	使用 QSlider 控制进度	213

6.6　配套练习 ·· 217

第 7 章　用 QPainter 实现自定义绘制 ·· 219

7.1　知识点　怎样进行自定义绘制 ·· 219
7.2　案例 36　萌新机器人 ··· 222
7.3　案例 37　机器人的新装 ·· 226
7.4　配套练习 ·· 228

第 8 章　模型视图代理 ··· 229

8.1　知识点　Qt 的 MVC 简介 ··· 229
8.2　知识点　使用 QStandardItemModel 构建树模型 ··· 232
8.3　案例 38　使用代理实现属性窗 ·· 237
8.4　案例 39　带子属性的属性窗 ··· 250
8.5　配套练习 ·· 261

第 9 章　开发 SDI 应用 ·· 262

9.1　案例 40　开发一个 SDI 应用 ·· 262
9.2　案例 41　使用自定义视图 ·· 263
9.3　案例 42　添加主菜单 ··· 264
9.4　案例 43　常规工具条 ··· 267
9.5　知识点　在状态栏上显示鼠标坐标 ··· 269
9.6　知识点　使用 QSplashScreen 为程序添加启动画面 ··· 271
9.7　知识点　工具条反显 ·· 274
9.8　案例 44　打开文件对话框 ·· 276
9.9　案例 45　浮动窗里的列表框 ··· 278
9.10　案例 46　拖放 ··· 279
9.11　案例 47　使用树视图做个工具箱 ··· 284
9.12　案例 48　使用事项窗展示事项或日志 ·· 288
9.13　案例 49　剪切、复制、粘贴 ··· 294
9.14　案例 50　上下文菜单 ··· 299
9.15　案例 51　利用属性机制实现动画弹出菜单 ·· 301
9.16　知识点　main()函数一般都写什么 ··· 308
9.17　配套练习 ··· 310

第 10 章　开发 MDI 应用 ··· 311

10.1　案例 52　MDI——采用同一类型的 View ·· 311
10.2　知识点　MDI——采用不同类型的 View ·· 322
10.3　配套练习 ··· 331

第 11 章 重写 Qt 事件 ·················· 332

- 11.1 知识点 QWidget 事件简介 ·················· 332
- 11.2 案例 53 通过重写鼠标事件实现图元移动 ·················· 333
- 11.3 案例 54 通过重写键盘事件实现图元移动 ·················· 337
- 11.4 知识点 无法切换到中文输入时该怎么办 ·················· 338
- 11.5 配套练习 ·················· 339

第 12 章 开发插件 ·················· 340

- 12.1 知识点 什么是插件，插件用来干什么 ·················· 340
- 12.2 案例 55 怎样开发插件 ·················· 341
- 12.3 配套练习 ·················· 347

第 13 章 开发多线程应用 ·················· 348

- 13.1 案例 56 多线程和互斥锁 ·················· 348
- 13.2 知识点 多线程应用中如何与主界面通信 ·················· 354
- 13.3 案例 57 使用 QtConcurrent 处理并发——Map 模式 ·················· 356
- 13.4 案例 58 使用 QtConcurrent 处理并发——MapReduce 模式 ·················· 360
- 13.5 配套练习 ·················· 364

第 14 章 开发网络应用 ·················· 365

- 14.1 案例 59 基于 Qt 的 TCP/IP 编程 ·················· 365
- 14.2 案例 60 TCP/IP 多客户端编程 ·················· 373
- 14.3 配套练习 ·················· 388

第 15 章 PyQt 5 基础 ·················· 389

- 15.1 知识点 PyQt 5 简介 ·················· 389
- 15.2 知识点 搭建 PyQt 5 开发环境 ·················· 393
- 15.3 案例 61 编写第一个 PyQt 5 程序 ·················· 397
- 15.4 案例 62 给应用加上图片 ·················· 400
- 15.5 案例 63 信号-槽初探——窗口 A 调用窗口 B ·················· 404
- 15.6 案例 64 编写代码实现控件布局 ·················· 406
- 15.7 案例 65 在窗体 A 中嵌入自定义控件 B ·················· 411
- 15.8 案例 66 使用 QLabel 显示 GIF 动画 ·················· 413
- 15.9 案例 67 使用 QLineEdit 获取多种输入 ·················· 414
- 15.10 案例 68 使用 QComboBox 获取用户输入 ·················· 417
- 15.11 案例 69 使用 QListWidget 展示并操作列表 ·················· 420
- 15.12 案例 70 使用 QSlider 控制进度 ·················· 423
- 15.13 案例 71 使用 QMessageBox 弹出提示信息 ·················· 427
- 15.14 案例 72 使用 QInputDialog 获取用户输入 ·················· 430

15.15　案例 73　使用 QFileDialog 获取用户选择的文件名 ·········· 434
　　15.16　知识点　把程序最小化到系统托盘 ·· 435
　　15.17　配套练习 ·· 438

第 16 章　PyQt 5 进程内通信 ·· 439

　　16.1　知识点　PyQt 5 中的信号-槽 ·· 439
　　16.2　案例 74　使用自定义信号 ·· 441
　　16.3　案例 75　带参数的自定义信号 ·· 443
　　16.4　知识点　信号比槽的参数少该怎么办 ·· 446
　　16.5　案例 76　使用 QTimer 实现定时器 ·· 448
　　16.6　知识点　使用 timerEvent() 实现定时器 ·· 450
　　16.7　案例 77　使用 QStackedLayout 实现向导界面 ·· 452
　　16.8　配套练习 ·· 456

第 17 章　PyQt 5 实现自定义绘制 ·· 457

　　17.1　知识点　怎样进行自定义绘制 ·· 457
　　17.2　案例 78　萌新机器人 ·· 460
　　17.3　案例 79　机器人的新装 ·· 464
　　17.4　配套练习 ·· 466

第 18 章　PyQt 5 中的模型视图代理 ·· 467

　　18.1　知识点　使用 QStandardItemModel 构建树模型 ·· 467
　　18.2　案例 80　最简单的属性窗 ·· 470
　　18.3　案例 81　使用代理实现属性窗 ·· 472
　　18.4　案例 82　自定义属性窗 ·· 474
　　18.5　案例 83　带子属性的属性窗 ·· 481
　　18.6　配套练习 ·· 489

第 19 章　PyQt 5 开发 SDI 应用 ·· 490

　　19.1　案例 84　开发一个 SDI 应用 ·· 490
　　19.2　案例 85　使用自定义视图 ·· 491
　　19.3　案例 86　添加主菜单 ·· 492
　　19.4　案例 87　常规工具条 ·· 495
　　19.5　案例 88　在状态栏上显示鼠标坐标 ·· 497
　　19.6　知识点　使用 QSplashScreen 为程序添加启动画面 ·· 499
　　19.7　知识点　工具条反显 ·· 502
　　19.8　案例 89　浮动窗里的列表框 ·· 503
　　19.9　案例 90　拖放 ·· 505
　　19.10　案例 91　使用树视图做个工具箱 ·· 510
　　19.11　案例 92　使用事项窗展示事项或日志 ·· 513

19.12	案例 93	剪切、复制、粘贴	518
19.13	案例 94	上下文菜单	523
19.14	配套练习		524

第 20 章　PyQt 5 开发 MDI 应用 · 525

20.1	案例 95	MDI——采用同一类型的 View	525
20.2	知识点	MDI——采用不同类型的 View	534
20.3	配套练习		540

第 21 章　PyQt 5 事件 · 541

21.1	案例 96	通过重写鼠标事件实现图元移动	541
21.2	案例 97	通过重写键盘事件实现图元移动	544
21.3	配套练习		545

第 22 章　PyQt 5 开发多线程应用 · 546

22.1	案例 98	多线程和互斥锁	546
22.2	知识点	多线程应用中如何刷新主界面	550
22.3	配套练习		552

第 23 章　项目实战——敏捷看板（C++版）· 554

23.1	知识点	项目实战准备——访问 SQLite 数据库	554
23.2	知识点	项目实战准备——使用 QCustomPlot 绘制曲线	558
23.3	案例 99	项目实战——敏捷看板	562

第 24 章　项目实战——敏捷看板（PyQt 版）· 573

24.1	知识点	项目实战准备——访问 SQLite 数据库	573
24.2	知识点	项目实战准备——用 Matplotlib 绘制曲线	577
24.3	案例 100	项目实战——敏捷看板	579

附录 A　PyQt 5 常用类所在模块 · 592

参考文献 · 594

第 1 章 准备工作

在使用 Qt 进行开发之前,先要搭建开发环境。本章主要介绍 Qt 的安装、配置以及 Integrated Development Environment(集成开发环境,IDE)的安装方法。

1.1 推荐的开发环境

视频讲解

本书 C++版案例使用的 Qt 版本为 5.11.1。推荐使用 Visual Studio 2017(简称 VS 2017)或 Qt Creator 4.7.2 作为 IDE 开发工具。除特殊说明外,在 Linux 平台默认使用 GCC 编译器进行编译。Windows 上使用 Python 3.7.2,Linux 使用 Python 3.8.1、PyQt 5.12。所有案例在 Windows10、RedHat Linux 7.6(GCC 4.8.5)上构建成功并可正常运行。

1.2 安装 Visual Studio 2017

视频讲解

从微软官网或者从本书配套资源(获取方式见前言)中下载 VS 2017 安装包。下载安装包后,启动安装程序。当出现如图 1-1 所示界面时,请确保选中【使用 C++的桌面开发】和【通用 Windows 平台开发】组件,否则将无法用 VS 2017 进行开发。

如图 1-2 所示,请确保选中【适用于桌面的 VC++2015.3 v14.00(v140)工具集】,否则会导致安装 LLVM 时报错(见图 1-3)。

安装完成后在 VS 2017 自带的命令行输入 nmake,如果出现如图 1-4 所示信息,说明 VS 2017 安装成功。

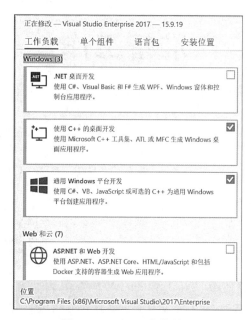

图 1-1　VS 2017 安装界面

图 1-2　安装详细信息

图 1-3　LLVM 错误提示

图 1-4　nmake 命令输出

1.3　安装 Python

视频讲解

安装 Qt 之前，在 Windows 下需要先安装 Python，本书采用 Python 3.7.2（64 位）版本。

启动安装程序，当弹出如图 1-5 所示界面时，选择 Install Now。

接着，弹出如图 1-6 所示界面，保持默认选项即可，单击 Next 按钮。

弹出如图 1-7 所示界面后，输入安装路径，单击 Install 按钮，弹出安装进度界面，如图 1-8 所示。

安装完成后，弹出如图 1-9 所示界面，单击 Close 按钮结束安装。

安装完成后，请检查安装目录是否加入到 Path 环境变量，如 C:\Python\Python37。然后在命令行中输入 python，验证是否能成功启动 Python（见图 1-10）。

图 1-5　Python 安装步骤 1

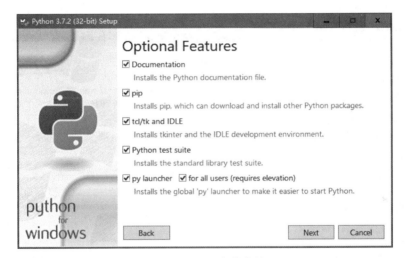

图 1-6　Python 安装步骤 2

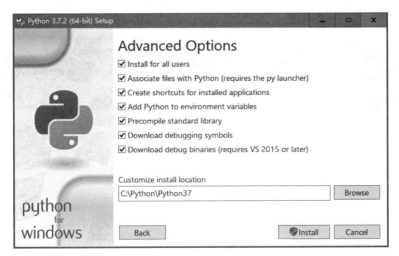

图 1-7　Python 安装步骤 3

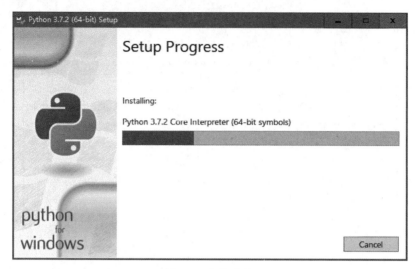

图 1-8　安装进度

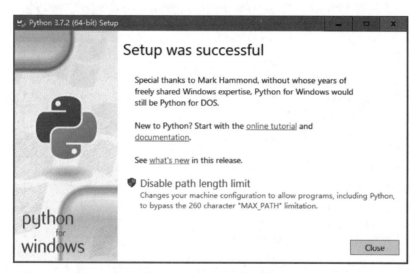

图 1-9　Python 安装完成

图 1-10　启动 Python

1.4　安装 LLVM

视频讲解

因为编译 Qt 的帮助文档 docs 需要用到 LLVM，所以需要下载并安装 LLVM；否则，编译 Qt 的 docs 时会报错。LLVM 的下载地址见本书配套资源中【LLVM-6.0.1-win64】。安装完成后，需要设置环境变量：

LLVM_INSTALL_DIR = C:\Program Files\LLVM

1.5 用编译的方式安装 Qt 5.11.1

视频讲解

Qt 5.11.1 下载地址见本书配套资源中【Qt 5.11(源代码编译版)】。下面介绍通过编译的方式安装 Qt 的方法,即下载安装包后,先编译 Qt 再完成安装。采用编译方式进行安装的目的是尽量避免在调试项目进入 Qt 代码堆栈时出现问题,使用本机编译的 Qt 可以避免由于编译环境差异导致的问题。如果不希望采用这种方式,可以直接下载安装包进行安装。在 Windows 上安装 Qt 时可以选择如图 1-11 所示的源代码包:qt-everywhere-src.5.11.1.zip;如果用于 Linux 编译安装,则选择 qt-everywhere-src-5.11.tar.xz。

Name	Last modified	Size	Metadata
↑ Parent Directory	-	-	-
qt-everywhere-src-5.11.1.zip	18-Jun-2018 16:50	737M	Details
qt-everywhere-src-5.11.1.tar.xz	18-Jun-2018 16:49	467M	Details
md5sums.txt	18-Jun-2018 17:10	129	Details

图 1-11 Qt 源代码包

将 Qt 源代码包复制到 C:\Qt\qt-everywhere-src-5.11.1.zip,然后将 Qt 源代码包解压缩,解压时选择【提取到当前位置】。将解压后的目录重命名为 5.11.1。解压缩后的目录为 C:\Qt\5.11.1。

请确认解压缩后的目录层次如图 1-12 所示。

可根据实际需要打开 VS 2017 的 64 位或 32 位命令行提示符:编译 64 位 Qt 就用【适用于 VS 2017 的 x64 本机工具命令提示】,编译 32 位 Qt 则用【适用于 VS 2017 的 x86 本机工具命令提示】(见图 1-13)。

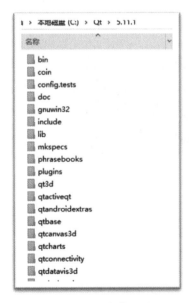

图 1-12 Qt 安装目录

图 1-13 VS 2017 启动菜单

在打开的命令行中进入如下目录：cd C:\Qt\5.11.1。在该目录中使用 configure 命令配置 Qt，以便生成 Makefile 文件，为后续的构建做准备（configure 命令参数请见本书配套资源中【编译 Qt 时的 configure 命令】）。

```
configure -debug-and-release -confirm-license -opensource -opengl desktop -prefix C:\Qt\5.11.1 -nomake tests -nomake examples
```

现在介绍一下各个参数项。
- -debug-and-release：把 Qt 构建成 debug、release 都支持的版本。
- -confirm-license-opensource：采用开源协议，且不再弹出协议选项。如果想选择其他协议，则不用本参数。请根据实际情况选择合适的协议。
- -opengl desktop：使用系统 OpenGL 提供的完整接口。
- -prefix C:\Qt\5.11.1：-prefix 后面跟的目录用来描述编译完的 Qt 安装到哪个目录。因此需要根据真实安装目录进行调整。
- -nomake tests -nomake examples：不构建 tests、examples。

如果实际工作中用不到 Qt 的某些子模块，可以用 skip 命令跳过。例如，如果用不到串口通信，则可以加上 -skip qtserialport，写成：

```
configure -debug-and-release -confirm-license -opensource -opengl desktop -prefix C:\Qt\5.11.1 -nomake tests -nomake examples -skip qtserialport
```

反之，如果需要用到串口通信则不能跳过 qtserialport 子模块。

建议：如果磁盘空间足够，则无须跳过任何模块。

当 configure 成功之后，就进行编译安装。请按顺序执行：

```
cd C:\Qt\5.11.1
nmake
nmake install
nmake docs
nmake install_docs
```

在执行 configure 时，若未使用 -opengl desktop 参数，则可能出现如图 1-14 所示的错误。这时可加入 -opengl desktop 参数，重新执行 configure。

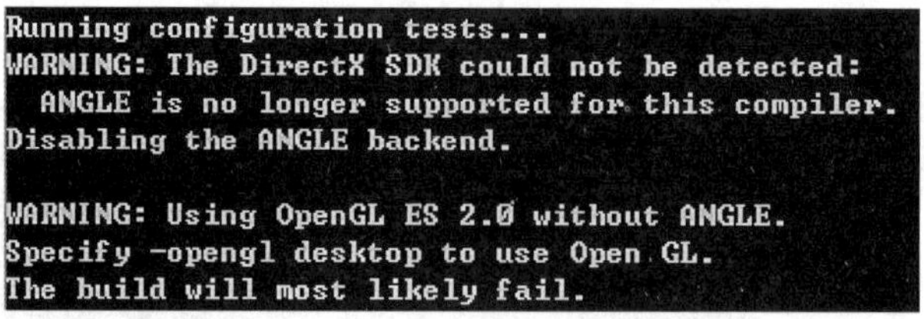

```
Running configuration tests...
WARNING: The DirectX SDK could not be detected:
    ANGLE is no longer supported for this compiler.
Disabling the ANGLE backend.

WARNING: Using OpenGL ES 2.0 without ANGLE.
Specify -opengl desktop to use Open GL.
The build will most likely fail.
```

图 1-14 执行 configure 时的错误提示

如果编译出错导致需要重新配置，可以运行：

```
cd C:\Qt\5.11.1
nmake distclean
```

然后再重新执行 configure。当然，最好还是删除 Qt 目录，从解压缩那一步重新开始。安装成功后，请设置环境变量。

（1）在 Windows 上设置环境变量。

```
QTDIR = C:\Qt\5.11.1\
```

```
QMAKESPEC = win32 - msvc
```

其中,win32-msvc 表示对某个 pro 文件(Qt 的项目配置文件)执行 qmake 时将生成 VS 2017 的项目配置文件。然后,在 PATH 变量中增加如下内容:

```
%QTDIR%\bin; %QTDIR%\lib;
```

启动一个命令行,输入 designer,如果能启动 Qt 的设计师(Designer),则表明 Qt 安装成功。

(2) 在 Linux 上设置环境变量。

比如在设置环境变量的文件中添加如下内容:

```
# QT
QTDIR = /usr/local/qt
QMAKESPEC = linux - g++ - 64
PATH = $QTDIR/bin: $PATH
LD_LIBRARY_PATH = $LD_LIBRARY_PATH: $QTDIR/lib
export QTDIR QMAKESPEC PATH LD_LIBRARY_PATH
```

其中 QTDIR 需要指向实际的安装目录。环境变量文件一般为登录用户的主目录下的 .bashrc 文件(比如 linuxuser 用户的环境变量文件是 /home/linuxuser/.bashrc)。

启动一个终端,输入 designer,如果能启动 Qt 的设计师(Designer),则表明 Qt 安装成功。

1.6 用安装包安装 Qt 5.11.1

如果选择用安装包直接安装,可以从配套资源中【Qt 5.11(安装包版)】提供的网址下载 Qt 安装包。从安装包列表中选择所需的安装包下载(见图 1-15):Windows 平台选择 exe 后缀的安装包;Linux 平台选择 run 后缀的安装包。

Name	Last modified	Size	Metadata
Parent Directory		-	
submodules/	18-Jun-2018 17:07	-	
single/	18-Jun-2018 17:09	-	
qt-opensource-windows-x86-pdb-files-uwp-5.11.1.7z	19-Jun-2018 09:36	1.3G	Details
qt-opensource-windows-x86-pdb-files-desktop-5.11.1.7z	19-Jun-2018 09:31	1.2G	Details
qt-opensource-windows-x86-5.11.1.exe	19-Jun-2018 09:25	2.4G	Details
qt-opensource-mac-x64-5.11.1.dmg	19-Jun-2018 09:18	2.7G	Details
qt-opensource-linux-x64-5.11.1.run	19-Jun-2018 09:09	1.2G	Details
md5sums.txt	19-Jun-2018 09:53	379	Details

图 1-15 Qt 安装包

如图 1-16 所示,下载安装包到 Linux 的 /usr/appsoft 目录,在终端中执行下列命令为安装包添加可执行权限: # chmod +x qt-opensource-linux-x64-5.11.1.run。

保证计算机可以联网,然后执行安装: #./qt-opensource-linux-x64-5.11.1.run。

启动后出现如图 1-17 所示面,单击 Next 按钮。

接着弹出如图 1-18 所示界面。如果有 Qt 账户,可以输入账户、密码;如果希望注册一个账户,可以进行注册;如果不希望输入账户信息,可以单击 Skip。

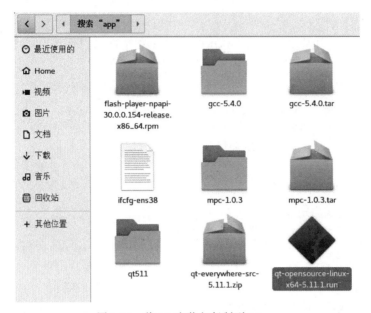

图 1-16 将 Qt 安装包复制到 Linux

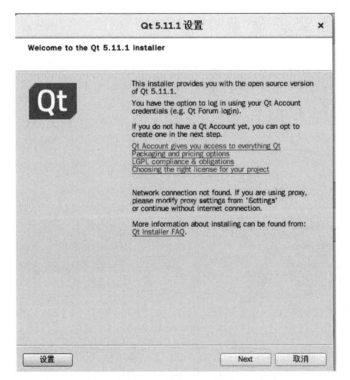

图 1-17 将 Qt 安装包复制到 Linux

接着弹出如图 1-19 所示界面，单击【下一步】按钮。
接着弹出如图 1-20 所示界面，选择 Qt 的安装目录，比如"/usr/local/Qt5.11.1"。
接着弹出如图 1-21 所示界面，为 Qt 选择要按照的模块和内容。建议选择【全选】。
接着弹出如图 1-22 所示界面，根据需要选择合适的协议。

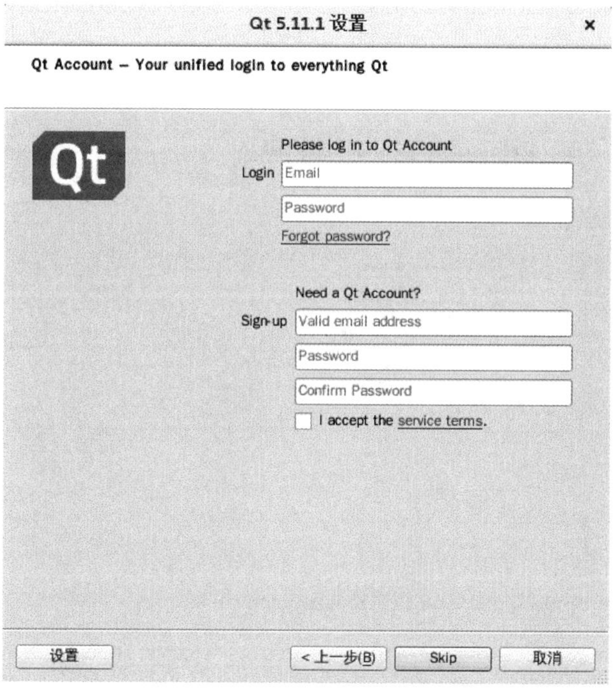

图 1-18 安装 Qt 时输入账户

图 1-19 安装 Qt 时选择步骤

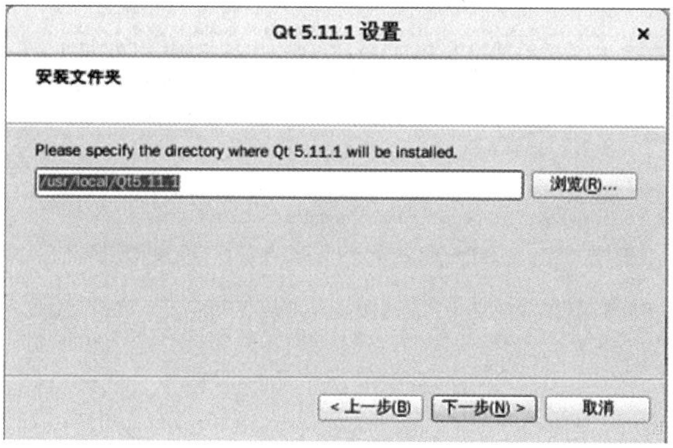

图 1-20 为 Qt 选择安装目录

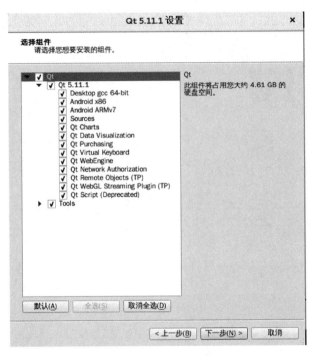

图 1-21 为 Qt 选择安装项

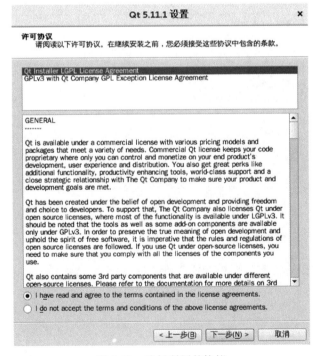

图 1-22 选择所用的协议

接着弹出如图 1-23 所示界面,单击【安装】按钮。

接着弹出如图 1-24 所示的安装进度界面,当安装结束时,弹出如图 1-25 所示的界面。

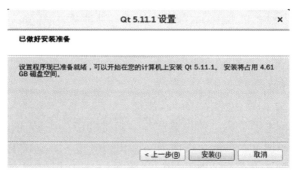

图 1-23　准备安装 Qt

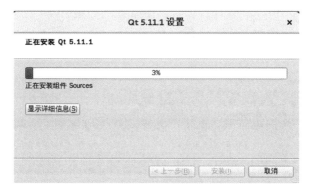

图 1-24　Qt 安装进度界面

图 1-25　Qt 安装结束界面

1.7　在 Linux 上编译代码出错时的处理

视频讲解

在 Linux 上编译代码时可能出现错误提示，主要内容是找不到 GL 库文件，如下：

```
/usr/bin/ld: 找不到 -lGL
collect2: 错误:ld 返回 1
make[1]: *** [../../../lib/libbasedll.so.1.0.0] 错误 1
make[1]: 离开目录"/usr/local/gui/src/base/basedll"
make: *** [release-all] 错误 2
```

解决方案是找到 libGL.so.1 文件,然后为它建立软连接。

```
ln -s /usr/lib64/libGL.so.1 /usr/lib64/libGL.so
```

1.8 配套源代码

视频讲解

本书所有案例均有配套源代码。请先下载本书附带的源代码,阅读本书时请查阅对应源代码进行学习。配套源代码请见本书配套资源中 src.qt5_pyqt5_v1.7z,配套资源获取方式见前言。

(1) 本书的源代码分为两部分:改动前的代码在 src.baseline 目录中,各案例以改动前的代码为基础进行修改;改动后的最终代码在 src 中。如图 1-26 所示,可以使用 WinMerge 等对比软件对比案例中改动前、改动后的代码,以便查看到底进行了哪些改动,其中深色背景的代码表示改动后新增的代码,一目了然。WinMerge 的下载地址请见本书配套资源中【WinMerge 软件】。

图 1-26 用 WinMerge 软件对比改动前后的代码

(2) 因篇幅所限,文中部分代码做了省略,请查看附带的源代码。

第 2 章

pro 与 pri

软件代码一般由一个或多个代码文件组成,大部分编译器都需要把这些文件组织起来进行编译或解析,而组织代码文件的方法就是编写项目配置文件。本章主要介绍 Qt 的项目配置文件 pro、pri 的作用与编写方法。

2.1 案例 1 通过一个简单的 EXE 来介绍 pro 的基本配置

视频讲解

本案例对应的源代码目录:src/chapter02/ks02_01。程序运行效果见图 2-1。

计算机软件一般以 EXE 或 DLL 的形式存在,本节先通过一个简单的 EXE 项目实例介绍 Qt 的 pro 文件(项目配置文件)的基本配置。

本节的 EXE 功能很简单,仅输出一行信息"我真的啥也没干!",见代码清单 2-1。

图 2-1 案例 1 运行效果

代码清单 2-1

```
// main.cpp
# include <iostream>
# include "qglobal.h"
using std::cout;                                              ①
using std::endl;                                              ②
int main(int argc, char * argv[]) {
    Q_UNUSED(argc);
    Q_UNUSED(argv);
    cout << "我真的啥也没干!" << endl;
    return 0;
}
```

在代码清单 2-1 中,为了向终端输出日志,用到了 STL 库的 cout、endl(cout 用来向终端输出信息,endl 表示换行)。这需要引用<iostream>,所以编写 #include <iostream>语句。除此之外,在标号①、标号②处,使用 using 语句引入了 cout 和 endl,这是为了避免引入整个 stl 命名空间。有的开发者可能会写成:

```
using namespace stl;                    // 不推荐
```

本书不推荐这样的写法。在涉及命名空间的使用时,应该仅引入所需的内容或者不编写引入命名空间的代码,即:直接使用 std::cout 的写法:

```
std::cout << "xxx" << std::endl;
```

main()函数比较简单,因此不再过多讲解。下面看一下怎么构建这个项目。在 C++中,如果使用 GCC 编译器,就需要提供 Makefile 文件(项目配置文件)。但手工编写 Makefile 文件非常麻烦,而且还涉及非常多、非常复杂的编译选项。Qt 提供了一种简化手段来生成 Makefile 文件,它要求开发者提供 pro 文件,然后使用 qmake 命令将其转换为 Makefile。那么 pro 文件是什么呢?pro 文件是 Qt 定义的项目配置文件,它是文本格式的文件,采用 key=values 的语法。比如,项目用到了 main.cpp,那就在 pro 中编写:

```
SOURCES += main.cpp
```

其中,SOURCES 指本项目用到的 cpp 文件列表。其中"+="表示在 SOURCES 原值的基础上添加 main.cpp。比如,在 pro 中可以继续追加 cpp 文件:

```
SOURCES = main.cpp              // SOURCES 的值为 main.cpp
SOURCES += imp.cpp              // SOURCES 的值为 main.cpp、imp.cpp
```

这样,项目包含的 cpp 文件(SOURCES 文件)就变成 main.cpp、imp.cpp。如果有多个 cpp 文件,可以写在 main.cpp 的后面,比如:

```
SOURCES += main.cpp imp.cpp
```

但如果这样写,代码的可读性不是很好。这种情况下可使用"\"进行换行。比如:

```
SOURCES += main.cpp \
           imp.cpp
```

注意:main.cpp 和后面的"\"之间最好加一个空格以便增加可读性。

项目中添加头文件时使用 HEADERS 配置项,用法同 SOURCES。比如:

```
HEADERS += myclass.h \
           imp.h
```

每个 Qt 项目最终都要生成一个目标程序。为了指示项目的目标程序名称,需要用到 TARGET 配置项,比如:

```
TARGET = ks02_01
```

这表明该项目生成的目标程序名称为 ks02_01。如果该项目生成一个可执行程序,那么在 Windows 上生成的程序为 ks02_01.exe,而在 Linux 上(或 UNIX)上为 ks02_01。如果该项目生成的是一个 DLL(动态链接库),那么在 Windows 上为 ks02_01.dll,而在 Linux(或 UNIX)上可能为 libks02_01.so.1.0.0。

以上介绍了 pro 文件最基本的配置。代码清单 2-2 是本案例中 pro 文件的完整内容。

代码清单 2-2

```
// ks02_01.pro
TEMPLATE = app
LANGUAGE = C++
CONFIG += console
TARGET = ks02_01
HEADERS += ks02_01.pro
SOURCES += main.cpp
DESTDIR = ../../../bin
OBJECTS_DIR = ../../../obj/chapter02/ks02_01
MOC_DIR = ../../../obj/moc/chapter02/ks02_01
```

在代码清单 2-2 中,TEMPLATE=app 表示这是一个 EXE 项目。如果本项目生成的最终模块是一个 DLL,则写成 TEMPLATE=lib。因为使用 C++语言进行开发,所以写成:LANGUAGE=C++。这个项目是一个终端运行程序(命令行程序),所以写成:CONFIG+=console。如果不这样设置,则无法在终端中正常运行(比如,cout 的信息无法输出到终端)。如果想进行验证,可以封掉这行配置,方法是在该行配置前加上一个"♯"号(输入♯时请使用英文、半角,不要用中文)。"♯"表明本行是注释,那么 Qt 就不会把这行当作配置进行解析。封掉某配置项时可以写成:

```
♯CONFIG += console
```

最后的几个 xxxDIR 用来描述各种路径。
- **DESTDIR**:表示生成的最终目标程序的存放路径。
- **OBJECTS_DIR**:表示程序生成的中间临时文件的存放路径。
- **MOC_DIR**:用来描述 moc 文件的存放路径(Qt 的 moc 命令生成的临时文件)。该配置项会在后面的章节进行详细说明。

在本案例的 pro 文件中,这些路径的设置都使用了相对路径的方式,其实一般不推荐这种方式。在后续的案例中会使用环境变量的方式设置这些路径。

现在把 pro 文件和 cpp 文件放到同一个目录下,目录名设置为 ks02_01。最后,构建项目(通俗地讲,也可以称作编译),以便生成最终的目标程序。可以通过两种方式构建应用程序:使用 Qt Creator 或者使用 VS 2017。

1. 使用 Qt Creator

启动 Qt Creator,选择【文件】|【打开文件或项目】菜单项,出现【打开文件】对话框,打开 ks02_01.pro。然后在图 2-2 所示界面中单击 Configure Project 按钮对项目进行配置。

图 2-2 Qt Creator 项目配置

然后,单击图 2-3 中的【构建项目】按钮。
当构建成功后,单击图 2-3 中的【运行】按钮即可启动本案例的程序。

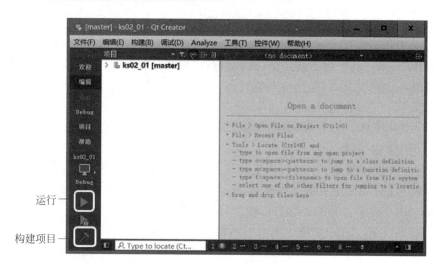

图 2-3　Qt Creator 构建项目

图 2-4　VS 2017 的 x64 和 x86 命令
提示启动菜单

2．使用 VS 2017

1）使用 VS 2017 命令行

首先根据构建的应用程序位数（64 位/32 位），选择对应的 VS 2017 命令行。如果构建 64 位程序，则选择如图 2-4 所示的【适用于 VS 2017 的 x64 本机工具命令提示】（简称 VS 2017 的 64 位命令行）；如果构建 32 位程序，则选择如图 2-4 所示的【适用于 VS 2017 的 x86 本机工具命令提示】。除特殊说明外，本书所有程序均构建成 64 位。

在 VS 2017 的 64 位命令行中，进入项目所在目录，执行如下命令后即可将项目构建成功：

```
qmake
nmake
```

如果需要清除项目生成的临时文件及目标程序，然后重新构建目标程序，可以使用如下命令：

```
nmake clean
```

2）使用 VS 2017 IDE 开发工具

如果使用 VS 2017 的 IDE 开发工具打开该项目，那么首先要生成 VS 2017 可以识别的项目文件。生成的方法是在 VS 2017 的 64 位（或 32 位，根据具体需要选择）命令行中，进入本案例所在目录，运行 qmake 命令。

```
qmake -tp vc
```

其中 vc 表示生成 Visual Studio 可以识别的工程文件，"-tp" 表示根据 pro 文件中 TEMPLATE 参数的取值生成工程文件。这样就可以生成名为 ks02_01.vcxproj 的项目文件。以 vcxproj 为后缀的文件是 VS 2017 可以识别的项目文件。然后，在开始菜单中选择 Visual Studio 2017 菜单项启动 VS 2017（见图 2-5）。

启动 VS 2017 后,选择【文件】|【打开】|【项目/解决方案】菜单项,打开 ks02_01.vcxproj 项目配置文件。打开项目后,选择【生成】|【生成解决方案】菜单项完成项目构建。

图 2-5　VS 2017 启动菜单项

3. 用 UTF-8 编码保存源代码文件

本节介绍两种用 UTF-8 编码格式保存源代码文件的方法。

注意：为保证在 Windows、Linux 上能构建成功并且正常显示中文,应确保所有".h"".cpp"文件使用带 BOM 的 UTF-8 格式保存。Qt 自身的文件(如".pro"".pri"".qrc"等)应使用普通的 UTF-8 格式(不带 BOM)保存,否则会导致编译错误。

1) 使用 Windows 自带的记事本(".h"".cpp"文件)

在 Windows 资源管理器中新建一个空白的文本文件,然后用 Windows 自带的记事本打开该文件。选择【文件】|【另存为】菜单项,弹出【另存为】对话框,在【编码】处选择【带有 BOM 的 UTF-8】(见图 2-6)。

图 2-6　另存为 UTF-8 编码

2) 设置 Qt Creator 的文件编码

运行 Qt Creator,选择【工具】|【选项】菜单项(见图 2-7)。

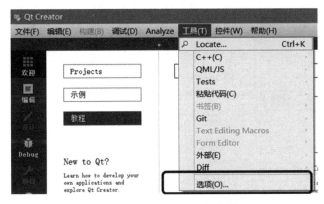

图 2-7　Qt Creator 工具菜单

如图 2-8 所示,在【选项】对话框中左侧列表框中选择【文本编辑器】选项卡,然后选择【行为】选项卡,将【文件编码】选项区域的【默认编码】设置为 UTF-8,将 UTF-8 BOM 设置为【如果编码是 UTF-8 则添加】。

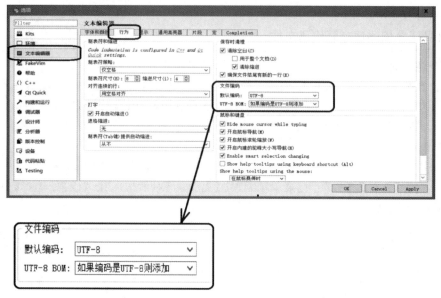

图 2-8　Qt Creator 编码设置

完成配置后,就可以新建文件了。如图 2-9 所示,选择【文件】|【新建文件或项目】菜单项。在弹出的 New File or Project 对话框中选择 C++,并根据需要选择 C++ Source File 或者 C++ Header File(见图 2-10)。

创建完源代码文件后,在文件中输入源代码后保存即可。**请务必输入一些代码,否则直接保存空文件可能会导致文件变为 GB2312 编码。**

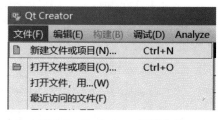

图 2-9　Qt Creator 新建文件

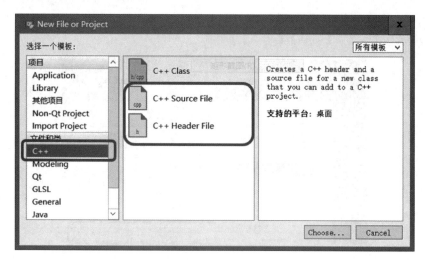

图 2-10　Qt Creator 新建 C++代码文件

pro 文件不能以 UTF-8 BOM 格式保存。如果用 Qt Creator 打开项目文件(xxx. pro)时提示错误信息"Cannot read xxx/xxx/xxx. pro: Unexpected UTF-8 BOM",那么可以用 NotePad++编辑器打开项目文件,然后执行【编码】|【转为 UTF-8 编码】,将项目文件保存,然后再用 Qt Creator 打开项目文件即可。

2.2 案例 2 整理一下目录吧

视频讲解

本案例对应的源代码目录:src/chapter02/ks02_02。程序运行效果见图 2-11。

使用 Qt 进行开发的目的之一是开发界面类应用。本节将介绍用 Qt 开发界面类应用的基本步骤,并介绍如何通过修改 pro 文件的配置使源代码目录保持整洁。

开发界面类项目的过程大概分为四步。

(1) 使用 Designer 绘制对话框资源文件(UI)并保存。
(2) 编写界面 UI 对应的类 CDialog。
(3) 将相关文件添加到 pro。
(4) 使用 CDialog 定义对象。

下面分步骤讲解。

图 2-11 案例 2 运行效果

1. 使用 Designer 绘制对话框资源文件(UI)并保存

启动 Designer,出现如图 2-12 所示界面,选择 template\forms 中的 Dialog with Buttons Bottom,然后单击【创建】按钮即可完成新建窗体工作。

图 2-12 Designer 新建窗体

然后,为新建的窗体设置类名:请在窗体空白处单击,然后在属性框中设置对话框的 objectName(见图 2-13)。设置对话框类名为 CDialog,并将 UI 文件保存为 dialog.ui。请记下这两个名称,因为后面会用到。可以根据实际需要对 UI 文件名、对话框类名进行命名。

然后，从 Designer 的工具箱的 Display Widgets 选项卡中选择 Label 控件（类型为 QLabel，见图 2-14），并拖入窗体。

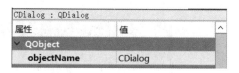

图 2-13　CDialog 属性

图 2-14　文本控件

双击该 Label 控件，将文字修改为"This is my dialog!"，如图 2-15 所示。

然后，单击窗体空白处选中整个窗体，再单击工具栏上的【栅格布局】按钮为窗体设置布局（见图 2-16）。

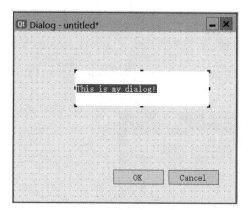

图 2-15　编辑文本控件内容

图 2-16　对窗体进行栅格布局

2. 编写界面 UI 对应的类 CDialog

为 dialog.ui 编写对应的类 CDialog，目的是为对话框增加业务功能。此处的类名 CDialog 来自图 2-13 中窗体的 objectName。CDialog 的头文件 dialog.h 的代码请见代码清单 2-3。

代码清单 2-3

```
// dialog.h
#pragma once                                                    ①
#include <QDialog>
namespace Ui {
    class CDialog;                                              ②
}
// 基类的名称来自 UI 文件中对话框的类名:对象查看器中的类名
class CDialog : public QDialog {                                ③
```

```
public:
    CDialog(QWidget* pParent);
    ~CDialog();
private:
    Ui::CDialog* m_pUi;                                                    ④
};
```

请注意代码清单 2-3 中标号①处：#pragma once。该代码的作用是防止编译该头文件时发生重入的情况（多次编译同一个头文件），以免出现编译错误。

在标号②处，对命名空间 Ui 中的类 CDialog 做了前置声明，这是因为标号④处要用 Ui::CDialog 定义指针 m_pUi。使用指针和前置声明有两个好处：一是无须在头文件中包含 Ui::CDialog 的头文件 ui_dialog.h，因为在 dialog.cpp 中将包含该头文件，这在中大型项目中非常重要，这样做可以节省很多编译时间；二是当 CDialog 类（不是 Ui::CDialog）需要作为 DLL 中的类被引出时，不会导致包含 dialog.h 的其他项目出现编译错误（比如，找不到 ui_dialog.h）。

在标号③处，CDialog 类的基类是 QDialog，这是因为在 Designer 中绘制 UI 文件时选择的就是 QDialog。如果不清楚 CDialog 的基类应该选哪一个，可以在 Designer 的【对象查看器】中查看。如图 2-17 所示，第一行对象 Dialog 的类名 QDialog 就是标号③处的基类名称。

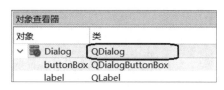

图 2-17 对象查看器

在标号④处，为了使用 dialog.ui 中的布局，需要为类 CDialog 添加私有成员 Ui::CDialog* m_pUi，该对象用来初始化界面。Ui::CDialog 来自 dialog.ui，是通过 Qt 的 uic 命令解析 dialog.ui 后得到的，在项目生成的临时文件 ui_dialog.h 中可以找到它的定义，见代码清单 2-4。在代码清单 2-4 中，如标号①处所示，注释中明确指出：对该文件的手工修改都将在重新编译 UI 文件时被覆盖。在标号②、标号③处，是界面中 buttonBox、label 这两个控件对象的定义。在标号④处，是初始化界面接口 setupUi() 的实现，在该接口中完成了对界面的初始化，包括对 buttonBox、label 这两个控件的构建。在标号⑤处，在命名空间 Ui 中定义类 CDialog，该类（Ui::CDialog）将被用来定义对象 m_pUi，见代码清单 2-3 中标号④处。

代码清单 2-4

```
// ui_dialog.h
/********************************************************************
** Form generated from reading UI file 'dialog.ui'
**
** Created by: Qt User Interface Compiler version 5.11.1
**
** WARNING! All changes made in this file will be lost when recompiling UI file!  ①
********************************************************************/
#ifndef UI_DIALOG_H
#define UI_DIALOG_H
#include <QtCore/QVariant>
#include <QtWidgets/QApplication>
#include <QtWidgets/QDialog>
#include <QtWidgets/QDialogButtonBox>
#include <QtWidgets/QLabel>
QT_BEGIN_NAMESPACE
class Ui_CDialog
```

```cpp
{
public:
    QDialogButtonBox * buttonBox;                                                    ②
    QLabel * label;                                                                  ③
    void setupUi(QDialog * CDialog)                                                  ④
    {
        if (CDialog->objectName().isEmpty())
            CDialog->setObjectName(QStringLiteral("CDialog"));
        CDialog->resize(329, 184);
        buttonBox = new QDialogButtonBox(CDialog);
        buttonBox->setObjectName(QStringLiteral("buttonBox"));
        buttonBox->setGeometry(QRect(80, 120, 161, 32));
        buttonBox->setOrientation(Qt::Horizontal);
        buttonBox->setStandardButtons(QDialogButtonBox::Cancel|QDialogButtonBox::Ok);
        label = new QLabel(CDialog);
        label->setObjectName(QStringLiteral("label"));
        label->setGeometry(QRect(100, 40, 171, 16));
        retranslateUi(CDialog);
        QObject::connect(buttonBox, SIGNAL(accepted()), CDialog, SLOT(accept()));
        QObject::connect(buttonBox, SIGNAL(rejected()), CDialog, SLOT(reject()));
        QMetaObject::connectSlotsByName(CDialog);
    } // setupUi
    void retranslateUi(QDialog * CDialog)
    {
        CDialog->setWindowTitle(QApplication::translate("CDialog", "Dialog", nullptr));
        label->setText(QApplication::translate("CDialog", "This is my dialog!", nullptr));
    } // retranslateUi
};
namespace Ui {
    class CDialog: public Ui_CDialog {};                                             ⑤
} // namespace Ui
QT_END_NAMESPACE
#endif // UI_DIALOG_H
```

下面给出 CDialog 的实现文件 dialog.cpp，请见代码清单 2-5。

代码清单 2-5

```cpp
// dialog.cpp
#include "dialog.h"
#include "ui_dialog.h"                    // 头文件名：dialog.ui -> ui_dialog.h   ①
CDialog::CDialog(QWidget * pParent) : QDialog(pParent),m_pUi(new Ui::CDialog) {      ②
    m_pUi->setupUi(this);                                                            ③
}
CDialog::~CDialog() {
    if (NULL != m_pUi){                                                              ④
        delete m_pUi;
        m_pUi = NULL;
    }
}
```

代码清单 2-5 中，标号①处的代码包含 ui_dialog.h 头文件，目的是让编译器可以看到 Ui::CDialog 的定义。这用到了步骤 1 中保存界面文件时的文件名 dialog.ui。Qt 的 uic 命令将 dialog.ui 文件转换为 UI 头文件：ui_dialog.h，即前缀 ui_加上文件名 dialog.ui 中的 dialog 共同拼接成 ui_dialog.h。

标号②处,在类 CDialog 的构造函数的初始化列表中,除了用 QDialog(pParent) 调用基类的构造函数进行初始化之外,还构建了 m_pUi 对象。

标号③处,在构造函数中一定要调用 m_pUi-> setupUi(this),否则界面无法正常显示,因为这处调用就是对界面进行构建。如果对该接口感兴趣,可以单步调试一下这个调用,看看 setupUi() 内部到底执行了什么操作。

在标号④处,当 CDialog 析构时需要对 m_pUi 指向的内存进行释放,并将 m_pUi 赋值为 NULL。

除了将 CDialog 作为 DLL 的引出类等特殊需要外,在后续章节中不再限制使用指针还是对象的方式使用 Ui::CDilaog。如果使用对象的方式,则需要把 dialog.h 做两处修改,见代码清单 2-6 中标号①、标号②处,而且 dialog.cpp 中不再编写 #include "ui_dialog.h" 的代码。

代码清单 2-6

```
// dialog.h
# pragma once
# include <QDialog>
# include "ui_dialog.h"                                    ①
class CDialog : public QDialog {
    ...
private:
    Ui::CDialog m_ui;                                      ②
};
```

3. 将相关文件添加到 pro

目前已完成的工作包括:设计界面文件 dialog.ui、编写 CDialog 类的定义文件 dialog.h 和实现文件 dialog.cpp。现在把这些文件添加到项目的 pro 文件,见代码清单 2-7。

代码清单 2-7

```
// ks02_02.pro
QT += widgets
FORMS = dialog.ui
HEADERS += ks02_02.pro \
           dialog.h
SOURCES += main.cpp \
           dialog.cpp
```

代码清单 2-7 中,FORMS 配置项用来描述项目中用到的 UI 文件列表;HEADERS 和 SOURCES 两个配置项在前面章节介绍过,只不过在本案例中使用了多个文件。因为用到了界面控件,请确保编写 QT+=widgets,否则将导致程序构建失败。

4. 使用 CDialog 定义对象

如果用类 CDialog 定义对象,首先需要包含 CDialog 的头文件(dialog.h),然后才能定义 CDialog 的对象并调用其接口,见代码清单 2-8。

代码清单 2-8

```
// main.cpp
# include <QApplication>
# include <iostream>
# include "qglobal.h"
# include "dialog.h"
```

```
using std::cout;
using std::endl;
int main(int argc, char * argv[]){
    Q_UNUSED(argc);
    Q_UNUSED(argv);
    QApplication app(argc, argv);
    CDialog dlg(NULL);
    dlg.exec();
    return 0;
}
```

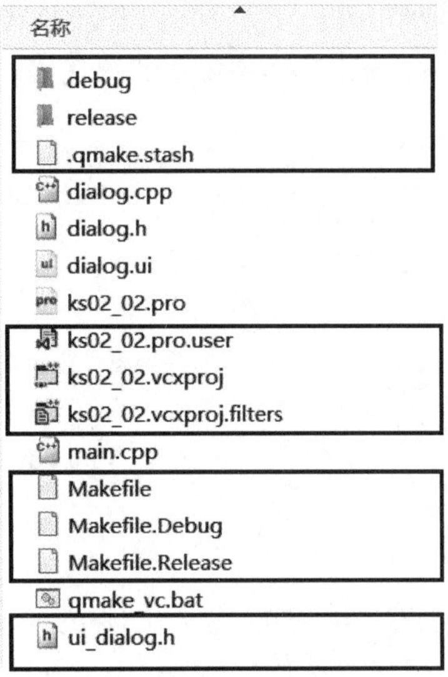

到现在为止,为项目添加界面的工作就结束了,可以构建项目了。

当项目构建完成后,看一下源代码目录就会发现临时文件和临时目录太多了(如图 2-18 所示方框内的文件或目录),简直杂乱不堪。一般情况下,项目组会使用代码管理工具(比如 SVN)管理代码,而且可以预先设置代码入库的过滤条件,因此在提交代码时临时文件或目录不会被入库。但是,当需要备份源代码目录并打包时,如果有这么多临时文件(有的临时文件尺寸比较大),后续操作会很不方便。下面介绍如何通过修改 pro 文件的配置来整理源代码目录。

整理源代码目录的方法是引入环境变量,然后通过环境变量来设置 pro 中的各种路径。

首先引入一个 TRAINDEVHOME 的环境变量,它指向项目 src 的上级目录。代码的目录结构如下。

图 2-18 案例 2 源代码目录

```
TRAINDEVHOME
- - - - - - bin
- - - - - - obj
- - - - - - src
```

其中 bin、obj、src 都是 TRAINDEVHOME 的子目录。bin 目录用来存放项目生成的可执行程序和动态链接库,obj 是构建项目时生成的临时文件的根目录。

在 pro 文件中使用环境变量的语法:**$$(环境变量)**,比如:$$(TRAINDEVHOME)。对 pro 的修改见代码清单 2-9。

代码清单 2-9

```
# ks02_02.pro
...
OBJECTS_DIR = $$(TRAINDEVHOME)/obj/chapter02/ks02_02
DESTDIR     = $$(TRAINDEVHOME)/bin
MOC_DIR     = $$OBJECTS_DIR/moc
UI_DIR      = $$OBJECTS_DIR/ui
```

在代码清单 2-9 中,OBJECTS_DIR 是 Qt 的关键字,用来表示项目生成的临时文件的存放目录。将 OBJECTS_DIR 设置到 obj 下对应本案例的子目录。

DESTDIR 是 Qt 的关键字,用来表示目标文件存放目录,即项目最终生成的 EXE 或 DLL 的存放目录。如果是 EXE,将其设置到 TRAINDEVHOME 的 bin 子目录;如果是 DLL,则设置到 lib 子目录。

MOC_DIR、UI_DIR 是 Qt 的关键字,用来表示 Qt 的 moc 和 uic 命令生成的临时文件存放目录。将它们分别设置到 OBJECTS_DIR 下面的 moc 子目录和 ui 子目录。

除此之外,如果使用 Qt Creator 进行开发,还需要设置默认构建路径,否则会导致影子构建时生成的临时文件被放到源代码目录中。选择 Qt Creator 的【工具】|【选项】菜单项,出现【选项】对话框,选择【构建和运行】,再选择【概要】标签,最后修改 Default build directory(见图 2-19),将其值修改为(关于该值的拼写请见本书配套资源中【Qt Creator 4.7.2 的 Default build directory 设置】):

```
%{CurrentProject:VcsTopLevelPath}/obj/%{CurrentBuild:Name}/%{JS: Util.asciify("build-%{CurrentProject:Name}-%{CurrentKit:FileSystemName}")}
```

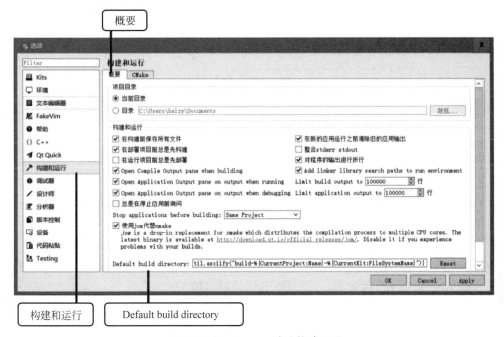

图 2-19　Qt Creator 默认构建目录

修改 pro 文件并设置完 Qt Creator 后,再次构建项目后得到的源代码目录见图 2-20。

如果使用 VS 2017 命令行进行构建,在每次修改 pro 后请重新执行 qmake 以便更新相应的 Makefile 文件;如果用 VS 2017 的 IDE 进行构建,则需要更新 VS 2017 的 IDE 中的项目文件(后缀为.vcxproj 的文件),方法是执行"qmake -tp vc",然后用 VS 2017 的 IDE 重新加载项目文件。

本案例介绍了开发界面类应用的步骤以及通过修改 pro 配置来整理源代码目录的方法,现在汇总一下知识点:

(1)如果项目中需要使用界面,那么在 pro 中请务必添加:

图 2-20　整理后的目录

```
QT += widgets
```

(2) CDialog 类的头文件中,请注意 CDialog 基类名称的来源、私有的指针成员变量 m_pUi 以及对于 Ui::CDialog 的前置声明,见代码清单 2-10。

代码清单 2-10

```
namespace Ui {
    class CDialog;
}
class CDialog : public QDialog {
    ...
private:
    Ui::CDialog* m_pUi;
};
```

(3) 请注意 dialog.ui 对应头文件 ui_dialog.h 的文件名的构成规则。
(4) CDialog 类的构造函数中一定要调用 m_pUi->setupUi(this)。
(5) 要在 pro 中通过环境变量设置相关目录。环境变量在使用时应该用下列语法:

$$(环境变量)

(6) 可以在 pro 中定义变量,变量在使用时应该用下列语法:

$$ 变量名称

(7) 另外,还介绍了 Qt 关于路径设置的关键字。
- DESTDIR:存放最终生成的目标文件的路径。
- OBJECTS_DIR:本项目临时文件的存放目录。
- MOC_DIR:用来存放 Qt 的 moc 命令生成的临时文件。
- UI_DIR:用来存放 Qt 的 uic 命令生成的临时文件。当项目中包含 UI 文件时需要用到该目录。
- FORMS:用来描述项目中包含的 UI 文件列表。

2.3 案例 3 加点料——增加一张图片

视频讲解

本案例对应的源代码目录:src/chapter02/ks02_03。程序运行效果见图 2-21。

图 2-21 案例 3 运行效果

既然要进行界面编程,自然离不开图片。如果认为在按钮上使用文字太枯燥了,那么使用图标是不是会更好呢?本节讨论一下如何在 Qt 项目中使用图片。

既然要用图片,自然离不开图片文件。那么图片在哪里找呢?百度!相信是很多人的第一反应。但是,从网上找到的图片在用 Qt 进行加载时可能会失败(原因待查,未深究),而且可能涉及版权问题。所以,从网上找图片的办法不太靠谱。有规模的软件公司一般都会请专业美工人员来制作图片,而且这样也不会有版权问题。

那么把图片(大象)放到项目(冰箱)中一共分几步呢?就像某著名演员说的,一共分 3 步。

(1) 把图片放到 images 目录(打开冰箱门)。
(2) 将图片文件名添加到 xxx.qrc 文件,并将 qrc 文件添加到 pro(把大象放进去)。

(3)在界面、代码中引用图片(把冰箱门关上)。

下面详细介绍一下开发过程。

1. 把图片放到 images 目录

拿到需要的图片后,把它放到 images 目录,这个目录是项目的子目录。如果项目的代码目录为 ks02_03,那么就在 ks02_03 目录下面建立子目录 images,并将图片放入该目录。

```
ks02_03 目录
---  images(图片子目录)
---  源代码 1.cpp
---  源代码 2.cpp
```

2. 将图片文件名添加到 xxx.qrc 文件,并将 qrc 文件添加到 pro

qrc 文件是 Qt 的资源描述文件,可以把用到的图片在该文件中进行描述。现在看一下 qrc 文件的格式(见代码清单 2-11)。

代码清单 2-11

```
// ks02_03.qrc
<!DOCTYPE RCC>
<RCC version = "1.0">
<qresource>
    <file>images/logo_text.png</file>                                    ①
</qresource>
</RCC>
```

代码清单 2-11 中标号①处的<file>这一行的内容被用来描述项目中用到的图片。如果还有别的图片,可以再写一行,只要把 logo_text.png 换成对应的文件名即可。另外,请注意使用相对路径:images/logo_text.png。

images 是项目的子目录,在 images 前面无须写其他内容。然后,将 ks02_03.qrc 添加到项目,只需要在 pro 文件加一行:

```
RESOURCES  += ks02_03.qrc
```

3. 在界面、代码中引用图片

如果为文本控件(QLabel)设置一个图片,可以在 Designer 中单击该文本控件并在属性窗中为它设置图片,方法是:修改属性窗中的 pixmap 属性,并设置成事先准备好的图片。选择图片时,请用编辑框右侧的…按钮。

如果在代码中为 QLabel 设置图片,可以写成:

```
ui.label -> setPixmap(QPixmap(":/images/qt.png"));
```

注意:描述图片文件路径时,使用的是":/images/qt.png",不要漏掉路径开头的冒号。

最后给应用程序加上控制菜单图标。方法很简单,首先准备一个图标文件 my.ico,将其放到 images 目录。然后,修改 pro 文件:

```
RC_ICONS = images/my.ico
```

下面把程序构建一下并运行起来。

本案例介绍了向项目中添加图片的方法和过程,现在总结一下要点:

(1) 需要图片时,尽量请专业美工制作,避免使用网上的图片。
(2) 将图片添加到项目一共分三步:
- 第一步,将图片放到 images 子目录。
- 第二步,将图片文件名添加到 qrc 文件并将 qrc 文件添加到 pro。
- 第三步,在界面(UI 文件)或代码中引用图片。

(3) 为项目添加控制菜单图标的方法是在 pro 文件中设置 RC_ICONS 配置项。
(4) 在代码中描述图片文件路径时,写成:

ui.label->setPixmap(QPixmap(":/images/qt.png"));

2.4 知识点 pro 文件常用配置

视频讲解

前面通过几个案例介绍了 pro 文件的基本配置,本节讲述 pro 文件的一些常用配置。

1. EXE 还是 DLL——TEMPLATE

用 C++语言开发的程序一般有两种存在形式:EXE 程序、DLL 程序。那么这在 Qt 中由什么决定呢?现在介绍一下 TEMPLATE 配置项,该配置项用来确定生成的程序是 EXE 还是 DLL(见表 2-1)。

表 2-1 TEMPLATE 配置项取值说明

配置项内容	说 明
TEMPLATE = app	表示本项目生成一个 EXE
TEMPLATE = lib	表示本项目生成一个 DLL
TEMPLATE = subdirs	表示本项目将扫描指定的子目录集合并执行相关操作。该配置经常与 SUBDIRS 配合使用。比如指定需要国际化的子目录列表时,可使用该配置

2. 用什么开发语言呢——LANGUAGE

语法:LANGUAGE=C++

LANGUAGE 表示本项目用哪种编程语言进行开发。"LANGUAGE=C++"表示采用 C++语言开发。

注意:C 要大写。

3. 生成的目标文件名是啥——TARGET

语法:TARGET=xxx

TARGET 表示本项目生成的目标文件名。比如,根据 TEMPLATE 配置项的取值(app、lib),当 TARGET=prog 时,生成的目标文件名见表 2-2。

表 2-2 不同平台上的目标文件名

配置项内容	Windows	Linux
TEMPLATE = app	prog.exe	prog
TEMPLATE = lib	prog.dll	libprog.so.1.0.0

4. debug 还是 release——CONFIG

(1) 语法：CONFIG　＋＝　xxx　xxx　xxx

当使用 CONFIG＋＝的写法时表示增加某些 CONFIG 配置项,等号右侧的各个项之间用空格隔开。

(2) 语法：CONFIG　－＝　xxx　xxx　xxx

当使用 CONFIG－＝的写法时表示删除某些 CONFIG 配置项。

CONFIG 的常用取值如下。

(1) release：表示以发布版本进行构建。如果配置中也指定 debug,最后一个配置的内容生效。可以用＋/－进行控制,如 CONFIG　－＝ release,CONFIG＋＝debug。

(2) debug：表示项目以调试版本进行构建。可以用＋/－进行控制。

(3) debug_and_release：表示项目以 debug 和 release 两种模式构建,即构建时同时生成 Debug、Release 版本的目标程序。

(4) precompile_header：表示可以在项目中使用预编译头文件。

(5) rtti：表示启用 RTTI 支持。默认使用编译器默认值(具体跟编译器有关)。关闭时用 rtti_off。

(6) stl：表示启用 STL 支持。默认使用编译器默认值(具体跟编译器有关)。关闭时用 stl_off。

(7) thread：表示启用多线程支持。当 CONFIG 的取值包含 qt 时才启用。thread 是默认设置。

(8) warn_on：表示编译器应该尽可能多输出警告。如果也指定了 warn_off,则最后一个生效。

(9) warn_off：表示编译器应该尽可能少输出警告。

(10) qt：表示需要链接 Qt 的类库。当需要使用 Qt 类库时配置该项。在开发服务类应用时,一般只是用 Qt 的 pro 文件来组织项目并完成构建,然后使用其他类库或者自行编写类库,所以编写服务类应用时一般不用 qt(写成：CONFIG　－＝ qt)。

(11) C++11：表示启用 C++11 支持。如果编译器不支持 C++11,则该配置项被忽略。默认不支持 C++11。

(12) C++14：表示启用 C++14 支持。如果编译器不支持 C++14,则该配置项被忽略。默认不支持 C++14。

5. 使用 Qt 的哪些模块——QT

(1) 语法：QT　＋＝　xxx　xxx xxx

当使用 QT＋＝的写法时表示增加某些 QT 模块,等号右侧的各个项之间用空格隔开。

(2) 语法：QT　－＝

当使用 QT－＝的写法时表示删除某些 QT 模块。

配置项 QT 用来描述项目中使用 Qt 的哪些模块。默认情况下包含 core 和 gui 这两个模块,目的是确保标准的 GUI 应用程序可以无须进一步的配置就可以正常构建。如果想建立一个不包含 Qt GUI 模块的项目,可以使用"－＝"操作符：

```
QT -= gui # 仅仅使用 core 模块
```

如果要创建一个界面类应用,而且要用到 XML 及网络相关的类,那么可以写成：

```
QT += widgets xml network
```

如果需要用到 UI 文件，请务必配置 QT+= widgets，否则构建项目时将无法通过 uic 处理 UI 文件（无法生成 UI 文件对应的 ui_xxx.h 文件），从而导致构建失败。

6. 各种 DIR 和各种 PATH

（1）INCLUDEPATH 用来描述构建项目时应该被搜索的 include 目录，比如：

```
INCLUDEPATH = $$(TRAINDEVHOME)/include
```

如果项目中包含界面资源（ui）文件，那么请先配置 UI_DIR，再将 $$UI_DIR 添加到 INCLUDEPATH 中。这样，在构建项目时就不会出现编译器找不到界面资源文件对应的 ui_xxx.h 的编译错误。

```
UI_DIR = $(TRAINDEVHOME)/obj/demo/dialog/ui
INCLUDEPATH += $$(TRAINDEVHOME)/include \
               $$UI_DIR
```

（2）DESTDIR 用来描述目标文件的存放路径，也就是项目生成的 EXE 或 DLL 的存放目录。比如下述语句用相对路径的方式描述了一个 DLL 项目的目标文件的存放路径：

```
DESTDIR = ../../lib
```

（3）MOC_DIR 用来描述 Qt 的 moc 命令生成的中间文件的存放路径。比如，含 Q_OBJECT 宏的头文件转换成标准的 C++ 头文件时的存放目录。

```
MOC_DIR = $$(TRAINDEVHOME)/obj/chapter02/ks02_04/moc
```

（4）OBJECTS_DIR 用来描述所有中间文件（obj 文件）的存放路径。比如：

```
OBJECTS_DIR = $$(TRAINDEVHOME)/obj/chapter02/ks02_04
```

（5）RCC_DIR 用来描述 Qt 资源编译器输出文件的存放路径，即：qrc 文件转换成 qrc_xxx.h 文件时的存放路径。比如：

```
RCC_DIR = $$(TRAINDEVHOME)/obj/chapter02/ks02_04/resources
```

（6）UI_DIR 用来描述 Qt 的 uic 命令编译 UI 文件后得到的所有中间文件（ui_xxx.h）的存放路径。比如：

```
UI_DIR = $$(TRAINDEVHOME)/obj/chapter02/ks02_04/ui
```

7. FORMS

FORMS 用来描述项目用到的 UI 文件列表。这些 UI 文件在编译时将先被 Qt 的 uic 命令处理。编译这些 UI 文件时所需要的所有依赖的头文件（比如 Qt 的头文件）和源文件都会自动被添加到项目中。FORMS 示例如下。

```
FORMS = dialog.ui \
        login.ui
```

8. HEADERS

HEADERS 用来描述项目用到的头文件列表，如代码清单 2-12 所示。

代码清单 2-12

```
HEADERS = abc.pro \
          animate/files/myfile.h \
          ../../comdll/mycom.h \
          $$(TRAINDEVHOME)/include/base.h
```

现在对代码清单 2-12 进行说明。

（1）将 pro 文件添加到 HEADERS 完全是为了方便，因为这样就可以在 VS 2017 的【解决方案资源管理器】中直接查看 abc.pro 文件，而无须到资源管理器中查找。如果用 Qt Creator 开发则无须这样写。

（2）编写路径时请使用"/"而不是"\"，比如：animate/files/myfile.h。

（3）可以用相对路径的语法，比如：../../comdll/mycom.h。

（4）可以使用环境变量，比如：$$(TRAINDEVHOME)/include/base.h。

（5）有跨行内容时在行末使用"\"进行换行，并在"\"前加一个空格。

9. SOURCES

SOURCES 用来描述项目用到的 cpp 文件列表。语法、注意点同 HEADERS。

10. RESOURCES

RESOURCES 用来描述项目用到的资源描述文件（qrc），比如：

```
RESOURCES += mdi.qrc
```

11. LIBS

LIBS 用来描述项目引用的库文件列表。LIBS 有-l(小写的 L)和-L 两种语法。

（1）-l(小写的 L)表示库文件名。下面的语句表示链接库文件 mycomm。

```
LIBS += -lmycomm
```

（2）-L 表示库文件所在的路径。如果项目引用的两个库文件为 mycomm、fesp，它们所在的目录为：/usr/local/myprogram/lib，那么可以写成：

```
LIBS += -L/usr/local/myprogram/lib \
                -lmcomm \
                -lfesp
```

12. TRANSLATIONS

TRANSLATIONS 用来描述项目用到的翻译文件。比如：

```
# xxxfortranslations.pro
TRANSLATIONS = translations/graphplatform_zh_CN.ts
```

当执行 lupdate 命令时，该命令将读取 pro 文件中的 TRANSLATIONS 配置项。执行 lupdate 命令后，生成的 ts 文件就名就是 TRANSLATIONS 配置项的值所指向的文件名。

```
lupdate xxxfortranslations.pro
```

13. SUBDIRS

SUBDIRS 配置一般同 template=subdirs 配合使用。该配置项指示本项目包含的子目录列表。通过 SUBDIRS，Qt 可以扫描各个子目录以便生成整个项目的国际化翻译文件后缀为 .ts，也可以级联生成各个子目录中项目的 Makefile。如果 pro 文件中包含代码清单 2-13 所示内容，那么对该 pro 执行 qmake 时，Qt 会自动进入 SUBDIRS 列出的各个子目录，然后依次执行 qmake，以便生成各个子目录中项目的 Makefile。

代码清单 2-13

```
template = subdirs
SUBDIRS = \
        esfc \
        common \
        phcore \
        phwidget
```

注意：修改 pro 或 pri 文件后，务必重新执行 qmake 或 qmake -tp vc，以便更新 Makefile 或者 VS 2017 的项目文件(.vcxproj)。

2.5 知识点 pri 文件有什么用

视频讲解

当进行中大型 Qt 项目研发时，在各个子项目的 pro 文件中经常会出现重复配置。为了处理这个问题，Qt 提供了另外一个项目配置文件：pri 文件。在 pri 文件里，可以编写用于各个子项目的公共变量，还可以配置各种公共的编译选项、配置各种公共路径。本节将以常用关键字（见表 2-3）为线索，介绍 pri 文件的各种用途。

表 2-3 pro 和 pri 文件常用关键字

关键字（或关键字类型）	含 义
include	在 pro 中引入某 pri 文件
环境变量	在 pri 中使用环境变量
变量	在 pri 中定义与使用变量
函数	pri 中提供的常用函数
unix/win32	用来定义在不同平台下构建项目时的配置项分支
DEFINES	在 pri 中定义宏
CONFIG	项目的配置参数
QMAKE_CXXFLAGS	配置编译标志

下面分别进行介绍。

1. include

include 用来在 pro 或 pri 中引入某 pri 文件。
语法：include （pri 文件全路径名）
比如：

```
include ( $$(TRAINDEVHOME)/src/gui_base.pri )
```

注意：

（1）include 后面有空格。用括号把 pri 文件名括起来。

（2）pri 文件路径中的目录分隔符用"/"，请不要使用"\"。

（3）pri 文件只能被另一个 pri 文件或 pro 文件引用，不能在 .h 或 .cpp 文件中用 #include 语句引用 pri 文件。

2. 环境变量

有时在构建项目时会碰到如下问题：将项目编译为 32 位还是 64 位，编译成 Debug 版还是

Release 版等。这可以通过定义环境变量来解决。那么，在 pri 文件中怎样使用这些环境变量呢？

环境变量的语法：$$(环境变量名称)

下面看一下对环境变量 TRAINDEVHOME 的使用。该环境变量分别用来描述 gui_base.pri 的文件路径以及 ks02_04 项目的 OBJECT_DIR 配置项的值。

```
include ( $$(TRAINDEVHOME)/src/gui_base.pri)
OBJECTS_DIR = $$(TRAINDEVHOME)/obj/chapter02/ks02_04
```

3．变量与环境变量

除了环境变量之外，有时为了方便还可以自定义一些变量。比如，Qt 的 isEmpty()函数不识别环境变量，因此可以通过变量来解决这个问题（见代码清单 2-14）。

代码清单 2-14

```
DEVHOME = $$(TRAINDEVHOME)
isEmpty(DEVHOME) {
    error('TRAINDEVHOME'环境变量必须被定义.)
}
```

isEmpty()函数不识别环境变量，但它可以识别自定义的变量，所以在代码清单 2-14 中定义了 DEVHOME 变量。这样 isEmpty()就可以通过 DEVHOME 变量间接对 TRAINDEVHOME 这个环境变量的取值进行判断。如果未定义 TRAINDEVHOME 环境变量，编译器就会报错。

变量的使用语法同环境变量不同，使用变量时不加括号。

变量的使用语法：$$变量名

```
TEMPDIR = $$(TRAINDEVHOME)/obj/chapter02/ks02_04
OBJECTS_DIR = $$TEMPDIR
```

对环境变量和变量的使用做以下说明。

（1）在一行语句中，所引用的变量或环境变量的总个数不能超过 1 个。

错误的写法：

```
CHAPTER = chapter02
TEMPDIR = $$(TRAINDEVHOME)/obj/$$CHAPTER/ks02_04
```

正确的写法：

```
TEMPDIR = $$(TRAINDEVHOME)/obj/chapter02/ks02_04
```

（2）使用环境变量的语法跟使用变量的语法不同（环境变量名要用括号）。

环境变量语法：$$(环境变量名)

变量语法：$$变量名

4．函数

在代码清单 2-14 中，介绍了 isEmpty()函数、error()函数，实际上 Qt 还提供了一些其他函数。

1) isEmtpy()

isEmtpy()函数用来判断一个变量是否为空值，比如：

```
DEVHOME = $$(TRAINDEVHOME)
isEmpty(DEVHOME) {
    error('TRAINDEVHOME'环境变量必须被定义)
}
```

2) equals(a,b)

equals(a,b)函数用来判断某个变量的值是否与指定值相等。代码清单 2-15 表示如果 BUILDTYPE 的值是 debug 则执行标号①处的代码。

代码清单 2-15

```
BUILDTYPE = $$(TRAINBUILDTYPE)
equals(BUILDTYPE, debug){
    CONFIG += debug
    CONFIG -= release
}
```
①

3) error()

error()函数用来输出错误信息,并终止当前构建过程,比如:

```
isEmpty(DEVHOME) {
    error('TRAINDEVHOME'环境变量必须被定义)
}
```

4) contains(x,y)

contains(x,y)函数用来判断一个变量 x 是否包含字符串 y。代码清单 2-16 表示如果 TRAIN_QMAKESPEC 的值包含"hpux.",则执行花括号中的配置。

代码清单 2-16

```
contains(TRAIN_QMAKESPEC, hpux.*) {
    # HPUX 下全面支持 C++
    QMAKE_CXXFLAGS *= -Aa
    LIBS += -lrt
}
```

5) unix/win32

unix 和 win32 用来配置不同平台下的配置项。如代码清单 2-17 中 Linux、Unix 平台均使用 unix 配置项,而 Windows 平台使用 win32 配置项。建议所有的"{"都跟配置项关键字在同一行。比如,标号①处 unix 后面的"{"要跟 unix 写在同一行。

代码清单 2-17

```
unix{
    contains(TRAIN_QMAKESPEC, g++) {
        CONFIG *= precompile_header
    }
}
# WIN32 下声明使用预编译头文件
win32{
    CONFIG *= precompile_header
}
```
①

6) DEFINES

DEFINES 用来在 pro、pri 文件中定义宏。这些宏可以在源代码中使用,比如代码清单 2-18 中标号①、标号②、标号③处定义的 unix、__unix、WIN32、TRAIN_64。

代码清单 2-18

```
# Unix 下编译设置
unix{
    # 表示 Unix 或 Linux 操作系统
    DEFINES *= unix __unix
```
①

```
}
#WIN32 下编译设置
win32{
    #表示 Windows 操作系统
    DEFINES *= WIN32                                                    ②
}
equals(BUILDBIT,64){
    DEFINES *= TRAIN_64                                                 ③
}
```

注意：标号①、标号②、标号③处的 DEFINES 后面的 *= 表示累加。

代码清单 2-18 中定义的 unix、__unix、WIN32、TRAIN_64 可以在源代码中使用，比如：

```
// dialog.cpp
#ifdef __unix
    ...
#endif
#ifdef TRAIN_64
    ...
#endif
```

7) CONFIG

CONFIG 配置项在 pri 中与 pro 中用法一样。CONFIG 常用的选项有：

```
CONFIG += console qt debug release thread warn_on
```

下面分别进行介绍。

（1）console 表示本项目是命令行程序，在启动本项目的目标程序时会启动一个终端（命令行）。

（2）qt 表示本项目要加载 Qt 的库，链接时要链接 Qt 的类库。

（3）debug 和 release 分别表示将项目构建成 Debug 版本还是 Release 版本。

（4）thread 表示程序是否启用多线程。如果没有 thread 选项，项目将无法使用多线程。

（5）warn_on 表示是否显示编译警告。因为有些编译警告还是很重要的，所以建议开启该配置项。如果不关注或者不处理编译警告，也有可能导致程序运行时异常。

8) QMAKE_CXXFLAGS

QMAKE_CXXFLAGS 用来为编译器指示一些编译标志，比如：

```
# 去掉 strcpy 等编译警告
QMAKE_CXXFLAGS *= -wd499
# ui 生成的文件使用 utf-8 编码，编译时产生 4819 警告，因此去掉
QMAKE_CXXFLAGS *= -wd4819
```

在进行中大型项目开发时经常会用到 pri 文件。如果仅仅编写一个独立的 EXE 模块，那么 pri 文件可能不会发挥太大作用，因为可以把 pri 中的配置项直接编写到 pro 文件中。但是建议进行软件研发时要进行标准化操作，比如：建立一套 pri 文件并在团队的所有项目中使用，那么在建立新项目时时将会非常方便。

现在，回顾一下本节的主要内容：

（1）pri 文件路径中的目录分隔符要用"/"，请不要使用"\"。

（2）pri 文件只能被 pro 文件或另一个 pri 文件引用。

（3）使用环境变量的语法跟使用变量的语法不同：

使用环境变量的语法：**$$（环境变量名）**
使用变量的语法：**$$变量名**
（4）在 pro 或 pri 中，Qt 提供了一些函数来进行判断或者输出信息，比如 isEmpty()、error()等。
（5）在使用 CONFIG 的配置项进行判断时，建议所有的"{"跟配置关键字在同一行，不要换行。
（6）在 pri 中定义的宏可以在代码中使用。

2.6 知识点 一劳永逸，引入 pri 体系

视频讲解

在中大型项目开发中，仅通过一套 pri 就能完成各个项目的公共配置，这样可以极大提高代码复用率和研发效率。因此，建立一套完整的 pri 体系变得非常重要。一般情况下，软件开发组织会建立一套公共 pri 文件。这些 pri 文件各自负责不同的功能：有的负责处理编译选项；有的负责处理目录设置；有的处理第三方库的配置。方便起见，本节把这些 pri 整合成一个文件来介绍。当然，如果为了使逻辑更加清晰，也可以根据需要把单个 pri 文件拆成多个。代码清单 2-19 是整个 gui_base.pri 文件的内容。

代码清单 2-19

```
# gui_base.pri
# ##################################################
# 注意:此文件用于放置本次课程各子项目的公共设置,
# 在各子项目的 Qt 工程文件中通过 include 语句包含该 pri 文件.
# 需要提前定义如下系统环境变量:
# TRAINDEVHOME 根目录,其下是 bin,lib,src 等子目录.
# TRAINBUILDTYPE 编译版本: debug|release|all
# TRAINBUILDBIT 编译位数: 32|64
###################################################
# 需先通过环境变量 TRAINDEVHOME 指定开发目录
# isEmpty 函数不能直接对环境变量进行判断,所有先将其放入一个临时变量中
DEVHOME   =  $$(TRAINDEVHOME)
isEmpty(DEVHOME) {
    error('TRAINDEVHOME'环境变量必须被定义)
}
# 设置变量:系统执行文件路径、库文件路径、临时文件路径、头文件包含路径
TRAIN_BIN_PATH     =  $$(TRAINDEVHOME)/bin
TRAIN_LIB_PATH     =  $$(TRAINDEVHOME)/lib
TRAIN_OBJ_PATH     =  $$(TRAINDEVHOME)/obj
TRAIN_SRC_PATH     =  $$(TRAINDEVHOME)/src
TRAIN_UIC_PATH     =  $$(TRAINDEVHOME)/obj/uic
TRAIN_INCLUDE_PATH =  $$(TRAINDEVHOME)/include
# 设置所引用的库文件的路径
QMAKE_LIBDIR * = $$ TRAIN_LIB_PATH
DEPENDPATH * = .\
               $$ TRAIN_INCLUDE_PATH

INCLUDEPATH * = .\
               $$ TRAIN_INCLUDE_PATH
###################################################
# 不同平台的编译器设置
###################################################
```

```
# 获取编译 Qt 的编译器类型
TRAIN_QMAKESPEC = $$(QMAKESPEC)
# Unix + GCC 下声明使用预编译头文件
# GCC 3.4 及以后版本支持预编译头文件
unix{
    contains(TRAIN_QMAKESPEC, g++) {
        CONFIG *= precompile_header
    }
}
# WIN32 下声明使用预编译头文件
win32{
    CONFIG *= precompile_header
    # 去掉 strcpy 等编译警告
    QMAKE_CXXFLAGS *= -wd4996
}
# Unix 下编译设置
unix{
    DEFINES *= unix __unix
}
# WIN32 下编译设置
win32{
    DEFINES *= WIN32
}
# 激活 STL、RTTI、EXCEPTIONS 支持
CONFIG *= stl exceptions rtti
# 激活多线程、编译警告
CONFIG *= thread warn_on
# 不同编译版本相关的配置
BUILDTYPE = $$(TRAINBUILDTYPE)
equals(BUILDTYPE,debug){
    CONFIG += debug
    CONFIG -= release
}
equals(BUILDTYPE,release){
    CONFIG += release
    CONFIG -= debug
}
equals(BUILDTYPE,all){
    CONFIG -= debug
    CONFIG -= release
    CONFIG += debug_and_release build_all
}
# 指定代码中宏定义
debug_and_release {
    CONFIG(debug, debug|release) {
        DEFINES += TRAIN_DEBUG
    }
    CONFIG(release, debug|release) {
        DEFINES += TRAIN_RELEASE
    }
} else {
    debug: DEFINES += TRAIN_DEBUG
    release: DEFINES += TRAIN_RELEASE
```

```
}
# 配置系统使用的编译位数类型
BUILDBIT = $$(TRAINBUILDBIT)
# 不同编译版本相关的配置
equals(BUILDBIT,32){
    # 扩展 32 位配置项
    CONFIG *= x86
    DEFINES *= TRAIN_32
}
equals(BUILDBIT,64){
    # 扩展 64 位配置项
    CONFIG *= x64
    DEFINES *= TRAIN_64
}
# 指定不同编译版本中间文件目录
debug_and_release {
    CONFIG(debug, debug|release) {
        TRAIN_OBJ_PATH = $$TRAIN_OBJ_PATH/debug
    }
    CONFIG(release, debug|release) {
        TRAIN_OBJ_PATH = $$TRAIN_OBJ_PATH/release
    }
} else {
    debug:TRAIN_OBJ_PATH = $$TRAIN_OBJ_PATH/debug
    release:TRAIN_OBJ_PATH = $$TRAIN_OBJ_PATH/release
}
```

下面来详细介绍一下这个 pri 文件。

1. 开头的声明

在 pri 文件开头有一个声明区,在这里指示了需要创建的环境变量,也就是这个 pri 文件依赖的环境变量。如果不想设置环境变量,就要修改 pri 文件中的相关内容才能达到设置编译环境的目的。使用环境变量会相对方便一些,因为不用在每个项目中都修改这个 pri 文件。推荐使用环境变量的方式进行配置。

代码清单 2-19 所示的 pri 文件用到的环境变量有 3 个。

1) TRAINDEVHOME

环境变量 TRAINDEVHOME 用来描述项目的根目录。项目的目录结构如下。

```
$$(TRAINDEVHOME)
------ bin            构建好的运行程序所在目录
------ lib            构建好的库文件所在目录
------ include        公共头文件目录,其下可以再分子目录
------ obj            构建项目时生成的临时文件根目录
------ src            源代码根目录
------ temp           运行程序使用的临时文件目录
```

2) TRAINBUILDTYPE

环境变量 TRAINBUILDTYPE 用来设置需要构建的目标程序的版本是 Debug 版本还是 Release 版本,其取值见表 2-4。

表 2-4　目标程序的构建版本类型

取　值	含　义
debug	构建 Debug 版本（调试版本）
release	构建 Release 版本（发布版本）
all	同时构建 Debug、Release 版本，即两个版本都构建

3）TRAINBUILDBIT

环境变量 TRAINBUILDBIT 用来设置构建的目标程序的位数（见表 2-5）。

表 2-5　目标程序的构建位数

取　值	含　义	取　值	含　义
32	构建成 32 位程序	64	构建成 64 位程序

QTDIR、QMAKESPEC 是安装完 Qt 后必不可少的环境变量，在 1.5 节已进行介绍。

2．检查环境变量

代码清单 2-20 用来检查是否已设置环境变量 TRAINDEVHOME。

代码清单 2-20

```
DEVHOME = $$(TRAINDEVHOME)
isEmpty(DEVHOME) {
    error('TRAINDEVHOME'环境变量必须被定义。)
}
```

通过 Qt 的 isEmpty() 函数可以对环境变量是否已经设置进行间接判断。如果变量 DEVHOME 为空，就意味着 TRAINDEVHOME 为空，此时输出错误信息并退出。因为 isEmpty() 只能使用自定义变量而无法使用环境变量，所以先定义 DEVHOME 这个变量并将它赋值为环境变量 TRAINDEVHOME 的值，然后用它进行判断。

3．公共目录

代码清单 2-21 定义了 pri 用到的各种路径。

代码清单 2-21

```
# 设置变量:系统执行文件路径、库文件路径、临时文件生成路径、头文件包含路径
TRAIN_BIN_PATH    = $$(TRAINDEVHOME)/bin
TRAIN_LIB_PATH    = $$(TRAINDEVHOME)/lib
TRAIN_OBJ_PATH    = $$(TRAINDEVHOME)/obj
TRAIN_SRC_PATH    = $$(TRAINDEVHOME)/src
TRAIN_UIC_PATH    = $$(TRAINDEVHOME)/obj/uic
TRAIN_INCLUDE_PATH = $$(TRAINDEVHOME)/include
# 设置所引用的库文件的路径
QMAKE_LIBDIR * = $$ TRAIN_LIB_PATH
DEPENDPATH * = .\
               $$ TRAIN_INCLUDE_PATH
INCLUDEPATH * = .\
                $$ TRAIN_INCLUDE_PATH
```

代码清单 2-21 中，定义了可执行程序目录等路径，这些路径都依赖于 TRAINDEVHOME 环

境变量。如果不想用环境变量，可以换成自定义变量（需要注意自定义变量的语法跟环境变量不同）。

代码清单 2-21 中的变量用来设置公共目录。在项目的 pro 文件中引用本 pri 文件后，还可以继续对这些变量值进行引用加工（比如继续追加目录层级）。从这些变量的名称就可以对其用途略知一二，表 2-6 对这些路径进行了详细说明。

表 2-6 pro 和 pri 文件中各种路径设置

取值	含义
TRAIN_BIN_PATH	构建完成的可执行程序的存放路径
TRAIN_LIB_PATH	构建完成的库文件的存放路径
TRAIN_OBJ_PATH	构建产生的临时文件的根目录
TRAIN_SRC_PATH	源代码的根目录
TRAIN_UIC_PATH	编译 UI 文件产生的临时文件根目录（它是 TRAIN_OBJ_PATH 目录的子目录）
TRAIN_INCLUDE_PATH	项目的公共头文件根目录
QMAKE_LIBDIR	Qt 关键字。设置项目引用的库文件的搜索路径。比如，某个 EXE 项目如果用到了 a.dll，那么这个变量用来通知编译器到哪些目录中去搜索链接时用到的 a.lib 文件
DEPENDPATH	Qt 关键字。用来描述到哪些目录查找项目的依赖文件
INCLUDEPATH	Qt 关键字。用来描述编译器搜索头文件时的目录列表。在源代码中包含头文件时，可以直接写文件名或者相对路径，比如： ＃include "base/basedll/header.h" 这是相对于 INCLUDEPATH 的相对路径，其实完整的头文件路径是： $$ INCLUDEPATH/base/basedll/header.h

4．编译器设置

代码清单 2-22 对编译器的预编译选项、编译警告等进行配置。

代码清单 2-22

```
# 获取编译 Qt 的编译器类型
TRAIN_QMAKESPEC = $$(QMAKESPEC)
#Unix + GCC 下声明使用预编译头文件
#GCC3.4 及以后版本才支持预编译头文件
unix{
    contains(TRAIN_QMAKESPEC, g++) {
        CONFIG *= precompile_header
    }
}
#WIN32 下声明使用预编译头文件
win32{
    CONFIG *= precompile_header
    # 去掉 strcpy 等编译警告
    QMAKE_CXXFLAGS *= -wd4996
}
```

GCC3.4 及以后的版本支持预编译头文件。为了判断 GCC 编译器，使用了 Qt 的 contains()函数。该函数也无法识别环境变量，因此定义了变量 TRAIN_QMAKESPEC。当 Unix(Linux 也执行 pri 文件中的 unix 分支)平台的编译器为 GCC 时，CONFIG 配置项就增加了预编译头文件的支持：

```
CONFIG *= precompile_header
```

Windows 下（代码清单 2-22 中的 win32 分支，此处的 win32 是 Qt 的关键字）默认提供预编译头文件支持，因此无条件增加 precompile_header 的选项。

为了消除 strcpy 造成的 4996 编译警告，增加语句：

```
QMAKE_CXXFLAGS *= -wd4996
```

5．宏定义

在进行软件开发时，有时需要判断当前程序正运行在什么操作系统上，因此需要预先定义各个操作系统对应的宏。代码清单 2-23 介绍了在 Unix 以及 Windows 下怎样定义这些宏。在源代码中，可以直接使用这些宏进行判断。

代码清单 2-23

```
#Unix下编译设置
unix{
    DEFINES *= unix __unix
}
#WIN32下编译设置
win32{
    DEFINES *= WIN32
}
```

6．激活 STL、RTTI、EXCEPTIONS 支持

```
#激活 STL、RTTI、EXCEPTIONS 支持
CONFIG *= stl exceptions rtti
```

如果使用 STL 库，那么请配置 CONFIG *= stl。如果使用异常处理，那么请配置 CONFIG *= exceptions。如果需要进行运行时类型识别，那么请配置 CONFIG *= rtti。这些选项都是 CONFIG 配置项，可以进行单独配置。

7．激活多线程、编译警告

```
#激活多线程、编译警告
CONFIG *= thread warn_on
```

如果项目中用到多线程，请配置 CONFIG *= thread。因为本 pri 文件是公共文件，所以如果某个子项目用不到多线程支持，可以在该项目的 pro 中禁用多线程，方法是在该 pro 文件中使用如下语句：

```
CONFIG -= thread
```

8．编译成 Debug 版还是 Release 版本

代码清单 2-24 根据环境变量 TRAINBUILDTYPE 的值，对 CONFIG 进行配置。编译器在构建时可以根据 TRAINBUILDTYPE 的值将项目构建成不同的版本。

代码清单 2-24

```
# 不同编译版本相关的配置
BUILDTYPE = $$(TRAINBUILDTYPE)
```

```
equals(BUILDTYPE,debug){
    CONFIG += debug
    CONFIG -= release
}
equals(BUILDTYPE,release){
    CONFIG += release
    CONFIG -= debug
}
equals(BUILDTYPE,all){
    CONFIG -= debug
    CONFIG -= release
    CONFIG += debug_and_release build_all
}
```

如果需要对生成的程序进行调试,请选择 Debug 版本,因为 Debug 版的程序含有很多调试信息;如果需要进行发布则使用 Release 版本,因为它的执行效率更高、运行速度更快。代码清单 2-24 使用了 Qt 的 equals() 函数来判断编译版本。equals() 函数也不识别环境变量,因此定义变量 BUILDTYPE 来进行判断。请注意,equals() 函数的第二个参数中的 debug、release 是字符串,CONFIG 后面的 debug、release 才是 Qt 的关键字。

```
CONFIG += debug
CONFIG -= release
```

9. 程序运行时如何区分 Debug 版还是 Release 版

在程序运行过程中,有时也需要知道当前运行的程序是 Debug 版还是 Release 版。比如,Debug 版的程序应该只加载 Debug 版的插件,那该怎么做呢?代码清单 2-25 给出了解决方案。

代码清单 2-25

```
# 指定代码中宏定义
debug_and_release {
    CONFIG(debug, debug|release) {
    DEFINES += TRAIN_DEBUG
    }
    CONFIG(release, debug|release) {
        DEFINES += TRAIN_RELEASE
    }
} else {
    debug: DEFINES += TRAIN_DEBUG
    release: DEFINES += TRAIN_RELEASE
}
```

代码清单 2-25 中使用了分支判断语法。"{"前面的字符串是 CONFIG 的配置项,比如 debug_and_release。使用代码清单 2-25 的方法可以知道当前构建的程序版本并定义相关的宏 TRAIN_DEBUG、TRAIN_RELEASE。在源代码中可以直接用这两个宏来区分 Debug 版与 Release 版本。判断 Debug 版本的语法:

```
CONFIG(debug, debug|release)
```

判断 Release 版本则用:

```
CONFIG(release, debug|release)
```

区分 debug 编译分支和 release 编译分支的另一个方法是在 Debug 或者 Release 后使用

冒号（:）。

```
debug: DEFINES += TRAIN_DEBUG
release: DEFINES += TRAIN_RELEASE
```

10. 程序运行时如何区分自身是 32 位还是 64 位

有时运行程序可能需要知道自身是 32 位还是 64 位，方法见代码清单 2-26。在程序中就可以使用 TRAIN_32、TRAIN_64 进行条件编译。

代码清单 2-26

```
# 配置系统使用的编译位数类型
BUILDBIT = $$(TRAINBUILDBIT)
# 不同编译版本相关的配置
equals(BUILDBIT,32){
    # 32 位配置项
    CONFIG *= x86
    DEFINES *= TRAIN_32
}
equals(BUILDBIT,64){
    # 64 位配置项
    CONFIG *= x64
    DEFINES *= TRAIN_64
}
```

11. 区分 Debug 版本、Release 版本的临时文件

在构建程序时，同一个项目的 Debug 版本与 Release 版本会产生一些同名的临时文件。开发者当然不希望这些临时文件会相互覆盖，因此需要为它们指定不同的目录（见代码清单 2-27）。

代码清单 2-27

```
# 指定不同编译版本中间文件目录
debug_and_release {
    CONFIG(debug, debug|release) {
        TRAIN_OBJ_PATH = $$ TRAIN_OBJ_PATH/debug
    }
    CONFIG(release, debug|release) {
        TRAIN_OBJ_PATH = $$ TRAIN_OBJ_PATH/release
    }
} else {
    debug:TRAIN_OBJ_PATH = $$ TRAIN_OBJ_PATH/debug
    release:TRAIN_OBJ_PATH = $$ TRAIN_OBJ_PATH/release
}
```

Debug 版本与 Release 版本产生的临时文件分别存放到 obj 下面的 debug 目录、release 目录，这样它们就不会相互覆盖了。

本节详细介绍了如何为项目引入 pri 体系并且使它正常运转起来，提到了 pri 文件的很多配置项，开发者可以根据实际需求调整其中的配置项。其中最常被修改的可能是环境变量。

- **TRAINDEVHOME**　　项目根目录，其下是 bin、lib、src 等子目录。
- **TRAINBUILDTYPE**　　构建版本：debug|release|all
- **TRAINBUILDBIT**　　编译位数：32|64

开发者可能根据自己的项目需求创建了不同的环境变量名（比如：不是 TRAINDEVHOME，

而是 SOURCEHOME),或者干脆在 pri 或 pro 中不用环境变量而是使用自定义变量指示项目根目录。如果使用自定义变量,就需要将本 gui_base.pri 中所有使用环境变量的代码改成使用自定义变量,而且一定要注意自定义变量的使用语法跟环境变量不同。另外需要注意,如果要在项目的 pro 文件中引用该 pri 文件,那么也要进行相应修改。如代码清单 2-28 所示,用自定义变量 PRI_FILE_PATH 描述 gui_base.pri 文件所在目录。

代码清单 2-28

```
# myprogram.pro
PRI_FILE_PATH = ../../
include ( $$ PRI_FILE_PATH/src/gui_base.pri )
```

12. 关于 OpenGL

在 Linux 上编译程序时,可能出现编译错误 "fatal error:GL/gl.h:No such file or directory",这是因为找不到 OpenGL 头文件。处理方案:使用宏 QT_NO_OPENGL,将该宏添加到 gui_base.pri 中。

```
# gui_base.pri
DEFINES *= QT_NO_OPENGL
```

这样做将导致项目中无法使用 OpenGL,如果希望在某个子项目中继续使用,则应该在该子项目的 pro 文件中解除定义。

```
# xxx.pro
DEFINES -= QT_NO_OPENGL
```

2.7 案例 4 还是不知道 pri 怎么用?来练练手吧

视频讲解

本案例对应的源代码目录:src/chapter02/ks02_07。

2.6 节介绍了如何在项目中引入 pri 文件体系,虽然内容比较多,但是真正需要关注的可能只有几个环境变量。本节来练练手,把 pri 文件应用到项目中。下面直接给出步骤。

(1) 创建 pri 文件并建立环境变量。
(2) 建立项目,并在项目的 pro 文件中添加对 pri 文件的引用。
(3) 在项目的源代码中使用 pri 文件中定义的宏。

下面进行详细介绍。

1. 创建 pri 文件并建立环境变量

先把 2.6 节中代码清单 2-19 的 pri 文件内容保存为独立的 pri 文件,将文件名设置为 gui_base.pri。2.6 节介绍了项目的根目录结构,其中环境变量 TRAINDEVHOME 用来表示项目的根目录。为了达到练手的效果,请把环境变量 TRAINDEVHOME 改为 PRJROOT。项目的目录结构如下,其中 $$ (PRJROOT)表示环境变量 PRJROOT 对应的路径。

```
$$ (PRJROOT)
------ bin        构建完成的运行程序所在目录
------ lib        构建完成的库文件所在目录
------ include    公共头文件目录,其下可以建子目录
------ obj        构建时生成的临时文件的根目录
```

```
------ src        源代码根目录
------ temp       运行程序使用的临时文件目录
```

根据 pri 文件的要求，请在系统中建立下面这 3 个环境变量：

- PRJROOT   指向项目的根目录（src 的上级目录）
- PRJBUILDTYPE   all
- PRJBUILDBIT   64

然后，请将 gui_base.pri 文件中的环境变量字符串替换，对应关系如下：

```
TRAINDEVHOME     ——>    PRJROOT
TRAINBUILDTYPE   ——>    PRJBUILDTYPE
TRAINBUILDBIT    ——>    PRJBUILDBIT
```

将修改后的 pri 文件保存到 $$(PRJROOT)/src 目录下：

```
$$(PRJROOT)/src/gui_base.pri
```

这样，就完成了第一步。

如果对 pri 文件里面的环境变量的名称、各种路径变量的命名不满意，请自行更改。允许修改的路径列表见代码清单 2-29。

代码清单 2-29

```
TRAIN_BIN_PATH = $$(PRJROOT)/bin
TRAIN_LIB_PATH = $$(PRJROOT)/lib
TRAIN_OBJ_PATH = $$(PRJROOT)/obj
TRAIN_SRC_PATH = $$(PRJROOT)/src
TRAIN_UIC_PATH = $$(PRJROOT)/obj/uic
TRAIN_INCLUDE_PATH = $$(PRJROOT)/include
```

代码清单 2-29 中的自定义变量名称是用来在项目的 pro 文件中引用的变量。如果对变量命名不满意，可以将变量改名，但改名后请同步修改 pri、pro 文件中对这些变量的引用。

2. 建立项目，并在项目的 pro 文件中添加对 pri 文件的引用

在 pro 文件中设置各种路径时请引用 gui_base.pri 中定义的变量，见代码清单 2-30。

代码清单 2-30

```
# ks02_07.pro
include ( $$(PRJROOT)/src/gui_base.pri)                        ①
TEMPLATE = app
LANGUAGE = C++
CONFIG += console
DESTDIR = $$TRAIN_BIN_PATH                                     ②
HEADERS += $$TRAIN_SRC_PATH/gui_base.pri \                     ③
           ks02_07.pro
SOURCES += main.cpp
TEMPDIR = $$TRAIN_OBJ_PATH/chapter02/ks02_07                   ④
OBJECTS_DIR = $$TEMPDIR                                        ⑤
MOC_DIR = $$TEMPDIR/moc
UI_DIR = $$TEMPDIR/ui
debug_and_release {
    CONFIG(debug, debug|release) {
        TARGET = ks02_07_d
```

```
        }
        CONFIG(release, debug|release) {
            TARGET = ks02_07
        }
    } else {
        debug {
            TARGET = ks02_07_d
        }
        release {
            TARGET = ks02_07
        }
    }
```

代码清单 2-30 中，标号①处引入了 pri 文件。

标号②处为 DESTDIR 赋值时引用了 pri 文件中的变量 TRAIN_BIN_PATH，该变量用来设置项目生成的目标文件所在路径。

标号③处在 HEADRS 参数中加入了 pri 文件和 pro 文件的目的是为了方便，因为这样就可以在 VS 2017 的 IDE 环境中，直接查看这两个文件的内容了。

标号④处定义了自定义变量 TEMPDIR，这个变量引用了 pri 中的 TRAIN_OBJ_PATH 变量。

标号⑤处将 OBJECTS_DIR（Qt 关键字，用来描述临时文件目录）设置为同 TEMPDIR 一样的值。

其实在本节的示例代码中并没有提供界面资源文件（UI 文件），但代码清单 2-30 还是给出了 MOC_DIR 和 UI_DIR 的设置，这是为了解释 TEMPDIR 的用法。

在 pro 文件的最后，给出了目标程序的命名，见代码清单 2-31。

代码清单 2-31

```
debug_and_release {
    CONFIG(debug, debug|release) {
        TARGET = ks02_07_d
    }
    CONFIG(release, debug|release) {
        TARGET = ks02_07
    }
} else {
    debug {
        TARGET = ks02_07_d
    }
    release {
        TARGET = ks02_07
    }
}
```

代码清单 2-31 中把 Debug 版本和 Release 版本的目标文件设置为不同的名称：Debug 版本带有_d 字样，Release 版本则没有。这样做目的是可以将它们方便地区分开来。

3．在项目的源代码中使用 pri 文件中定义的宏

可以在项目的源代码中使用 pri 中定义的宏。比如，可以在源代码中使用 gui_base.pri 中定义的宏 TRAIN_DEBUG，见代码清单 2-32。

代码清单 2-32

```
#ifdef TRAIN_DEBUG
    cout << "我真的啥也没干" << endl;
#else
    cout << "我到底干了点啥呢" << endl;
#endif
```

本节讲述了如何在实际项目中使用 pri 文件。本案例给出的代码仍然使用 TRAINDEVHOME、TRAINBUILDTYPE、TRAINBUILDBIT 这 3 个未改名的环境变量，请自行将其改名。

2.8 配套练习

1. 利用 Qt 开发一个 EXE 应用。
（1）生成一个命令行程序，项目文件名称为 myprogram.pro。
（2）项目生成的目标程序名称为 myprogram.exe。程序的功能为打印一行信息到终端："Qt，我来了！"。
（3）项目只包含一个 cpp 文件，文件名为 myprogram.cpp。
（4）所有文件从无到有手工编写，不要复制本节给出的示例代码或源代码文件。
（5）除了项目的 pro 文件，所有源代码用 UTF-8 BOM 格式保存。项目的 pro 文件用 UTF-8 格式保存。
（6）附加要求：确保程序在 Linux 上构建成功并正常运行，并可正确输出中文。本项要求将作为通用要求，后续练习题中将不再重述该要求。

2. 开发带两个 h 文件、两个 cpp 的 EXE 应用。
（1）包含两个 h 文件（头文件）、两个 cpp 文件（实现文件）。
（2）在保证程序可以构建成功的前提下，对 h 文件、cpp 文件中代码的功能没有要求。

3. 编写一个对话框应用程序。
（1）目标可执行程序名称为 scan.exe。
（2）项目含有一个对话框资源文件 searchdialog.ui。该对话框的 objectName 为 CSearchDialog，基类为 QDialog。
（3）该对话框对应类的文件名：searchdialog.h、searchdialog.cpp。
（4）用本章所讲的方法设置 Qt Creator 的默认构建目录（该目录的文本请见本书配套资源中【Qt Creator 4.7.2 的 Default build directory 设置】，配套资源获取方式见前言），并通过使用环境变量把临时文件目录设置到 obj 的子目录，并保持源代码目录整洁。

4. 在 Unix 或 Linux 环境下开发 DLL 项目时，生成的目标文件名一般为 libabc.so.1.0.0 的形式，那么该如何编写 DLL 的 pro 文件中的 TARGET 配置项？

5. 请说出如下配置的含义。

```
HEADERS = question.pro \
          subdir/myfile.h \
          ../../parentdirectory/mycom.h \
          $$(TRAINDEVHOME)/include/base.h
```

第 3 章 多国语言国际化

如果软件产品的用户是国际用户,就会涉及中英文翻译问题。因为给国外用户使用的产品可能需要英文界面,给国内用户使用的产品需要中文界面。这就带来一个问题:只有一套界面但要提供两种语言,这该怎么办呢?别急,Qt 提供了多国语言国际化(简称国际化)方案来解决这个问题。

3.1 案例 5 怎样实现国际化

视频讲解

本案例对应的源代码目录:src/chapter03/ks03_01。程序运行效果见图 3-1。

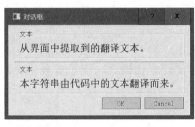

图 3-1 案例 5 运行效果

Qt 提供的方案其实也很简单:显示文本时调用特定的翻译接口,然后需要开发者提供一个中英文对照的 qm 文件(二进制翻译文件),最后在程序启动时加载这个翻译文件。下面介绍具体步骤。

(1) 在 ui 文件或代码中使用英文。
(2) 在提供翻译的类中编写 Q_OBJECT 宏。
(3) 在 pro 文件中添加 TRANSLATIONS 配置。
(4) 使用 lupdate 命令,提取待翻译内容到 ts 文件。
(5) 使用 linguist(Qt 语言家)在 ts 文件中添加中英文对照翻译,并导出 qm 文件。
(6) 程序启动时加载 qm 文件。

现在分步骤进行详细介绍。

1. 在 ui 文件或代码中使用英文

首先,在 ui 文件或者在编程时需要显示汉字的地方使用英文。在 ui 中显示文本时直接键入英文即可,在编程中显示文本时需要调用类的 tr() 接口进行翻译:

```
m_pLabel2->setText(tr("this is translated by source code"));
```

tr() 接口是 QObject 类的接口,所以调用 tr() 的类要从 QObject 类派生。如果待翻译的文本所在的类不是 QObject 的派生类,那么请使用 QObject 类或它的派生类来调用 tr() 接口。

2. 在提供翻译的类中编写 Q_OBJECT 宏

如果某个类中有文本需要翻译,那么除了要求该类从 QObject 类派生,还需要使用 Q_OBJECT 宏。假设类名为 CDialog,就需要在 CDialog 类定义开头添加 Q_OBJECT 宏,如代码清单 3-1 所示。

代码清单 3-1

```
class CDialog : public QDialog {
    Q_OBJECT
    ...
};
```

如果不编写 Q_OBJECT 宏,那么在使用 lupdate 命令提取 ts 文件时将会报错。

```
ks03_01/dialog.cpp:7: Class 'CDialog' lacks Q_OBJECT macro Updating 'ks03_01.ts'...
```

该错误提示的含义是:在更新 ks03_01.ts 文件时发现类 CDialog 缺少 Q_OBJECT 宏。

3. 在 pro 文件中添加 TRANSLATIONS 配置

ts 文件是 Qt 用来进行中英文翻译的文本文件,通过 Qt 的 lupdate 命令提取得到 ts 文件,然后由人工完成翻译。如果想得到 ts 文件,需要在 ks03_01.pro 中添加如下内容:

```
TRANSLATIONS = ks03_01.ts
```

ks03_01.ts 是 lupdate 命令提取到的 ts 文件名称。在配置 TRANSLATIONS 时也可以带文件路径。

```
TRANSLATIONS = $$TRAIN_SRC_PATH/translations/ks03_01.ts
```

这表示将 lupdate 命令提取的 ts 文件放到项目的 src/translations 目录下,文件名称为 ks03_01.ts。

4. 使用 lupdate 命令,提取待翻译内容到 ts 文件

完成 pro 文件中的 TRANSLATIONS 配置后,执行 lupdate 命令。

```
lupdate ks03_01.pro
```

lupdate 将读取 pro 文件中的 TRANSLATIONS 配置并读取源代码文件,将待翻译的文本提取到 TRANSLATIONS 配置项所指示的 ts 文件。如果未配置 TRANSLATIONS 将导致 lupdate 命令执行失败。

5. 使用 linguist 在 ts 文件中添加中英文对照翻译,并导出 qm 文件

启动 linguist,选择【文件】|【打开】菜单项打开 ts 文件。然后选择【上下文】中的类名,在【字符串】里选中某行源文,将翻译后的文本写在【Translation to 简体中文(中国)】下面的文本框内(见图 3-2)。

注意:标点符号也要一一翻译。

完成一个源文的翻译后,单击源文前面的"?"(见图 3-3)并将其改为"√"。

完成全部翻译工作后,可以查看图 3-3 中【上下文】列表框的内容,检查是否还有未翻译的项目(未翻译的源文前面显示"?",已翻译的显示"√")。完成所有翻译后,将 ts 文件发布为二进制的 qm 文件。方法是选择【文件】|【另外发布为】菜单项,然后选择发布目录即可。比如,

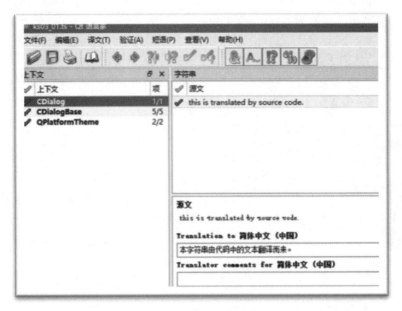

图 3-2 Qt 语言家界面

图 3-3 未翻译的源文

可以将 qm 文件发布到 $$(PRJROOT)/system/lang 目录下。

6．程序启动时加载 qm 文件

在 main()函数或其他合适的位置加载 qm 文件。

1) 首先包含所需的头文件(见代码清单 3-2)

代码清单 3-2

```
# include < QApplication >
# include < QTranslator >                        // 国际化
# include < QLibraryInfo >                       // 国际化
```

2) 加载 Qt 自带的翻译文件

Qt 自带的翻译文件用来实现 Qt 类中文本的翻译。如代码清单 3-3 所示,在标号①处得到本机的语言环境,在标号②处构建 QTranslator 对象,然后在标号③处安装翻译文件。标号③处调用了 QTranslator 的 load()接口,该接口的参数 1 用来描述翻译文件名,参数 2 用来描述翻译文件所在目录。

代码清单 3-3

```
// 安装 Qt 自带的中文翻译
const QString localSysName = QLocale::system().name(); // 获取本机系统的语言环境       ①
QScopedPointer < QTranslator > qtTranslator(new QTranslator(QCoreApplication::instance())); ②
if (qtTranslator -> load(QStringLiteral("qt_") + localSysName, QLibraryInfo::
location(QLibraryInfo::TranslationsPath)))                                        ③
    QCoreApplication::installTranslator(qtTranslator.take());
}
```

Qt 的翻译文件并未把所有英文都翻译成中文(比如从 Designer 中拖出的 QDialogButtonBox 中的 OK、Cancel 按钮上的文本),开发者需要自己翻译这些英文。翻译 Qt 自带文本的方法是将这些文本按照 ts 文件的格式键入 ts 文件(见代码清单 3-4)。< context >和</context >之间是 QPlatformTheme 类的翻译内容。name 用来描述类名,每一组 message 用来描述一个源文和翻译的对照,其中 source 表示源文,translation 表示翻译,location 表示包含源文的代码行(可能不止一处)。完成人工翻译后,用 linguist 进行发布即可。

代码清单 3-4

```
< context >
    < name > QPlatformTheme </name >
    < message >
        < location filename = "../src/widgets/qdialogbuttonbox.cpp" line = " + 42"/>
        < location line = " + 18"/>
        < source > OK </source >
        < translation >确定</translation >
    </message >
    < message >
        < location line = " + 54"/>
        < source > Cancel </source >
        < translation >取消</translation >
    </message >
</context >
```

为什么 QDialogButtonBox 中的按钮没有被翻译成中文呢?这是因为在 Qt 的源代码里,为 QDialogButtonBox 的按钮进行翻译时,使用的是 QPlatformTheme 类。

```
QCoreApplication::translate ("QPlatformTheme" , "OK" );
```

这里的 ts 文件可以作为 Qt 的补丁。可以将上述 ts 文件的内容专门保存为一个公共的 ts 文件,然后把这个文件提供给各项目组使用。

3) 加载项目的翻译文件

加载完 Qt 自带的翻译文件后,应加载项目的翻译文件,见代码清单 3-5。

代码清单 3-5

```
QString strPath = qgetenv("TRAINDEVHOME");        // 获取环境变量所指向的路径
strPath += "/system/lang";                         // $TRAINDEVHOME/system/lang/ks03_01.qm
QScopedPointer<QTranslator> gpTranslator(new QTranslator(QCoreApplication::instance()));
if (gpTranslator->load("ks03_01.qm", strPath)) {                                              ①
    QCoreApplication::installTranslator(gpTranslator.take());
}
```

国际化在 Qt 软件开发过程中是非常重要的组成部分。即使目前没有计划将产品推向国际市场,软件开发者也应该养成使用国际化进行编程的习惯。因为一旦将来需要将产品推向国际市场,无须对源代码做任何修改就能马上推出产品,这会减少很多不必要的工作量。

3.2 知识点 几种常见的国际化编程场景

视频讲解

3.1 节介绍了国际化开发的基本步骤,本节将介绍几种常见的国际化编程场景,源代码目录:src/chapter03/ks03_02。程序运行效果见图 3-4。这些场景的核心内容虽然一样,但是分别采用了不同的编程方式来实现国际化。本节介绍 4 种常见的国际化编程场景。

图 3-4 ks03_02 运行效果

(1) 在 UI 界面文件中使用英文。
(2) 在代码中使用 tr(字符串常量)。
(3) 在代码中使用 tr(字符串变量)。
(4) 在非 QObject 派生类中实现国际化。

下面进行详细介绍。

1. 在 UI 界面文件中使用英文

在界面中使用英文是一种常见的国际化编程场景。在使用 Designer 绘制界面时,直接键入英文,然后按照 3.1 节介绍的步骤执行即可实现国际化。

2. 在代码中使用 tr(字符串常量)

在代码中使用 tr(字符串常量)的场景其实在 3.1 节介绍过,即在类中使用 tr("xxx")。这要求类从 QObject 派生,并且类定义的开头要加上 Q_OBJECT 宏。

3. 在代码中使用 tr(字符串变量)

当同一个类的多处代码存在相同的待翻译文本时,可以使用 tr(字符串变量)的方法解决。如果是不同类的代码中使用同一个文本的情况,应参考下面将要讲述的"在非 QObject 派生类中实现国际化"方案进行处理。对于同一个类的不同代码行中出现的相同文本,可以定义一个 const 字符串变量来存储,这样做有两个原因:

(1) 避免在多处使用时因笔误导致拼写错误。
(2) 如果需要修改源文,只需要在定义 const 字符串变量的代码处改一次就可以了。

使用 tr(字符串变量)的代码可以这样写：

```
const char * c_strInfo = "cannot save file: disk full!";
cout << tr(c_strInfo) << endl;
```

现在出现一个问题：如果能通过定义字符串变量的方式实现国际化编程，为什么不直接定义一个字符串数组呢？这样就可以通过数组访问这些源文，不是更方便吗？这么做听上去不错，但 Qt 的 lupdate 命令无法提取字符串数组中的源文，这会导致 ts 文件中不含这些源文。那该怎样解决这个问题呢？一个可行的方法是：在使用字符串数组的类的构造函数中把所有字符串用 tr 调用一遍，如代码清单 3-6 所示。

代码清单 3-6

```
static const char * s_description[] = { "X-Axis", "X-Grid", "Y-Axis", "Y-Grid"};
static const char * s_coordinate[] = { "X", "Y", "width", "height"};
CMyClass:: CMyClass() {
    // 下面的代码是为了让 lupdate 可以自动提取源文
    {
        tr("X-Axis");tr("X-Grid");tr("Y-Axis");tr("Y-Grid");            ①
                tr("X"); tr("Y"); tr("width"); tr("height");             ②
    }
    ...
}
QString CMyClass:: getOName() {
    // 在真正需要翻译时再使用数组和下标访问这些字符串
    return tr(s_description[0]);
}
```

代码清单 3-6 中用两个 const char * 类型的静态数组 s_description、s_coordinate 来存放字符串，然后在 CMyClass 的构造函数中标号①、标号②处对数组中的全部字符串执行了一次 tr()调用。这样，lupdate 会将这些源文提取到 ts 文件中，然后就可以实现国际化了。

4. 在非 QObject 派生类中实现国际化

在介绍国际化编程方法时，一再强调源文所在的类一定要从 QObject 派生(直接派生、间接派生都可以)，但如果不希望类从 QObject 派生，该怎么办呢？其实很简单，定义一个公共类，然后把源文交给这个公共类翻译就行了。当然了，这个公共类要从 QObject 派生。假设有一个类 CMyClass，这个类不从 QObject 派生，那么可以定义另外一个类 CCommonString，由它负责替 CMyClass 实现国际化，如代码清单 3-7 所示。

代码清单 3-7

```
// commonstring.h
#pragma once
#include <QObject>
class CCommonString : public QObject {
    Q_OBJECT
};
// myclass.h
class CMyClass {
    ...
public:
    void func(void);
```

```
};
// myclass.cpp
#include "commonstring.h"
#include "myclass.h"
const char * c_strInfo = "This also work!";
void CMyClass::func(void){
    cout << CCommonString::tr("This will Work!") << endl;
    cout << CCommonString::tr(c_strInfo) << endl;
}
```
①

代码清单3-7中定义了CMyClass类,在标号①处有需要进行翻译的源文,但因为CMyClass不是QObject的派生类,所以无法正常翻译。现在定义CCommonString类,由它代替CMyClass实现翻译(见标号①处代码)。

注意:在使用commonstring.h的项目pro文件中,应该将该头文件添加到HEADERS配置项(见代码清单3-8标号①处),否则可能导致项目构建失败。

代码清单3-8

```
HEADERS += $$(TRAINDEVHOME)/src/gui_base.pri \
           ks03_02.pro \
           dialog.h \
           $$TRAIN_INCLUDE_PATH/base/commonstring.h
```
①

3.3 知识点 中英文翻译失败如何处理

视频讲解

在3.1节、3.2节介绍了国际化开发的方法及常见的开发场景,用这些方法可以实现正常的中英文翻译。但在实际开发过程中经常会碰到翻译失败的情况,这到底是怎么回事呢?下面列举几种可能导致翻译失败的原因:

(1) 文本控件尺寸不合适导致无法完整显示源文。
(2) ts文件中找不到源文或者只有源文没有翻译后的文本。
(3) ts文件的翻译项中存在type="vanished"或者type="unfinished"。
(4) 没有将qm文件发布到指定目录。
(5) 程序中未正确加载qm文件。

下面进行详细介绍。

1. 文本控件尺寸不合适导致无法完整显示源文

因文本控件的尺寸不合适导致遮挡源文是比较低级的问题,但现实中也有可能碰到。

2. ts文件中找不到源文或者只有源文没有翻译后的文本

使用lupdate将源文提取到ts文件时,可能由于某种原因未能成功提取到源文,或者虽然提取到源文,却忘记做人工翻译工作。如果源文在ts文件中已存在,那么只需要补充翻译即可;如果ts文件中找不到源文,就要检查具体原因了。

1) 源文出现拼写错误

如果源文出现拼写错误或者把标点符号的半角/全角弄错了,这会导致翻译失败。这时,应认真核对源文的拼写。

2）忘记将源文添加到 ts 文件

当人工编写 ts 文件时，可能忘记将源文添加到 ts 文件。这时只需要将源文添加到 ts 文件并增加翻译。

3）修改代码后，忘记执行 lupdate

如果修改了代码但忘记执行 lupdate，也会导致翻译失败。解决的方法就是执行 lupdate 以及国际化的后续操作步骤。

4）忘记对源文调用 tr() 接口

如果没有使用 tr() 对源文进行翻译，也会导致翻译失败。这时只需要对源文执行 tr() 调用。

3. ts 文件的翻译项中存在 type = "vanished" 或者 type = "unfinished"

如果 ts 文件的翻译项中存在属性：type = vanished 或者 type = unfinished（见代码清单 3-9 标号①处），也会导致翻译失败。此时需要补充翻译，并将"type = vanished"或者"type = unfinished"字样删除，然后再执行发布。

代码清单 3-9

```
< context >
    < name > CResourceInput </name >
    < message >
        < source > Cancel </source >
        < translation type = "vanished"></translation >                    ①
    </message >
</context >
```

4. 没有将 qm 文件发布到指定目录

如果指定目录中没有 qm 文件，可能有两种原因。

1）未执行发布动作

linguist 的【文件】菜单中有【发布】或者【发布到】菜单项。如果忘记执行发布动作，就无法生成 qm 格式的翻译文件。因此，请在修改 ts 文件后及时发布。

2）发布到错误的目录

将 qm 文件发布到错误的目录，这可是个低级错误，应该避免犯这种错误。

5. 程序中未正确加载 qm 文件

如果在代码中将 qm 文件名、文件路径写错或者根本没有编写安装 qm 文件的代码，必然导致翻译失败。请务必在代码中正确编写安装项目翻译文件的代码，见代码清单 3-10。

代码清单 3-10

```
// 安装项目的翻译文件
QString strPath = qgetenv("TRAINDEVHOME");          // 获取环境变量所指向的路径
strPath += "/system/lang";
QScopedPointer< QTranslator > gpTranslator(new QTranslator(QCoreApplication::instance()));
if (gpTranslator->load("ks03_01.qm", strPath)) {
    QCoreApplication::installTranslator(gpTranslator.take());
}
```

3.4 配套练习

1. 当产品实现国际化后,如果需要显示为英文该怎么办?

2. 建立一个对话框项目,在界面中添加两个 QLabel 控件,使用 Designer 在第一个 QLabel 控件中键入 Hello,在代码中将第二个 QLabel 控件显示"Nice to meet you!"。实现这两个 QLabel 控件的国际化,使其在运行时分别显示"你好""很高兴见到你!"。

3. 分析代码清单 3-11 中导致翻译失败的原因。

代码清单 3-11

```
< context >
    < name > CResourceInput </ name >
    < message >
        < source > Cancel </ source >
        < translation type = "unfinished"></ translation >
    </ message >
</ context >
```

第4章 打基础

在使用 Qt 进行界面开发之前,有必要学些 Qt 的基础知识。本章将介绍 Qt 常用类的使用、文本文件操作、二进制文件操作等知识,然后介绍如何设计向前兼容、向后兼容的二进制文件格式,并且通过一个案例介绍单体模式的设计与使用。

4.1 案例6 开发一个DLL

视频讲解

本案例对应的源代码目录:src/chapter04/ks04_01。程序运行效果见图 4-1。

在软件项目开发过程中会不可避免地碰到代码复用问题,比如,在项目 A 中实现的功能也会在项目 B 中使用。这时就可以把重复的功能封装到 DLL 模块中。那么,用 Qt 怎样开发 DLL(Dynamic Link Library,动态链接库)呢? 利用 Qt 开发 DLL,大概分为两大步: 封装 DLL,使用 DLL。

图 4-1 案例6 运行效果

下面介绍具体步骤。
(1)将 DLL 中引出类的头文件移动到 include 目录。
(2)在 DLL 的 pro 文件中定义宏。
(3)编写 DLL 引出宏的头文件。
(4)在 DLL 引出类的头文件中使用引出宏。
(5)在 EXE 项目中添加对 DLL 的引用。
(6)在 EXE 中调用 DLL 的接口。

假设封装后的 DLL 为 ks04_01_dll,这个 DLL 引出的类 CPrint 所在的原始头文件(未引出类时的代码)见代码清单 4-1。

代码清单 4-1

```
// myclass.h
#pragma once
class CPrint {
public:
    CPrint(){}
    ~CPrint(){}
public:
    void printOnScreen(const char * );
```

```
};
int func1();
int func2(int, float);
```

现在介绍将 CPrint 类封装到 DLL 中的详细开发步骤。

1. 将 DLL 中引出类的头文件移动到 include 目录

因为要把 DLL 作为公共模块，所以应该把 DLL 中类 CPrint 所在的头文件 myclass.h 移动到公共的 include 目录，而不是继续放在 DLL 源代码目录。所以，应该为整个项目创建公共 include 目录。该 include 目录下可以继续新建子目录，从而区分不同子模块的公共头文件。

2. 在 DLL 的 pro 文件中定义宏

既然把头文件移动到其他目录了，那么首先要修改 DLL 的 pro 文件中的 INCLUDEPATH，否则在构建时就找不到这个头文件了。除此之外，还要修改 pro 文件中的 HEADERS 配置项，原因也是头文件位置变了。移动头文件之前，在 HEADERS 配置项中包含该头文件时可以不写路径，移动后就需要把头文件的路径写全。另外，别忘记把 DLL 的 pro 文件中的 TEMPLATE 选项设置为 lib。

```
TEMPLATE = lib
...
INCLUDEPATH += $$TRAIN_INCLUDE_PATH/ks04_01
HEADERS += . \
            $$TRAIN_INCLUDE_PATH/ks04_01/myclass.h
```

在 Linux/Unix 环境下开发 DLL 时，无须对引出类或者引出接口做特殊声明，但在 Windows 下情况有所不同。在 Windows 下编译引出类所在的头文件时，编译器需要明确知道自己正在构建 EXE 模块还是 DLL 模块。如果是构建 EXE，编译器看到的头文件中的引出类应该用 __declspec(dllimport) 进行声明，如代码清单 4-2 所示。

代码清单 4-2

```
// myclass.h
class __declspec(dllimport) CPrint {
    ...
};
```

如果是构建 DLL，编译器看到的头文件中的引出类应该用 __declspec(dllexport) 进行声明，如代码清单 4-3 所示。

代码清单 4-3

```
class __declspec(dllexport) CPrint {
    ...
};
```

对比代码清单 4-2 和代码清单 4-3 后可以得知，编译器在构建 EXE 和构建 DLL 时看到的同一个头文件中的内容应该不同，这就需要编写两个头文件。这两个头文件内容基本一致，仅仅是对引出类或引出接口的定义稍有不同，不同之处在于需要分别使用 __declspec(dllimport) 和 __declspec(dllexport) 关键字。这是 Windows 下使用 MSVC 的 C++编译器导致的结果。如果需要为所有引出类都提供两个内容基本一致的头文件，那么工作量就太大了，这样不但造成代码冗余还容易引入其他问题。那该怎么解决这个问题呢？别急，现在就一步步解决它。在 DLL 的 pro 文件中定义一个宏 __ KS04_01_DLL_SOURCE __，宏的拼写最好跟项目名称有关，以防跟其他项目冲突。定义这个宏目的是为另一个宏定义做准备。

```
// ks04_01_dll.pro
win32{
    DEFINES * = __ KS04_01_DLL_SOURCE __
}
```

3. 编写 DLL 引出宏的头文件

既然在 Windows 下需要区分 __ declspec(dllimport) 和 __ declspec(dllexport) 这两个关键字，而且只能为 EXE 项目和 DLL 项目提供同一个头文件，那就可以把这两个关键字定义成宏，如代码清单 4-4 所示。编译器在构建 EXE 和构建该头文件所属的 DLL 时，再把这个宏分别解析成 __ declspec(dllimport) 和 __ declspec(dllexport)。

代码清单 4-4

```
// ks04_01_export.h
# pragma once
// 动态链接库导出宏定义
# ifdef WIN32// Windows platform
#     if defined __ KS04_01_DLL_SOURCE __
#         define KS04_01_Export __ declspec(dllexport)                    ①
#     else
#         define KS04_01_Export __ declspec(dllimport)                    ②
#     endif
# else// other platform
#     define KS04_01_Export                                               ③
# endif // WIN32
```

在代码清单 4-4 中，根据操作系统的不同将 KS04_01_Export 定义为不同的关键字。Windows 下（WIN32 分支）根据是否定义了 __ KS04_01_DLL_SOURCE __ 宏来进行不同的处理。因为已经在 DLL 的 pro 文件中定义了 __ KS04_01_DLL_SOURCE __，所以构建 DLL 时会执行标号①处的代码，即把 KS04_01_Export 定义成 __ declspec(dllexport)。而在 EXE 项目的 pro 文件中并未定义 __ KS04_01_DLL_SOURCE __，因此构建 EXE 时会执行标号②处的代码，即把 KS04_01_Export 定义成 __ declspec(dllimport)。在 Unix/Linux 等非 Windows 操作系统中构建项目时则执行标号③处的代码，也就是单纯定义 KS04_01_Export 宏，以便编译器在解析后面的代码时看到这个符号可以把它当成合法的符号。在 Linux/Unix 中，这个符号没有其他含义，仅仅是个符号而已。

代码清单 4-4 所示的头文件 ks04_01_export.h 实际上也可以不用独立存在。如果 DLL 只提供了一个头文件用来定义引出类、引出接口，那么就不用创建 ks04_01_export.h 文件，而是把该头文件的内容直接复制到引出类所在头文件的开头部分即可。

4. 在 DLL 引出类的头文件中使用引出宏

现在只需要在引出类、引出接口的前面编写 KS04_01_Export 就可以把类或接口引出了。在引出类所在头文件中包含 ks04_01_export.h，见代码清单 4-5 标号②处。然后在引出类或引出接口定义代码中增加 KS04_01_Export 字样，见代码清单 4-5 标号③、标号④、标号⑤处。请注意 KS04_01_Export 宏用来定义引出类与引出接口时语法上的不同。标号③处是在 class

关键字和类名之间编写 KS04_01_Export，而标号④、标号⑤处将 KS04_01_Export 写在整个引出接口定义之前。

代码清单 4-5

```
/*!
 * Copyright (C) 2018
 \file: myclass.h
 \brief ...
 \author ...
 \Date ...
 * please import ks04_01_dll.dll                              ①
 */
#pragma once
#include "ks04_01_export.h"                                   ②
class KS04_01_Export CPrint{                                  ③
    ...
};
KS04_01_Export int func1();                                   ④
KS04_01_Export int func2(int, float);                         ⑤
```

还有很重要的一点，标号①处的注释用来说明：在使用该头文件时需要引入哪个库文件。本案例中，如果需要用到 myclass.h 这个头文件，就要引入 ks04_01_dll 这个动态链接库。也就是说，在使用该头文件的项目的 pro 文件中需要引入 ks04_01_dll。

```
LIBS += -lks04_01_dll
```

5. 在 EXE 项目中添加对 DLL 的引用

完成 DLL 的修改后，需要在 EXE 中或者其他 DLL 中引入这个 DLL。这需要修改调用者的 pro 文件，在其 LIBS 配置项中添加对 DLL 的引用，如代码清单 4-6 所示。

代码清单 4-6

```
# ks04_01_exe.pro
debug_and_release {
    CONFIG(debug, debug|release) {
        LIBS += -lks04_01_dll_d                               ①
        TARGET = ks04_01_exe_d
    }
    CONFIG(release, debug|release) {
        LIBS += -lks04_01_dll                                 ②
        TARGET = ks04_01_exe
    }
} else {
    debug {
        LIBS += -lks04_01_dll_d                               ③
        TARGET = ks04_01_exe_d
    }
    release {
        LIBS += -lks04_01_dll                                 ④
        TARGET = ks04_01_exe
    }
}
```

在代码清单 4-6 的标号①、标号③处，对构建 Debug 版的项目进行配置，在标号②、标号④

处,对 Release 版进行配置。这样就能保证编译器在构建项目时链接对应版本的 lib 文件。

6. 在 EXE 中调用 DLL 的接口

现在进入最后一个环节,在 EXE 或者其他 DLL 中调用本案例 DLL 的接口。其实这跟调用同一个项目中的接口没什么区别。调用一共分两步:第一步,include 被调用者所在的头文件;第二步,使用引出类定义对象或调用引出接口。

(1) 编写 include 语句包含引出类所在的头文件,见代码清单 4-7。

代码清单 4-7

```
// main.cpp
#include "myclass.h"
```

(2) 使用引出类定义对象或调用引出接口,见代码清单 4-8。

代码清单 4-8

```
// main.cpp
int main(int argc, char * argv[]) {
    ...
    CPrint pr;
    pr.printOnScreen("it is a test!");
    func1();
    func2(2, 3.f);
}
```

4.2 知识点 使用命名空间

视频讲解

无论是进行项目研发还是产品研发,都不可避免会碰到重名问题:头文件重名、模块名重名、类或结构体重名、接口重名、全局变量重名等。对于头文件名重名和模块名重名的情况,软件开发组织需要制定软件研发管理规范进行制度上的约束,而且还要建立专门的组织进行落地管理。解决类重名、接口重名、全局变量重名问题的方法也很简单:使用命名空间进行管理。本节将介绍如何在 Qt 开发中使用命名空间,对应的源代码目录:src/chapter04/ks04_02。

在 4.1 节介绍了怎样开发一个 DLL,本节在 4.1 节的基础上增加命名空间的使用。一般情况下只为 DLL 代码设置命名空间,不为 EXE 代码设置命名空间(当需要把 EXE 与 DLL 设置为同一个命名空间时除外)。对于某一个 DLL 项目,一般也只设置一个命名空间。那么,具体该怎样使用命名空间呢?使用命名空间进行管理一共分为两大步:

(1) 在 DLL 中将代码写到命名空间中。
(2) 在其他代码中使用命名空间中的类或接口。

下面进行详细介绍。

1. 在 DLL 中将代码写到命名空间中

在 DLL 中使用命名空间的语法:

```
namespace 命名空间名称 {
    ...
}
```

将命名空间内的代码写在{}内。请注意命名空间不是类定义,所以{}结束后不写";"。为 DLL 选择一个命名空间,本案例使用 ns_ks04_02。将 DLL 的 h 文件和 cpp 文件的对外引出类写到命名空间 ns_ks04_02 中,见代码清单 4-9 标号①处。在命名空间结束时不写";",见标号②处。建议软件开发组织建立专门的机构并发布"命名空间管理规范",以便对新增命名空间进行审批、登记。软件开发组织应该只允许使用批准后的命名空间。

代码清单 4-9

```
// myclass.h
#pragma once
#include "ks04_02_export.h"
namespace ns_ks04_02 {                                          ①
    class KS04_02_Export CPrint {
        ...
    };
    KS04_02_Export int func1();
    KS04_02_Export int func2(int, float);
}                                                               ②
```

注意:命名空间的保护范围应该仅仅是需要引出的类或接口,因此需要把#include "xxx.h"语句排除在外。如果是类的前向声明语句,则要区分对待:

- 如果不是该 DLL 中定义的类,需要把它排除在命名空间之外。
- 如果是该 DLL 中定义的类,需要把它包含到命名空间之内。

在 DLL 的 cpp 文件中用同样的方式把代码写到命名空间里,如代码清单 4-10 所示。

代码清单 4-10

```
// myclass.cpp
#include "myclass.h"
...
namespace ns_ks04_02 {
    void CPrint::printOnScreen(const char * szStr) {
        if (NULL == szStr)
            return;
        cout << szStr << endl;
    }
    int func1() {
        return 0;
    }
    ...
}
```

2. 在其他代码中使用命名空间中的类或接口

在 EXE 或其他 DLL 中使用 ks04_02_dll 中定义的类或接口时,需要使用命名空间,见代码清单 4-11。在标号①、标号②处采用了命名空间的语法,即"命名空间名称::类名""命名空间名称::接口名的写法"。

代码清单 4-11

```
// main.cpp
...
#include "myclass.h"
int main(int argc, char * argv[]) {
```

```
    ...
    ns_ks04_02::CPrint pr;                                              ①
    pr.printOnScreen("it is a test!");
    ns_ks04_02::func1();                                                ②
    ns_ks04_02::func2(2, 3.f);
    return 0;
}
```

目前为止,已在 DLL 中定义了命名空间并在 EXE 中使用了 DLL 中的引出类、引出接口。现在说明几点注意事项。

1)不在头文件中使用 using namespace xxx 这种代码

在头文件中使用 using namespace xxx 的代码会导致命名空间污染。使用命名空间的示意代码见代码清单 4-12。

代码清单 4-12

```
// 推荐的写法
ns_ks04_02::CPrint printObject;                                         ①
// 不推荐的写法
using ns_ks04_02::CPrint;                                               ②
CPrint printObject;                                                     ③
```

推荐使用标号①处的写法,不推荐标号②处的写法。采用标号②处的写法时,标号③处用 CPrint 定义 printObject 时就可以不写"ns_ks04_02::"了。但是,如果在同一个文件中包含的其他头文件(属于别的 DLL)中也存在另一个叫 CPrint(类名相同)的类时,就会有问题了。所以,建议采用 **ns_ks04_02::CPrint** 的写法。

2)当需要为 EXE 项目设置命名空间时,不要把 main()函数放到命名空间里

有时候 EXE 和 DLL 同属一个大项目,为了方便调用 DLL 中的类,就会把 EXE 项目的代码也设置到跟 DLL 相同的命名空间中。这种情况下应该把 main()函数排除在外,否则编译器会认为 main()函数属于命名空间,而不会把它当作正常的 main()函数入口(正常的 main 函数入口应该是全局的),从而导致编译错误。代码清单 4-13 是无法编译通过的,需要把 main()函数从命名空间的范围中排除才行。

代码清单 4-13

```
// main.cpp
// 错误的代码
namespace ns_ks04_02 {
    int main(int argc, char * argv[]) {
    }
}
```

3)用了命名空间也不是一劳永逸

软件开发组织应制定软件研发管理制度并且严格执行。比如,制定命名空间管理规范,规定对外引出的类或接口必须提供命名空间保护、命名空间的名称需要提请相关机构审核等。在规范的软件研发活动中,使用命名空间进行管理是最基础的工作,因为这会避免很多不必要的问题。即使认为目前开发的类不会跟别人重名,也应该从一开始就养成使用命名空间的良好习惯。因为良好的习惯会潜移默化地影响软件研发活动,对软件研发人员的未来之路肯定会产生有益的影响。

4.3 案例7 QString 的 6 个实用案例

视频讲解

本案例对应的源代码目录：src/chapter04/ks04_03。

Qt 提供了大量的类来支撑跨平台软件研发工作，这给软件开发人员带来了极大的便利。但在进行服务端开发时，不建议使用 Qt 类库，因为引入 Qt 类库将使运行程序的体积变得较大。在进行服务端开发时最好使用软件开发组织自己写的类库或者使用一些比较轻便、小巧的第三方跨平台类库，而仅仅把 Qt 用来制作服务端项目的 pro 文件。从本节开始，将选择 Qt 的几个常用类进行讲解。字符串处理是跨平台界面编程时经常碰到的场景，所以本案例介绍 Qt 的字符串处理类 QString。

在使用 Qt 提供的类时，首先需要引入 Qt 的类定义文件。Qt 的类定义文件采用跟类名同样的拼写方式，比如包含 QString 的头文件的代码：

```
#include <QString>
```

QString 提供的接口非常多，不可能对它们一一进行介绍，开发人员可以用 assistant 查看 Qt 的文档来寻求帮助。本节的案例列举了几个常见的字符串处理场景。

1. 从输入目录中获取目录名、文件名

从输入目录中获取目录名、文件名的场景对应 example01()，在这个案例中首先给出一个绝对路径名，要求从这个路径中获取目录名和文件名。比如，输入：

```
QString strInput = "d:\\gui\\src\\chapter01\\ks01_01\\ks01_01.pro";
```

得到的输出应该是：目录名为 d:/gui/src/chapter01/ks01_01，文件名为 ks01_01.pro。本场景对应的实现见代码清单 4-14。

代码清单 4-14

```
// main()函数
if (false) {                                                              ①
    QString strInput = "d:\\project\\gui\\src\\chapter01\\ks01_01\\ks01_01.pro";
    QString strOutput;
    QString strDir;
    QString strFileName;
    strOutput = example01(strInput, strDir, strFileName);
}
```

在代码清单 4-14 中，在 main() 函数中调用 example01()。标号①处的代码体现了一种编程习惯。这样写是为了调试时可以把注意力只放在所关注的代码上。比如，当希望调试 example01() 时，那么就可以把此处的代码改为：

```
if (true) {
    ...
}
// 或者
if (1) {
    ...
}
```

现在来看 example01() 的实现代码，见代码清单 4-15。

代码清单 4-15

```
// example01()
/**
 * @brief 从输入目录中获取目录名、文件名
 * @param[in] strInput 文件全路径
 * @param[out] strDir 文件所在目录
 * @param[out] strFileName 文件名(不含目录)
 * @return true:成功, false:失败
 */
bool example01(const QString& strInput, QString& strDir, QString& strFileName) {
    if (0 == strInput.length()) {
        return false;
    }
    // str = "d:\\gui\\src\\chapter01\\ks01_01\\ks01_01.pro";
    QString str = strInput;
    str.replace("\\", "/");              // 首先将分隔符统一成"/",              ①
                                         // 以便统一处理 Windows 及 Linux 的目录
                                         // str = d:/gui/src/chapter01/ks01_01/ks01_01.pro
    int idx = str.lastIndexOf("/");                                              ②
    strDir = str.left(idx);              // strDir = d:/gui/src/chapter01/ks01_01 ③
    strFileName = str.right(idx - 1);    // 用 idx - 1 的目的是忽略文件名前面的"/" ④
                                         // strFileName = ks01_01.pro

    return true;
}
```

在代码清单 4-15 中，在 example01() 的函数体前提供了注释。软件研发人员应该从一开始就养成编写注释的习惯，这对日后的软件开发工作将产生深远的影响。此处将注释写在了实现代码中，但是推荐将注释写在头文件中，以便类的使用者进行查阅。此处把注释写在类的实现代码中仅仅是为了方便说明。

example01() 提供一个输入参数 strInput 用来传入目录的全路径，函数注释中的 in 表示输入参数，即在本接口中只会使用该值，对调用该函数的代码中的原始对象没有任何影响。函数还定义了两个输出参数 strDir、strFileName 分别用来存放解析后的目录名和文件名，这两个都是 out 参数。out 参数表示它们被用作函数的返回值，其内容会被该接口重写。函数入口对参数进行有效性判断。为了统一处理，利用 replace() 接口将字符串中的"\\"替换为 Linux 风格的"/"(见标号①处)，"/" 这种写法在 Windows 和 Linux 系统中都支持。替换后的文本变为：d:/project/gui/src/chapter01/ks01_01/ks01_01.pro。然后找到文本中最后一个"/"，这是目录名与文件名的分隔点(见标号②处)。然后，获取目录名(见标号③处)。此时 strDir 的值为 d:/gui/src/chapter01/ks01_01。获取文件名时使用 idx-1 是为了剔除文件名前面的"/"(见标号④处)。此时，strFileName 的值为 ks01_01.pro。这样就成功将传入的文件全路径拆分成了目录名与文件名。

2. 字符串拼接

字符串拼接的场景对应 example02()，本场景比较简单，见代码清单 4-16。

代码清单 4-16

```
// example02()
/**
 * @brief 组织日志信息
```

```
 * @param[in] level 日志等级
 * @param[out] strPerson 人员信息
 * @param[out] strComputer 机器信息
 * @param[out] strInfo 日志详情
 * @return 拼接后的日志
 */
QString example02(int level, const QString& strPerson, const QString& strComputer, const QString&
strInfo){
    QString str;
    str.sprintf("---- level = %02d, Person:", level);
                                     // str = "---- level = 01, Person:"
    str += strPerson;                // str = "---- level = 01, Person:Lisa"
    str += ", Computer:";            // str = "---- level = 01, Person:Lisa, Computer:"
    str += strComputer;              // str = "---- level = 01, Person:Lisa, Computer:adm01"
    str += ", info = ";              // str = "---- level = 01, Person:Lisa, Computer:adm01, info = "
    str += strInfo;                  // str = "---- level = 01, Person:Lisa, Computer:adm01, info =
                                     // xxxxxx";
    return str;
}
```

QString 的 sprintf()同标准库的 printf()用法类似，都是先传入格式化字符串，再传入变量值。字符串拼接采用 QString 重载的"＋＝"操作符。代码清单 4-16 中每行代码后面的注释都备注了拼接后的字符串内容。

3．格式化字符串

格式化字符串的场景对应 example03()。如果希望 QString 中的字符串按照一定的格式保存，除了可以使用 sprintf()之外还可以使用 arg()接口。比如将矩形的坐标、宽高按照一定格式(x,y,w,h)存储在 QString 中，如代码清单 4-17 所示。

代码清单 4-17

```
// example03()
/**
 * @brief 使用 arg()接口对信息格式化,输出矩形的坐标、宽高
 * @param[in] rect 矩形
 * @return 矩形的坐标、宽高
 */
QString example03(const QRectF& rect){
    QString strRect = QString("%1,%2,%3,%4").arg(rect.x()).arg(rect.y()).arg(rect
.width()).arg(rect.height());
    return strRect;
}
```

在代码清单 4-17 中，用 arg()接龙完成了矩形坐标尺寸信息的格式化。其中，%1、%2、%3、%4 分别对应 QString()后面的 4 个 arg()中的参数。把需要显示的数据放到 arg()中。函数 arg()比 sprintf()类型更安全，而且它能接受多种数据类型作为参数，因此建议使用 arg()函数而不是 sprintf()。

4．格式化字符串的翻译

格式化字符串的翻译的场景对应 example04()。如果字符串带有可变参数，并且需要进行翻译，那么使用 arg()接口是个不错的选择，见代码清单 4-18。

代码清单 4-18

```cpp
// example04()
/**
 * @brief 使用 arg() 接口对信息格式化,接口内部支持翻译
 * @param[in] strTemplateName 模板名称;     @param[in] nTerminalCount 端子个数
 * @return 格式化后的信息
 */
QString example04(const QString& strTemplateName, int nTerminalCount){
    QString strInfo = QObject::tr("template name:%1 already has terminal count = %2.")
    .arg(strTemplateName).arg(nTerminalCount);
    cout << strInfo.toLocal8Bit().data() << endl;
    return strInfo;
}
```

在代码清单 4-18 中,待翻译的源文中含有可变参数%1、%2,可以使用 arg() 配合实现翻译功能。在 ts 文件中,源文的内容为"template name：%1 already has terminal count＝%2.",翻译后的文本可以写成"模板名：%1 已经包含%2 个端子。"。

5. 解析带有特定分隔符的字符串

解析带有特定分隔符的字符串的场景对应 example05()。在进行软件开发时,有时候需要解析这样一些字符串,这些字符串通过特定的分隔符进行隔离(如","":""|"等)。解析代码见代码清单 4-19。

代码清单 4-19

```cpp
// example05()
void example05(){
    QString str = QString::fromLocal8Bit("软件特攻队,女儿叫老白,C++|Qt");              ①
    str = str.trimmed();                       // 删除多余的空格
    QStringList strList = str.split(",");       // strList[0] : "软件特攻队"         ②
                                                // strList[1] : "女儿叫老白"
                                                // strList[2] : "C++|Qt"
    cout << "机构:" << strList[0].toLocal8Bit().data() << endl;
    cout << "姓名:" << strList[1].toLocal8Bit().data() << endl;
    QString strCategory = strList[2];           // strCategory : "C++|Qt"
    strCategory.replace("|", ",");              // strCategory : "C++,Qt"              ③
    cout << "领域:" << strCategory.toLocal8Bit().data() << endl;
}
```

首先请注意标号①处的 QString::fromLocal8Bit() 接口,该接口可以接受中文字符并将其正确显示在 Qt 界面。如果源代码文件的编码格式为 UTF-8,那么也可以用 QString::fromUtf8() 接口。尝试直接为 str 赋值为中文,然后运行程序看看会得到什么结果？

`QString str = "软件特攻队,女儿叫老白,C++|Qt";`

在代码清单 4-19 中,源文为"软件特攻队,女儿叫老白,C++|Qt"。标号②处代码先通过 QString 的 split() 接口根据","分隔符将该源文拆分得到一个 QStringList。QStringList 中存放着拆分后的 3 个字符串："软件特攻队""女儿叫老白""C++|Qt"。其中"C++|Qt"又被"|"分隔符分成两部分。

然后,将拆分后的字符串列表输出到终端,得到：

机构:软件特攻队
姓名:女儿叫老白

在标号③处，用replace()接口把第三部分字符串"C++|Qt"中的"|"用逗号做了替换，并输出到终端。最终显示的信息为：

```
机构：软件特攻队
姓名：女儿叫老白
领域：C++,Qt
```

6. 字符串与数值相互转换

字符串与数值相互转换的场景对应example06()。字符串与数值相互转换是在软件开发过程中经常碰到的场景，具体见代码清单4-20。

代码清单4-20

```cpp
void example06(){
    // 字符串转整数
    QString str1 = "2147483648";                // int32 最大值：2147483647
    int nInt32 = str1.toInt();                  // 带符号整数
    uint uInt32 = str1.toUInt();                // 无符号整数
    cout << "int32 data = " << nInt32 << endl;
    cout << "uInt32 data = " << uInt32 << endl;
    // 整数转字符串
    QString str2;
    nInt32 = 2147483647;
    str1.sprintf("%d", nInt32);                 // 带符号整数
    cout << "new int32 data = " << str1.toLocal8Bit().data() << endl;
    str2.sprintf("%d", uInt32);                 // %d,无符号整数
    cout << "new uint32 data = " << str2.toLocal8Bit().data() << endl;
    str2.sprintf("%u", uInt32);                 // %u,无符号整数
    cout << "new uint32 data = " << str2.toLocal8Bit().data() << endl;
    str1 = QString("%1").arg(nInt32);
    cout << "another new int32 data = " << str1.toLocal8Bit().data() << endl;
    // 字符串转单精度浮点数
    QString str3 = "200.f";
    float f = str3.toFloat();
    cout << "float data = " << f << endl;
    str3 = "200";
    f = str3.toFloat();
    cout << "float data = " << f << endl;
    // 字符串转双精度浮点数
    QString str4 = "3.1415926535897932";
    qreal d = str4.toDouble();
    QString strData;
    strData = QString::number(d);
    cout << "double data = " << strData.toLocal8Bit().data() << endl;
    // 需要明确指示精度,否则默认只有6位小数
    strData = QString::number(d, 'g', 16);                                    ①
    cout << "double data = " << strData.toLocal8Bit().data() << endl;
}
```

在代码清单4-20中，先介绍了QString的toInt()、toDouble()等将字符串转换为数值的接口，也介绍了sprintf()、number()等将数值转换为字符串的接口。需要注意的是，标号①处的QString::number()可以指定数据格式和精度，该接口原型见代码清单4-21。format的取值见表4-1。

代码清单 4-21

```
[static] QString QString::number(double n,           // 数值
                                 char format = 'g',  // 格式
                                 int precision = 6)  // 精度,小数点后的位数
```

表 4-1 format 的取值

值	含 义	值	含 义
e	科学计数法,格式化为[-]9.9e[+|-]999	g	使用 e 或 f 格式,哪个更简练就用哪个
E	科学计数法,格式化为[-]9.9E[+|-]999	G	使用 E 或 f 格式,哪个更简练就用哪个
f	格式化为[-]9.9		

从表 4-1 看出,其实 format 用来表示各种不同的数值表示方法,这个参数影响的是将数据转换成 QString 后的字符串的内容。如果仍然不理解,可以尝试修改一下这个参数,然后查看 QString 的内容来看看效果。precision 用来表示精度,最高精度是小数点后 15 位(个人经验,仅供参考)。

4.4 案例 8 用 qDebug()输出信息

视频讲解

本案例对应的源代码目录:src/chapter04/ks04_04。

在开发 C/S(Client/Server,客户端/服务端)模式的软件时,服务端程序(有时也称作服务)经常运行在两种模式下。

(1) 终端模式。

终端模式,也可称作命令行模式。在这种模式下,服务端程序占用终端(命令行)运行,用户既可以看到服务端程序向终端输出的信息,也可以在终端输入命令以调整程序的行为。

(2) 后台模式。

后台模式就是 Windows 的服务模式(在 Linux/Unix 下也有服务模式)。在这种模式下,服务端程序以后台服务方式运行,而且没有任何界面。用户无法通过终端查看模块状态或者输入命令,因为根本就没有终端。当软件运行在这种模式的时候,维护人员给服务器加电后就可以不管了,服务器加电启动后进入操作系统并且自动启动预先配置好的服务。因为这种模式几乎无须人员干预,所以对用户来说非常方便。

通常可以在软件中通过命令行参数的方式区分这两种模式。如果软件运行在终端模式,可以将输出信息发送到标准输出(也就是命令行);如果软件运行在后台模式,可以将输出信息保存到文件。那么该怎么实现这样的信息输出功能呢?

Qt 提供了 qDebug()来实现输出功能。下面分 4 种场景介绍 qDebug()相关的功能。

(1) 用"qDebug()<<"方式输出信息。
(2) 使用 qDebug("%")格式化输出信息。
(3) 将自定义类输出到 qDebug()。
(4) 将标准输出重定向到文件。

下面进行详细介绍。

1. 用"qDebug()<<"方式输出信息

最简单的方法是直接向终端输出信息,方法是使用"<<"操作符实现信息输出,见代码清

单4-22。

代码清单4-22

```cpp
#include <QDebug>
void example01() {
    int iVal = 334;
    QString str = "I live in China";
    qDebug() << "My Value is " << iVal << ". " << str;
    qWarning() << "My Value is " << iVal << ". " << str;
    qCritical() << "My Value is " << iVal << ". " << str;
}
```

从代码清单4-22可以看出，使用"<<"操作符将变量输出到qDebug()的方法跟STL的cout类似，即把变量左移到qDebug()即可。Qt的常用类都可以输出到qDebug()，原生数据类型也是。qWarning()、qCritical()的用法与qDebug()相同，只是严重等级不同。使用时需要包含<QDebug>文件。

2. 使用qDebug("%")格式化输出信息

为了便于信息的阅读，实际工作中运行的软件一般都采用格式化的方式输出信息，见代码清单4-23。

代码清单4-23

```cpp
void example02(){
    QString str = "China";
    QDateTime dt = QDateTime::fromTime_t(time(NULL));
    qDebug("I live in %s. Today is %04d-%02d-%02d", str.toLocal8Bit().data(), dt.date()
.year(), dt.date().month(), dt.date().day());
    qWarning("I live in %s. Today is %04d-%02d-%02d", str.toLocal8Bit().data(),
 dt.date().year(), dt.date().month(), dt.date().day());
    qCritical("I live in %s. Today is %04d-%02d-%02d",
str.toLocal8Bit().data(), dt.date().year(), dt.date().month(), dt.date().day());
    // 下面几行代码如果解封，其功能是弹出异常界面，并显示给出的异常信息
    // qFatal("I live in %s. Today is %04d-%02d-%02d",                    ①
    //        str.toLocal8Bit().data(),
    //        dt.date().year(), dt.date().month(), dt.date().day());
}
```

在代码清单4-23中，使用类似sprintf()的方式实现信息的格式化输出。代码中用"%"语法将信息格式化。qWarning()、qCritical()、qFatal()的用法与之相同。标号①处封掉的代码中，qFatal()正常运行的效果是弹出异常界面。

3. 将自定义类输出到qDebug()

除了Qt自带的类之外，还可以将项目中的自定义类输出到qDebug()，见代码清单4-24。

代码清单4-24

```cpp
// myclass.h
#pragma once
#include <QDebug>
#include <QString>
class CMyClass {
    ...
};
QDebug operator <<(QDebug debug, const CMyClass &mc);    ①
```

代码清单 4-24 提供了自定义类 CMyClass 的头文件。为了将自定义类输出到 qDebug，在标号①处为 CMyClass 编写左移操作符的重载接口。该接口的实现见代码清单 4-25。在代码清单 4-25 中的重载接口内部，根据实际需要将 CMyClass 类对象 mc 的数据输出到 debug 对象。

代码清单 4-25

```
// myclass.cpp
#include "myclass.h"
QDebug operator <<(QDebug debug, const CMyClass &mc) {
    debug << "My id is " << mc.getId() << ", My Name is " << mc.getName() << "";
    return debug;
}
```

完成 CMyClass 类向 qDebug() 的左移操作符的重载操作后，就可以在代码中使用它了，见代码清单 4-26 标号①处。

代码清单 4-26

```
void example03(){
    CMyClass mc;
    mc.setId(10000);
    mc.setName(QString::fromLocal8Bit("秦始皇"));
    qDebug() << mc;                                                          ①
}
```

4. 将标准输出重定向到文件

除了将信息输出到终端，还可以通过重定向的方式将信息输出到文件。当软件模块以服务模式运行在后台时，如果能把调试信息输出到文件中，就可以方便地监视软件运行状态。这将用到 Qt 的重定向输出接口的注册函数 qInstallMessageHandler()。该函数的原型为：

```
Q_CORE_EXPORT QtMessageHandler qInstallMessageHandler(QtMessageHandler);
```

从 qInstallMessageHandler() 的定义可以看出，需要给它传入一个 QtMessageHandler 类型的新的重定向输出函数地址，然后它返回前一个（旧的）QtMessageHandler 函数地址。QtMessageHandler 定义如下。

```
typedef void (*QtMessageHandler)(QtMsgType, const QMessageLogContext &, const QString &);
```

为了使用 qInstallMessageHandler()，开发者需要定义自己的重定向接口 customMessageHandler()，如代码清单 4-27 所示。

代码清单 4-27

```
QMutex g_mutex; // 为了支持多线程功能,需要使用锁来保护对日志文件的操作        ①
QtMessageHandler g_systemDefaultMessageHandler = NULL; // 用来保存系统默认的输出接口 ②
void customMessageHandler (QtMsgType type, const QMessageLogContext& context, const QString&
info) {
    // 把信息格式化
    QString log =
    QString::fromLocal8Bit("msg - [%1], file - [%2], func - [%3], cate - [%4]\r\n")
    .arg(info).arg(context.file).arg(context.function).arg(context.category);
    bool bok = true;
    switch (type) {
    case QtDebugMsg:
        log.prepend("Qt dbg:");
```

```
            break;
        case QtWarningMsg:
            log.prepend("Qt warn:");
            break;
        case QtCriticalMsg:
            log.prepend("Qt critical:");
            break;
        case QtFatalMsg:
            log.prepend("Qt fatal:");
            break;
        case QtInfoMsg:
            log.prepend("Qt info:");
            break;
        default:
            bok = false;
            break;
    }
    if (bok) {
        // 加锁
        QMutexLocker locker(&g_mutex);                                          ③
        QString strFileName = getPath(" $ TRAINDEVHOME/bin/log04_04.inf");
        QFile file(strFileName);
        if (!file.open(QFile::ReadWrite | QFile::Append)) {
            return;
        }
        file.write(log.toLocal8Bit().data());
        file.close();
    }
    if (bok) {
        // 调用系统原来的函数完成信息输出,比如输出到调试窗口
        if(NULL != g_systemDefaultMessageHandler) {                             ④
            g_systemDefaultMessageHandler(type, context, log);
        }
    }
}
// main.cpp
int main(int argc, char * argv[]) {
    QApplication app(argc, argv);
    // 输出重定向
    g_systemDefaultMessageHandler = qInstallMessageHandler(customMessageHandler); ⑤
    ...
}
```

代码清单 4-27 中定义的 customMessageHandler()接口提供 3 个参数。参数 type 用来区分报警等级,其取值见表 4-2。参数 context 用来指示上下文,比如输出信息时所在文件、行号、所在函数等。参数 info 用来描述需要输出的信息内容。在代码清单 4-27 的 customMessageHandler()接口中,根据 type 的不同,对 info 进行了重新组织并将格式化后的信息存放到 log 中,最后将 log 写入日志文件。为了防止多线程对同一个日志文件的操作,在标号①处定义一个互斥对象 g_mutex,并在标号③处通过 QMutexLocker 自动锁来操作 g_mutex,以便对日志文件的操作进行互斥。QMutexLocker 实现的功能是在构造 QMutexLocker 对象时可以对传入的 g_mutex 进行加锁处理,并在析构时对 g_mutex 进行解锁处理,这样就实现了加锁解锁的自动化操作,开发者无

须关注加锁、解锁操作。为了调用系统原来的信息输出功能(比如将信息输出到调试窗口),可以先定义变量用来保存旧的信息输出接口,见标号②、标号⑤处代码,然后在标号④处调用旧的信息输出接口将信息输出到调试窗口。在标号⑤处,main()函数中调用 qInstallMessageHandler()来注册自定义的重定向输出接口 customMessageHandler,这样当后续代码中调用 qDebug()、qWarning()、qCritical()、qFatal()时程序就会自动调用自定义的 customMessageHandler()接口来输出信息。请注意,在 Release 版本中有可能出现参数 context 对象中的文件信息和行数为空,原因是 Qt 在 Release 版本默认丢弃了文件信息、行数等信息。解决方案是在项目的 pro 文件中定义一个宏:

```
// ks04_04.pro
DEFINES += QT_MESSAGELOGCONTEXT
```

表 4-2　QtMsgType 取值

取 值	说 明	取 值	说 明
QtDebugMsg	调试类信息	QtFatalMsg	致命错误信息
QtWarningMsg	一般的警告信息	QtInfoMsg	一般的信息提示
QtCriticalMsg	严重错误信息	QtSystemMsg＝QtCriticalMsg	系统信息

4.5　案例 9　使用 QVector 处理数组

视频讲解

本案例对应的源代码目录:src/chapter04/ks04_05。

在软件研发过程中,数据结构是个无论如何也不能回避的话题。包括 STL 在内,很多第三方库都对常用数据结构进行了模板化封装。从本节开始,将介绍 Qt 封装的几个常用数据结构模板类,本节先介绍数组类 QVector。学过 C++ 的人员都知道数组的成员在内存中是连续存放的,因此使用下标访问数组成员时效率是非常高的。但是当扩大数组容量时,有可能需要重新申请内存,然后将旧的数组成员复制到新内存中,这会损失一些性能。所以如果经常对数据集进行插入、删除元素的操作,那么不建议使用数组。本节设计了 3 种场景来介绍 QVector。

(1) 向 QVector 中添加成员并遍历。
(2) 向 QVector 中添加自定义类的对象。
(3) 向 QVector 中添加自定义类对象的指针。

首先简单说一下相关代码。因为要用到命令行来接收用户输入,所以需要在 pro 中修改 CONFIG 参数项。

```
CONFIG += console
```

因为要用到 QVector,所以请在文件开头增加对<QVector>的包含语句。

```
#include <QVector>
```

下面分别看一下这 3 种场景的案例。

1. 向 QVector 中添加成员并遍历

在代码清单 4-28 中,将 int 类型的数据添加到 QVector。如果把 int 换成 Qt 的类,代码也类似。

代码清单 4-28

```
/**
* @brief 向 QVector 添加成员并遍历
* @return 无
*/
void example01(){
    // 添加成员
    QVector < quint32 > vecId;
    vecId.push_back(2011);
    vecId.push_back(2033);
    vecId.push_back(2033);
    vecId.push_back(2042);
    vecId.push_back(2045);
    // push_front
    vecId.push_front(2046);
    ...
}
```

代码清单 4-28 中，建立了一个成员类型为 quint32 的数组。这是一个整数数组，数组名称为 vecId。调用 push_back() 接口可以向数组中添加成员。push_back() 的功能是将新加入的成员添加到数组的尾部，而 push_front() 接口则负责将成员添加到数组的首部，也就是下标为 0 的位置。可以将数组的成员打印到终端来印证这一点，见代码清单 4-29。

代码清单 4-29

```
// example01()
// 遍历成员 - 使用下标
cout << endl << "-------------- QVector ---------------" << endl;
cout << "print members using index ......" << endl;
int idxVec = 0;
for (idxVec = 0; idxVec < vecId.size(); idxVec++) {
    cout << " vecId[" << idxVec << "] = " << vecId[idxVec] << endl;
}
```

在代码清单 4-29 中，使用下标遍历数组的成员。语法同访问 C++ 中的普通数组成员一样：数组名[下标]。另外，通过正序迭代器(简称迭代器)来访问数组成员也非常方便，见代码清单 4-30。

代码清单 4-30

```
// example01()
// 遍历成员 - 使用迭代器(正序)
cout << endl << "-------------- QVector ---------------" << endl;
cout << "print members using iterator......" << endl;
QVector < quint16 >::iterator iteVec = vecId.begin();                    ①
idxVec = 0;
for (iteVec = vecId.begin(); iteVec != vecId.end(); iteVec++, idxVec++) {  ②
    cout << " " << * iteVec << endl;                                       ③
}
```

代码清单 4-30 展示了正序访问数组的方法，即从下标 0 开始遍历到数组最后一个成员。为了使用迭代器遍历，需要先定义迭代器，并将其初始化为指向数组的开头(第一个成员)，见标号①处。定义迭代器的语法是"数组类型::iterator"，即 QVector < quint16 >::iterator。用来判断迭代器是否已经遍历完毕的代码是 "iteVec != vecId.end()"，见标号②处。其中

vecId.end()表示数组的结尾(并非数组的最后一个成员,而是最后一个成员的下一个位置,是真正的结尾)。当需要用迭代器访问数组成员时,可使用"*迭代器"的语法,比如标号③处的*iteVec。还可以通过倒序遍历数组成员,见代码清单4-31。

代码清单 4-31

```
// example01()
// 遍历成员 - 使用迭代器(倒序)
cout << endl << " -------------- QVector --------------- " << endl;
cout << "print members using reverse iterator......" << endl;
QVector< quint32 >::reverse_iterator reverseIteVec = vecId.rbegin();                ①
for (reverseIteVec = vecId.rbegin(); reverseIteVec != vecId.rend();reverseIteVec++) {   ②
    cout << " " << * reverseIteVec << endl;                                          ③
}
```

从代码清单4-31可以看出,倒序迭代器与正序迭代器并非同一个类型。倒序迭代器的类型为QVector< quint32 >::reverse_iterator。在初始化时,倒序迭代器指向数组的倒数第一个成员 vecId.rbegin(),见标号①处。用来判断倒序迭代器是否已经遍历完毕的代码是"reverseIteVec != vecId.rend()",见标号②处。其中 vecId.rend()表示数组倒序的结尾(并非数组的第一个成员,而是指向其前一个位置)。当需要用倒序迭代器访问数组成员时,可使用"*迭代器"的语法,比如标号③处的 * reverseIteVec。接下来,要到数组中查找某个成员,方法是使用STL的算法模板类 algorithm,因此需要包含其头文件< algorithm >。

下面看一下查找某个数组成员并且在它的前面插入另一个成员该怎么实现,如代码清单4-32所示。标号①处的std::find()是< altorithm >中的搜索算法,它需要3个参数:前两个参数分别表示要查找的范围,比如数组的开头和结尾;最后一个参数表示要查找的对象,比如2042这个数字。

代码清单 4-32

```
// example01()
...
// 查找 & 插入
// 在 2042 之前插入数字:10000
iteVec = std::find(vecId.begin(), vecId.end(), 2042);                              ①
if (iteVec != vecId.end()) {                // 找到了,此时 iteVec 指向 2042
    vecId.insert(iteVec, 10000);            // 在 2042 之前插入数字 10000
    cout << endl << " -------------- QVector --------------- " << endl;
    cout << "insert 10000 before 2042 in vector." << endl;
}
```

代码清单4-32中,如果找到了则在找到的位置之前插入数字10000。insert()接口的功能是在指定迭代器之前插入一个成员。iteVec != vecId.end()表示迭代器未指向数组结尾,其含义是找到了需要查找的数字。代码清单4-33用来演示查找与删除数组中指定成员。

代码清单 4-33

```
// example01()
...
// 查找 & 删除
iteVec = std::find(vecId.begin(), vecId.end(), 2042);                              ①
if (iteVec != vecId.end()) {                // 找到了
    cout << "erase 2042 from vector." << endl;
    vecId.erase(iteVec);
}
```

代码清单 4-33 中的查找功能跟代码清单 4-32 一样。删除数组中指定成员的功能由 erase() 接口提供,该接口需要一个迭代器参数,可以用标号①处的查找接口返回的迭代器。有时数组中存在多个相同成员,如果希望把它们都找到并从数组中删除,该怎么做呢?见代码清单 4-34。

代码清单 4-34

```
// example01()
...
// 查找 & 删除
for (iteVec = vecId.begin(); iteVec != vecId.end();) {         ①
    if ((* iteVec) == 2033) {
        cout << "find 2033 in vector." << endl;
        // erase()接口会返回删除后的下一个迭代位置
        iteVec = vecId.erase(iteVec);                            ②
    } else {
        iteVec++;
    }
}
```

代码清单 4-34 中,当找到 2033 这个数字时,调用 erase() 接口将找到的迭代器从数组中删除,然后把返回值重新赋给迭代器 iteVec,见标号②处。这时 iteVec 就指向删除 2033 后的下一个位置了,因此无须再执行迭代器自加操作,如果没找到 2033,才对迭代器执行自加操作,在 for 循环设置步长时应采取空操作,见标号①处。

2. 向 QVector 中添加自定义类的对象

向 QVector 中添加自定义类的对象作为成员,见代码清单 4-35。

代码清单 4-35

```
void example02(){
    // 添加成员
    QVector < CMyClass > vecObj;                                 ①
    CMyClass myclass1(2011, "lisa");
    CMyClass myclass2(2012, "mike");
    CMyClass myclass3(2012, "mike");
    CMyClass myclass4(2013, "john");
    CMyClass myclass5(2013, "ping");
    CMyClass myclass6(2025, "ping");
    // 如果想让下面的语句编译通过并且按照预期执行,需要为 CMyClass 类提供拷贝构造函数
    vecObj.push_back(myclass1);
    vecObj.push_back(myclass2);
    vecObj.push_back(myclass3);
    vecObj.push_back(myclass4);
    vecObj.push_back(myclass5);
    vecObj.push_back(myclass6);
    ...
}
```

在代码清单 4-35 中,首先定义了几个 CMyClass 对象并将它们初始化,然后调用 vecObj.push_back() 将它们添加到数组中。因为 vecObj 的类型是 QVector < CMyClass >,所以 push_back() 接口需要传入对象的备份而非引用或指针,也就意味着编译器会调用对象的拷贝构造函数。因此,需要为类 CMyClass 编写拷贝构造函数(见代码清单 4-36),以免编译器默认生成的拷贝构造函数无法满足要求,拷贝构造函数的实现请见本节的源代码。

代码清单 4-36

```cpp
// 拷贝构造函数
CMyClass(const CMyClass& right);
```

然后使用下标遍历数组，见代码清单 4-37。

代码清单 4-37

```cpp
// example02()
// 遍历成员,使用下标
cout << endl << " -------------- QVector --------------- " << endl;
cout << "print members using idx......" << endl;
int idxVec = 0;
for (idxVec = 0; idxVec < vecObj.size(); idxVec++) {
    cout << " vecObj[" << idxVec << "] : id = " << vecObj[idxVec].getId() << ", name = " << vecObj[idxVec].getName().toLocal8Bit().data() << endl;
}
```

然后使用迭代器遍历数组，见代码清单 4-38。

代码清单 4-38

```cpp
// 遍历成员,使用迭代器
QVector< CMyClass >::iterator iteVec = vecObj.begin();
for (iteVec = vecObj.begin(); iteVec != vecObj.end(); iteVec++) {
    cout << " vecObj[" << idxVec << "] : id = " << (*iteVec).getId() << ", name = " << (*iteVec).getName().toLocal8Bit().data() << endl;
}
```

在使用迭代器时，也是用(*iteVec)的方法来访问数组成员。因为数组里存放的是对象，所以可以使用"."操作符来调用对象的接口。如果数组里存放的是指针，就要用"(*iteVec)->"语法调用对象的接口。下面来查找某个对象，见代码清单 4-39。

代码清单 4-39

```cpp
// example02()
// 查找
cout << endl << " -------------- QVector --------------- " << endl;
cout << "begin find member in QVector......" << endl;
CMyClass myclassx(2013, "john");                                                    ①
QVector< CMyClass >::iterator iteVec = std::find(vecObj.begin(), vecObj.end(), myclassx); ②
if (iteVec != vecObj.end()) {
    cout << "find myclassx in vector." << endl;
}
else {
    cout << "cannot find myclassx in vector" << endl;
}
```

在代码清单 4-39 中，标号①处定义一个被查找对象 myclassx，标号②处同样也使用 std::find() 来查找该对象。如代码清单 4-40 所示，这需要为自定义类 CMyClass 重载 operator== 操作符，否则编译器会报错。CMyClass::operator==() 的实现见本节配套的源代码。

代码清单 4-40

```cpp
class CMyClass {
    ...
    // 重载操作符 operator ==
    bool operator == (const CMyClass& right);
    ...
};
```

3. 向 QVector 中添加自定义类对象的指针

使用类对象的指针来演示 QVector 用法见代码清单 4-41。

代码清单 4-41

```cpp
void example03() {
    // 添加成员
    QVector < CMyClass * > vecObj;
    CMyClass * pMyclass1 = new CMyClass(2011, "lisa");
    CMyClass * pMyclass2 = new CMyClass(2012, "mike");
    CMyClass * pMyclass3 = new CMyClass(2012, "mike");
    CMyClass * pMyclass4 = new CMyClass(2013, "john");
    CMyClass * pMyclass5 = new CMyClass(2013, "ping");
    CMyClass * pMyclass6 = new CMyClass(2025, "ping");
    // 无须为 CMyClass 类提供拷贝构造函数
    vecObj.push_back(pMyclass1);
    vecObj.push_back(pMyclass2);
    vecObj.push_back(pMyclass3);
    vecObj.push_back(pMyclass4);
    vecObj.push_back(pMyclass5);
    vecObj.push_back(pMyclass6);
    ...
}
```

代码清单 4-41 中，先新建（new）出一些对象，然后将这些对象指针添加到数组。接着遍历数组的成员，如代码清单 4-42 所示。

代码清单 4-42

```cpp
// example03()
// 遍历成员
cout << endl << " --------------- QVector --------------- " << endl;
cout << "print members in custom defined class using index......" << endl;
int idxVec = 0;
for (idxVec = 0; idxVec < vecObj.size(); idxVec++) {
    cout << " vecObj[" << idxVec << "] : id = "
         << vecObj[idxVec]->getId() << ", name = "
         << vecObj[idxVec]->getName().toLocal8Bit().data() << endl;
}
```

与将对象添加到数组有所不同，将指针添加到数组时，退出程序前需要将这些指针指向的内存进行释放，否则将导致内存泄漏，见代码清单 4-43，这里给出了两种方法来遍历数组成员并释放数组成员所指向的内存。因为不能重复释放同一块内存，所以把用迭代器遍历的代码封掉。可以尝试一下把用下标遍历数组的代码封掉，把用迭代器遍历数组的代码解封。

代码清单 4-43

```cpp
// example03()
// 退出前要释放内存
// 方法1,使用下标遍历
cout << endl << " --------------- QVector --------------- " << endl;
cout << "desctruct members before exit......" << endl;
idxVec = 0;
for (idxVec = 0; idxVec < vecObj.size(); idxVec++) {
    cout << "    deleting " << idxVec << ", id = "
```

```
                << vecObj[idxVec]->getId() << ", name = "
                << vecObj[idxVec]->getName().toLocal8Bit().data() << endl;
            delete vecObj[idxVec];
    }
    // 方法 2,使用迭代器遍历
    //QVector<CMyClass*>::iterator iteVec = vecObj.begin();
    //for (iteVec = vecObj.begin(); iteVec != vecObj.end(); iteVec++, idxVec++) {
    //    if (NULL != *iteVec) {
    //        delete *iteVec;
    //    }
    //}
    vecObj.clear();
```

在使用 QVector 进行编程时,很多情况下都是将自定义的类放进 QVector 中,所以需要掌握两个知识点:

(1) 为自定义类编写拷贝构造函数。

(2) 为自定义类重载"operator="操作符,以便能够使用 std::find()接口在数组中查找成员。

4.6 案例 10 使用 QList 处理数据集

视频讲解

本案例对应的源代码目录:src/chapter04/ks04_06。

本节介绍 Qt 的另一个数据集处理类 QList,QList 内部实际上还是一个指针数组。

如果要使用 QList,需要包含其头文件<QList>。本案例也设计了 3 种编程场景对 QList 的使用进行介绍。

(1) 向 QList 中添加成员并遍历。

(2) 向 QList 中添加自定义类的对象。

(3) 向 QList 中添加自定义类对象的指针。

下面进行详细介绍。

1. 向 QList 中添加成员并遍历

代码清单 4-44 中介绍了向 QList 中添加成员并遍历的方法,这里也使用 quint16 作为成员对象的类型。

代码清单 4-44

```
void example01(){
    // 添加成员
    QList<quint16> lstObj;
    lstObj.push_back(2011);
    lstObj.push_back(2033);
    lstObj.push_back(2033);
    lstObj.push_back(2042);
    lstObj.push_back(2045);
    // push_front
    lstObj.push_front(2046);
    ...
}
```

向QList中添加成员也用到了push_back()。接下来使用几种不同的方法对链表进行遍历。为了方便,把遍历、打印链表的代码封装为几个接口,以便在其他案例中使用,如代码清单4-45所示。在标号①处,因为传入的参数类型是const引用,所以在printByIterator()接口实现代码中(标号②处),需要使用QList< quint16 >::const_iterator定义常量迭代器对象iteList来访问链表。为iteList赋值时需要调用lstObj对象的constBegin()接口,在判断链表首尾时使用QList的constBegin()、constEnd()接口。同理,在标号④处的倒序访问接口中,用QList< quint16 >::const_reverse_iterator定义迭代器对象,并且在标号⑤处用的是QList的crbegin()、crend()接口获取链表的倒序首尾。

代码清单 4-45

```
void example01(){
    ...
    // 遍历成员 - 使用下标
    printByIndex(lstObj);
    // 遍历成员 - 使用迭代器(正序)
    printByIterator(lstObj);
    // 遍历成员 - 使用迭代器(倒序)
    printByIteratorReverse(lstObj);
    ...
}
// 遍历成员 - 使用正序迭代器
void printByIterator(const QList< quint16 > & lstObj) {                                ①
    cout << endl << "--------------- QList ---------------" << endl;
    cout << "print members using iterator......" << endl;
    QList< quint16 >::const_iterator iteList = lstObj.constBegin();                    ②
    for (iteList = lstObj.constBegin(); iteList != lstObj.constEnd(); iteList++) {     ③
        cout << " " << * iteList << endl;
    }
}
// 遍历成员 - 使用倒序迭代器
void printByIteratorReverse(const QList< quint16 > & lstObj){
    cout << endl << "--------------- QList ---------------" << endl;
    cout << "print members using iterator reverse......" << endl;
    QList< quint16 >::const_reverse_iterator iteList;                                  ④
    for (iteList = lstObj.crbegin(); iteList != lstObj.crend(); iteList++){            ⑤
        cout << " " << * iteList << endl;
    }
}
// 遍历成员 - 使用下标
void printByIndex(const QList< quint16 > & lstObj){
    cout << endl << "--------------- QList ---------------" << endl;
    cout << "print members using index......" << endl;
    int idxList = 0;
    for (idxList = 0; idxList < lstObj.size(); idxList++) {
        cout << " lstObj[" << idxList << "] = " << lstObj[idxList] << endl;
    }
}
```

2. 向QList中添加自定义类的对象

向QList中添加自定义类的对象时使用CMyClass类,方法同QVector用法类似,见代码清单 4-46。

代码清单 4-46

```
void example02(){
    // 添加成员
    QList < CMyClass > lstObj;
    CMyClass myclass1(2011, "lisa");
    CMyClass myclass2(2012, "mike");
    CMyClass myclass3(2012, "mike");
    CMyClass myclass4(2013, "john");
    CMyClass myclass5(2013, "ping");
    CMyClass myclass6(2025, "ping");
    // 如果想让下面的语句编译通过并且按照预期执行,需要为 CMyClass 类提供拷贝构造函数
    lstObj.push_back(myclass1);                                                    ①
    lstObj.push_back(myclass2);
    lstObj.push_back(myclass3);
    lstObj.push_back(myclass4);
    lstObj.push_back(myclass5);
    lstObj.push_back(myclass6);
    // 遍历成员
    cout << endl << " -------------- QList --------------- " << endl;
    cout << "print members using idx......" << endl;
    int idxList = 0;
    for (idxList = 0; idxList < lstObj.size(); idxList++) {
        cout << " lstObj[" << idxList << "] : id = "
            << lstObj[idxList].getId() << ", name = "
            << lstObj[idxList].getName().toLocal8Bit().data() << endl;
    }
    // 查找
    cout << endl << " -------------- QList --------------- " << endl;
    cout << "begin find member in QList......" << endl;
    CMyClass myclassx(2013, "john");
    QList < CMyClass >::iterator iteList = std::find(lstObj.begin(), lstObj.end(), myclassx);
    if (iteList != lstObj.end()) {
        cout << "find myclassx in list." << endl;
    }
    else {
        cout << "cannot find myclassx in list" << endl;
    }
}
```

代码清单 4-46 中需要注意的是标号①处的 lstObj.push_back(myclass1),这句代码要求 CMyClass 类提供拷贝构造函数。其实如果不写 CMyClass 类的拷贝构造函数,程序也能构建成功,因为编译器会为 CMyClass 类提供默认的拷贝构造函数。尝试一下封掉 CMyClass 的拷贝构造函数,看看是否能将项目构建成功。其实,封掉 CMyClass 的拷贝构造函数后,push_back()可以成功调用,但是程序却会出现运行时异常。这是为什么呢?因为编译器提供的默认拷贝构造函数仅仅执行按位复制,也就是将对象的成员变量的值一对一复制,而 CMyClass 类的成员中有指针,如果按位复制就不会为指针变量重新申请内存,而是将它和被复制对象指向同一块内存。在 CMyClass 析构时会出现将同一块内存多次 delete 的问题,导致出现异常。所以,在本案例中应该为类编写显式的拷贝构造函数。

另外,因为在实现查找功能时用到了 std::find(),所以仍然需要为 CMyClass 类重载

"operator＝＝"操作符。尝试封掉类 CMyClass 的"operator＝＝"的重载操作符的定义和实现代码，看看会有什么结果——编译器会报错。

> error C2678: 二进制" == ": 没有找到接受"CMyClass"类型的左操作数的运算符(或没有可接受的转换)

编译器明确提示需要为 CMyClass 提供"operator＝＝"的重载，所以如果要使用 std::find()，那么对类的"operator＝＝"操作符的重载是不可缺少的。

3. 向 QList 中添加自定义类对象的指针

向 QList 中添加自定义类对象的指针与 QVector 的案例类似，见代码清单 4-47。

代码清单 4-47

```cpp
void example03() {
    // 添加成员
    QList < CMyClass * > lstObj;
    CMyClass * pMyclass1 = new CMyClass(2011, "lisa");
    CMyClass * pMyclass2 = new CMyClass(2012, "mike");
    CMyClass * pMyclass3 = new CMyClass(2012, "mike");
    CMyClass * pMyclass4 = new CMyClass(2013, "john");
    CMyClass * pMyclass5 = new CMyClass(2013, "ping");
    CMyClass * pMyclass6 = new CMyClass(2025, "ping");
    // 无须为 CMyClass 类提供拷贝构造函数
    lstObj.push_back(pMyclass1);
    lstObj.push_back(pMyclass2);
    lstObj.push_back(pMyclass3);
    lstObj.push_back(pMyclass4);
    lstObj.push_back(pMyclass5);
    lstObj.push_back(pMyclass6);
    // 遍历成员
    cout << endl << "-------------- QList ---------------" << endl;
    cout << "print members in custom defined class using idx......" << endl;
    int idxList = 0;
    for (idxList = 0; idxList < lstObj.size(); idxList++) {
        cout << "    lstObj[" << idxList << "] : id = "
            << lstObj[idxList]->getId() << ", name = "
            << lstObj[idxList]->getName().toLocal8Bit().data() << endl;
    }
    // 退出前要释放内存
    // 方法1,使用下标遍历
    cout << endl << "-------------- QList ---------------" << endl;
    cout << "desctruct members before exit......" << endl;
    idxList = 0;
    for (idxList = 0; idxList < lstObj.size(); idxList++) {
        cout << "    deleting " << idxList << ", id = "
            << lstObj[idxList]->getId() << ", name = "
            << lstObj[idxList]->getName().toLocal8Bit().data() << endl;
        delete lstObj[idxList];
    }
    // 方法2,使用迭代器遍历
    //QList < CMyClass * >::iterator iteList = lstObj.begin();
    //for (iteList = lstObj.begin(); iteList != lstObj.end(); iteList++, idxList++) {
    //    if (NULL != * iteList) {
    //        delete * iteList;
```

①

```
        //    }
        //}
        lstObj.clear();
}
```

代码清单 4-47 标号①处,方法 2 的代码被封掉的原因也是因为防止重复析构。此处给出方法 2 是为了演示用迭代器的方式遍历列表的成员。

本节介绍了 QList 的用法,它跟 QVector 有很多相似的地方。相比之下,QVector 性能稍高一些,但是两者都是数组,如果希望使用链表,应使用 QLinkedList。使用 QList 的原因之一,是因为 Qt 用它作为很多接口的参数类型或者返回值类型,所以在调用 Qt 提供的接口时会很方便。

4.7 案例 11 使用 QMap 建立映射

视频讲解

本案例对应的源代码目录:src/chapter04/ks04_07。

在软件开发工作中,映射是经常用到的数据结构,Qt 提供的映射处理类是 QMap。简单来说,映射的数据结构是 KV(Key-Value,键值)对。对于给定的 Key(键),可以从映射中得到对应的 Value(值),这给访问数据提供了便利。比如,可以把学生的 Id 作为 Key,把学生对象作为 Value 存放到映射中。这样只要给出一个学生的 Id,就可以方便、快速地找到学生对象并访问其信息。如果要使用 QMap,需要包含其头文件< QMap >。本节也提供 3 种编程场景作为案例。

(1) 向 QMap 中添加成员并遍历、删除。
(2) 使用自定义类对象做 QMap 的 Key。
(3) 使用 QMap 时需要注意的情况。
下面进行详细介绍。

1. 向 QMap 中添加成员并遍历、删除

向 QMap 添加成员并遍历、删除的案例代码见代码清单 4-48,其中使用 quint16 作为 QMap 的 Key。代码清单 4-48 演示了两种向 QMap 中添加成员的语法。一种是直接用"映射名[Key]=Value"语法,如 mapObj[1]=BeiJing;另一种是使用 QMap 的 insert(Key, Value)接口,比如 mapObj.insert(5, "XiaMen")。

代码清单 4-48

```
void example01(){
    // 添加成员
    QMap< quint16, QString > mapObj;
    mapObj[1] = "BeiJing";
    mapObj[2] = "ShangHia";
    mapObj[3] = "GuangZhou";
    mapObj[4] = "ShenZhen";
    mapObj.insert(5, "XiaMen");
}
```

接下来,封装了 printByIterator()接口对 QMap 进行遍历,见代码清单 4-49。

代码清单 4-49

```
void printByIterator(const QMap< quint16, QString > & mapObj) {                    ①
    cout << endl << "-------------- QMap ---------------" << endl;
    cout << "print members using iterator......" << endl;
    QMap< quint16, QString >::const_iterator iteMap = mapObj.constBegin();          ②
    for (iteMap = mapObj.constBegin(); iteMap != mapObj.constEnd(); iteMap++) {
        cout << "-- key = " << iteMap.key() << ", value = "
             << iteMap.value().toLocal8Bit().data() << endl;
    }
}
```

代码清单 4-49 标号①处传入的参数是 const 引用,所以在标号②处使用 QMap < quint16, QString >::const_iterator 定义了一个 const 类型的迭代器 iteMap,并将其初始化指向 QMap 的头部,访问 QMap 的头部用 constBegin()接口。用来判断迭代器是否已经遍历完毕的方法同 QVector 类似,也是用 iteMap != mapObj.constEnd()。使用迭代器访问 QMap 的数据同 QVector 不太一样,因为 QMap 有 Key 和 Value。使用迭代器访问它的 Key 时可以用 iteMap.key(),使用迭代器访问其 Value 时可以用 iteMap.value()。用这两个接口得到的对象跟 QMap 的 Key、Value 的类型一致,因此可以直接使用这种语法调用对象的接口。比如,如果 Value 是一个 QString,那么就可以这样调用 QString 的接口"iteMap.value().toLocal8Bit().data()"。

QMap 的查找功能通过 QMap 的 find()接口实现,代码清单 4-50 展示了如何在 QMap 中查找 5 这个数值。在标号①处,判断 QMap 中是否找到指定数值的方法是: if (iteMap != mapObj.end())。

代码清单 4-50

```
// example01()
iteMap = mapObj.find(5);
if (iteMap != mapObj.end()) {              // 找到了                                ①
    cout << endl << "-------------- QMap ---------------" << endl;
    cout << "find member where key = 5, and value = "
         << iteMap.value().toLocal8Bit().data() << endl;
}
else {                                     // 未找到
    cout << "cannot find member from map where key = 5." << endl;
}
```

QMap 的删除操作通过 erase()接口实现,见代码清单 4-51。如标号①处所示,erase()接受的参数是将要被删除的迭代器。

代码清单 4-51

```
// example01()
// 删除 QMap 中的成员
cout << endl << "-------------- QMap ---------------" << endl;
if (iteMap != mapObj.end()){
    cout << "erase it from map." << endl;
    mapObj.erase(iteMap);                                                           ①
}
```

2. 使用自定义类对象做 QMap 的 Key

使用 CMyClass 类对象作为 QMap 的 Key 的案例见代码清单 4-52。需要注意标号①处的 mapObj[myclass1] = 1,这句代码要求 CMyClass 类提供拷贝构造函数。可以尝试封掉的 CMyClass 的拷贝构造函数做一下编译测试。另外,在实现查找功能时用到了 QMap::find(),这要求为 CMyClass 类重载 operator<操作符。尝试一下封掉 CMyClass 的"operator<"操作符的定义和实现,编译一下看看会发生什么。

代码清单 4-52

```
void example02(){
    // 添加成员
    QMap<CMyClass, uint> mapObj;
    CMyClass myclass1(2011, "lisa");
    CMyClass myclass2(2012, "mike");
    CMyClass myclass3(2012, "mike");
    CMyClass myclass4(2013, "john");
    CMyClass myclass5(2013, "ping");
    CMyClass myclass6(2025, "ping");
    // 如果想让下面的语句编译通过并且按照预期执行,
    // 需要为 CMyClass 类提供拷贝构造函数,并重载"operator<"操作符
    mapObj[myclass1] = 1;
    mapObj[myclass2] = 2;
    mapObj[myclass3] = 3;
    mapObj[myclass4] = 4;
    mapObj[myclass5] = 5;
    mapObj[myclass6] = 6;
}
```
①

现在重点介绍"operator<"操作符的实现,见代码清单 4-53。重载自定义类的"operator<"操作符时,请务必保证逻辑的正确性。也就是说,要保证按照重载"operator<"操作符的算法执行时,用该重载操作符计算 a<b、b<a 这两个表达式时必须返回互斥的结果。如果两个表达式都返回 true 或者都返回 false,那就说明算法是错误的,将导致运行时异常。

代码清单 4-53

```
// myclass.cpp
bool CMyClass::operator<(const CMyClass& right) const {
    if (getId() < right.getId()) {
        return true;
    }
    else if ((getId() == right.getId()) && (getName() < right.getName())) {
        return true;
    }
    else {
        return false;
    }
}
```

在 QMap 中使用自定义类作为 Key 时,其遍历成员的功能见代码清单 4-54。在标号①处,iteMap.key()得到的类型就是 CMyClass,所以可以直接调用 getName()接口。

代码清单 4-54

```
// example02()
// 遍历成员
cout << endl << " -------------- QMap --------------- " << endl; QMap<CMyClass, uint>::iterator iteMap;
for (iteMap = mapObj.begin(); iteMap != mapObj.end(); iteMap++) {
```

```
            cout << "key = (" << iteMap.key().getId() << ", "
                 << iteMap.key().getName().toLocal8Bit().data()             ①
                 << "), value = " << iteMap.value() << endl;
        }
```

要实现在 QMap 中查找某个自定义类对象的功能，需要先定义一个对象，如代码清单 4-55 标号①所示。然后调用 QMap 的 find() 接口实现查找功能。

代码清单 4-55

```
// example02()
// 查找 & 删除
cout << endl << " --------------- QMap --------------- " << endl;
cout << "begin find member in QMap......" << endl;
CMyClass myclassx(2013, "john");                                            ①
iteMap = mapObj.find(myclassx);
if (iteMap != mapObj.end()) {              // 找到了
    ...
}
else {                                     // 未找到
    cout << "cannot find myclassx in map" << endl;
}
```

3. 使用 QMap 时需要注意的情况

如果 QMap 中存放的 Value 是一个 QStringList 之类的容器，有些编译器不允许对未经初始化的 Value 对象直接采取插入等修改操作，如代码清单 4-56 所示。标号①处，因为 mapObj 中不存在 Key＝1 的元素，所以 mapObj1[1] 尚未初始化，如果直接对它执行 push_back()，在有些平台上可能导致编译错误。

代码清单 4-56

```
// example03()
// 有的编译器执行如下代码时报错
std::map< uint, QStringList > mapObj1;
std::map< uint, QStringList >::iterator iteMap1;
iteMap1 = mapObj1.find(1);
if (iteMap1 == mapObj1.end()){      //未找到,则 mapObj[1]这个 QStringList 尚未初始化
    cout << "not found!" << endl;
    mapObj1[1].push_back("hello");  //有些平台的编译器报错                    ①
}
```

解决的方法是先构建一个对象，然后将该对象赋值给 QMap 的成员，见代码清单 4-57。

代码清单 4-57

```
// example03()
// 先定义一个 QStringList 对象 lst,把数据插入 lst, 然后把 lst 作为 value 插入到 QMap
QStringList lst;
lst.push_back("hello");
mapObj1[1] = lst;
```

本节介绍了 Qt 的映射类 QMap 的用法，它跟 STL 的 map 有很多相似的地方。可以在界面类程序中选择 QMap，在服务类程序中选择 STL 的 map 或者其他第三方库的映射类。当数据量很大时，开发人员自己建立数组或链表进行查找的性能是很差的，这时建议使用 QMap 的映射功能以提高代码性能。

4.8 案例 12 万能的 QVariant

视频讲解

本案例对应的源代码目录：src/chapter04/ks04_08。

在表格控件中存储数据时，可能存入 int 类型数据，也可能存入 float 类型数据，还可能存入一个 QPen(画笔)。如果需要在表格中存储这么多类型的数据，该怎么设计它的数据访问接口呢？没关系，Qt 提供了一个类 QVariant，用来封装对多种类型数据的访问。QVariant 充当常见数据类型的联合，可以用来保存 Qt 的很多数据类型，包括 QPen、QBrush、QFont、QColor、QCursor、QDateTime、QPoint、QRect、QRegion、QSize 和 QString 等，并且支持 C++基本类型，如 int，float 等。如果想知道具体有哪些类能够跟 QVariant 进行互相转换，可以参见 QVariant 头文件。下面通过 4 个示例展示 QVariant 常用接口。

(1) 常见 Qt 类与 QVariant 互相转换。
(2) 使用模板接口 QVariant::value<>()进行类型转换。
(3) 用 QVariantList 存储可变数据列表。
(4) QVariant 中存储数据的类型名与类型 Id 之间互相转换。
下面进行详细介绍。

1. 常见 Qt 类与 QVariant 互相转换

常见 Qt 类一般可以直接用来构造 QVariant，如代码清单 4-58 所示，可以用 int 类型构造 QVariant 对象，并且用 QVariant::toInt()接口实现 QVariant 到 int 类型的转换。

代码清单 4-58

```
// example01()
QVariant var1(1);                    // 整数
cout << "this is an integer:" << var1.toInt();
```

也可以先构造一个对象 A，用 A 来构造 QVariant 对象，如代码清单 4-59 所示，用 uint、double 类型跟 QVariant 互相转换。

代码清单 4-59

```
// example01()
uint uVal = 599;
QVariant var2(uVal);                 // 无符号整数
cout << "this is a unsigned integer:" << var2.toUInt();
double dVal = 100.23456;
QVariant var3(dVal);                 // 双精度浮点数
cout << "this is a double:" << var3.toDouble();
```

QString、QPointF、QVariant 之间的互相转换见代码清单 4-60。其他 Qt 常用类与 QVariant 的互相转换的写法类似，具体可以查阅 QVariant 头文件。

代码清单 4-60

```
// example01()
QString str("I am string");
QVariant var4 = str;                 // 用字符串
cout << "this is a string:" << var4.toString().toLocal8Bit().data();
QPointF pt(102.35, 200.1);
QVariant var5(pt);
cout << "this is a pointf:" << var5.toPointF().x() << ", "<< var5.toPointF().y();
```

2. 使用模板接口 QVariant::value<>() 进行类型转换

除了直接把常见 Qt 类与 QVariant 进行互相转换，QVariant 还提供了一个模板接口 QVariant::value<>()，该接口用来将 QVariant 按照指定类型进行转换。比如在 QVariant 对象中保存一个 QColor，首先构造该对象，见代码清单 4-61 标号①处。如果需要把 QVariant 还原为 QColor（见标号②处），则在 value 后面的尖括号中填写 QColor 即可。

代码清单 4-61

```
// example02()
QColor clr1(Qt::darkMagenta);
QVariant var1(clr1);                           ①
QColor clr2 = var1.value<QColor>();            ②
cout << "clr : "
     << clr2.redF()
     << " , "
     << clr2.greenF()
     << clr2.blueF()
     << endl;
```

为了加深理解，下面再给出一段示例代码，见代码清单 4-62。首先构造一个 QFont 并存入 QVariant 对象，然后从 QVariant 对象将该 QFont 还原。

代码清单 4-62

```
// example02()
QFont ft1("宋体", 12.6);
QVariant var2(ft1);
QFont ft2 = var2.value<QFont>();
cout << " font family:" << ft2.family().toLocal8Bit().data() << ", point size = " << ft2
.pointSizeF() << endl;
```

3. 用 QVariantList 存储可变数据列表

有时需要将一些 QVariant 对象保存到列表中，QVariantList 就可以用来存储 QVariant 对象列表，如代码清单 4-63 所示。

代码清单 4-63

```
// example03()
QVariant var1(1);                      // 整数
uint uVal = 599;
QVariant var2(uVal);                   // 无符号整数
double dVal = 100.23456;
QVariant var3(dVal);                   // 双精度浮点数
QString str("I am string");
QVariant var4 = str;                   // 用字符串
QPointF pt(102.35, 200.1);
QVariantList lst;
lst << var1 << var2 << var3 << var4;
```

当需要遍历 QVariantList 列表时，可以使用迭代器 QVariantList::iterator，见代码清单 4-64。迭代器的用法跟 QVector、QList 等的迭代器类似，如标号①处，可以用 *iteLst 得到对 QVariant 对象的引用，也可以在标号②处写成(* iteLst).typeName()。

代码清单 4-64

```
// example03()
QVariant var;
QVariantList::iterator iteLst = lst.begin();
for (iteLst = lst.begin(); iteLst != lst.end(); iteLst++) {
    var = * iteLst;
    cout << "type is " << var.typeName() << ", value is ";    ①
    switch (var.type()) {                                      ②
    case QVariant::Int:
        cout << var.toInt() << endl;
        break;
    case QVariant::String:
        cout << var.toString().toLocal8Bit().data() << endl;
        break;
    case QVariant::Double:
        cout << var.toDouble();
        break;
    case QVariant::RectF:
        cout << "x:" << var.toPointF().x() << ", y:"<< var.toPointF().y();
        break;
    default:
        break;
    }
}
```

4. QVariant 中存储数据的类型名与类型 Id 之间互相转换

QVariant 还提供了两个静态接口：QVariant::nameToType()和 QVariant::typeToName()。这两个接口分别用来将 QVariant 中存储的对象的类型 Id 与该对象的类型名互相转换，见代码清单 4-65。

代码清单 4-65

```
// example03()
cout << QVariant::typeToName(QVariant::Int);            // 输出:int
cout << QVariant::typeToName(QVariant::QPointF);        // 输出:QPointF
double dVal = 100.23456;
QVariant var3(dVal);                                     // 双精度浮点数
cout << QVariant::nameToType(var3.typeName());          // 输出:6
```

4.9 案例 13 使用 QMessagebox 弹出各种等级的提示信息

视频讲解

本案例对应的源代码目录：src/chapter04/ks04_09。

在开发界面类应用程序时，经常需要通过弹出界面将提示信息展示给用户。Qt 的信息对话框类 QMessagebox 可以提供简单的信息提示功能，使用 QMessagBox 属于界面类开发。Qt 规定：在进行界面类开发时，必须先构造一个 QApplication 对象，否则会在运行时出现异常。因此在 main() 函数中，需要先构造一个 QApplication 对象，见代码清单 4-66 标号①处。

代码清单 4-66

```
// main.cpp
#include <QApplication>
```

```cpp
#include <QMessageBox>
void example01();
void example02();
void example03();
void example04();
int main(int argc, char * argv[]) {
    ...
    QApplication app(argc, argv);
    // example01
    if (0) {
        example01();
    }
    // example02
    if (1) {
        example02();
    }
    ...
    return 0;
}
```
①

下面通过4种场景介绍QMessageBox的4个常用接口。

1. 弹出普通提示信息

程序运行效果见图4-2。

QMessageBox提供了一个static接口information()来弹出普通提示信息。这里的普通提示信息是相对于后面的严重错误、帮助信息等来说的。既然是static接口,就应通过"类名::接口名"的方式调用。QMessageBox::information接口的原型见代码清单4-67。

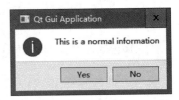

图4-2 用QMessageBox弹出普通提示信息

代码清单 4-67

```cpp
static StandardButton information(QWidget * parent, const QString &title,
const QString &text, StandardButtons buttons = Ok,
StandardButton defaultButton = NoButton);
```

如代码清单4-67所示,information()接口提供5个参数。

- parent是QWidget类型的指针,用来接收父窗口指针。本示例中并未提供父窗口,因此可以写成NULL。正常情况下应该是弹出该界面的代码所在的窗口的指针。
- title是该信息对话框的标题。
- text是该信息对话框的提示信息的内容。
- buttons的类型是StandardButtons,它是StandardButton枚举值相或的结果。如图4-2所示,在弹出的界面中设计了Yes、No两个按钮。可以根据需要自行选择使用什么按钮,只要使几个枚举值运算或操作即可。
- defaultButton是默认按钮。

图4-2所示界面对应的代码见代码清单4-68。

代码清单 4-68

```cpp
void example01(){
    QMessageBox::information(NULL,
```

```
                    QObject::tr("Qt"),
                    QObject::tr("This is a normal information"),
                    QMessageBox::Yes | QMessageBox::No,
                    QMessageBox::Yes);
}
```

2. 弹出"关键错误"提示信息

程序运行效果见图 4-3。

弹出"关键错误"提示信息的功能实现见代码清单 4-69，使用 QMessageBox::critical()接口来弹出关键错误信息。它的严重等级比 QMessageBox::information()要高，这点可以从图 4-3 看出。该接口的参数同 QMessageBox::information()类似。

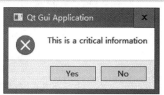

图 4-3　用 QMessageBox 弹出关键错误提示信息

代码清单 4-69

```
void example02(){
    QMessageBox::critical(NULL,
                    QObject::tr("Qt"),
                    QObject::tr("This is a critical information"),
                    QMessageBox::Yes | QMessageBox::No,
                    QMessageBox::Yes);
}
```

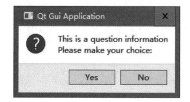

图 4-4　用 QMessageBox 弹出提问信息

3. 弹出"提问"信息

程序运行效果见图 4-4。功能实现见代码清单 4-70。这里，使用 QMessageBox::question()接口来弹出提问信息。本实例中对接口返回值进行判断，这个返回值的含义是指用户单击了哪个按钮。如代码清单 4-70 所示，程序根据用户单击的按钮不同，向终端输出不同的信息。

代码清单 4-70

```
void example03() {
    QMessageBox::StandardButton btn = QMessageBox::question(NULL,
                    QObject::tr("Qt Gui Application"),
                    QObject::tr("This is a question information\nPlease make your choice:"),
                    QMessageBox::Yes | QMessageBox::No,
                    QMessageBox::Yes);
    if (QMessageBox::Yes == btn) {
        cout << "button 'Yes' selected." << endl;
    }
    else {
        cout << "button 'No' selected." << endl;
    }
}
```

4. 弹出"关于"信息

程序运行效果见图 4-5。如代码清单 4-71 所示，使用 QMessageBox::about()接口可以很

图 4-5 用 QMessageBox 弹出关于提示信息

方便地弹出关于提示信息。

代码清单 4-71

```
void example04() {
    QMessageBox::about(NULL,
                       QObject::tr("Qt"),
                       QObject::tr("This is an about information"));
}
```

4.10 案例 14 使用 QInputDialog 获取多种类型的用户输入

视频讲解

本案例对应的源代码目录：src/chapter04/ks04_10。

在进行界面类应用开发时，经常需要用户输入一些数据。一般情况下，可以设计专用界面来接收用户输入的数据。但如果只需要用户输入一个数值或一个字符串，那么就可以利用 Qt 提供的类而无须专门编写界面。Qt 中用来接收用户界面输入的类是 QInputDialog。下面将通过几个示例介绍这个类的用法。下面用到 QInputDialog 的几个接口都是静态接口，这意味着调用接口时要在前面写上"QInputDialog::"。

1. 获取单行文本

程序运行效果见图 4-6。如代码清单 4-72 所示，调用 QInputDialog::getText() 可以获取用户输入的单行文本字符串内容。最后，将用户输入的文本用 QMessageBox 的提示框进行展示。

图 4-6 用 QInputDialog 获取单行文本

代码清单 4-72

```
void example01(){
    QString str = QInputDialog::getText(NULL,
                      QString::fromLocal8Bit("QInputDialog 示例"),
                      QString::fromLocal8Bit("获取文本"));
    QMessageBox::information(NULL,
        QString::fromLocal8Bit("QInputDialog 示例"),
        str);
}
```

QInputDialog::getText() 函数的原型见代码清单 4-73。

代码清单 4-73

```
static QString getText(QWidget * parent,
                       const QString &title,
                       const QString &label,
                       QLineEdit::EchoMode echo = QLineEdit::Normal,
                       const QString &text = QString(),
                       bool * ok = nullptr,
                       Qt::WindowFlags flags = Qt::WindowFlags(),
                       Qt::InputMethodHints inputMethodHints = Qt::ImhNone);
```

代码清单 4-73 中，对各个参数解释如下。

- parent 是父窗口指针，在案例中设置为 NULL。

- title 是界面的标题。
- label 是提示信息。
- echo 是文本编辑框的模式。如果希望用户输入密码，可以设置为 QLineEdit::Password。
- text 是默认值。
- ok 用来判断用户单击了 OK 按钮还是 Cancel 按钮。如果 ok 为非零值，那么当用户单击 OK 按钮时，*ok 为 true；当用户单击 Cancel 按钮时，*ok 为 false。
- flags 用来设置输入界面的 WindowFlags。
- inputMethodHints 用来设置输入法的标志。如果希望控制输入为日期格式，则使用 Qt::ImhDate；如果希望将输入自动转换为大写，则用 Qt::ImhUppercaseOnly 等。

2．获取多行文本

程序运行效果见图 4-7。如代码清单 4-74 所示，QInputDialog::getMultiLineText() 可以获取用户输入的多行文本（带换行符的文本）。

图 4-7　用 QInputDialog 获取多行文本

代码清单 4-74

```
void example02(){
    QString str = QInputDialog::getMultiLineText(NULL,
        QString::fromLocal8Bit("QInputDialog示例"),
        QString::fromLocal8Bit("获取多行文本"));
    QMessageBox::information(NULL,
        QString::fromLocal8Bit("QInputDialog示例"),
        str);
}
```

3．从列表框中获取选中的条目

程序运行效果见图 4-8。如代码清单 4-75 所示，QInputDialog::getItem() 可以接收用户从列表框中选出的一个条目。lst 是一个 QStringList 对象，通过 QInputDialog::getItem() 接口可以获得从 lst 列表中选出的文本内容。

图 4-8　用 QInputDialog 获取列表框中选中的条目

代码清单 4-75

```
void example03() {
    QStringList lst;
    lst << QString::fromLocal8Bit("苹果")
```

```
            << QString::fromLocal8Bit("香蕉")
            << QString::fromLocal8Bit("orange")
            << QString::fromLocal8Bit("pear");
    QString str = QInputDialog::getItem(NULL,
        QString::fromLocal8Bit("QInputDialog 示例"),
        QString::fromLocal8Bit("获取条目"),
        lst);
    QMessageBox::information(NULL,
        QString::fromLocal8Bit("QInputDialog 示例"),
        str);
}
```

图 4-9 用 QInputDialog 获取整数

4. 获取整数

程序运行效果见图 4-9。如代码清单 4-76 所示，QInputDialog::getInt()可以用来接收用户输入的一个整数。

代码清单 4-76

```
void example04() {
    int i = QInputDialog::getInt(NULL,
        QString::fromLocal8Bit("QInputDialog 示例"),
        QString::fromLocal8Bit("获取整数"),
        200,
        100,
        1000,
        10);
    QMessageBox::information(NULL,
        QString::fromLocal8Bit("QInputDialog 示例"),
        QString("%1").arg(i));
}
```

下面看一下 QInputDialog::getInt()接口的原型，见代码清单 4-77。

代码清单 4-77

```
static int getInt(QWidget * parent,
const QString &title,
const QString &label,
int value = 0,
int minValue = -2147483647,
int maxValue = 2147483647,
int step = 1,
bool * ok = nullptr,
Qt::WindowFlags flags = Qt::WindowFlags());
```

下面介绍一下 QInputDialog::getInt()各个参数的含义。

- parent 是父窗口指针，在本案例中设置为 NULL。
- title 是界面的标题。
- label 是提示信息。
- value 是默认值。
- minValue 是允许输入的最小值。
- maxValue 是允许输入的最大值。

- step 是输入数据的步长,也就是当用户单击输入界面中 spinbox 的增减按钮时整数的变化量。
- ok 用来判断用户单击了 OK 按钮还是 Cancel 按钮。如果 ok 为非零值,那么当用户单击 OK 按钮时,*ok 为 true;当用户单击 Cancel 按钮时,*ok 为 false。
- flags 用来设置输入界面的 WindowFlags。

5. 获取浮点数

程序运行效果见图 4-10。如代码清单 4-78 所示,QInputDialog::getDouble()用来接收用户输入的一个浮点数。

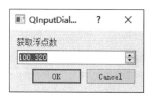

图 4-10 用 QInputDialog 获取浮点数

代码清单 4-78

```
void example05() {
    double d = QInputDialog::getDouble(NULL,
        QString::fromLocal8Bit("QInputDialog 示例"),
        QString::fromLocal8Bit("获取浮点数"),
        200.5,
        100.05,
        999.99);
    QMessageBox::information(NULL,
        QString::fromLocal8Bit("QInputDialog 示例"),
        QString("%1").arg(d));
}
```

下面看一下 QInputDialog::getDouble()接口的原型,见代码清单 4-79。

代码清单 4-79

```
static int getDouble(QWidget * parent,
const QString &title,
const QString &label,
double value = 0,
double min = -2147483647,
double max = 2147483647,
int decimals = 1,
bool * ok = nullptr,
Qt::WindowFlags flags = Qt::WindowFlags());
```

下面介绍一下 QInputDialog::getDouble()各个参数的含义。
- parent 是父窗口指针,在本案例中设置为 NULL。
- title 是界面的标题。
- label 是提示信息。
- value 是默认值。
- min 是允许输入的最小值。
- max 是允许输入的最大值。
- decimals 是小数点后保留的位数。比如 decimals=2,表示在获取用户输入的浮点数时在小数点后保留两位小数。
- ok 用来判断用户单击了 OK 按钮还是 Cancel 按钮。如果 ok 为非零值,那么当用户单击 OK 按钮时,*ok 为 true;当用户单击 Cancel 按钮时,*ok 为 false。

- flags 用来设置输入界面的 WindowFlags。

4.11 知识点 开发自己的公共类库

视频讲解

在项目或者产品开发过程中,软件研发组织经常会开发一些公共的 DLL 模块用来实现一些基础功能,比如路径解析、将 SVG 中的用来表示颜色值的文本与 QColor 互相转换等。本节简单介绍一下开发公共类库的一些注意事项,对应的源代码目录: src/chapter04/ks04_11。

代码清单 4-80 中使用了命名空间 ns_train,请认真阅读各个接口的注释内容,体会一下这些接口的设计用意。

代码清单 4-80

```
// myclass.h
namespace ns_train {
    // == 颜色相关
    /**
    * @brief 解析颜色,将字符串转换为 QColor。格式:r,g,b[,a], alpha 可选
    * @param[in] strColor 待解析的字符串; @return 解析所得的颜色
    */
    KS04_11_Export QColor parseColor(const QString& strColor);
    /**
    * @brief 将 QColor 格式化未字符串,输出的格式:r,g,b,a
    * @param[in] clr 待转换的颜色; @return 解析所得的颜色字符串
    */
    KS04_11_Export QString getColorRgbValue(const QColor& clr);
    // == 文件相关
    /**
    * @brief 获取指定 path 的字符串,如果使用环境变量,格式必须为:"$环境变量名/xxx/xxx"
             接口内部负责:
             1. 将"\\"转换为"/"
             2. 自动将环境变量替换为实际路径,环境变量使用$XXX 的格式,
                比如,输入:"$TRAINDEVHOME/src",
                     输出:"d:/xingdianketang/project/gui/src/"
    * @param[in] strPath 指定路径. @return 文件名,全路径
    */
    KS04_11_Export QString getPath(const QString& strPath);
    /**
    * @brief 获取指定 path 所在的全目录名
             如果使用环境变量,格式必须为:"$环境变量名/xxx/xxx.yy"
             接口内部负责:
             1. 将"\\"转换为"/"
             2. 自动将环境变量替换为实际路径,环境变量使用$XXX 的格式,
                比如,输入:"$TRAINDEVHOME/src/a.txt",
                     输出:"d:/xingdianketang/project/gui/src/"
    * @param[in] strPath 指定路径. @return 文件名所在目录
    */
    KS04_11_Export QString getDirectory(const QString& strPath);
    /**
    * @brief 获取指定文件名的名称.
             如果使用环境变量,格式必须为:"$环境变量名/xxx/xxx.yy"
```

```
            接口内部负责：
              1. 将"\\"转换为"/"
              2. 自动将环境变量替换为实际路径,环境变量使用$XXX的格式,
                 比如,输入:"$TRAINDEVHOME/src/a.txt",输出:"a.txt"
   * @param[in] strFilePath 指定文件(全路径).@return 文件名(a.txt)
   */
   KS04_11_Export QString getFileName(const QString& strFilePath);
   /**
    * @brief 获取指定 strDirectory 的当前子目录名
              如果使用环境变量,格式必须为:"$环境变量名/xxx/xxx/xxx/"
              接口内部负责：
              1. 将"\\"转换为"/"
              2. 自动将环境变量替换为实际路径,环境变量使用$XXX的格式,
                 比如,输入:"$TRAINDEVHOME/src/exchange",输出:"exchange"
    * @param[in] strDirectory 指定路径.@return 当前子目录名
    */
              KS04_11_Export QString getNameOfDirectory(const QString& strDirectory);
   /**
    * @brief 获取指定目录下的所有文件名
    * @param[in] strPath 指定路径,内部会将"\\"转换为"/"
    * @param[in] nameFilters 文件名过滤符,比如:"*.h"
    * @param[in] bRecursive true:递归, false:仅根目录
    * @return 文件名列表,全路径
    */
   KS04 _ 11 _ Export QStringList getFileList ( const QString& strPath, const QStringList&
nameFilters, bool bRecursive);
   /**
    * @brief 获取指定文件对于指定目录的相对路径,比如,"d:/temp/file/a.txt",相对于 "d:/
temp/"的相对路径为"/file/a.txt"
    * @param[in] strFileName 指定文件(带绝对路径)
    * @param[in] strDirectory 指定路径(带绝对路径),可以不带最后的"/"
    * @return 相对路径
    */
       KS04 _ 11 _ Export QString getReleativePath ( const QString& strFileName, const QString&
strDirectory);
```

建议：在提供公共类库时,应使用命名空间,以便解决命名冲突的问题。

在代码清单 4-80 所示的接口中,有处理颜色转换的接口、有处理路径解析的接口等,这些接口提供的都是一些基础的、公共的功能。

建议：将提取基础的、公共的功能模块作为建立公共类库的原则。

下面以其中两个接口为例,进行详细介绍。

1. getPath()

getPath()接口的实现见代码清单 4-81。

代码清单 4-81

```
/**
 * @brief 获取指定 path 的字符串.
            如果使用环境变量,格式必须为:"$环境变量名\xxx\xxx"
            接口内部负责：
            1. 将"\\"转换为"/"
            2. 自动将环境变量替换为实际路径,环境变量使用$XXX的格式
```

比如，输入:"$TRAINDEVHOME/src"，
    输出:"d:/xingdianketang/project/gui/src/"
* @param[in] strPath 指定路径. @return 文件名，全路径
*/
KS04_11_Export QString getPath(const QString& strPath);
```

getPath()这个接口用来解析指定路径的字符串。接口注释中明确指出：如果使用环境变量，格式必须为"$环境变量名\xxx\xxx"。接口内部负责将 Windows 风格的目录分隔符"\"替换为 Linux 风格的"/"。接口负责将环境变量替换为实际路径，环境变量使用"$环境变量名"的语法，比如：

输入:"$TRAINDEVHOME/src"
输出:"d:/xingdianketang/project/gui/src/"

调用该接口的示例代码见代码清单4-82，请注意 dir.absolutePath()和 dir.canonicalPath()的区别，可实际测试一下，看看有什么不同。

代码清单 4-82

```
/**
* @brief 示例1，介绍 QDir 的使用
* @return void
*/
void example02(void) {
    QString strPath = "$TRAINDEVHOME/src";
    strPath = ns_train::getPath(strPath);
    QDir dir(strPath);
    QString absPath = dir.absolutePath();
    QString cancPath = dir.canonicalPath();
}
```

2. getFileList()

getFileList()接口定义见代码清单4-83。getFileList()接口用来获取指定目录下的所有文件，并且支持递归操作。该接口内部将 Windows 风格的目录分隔符"\"替换为 Linux 风格的"/"，而且支持文件名过滤。接口还支持环境变量语法，比如"$TRAINDEVHOME\temp"。可以看出，在设计接口时对于跨平台特性和易用性都考虑到了。

代码清单 4-83

```
/**
* @brief 获取指定目录下的所有文件名
* @param[in] strPath 指定路径，内部会将"\\"转换为"/". 支持环境变量，比如"$TRAINDEVHOME\temp"
* @param[in] nameFilters 文件名过滤符,比如:"*.h"
* @param[in] bRecursive true:递归. false:仅根目录
* @return 文件名列表，全路径
*/
KS04_11_Export QStringList getFileList(const QString& strPath, const QStringList& nameFilters, bool bRecursive);
```

调用 getFileList()接口的示例代码如代码清单4-84所示。请注意标号①处文件名过滤字符串的写法，这表示搜索所有的"*.gdf"文件和"*.xml"文件。
```

代码清单 4-84

```
/**
 * @brief example01, 调用 DLL 中的接口
 * @return void
 */
void example01(void) {
    QString strPath = "d:\\temp_D";
    QStringList strFilters;
strFilters << "*.gdf" << "*.xml";
QStringList strList = ns_train::getFileList(strPath, strFilters, true);
}
```
①

现在对开发、设计公共类库的注意事项进行总结。在设计公共类库时,建议遵循如下的原则。

(1) 公共类库应包含公用的、基础的功能模块。
(2) 设计、实现公共类库中的接口时要考虑跨平台特性,比如字节序、大小端、目录分隔符、目录(文件)名大小写等。
(3) 设计接口时要考虑易用性。设计时要从使用者而非实现者的角度思考问题。
(4) 接口注释应清楚、完整、详细。
(5) 公共类库中应使用命名空间。

公共类库在项目、产品开发过程中具有非常重要的地位。如果能提供一套非常好用的公共类库,对于软件研发组织来说,不但能提高效率、降低成本,而且对提升代码稳定性也能起到非常重要的作用。

4.12 案例 15 普通文本文件读写

视频讲解

本案例对应的源代码目录:src/chapter04/ks04_12。程序运行效果见图 4-11。

在进行软件研发时,经常需要对文件进行读写操作。文件可以用来存储配置信息、序列化数据,甚至可以作为数据交换接口。文件的格式一般分为二进制格式和文本格式(也叫 ASCII 码格式)。Qt 提供了 QFile 类来处理文件操作。QFile 既可以用来处理二进制文件,也可以用来处理文本文件,QFile 派生自 QIODevice。本节介绍文本文件的读写操作。本节示例程序用到了 4.11 节中的公共类库,以便解析文件路径。

在示例程序中,按照如下过程演示 QFile 的功能。

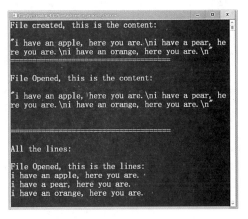

图 4-11 案例 15 运行效果

(1) 创建初始的文本文件。
(2) 读取文本文件。
(3) 在文本文件末尾追加写入数据。
(4) 在文本文件开头写入数据。
(5) 对文件执行复制、改名、移动、删除操作。

下面进行详细介绍。

1．创建初始的文本文件

如代码清单 4-85 所示，initialize()介绍了如何使用 QFile 创建一个文本文件。

代码清单 4-85

```
// main.cpp
void initialize(void) {
    QString strName;
    strName = ns_train::getPath(" $ TRAINDEVHOME/test/chapter04/ks04_09/example01.txt");    ①
    QString strDir = ns_train::getDirectory(strName);                                        ②
    QDir dir;
    dir.mkdir(strDir);                                                                       ③
    QFile file(strName);
    // 打开方式：清空、写入、文本方式
    if (!file.open(QFile::Truncate | QFile::WriteOnly | QFile::Text)) {                      ④
        qDebug("open failed! file name is: % s",
               strName.toLocal8Bit().data());
        return;
    }
    ...
}
```

代码清单 4-85 中，在标号①处，因为目标文件路径采用了环境变量进行描述，所以调用 ns_train::getPath()进行解析。得到文件全路径后，在标号②处调用 ns_train::getDirectory()得到文件所在的目录。在标号③处，为了防止目录不存在，先用 QDir 的 mkdir()接口创建目录。定义一个 QFile 对象，并传入文件路径 strFileName。在标号④处，用几个枚举值进行或运算(|)来设置文件的打开方式。QFile 的 open 接口原型如下。

```
bool open(OpenMode flags);
```

其中，OpenMode 的定义如下。

```
enum OpenModeFlag {
    NotOpen = 0x0000,               // 文件未打开
    ReadOnly = 0x0001,              // 以只读方式打开文件,此时对文件调用写入接口会失败
    WriteOnly = 0x0002,             // 以只写方式打开文件,此时对文件调用读取接口会失败
    ReadWrite = ReadOnly | WriteOnly, // 以读写方式打开
    Append = 0x0004,                // 以追加方式打开,调用写入接口时,默认追加到文件末尾
    Truncate = 0x0008,              // 该模式将导致文件打开后被自动清空
    Text = 0x0010,                  // 以文本方式打开文件,如果不设置该选项,默认为二进制
    Unbuffered = 0x0020,            // 无缓冲方式,慎用.同步写硬盘,为 false 则异步写硬盘
    NewOnly = 0x0040,               // 设置该值后,当文件已经存在时,open()返回失败
    ExistingOnly = 0x0080,          // 设置该值后,当文件不存在时,open()返回失败
};
Q_DECLARE_FLAGS(OpenMode, OpenModeFlag)
```

当操作文本文件时，如果希望打开文件后直接把文件清空，可以使用 QFile::Truncate；如果只希望向文件中写入数据而无须从文件中读取数据，可以使用 QFile::WriteOnly，代码如下：

```
file.open(QFile::Truncate | QFile::WriteOnly | QFile::Text)
```

上述代码执行完后，如果没有异常，那么文件打开后将被清空，而且文件游标将指向文件头。下面简单介绍一下文件游标。如果文件游标指向文件头，那么调用 write()接口向文件写

入数据时,数据将被写到文件开头;如果游标指向文件尾,那么数据将被写入文件尾;如果游标指向文件头开始偏移量为 20 的位置,那么数据将从这个位置开始写入。如果写入的位置本来有数据,那么原来的数据将被覆盖。如果希望打开文件后,往文件末尾追加写入的内容,可以使用 QFile::Append。当打开文件后,文件游标将被调整到文件尾。

```
file.open(QFile::Append | QFile::WriteOnly | QFile::Text)
```

上面的例子都是以文本方式打开文件,如果文件是二进制格式,把 QFile::Text 去掉即可。如果希望对文件既要执行写操作又要执行读操作,就用 QFile::ReadWrite。下面将 strContent 写入文件,见代码清单 4-86。

代码清单 4-86

```
if (false) {                                                    ①
    file.write(strContent.toLocal8Bit());
}
else {
    QTextStream out(&file);
    out << strContent;
}
```

在代码清单 4-86 中,给出两种方案来写入文件:一种是调用 write()接口写入文件;另一种是利用 QTextStream 流来处理。标号①处的 if(false)只是为了方便调试。可以分别用上述两种方案的代码进行测试,比如,把 if(false)改为 if(true)进行验证。当完成对文件的操作后,一定要调用 file.close()关闭文件,否则就要等 QFile 析构时自动关闭,而这不是友好的编程风格。

2. 读取文本文件

读取文本文件时可以用 QFile::ReadOnly|QFile::Text,见代码清单 4-87。在标号①处,用 readAll()读取整个文件,这将导致文件游标被移动到文件尾;在标号②处,通过调用 seek(0)可以将文件游标重新移动到文件开头。

代码清单 4-87

```
QFile file(strFileName);
// 打开方式:只读、文本方式
if (!file.open(QFile::ReadOnly | QFile::Text)) {
    qDebug("open failed! file name is:%s", strFileName.toLocal8Bit().data());
    return;
}
// 输出整个文件的内容
QString strContent = file.readAll();                                        ①
qDebug("File Opened, this is the content:\n");
qDebug() << strContent;
// 将文件游标移到文件开头,否则游标已经移动到文件尾,再执行后面的代码将无法读取内容
file.seek(0);                                                               ②
```

下面,介绍两种按行读取文件的方式,见代码清单 4-88。按行读取指的是一次读取一行,遇到回车换行符就停止。

1) 使用 QFile 的 readLine()接口读取一行内容

如代码清单 4-88 所示,在标号①处,调用 QFile::readLine()读取文件中的一行内容,调用该接口时需要提供一个足够大的缓冲区并指示最多读取多少个字节。当一行的内容长度超

过 c_maxNumber 时，即使没有读完整行也会停止读取。因此 buf 的容量和 c_maxNumber 要根据所要读取的文件内容设置成合适的值。请注意标号②、标号③处的代码中，移除了数据中的回车换行符，因为后面要使用 qDebug()将读取到的文件内容输出，而 qDebug()会自动将打印的信息进行换行。这样做纯粹是为了方便展示，在实际工作中一般不需要编写标号②、标号③处的代码。

2）利用 QTextStream 读取一行内容

代码清单 4-88 标号④处的 else 分支中，定义 QTextStream 对象，然后对文件进行按行遍历读取。使用 in.atEnd()判断是否已到文件末尾，读取一行时使用 in.readLine()。可以看出，使用 QTextStream 则没有这些限制。使用 QTextStream 时，无须定义一大块缓冲区，可以直接把读取到的一行内容存储到 QString 对象，这比方案 1 要简单多了。

代码清单 4-88

```
void example01() {
    ...
    // 按行打印
    qDebug("\n\n ===================================== \n");
    qDebug("All the lines:\n");
    if (true) {
        const int c_maxNumber = 10240;
        char buf[c_maxNumber] = {0};
        qint64 nRead = 0;
        qDebug("File Opened, this is the lines:");
        while (!file.atEnd()) {
            nRead = file.readLine(buf, c_maxNumber);                        ①
            strContent = buf;
            strContent.remove("\r");                                         ②
            strContent.remove("\n");                                         ③
            qDebug("%s", strContent.toLocal8Bit().data());
        }
    }
    else {                                                                   ④
        QTextStream in(&file);
        while (!in.atEnd()) {
            QString line = in.readLine();
            qDebug("%s", line.toLocal8Bit().data());
        }
    }
    file.close();                       // 千万不要忘记关闭文件
}
```

3. 在文本文件末尾追加写入数据

如果在文件末尾追加写入数据，在打开文件时需要使用 QFile::Append，见代码清单 4-89。

代码清单 4-89

```
QFile file(strFileName);
// 打开方式：读写、追加、文本
if (!file.open(QFile::ReadWrite | QFile::Append | QFile::Text)) {
    return;
}
file.seek(0); // 使用 QFile::Append 打开文件后，游标默认在文件尾，需要明确把游标调整到文件开头
QString strContent = file.readAll();           // readAll()导致文件的游标到达文件尾
```

代码清单 4-89 中，在打开文件后调用了 seek(0)，原因是使用 QFile::Append 打开文件后，游标默认在文件尾。如果此时不调用 seek() 而直接调用 readAll()，将从游标当前位置开始向后读取，但是因为游标已经到文件尾部，所以 readAll() 读取不到任何内容。所以需要先调用 seek(0) 将游标移动到文件头。感兴趣的话，可以封掉 seek(0)，然后看着读取到的内容有何不同。

4. 在文本文件开头写入数据

当希望向文本文件的开头写入内容时，情况有所不同。因为文件不是链表，所以无法找到文件头并直接插入内容，只能先将整个文件读取出来，将内容进行处理后重新写回整个文件，如代码清单 4-90 所示。其中，file.resize(0) 的功能是将文件清空，然后再通过 file.write() 将新内容重新写入文件。

代码清单 4-90

```
QString strContent = file.readAll();
QString strNew = "add new line at the first line\n";
strContent = strNew + strContent;          // 将内容插入到文件开头
file.resize(0);                             // 将文件内容清空
file.write(strContent.toLocal8Bit());
```

5. 对文件执行复制、改名、移动、删除操作

当需要复制文件时，需要先创建目标目录，如代码清单 4-91 所示。调用 QDir 的 makepath() 接口可以创建目标文件所在目录，该接口会自动创建目标目录的所有父目录。

代码清单 4-91

```
// example04()
QDir dir;
QString strDirectory;
// 复制
QString strNewFileName = ns_train::getPath("$TRAINDEVHOME/test/chapter04/ks04_12/copy.txt");
strDirectory = ns_train::getDirectory(strNewFileName);
dir.mkpath(strDirectory);                   // 请注意 mkpath() 与 mkdir() 的区别
file.copy(strNewFileName);
```

下面来为文件改名，见代码清单 4-92。

代码清单 4-92

```
// example04()
strNewFileName = ns_train::getPath("$TRAINDEVHOME/test/chapter04/ks04_12/new.txt");
strDirectory = ns_train::getDirectory(strNewFileName);
dir.mkpath(strDirectory);
file.rename(strNewFileName);
```

调用 QFile 的 rename() 接口可以为文件改名，在改名之前也调用了 QDir 的 mkpath() 以便创建目标目录。如果需要移动一个文件，也可以通过 QFile::rename() 接口实现，如代码清单 4-93 所示。

代码清单 4-93

```
// example04()
// 移动
```

```
strNewFileName = ns_train::getPath("$TRAINDEVHOME/test/chapter04/ks04_12/move/new.txt");
strDirectory = ns_train::getDirectory(strNewFileName);
dir.mkpath(strDirectory);
file.rename(strNewFileName);
```

用 QFile 的 remove()接口实现删除文件操作。

```
file.remove();
```

4.13 案例 16 XML 格式的配置文件

视频讲解

本案例对应的源代码目录：src/chapter04/ks04_13。程序运行效果见图 4-12。

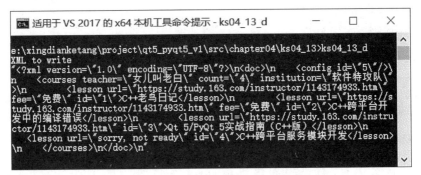

图 4-12 案例 16 运行效果

在进行项目或者产品研发时，为了适应不同的应用场景，经常需要使用配置文件对软件模块进行灵活配置。配置文件可能会以如下形式存在：Unix 风格的配置文件；XML 格式配置文件；INI 格式配置文件。

Unix 风格的配置文件不是本书的重点，在此仅做简单介绍。先看一个示例，如代码清单 4-94 所示。该示例是 Unix 系统中/etc/netconfig 文件的内容，可以看出它既不是 XML 格式也不是 INI 格式的配置。这种配置比较灵活，因此不同的配置文件之间也没有互通性，每次访问这种风格的不同配置文件需要重新编程。

代码清单 4-94

```
#
# The network configuration file. This file is currently only used in
# conjunction with the TI - RPC code in the libtirpc library.
#
# Entries consist of:
#
#       <network_id> <semantics> <flags> <protofamily> <protoname> \
#               <device> <nametoaddr_libs>
#
# The <device> and <nametoaddr_libs> fields are always empty in this
# implementation.
#
udp     tpi_clts        v       inet    udp     -       -
tcp     tpi_cots_ord    v       inet    tcp     -       -
udp6    tpi_clts        v       inet6   udp     -       -
tcp6    tpi_cots_ord    v       inet6   tcp     -       -
```

rawip	tpi_raw	-	inet	-	-	-
local	tpi_cots_ord	-	loopback	-	-	-
unix	tpi_cots_ord	-	loopback	-	-	-

1998年2月，W3C正式批准了可扩展标记语言(eXtensible Markup Language，XML)的标准定义。可扩展标记语言可以对文档和数据进行结构化处理，以便在不同的应用之间交换数据。来看一个XML的例子，见代码清单4-95。

代码清单4-95

```
<?xml version = "1.0" encoding = "UTF - 8"?>                          ①
< bookshelf >                                                        ②
    < book category = "student">
        < title > How to Learn Qt 5 </title >
        < author >女儿叫老白</author >
        < year > 2020 </year >
        < price >?</price >
    </book >
    < book category = "teacher">
        < title > C++跨平台开发干货系列教程教学指南</title >
        < author >女儿叫老白</author >
        < year > 2020 </year >
        < price >?</price >
    </book >
</bookshelf >
```

在代码清单4-95中，标号①处是XML声明，它定义XML的版本(1.0)和所使用的编码(UTF-8：万国码，可显示各种语言)。从标号②处开始就是XML的内容了。实际上，XML是一种带有层级的描述，可以嵌套，比如< bookshelf >包含了两个< book >元素。XML的元素可以带有属性和值，比如< book >元素的属性。

```
category = "student"
```

一个元素可以带有多个属性和值的键值对，比如下面的XML文件片段给出了circle元素的一些属性值：cx、cy、r、stroke、stroke-width、fill。

```
< circle cx = "100" cy = "50" r = "40" stroke = "black" stroke - width = "2" fill = "red" />
```

下面用代码实现如下XML文件的存取。该XML的根元素为doc元素，doc元素有一个子元素courses，courses元素有4个lesson子元素。

```
<?xml version = "1.0" encoding = "GB2312"?>
< doc >
    < courses institution = "软件特攻队" teacher = "女儿叫老白" count = "7">
        < lesson id = "1" fee = "免费" url = "https://study.163.com/instructor/1143174933.htm">C++老鸟日记</lesson >
        < lesson id = "2" fee = "免费" url = "https://study.163.com/instructor/1143174933.htm">C++跨平台开发中的编译错误</lesson >
        < lesson id = "3" url = "https://study.163.com/instructor/1143174933.htm">Qt 5/PyQt 5实战指南(C++版)</lesson >
        < lesson id = "4" url = "sorry, not ready">C++跨平台服务模块开发</lesson >
    </courses >
</doc >
```

下面以XML文件创建和读取这2种场景来介绍。

1. 创建 XML 文件

Qt 提供了多种方式访问 XML，本节采用 DOM 方式，使用的类是 QDomDocument。除此之外还有流方式、SAX 方式等。如果使用 QDomDocument，需要在 pro 文件中添加 XML 支持：

```
QT += xml
```

还需要在源代码中包含<QDomDocument>头文件：

```
#include <QDomDocument>
```

在代码清单 4-96 中，将 XML 文件保存到运行程序所在目录，这里用到了 QCoreApplication::applicationDirPath()。在此之前，需要在 main()函数中构造一个 QApplication 对象。得到目录的路径之后，为了防止出错，标号①处在路径末尾添加了目录分隔符"/"。打开文件时用了"只写、文本、清空"这 3 个选项，见标号②处。在标号③处创建 QTextStream 对象用来写文件。在标号④处设置了字符编码为 GB 2312（一种汉字字符集）。在标号⑤处创建 XML 文档对象 QDocument，这是必不可少的操作。标号⑥处的 QDomProcessingInstruction 用来写入 XML 文件第一行中的版本号和编码，版本号为 1.0，文件编码为 GB 2312。标号⑦处的 document.appendChild(instruction)用来将 instruction 添加到 document 对象，从而成为 document 的子元素。

代码清单 4-96

```
void example01() {
    QString strPath = QCoreApplication::applicationDirPath();
    strPath = ns_train::getPath(strPath);
    if (!strPath.endsWith("/")) {                                            ①
        strPath += "/";
    }
    QString strFileName = strPath + "test04_13.xml"; //程序运行目录下的 XML 文件
    QFile file(strFileName);
    // QFile::Truncate,需要清空原来的内容
    if (!file.open(QFile::WriteOnly | QFile::Text | QFile::Truncate)){       ②
        return ;
    }
    QTextStream out(&file);                                                  ③
    out.setCodec("UTF-8");                                                   ④
    QDomDocument document;                                                   ⑤
    QDomProcessingInstruction instruction;              //添加处理指令
    instruction = document.createProcessingInstruction("xml", "version = \"1.0\" encoding = \"UTF-8\"");        // 请注意此处的编码和源代码文件的编码保持一致  ⑥
    document.appendChild(instruction);                                       ⑦
    ...
}
```

然后，开始创建 XML 的第一个根元素 doc，并将它作为子节点添加到 document 对象，见代码清单 4-97。

代码清单 4-97

```
// main.cpp
// doc
QDomElement rootDoc = document.createElement("doc");                         ①
document.appendChild(rootDoc);
```

```
// courses
QDomElement eleCourses = document.createElement("courses");                    ②
rootDoc.appendChild(eleCourses);
strName = "institution";
strValue = QString::fromLocal8Bit("软件特攻队");
eleCourses.setAttribute(strName, strValue);                                    ③
strName = "teacher";
strValue = QString::fromLocal8Bit("女儿叫老白");
eleCourses.setAttribute(strName, strValue);
strName = "count";
strValue = QString("%1").arg(4);
eleCourses.setAttribute(strName, strValue);
// lesson
QDomElement eleLesson = document.createElement("lesson");
strName = "id";
strValue = QString("%1").arg(1);
eleLesson.setAttribute(strName, strValue);
strName = "url";
strValue = "https://study.163.com/instructor/1143174933.htm";
eleLesson.setAttribute(strName, strValue);
strName = "fee";
strValue = QString::fromLocal8Bit("免费");
eleLesson.setAttribute(strName, strValue);
```

代码清单 4-97 标号①处，用 QDocument 的 createElement() 创建一个元素对象。标号②处，创建 courses 元素 eleCourses，然后将它作为子节点添加到 rootDoc(也就是 doc 元素)。标号③处，创建调用 setAttribute() 接口为元素添加属性。然后用同样的方法，设置了 teacher、count 等属性。

```
< lesson id = "1" fee = "免费" url = "https://study.163.com/instructor/1143174933.htm"> C++老鸟
日记</lesson>
```

为了显示上述 XML 片段中的课程名称，即"C++老鸟日记"，可以用 QDomDocument::createTextNode() 创建 QDomText 对象，并将其作为子节点添加到 eleLesson，如代码清单 4-98 所示。请注意，使用汉字时需要调用 QString::fromLocal8Bit()，否则程序运行后会显示乱码。如果源代码文件的编码为 UTF-8，那么也可以调用 QString::fromUtf8()。所有属性都设置完毕，将 eleLesson 对象添加到其父元素 eleCourses。请注意，如果在设置 eleLesson 对象的属性之前将它添加到 eleCourses，那么真正添加到 eleCourses 的将是一个没有属性的子节点，因为 appendChild() 接口的参数是对象的备份而不是引用。也就是说，必须在对象调用 setAttribute() 后才能将其作为子元素添加到 eleCourses。用同样的方法将其他几门课程添加到 eleCourses。为了防止 eleLesson 有缓存，每次都用 document.createElement("lesson") 重新生成新的对象。

代码清单 4-98

```
QDomText dtText = document.createTextNode(QString::fromLocal8Bit("C++老鸟日记"));
eleLesson.appendChild(dtText);
eleCourses.appendChild(eleLesson);
```

最后，将 XML 内容写入文件并关闭。

```
document.save(out, 4, QDomNode::EncodingFromTextStream);    // 4:XML 的缩进值
file.close();
```

2. 读取 XML 文件

读取 XML 文件的代码在 example02() 中，如代码清单 4-99 所示。

代码清单 4-99

```
void example02() {
    QFile file(strFileName);
    if (!file.open(QFile::ReadOnly | QFile::Text)){              ①
        return;
    }
    QDomDocument document;
    QString error;
    int row = 0, column = 0;
    if (!document.setContent(&file, false, &error, &row, &column)){   ②
        return;
    }
    QDomElement rootDoc = document.firstChildElement();          ③
    if (rootDoc.nodeName() != "doc") {
        return;
    }
    ...
}
```

代码清单 4-99 标号①处，在读取 XML 时，使用了只读和文本两个设置。标号②处，通过 QDomDocument::setContent() 接口可以读取整个 XML 到内存，该接口的第二个参数 false 表示不用解析命名空间。如果 XML 中需要使用命名空间的话，将该值设置为 true。在打开文件过程中，产生的错误提示信息将存放到 error 变量。如果 setContent() 出错，row 和 column 用来记录出错的行号、列号。标号③处，获取文档对象的第一个子元素，然后判断是否是所期望的 doc 节点元素。

代码清单 4-100 标号①处，获取到 doc 元素的第一个子元素 courses，并判断它是否是一个元素。拥有属性的节点（Node）才是元素，如果 courses 节点不含有任何属性，则判断返回值为假。标号②处，得到元素的标签名并判断是否为期望的 courses；如果不是，则调用 eleCourse.nextSiblingElement() 直接跳到该元素的下一个兄弟（同等级的下一个节点）并继续循环。可以通过 QDomElement 的 attribute() 接口读取元素的属性值，用相同的方法获取 teacher、count 等属性值。

代码清单 4-100

```
void example02() {
    ...
    QDomElement eleCourses = rootDoc.firstChildElement();        ①
    while (eleCourses.isElement()) {                             ②
        strName = eleCourses.tagName();
        if (strName != "courses") {
            eleCourses = eleCourses.nextSiblingElement();
            continue;
        }
        strName = "institution";
        strValue = eleCourses.attribute(strName);
        ...
    }
    ...
}
```

在代码清单 4-101 中，遍历 eleCourses 的子节点进行处理。通过 eleCourses.firstChildElement() 得到 courses 的第一个子元素，如果 eleLesson 是有效元素则进入 while 循环。在标号①处，首先判断 eleLesson 的标签是否是期望值，如果不是则跳转到下一个元素；如果读到的是 lesson 标签，则读取其属性列表。在标号②处，eleLesson.attributes() 得到一个 QDomNamedNodeMap 对象，该对象保存了属性名、属性值的键值对映射，对该映射进行遍历，获取每一个属性名称、属性值。每一个属性对应一个 QDomAttr，见标号③处。在标号④处，访问 eleLesson 的文本子节点，eleLesson.firstChild() 可以获取到第一个子节点，接着通过调用 toCharacterData() 接口将其转换为文本对象。如果第一个子节点不是文本，此处就会得到一个空的对象。然后调用 data() 就可以获取到其内容了，见标号⑤处。

代码清单 4-101

```
void example02() {
    ...
    QDomCharacterData dtText;
    QDomElement eleLesson = eleCourses.firstChildElement();
    while (eleLesson.isElement()) {
        strName = eleLesson.tagName();
        if (strName == "lesson") {                                              ①
            QDomNamedNodeMap attrs = eleLesson.attributes();                    ②
            int nC = attrs.count();
            for (int i = 0; i < nC; ++i) {
                QDomAttr attrEle = attrs.item(i).toAttr();                      ③
                if (!attrEle.isNull()) {
                    strName = attrEle.name();
                    strValue = attrEle.value();
                }
            }
            if (!eleLesson.firstChild().isNull()) {
                dtText = eleLesson.firstChild().toCharacterData();              ④
                if (!dtText.isNull()) {
                    strValue = dtText.data();                                   ⑤
                }
            }
        }
        eleLesson = eleLesson.nextSiblingElement();
    }
}
```

本节通过 XML 文件的读写介绍了 XML 文件的格式以及 Qt 的相关类。关于 XML 还有其他一些知识没有展开讲述，比如 CSS、CDATA、命名空间等。本节的案例用来热热身，等可以熟练操作 XML 了，这些内容学习起来就容易了。

4.14 知识点 INI 格式的配置文件

视频讲解

对于配置文件来说，XML 格式扩展性很好，但是不太容易编程。因为不同的 XML 配置文件的文件结构可能不一样，所以无法用一套代码访问所有的 XML 格式配置文件。但 INI 格式的配置文件不同，它的格式相对固定，而且也具备一定的扩展性。本节学习 INI 格式配置文件的设计与访问，对应的源代码目录：src/chapter04/ks04_14。先来看一个 INI 格式的配置文件样例。

```
// param.ini
[system]                                                ①
alarm = N                                               ②
splash = Y
[css]                                                   ③
background_color = rgb(255, 0, 0)
bakground_image = bk_gnd.png
```

可以看出，INI 格式配置文件分为不同的主键（也可以称作组），见标号①处的 system 和标号③处的 css。每个组下面可以添加多个子键的键值对，这就构成了 INI 格式配置文件。对于这种相对固定的格式，就可以编写通用的程序来访问它。本节的主要目的并不在于如何实现 INI 格式文件的访问，而是它的访问接口的设计与使用。为了简单起见，在 INI 格式配置文件的访问类中用到了 QString。INI 配置文件访问类的类名为 CIniConfig。首先，提供接口用来设置 INI 配置文件的文件名：

```
/**
 * @brief 设置配置文件的文件名,使用全路径,不支持环境变量
 * @param[in] strFileName 文件名
 * @return true:成功,false:失败
 */
bool setFileName(const QString& strFileName);
```

然后提供访问配置项的接口定义。在案例配套代码中，提供了布尔、整数、双精度浮点数以及字符串等类型的配置数据的访问接口。这些接口的定义比较接近，因此选择布尔类型的配置访问接口来介绍。为了解释这些访问接口，先看下面的 INI 样例。

```
[system]
alarm = N
splash = Y
[css]
background_color = rgb(255, 0, 0)
bakground_image = bk_gnd.png
```

getBoolean()用来获取 INI 样例中布尔类型的配置数据，如代码清单 4-102 所示。

代码清单 4-102

```
/**
 * @brief 读取 bool 类型的键值
 * @param[in] strKey 主键
 * @param[in] strSubKey 子键
 * @param[in] i_nDefault 默认值
 * @param[out] o_bRet true:成功, false:失败
 * @return 数据
 */
bool getBoolean(const QString& strKey, const QString& strSubKey, bool i_nDefault, bool * o_bRet = NULL);
```

在 getBoolean()接口中：

- strKey 是主键，相当于代码清单 4-102 中的 system、css。
- strSubKey 是子键，相当于代码清单 4-102 中的 alarm 或 splash。
- i_nDefault 是默认值，如果 INI 文件中不存在该配置项则返回此默认值。
- o_bRet 是个输出参数，用来返回接口调用的结果。如果调用者传入了有效地址，当所

查询的配置项存在时,* o_bRet 将被写入 true,否则将被写入 false。为了方便,该接口将查询到的配置直接以函数返回值的方式传递给调用者。

再来看一下 setBoolean() 接口,见代码清单 4-103。setBoolean() 接口更简单,strKey、strSubKey 分别表示主键和子键,i_nValue 表示配置项的新值。

代码清单 4-103

```
/**
 * @brief 设置 bool 类型的键值
 * @param[in] strKey 主键
 * @param[in] strSubKey 子键
 * @param[in] i_nValue 子键的值
 * @return true:成功, false:失败
 */
bool setBoolean(const QString& strKey, const QString& strSubKey, bool i_nValue);
```

为了方便,案例中还提供了增删配置项的接口,见代码清单 4-104,提供了增加、删除配置项接口的定义,标号①、标号②、标号③处的三个接口分别用来删除所有主键(同时会级联删除所有子键)、删除指定主键、删除指定子键。

代码清单 4-104

```
/**
 * @brief 删除全部键值
 * @return true:成功,false:失败
 */
bool deleteAllKeys();                                                        ①
/**
 * @brief 删除指定主键
 * @param[in] strKey 主键
 * @return true:成功,false:失败
 */
bool removeKey(const QString& strKey);                                       ②
/**
 * @brief 删除指定子键
 * @param[in] strKey 主键
 * @param[in] strSubKey 子键
 * @return true:成功,false:失败
 */
bool removeSubKey(const QString& strKey, const QString& strSubKey);          ③
```

另外,该类还提供了键值列表的读取接口,见代码清单 4-105,getAllKeys() 接口用来获取某个主键的子键值对列表,setAllKeys() 接口用来设置指定主键的子键值对列表。

代码清单 4-105

```
/**
 * @brief 读取键值列表, 比如传入("config""),得到, "x = xx\ny = yy\nz = zz"
 * @param[in] strKey 主键
 * @return 键值列表
 */
QString getAllKeys(const QString& strKey);
/**
 * @brief 设置键值列表,,比如传入("config", "x = xx\ny = yy\nz = zz")
 *          执行后的结果:
 *          [config]
 *          x = xx
```

```
*                  y = yy
*                  z = zz
* @param[in] strKey 主键
* @param[in] str 子键值值列表,\n 分隔.比如: "x = xx\ny = yy\nz = zz"
* @return 结果,true:成功, false:失败
*/
bool setAllKeys(const QString& strKey, const QString& Str);
```

在配套的示例代码中,对主要的接口进行了调用演示。请进行调试练习,比如设计一个INI 格式的配置文件,然后用示例代码读取它。

因为其简便易用的特性,INI 格式的配置文件在软件研发中得到广泛的应用。从表面上看,INI 格式的配置文件仅支持两级,即主键、子键,它好像不如 XML 格式的配置文件那样在理论上可以支持无限级别。但是,可以通过扩展子键的键值对的含义来使得 INI 格式的配置文件也像 XML 格式那样拥有一定的扩展性。比如把键值对的值设计成下面这样:

```
[config]
cfg = abc,def,ghi
```

配置项 cfg 的值是一个用",",分隔的多个字符串的组合。如果需要继续扩展,可以继续追加字符串并用",",分隔。这样,cfg 配置项的设计就有一定的扩展性。也可以把配置项 cfg 的值设计成 XML 格式,这样就提供了更好的扩展性。

4.15 案例 17 把类对象序列化到二进制文件

视频讲解

本案例对应的源代码目录:src/chapter04/ks04_15。程序运行效果见图 4-13。

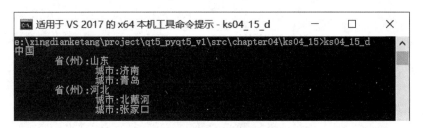

图 4-13 案例 17 运行效果

在项目、产品的开发过程中,经常会碰到这种情况:当程序退出时,需要将内存中对象的数据保存到文件中;当程序启动时,从文件中读取数据并恢复内存对象。那么,既然要用到文件,该选择文本还是二进制格式呢?虽然文本文件的可读性比较强,但是它的解析性能相对要差一些。而二进制格式的文件虽然可读性不好,但是解析速度比文本文件要快得多。如果对存取性能要求不高,可以选文本格式;如果对存取性能要求较高,推荐使用二进制格式。下面介绍如何把类对象以二进制格式序列化到文件。配套代码中,在 src.baseline 对应的本节代码中,提供了一套不含序列化接口的类 CCountry、CProvince、CCity,这几个类是聚合关系。CCountry 对象包含 n 个 CProvince 对象,而每个 CProvince 对象含 n 个 CCity 对象。现在要做的是给这几个类添加序列化接口,以便能将这些对象以二进制格式保存到文件中。

首先需要做一项准备工作,把 4.11 节的公共类库项目改造为 basedll,即在 pro 中设置 Debug 版的 TARGET=-lbasedll_d,Release 版的 TARGET=-lbasedll。basedll 这个库就作

为后续其他章节的基础库,可以被后续章节的项目引用。把这个 DLL 的头文件存放在公共 include 路径下的 base/basedll/baseapi.h。

在介绍序列化之前先介绍一下**字节序**的概念。字节序指的是在不同的硬件平台上,变量在内存、磁盘或者网络上的组织形式可能不同。比如,一个 32 位 int 类型的变量一共占有 4 字节的内存,在 x86 平台上内存中是按照低字节在前、高字节在后的顺序存放,这是小端(Little Endian)字节序,反之则是大端(Big Endian)字节序。小端字节序、大端字节序有时也简称为小端、大端。如果有一个数的十六进制表示为 0x11223344,那么"11"是它的高字节,"44"是低字节,它在内存中的存储方式见图 4-14。简单来说可以这样记,高字节在前是大端,低字节在前是小端。

序列化到文件的工作先从容器的最外层开始,也就是 CCountry。为 CCountry 增加序列化接口,见代码清单 4-106。

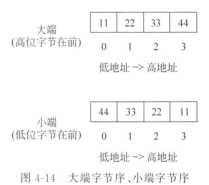

图 4-14 大端字节序、小端字节序

代码清单 4-106

```
/**
 * @brief 用来把类对象进行二进制方式序列化的函数.本接口内部已经调用
 *        QDataStream::setByteOrder(QDataStream::LittleEndian)
 * @param[in] fileName 文件名
 * @param[in|out] pError 错误信息
 * @return ESerializeCode 枚举值
 */
ESerializeCode serializeBinary(const QString& fileName, QString* pError) const;     ①
/**
 * @brief 用来把类对象进行二进制方式序列化的函数.本接口内部已经调用
 *        QDataStream::setByteOrder(QDataStream::LittleEndian)
 * @param[out] ds 文件流对象;@param[in|out] pError 错误信息;@return ESerializeCode 枚举值
 */
ESerializeCode serializeBinary(QDataStream& ds, QString* pError) const;             ②
```

代码清单 4-106 中提供了两个序列化接口。为什么要提供两个接口呢?这两个接口设计的入口参数是不同的,标号①处接口设计的参数是文件名,标号②处的接口设计的参数是 QDataStream 流对象。在实际开发过程中,将对象进行序列化时,不一定都序列化到文件,有时候需要将对象序列化到流对象中。将对象序列化到流时,流对象可以对应文件、数据库或者其他存储位置,这样的设计会带来很多灵活性。通过代码清单 4-106 的接口注释可以知道,这两个接口都在内部调用了设置字节序的接口,将流对象的字节序设置为 QDataStream::LittleEndian,即小端字节序。这样一来,调用者就无须关注字节序问题了,后续接口也采用了这样的设计。

```
QDataStream::setByteOrder(QDataStream::LittleEndian);
```

代码清单 4-106 中的两个接口都提供 ESerializeCode 类型的返回值。ESerializeCode 用来区分序列化时的错误码,其具体定义如下。

```
enum ESerializeCode {
    ESERIALIZECODE_OK = 0,              // 正常
    ESERIALIZECODE_FILENOTFOND,         // 文件不存在
```

```
    ESERIALIZECODE_ELEMENT_NOTFOUND,              // doc 元素不存在
    ESERIALIZECODE_SETCONTENT_ERROR,              // QDomDocument::setContent()调用失败
    ESERIALIZECODE_GRAPHVERSION_NOTRECOGNIZE,     // 图形版本不识别
    ESERIALIZECODE_OTHERERROR,                    // 其他错误
};
```

下面看一下 CCountry 类的这两个接口实现,见代码清单 4-107。

代码清单 4-107

```
ESerializeCode CCountry::serializeBinary(const QString& strFileName, QString * pError) const {
    if (0 == strFileName.length()) {
        if (NULL != pError) {
            pError -> append(QString::fromLocal8Bit("\n 文件名为空"));
        }
        return ESERIALIZECODE_FILENOTFOND;
    }
    QFile file(strFileName);
    if (!file.open(QFile::WriteOnly | QFile::Truncate)) {
        return ESERIALIZECODE_FILENOTFOND;
    }
    QDataStream ds(&file);                                                         ①
    ds.setByteOrder(QDataStream::LittleEndian);
    ESerializeCode ret = serializeBinary(ds, pError);                              ②
    file.close();
    return ret;
}
```

代码清单 4-107 中,在 CCountry::serializeBinary()接口的开头进行入口参数的有效性判断,并将错误信息添加到输出参数 pError 中。然后创建一个 QFile 对象,并且以只写和清空(QFile::Truncate)方式打开文件。在标号①处,创建一个 QDataStream 对象并且将其与 QFile 对象关联,然后调用 setByteOrder()设置该流对象的字节序为小端字节序。在标号②处,调用 CCountry 类的另一个同名序列化接口(参数不同),这样就实现了代码复用。

下面介绍另一个序列化接口,见代码清单 4-108。

代码清单 4-108

```
ESerializeCode CCountry::serializeBinary(QDataStream& ds, QString * pError) const {
    ds.setByteOrder(QDataStream::LittleEndian);                                    ①
    ds << m_strName;
    ds << m_strContinent;
    // 需要明确指定数据类型,否则跨平台时可能出问题
    // 比如 int 在各个平台上可能长度不一样
    quint16 nCount = m_lstProvinces.size();
    ds << nCount;                                                                  ②
    // 因为本函数为 const,所以需要调用 const 类型的接口: constBegin()
    QList < CProvince * >::ConstIterator iteLst = m_lstProvinces.constBegin();     ③
    ESerializeCode ret = ESERIALIZECODE_OK;
    while (iteLst != m_lstProvinces.constEnd()) {                                  ④
        ESerializeCode retcode = ( * iteLst) -> serializeBinary(ds, pError);
        if (ESERIALIZECODE_OK != retcode) {
            ret = retcode;
        }
        iteLst++;
    }
    return ret;
}
```

代码清单 4-108 标号①处又对流对象设置了字节序。这样做并非多余,因为该接口有可能被其他代码直接调用。在标号③处,需要使用 m_lstProvinces.constBegin() 而不是 m_lstProvinces.begin(),这是因为本接口是 const 接口。在标号④处,对各成员挨个调用序列化接口进行序列化,这里仅需要保存必需的成员变量。如果有些变量只需要在内存中使用而无须保存到文件,那么这些变量可以不参与序列化。对 m_lstProvinces 这个列表执行序列化时,需要先把其个数进行保存,以便在反序列化时先读到成员个数,然后用成员个数来做循环的次数(反序列化的内容会在后续章节介绍),见标号②处。请注意 m_lstProvinces 的尺寸使用了 quint16 类型,这样做的目的是确保保存的数据与将来读到的数据尺寸一致,因为读取操作可能发生在不同的平台。比如,在 Windows 平台保存文件,然后将文件传送到 Unix 平台并读取该文件,如果这两个平台上对于 size() 接口的返回值的数据类型定义不同,那么直接用 ds << m_lstProvinces.size() 进行序列化就可能导致错误。如果容器的尺寸超过了 quint16 的上限 65535,请使用 quint32 或容量更大的类型。

接下来介绍 CProvince 类的序列化接口,它同 CCountry 的接口类似,见代码清单 4-109。在标号①处,也是借助 quint16 类型的变量来保存 m_lstCities 的成员个数。在标号②处,对 m_lstCities 遍历并调用其成员的序列化接口。

代码清单 4-109

```
ESerializeCode CProvince::serializeBinary(QDataStream& ds, QString * pError) const {
    ds.setByteOrder(QDataStream::LittleEndian);
    ds << m_strName;
    // 需要明确指定数据类型,否则跨平台时可能出问题,比如 int 在各个平台上可能长度不一样
    quint16 nCount = m_lstCities.size();                                              ①
    ds << nCount;
    // 因为本函数为 const,所以需要调用 const 类型的接口
    QList< CCity * >::ConstIterator iteLst = m_lstCities.constBegin();
    while (iteLst != m_lstCities.constEnd()) {                                        ②
        ( * iteLst)-> serializeBinary(ds, pError);
        iteLst++;
    }
    return ESERIALIZECODE_OK;
}
```

CCity 的序列化接口就更简单了,如代码清单 4-110 所示,完成了对成员变量(包括 m_pCard)的序列化。

代码清单 4-110

```
ESerializeCode CCity::serializeBinary(QDataStream& ds, QString * pError) const {
    Q_UNUSED(pError);
    ds.setByteOrder(QDataStream::LittleEndian);
    ds << m_strName;
    quint8 byValue = ((NULL != m_pCard) ? true : false);
    ds << byValue;
    if (NULL != m_pCard){
        m_pCard-> serializeBianry(ds, pError);
    }
    return ESERIALIZECODE_OK;
}
```

至此,类的二进制序列化的实现方式介绍完毕。来看一下使用它们的示例代码,如代码清单 4-111 所示。构造了 CCountry 对象并向其添加了 CProvince 对象,向 CProvince 对象添加

了CCity对象,然后将CCountry对象打印输出并序列化到文件。在退出程序前,将对象进行显示析构(跟隐式析构相比,显示析构指的是用delete语句删除对象)。可是,为什么新建(new)了这么多对象,只是将pCountry对象进行delete呢?请看一下CCountry、CProvince、CCity等类的析构函数,在这些类的析构函数中已经对所有相关内存进行释放。

代码清单4-111

```
// example01()
/**
 * @brief 初始化数据并持久化
 * @return void
 */
void example01(void) {
    CProvince * pProvince = NULL;
    CCity * pCity = NULL;
    CCountry * pCountry = new CCountry(QString::fromLocal8Bit("中国"));
    if (NULL == pCountry) {
        return;
    }
    // add province
    {
        pProvince = new CProvince();
        pCountry->addProvince(pProvince);
        pProvince->setCountry(pCountry);
        pProvince->setName(QString::fromLocal8Bit("山东"));
        // add city
        pCity = new CCity();
        pCity->setName(QString::fromLocal8Bit("济南"));
        pCity->setProvince(pProvince);
        pProvince->addCity(pCity);
        // add city
        pCity = new CCity();
        pCity->setName(QString::fromLocal8Bit("青岛"));
        pCity->setProvince(pProvince);
        pProvince->addCity(pCity);
    }
    // add province
    {
        pProvince = new CProvince();
        pCountry->addProvince(pProvince);
        pProvince->setCountry(pCountry);
        pProvince->setName(QString::fromLocal8Bit("河北"));
        // add city
        pCity = new CCity();
        pCity->setName(QString::fromLocal8Bit("北戴河"));
        pCity->setProvince(pProvince);
        pProvince->addCity(pCity);
        // add city
        pCity = new CCity();
        pCity->setName(QString::fromLocal8Bit("张家口"));
        pCity->setProvince(pProvince);
        pProvince->addCity(pCity);
    }
```

```
    // 打印输出
    print(pCountry);
    // 序列化
    QString strFileName = ns_train::getPath("$TRAINDEVHOME/test/chapter04/ks04_12/country.dat");
    pCountry->serializeBinary(strFileName, NULL);
    // 释放内存
    delete pCountry;
}
```

4.16 案例18 从二进制文件反序列化类对象

视频讲解

本案例对应的源代码目录：src/chapter04/ks04_16。程序运行效果见图4-15。

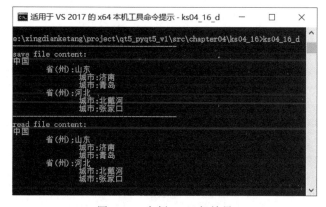

图 4-15 案例18运行效果

4.15节介绍了将类序列化到二进制文件的方法，本节将对象从二进制文件中读取出来并恢复到内存中。如果将对象从文件中读取出来，需要为类增加反序列化接口。首先来看一下CCountry类的反序列化接口，如代码清单4-112所示。

代码清单 4-112

```
/**
* @brief 用来把类对象进行二进制方式反序列化的函数
* @param[in] fileName 文件名
* @return ESerializeCode 枚举值
*/
ESerializeCode deSerializeBinary(const QString& fileName,QString * pError);         ①
/**
* @brief 用来把类对象进行二进制方式序列化的函数
*         打开的文件与保存时采用相同的 ByteOrder
*         (本接口内部已经调用 QDataStream::setByteOrder)
* @param[in] ds 文件流对象;@param[in|out] pError 错误信息; @return ESerializeCode 枚举值
*/
ESerializeCode deSerializeBinary(QDataStream& ds, QString *  pError);               ②
```

代码清单4-112中，设计了两个反序列化接口，标号①处的接口用文件名作为参数，标号②处的接口用QDataStream流对象作为参数。先来看标号①处接口的实现，见代码清单4-113。

代码清单 4-113

```cpp
ESerializeCode CCountry::deSerializeBinary(const QString& strFileName, QString* pError) {
    clear();                                                                              ①
    Q_UNUSED(pError);
    if (strFileName.isEmpty()){
        return ESERIALIZECODE_FILENOTFOND;
    }
    QFile file(strFileName);
    if (!file.open(QFile::ReadOnly)) {
        return ESERIALIZECODE_FILENOTFOND;
    }
    QDataStream ds(&file);
    ds.setByteOrder(QDataStream::LittleEndian);
    QString strError;
    ESerializeCode ret = deSerializeBinary(ds, &strError);                                ②
    file.close();
    return ret;
}
```

该接口比较简单，内部也使用 QDataStream 流对象做参数的接口，见标号②处。如标号①处所示，调用了 clear() 接口，那这个接口是做什么用的呢？clear() 接口的实现见代码清单 4-114。

代码清单 4-114

```cpp
void CCountry::clear(void) {
    QList<CProvince*>::iterator iteLst = m_lstProvinces.begin();
    while (iteLst != m_lstProvinces.end()) {
        if (NULL != *iteLst) {
            delete *iteLst;
        }
        iteLst++;
    }
    m_lstProvinces.clear();
}
```

原来它是用来释放内存的。代码清单 4-114 中的 clear() 接口也可以在 ~CCountry() 中调用。同样地，为 CProvince、CCity 都添加 clear() 接口。下面来看 QDataSream 流对象做参数的 deSerializeBinary() 接口，见代码清单 4-115。

代码清单 4-115

```cpp
ESerializeCode CCountry::deSerializeBinary(QDataStream& ds, QString* pError) {
    clear();
    ds.setByteOrder(QDataStream::LittleEndian);
    ESerializeCode retcode = ESERIALIZECODE_OK;
    ds >> m_strName;
    ds >> m_strContinent;
    quint16 nCount = 0;
                // 需要明确指定数据类型,否则跨平台时可能出问题,比如 int 在各个平
                //台上可能长度不一样
    ds >> nCount;                                                                         ①
    quint16 idx = 0;
    CProvince* pProvince = NULL;
    for (idx = 0; idx < nCount; idx++) {
        pProvince = new CProvince();                                                      ②
        pProvince->deSerializeBinary(ds, pError);
```

```
            addProvince(pProvince);                                              ③
        }
        return retcode;
}
```

代码清单 4-115 中,在标号①处,当进行反序列化(读文件)时,先读取到 CProvince 列表的尺寸,这需要跟序列化(保存文件)时用的数据类型保持一致,都用 quint16。然后使用 nCount 作为循环周期进行遍历读取,在标号②处,将 CProvince 对象构造出来,然后调用其反序列化接口 deSerializeBinary()。在标号③处,从文件中读取该对象后,调用 addProvince()接口将它添加到 CCountry 对象。下面看一下 CProvince 的反序列化接口,如代码清单 4-116 所示。

代码清单 4-116

```
ESerializeCode CProvince::deSerializeBinary(QDataStream& ds, QString * pError) {
    clear();
    ds.setByteOrder(QDataStream::LittleEndian);
    ESerializeCode retcode = ESERIALIZECODE_OK;
    ds >> m_strName;
    quint16 nCount = 0;
                // 需要明确指定数据类型,否则跨平台时可能出问题.比如 int 在各个平
                //台上可能长度不一样
    ds >> nCount;
    quint16 idx = 0;
    CCity * pCity = NULL;
    for (idx = 0; idx < nCount; idx++) {
        pCity = new CCity();
        pCity->deSerializeBinary(ds, pError);
        addCity(pCity);
    }
    return retcode;
}
```

CProvince::deSerializeBinary()接口同 CCountry::deSerializeBinary()类似,内部遍历构造了 CCity 对象并调用其反序列化接口。在 CCity 的反序列化接口中,增加了城市名片成员对象的处理。看一下更新后的 CCity 类的序列化接口,见代码清单 4-117。

代码清单 4-117

```
ESerializeCode CCity::serializeBinary(QDataStream& ds, QString * pError) const {
    ds.setByteOrder(QDataStream::LittleEndian);
    ds << m_strName;
    quint8 byValue = ((NULL != m_pCard) ? true : false);              ①
    ds << byValue;
    if (NULL != m_pCard) {
        m_pCard->serializeBinary(ds, pError);
    }
    return ESERIALIZECODE_OK;
}
```

代码清单 4-117 中,在标号①处,为了区分是否设置了城市名片,用一个 quint8 类型的变量 byValue 来保存该值。如果有城市名片对象则 byValue=1,否则 byValue=0。不能直接用 bool 类型来定义该变量并进行序列化,因为 bool 类型不能跨平台,在不同的平台上,bool 类型所占的空间(内存长度)可能不一样,所以采用了固定类型、固定长度的 quint8 来保存 bool 类型的值。可以借鉴这种设计对 bool 类型的数据进行序列化。现在来看一下 CCity 类的反序

列化接口,见代码清单 4-118。

代码清单 4-118

```
ESerializeCode CCity::deSerializeBinary(QDataStream& ds, QString* pError) {
    Q_UNUSED(pError);
    clear();
    ds.setByteOrder(QDataStream::LittleEndian);
    ESerializeCode retcode = ESERIALIZECODE_OK;
    ds >> m_strName;
    quint8 byValue = 0;
    ds >> byValue;                                              ①
    if (byValue) {
        m_pCard = new CCard();
        m_pCard->deSerializeBinary(ds, pError);
    }
    return retcode;
}
```

代码清单 4-118 中,跟序列化接口中的代码相对应,在标号①处,也是通过 quint8 类型的变量 byValue 来进行反序列化操作,并用它判断是否设置了城市名片。如果设置了城市名片,则创建城市名片对象 m_pCard 并执行其反序列化接口从文件中读取城市名片信息。下面来看一下新增的城市名片类 CCard 的序列化接口和反序列化接口,这两个接口在 CCity 类的序列化接口和反序列化接口中被调用,见代码清单 4-119。

代码清单 4-119

```
/**
* @brief 用来把类对象进行二进制方式序列化的函数.本接口内部已经调用
*        QDataStream::setByteOrder(QDataStream::LittleEndian)
* @param[in] ds 文件流对象
* @param[in|out] pError 错误信息
* @return ESerializeCode 枚举值
*/
ESerializeCode serializeBinary(QDataStream& ds, QString* /*pError*/) const{
    ds.setByteOrder(QDataStream::LittleEndian);
    ds << m_str;
    return ESERIALIZECODE_OK;
}
/**
* @brief 用来把类对象进行二进制方式序列化的函数
*        打开的文件与保存时采用相同的 ByteOrder.本接口内部已经调用
*        QDataStream::setByteOrder(QDataStream::LittleEndian)
* @param[in] ds 文件流对象
* @param[in|out] pError 错误信息
* @return ESerializeCode 枚举值
*/
ESerializeCode deSerializeBinary(QDataStream& ds, QString* /*pError*/) {
    ds.setByteOrder(QDataStream::LittleEndian);
    ds >> m_str;
    return ESERIALIZECODE_OK;
}
```

这里需要注意两个问题。

(1) 在每个类的序列化、反序列化接口中都要设置字节序,这样做的目的是当开发者直接调用某个类的序列化接口时,可以保证字节序的正确性。

(2)反序列化时,必须先调用 clear()接口来清理对象,这样做的目的是当从流对象中恢复类对象的时候需要先将类的数据成员复位,从而防止类对象带有脏数据。

4.15 节和 4.16 节介绍了把类对象序列化到二进制文件、从二进制文件反序列化类对象的基本方法。使用二进制格式进行序列化可以使文件短小、精悍而且处理速度相当快,因此在软件研发中得到了非常广泛的应用。但是,使用二进制序列化有一个不可回避的问题,就是兼容性问题,也就是新版本程序怎么打开旧版本格式文件的问题,即向后兼容。4.18 节将介绍怎样实现二进制格式文件的向后兼容。

4.17 案例 19 类的 XML 格式序列化

视频讲解

本案例对应的源代码目录:src/chapter04/ks04_17。程序运行效果见图 4-16。

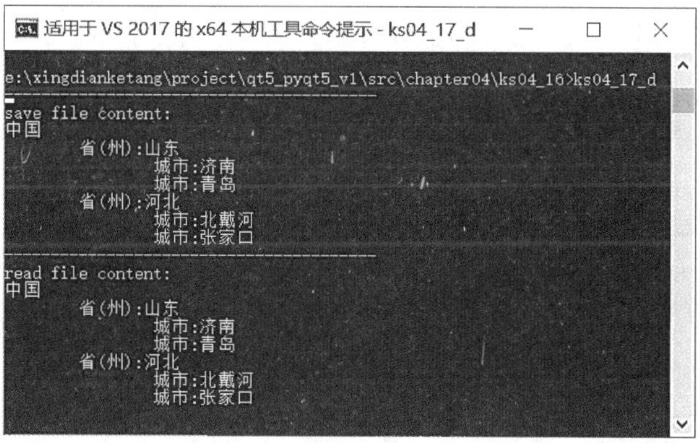

图 4-16 案例 19 运行效果

二进制格式的文件拥有尺寸小、访问性能高等特点。但是从兼容性角度来讲,二进制格式就不太方便了,而这点正是 XML 格式所擅长的。本节介绍类的 XML 格式序列化。本节中,使用 QDomDocument 来实现类的 XML 格式序列化。使用 QDomDocument 的优点是编程方便,缺点是占用内存较大。如果程序运行时的内存有限,那么就需要考虑其他的 XML 解析方式了,比如 SAX。先来看一下配套程序保存的 XML 文件。

```
<?xml version = "1.0" encoding = "UTF - 8"?>
< doc >
    < content name = "中国" continent = "">
        < province name = "山东">
            < city name = "济南"/>
            < city name = "青岛"/>
        </province >
        < province name = "河北">
            < city name = "北戴河"/>
            < city name = "张家口"/>
        </province >
    </content >
</doc >
```

首先为 CCountry 类增加序列化到文件的接口,见代码清单 4-120。

代码清单 4-120

```cpp
/**
 * @brief 用来把类对象进行文本方式序列化的函数
 * @param[in] fileName XML 文件名;@param[in|out] pError 错误信息;
 * @return ESerializeCode 枚举值
 */
ESerializeCode serializeXML(const QString& fileName, QString * pError) const;
/**
 * @brief 用来把类对象进行文本方式序列化的函数
 * @param[in|out] doc QDomDocument 对象,需要外部构建
 * @param[in|out] pError 错误信息;@return ESerializeCode 枚举值
 */
ESerializeCode serializeXML(QDomDocument& doc, QString * pError) const;
```

如代码清单 4-120 所示,同二进制格式序列化的接口一样,CCountry 类也提供了两个 XML 序列化接口,其中一个以文件名为参数,另一个以 QDomDocument 对象为参数。这样做是为了使接口更灵活、调用更方便。先看第一个接口的实现,见代码清单 4-121。

代码清单 4-121

```cpp
ESerializeCode CCountry::serializeXML(const QString& fileName, QString * pError) const {
    QFile file(fileName);
    QString strDirectory = ns_train::getDirectory(fileName);
    QDir dir;
    dir.mkpath(strDirectory);
    if (!file.open(QFile::WriteOnly | QFile::Text)) {
        return ESERIALIZECODE_FILENOTFOND;
    }
    QTextStream out(&file);                                                     ①
    out.setCodec("UTF-8");                                                      ②
    QDomDocument document;
    int ret = serializeXML(document, pError);                                   ③
    if (ret == ESERIALIZECODE_OK) {
        document.save(out, 4, QDomNode::EncodingFromTextStream);                ④
    }
    file.close();
    return ESERIALIZECODE_OK;
}
```

代码清单 4-121 中,在标号①处使用了 QTextStream 类来辅助执行序列化,在 4.13 节已经介绍过这种方法。在标号②处,设置 XML 文件的编码为 UTF-8。在标号③处,调用了以 QDomDocument 作为参数的另一个序列化接口。在标号④处,调用 document.save() 时,使用了 4 个空格的缩进,同时第三个参数 QDomNode::EncodingFromTextStream 表明 XML 文件采用标号②处设置的编码。下面介绍以 QDomDocument 作为参数的另一个序列化接口,见代码清单 4-122。

代码清单 4-122

```cpp
ESerializeCode CCountry::serializeXML(QDomDocument& doc, QString * pError) const {
    QDomElement rootDoc = doc.createElement(c_tag_doc);
    // 文件内容
    QDomElement eleContent = doc.createElement(c_tag_content);
    eleContent.setAttribute(c_attribute_name, m_strName);
    eleContent.setAttribute(c_attribute_continent, m_strContinent);
```

```
    // 因为本接口为 const 类型的接口,所以需要调用 const 类型的接口
    QList<CProvince*>::ConstIterator iteLst = m_lstProvinces.constBegin();
    ESerializeCode ret = ESERIALIZECODE_OK;
    while (iteLst != m_lstProvinces.end()) {
        QDomElement eleProvince = doc.createElement(c_tag_province);
        ESerializeCode retcode = (*iteLst)->serializeXML(doc, eleProvince, pError);
        if (ESERIALIZECODE_OK != retcode) {
            ret = retcode;
        }
        eleContent.appendChild(eleProvince);
        iteLst++;
    }
    rootDoc.appendChild(eleContent);
    doc.appendChild(rootDoc);
    return ESERIALIZECODE_OK;
}
```

下面重点看一下 XML 文件的组织。

```
<?xml version = "1.0" encoding = "UTF-8"?>
<doc>
    <content name = "中国" continent = "">
        <province name = "山东">
            <city name = "济南"/>
            <city name = "青岛"/>
        </province>
        <province name = "河北">
            <city name = "北戴河"/>
            <city name = "张家口"/>
        </province>
    </content>
</doc>
```

从文件内容可以看出,保存 XML 时是按照各个对象的从属关系进行的。这种树形结构是常见的 XML 组织方式。也可以把它们进行扁平化保存,通过保存各个对象之间的关联关系从而在读取文件时恢复对象的从属关系。比如为每个对象创建一个 Id,然后在对象的 XML 节点中保存 parent_id(其父对象的 Id)即可。用 Id 这种方案保存的 XML 如下。

```
<?xml version = "1.0" encoding = "UTF-8"?>
<doc>
    <content id = "1" name = "中国" continent = ""/>
    <province id = "2" parent_id = "1" name = "山东"/>
    <city id = "3" parent_id = "2" name = "济南"/>
    <city id = "4" parent_id = "2" name = "青岛"/>
    ...
</doc>
```

再回到示例中的方案。在代码清单 4-122 所示的 CCountry 类的 XML 序列化接口中,在标号①处,通过对其子成员 m_lstProvinces 遍历调用子成员的序列化接口,可以将这些子成员进行保存。下面看一下 CProvince 类的 XML 格式序列化。先来看一下头文件中的定义,见代码清单 4-123。

代码清单 4-123

```
/**
 * @brief 用来把类对象进行文本方式序列化的函数
```

```
 * @param[in|out] doc QDomDocument 对象,需要外部构建
 * @param[in|out] eleProvince 省级元素节点,需要外部构建
 * @param[in|out] pError 错误信息;@return ESerializeCode 枚举值
 */
ESerializeCode serializeXML(QDomDocument& doc, QDomElement& eleProvince, QString* pError)
const;
```

下面介绍该接口的实现,见代码清单 4-124。在标号①处,用传入的 doc 对象调用 createElement()来生成城市节点。不要使用临时的 QDomDocument 变量来完成该调用,否则可能导致程序退出时或者运行时异常。

代码清单 4-124

```
ESerializeCode CProvince::serializeXML(QDomDocument& doc, QDomElement& eleProvince, QString *
pError) const
{
    eleProvince.setAttribute(c_attribute_name, m_strName);
    ESerializeCode ret = ESERIALIZECODE_OK;
    QList<CCity*>::ConstIterator iteList = m_lstCities.constBegin();
    while (iteList != m_lstCities.constEnd()) {
        QDomElement eleCity = doc.createElement(c_tag_city);                          ①
        ESerializeCode retcode = (*iteList)->serializeXML(doc, eleCity, pError);
        if (ESERIALIZECODE_OK != retcode) {
            ret = retcode;
        }
        eleProvince.appendChild(eleCity);
        iteList++;
    }
    return ret;
}
```

CCity 类的序列化同 CCountry 类似,因此不再赘述。建议自行调试一遍代码以便加深理解。

下面介绍 CCountry 的反序列化接口。为了使用方便,反序列化接口也提供了两个。第一个接口以文件名作为参数,第二个接口以 QDomDocument 对象作为参数。

```
/**
 * @brief 用来把类对象进行文本方式反序列化的函数
 * @param[in] fileName XML 文件名
 * @return ESerializeCode 枚举值
 */
ESerializeCode deSerializeXML(const QString& fileName, QString* pError);
/**
 * @brief 用来把类对象进行文本方式序列化的函数
 * @param[in|out] doc QDomDocument 对象,需要外部构建;@return ESerializeCode 枚举值
 */
ESerializeCode deSerializeXML(const QDomDocument& doc, QString* pError = NULL);
```

下面来看以文件名作参数的 CCountry 类的反序列化接口实现,见代码清单 4-125。在标号①处,通过调用以 QDataStream 对象为参数的反序列化接口来实现本接口的功能。标号① 处调用的接口实现见代码清单 4-126。

代码清单 4-125

```
ESerializeCode CCountry::deSerializeXML(const QString& strFileName, QString */*pError*/) {
    if (strFileName.isEmpty()) {
        return ESERIALIZECODE_FILENOTFOND;
```

```
        }
        QFile file(strFileName);
        if (!file.open(QFile::ReadOnly | QFile::Text)){
            return ESERIALIZECODE_FILENOTFOND;
        }
        QDomDocument document;
        QString error;
        int row = 0, column = 0;
        if (!document.setContent(&file, false, &error, &row, &column)) {
            return ESERIALIZECODE_SETCONTENT_ERROR;
        }
        deSerializeXML(document);                                        ①
        file.close();
        return ESERIALIZECODE_OK;
    }
```

代码清单 4-126

```
    ESerializeCode CCountry::deSerializeXML(const QDomDocument& doc, QString * pError) {
        ESerializeCode ret = ESERIALIZECODE_OK;
        ESerializeCode retcode = ESERIALIZECODE_OK;
        QDomElement rootDoc = doc.firstChildElement();
        if (rootDoc.nodeName() != c_tag_doc){
            if (NULL != pError) {
                *pError = QObject::tr("Unrecognized graphics files!");
            }
            return ESERIALIZECODE_DOC_ELEMENT_NOTFOUND;
        }
        QDomElement eleProvince = rootDoc.firstChildElement();
        CProvince * pProvince = NULL;
        while (eleProvince.isElement()) {
            if (eleProvince.tagName() != c_tag_province) {             ①
                eleProvince = eleProvince.nextSiblingElement();
                continue;
            }
            pProvince = new CProvince();
            addProvince(pProvince);                                    ②
            retcode = pProvince->deSerializeXML(eleProvince, pError);
            if (ESERIALIZECODE_OK != retcode) {
                ret = retcode;
            }
            eleProvince = eleProvince.nextSiblingElement();
        }
        return ret;
    }
```

代码清单 4-126 标号②处，当构建完 pProvince 对象后，需要调用 addProvince()接口，以便将新构建的 CProvince 对象添加到 CCountry 的成员列表中。XML 格式的反序列化同二进制反序列化过程类似，其中的 DOM 节点处理部分在 4.13 节进行过介绍，此处不再展开。请注意标号①处的 c_tag_province，这是一个字符串常量，用来表示元素的标签。配套代码中专门针对元素标签以及属性的名字定义了一批常量字符串，见代码清单 4-127。这样做的一个好处是在一处代码定义这些常量，然后每次需要修改时仅在这一处修改即可；另一个好处是可以对标签、属性进行统一管理，防止出现命名冲突的情况。定义这些 const 字符串常量的时候应按照字母进行排序，新增常量时按照排序插入到相应位置，这样可以有效避免命名冲突的情况。

代码清单4-127

```
// dom 元素标签定义区
static const char* c_tag_content = "content";
static const char* c_tag_doc = "doc";
static const char* c_tag_province = "province";
// dom 元素属性名定义区
static const char* c_attribute_name = "name";
static const char* c_attribute_continent = "continent";
```

下面介绍CProvince类的XML格式反序列化，首先看一下接口定义，见代码清单4-128。

代码清单4-128

```
/**
 * @brief 用来把类对象进行文本方式序列化的函数
 * @param[in|out] eleProvince QDomElement对象，表示省节点
 * @param[in|out] pError 错误信息;@return ESerializeCode 枚举值
 */
ESerializeCode deSerializeXML(const QDomElement& eleProvince, QString* pError = NULL);
```

然后看一下该接口的实现，见代码清单4-129。

代码清单4-129

```
ESerializeCode CProvince::deSerializeXML(const QDomElement& eleProvince, QString* pError){
    m_strName = eleProvince.attribute(c_attribute_name);
    QDomElement eleCity = eleProvince.firstChildElement();
    CCity* pCity = NULL;
    ESerializeCode ret = ESERIALIZECODE_OK;
    while (!eleCity.isNull()) {
        pCity = new CCity;
        addCity(pCity);
        ret = pCity->deSerializeXML(eleCity, pError);
        if (ESERIALIZECODE_OK != ret) {
            return ret;
        }
        eleCity = eleCity.nextSiblingElement();
    }
    return ret;
}
```

CCity类的XML反序列化接口的设计、实现跟CCountry类似，不再展开。可以下载配套资料中的代码并进行调试以便加深理解。

在本节中，介绍了用XML格式把类进行序列化的方法。在本案例中采用QDomDocument类进行XML格式序列化。XML格式提供了很好的扩展性和兼容性，在这个方面二进制格式有先天缺陷。但是，这并不代表二进制格式不具备扩展性或者兼容性。4.18节将介绍一些方法，使得二进制格式也具备一定的扩展性和兼容性。

4.18 知识点 类的二进制格式序列化——向后兼容

在软件的整个生命周期中，软件的代码一直是在不断变化的。即使在投运之后的型号维护过程中，软件仍然在不断发生改变。如果一套软件采用二进制文件保存数据，新的软件版本

图 4-17 ks04_18 运行效果

则改变了二进制文件的结构,那么新版本软件如何正确读取旧版本软件保存的二进制文件就成了一个必须要面对的问题。下面讨论一下这个问题的解决方案,对应的源代码目录:src/chapter04/ks04_18。程序运行效果见图 4-17。

一般情况下所说的兼容性指的是向后兼容,也就是新版本程序可以打开旧版本程序保存的文件,简称为新程序打开旧文件。而兼容性还有另一层含义,也就是向前兼容。什么叫向前兼容呢? 依照前面的说法,应该是旧程序可以打开新文件。那么,旧程序怎么能识别新文件呢? 别急,现在就来揭晓答案。

为二进制文件增加扩展性和兼容性有两个思路:一是为文件创建版本号,通过版本号来识别文件的版本,进而做不同的处理;二是借鉴 XML 文件的设计,使用属性名、属性值的键值对方式存储类的对象的数据。

1. 思路 1——使用文件版本号进行兼容性处理

先介绍第一个思路,为文件创建版本号。因此,设计文件属性类 SFileAttr 用来描述文件的版本号等属性,见代码清单 4-130。

代码清单 4-130

```
// fileattribute.h
namespace ns_train {
    ...
    const quint16 c_MD5_Length = 16;    // MD5 码的长度,单位:字节
    /* 文件的属性 */
    struct BASE_API SFileAttr {
        quint16 mainVer;                // 主版本号
        quint16 subVer;                 // 次版本号
        quint8 md5[c_MD5_Length];       // 本文件的 MD5 码,二进制格式使用,文本格式不用该属性
        SFileAttr(){ mainVer = 1; subVer = 0; memset(md5, 0, c_MD5_Length); }
    };
    ...
} // namespace ns_train
```

代码清单 4-130 中,fileattribute.h 中的 SFileAttr 属于公用结构体,所以把它放到公共库 basedll 中。SFileAttr 拥有 3 个成员:主版本号、次版本号、MD5 码。主次版本号用来区分大

的改动和小的改动。如果文件结构发生大的变化就更新主版本号;如果只是给类新增成员变量并将其序列化到文件,这时文件结构并未发生变化,这种改动属于小改动,此时只需要变更次版本号。代码清单 4-130 中将结构体 SFileAttr 放到了 basedll 库的命名空间 ns_train 里面。下面继续介绍 fileattribute.h 文件,见代码清单 4-131。

代码清单 4-131

```
// fileattribute.h
static const quint16 c_MainVersion = 1;           // 当前文件的主版本号           ①
static const quint16 c_SubVersion = 1;            // 当前文件的次版本号           ②
// 获取当前文件的主版本号(使用本程序保存文件时的版本号)
quint16 getMainVersion() {
    return c_MainVersion;
}
// 获取当前文件的次版本号(使用本程序保存文件时的版本号)
quint16 getSubVersion() {
    return c_SubVersion;
}
```

代码清单 4-131 标号①、标号②处分别提供了两个静态变量用来指示当前文件的主、次版本号,也就是用当前程序执行序列化时保存的文件对应的版本。当序列化到文件中的内容发生变化时,应当及时更新这两个静态变量的值。为了方便,提供了两个静态接口 getMainVersion()、getSubVersion()分别用来访问当前主、次版本号。除此之外,还设计了文件头类 SFileHead,见代码清单 4-132,展示了 SFileHead 类的部分定义。该类主要用来指示指定文件的版本号,这些信息一般被放置在文件头,所以可以把它称作文件头类。

代码清单 4-132

```
// filehead.h
// 文件头类
class SFileHead {
public:
    SFileHead() {
        m_nMainVersion = c_MainVersion;
        m_nSubVersion = c_SubVersion;
    }
    SFileHead(quint16 nMainVersion, quint16 nSubVersion) {
        m_nMainVersion = nMainVersion;
        m_nSubVersion = nSubVersion;
    }
    ...
private:
    quint16 m_nMainVersion;                       // 主版本号
    quint16 m_nSubVersion;                        // 次版本号
};
```

下面分别介绍该类提供的接口,isEarlierVersion()接口的实现见代码清单 4-133。isEarlierVersion()接口用来判断 SFileHead 对象的版本号是否比传入的版本号旧(低)。

代码清单 4-133

```
// filehead.h
class SFileHead {
    ...
    // 文件(程序)版本号是否比传入的版本号旧
    bool isEarlierVersion(quint16 nMainVersion, quint16 nSubVersion) const{
```

```
            if ((m_nMainVersion < nMainVersion) || (m_nMainVersion == nMainVersion && m_
    nSubVersion < nSubVersion)) {
                return true;
            }
            else {
                return false;
            }
        }
        ...
    };
```

isLaterVersion()接口的实现见代码清单 4-134。该接口用来判断 SFileHead 对象的版本号是否比传入的版本号新(高)。

代码清单 4-134

```
// filehead.h
class SFileHead {
    ...
    // 文件版本号是否比传入的版本号新
    bool isLaterVersion(quint16 nMainVersion, quint16 nSubVersion) const {
        if ((m_nMainVersion > nMainVersion) || (m_nMainVersion == nMainVersion && m_
    nSubVersion >= nSubVersion) {
            return true;
        }
        else {
            return false;
        }
    }
    ...
};
```

SFileHead 还有几个成员接口比较简单，注释也比较明确，在此不再详述，如代码清单 4-135 所示。

代码清单 4-135

```
// filehead.h
class SFileHead {
    ...
    // 当前文件主版本号是否比传入的主版本号新
    bool isLaterMainVersion(quint16 nMainVersion) const{
        if (m_nMainVersion > nMainVersion) {
            return true;
        }
        else {
            return false;
        }
    }
    // 文件版本号是否与传入的版本号相同
    bool isSameVersion(quint16 nMainVersion, quint16 nSubVersion) const {
        if ((m_nMainVersion == nMainVersion) && (m_nSubVersion == nSubVersion)){
            return true;
        }
        else {
            return false;
```

```
        }
    }
    // 将版本号转化为 QString 类型字符串,如版本 1.0,转后为"1.0"
    QString toQString() const {
        QString str = QString::number(m_nMainVersion).append(".").append(QString::number(m_nSubVersion));
        return str;
    }
    // 将 QString 类型字符串转化为版本号,如字符串"1.0",转后为版本 1.0
    static SFileHead fromQString(QString str){
        SFileHead FileHead;
        if (str.contains('.')) {
            qint32 index = str.indexOf('.');
            FileHead.m_nMainVersion = str.left(index).toUShort();
            FileHead.m_nSubVersion = str.right(str.length() - index - 1).toUShort();
        }
        else {
            FileHead.m_nMainVersion = 0;
            FileHead.m_nSubVersion = 0;
        }
        return FileHead;
    }
    ...
};
```

当执行序列化操作时,可以把当前版本号保存到文件,见代码清单 4-136。

代码清单 4-136

```
// country.h
ESerializeCode CCountry::serializeBinary(QDataStream& ds, QString * pError) const {
    ns_train::SFileAttr attrs;
    // 保存文件头信息(保存时总是保存为当前程序版本所对应的文件格式)
    attrs.mainVer = ns_train::getMainVersion();
    attrs.subVer = ns_train::getSubVersion();
    ds << attrs;                                                                    ①
    ds << m_strName;
    ds << m_strContinent;
    quint16 nCount = 0;
    ...
}
```

代码清单 4-136 标号①处,把文件属性保存到文件开头,以便在反序列化时可以首先读到文件版本从而执行相应的判断。CCountry 反序列化接口如代码清单 4-137 所示。在代码清单 4-137 标号①处,将保存在文件开头的信息读出来并存放到 SFileAttr 类型的对象 attr。在标号②处,借助 attr 构造了 SFileHead 类型的对象 fileHead。在标号③处,判断文件的版本是否晚于 1.1 版(含 1.1 版),从而进行区别处理。

代码清单 4-137

```
// country.cpp
ESerializeCode CCountry::deSerializeBinary(QDataStream& ds, QString * pError) {
    ds.setByteOrder(QDataStream::LittleEndian);
    ESerializeCode retcode = ESERIALIZECODE_OK;
    ns_train::SFileAttr attr;
```

```
    ds >> attr;                                                              ①
    ns_train::SFileHead fileHead(attr.mainVer, attr.subVer);                 ②
    ds >> m_strName;
    ds >> m_strContinent;
    quint16 nCount = 0;          // 需要明确指定数据类型(长度),否则跨平台时可能出问题
                                 // 比如 int 在各个平台上可能长度不一样
    if (fileHead.isLaterVersion(1, 1)) {                                     ③
        ...
    }
    ...
}
```

2. 思路 2——使用属性名、属性值的键值对来访问类对象的数据

下面介绍第二个思路,借鉴 XML 文件的设计来实现二进制文件的扩展性和兼容性。XML 文件有什么设计呢？通过分析 XML 的文件结构可以知道,XML 格式之所以具备向前兼容性是因为采用字符串作为识别手段。比如,XML 的标签是字符串,XML 的属性名也是字符串。当程序读取到某个标签或者某个属性名称时,可以把它跟期望的标签或属性名对应的字符串常量进行比较,从而完成识别和解析。借助这个理念,二进制格式也可以提供一定程度的向前兼容性。具体怎么做呢？可以为类提供自定义属性接口。所谓自定义属性接口就像 XML 中访问元素的属性一样,通过属性名来访问属性值。以 CCountry 类为例,其自定义属性接口如代码清单 4-138 所示。

代码清单 4-138

```
// country.h
class CCountry {
    ...
    /**
     * @brief 根据自定义属性名获取自定义属性值
     * @param[in] name 自定义属性名
     * @return 自定义属性值
     */
    QVariant getCustomData(const QString& name) const;
    /**
     * @brief 设置自定义属性值;@param[in] name 自定义属性名;@param[in] data 自定义属性值
     * @return true:找到自定义属性并赋值,false:未找到该属性
     */
    bool setCustomData(const QString& name, const QVariant& data);
    ...
};
```

代码清单 4-138 中,提供了一对 Get、Set 接口,这对接口的功能是通过自定义属性名访问对应的值。为了实现扩展性,接口采用 QVariant 作为自定义属性值的数据类型。因为这些自定义属性是些键值对(Key-Value Pair),所以应该把类的自定义属性的数据结构设计成映射,这样就可以通过名字快速查找到属性值了。可以把属性数据结构设计成这样:

```
QMap<QString, QVariant> m_mapCustomData;
```

下面介绍属性的 Get、Set 接口的实现,见代码清单 4-139。

代码清单 4-139

```
// country.cpp
QVariant CCountry::getCustomData(const QString& name) const {                ①
```

```cpp
    QMap< QString, QVariant >::ConstIterator iteMap = m_mapCustomData.constFind(name);
    if (iteMap != m_mapCustomData.constEnd()) {
        return iteMap.value();
    }
    return QVariant();
}
bool CCountry::setCustomData(const QString& name, const QVariant& data) {
    QMap< QString, QVariant >::Iterator iteMap = m_mapCustomData.find(name);
    if (iteMap != m_mapCustomData.end()) {
        m_mapCustomData[name] = data;
        return true;
    }
    return false;
}
```

代码清单 4-139 中，getCustomData()、setCustomData()这两个接口都通过 QMap 的 find 接口查找属性，不同的是：getCustomData()是个 const 接口，因此调用了 QMap::constFind()，而且进行判断时也是把迭代器同 QMap 的 constEnd()进行比较；而 setCustomData()则调用了 QMap::find()，其中迭代器是同 QMap 的 end()进行比较。

为了方便，除了这两个接口之外还设计了其他接口，如代码清单 4-140 所示。

代码清单 4-140

```cpp
// country.h
class CCountry {
    ...
    // 自定义属性相关
    /**
    * @brief 添加自定义属性名;@param[in] name 自定义属性名;@return true:成功,false:已存在
    */
    bool addCustomData(const QString& name);
    /**
    * @brief 添加自定义属性值,找到自定义属性并赋值,没找到则添加
    * @param[in] name 自定义属性名;@param[in] data 自定义属性值
    * @return void
    */
    void addCustomData(const QString& name, const QVariant& data);
    /**
    * @brief 获取自定义属性名称列表;@param[out] lst 自定义属性名称列表
    * @return 自定义属性名称个数
    */
    int getAllCustomDataName(QStringList& lst) const;
    ...
};
```

代码清单 4-140 中的这些接口的功能是添加自定义属性、获取自定义属性名列表，其具体实现见代码清单 4-141。

代码清单 4-141

```cpp
// country.cpp
bool CCountry::addCustomData(const QString& name) {
    QMap< QString, QVariant >::Iterator iteMap = m_mapCustomData.find(name);
    if (iteMap == m_mapCustomData.constEnd()) {
        m_mapCustomData[name] = QVariant();
```

```
            return true;
        }
        return false;
}
void CCountry::addCustomData(const QString& name, const QVariant& data) {
    m_mapCustomData[name] = data;
}
int CCountry::getAllCustomDataName(QStringList& lst) const {
    lst.clear();
    QMap< QString, QVariant >::ConstIterator iteMap = m_mapCustomData.constBegin();
    while (iteMap != m_mapCustomData.constEnd()) {
        lst.push_back(iteMap.key());
        iteMap++;
    }
    return m_mapCustomData.size();
}
```

自定义属性的数据结构和访问接口介绍完毕,下面介绍如何将这些自定义属性进行序列化和反序列化,见代码清单 4-142。

代码清单 4-142

```
// country.cpp
ESerializeCode CCountry::serializeBinary(QDataStream& ds, QString* pError) const {
    ns_train::SFileAttr attrs;
    // 保存文件头信息(保存时总是保存为当前程序版本所对应的文件格式)
    attrs.mainVer = ns_train::getMainVersion();
    attrs.subVer  = ns_train::getSubVersion();
    ds << attrs;
    ds << m_strName;
    ds << m_strContinent;
    quint16 nCount = 0;
    // 自定义属性的存储
    nCount = m_mapCustomData.size();
    ds << nCount;                                                                     ①
    QMap< QString, QVariant >::ConstIterator iteMap = m_mapCustomData.constBegin();
    while (iteMap != m_mapCustomData.constEnd()) {                                    ②
        ds << iteMap.key();
        ds << iteMap.value();
        iteMap++;
    }
    ...
}
```

代码清单 4-142 中,在标号①处,保存自定义属性时需要先保存属性个数,这里也借用了一个 quint16 类型的临时变量。如果 quint16 不够用,可以选择 quint32 或者更大的类型。在标号②处,遍历全部自定义属性,然后按照属性名、属性值的方式将自定义属性全部序列化。跟 4.15 节介绍的二进制序列化相比,本节新增了自定义属性的序列化数据,其实这也改变了二进制文件的结构。

下面介绍反序列化接口,见代码清单 4-143。

代码清单 4-143

```
// country.cpp
ESerializeCode CCountry::deSerializeBinary(QDataStream& ds, QString* pError) {
```

```
    ...
    quint16 nCount = 0;        /* 需要明确指定数据类型(长度),否则跨平台时可能出问题.比如 int
                                在各个平台上可能长度不一样 */
    if (fileHead.isLaterVersion(1, 1)) {                                              ①
        ds >> nCount;                                                                 ②
        QString strName;
        QVariant var;
        quint16 idx = 0;
        for (; idx < nCount; idx++) {                                                 ③
            ds >> strName;
            ds >> var;
            addCustomData(strName, var);
        }
    }
    ...
}
```

代码清单 4-143 中,在标号①处,根据版本是否高于 1.1(含 1.1 版)来确定二进制流中是否保存了自定义属性。在标号②处,解析得到自定义属性个数。在标号③处,遍历并解析得到全部自定义属性,然后调用 addCustomData()将自定义属性数据设置到 CCountry 中。

下面介绍更新后的 XML 格式序列化接口,见代码清单 4-144。

代码清单 4-144

```
// country.cpp
ESerializeCode CCountry::serializeXML(QDomDocument& doc, QString * pError) const {
    QDomElement rootDoc = doc.createElement(c_tag_doc);
    doc.appendChild(rootDoc);
    // 图形属性
    ns_train::SFileAttr attrs;
    // 保存文件头信息(保存时总是保存为当前程序版本所对应的文件格式)
    attrs.mainVer = ns_train::getMainVersion();
    attrs.subVer = ns_train::getSubVersion();
    rootDoc << attrs;                                                                 ①
    ...
}
```

版本号在 XML 格式的文件中也能发挥作用。代码清单 4-144 标号①处,将版本号保存到 rootDoc 中。在此之前,已经定义了 SFileAttr 通过"<<"操作符流入 QDomElement 的接口。

```
// fileattribute.h
// 序列化文件的基本数据(XML)
BASE_API QDomElement& operator <<(QDomElement& ele, const SFileAttr& attrs);
```

写入版本号后的 XML 文件样例如代码清单 4-145 所示。标号①处表明该 XML 文件使用 UTF-8 编码,那么代码文件 country.cpp 应该用 UTF-8 编码保存。在用文本编辑器查看 XML 文件时也需要使用 UTF-8 编码,否则看到的将是乱码。在标号②处,doc 元素的 ver 属性中保存的就是文件版本号。标号③处,customdata 元素用来描述 CCountry 的自定义属性。该类的所有自定义属性(如国歌、flag)都以"属性名-属性值"的键值对方式保存到 XML 中。

代码清单 4-145

```
<?xml version = "1.0" encoding = "UTF - 8"?>                                          ①
<doc ver = "1.1">                                                                     ②
    <content name = "中国" continent = "">
```

```
            <customdata 国歌 = "义勇军进行曲" flag = "五星红旗"/>       ③
        </content>
</doc>
```

下面介绍更新后的 XML 格式反序列化代码,见代码清单 4-146。

代码清单 4-146

```
// country.cpp
ESerializeCode CCountry::deSerializeXML(const QDomDocument& doc, QString * pError) {
    ...
    ns_train::SFileAttr attrs;
    rootDoc >> attrs;                                                          ①
    ns_train::SFileHead fileHead(attrs.mainVer, attrs.subVer);
    if (fileHead.isLaterMainVersion(ns_train::getMainVersion())) {
        if (NULL != pError) {
            * pError = QObject::tr("Unable to open higher version files!");
        }
        return ESERIALIZECODE_VERSION_NOTRECOGNIZE;
    }
    ...
}
```

代码清单 4-146 标号①处,将版本号读取出来并执行判断。本案例并未展示怎样利用该版本号。其实,当需要改变 XML 文件结构的时候,版本号就派上用场了。比如,为某个元素增加子元素,这时就要修改解析 XML 的代码,通过对文件版本号的判断来决定 XML 中是否存在新增的子元素。

本案例利用版本号分别实现了二进制格式、XML 格式的兼容性处理,同时利用自定义属性实现了二进制格式文件的扩展性和一定程度的兼容性。当不再改变文件结构而只是增加自定义属性时,二进制格式还能实现向前兼容,即用当前版本的程序读取以后新版本的二进制文件。这样是不是很棒呢?另外,还可以在此基础上做一些优化,比如,只有当自定义属性的值跟默认值不同时才把该属性序列化,否则在序列化时就可以跳过这个自定义属性。这样设计的好处是可以减少文件尺寸,降低磁盘空间占用率。

4.19 案例 20 使用流方式读写 XML

视频讲解

本案例对应的源代码目录:src/chapter04/ks04_19。程序运行效果见图 4-18。

4.13 节介绍了使用 DOM 方式读写 XML 文件,这种方式使用起来非常方便。但使用 DOM 方式有一个明显的缺陷,就是读取 XML 文件时需要在内存中建立 DOM 树结构,也就是要把 DOM 节点在内存中创建出来,这导致内存占用非常大。如果解析一个稍微大些的 XML 文件,程序的内存占用可能非常惊人,而且使用 DOM 方式解析 XML 时程序的运行性能要差些。本节介绍另一种 XML 访问方式——流方式,使用流方式访问 XML 文档将提高文档访问速度,并有效减少内存占用。请对照本节配套代码进行学习。

使用流方式读取 XML 文件需要用 QXmlStreamReader,保存 XML 文件用 QXmlStreamWriter。QXmlStreamReader 解析 XML 文件的特点是,只能从前向后解析 XML 文件,不能像 DOM 那样在整个节点树中遍历。本节用两个例子分别展示读、写 XML 文件。本案例保存的 XML 文件内容同 4.13 节用 DOM 方式保存的文件基本一致,见代码清单 4-147。

图 4-18 案例 20 运行效果

代码清单 4-147

```
<?xml version = "1.0" encoding = "UTF - 8" standalone = "yes"?>                    ①
<!-- 软件特攻队 -->                                                                 ②
< doc >                                                                             ③
    < courses count = "4" institution = "软件特攻队" teacher = "女儿叫老白">          ④
        < lesson url = "https://study.163.com/instructor/1143174933.htm" id = "1" fee = "免费">
C++老鸟日记</lesson >                                                              ⑤
        < lesson url = "https://study.163.com/instructor/1143174933.htm" id = "2" fee = "免费">
C++跨平台开发中的编译错误</lesson >
        < lesson url = "https://study.163.com/instructor/1143174933.htm" id = "3"> Qt 5/PyQt 5
实战指南(C++版)</lesson >
        < lesson url = "sorry, not ready" id = "4"> C++跨平台服务模块开发</lesson >
    </ courses >                                                                    ⑥
</ doc >
```

使用流读写 XML 同样要在项目的 pro 文件中包含 XML 模块。

```
QT += xml
```

1. 用 QXmlStreamWriter 保存 XML 文件

example01()介绍了使用流方式保存 XML 文件的方法,见代码清单 4-148。设置 XML 文件的路径时注意添加路径最后的"/",见标号①处。在标号②处,创建 XML 流对象并将其关联到 file 对象,然后为 XML 设置编码、版本。可以尝试将"自动格式化"设置为 false,然后看看保存的 XML 文件有何不同。在标号③处,开始写入 XML 的版本(对应的 XML 内容见代码清单 4-147 标号①处)。在标号④处,用代码生成一行注释(对应的 XML 内容见代码清单 4-147 标号②处)。在标号⑤处,写入开始元素 doc(对应的 XML 内容见代码清单 4-147 标号③处)。在标号⑥处,写入 doc 的子元素 courses(对应的 XML 内容见代码清单 4-147 标号④处)。在标号⑦处,开始写入 courses 元素的属性数据,然后从标号⑧处开始写入几个 lesson 子元素的内容。在标号⑨处,开始写入几个元素的结束标志(对应的 XML 内容见代码清单 4-147 标号⑥处)。最后,写入 doc 的结束元素,见标号⑩处。当所有元素结束后,调用 writeEndDocument()写入文档的结束标志并关闭文档。

代码清单 4-148

```cpp
// main.cpp
void example01() {
    QString strPath =
        ns_train::getPath(" $ TRAINDEVHOME/test/chapter04/ks04_19");
    if (!strPath.endsWith("/")) {
        strPath += "/";                                                          ①
    }
    QDir dir(strPath);
    dir.mkpath(strPath);
    QString strFileName = strPath + "test04_19.xml";
    QFile file(strFileName);
    if (!file.open(QFile::WriteOnly | QFile::Text | QFile::Truncate)) {
        // 设置 QFile::Truncate 是为了清空原来的文件内容
        return;
    }
    QXmlStreamWriter writer(&file);                                              ②
    writer.setCodec("UTF-8");                  // 设置 XML 编码
    writer.setAutoFormatting(true);            // 自动格式化
    writer.writeStartDocument("1.0", true);    // 开始文档,XML 声明              ③
    writer.writeComment(QString::fromLocal8Bit("软件特攻队")); // 写一行注释     ④

    writer.writeStartElement("doc");           // 开始子元素<doc>                ⑤
    // 下面开始写内容
    writer.writeStartElement("courses");       // 开始子元素<courses>            ⑥
    {
        writer.writeAttribute("count", "4");                                     ⑦
        writer.writeAttribute("institution", QString::fromLocal8Bit("软件特攻队"));
        writer.writeAttribute("teacher", QString::fromLocal8Bit("女儿叫老白"));
        // lesson1                                                                ⑧
        ...
        // lesson2
        ...
        // lesson3
        ...
        // lesson4
        ...
    }
    writer.writeEndElement();                  // 结束子元素 </courses>          ⑨
    writer.writeEndElement();                  // 结束子元素 </doc>
    writer.writeEndDocument();                 // 结束文档                       ⑩
    file.close();
}
```

从代码清单 4-148 可以看出,writeEndElement()接口并未提供任何参数。因此,该接口内部实现是根据之前的代码产生的元素的堆栈(队列)自动添加结束元素。这就像括号嵌套一样,调用 writeStartElement()相当于添加一个左括号,调用 writeEndElement()相当于添加一个右括号,对应的是与之配对的左括号。比如,之前最后一个元素为 lesson,那么此时调用 writeEndElement()接口就表示 lesson 元素的结束符,即</lesson>。

下面介绍 lesson 子元素的创建及元素属性的写入方法,如代码清单 4-149 所示。在标号①处,创建 lesson 子元素。然后写入该子元素的属性数据。其中,在标号②处写入一个文本节点,内容是"C++老鸟日记"(对应的 XML 内容见代码清单 4-147 标号⑤处)。在标号③处,写入该 lesson 子元素的结束符。

代码清单 4-149

```
example01() {
    ...
    // lesson1
    {
        writer.writeStartElement("lesson");                                          ①
        {
            writer.writeAttribute("url","https://study.163.com/instructo/1143174933.htm");
            writer.writeAttribute("id", "1");
            writer.writeAttribute("fee", QString::fromLocal8Bit("免费"));
            writer.writeCharacters(QString::fromLocal8Bit("C++老鸟日记"));           ②
        }
        writer.writeEndElement();          // 结束子元素 </lesson>                   ③
    }
    ...
}
```

2. 用 QXmlStreamReader 读取 XML 文件

建议:打开配套源代码,边调试边学习。

读取 XML 文件时,也需要构造 QFile 对象,见代码清单 4-150。

代码清单 4-150

```
void example02() {
    QString strPath = ns_train::getPath("$TRAINDEVHOME/test/chapter04/ks04_20/");
    if (!strPath.endsWith("/")) {
        strPath += "/";
    }
    // 程序运行目录下的 XML 文件
    QString strFileName = strPath + "test04_20.xml";
    QFile file(strFileName);
    if (!file.open(QFile::ReadOnly | QFile::Text)){
        return;
    }
    ...
}
```

接下来构建读取 XML 文件用到的 QXmlStreamReader 对象并解析 XML 文件,见代码清单 4-151。在标号①处,需要先获取元素的类型,reader.tokenType()返回的类型为 QXmlStreamReader::TokenType。当用 reader 对象打开 XML 文件后,默认指向 XML 的第一行,即 reader 对象指向文档开头,nType 为 QXmlStreamReader::StartDocument。这时可

以读取 XML 的版本号、XML 编码以及 Standalone 信息。其中 Standalone 表示本 XML 是否为自包含的，如果 Standalone 为 False 则表示需要引用外部的信息，这就像 C++ 中包含头文件一样。在标号②处，reader.text() 得到的是一个 QStringRef 对象，它并不是一个真正的 QString 对象，因此需要继续转换，方法是调用 toString() 接口。在标号⑤处，在继续循环之前调用 reader.readNext()，将 reader 移动到下一个元素（或节点）。此时，在 XML 示例文件中下一个元素是 XML 文件的第一个元素，是一个注释（对应的 XML 内容见代码清单 4-147 标号②处）。继续读取 XML 文件，当读到 doc 元素时，Qt 认为这是一个 StartElement（开始元素）。与 <doc> 对应的是 </doc>，后者是 EndElement（结束元素）。当读到 StartElement 时，需要验证元素的名字是否为 doc。在标号③处，首先获取元素名字，然后判断元素名字是否为 doc，见标号④处。如果是 doc 元素，就调用 parseDoc() 解析该元素。

代码清单 4-151

```
void example02() {
    QXmlStreamReader reader(&file);
    QString strVersion;
    QString strEncoding;
    QXmlStreamReader::TokenType nType = reader.readNext();         ①
    while (!reader.atEnd()) {
        // 读取下一个元素
        nType = reader.tokenType();
        switch (nType) {
        ...
        case QXmlStreamReader::Comment: {                           // 注释
            QString strComment = reader.text().toString();         ②
            break;
        }
        case QXmlStreamReader::StartElement: {                     // 开始元素
            QString strElementName = reader.name().toString();     ③
            if (QString::compare(strElementName, "doc") == 0) {    // 根元素  ④
                parseDoc(reader);
            }
            break;
        }
        default:
            break;
        }
        reader.readNext();                                          ⑤
    }
}
```

现在介绍 parseDoc() 接口。parseDoc() 内部很简单，这是因为本案例 XML 文件里的 doc 元素很简单：doc 元素没有并列的兄弟元素，只有子元素。该接口内部也是通过遍历完成解析，如代码清单 4-152 所示。

代码清单 4-152

```
// main.cpp
void parseDoc(QXmlStreamReader& reader) {
    QXmlStreamReader::TokenType nType = reader.readNext();         ①
    while (!reader.atEnd()) {
        nType = reader.tokenType();
        switch (nType) {
```

```
        case QXmlStreamReader::StartElement: {              // 开始元素
            QString strElementName = reader.name().toString();
            if (QString::compare(strElementName, "courses") == 0) {
                qDebug() << QString::fromLocal8Bit(" == 开始元素<courses> ==");
                // 处理 courses
                parseCourses(reader);                                                    ②
            }
            break;
        }
        case QXmlStreamReader::EndElement: {                 // 结束元素
            QString strElementName = reader.name().toString();
            qDebug()<< QString::fromLocal8Bit(" == 结束元素<%1> ==").arg(strElementName);
            return;                                                                       ③
        }
        default:
            break;
        }
        nType = reader.readNext();                                                        ④
    }
}
```

代码清单 4-152 标号①处，首先将 reader 指向下一个元素。然后，先判断 XML 文档是否已结束，否则进行遍历。在遍历循环的内部，此时 reader 指向 doc 的下一个元素，即 doc 元素的子元素 courses。此时读到的 courses 是一个 StartElement。判断读取到的元素为 courses 之后，调用 parseCourse(reader)继续解析，见标号②处。在标号③处，读取到 doc 元素的结束元素</doc>。请注意，需要根据 XML 文件的具体内容来设计解析 XML 的程序。本案例中，将在 parseCourse()接口内部处理 courses 的结束元素</courses>。因此，在标号②处调用 parseCourse()接口后，进入下次循环之前，在标号④处执行 reader.readNext()时，reader 对象指向的就是 doc 的结束元素</doc>。如果还不清楚这个过程，可以通过单步调试的方式加深理解。

下面介绍 parseCourse()的实现，见代码清单 4-153。

代码清单 4-153

```
// main.cpp
void parseCourses(QXmlStreamReader& reader) {
    // 将 reader 指向 lesson 子元素
    QXmlStreamReader::TokenType nType = reader.readNext();                                ①
    while (!reader.atEnd()) {
        nType = reader.tokenType();
        switch (nType) {
        case QXmlStreamReader::StartElement: {               // 开始元素
            QString strElementName = reader.name().toString();
            if (QString::compare(strElementName, "lesson") == 0) {                        ②
                qDebug() << QString::fromLocal8Bit(" == 开始元素<lesson> ==");
                parseLesson(reader);                         // 解析 lesson
                continue;
            }
            break;
        }
        case QXmlStreamReader::EndElement: {                 // 结束元素                  ③
            QString strElementName = reader.name().toString();
            qDebug() << QString::fromLocal8Bit(" == 结束元素<%1> ==").arg(strElementName);
```

```
            if (QString::compare(strElementName, "courses") == 0) {       // 结束元素        ④
                return;
            }
            break;
        }
        default:
            break;
        }
        nType = reader.readNext();
    }
}
```

parseCourses()接口内部也是一个循环体。当初次进入该接口时，reader 指向 courses 元素。因此，标号①处的代码得到的是下一个元素的类型，下一个元素是 courses 的第一个子元素 lesson，此时的 nType 的值是 StartElement。在标号②处，对该元素的名字进行判断，如果是 lesson 则调用 parseLesson()进行解析。在标号③处，处理结束元素。如果读取到的结束元素不是</courses>，那么就是</doc>，此时应该从接口返回。

下面介绍 parseLesson()接口，见代码清单 4-154。

代码清单 4-154

```
// main.cpp
void parseLesson(QXmlStreamReader& reader) {
    QXmlStreamReader::TokenType nType;
    QString strElementName;
    QXmlStreamAttributes attributes;
    QXmlStreamAttributes::iterator iteAttribute;
    QString strText;
    while (!reader.atEnd()) {
        nType = reader.tokenType();                                                    ①
        switch (nType) {
        case QXmlStreamReader::StartElement:
            strElementName = reader.name().toString();
            attributes = reader.attributes();                                          ②
            for (iteAttribute = attributes.begin();
                 iteAttribute!= attributes.end();
                 iteAttribute++) {
                qDebug() << (*iteAttribute).name()                                     ③
                    << " = " << (*iteAttribute).value();                               ④
            }
            break;
        case QXmlStreamReader::EndElement:
            strElementName = reader.name().toString();
            if (strElementName != "lesson") {
                return;                                                                ⑤
            }
            qDebug() << QString::fromLocal8Bit(" == 结束元素:%1 ==").arg(strElementName);
            break;
        case QXmlStreamReader::Characters:
            strText = reader.text().toString();                                        ⑥
            qDebug() << QString("Characters:%1").arg(strText);
            break;
        default:
```

```
            break;
        }
        nType = reader.readNext();                                              ⑦
    }
}
```

代码清单 4-154 中，parseLesson()接口内部同样也是循环体。当初次进入 parseLesson()接口时，reader 指向的是 lesson 元素。在标号①处，循环体内部调用 reader.tokenType()获取元素类型。此时读取到的应该是 lesson 的开始元素 StartElement，也就是<lesson>。因此，在标号②处，可以通过 reader.attributes()接口获取该元素的属性值的集合，即一个 QXmlStreamAttributes 类型的对象。然后，使用迭代器可以遍历该集合。可以通过迭代器对象访问属性名，见标号③处；也可以通过迭代器对象访问属性的值，见标号④处。在继续循环之前应调用 reader.readNext()，见标号⑦处。此时 reader 指向 lesson 元素的文本子元素，它的类型为 QXmlStreamReader::Characters。在标号⑥处，可以调用 reader.text().toString()得到文本的内容。处理完文本子元素后，循环体继续执行 reader.readNext()，reader 指向 lesson 元素的结束元素</lesson>。在标号⑤处，当读取到最后一组 lesson 元素的</lesson>结束元素后，再次执行将读取到结束元素</courses>，此时将退出 parseLesson()接口，回到 parseCourse()接口。而 parseCourse()接口将读取到</courses>，退出 parseCourse()接口，从而回到 parseDoc()接口，见代码清单 4-153 标号④处。

在 parseDoc()接口中，继续循环将读取到结束元素</doc>并退出 parseDoc()接口，见代码清单 4-152 标号③处。如代码清单 4-151 所示，在最外层的解析接口中，当循环读取到 XML 文档结尾(reader.atEnd())，至此整个 XML 文档解析完毕。

下面回顾一下本节的内容。

(1) 如果要使用流方式访问 XML，首先要在 pro 文件中增加对 XML 模块的包含"QT += xml"。

(2) 使用 QXmlStreamWriter 以流方式保存 XML；使用 writeStartDocument()编写 XML 文档的头部，而且配套调用 writeEndDocument()；使用 setCodec()设置 XML 文件的编码；使用 setAutoFormatting()设置自动缩进；使用 writeComment()添加注释；使用 writeStartElement()添加一个子元素，而且要配套调用 writeEndElement()；使用 writeAttribute()为元素设置属性，属性值的类型为字符串。

(3) 使用 QXmlStreamReader 以流方式读取 XML；使用 readNext()将游标指向下一个对象；使用 while(!reader.atEnd())编写循环体；使用 tokenType()判断对象的类型；使用 name()得到元素的名称；使用 text()得到字文本子元素的文本。

(4) 解析 XML 时要根据实际需求编写代码，如果不清楚程序的当前运行状态，可以边调试边写代码。根据调试数据可以知道解析 XML 的进度，从而对程序的设计、编写提供帮助。

4.20 知识点 使用单体模式实现全局配置

视频讲解

当多人共同开发一个软件项目时，团队成员会分别负责不同模块的开发，然后把这些模块拼接成一个完整的项目。很多情况下，这些模块之间需要共享一些配置数据。可能很多人首先想到的解决方案是使用全局变量。全局变量的确也能达到目的，但是有一个更好的选择，就是采用设计模式中的单体模式。本节将介绍用单体模式实现全局配置的方法,对应的源代码目录:src/chapter04/ks04_20。

单体模式(Singleton),顾名思义,指的是只有一个实体。怎样做才能让配置数据只有一个实体呢?在本节示例代码中,类 CConfig 用来保存配置信息。为了实现单体模式,需要把 CConfig 做一下改造,首先把构造函数、析构函数、拷贝构造函数声明为私有成员,见代码清单 4-155。

代码清单 4-155

```
// config.h
class KS04_19_CONFIG_Export CConfig {
    ...
    private:
        /**
         * @brief 构造函数,定义为私有的目的是防止他人使用该类构造对象
         * @return 无
         */
        CConfig() { }
        /**
         * @brief 拷贝构造函数,定义为私有的目的是防止编译器调用默认的拷贝构造函数隐式构造该
           类的对象
         * @return 无
         */
        CConfig(const CConfig&);
        /**
         * @brief 析构函数,定义为私有的目的是防止他人用 delete 语句删除单体对象
         * @return 无
         */
        ~CConfig(){}
};
```

代码清单 4-155 中,为了保证该类对象只有一个实体存在,将构造函数声明为私有的,目的是防止他人使用该类构造对象。如果将类的构造函数声明为私有,则 new CConfig 这种代码将会被编译器报错,因为编译器无法调用 private 构造函数来构造对象,只能调用 public 构造函数。将析构函数声明为私有,目的是防止他人用 delete 语句删除构造的单体对象。另外,将拷贝构造函数也声明为私有,目的是防止编译器调用默认的拷贝构造函数隐式构造该类的对象。

把所有能够构造对象的入口封住之后,接下来创建单独的接口来构造单体对象。首先为 CConfig 添加一个私有成员,见代码清单 4-156。

代码清单 4-156

```
// config.h
class KS04_19_CONFIG_Export CConfig {
    ...
public:
    static CConfig& instance();                // 单体对象访问接口                    ①
private:
    static CConfig s_config;                   // 配置对象实例                        ②
    ...
};
```

代码清单 4-156 标号②处定义了一个私有的静态成员对象 s_config,而 s_config 的类型就是 CConfig。请注意,此行代码只是一个定义(或称作声明),并不能真正构造该 s_config 对象,需要单独编写代码对其进行构造,如代码清单 4-157 所示。

代码清单 4-157

```cpp
// config.cpp
CConfig CConfig::s_config;                                          ①
CCfonfig::CConfig(){
    ...
}
```

代码清单 4-157 标号①处的代码用来构造该 s_config 对象。因此，头文件中只是定义该对象，此处的代码才是构造该对象。代码清单 4-156 标号①处定义一个 static 接口用来访问该静态对象，该接口实现见代码清单 4-158，该接口的实现比较简单，直接返回 static 成员对象的引用即可。

代码清单 4-158

```cpp
// config.cpp
CConfig& CConfig::instance() {
    return s_config;
}
```

到此为止，单体类定义完毕。那么，该怎么使用该单体类呢？其实很简单，方法就是使用静态接口的调用语法，比如，在 DLL 中调用该单体对象的接口设置参数，见代码清单 4-159。

代码清单 4-159

```cpp
// model.cpp
bool CModel::initialize() {
    CConfig::instance().setSelectRadius(3.f);
    return true;
}
```

代码清单 4-159 中，通过 CConfig::instance() 得到单体对象的引用，然后调用对象的 setSelectRadius() 接口。接下来在 EXE 中调用该单体对象的接口获取被 DLL 设置过的参数，见代码清单 4-160。

代码清单 4-160

```cpp
// main.cpp
int main(int argc, char * argv[]) {
    CModel model;
    model.initialize();
    qreal r = CConfig::instance().getSelectRadius();
    cout << "r = " << r << endl;
    return 0;
}
```

这样就利用单体模式实现了在不同模块中对同一个单体对象的访问。在设计单体类时，需要注意下面几点：

（1）将单体类的构造函数、析构函数、拷贝构造函数声明为私有成员。拷贝构造函数可以只定义不实现，即只提供函数定义而不写函数的实现代码。

（2）为单体类添加一个 static 成员变量，成员变量的类型为该单体类。在实现代码（cpp 文件）中需要单独构建单体类的成员变量，见代码清单 4-157 标号①处。

（3）为单体类添加一个 static 成员接口，比如 instance()。该成员接口无参数，返回类型为单体类的引用或指针；该接口内部返回 static 成员变量的引用或指针，见代码清单 4-158。

（4）如果在静态接口 instance() 内部构造一个 static 对象并返回该对象的引用，那么建议使用全局锁保护该 static 对象。如果像本案例配套代码一样,将静态对象作为类的成员变量并通过引用方式返回,则不需要用锁保护;如果是指针类型的成员变量,则需要用锁进行保护。

(5) 通过类的 static 接口 instance() 可以访问单体对象,如代码清单 4-159 所示。

4.21 案例 21 读取 GB 13000 编码的身份证信息

本案例对应的源代码目录:src/chapter04/ks04_21。程序运行效果见图 4-19。

在 2.1 节介绍过文件编码的知识,其实除了 UTF-8、GB 2312 等编码格式外,还有许多其他编码格式,比如本案例中的身份证信息采用 GB 13000 编码保存。GB 13000 编码属于国家标准,制定这个标准的目的是对世界上的所有文字统一编码,以实现世界上所有文字在计算机上的统一处理。本案例中身份证信息的存储格式见表 4-3。GB 13000 是双字节编码,即 2 字节表示 1 字符,所以表 4-3 中的"长度(字节)"列中的数据除以 2 后才能作为真正的字符长度使用。将表 4-3 整理后得到表 4-4,请关注表 4-4 中"表示的字符数""字符序号"这两列。比如"姓名"占用 30 字节,因为是双字节编码,所以 30 字节其实只能表示 15 字符,因此其

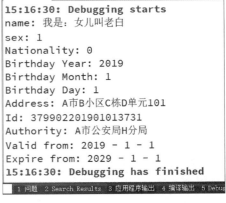

图 4-19 案例 21 运行效果

"字符序号"为 0~14,即 0~14 个字符是"姓名"的内容。同理,"性别"占用 2 字节,只能表示 1 字符,它排在"姓名"之后,所以其序号为 15,即第 15 个字符是"性别"。其他项依次类推。

表 4-3 身份证信息格式

项　　目	长度(字节)	说　　明
姓名	30	汉字
性别	2	代码
民族	4	代码
出生	16	年月日:YYYYMMDD
住址	70	汉字和数字
居民身份证号码	36	数字
签发机关	30	汉字
有效期起始日期	16	年月日:YYYYMMDD
有效期截止日期	16	年月日:YYYYMMDD

注:文字信息采用 GB 13000 的 UCS-2 进行存储。

表 4-4 整理后的身份证信息格式

项　　目	长度(字节)	表示的字符数	字符序号	说　　明
姓名	30	15	0~14	汉字
性别	2	1	15	代码
民族	4	2	16~17	代码

续表

项　　目	长度（字节）	表示的字符数	字符序号	说　　明
出生	16	8	18～25	年月日：YYYYMMDD
住址	70	35	26～60	汉字和数字
居民身份证号码	36	18	61～78	数字
签发机关	30	15	79～93	汉字
有效期起始日期	16	8	94～101	年月日：YYYYMMDD
有效期截止日期	16	8	102～109	年月日：YYYYMMDD

在本案例中，先通过 write_id() 生成一个身份证信息文件，再调用 parse_id() 读取并解析该文件，然后将解析得到的内容输出到调试器。write_id() 的实现见代码清单 4-161。在标号①处，构建一个 QTextStream 对象 out，将其关联到 file 对象，file 对象对应身份证信息文件。然后为 out 设置字符编码为 UTF-16，UTF-16 用来表示 GB 13000 编码。因为表 4-3 中规定"姓名"的长度为 30 字节，其实只表示 15 字符，所以在标号②处，将"姓名"文本的长度设置为 15 字符，并将"姓名"写入字符串对象 stra。然后，将身份证信息中的其他内容依次写入 stra。在标号③处，将 stra 写入 out 中，并关闭文件。

代码清单 4-161

```
void write_id() {
    QFile file;
    QString strFileName = ns_train::getPath("$TRAINDEVHOME/test/chapter04/ks04_21/id.txt");
    QString strDirectory = ns_train::getDirectory(strFileName);
    QDir dir;
    dir.mkpath(strDirectory);
    file.setFileName(strFileName);
    if (!file.open(QFile::WriteOnly)) {
        return;
    }

    QTextStream out(&file);                                                    ①
    out.setCodec("UTF-16");
    QString stra;
    QString str;
    // 姓名:15 字符
    str = QString::fromLocal8Bit("我是:女儿叫老白");
    str.resize(15);                                                            ②
    stra = str;
    // 性别:1 字符
    str = QString("1");
    str.resize(1);
    stra += str;
    // 民族:2 字符
    str = QString("02");
    str.resize(2);
    stra += str;
    // 出生日期:8 字符
    str.sprintf("20190101");
    stra += str;
    // 住址:35 字符
```

```
        str = QString::fromLocal8Bit("A 市 B 小区 C 栋 D 单元 101");
        str.resize(35);
        stra += str;
        // 居民身份证号码:18 字符
        str.sprintf("379902201901013731");
        str.resize(18);
        stra += str;
        // 签发机关:15 字符
        str = QString::fromLocal8Bit("A 市公安局 H 分局");
        str.resize(15);
        stra += str;
        // 有效期起止日期:8 字符
        str.sprintf("20190101");
        stra += str;
        // 有效期截止日期:8 字符
        str.sprintf("20290101");
        stra += str;
        out << stra;                                                              ③
        file.close();
}
```

parse_id()和 main()的实现见代码清单 4-162。在标号①处,构建解析用的 QTextStream 对象 in,并将其关联到代表身份证信息文件的 file 对象。然后将对象 in 的编码设置为 utf-16,这是因为待解析文件的编码为 GB 13000。接着,将文件内容读出并保存到字符串对象 stra。在标号②处,定义一个字符串数组 sz_Name,用来存放身份证信息中的"姓名"内容。请注意,sz_Name 的长度为 31,比表 4-3 中规定的"姓名"的长度多了 1 字节,多出来的 1 字节用来保存 C++中字符串的结束符"\0"。在标号③处,将 stra 中前 15 字符复制到 sz_Name 中,这 15 个字符对应表 4-4 中的"姓名"。请注意对 strncpy()的调用中,参数 3 的值为 30 而不是 15,这是因为已经将字符串通过 toUtf8()转换为单字节字符串了,如果感兴趣,可以将 30 改为 15 进行验证。解析"性别"的代码见标号⑤处,因为"性别"只占 1 字符,所以通过 stra.mid(30/2, 2/2)获取 stra 的第 15 个字符,并将其转换为整数保存到变量 u16Sex 中。标号⑤处的代码并未直接写成 stra.mid(15, 1)的形式,目的是为了表现出在 GB 13000 编码中 2 字节表示 1 字符,从而使代码更易于理解。身份证信息中其他内容的解析与此类似。

代码清单 4-162

```
# include "base/basedll/baseapi.h"
# include < string >
# include < QTextCodec >
# include < QTextStream >
# include < QFile >
# include < QDebug >
/**
* @brief 解析身份证信息文件并将解析后的结果输出到终端。身份证信息文件编码为 GB 13000,可
以认为是 UTF - 16 编码,即双字节编码。因此身份证信息格式中的 2 字节用来表示 1 字符.在访问该
QString 对象时,应该将字节数/2
* @return 当前子目录名
*/
void parse_id() {
    QFile file;
```

```cpp
        QString strFileName = ns_train::getPath(" $ TRAINDEVHOME/test/chapter04/ks04_21/id.txt");
        file.setFileName(strFileName);
        if (!file.open(QFile::ReadOnly)){
            return;
        }
        QTextStream in(&file);                                                          ①
        in.setCodec("UTF - 16");
        QString stra = in.readAll();
        // 字符串数组的长度应该比规定中多 1 字节,最后 1 字节用来存放 C++字符串中的结束符'\0'
        char sz_Name[30 + 1];                                                           ②
        /* "姓名"本来是 30 字节,但实际表示的字符数为:15 = 30/2。下面这行代码中的最后一个参数
           仍然要用 30,因为已经用 toUtf8()将数据转换成单字节字符串了 */
        // 姓名,字符序号:0~14
        strncpy(sz_Name, stra.left(15).toUtf8().data(), 30);                            ③
        sz_Name[30] = '\0';                               // 务必增加字符串结束符       ④
        qDebug() << "name:" << sz_Name;
        // 性别,字符序号:15
        quint16 u16Sex = 0;
        u16Sex = stra.mid(30/2, 2/2).toUShort();          // 第 15 个字符是性别          ⑤
        qDebug() << "sex:" << u16Sex;
        // 民族,字符序号:16~17
        quint16 u16Nationality = 0;
        u16Nationality = stra.mid(32/2, 4/2).toUShort();
                                                          // 第 16 个字符开始的 2 字符是民族
        qDebug() << "Nationality:" << u16Nationality;
        // 出生日期,字符序号:18~25
        quint16 u16Year = 0;
        u16Year = stra.mid(36/2, 8/2).toUShort();         // 第 18 个字符开始的 4 字符是生日中的年
        qDebug() << "Birthday Year:" << u16Year;
        quint16 u16Month = 0;
        u16Month = stra.mid(44/2, 4/2).toUShort();        // 第 22 个字符开始的 2 字符是生日中的月
        qDebug() << "Birthday Month:" << u16Month;
        quint16 u16Day = 0;
        u16Day = stra.mid(48/2, 4/2).toUShort();          // 第 24 个字符开始的 4 字符是生日中的年
        qDebug() << "Birthday Day:" << u16Day;
        // 住址,字符序号:26~60
        char sz_Address[70 + 1];
        strncpy(sz_Address, stra.mid(52/2, 70/2).toUtf8().data(), 70);
        sz_Address[70] = '\0';                            // 务必增加字符串结束符
        qDebug() << "Address:" << sz_Address;
        // 居民身份证号码,字符序号:61~78
        char sz_Id[36 + 1];
        strncpy(sz_Id, stra.mid(122/2, 36/2).toUtf8().data(), 36);
        sz_Id[36] = '\0';                                 // 务必增加字符串结束符
        qDebug() << "Id:" << sz_Id;
        // 签发机关,字符序号:79~93
        char sz_Authority[30 + 1];
        strncpy(sz_Authority, stra.mid(158/2, 30/2).toUtf8().data(), 30);
        sz_Authority[30] = '\0';                          // 务必增加字符串结束符
        qDebug() << "Authority:" << sz_Authority;
        // 有效期起始日期,字符序号:94~101
        u16Year = stra.mid(188/2, 8/2).toUShort();
                                                 // 第 94 个字符开始的 4 字符是"有效期起始日期"中的年
```

```
        u16Month = stra.mid(196/2, 4/2).toUShort();
                                // 第98个字符开始的2字符是"有效期起始日期"中的月
        u16Day = stra.mid(200/2, 4/2).toUShort();
                                // 第100个字符开始的2字符是"有效期起始日期"中的日
        qDebug() << "Valid from:" << u16Year << " - " << u16Month << " - " << u16Day;
        // 有效期终止日期,字符序号:102~109
        u16Year = stra.mid(204/2, 8/2).toUShort();
                                // 第102个字符开始的4字符是"有效期终止日期"中的年
        u16Month = stra.mid(212/2, 4/2).toUShort();
                                // 第106个字符开始的2字符是"有效期终止日期"中的月
        u16Day = stra.mid(216/2, 4/2).toUShort();
                                // 第108个字符开始的4字符是"有效期终止日期"中的日
        qDebug() << "Expire from:" << u16Year << " - " << u16Month << " - " << u16Day;
}
int main(int argc, char * argv[]) {
        Q_UNUSED(argc);
        Q_UNUSED(argv);
        write_id();
        parse_id();
        return 0;
}
```

4.22 配套练习

1. 基于 gui_base.pri 编写名称为 dll_a、dll_b、app 的3个项目,其中项目 app 是一个 EXE 项目,另两个是 DLL 项目。项目 app 调用 dll_a、dll_b 中的接口,dll_a 调用 dll_b 中的接口。对接口名字、功能不做要求。

2. 以 4.1 节案例的代码为基础,将 DLL 的引出类和接口使用命名空间保护,命名空间名字为 ns_my_namespace。

3. 将 4.3 节的 example01() 函数的功能改为:在路径 strInput 中查找第一次出现的字符串 ks,并将其替换为 course,输出到终端。

4. 参照 4.3 节的 example05() 函数,将代码清单 4-163 中用"－"分隔的文本进行解析并更改描述方式,然后输出到终端。以第一行为例,输出到终端后的信息如下。

日期:11月11日;事件:珠海航展结束。

代码清单 4-163

```
11月11日－发布Qt入门课程
12月1日－发布QtCharts入门课程
12月2日－发布Qt串口通信课程
```

5. 如下代码导致程序运行时报错"QIODevice::write:(xxxxxx) device not open!",请问是什么原因(注:outputdata 是一个目录)?

```
QString strName = QCoreApplication::applicationDirPath() + "/outputdata/";
QFile file(strName);
file.open(QFile::Truncate | QFile::WriteOnly | QFile::Text);
QString strContent;
...
file.write(strContent.toLocal8Bit());
```

第 5 章 对话框

在使用 Qt 进行开发时,可能做得最多的就是开发对话框了。使用对话框可以实现各种配置界面、绘制自定义图形、完成人机交互等功能,可以说用途非常广泛。本章将从 Qt Designer 的使用开始,介绍信号-槽、控件嵌套、样式、定时器等对话框开发常用的知识。

5.1 知识点 Qt Designer 的使用

视频讲解

Qt Designer(设计师)是 Qt 提供的一个绘制界面(UI)的工具,Windows 系统对应的进程为 designer.exe。本节通过解答一系列问题来介绍 Qt Designer 的常用功能。

(1) 如何创建或打开已有的资源文件?
(2) 如何为窗体命名?
(3) 保存窗体时要注意什么?
(4) 如何选择所需的控件或窗体?
(5) 怎样在界面中定位控件及查看控件类型?
(6) 控件名称有什么用?
(7) 怎样修改控件的属性?
(8) 怎样预览窗体?
(9) Designer 无法启动时该怎么办?

下面,依次来回答这些问题。

1. 如何创建或打开已有的资源文件

运行 Qt Designer,可以在命令行中输入 designer.exe(Linux 中输入 designer)。Qt Designer 启动后,弹出界面如图 5-1 所示。

在这个界面中,可以创建新窗体或者打开之前保存的窗体。创建新窗体时,可以选择 templates\forms 中的模板,也可以选择【窗口部件】中的模板。选择完模板后,单击【创建】即可完成新窗体的创建;单击【打开】,可以打开已保存的界面文件。如果想打开最近刚编辑过的文件,可以单击【最近的】。如果该界面关闭了,可以通过工具条上的【新建】按钮打开它,见图 5-2。

图 5-1　新建窗体界面

图 5-2　工具条上的【新建】按钮

2. 如何为窗体命名

创建完窗体后,需要为它命名。命名窗体时需要先选中窗体。有两种方法可以选中窗体:在窗体空白处单击;用【对象查看器】。将【对象查看器】中的滚动条滚到顶端,最上面的对象就是窗体对象。如图 5-3 所示,窗体的类名是 QDialog,单击该对象就可以选中窗体。如果【对象查看器】被隐藏了,用鼠标在工具栏空白处右击,在弹出的菜单中勾选它就可以,见图 5-4。

图 5-3　对象查看器　　　　　　　图 5-4　用菜单打开对象查看器

如图 5-5 所示,选中窗体后,在【属性编辑器】中修改 objectName,在【值】处键入对象的名称 CDialog,在后面的开发中会用到这个名称。

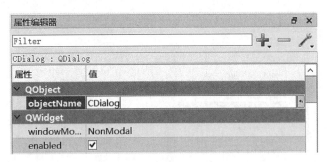

图 5-5　窗体的属性设置

3．保存窗体时要注意什么

新建窗体或修改窗体后，最好随时保存，以防丢失数据。保存窗体时请注意保存的文件名。假设文件名为 dialog.ui，那么在窗体的实现代码文件中，应包含 Qt 为该窗体自动产生的头文件。该头文件在编译时由 Qt 的 uic 命令自动生成，头文件名为 ui_dialog.h，在开发中会用到头文件的命名规则。

```
#include "ui_xxx.h"// 头文件名称来自：xxx.ui --> ui_xxx.h
```

4．如何选择所需的控件或窗体

下面以创建对话框为例来介绍如何选择控件或窗体。在图 5-1 所示的创建界面中，选择【Dialog Without Buttons】模板来创建窗体。创建完成后，进入 Designer 主界面，如图 5-6 所示，【Widget Box】就是控件工具箱。可以根据个人需要将工具箱中的控件拖入对话框中使用。

这个工具箱按照控件类型进行分类展示。下面从上往下依次介绍。

1）布局管理组

布局管理组（Layouts）用来对控件进行布局，见图 5-7。将 Layouts 中的布局控件拖入对话框后，效果见图 5-8。

使用布局控件时，应将其他控件拖入布局控件内部。布局控件负责将其内部的控件按照规则进行对齐。布局控件类型说明见表 5-1。

图 5-6　控件工具箱

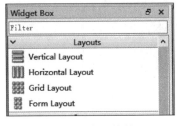

图 5-7　布局控件

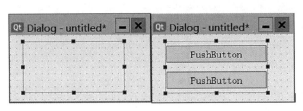

图 5-8　布局控件效果

表 5-1　布局控件类型说明

控 件 类 型	功　　　能
Vertical Layout	竖直布局控件,将控件在竖直方向对齐
Horizontal Layout	水平布局控件,将控件在水平方向对齐
Grid Layout	网格布局控件,将控件按网格对齐,支持多行、多列
Form Layout	表单式布局控件,支持两列、多行

单击布局控件后,可以在【属性编辑器】中调整布局控件的内部边距、对齐等配置,见图 5-9。

2) 空间间隔组

空间间隔组(Spacers)用来辅助其他控件进行对齐,分为水平间隔(Horizontal Spacer)和垂直间隔(Vertical Spacer),见图 5-10。当拖动一个按钮到界面中时,如果对界面进行自动布局,按钮将被拉得很长,见图 5-11。这时可以用一个水平间隔和一个垂直间隔进行辅助布局,按钮就变美观了,见图 5-12。

3) 按钮组

如果需要普通按钮、单选按钮、复选框之类的控件,可以从按钮组(Buttons)中选择,见图 5-13。

在 3.1 节中介绍过,在使用 Dialog Button Box 控件(类型为 QDialogButtonBox)时,如果需要将它的按钮从英文翻译为中文,需要手工修改翻译文件,并在其中为 QPlatformTheme 类添加 OK、Cancel 对应的翻译内容。

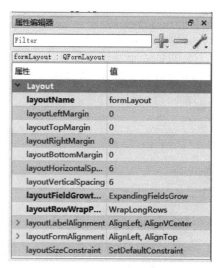

图 5-9　布局控件的属性

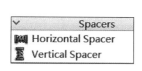

图 5-10　Spacers

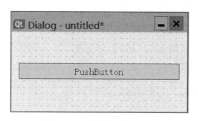

图 5-11　拉长的按钮

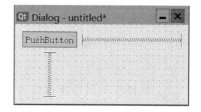

图 5-12　使用 Spacers 后的按钮

4) 项目视图组

项目视图组(Item Views)提供了基于 Qt 的 MVC 机制的视图控件,见图 5-14。该组控件包括列表视图、树视图、表格视图、列视图。开发人员只需要提供模型,并且把视图与模型关联,就可以向模型写入数据,视图会自动同步更新显示。

5) 项目控件组

Qt 也提供基于(Widget)项的项目控件(Item Widgets),如图 5-15 所示。

6) 容器组

容器组(Containers)可以作为其他控件的容器,见图 5-16,可以将其他控件拖入容器控件中,并进行布局。容器控件支持嵌套,即在容器控件内添加另一个容器控件。

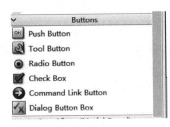 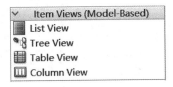 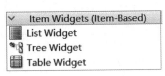

图 5-13　按钮组　　　　　图 5-14　项目视图组　　　　图 5-15　项目控件组

7）输入控件组

Qt 提供了很多输入控件，见图 5-17，比如下拉列表框、文本框、时间输入等。

8）显示控件组

显示控件组（Display Widgets）见图 5-18。

图 5-16　容器组　　　　　图 5-17　输入控件组　　　　图 5-18　显示控件组

5. 怎样在界面中定位控件及查看控件类型

当把控件拖入窗体后，编程时需要在代码中包含该控件的头文件，这时候就需要定位控件并查看它的类型。可以从【对象查看器】中找到该对象，然后查看它的类型；也可以在窗体中单击控件，然后在【对象查看器】中查看它的类型。比如 pushButton 这个对象的类为 QPushButton，如图 5-19 所示。

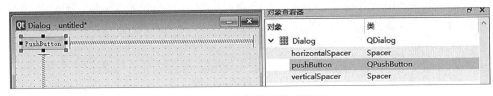

图 5-19　定位控件并查看类型

6. 控件名称有什么用

在属性编辑器的 objectName 属性中可以修改控件的名称。控件分为两类：第一类指整个窗体对象，比如对话框、主窗口等；第二类指窗体中的控件。对于第一类的整个窗体来说，它的名称将被用作对应类的类名，如图 5-20 所示的窗体，其 objectName 是 CDialog，那么该窗体对应的类名就是 CDialog，见代码清单 5-1。

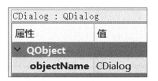

图 5-20 窗体 CDialog

代码清单 5-1

```
// 基类的名称来自 UI 文件中对话框的类名，即【对象查看器】中的类名。
class CDialog : public QDialog {                                              ①
public:
    CDialog(QWidget * pParent);
    ~CDialog();
private:
    Ui::CDialog * m_pUi;                                                      ②
};
```

代码清单 5-1 中，在标号①处，CDialog 的基类 QDialog 来自 Designer 中该窗体的类型，即【对象查看器】中该窗体对象 CDialog 对应的类为 QDialog，见图 5-21。标号②处，成员变量 m_pUi 为 Ui::CDialog * 类型的指针，其类型的命名规则为 Ui::AAA，其中 AAA 就是窗体的 objectName，见图 5-20。窗体中控件的名称可以用来在代码中操作该控件。窗体 CDialog 中如果有一个按钮的 objectName 是 btnOk，那么在代码中就可以用 m_pUi->btnOk 的方式操作该按钮。

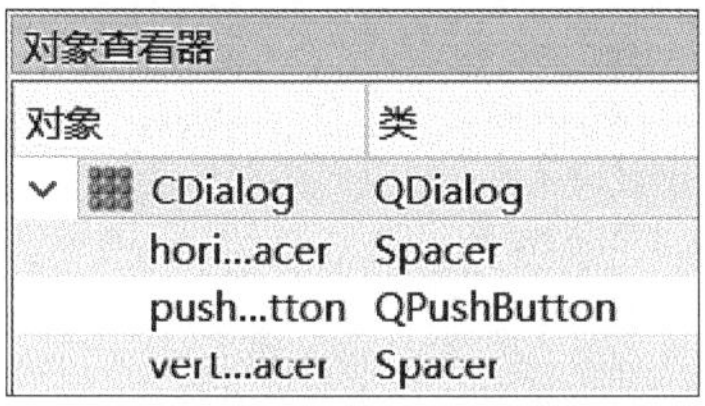

图 5-21 CDialog 对象的类名

7. 怎样修改控件的属性

选中控件或者整个窗体，就可以在【属性编辑器】中修改其属性，如图 5-22 所示。

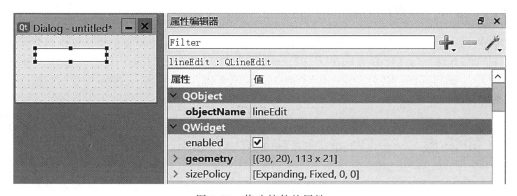

图 5-22 修改控件的属性

【属性编辑器】中的属性按照类层次进行展示，最上层对应顶层基类的属性，往下按照类的派生关系一层层排列。如果想展开某一层基类的属性，可以单击类名前面的">"。属性编辑器支持过滤功能，见图 5-22 的 Filter 过滤框。有些属性拥有子属性，比如尺寸属性 geometry，见图 5-23，单击 geometry 前面的">"可以展开子属性列表并编辑。展开后的 geometry 属性见图 5-24。

图 5-23 收缩的 geometry 属性　　　　图 5-24 展开的 geometry 属性

如果希望将属性值恢复为默认值,可以单击属性值编辑框右侧的复位按钮,见图 5-25。

8. 怎样预览窗体

制作好窗体后,可以选择【窗体】|【预览】进行预览,见图 5-26。

图 5-25 属性值右侧的复位按钮　　　　图 5-26 预览菜单

9. Designer 无法启动时该怎么办?

在 Windows 系统中,有时在命令行键入 designer.exe,但是 Designer 却没启动,这该怎么办呢?别急,说不定下面这招有效。在"C:\Users\用户名\.designer"目录下有一个"gradients.xml"的文件,把它删除试试。比如,用户名为 wPeople,那么请检查"C:\users\wPeople\.designer"目录即可。

5.2　知识点　在 Designer 中进行界面布局

视频讲解

5.1 节介绍了如何用 Designer 来绘制窗体并向窗体添加控件,本节介绍怎样对窗体内的控件进行布局。主要内容如下:

- 用工具箱中 Layouts 组中的控件进行布局。
- 用工具条上的 Layout 按钮进行布局。
- 使用 Spacers 设置合理的空间间隔。
- 通过修改 Margin 设置页边距。

- 用 geometry 设置控件的绝对尺寸。
- 通过 sizePolicy 设置控件的尺寸策略。
- 最小值(minimumSize)与最大值(maximumSize)。

下面分别进行介绍。

1. 用工具箱中 Layouts 组中的控件进行布局

Qt 提供了 4 种布局控件,用来按照指定规则对控件进行布局。

(1) 竖直布局控件(Vertical Layout)用来将控件按照竖直方向排列布局,见图 5-27。

(2) 水平布局控件(Horizontal Layout)用来将控件按照水平方向排列布局,见图 5-28。

图 5-27　竖直布局效果　　　　　　　　图 5-28　水平布局效果

(3) 网格布局控件(Grid Layout)用来将控件按照网格排列布局,见图 5-29。

(4) 表单布局控件(Form Layout)用来将控件按照两列、多行进行布局,见图 5-30。

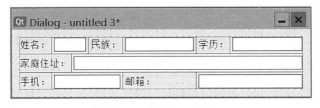

　　　图 5-29　网格布局效果　　　　　　　　图 5-30　表单布局效果

那么,该怎样使用这些布局控件呢？方法很简单:先把布局控件拖入窗体,再把需要进行布局的控件拖入布局控件。如果使用 Designer 进行操作,当拖曳控件进入布局控件时,会出现蓝色的高亮指示线,该指示线(水平或者竖直的粗线)表明了控件将被放置的位置,如图 5-31 所示。

2. 用工具条上的 Layout 按钮进行布局

除了上面的方法之外,Qt 还提供了一个更方便的方法来设置控件的布局。首先,在窗体中把需要进行布局的几个控件选中,然后单击工具条上的布局按钮,见图 5-32。如果对整个窗体的内部进行自动布局,可以先选中窗体,然后选择合适的布局按钮即可。

图 5-31　控件将被插入的位置　　　　　图 5-32　工具条上的布局按钮

3. 使用 Spacers 设置合理的空间间隔

在使用窗体时,对窗体进行拉伸是常用的操作。但是,如果窗体中的子控件跟着一起拉伸,控件会变得比较难看。有什么方法可以解决这个问题吗？答案是使用 Spacers 控件。可以直接把 Spacers 控件跟其他控件一起进行布局,也可以对其他控件完成布局后,再把 Spacers 拖进布局控件。如图 5-33 所示的两个按钮已经是水平布局,当拉伸窗体时,它们变得非常宽。这时,可以将一个水平空间间隔控件(Horizonal Spacer)添加到两个按钮的左侧。方法是拖着水平空间间隔控件到第一个按钮左侧,当出现蓝色提示线时松开鼠标即可,见图 5-34。添加水平空间间隔后的效果见图 5-35。竖直空间间隔控件的使用方法类似。

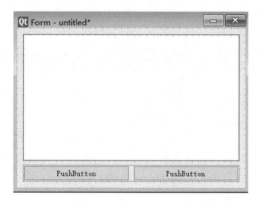 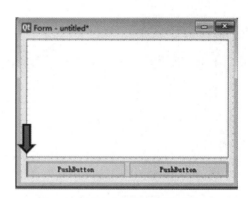

图 5-33　并排的两个按钮　　　　　　图 5-34　插入空间间隔的位置指示

4. 通过修改 Margin 设置页边距

有时候为了界面美观,需要在窗体中设置页边距,以形成一种无边框的效果。那么,怎样设置页边距呢？如图 5-36 所示,QListView 控件带有页边距,如果希望该控件紧贴窗体的边缘,也就是如图 5-37 所示的效果。那么可以选择该控件所在的布局控件进行设置。在【对象查看器】中找到该控件,找到它所属的布局控件,然后调整布局控件的页边距；如果该控件直接属于顶级父窗体(见图 5-38),就直接调整父窗体的布局控件的页边距(见图 5-39)。

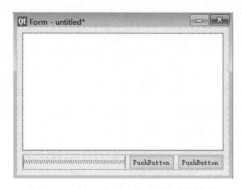 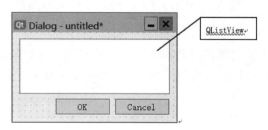

图 5-35　插入水平空间间隔后的效果　　　　图 5-36　带页边距的 QlistView

图 5-37 无页边距的 QlistView

图 5-38 对象查看器中的 listView

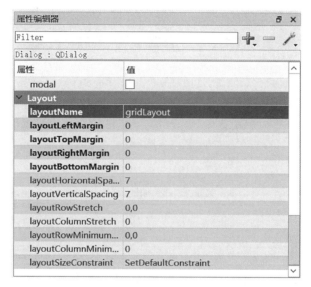

图 5-39 父窗体布局控件的页边距设置

图 5-39 中有几个页边距设置项,其默认值都是 9。可以调整这几个页边距的值,看看它们的作用。至于 layoutHorizontalSpacing、layoutVerticalSpacing,也可以调整一下看看效果。布局控件有一个 layoutSizeConstraint 配置,其取值见表 5-2。

表 5-2 layoutSizeConstraint 取值

取值	含义
SetDefaultConstraint	窗体最小值被设置为 minimumSize(),即布局管理所需的最小空间尺寸,除非控件已经有 minimumSize 尺寸
SetFixedSize	窗体的大小被设定为 sizeHint() 刚好适配的大小,且不能再被重新设定大小
SetMinimumSize	设定窗体最小尺寸为 minimumSize() 函数确定的尺寸,且不能小于这个尺寸
SetMaxmumSize	设定窗体最大尺寸为 maxmumSize() 函数确定的尺寸,且不能大于这个尺寸

5. 用 geometry 设置控件的绝对尺寸

任何窗体或者控件都拥有 geometry 属性,可以通过该属性为窗体或控件设置绝对尺寸。当设置 geometry 时,窗体立刻变为该尺寸,除非设置过 maximumSize 或 minimumSize。

6. 通过 sizePolicy 设置控件的尺寸策略

如图 5-40 所示，sizePolicy 属性用来设置窗体拉伸时窗体尺寸的处理策略，其取值见表 5-3。sizeHint 指的是布局管理中的控件默认尺寸，如果控件不在布局管理中则 sizeHint 为无效值。

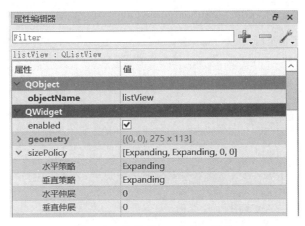

图 5-40　控件的 sizePolicy 属性

表 5-3　sizePolicy 取值

取　　值	含　　义
Fixed	控件不能放大或者缩小
Minimum	控件的 sizeHint 为控件的最小尺寸。控件不能小于这个 sizeHint，但是可以放大
Maximum	控件的 sizeHint 为控件的最大尺寸，控件不能放大，但是可以缩小到它的最小的允许尺寸
Preferred	控件的 sizeHint 是它的 sizeHint()，但是可以放大或者缩小
Expanding	控件可以增大或者缩小
Ignored	忽略 sizeHint() 的值。控件将得到尽可能多的空间

7. 最小值与最大值

最小值（minimumSize）指的是控件的最小尺寸，控件缩小时不能小于该尺寸。最大值（maximumSize）指的是控件的最大尺寸，控件拉伸时不能超过该尺寸。

5.3　案例 22　对话框——走起

视频讲解

本案例对应的源代码目录：src/chapter05/ks05_03。程序运行效果见图 5-41。

在利用 Qt 开发界面应用程序时，使用对话框进行人机交互或者信息展示是最常用的手段之一。这也是选择 Qt 进行跨平台界面类应用程序开发的一个重要原因。本节将讨论一下对话框外观设置相关的内容。本节所讲的对话框，其实是对 Qt 封装的人机交互界面的统称。在 Qt 中，界面类都派生自 QWidget，比如，常用的对话框（QDialog）、浮动窗（QDockWidget）、主窗口（QMainWindow）等都从 QWidget 派生。如果从信息展示和人机交互的角度来讲，QDialog 和 QWidget 这两个类可能用得较多。QDialog 主要用来实现独立的对话框界面，而

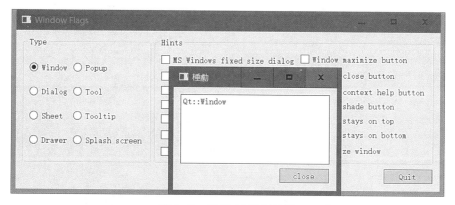

图 5-41 案例 22 运行效果

QWidget 主要用来实现子控件或者子界面。比如，可以把几个 QWidget 子控件分别放到 QTabWidget 中用作多个选项卡，或者把 QWidget 放到 QDockWidget 中作为属性窗使用。现在来看一下 QWidget 的构造函数。

```
QWidget::QWidget(QWidget * parent = nullptr, Qt::WindowFlags f = ...)
```

在 QWidget 构造函数中，参数 parent 是父窗体指针。如果为 QWidget 指定父窗体，那么在父窗体析构时会自动析构所有的子窗体。因此，只要为 QWidget 指定了父窗体，开发者就不用关心子窗体的内存释放问题。同理，如果某个控件 A 被设置成其他控件的父窗体，那么 A 析构时会自动析构它的所有子控件。Qt 会在父对象中保存子对象指针列表，并且在父对象析构时遍历该列表并自动析构所有子对象，因此，开发者无须担心这方面的内存泄漏问题。参数 f 用来设置窗体的属性标志，它是 Qt::WindowType 取值的集合。可以通过 QWidget::setWindowFlags()接口对 QWidget 的窗体属性进行设置。Qt::WindowsFlags 的定义见代码清单 5-2。在标号①处，CoverWindow 之前的枚举值用来设置窗体的类型，比如，窗体是对话框还是信息提示窗等。在标号②处，MSWindowsFixedSizeDialogHint 以及之后的枚举值用来设置窗体的外观样式，比如是否含有菜单栏、是否含有最大化按钮等。如果希望把对话框设置为无边框，可以为对话框调用 setWindowFlags(Qt::FramelessWindowHint)。setWindowFlags()是 QWidget 的接口，所有从 QWidget 派生的类都支持这个接口。

代码清单 5-2

```
enum WindowType {
    Widget = 0x00000000,
    Window = 0x00000001,
    Dialog = 0x00000002 | Window,
    Sheet = 0x00000004 | Window,
    Drawer = Sheet | Dialog,
    Popup = 0x00000008 | Window,
    Tool = Popup | Dialog,
    ToolTip = Popup | Sheet,
    SplashScreen = ToolTip | Dialog,
    Desktop = 0x00000010 | Window,
    SubWindow = 0x00000012,
    ForeignWindow = 0x00000020 | Window,
    CoverWindow = 0x00000040 | Window,        ①
    ...
```

```
    WindowType_Mask = 0x000000ff,
    MSWindowsFixedSizeDialogHint = 0x00000100,                                   ②
    MSWindowsOwnDC = 0x00000200,
    BypassWindowManagerHint = 0x00000400,
    X11BypassWindowManagerHint = BypassWindowManagerHint,
    ...
    CustomizeWindowHint = 0x02000000,
    WindowStaysOnBottomHint = 0x04000000,
    WindowCloseButtonHint = 0x08000000,
    MacWindowToolBarButtonHint = 0x10000000,
    BypassGraphicsProxyWidget = 0x20000000,
    NoDropShadowWindowHint = 0x40000000,
    WindowFullscreenButtonHint = 0x80000000
};
Q_DECLARE_FLAGS(WindowFlags, WindowType)
```

在示例程序中,先弹出一个控制窗体,然后用另一个窗体预览。可以在控制窗体中修改参数,然后在预览窗体中直接查看效果。示例代码中用到了 Qt 的信号-槽机制,本节先简单介绍一下信号-槽,下一节将进行详细介绍,本节重点关注 setWindowFlags() 接口。

前面介绍了本节的核心内容,下面介绍示例程序的实现代码。下面按照控制窗、预览窗、main() 函数的顺序进行介绍。

1. 实现控制窗

控制窗对应的头文件为 ctrlwindows.h,见代码清单 5-3。

代码清单 5-3

```
// ctrlwindow.h
#pragma once
#include <QWidget>
#include "ui_ctrlwindow.h"
#include "prevwindow.h"
QT_BEGIN_NAMESPACE
class QCheckBox;
class QRadioButton;
QT_END_NAMESPACE

class CCtrlWindow : public QWidget {                                             ①
    Q_OBJECT
public:
    CCtrlWindow();              // 构造函数
private slots:
    void slot_updatePreview();                                                   ②
private:
    void connectTypeGroupBox();                                                  ③
    void connectHintsGroupBox();                                                 ④
    QCheckBox *createCheckBox(const QString &text);                              ⑤
    QRadioButton *createRadioButton(const QString &text);                        ⑥
private:
    Ui::CControllerWindow ui;
    CPreviewWindow *m_pPreviewWindow;                                            ⑦
};
```

代码清单 5-3 中，在标号①处定义了控制窗类 CCtrlWindow，该类派生自 QWidget。在标号②处，定义了槽函数 slot_updatePreview()，当在控制窗中单击窗体的某个属性标志按钮后，Qt 将自动调用该槽函数。在标号③、标号④处，分别定义接口用来将不同属性按钮的信号关联到对应的槽函数。当用户单击某个按钮时会触发 Qt 的信号-槽机制，从而让 Qt 调用对应的槽函数。标号⑤、标号⑥处的接口用来创建窗体的属性按钮。在标号⑦处定义了预览窗体对象，当控制窗中某个属性按钮被单击时，将通过预览窗指针操作预览窗的属性，从而改变预览窗外观。控制窗的实现代码在 ctrlwindow.cpp 中，见代码清单 5-4。

代码清单 5-4

```
// ctrlwindow.cpp
#include <QtWidgets>
#include "ctrlwindow.h"
CCtrlWindow::CCtrlWindow() {
    ui.setupUi(this);
    connectHintsGroupBox();
    connectTypeGroupBox();
    m_pPreviewWindow = new CPreviewWindow(this);
    connect(ui.quitButton, SIGNAL(clicked()), qApp, SLOT(quit()));
    setWindowTitle(tr("Window Flags"));
    slot_updatePreview();
}
void CCtrlWindow::slot_updatePreview() {          ①
    Qt::WindowFlags flags = 0;
    if (ui.windowRadioButton->isChecked()) {
        flags = Qt::Window;
    } else if (ui.dialogRadioButton->isChecked()) {
        flags = Qt::Dialog;
    } else if (ui.sheetRadioButton->isChecked()) {
        flags = Qt::Sheet;
    } else if (ui.drawerRadioButton->isChecked()) {
        flags = Qt::Drawer;
    } else if (ui.popupRadioButton->isChecked()) {
        flags = Qt::Popup;
    } else if (ui.toolRadioButton->isChecked()) {
        flags = Qt::Tool;
    } else if (ui.toolTipRadioButton->isChecked()) {
        flags = Qt::ToolTip;
    } else if (ui.splashScreenRadioButton->isChecked()) {
        flags = Qt::SplashScreen;
    }
    if (ui.msWindowsFixedSizeDialogCheckBox->isChecked())
        flags |= Qt::MSWindowsFixedSizeDialogHint;
    if (ui.x11BypassWindowManagerCheckBox->isChecked())
        flags |= Qt::X11BypassWindowManagerHint;
    ...
    if (ui.customizeWindowHintCheckBox->isChecked())
        flags |= Qt::CustomizeWindowHint;
    m_pPreviewWindow->setWindowFlags(flags);      ②
    QPoint pos = m_pPreviewWindow->pos();
    if (pos.x() < 0)
        pos.setX(0);
```

```cpp
        if (pos.y() < 0)
            pos.setY(0);
    m_pPreviewWindow -> move(pos);
    m_pPreviewWindow -> show();
}
void CCtrlWindow::connectTypeGroupBox() {
    connect(ui.windowRadioButton, SIGNAL(clicked()), this, SLOT(slot_updatePreview()));
    connect(ui.dialogRadioButton, SIGNAL(clicked()), this, SLOT(slot_updatePreview()));
    connect(ui.sheetRadioButton, SIGNAL(clicked()), this, SLOT(slot_updatePreview()));
    connect(ui.drawerRadioButton, SIGNAL(clicked()), this, SLOT(slot_updatePreview()));
    connect(ui.popupRadioButton, SIGNAL(clicked()), this, SLOT(slot_updatePreview()));
    connect(ui.toolRadioButton, SIGNAL(clicked()), this, SLOT(slot_updatePreview()));
    connect(ui.toolTipRadioButton, SIGNAL(clicked()), this, SLOT(slot_updatePreview()));
    connect(ui.splashScreenRadioButton, SIGNAL(clicked()), this, SLOT(slot_updatePreview()));
    ui.windowRadioButton -> setChecked(true);
}
void CCtrlWindow::connectHintsGroupBox() {
     connect ( ui. msWindowsFixedSizeDialogCheckBox, SIGNAL ( clicked ( )), this, SLOT ( slot_updatePreview()));
     ...
    connect(ui.customizeWindowHintCheckBox, SIGNAL(clicked()), this, SLOT(slot_updatePreview()));  ③
}
```

代码清单 5-4 中,给出了 CCtrlWindows 的实现。重点说一下 slot_updatePreview(),见标号①处。当控制窗中任何一个属性按钮被单击时,都将触发 Qt 对该槽函数的调用。在 slot_updatePreview()中,通过判断属性按钮的状态更新 flags 变量的值,并且通过 setWindowFlags()设置预览窗的窗体标志(见标号②处),以便进行预览。connectHintsGroupBox()接口用来实现属性按钮的信号到对应槽函数的关联,关联的方法是使用 connect 宏。比如,在标号③处,将ui. msWindowsFixedSizeDialogCheckBox 的 clicked()信号关联到 this(控制窗体自身)的槽函数 slot_updatePreview()。本节只对信号-槽关联做简单介绍,下一节再进行详细介绍。

2. 实现预览窗

预览窗 CPreviewWindow 的头文件是 prewindow.h,见代码清单 5-5。

代码清单 5-5

```cpp
// prewindow.h
#pragma once
#include <QWidget>
#include "ui_prevwindow.h"
class CPreviewWindow : public QWidget {
    Q_OBJECT
public:
    CPreviewWindow(QWidget * parent = 0);
    void setWindowFlags(Qt::WindowFlags flags);
private:
    Ui::CPreviewWindow ui;
};
```

代码清单 5-5 中提供了预览窗类 CPreviewWindow 的定义。该类比较简单,主要是定义了 setWindowFlags()接口,以便设置窗体标志并将标志以文本方式展示出来。在代码清单 5-6中,提供了预览窗 CPreviewWindow 类的实现。在 CPreviewWindow::setWindowFlags()接口中,首先调用基类接口设置窗体标志,然后根据窗体标志组织一个文本并展示在预览窗口。

代码清单 5-6

```cpp
// prewindow.cpp
#include <QtWidgets>
#include "prevwindow.h"
CPreviewWindow::CPreviewWindow(QWidget * parent)
    : QWidget(parent) {
    ui.setupUi(this);
    connect(ui.closeButton, SIGNAL(clicked()), this, SLOT(close()));
    setWindowTitle(QString::fromLocal8Bit("预览窗体"));
}
void CPreviewWindow::setWindowFlags(Qt::WindowFlags flags) {
    QWidget::setWindowFlags(flags);
    QString text;
    Qt::WindowFlags type = (flags & Qt::WindowType_Mask);
    if (type == Qt::Window) {
        text = "Qt::Window";
    }
    ...
    else if (type == Qt::SplashScreen) {
        text = "Qt::SplashScreen";
    }
    if (flags & Qt::MSWindowsFixedSizeDialogHint)
        text += "\n| Qt::MSWindowsFixedSizeDialogHint";
    ...
    if (flags & Qt::CustomizeWindowHint)
        text += "\n| Qt::CustomizeWindowHint";
    ui.textEdit->setPlainText(text);
}
```

3. main()函数

main()函数见代码清单 5-7,在标号①处,定义了一个 CCtrlWindow 对象,并调用 show() 接口将其显示出来。

代码清单 5-7

```cpp
// main.cpp
#include <QApplication>
#include "ctrlwindow.h"
int main(int argc, char * argv[]) {
    QApplication app(argc, argv);
    CCtrlWindow ctrlWindow;
    ctrlWindow.show();                                                    ①
    return app.exec();
}
```

本节的核心内容不算多,主要介绍 QWidget::setWindowFlags()接口的使用并通过示例程序展示该接口的执行效果。本节的内容算是一个引子,后序章节将介绍界面编程中常用的控件。需要注意的是,如果一个 QWidget 对象在构建时指定了父对象,那么在父对象析构时会自动析构(delete)其子对象,所以该 QWdiget 对象必须建立在堆上而非栈上,否则会导致异常,原因是不能对栈上的对象地址执行 delete 操作。

5.4 案例23 三种编程方式实现信号-槽开发

本案例对应的源代码目录：src/chapter05/ks05_04。

从 Qt 3 开始，Qt 提供了一种信号-槽机制。信号-槽机制用来将控件的信号与所触发的操作建立关联，以便当用户操作界面时，可以自动触发指定的代码。本节将介绍 Qt 的信号 槽机制以及其使用方法。下面介绍三种实现信号-槽开发的方案。

(1) 使用 connect 宏实现信号-槽开发。
(2) 使用 connect 函数实现信号-槽开发。
(3) 使用 lambda 函数实现信号-槽开发。

1. 使用 connect 宏实现信号-槽开发

首先介绍用 connect 宏实现信号-槽开发的方法。使用 connect 宏的语法见代码清单 5-8。

代码清单 5-8

```
connect(sender, SIGNAL(信号名称(参数列表)), receiver, SLOT(槽函数名(参数列表)), Qt::
ConnectionType);
```

代码清单 5-8 中的 connect 是一个宏，它看上去像一个带有四个参数的函数。sender 表示信号发送者，比如，一个按钮或者一个下拉列表。SIGNAL(信号名称(参数列表))代表 sender 发射的信号，其中参数列表部分只需给出参数类型，不用提供变量名称。Qt 自带类的信号可以在类的头文件中 Q_SIGNALS 代码区域找到，也可以用 assistant 找到该类后，再查看它的 signals 描述。除了使用类自身提供的信号，类还可以使用其继承体系中任何一个层级基类的信号。信号的定义形式同函数类似，信号也可以带参数，参数个数为 0~N。比如 QFontComboBox 类的信号定义，见代码清单 5-9。

代码清单 5-9

```
// qfontcombobox.h
class QFontComboBox {
    ...
Q_SIGNALS:
    void currentFontChanged(const QFont &f);
    ...
}
```

回到代码清单 5-8，receiver 代表信号接收者。信号发给谁，就调用谁的槽函数。SLOT (槽函数名(参数列表))代表 receiver 对象的槽函数，也就是收到信号后，Qt 应调用 receiver 的哪个槽函数。槽函数的参数列表应与 SIGNAL 中的参数列表一一对应。connect 宏中的槽函数跟信号一样，仅提供参数类型，不需要提供具体参数对象名。使用槽函数时跟信号的用法类似，也可以使用任意层级基类的槽函数。下面以本节示例代码来说明，见代码清单 5-10。

代码清单 5-10

```
// dialog.cpp
CDialog::CDialog(QWidget * pParent) : QDialog(pParent) {
    ui.setupUi(this);
    connect(ui.fontComboBox, SIGNAL(currentFontChanged(const QFont &)), this, SLOT(slot_
fontFamilyChanged(const QFont &)));
```

①

```
        connect(ui.cbFontSize, SIGNAL(currentIndexChanged(int)), this, SLOT(slot_fontSizeChanged
(int)));
        ...
    }
```

代码清单 5-10 中，编写了两处 connect() 宏语句。以标号①处的 connect() 宏为例，ui.fontComboBox 是 sender，即信号发送者；SIGNAL(currentFontChanged(const QFont &)) 表示发送的信号为 currentFontChanged(const QFont &)，该信号提供一个 const 的 QFont 引用参数；this 代表 receiver，也就是信号接收者；SLOT(slot_fontFamilyChanged(const QFont &)) 表示信号对应的槽函数，该槽函数也接受一个 const 的 QFont 引用作为参数。connect() 调用实现的功能是：当 fontComboBox 发射 currentFontChanged 信号时，Qt 将调用 CDilaog 对象的 slot_fontFamilyChanged() 槽函数。CDialog 对象的槽函数定义见代码清单 5-11。

代码清单 5-11

```
// dialog.h
class CDialog : public QDialog {
    Q_OBJECT                                                                    ①
    ...
private slots:                                                                  ②
    void slot_fontFamilyChanged(const QFont &font);
    void slot_fontSizeChanged(int);
    ...
};
```

代码清单 5-11 中，在标号②处，槽函数定义写在"slots："之后。slots 是 Qt 定义的宏，用来标志槽函数定义区开始。slots 的前面可以是 public、protected、private 这三个关键字中的任何一个。这些关键字表明槽函数的可见性。一般情况下，槽函数只给所属类或者其派生类使用，所以一般定义为 protected slots 或者 private slots。开发者还可以使用该类的基类的槽函数或者类继承体系中任何一个基类的槽函数。如果一个类需要使用信号-槽，那么该类必须从 QObject 派生，而且在类定义中必须使用 Q_OBJECT 宏，如标号①处所示。如果使用国际化，那么也会用到该宏。在类定义中增加 Q_OBJECT 宏之后，必须重新运行 qmake 或 qmake -tp vc(VS 2017) 命令从而重新生成项目文件，否则将导致编译错误。另外，如果类是多重继承而来，那么应保证把从 QObject 派生的那个基类写在靠前的位置，否则编译会出错。比如，应该把基类 QDialog 写在前面，写成：

```
class CDialog : public QDialog, public CMsgHandler {
    Q_OBJECT
    ...
};
```

QDialog 派生自 QObject，因此应把它写在 CMsgHandler 的前面。在使用 connect() 宏的方案中，因为使用了宏定义，所以如果槽函数或者信号名称拼写有误，那么编译器无法发现类似错误，这种错误只能到运行时才能发现。排查这种错误的方法是观察 connect 调用之后，IDE 开发环境的调试窗口中是否输出了错误信息。如果提示没有找到槽函数就说明槽函数可能未定义或者有拼写错误。代码清单 5-8 中，connect() 宏最后一个参数是信号-槽的关联类型 Qt::ConnectionType，其取值见表 5-4。

表 5-4　Qt::ConnectionType 取值

枚　　举	值	含　　义
Qt::AutoConnection	0	默认值。当信号发送者和接收者处于同一线程内时,等同于 Qt::DirectConnection,反之等同于 Qt::QueuedConnection
Qt::DirectConnection	1	信号一旦发射,立即执行与之关联的槽函数
Qt::QueuedConnection	2	信号产生后,会被暂时缓冲到一个消息队列中,然后等待接收者的事件循环从队列中获取消息再执行槽函数,这种方式既可以在同一线程内传递消息也可以跨线程执行
Qt::BlockingQueuedConnection	3	类似于 QueuedConnection,但只能应用于跨线程操作,即发送者和接收者处于不同的线程中,并且信号发送者线程会阻塞并等待接收者的槽函数执行完毕后才继续

注意:一个信号可以关联到多个槽函数,这种情况下,槽函数会挨个被调用,但调用顺序不确定;多个信号可以关联到同一个槽函数,当任意一个信号发生时,槽函数都会被调用;一个信号可以关联到另一个信号,这个知识点将在后续章节介绍。

下面介绍槽函数的实现,见代码清单 5-12。

代码清单 5-12

```cpp
// dialog.cpp
void CDialog::slot_fontFamilyChanged(const QFont &font){
    int fontSize = ui.cbFontSize->currentText().toInt();
    QFont ft = font;
    ft.setPointSize(fontSize);
    ui.plainTextEdit->setFont(ft);
}
void CDialog::slot_fontSizeChanged(int /*idx*/){
    int fontSize = ui.cbFontSize->currentText().toInt();
    QFont ft = ui.fontComboBox->currentFont();
    ft.setPointSize(fontSize);
    ui.plainTextEdit->setFont(ft);
}
```

代码清单 5-12 中,提供了 CDialog 类的槽函数 slot_fontFamilyChanged(const QFont &font)、slot_fontSizeChanged(int idx) 的实现。在这两个槽函数中,根据各自的功能对控件 ui.plainTextEdit 进行操作,前者更新字体家族,后者更新字体尺寸。

2. 使用 connect 函数实现信号-槽开发

除了使用 connect() 宏这种方法之外,Qt 5 还提供了另外一种方法,通过信号地址或者槽函数地址来关联信号。connect() 函数原型如下。

```
connect(sender, 信号地址, receiver, 槽函数地址, Qt::ConnectionType);
```

sender 代表信号发送者、receiver 代表信号接收者。信号地址语法如下。

```
&sender 的类名::信号名
```

槽函数地址的语法如下。

```
&receiver 的类名::槽函数名
```

下面举例进行解释,见代码清单 5-13。

代码清单 5-13

```cpp
// dialog.cpp
CDialog::CDialog(QWidget * pParent) : QDialog(pParent) {
    ui.setupUi(this);
    connect(ui.fontComboBox, &QFontComboBox::currentFontChanged, this,
&CDialog::slot_fontFamilyChanged);
    ...
}
```

connect()函数提供的各变量含义如下。

- ui.fontComboBox 是 sender。
- "&QFontComboBox::currentFontChanged"是信号地址。
- this 是 receiver。
- "&CDialog::slot_fontFamilyChanged"是槽函数地址。

注意：禁止在信号地址或者槽函数地址中带上参数，应写成"& 类名::函数名"，也不用写括号"()"，写成代码清单 5-13 中"&QFontComboBox::currentFontChanged"的形式。

3. 使用 lambda 函数实现信号-槽开发

除了上述两种方法之外，针对 C++ 11，Qt 还提供了使用 lambda 函数的方案。由于使用 C++ 11 的特性，所以需要在 pro 文件中添加：

```
CONFIG += c++11
```

用 lambda 函数对代码清单 5-13 进行改造，如代码清单 5-14 所示。

代码清单 5-14

```cpp
// dialog.cpp
CDialog::CDialog(QWidget * pParent) : QDialog(pParent) {
    ui.setupUi(this);
    connect(ui.fontComboBox, &QFontComboBox::currentFontChanged,      ①
[=]( const QFont &font) {                                              ②
        int fontSize = ui.cbFontSize->currentText().toInt();
        QFont ft = font;
        ft.setPointSize(fontSize);
        ui.plainTextEdit->setFont(ft);
    });                                                                ③
    ...
}
```

代码清单 5-14 中，标号①处使用了 lambda 函数实现信号-槽关联。标号②和标号③之间的代码是 lambda 函数的函数体。connect()函数中，前两个参数 sender、信号地址跟代码清单 5-13 中的含义一样。标号②处的"const QFont &font"是 lambda 函数的参数列表。标号③处是 lambda 函数结束处的右花括号"}"以及 connect()函数的右括号")"。lambda 函数原型如下。

```
[capture] (parameters) mutable -> return-type {
    statement
}
```

其中，各部分解释如下。

- [capture]：捕获列表。捕获列表总出现在 lambda 函数开始处。捕获列表用来捕获上下文中的变量以供 lambda 函数使用。

- (parameters):参数列表,跟普通函数的参数列表一致。如果没有参数,可以连同括号()一起省略。
- mutable:修饰符。lambda 函数默认是 const 函数,mutable 用来取消其常量性。mutable 可以省略。
- -> return-type:返回值类型,跟普通函数的返回值类型一致。如果没有返回值,则可以省略。
- {statement}:函数体,跟普通函数一致。内部除了使用函数的参数之外,还可以使用捕获的所有变量。

根据 C++ 11 的语法,对 lambda 函数写法进行举例,见表 5-5。

表 5-5 lambda 函数写法

lambda 函数	含 义
[=] () {}	lambda 函数的函数体内可以使用 lambda 函数所在作用域内所有可见的局部变量(包括 lambda 函数所在类的 this),这些变量采用按值传递的方式。此时 lambda 函数中,实体默认是只读的,在花括号内不能对捕获的变量进行修改;如果想修改,可以用 mutable 修饰,如 "[=]() mutable{}"。代码清单 5-14 中使用了 "[=]" 的写法来按值传递局部变量以及 this
[&] () {}	lambda 函数体内可以使用 lambda 所在作用域内所有可见的局部变量(包括 lambda 函数所在类的 this),并且采用引用传递的方式
[this] () {}	函数体内可以使用 lambda 函数所在作用域中的所有成员变量,采用按值传递的方式

建议:尽量使用"="而不使用"&",以免造成内存问题。

这种方法其实是针对那些比较简洁的槽函数,如果槽函数比较复杂,那么使用 lambda 函数的写法将导致主代码比较混乱且不宜阅读和维护。

本节介绍了三种关联信号-槽的方式。

(1) 使用 SIGNAL、SLOT 宏。

(2) 使用信号和槽函数的地址。

(3) 使用 lambda 函数。

对于这几种方式来说,都需要为调用 connect() 的类编写 Q_OBJECT 宏,而且如果该类存在多个基类,一定要把派生自 QObject 的基类写在前面。那么前两种方法有什么不同吗?实际上,从编写形式就可以看出,使用 SIGNAL、SLOT 宏时可以明确定义参数列表,而使用信号-槽地址时只能提供函数地址而不提供参数列表,所以也就不能存在重载的信号或槽函数。否则,如果重载的信号名、槽函数名都相同,而只有参数列表不同,那么编译器就不知道到底应该关联哪一个信号或槽函数。简而言之,当存在重载的信号或槽函数时,请使用 connect() 宏建立信号-槽关联。

5.5 案例 24 自定义 signal 与信号转发

本案例对应的源代码目录:src/chapter05/ks05_05。

利用 Qt 提供的信号-槽机制可以将一个信号与槽函数关联起来,当发射信号时 Qt 会调用相应的槽函数。本节介绍如何使用自定义信号以及如何把信号转发出去。通过之前的学习已经知道:信号-槽跟普通的函数类似,只是需要把信号写到"Q_SIGNALS:"的后面,把槽函数写到"slots:"后面;槽函数有 public、protected、private 之分,而信号则没有。有些情况下,Qt

提供的信号并不能满足需求。比如，当在某个界面完成输入的时候，可能需要将界面中的信息进行组织、合并后发给接收者，然后由接收者进行展示或处理，这些经过组织后的信息就可以使用开发者自己定义信号进行描述。自定义信号写在"Q_SIGNALS:"之后，信号可以带参数，也可以不带参数，如代码清单 5-15 所示。

代码清单 5-15

```
// address.h
class CWidgetAddress : public QWidget {
…
Q_SIGNALS:
    void sit_addressSaved(const QString& strAddress);
};
```

发信号的语法是：

emit 信号(参数对象列表)

本节的示例程序中，在按下按钮时将信号发射，见代码清单 5-16。

代码清单 5-16

```
// address.cpp
void CWidgetAddress:: slot_btnSaveClicked(){
    emit sig_addressSaved(ui.m_lineEdit->text());                    ①
}
```

在 emit(发射)信号时，需要将信号的参数实例化，即在参数对象列表中使用具体的对象。如代码清单 5-16 所示，在标号①处，使用 ui. m_lineEdit-> text()作为 emit 信号的参数。可以为类添加多个信号。

下面讨论本节的第二个内容：将信号转发出去。有时候，信号的接收者可能无法访问信号发送者的地址，因此无法使用 connect()将信号发送者与信号接收者直接建立关联，这就需要中间对象帮忙把信号转发一下。本节的示例中，CDialog 对象在收到 pWidgetAddress 的 sig_addressSaved 信号后，将该信号继续转发。既然要转发信号，就要为 CDialog 类定义这个信号，见代码清单 5-17。Qt 的信号-槽机制仅支持使用某个类自身的信号或者其基类的信号，不能使用其他类的信号。为了区别于子控件 pWidgetAddress 的信号，把 CDialog 的信号取名为 sig_addressUpdated，其实，如果跟子控件信号名称一致也可以。

代码清单 5-17

```
// dialog.h
class CDialog : public QDialog {
    …
Q_SIGNALS:
    void sig_addressUpdated(const QString& strAddress);
};
```

转发信号的语法也用 connect()，只是将最后的 SLOT()改为 SIGNAL()，如代码清单 5-18 所示。

代码清单 5-18

```
// dialog.cpp
connect(pWidgetAddress, SIGNAL(addressSaved(const QString &)),
    this, SIGNAL(sig_addressUpdated (const QString &)));
```

当然，也可以用函数地址的写法，见代码清单 5-19。

代码清单 5-19

```
// dialog.cpp
connect(pWidgetAddress,&CWidgetAddress::addressSaved, this, &CDialog::sig_addressUpdated);
```

在代码清单 5-19 中,将 pWidgetAddress 发射的信号 addressSaved(const QString &)继续通过 this(CDialog 类对象)进行转发,转发出的信号为 sig_addressUpdated(const QString &)。然后,在能够同时访问信号发送者与接收者的代码处将 CDialog 转发的这个信号与接收者的槽函数进行关联,见代码清单 5-20。

代码清单 5-20

```
// main.cpp
QObject::connect(&dlg, &CDialog::sig_addressUpdated, pSimpleDialog, &CSimpleDialog::slot_updateAddress);
```

请注意,在代码清单 5-20 中并没有直接调用 connect(),而是调用 QObject::connect()。这是因为执行这行代码的位置是 main()函数而非某个 QObject 派生的类,所以需要借用 QObject 提供的 static 函数 connect()来完成信号-槽的关联。

本节介绍了编写自定义信号以及将信号转发的方法,总结如下。

(1) 在类中添加自定义信号的方法是把信号写在 "Q_SIGNALS:" 后面。

(2) 信号可以带参数,也可以不带,参数最好有变量名。

(3) 使用 emit 发射信号。

(4) 转发信号时需要为转发者添加自定义信号,信号名称可以与原始信号不同,但是参数列表必须与原始信号完全一致。转发信号时使用 SIGNAL()而非 SLOT()。除了 connect()宏,还可以使用 connect()函数地址的语法进行信号转发。

(5) 在能够同时访问转发信号的发送者与信号接收者的代码处将转发信号跟槽函数进行关联。

(6) 可以使用 QObject::connect()完成信号-槽的关联。

5.6 案例 25 disconnect 的用途

视频讲解

本案例对应的源代码目录:src/chapter05/ks05_06。

将信号-槽进行关联或者将信号进行转发时,都用到了 connect(),本节介绍 disconnect(),也就是解除关联。到底什么是解除关联?为什么要解除关联呢?本节将揭晓答案。connect()时将信号-槽进行关联,当不再需要该关联时,应将信号-槽解除关联,以便将信号关联到新的对象。比如,在一个多文档窗口程序中,当在某一个子窗口中选中文本时,需要实现的功能是:将该文本内容显示在主窗口下方的状态栏中。这个功能可以使用信号-槽关联的方式实现。当单击选中子窗口 A 内的文本时,状态栏应显示 A 中被选中的文本,当单击选中子窗口 B 内的文本时,状态栏应显示 B 中被选中的文本。很明显,要实现该功能,就应该在子窗口的文本被选中时发射信号。信号在 CMdiChild 类中定义,见代码清单 5-21。

代码清单 5-21

```
// mdichild.h
class MdiChild : public QTextEdit {
    ...
Q_SIGNALS:
```

```
void textSelected(const QString&);
};
```

鼠标抬起时，发射信号 textSelected，见代码清单 5-22 标号①处。

代码清单 5-22

```
// mdichild.cpp
void MdiChild::mouseReleaseEvent(QMouseEvent * e) {
    QTextCursor tc = textCursor();
    QString strSelectedText = tc.selectedText().trimmed();
    emit textSelected(strSelectedText);                          ①
    QTextEdit::mouseReleaseEvent(e);
}
```

将子窗口激活信号 QMdiArea::subWindowActivated 关联到主窗口的槽函数，见代码清单 5-23 标号①处。

代码清单 5-23

```
// mainwindow.cpp
MainWindow::MainWindow()
    : mdiArea(new QMdiArea), m_pLastChild(NULL) {
    mdiArea->setHorizontalScrollBarPolicy(Qt::ScrollBarAsNeeded);
    mdiArea->setVerticalScrollBarPolicy(Qt::ScrollBarAsNeeded);
    setCentralWidget(mdiArea);
    connect(mdiArea, &QMdiArea::subWindowActivated, this,&MainWindow::slot_SubWindowActivated);  ①
}
```

当子窗口被激活时，将被激活的子窗口的信号 textSelected 与主窗口的槽函数进行关联，见代码清单 5-24 标号①处。

代码清单 5-24

```
// mainwindow.cpp
void MainWindow::slot_SubWindowActivated() {
    connect(activeMdiChild(), &MdiChild::textSelected, this, &MainWindow::slot_TextSelected);
                                                                                              ①
}
```

在 MainWindow 的槽函数 slot_TextSelected() 中，将收到的文本内容发送到状态栏进行显示。切换子窗口后，选中新的子窗口中的文本时，主窗口的状态栏就可以显示当前活动子窗口中刚被选中的文本。

```
void MainWindow::slot_TextSelected(const QString& strTextSelected) {
    statusBar()->showMessage(strTextSelected);
}
```

至此，整个功能似乎开发完毕。当切换子窗口时，将新激活的子窗口发射的消息与主窗体的槽函数进行关联。但是请不要忘记，在此之前，失去焦点的旧的子窗口曾经参与过信号-槽的关联。如果每次有子窗口激活都重新关联，那么旧的关联将导致内存泄漏。而且多次关联会导致多次触发槽函数调用，这也是不正确的。正确的做法是每次激活新的子窗口时，应当先把失去焦点的子窗口的信号解除关联。为此，为主窗口定义一个成员变量 m_pLastChild 用来保存上次的活动子窗口。因此代码清单 5-24 变成代码清单 5-25 所示的内容。

代码清单 5-25

```
// mainwindow.cpp
void MainWindow::slot_SubWindowActivated() {
```

```
            if (NULL != m_pLastChild) {
                if (activeMdiChild() != m_pLastChild) {
                    // 过滤掉最小化后的还原事项或者其他类似事项
                    disconnect(m_pLastChild, &MdiChild::textSelected, this, &MainWindow::slot_
TextSelected);                                                                              ①
                    connect(activeMdiChild(), &MdiChild::textSelected, this, &MainWindow::slot_
TextSelected);                                                                              ②
                }
            }
            m_pLastChild = activeMdiChild();                                                ③
            ...
        }
```

代码清单5-25中，如标号①、标号②处所示，先用disconnect()解除旧的信号-槽关联，然后用connect()建立新的信号-槽关联。请注意，disconnect()的语法跟connect()基本一致。在标号③处，更新 m_pLastChild 为新的活动窗口。

5.7 知识点 消息阻塞-防止额外触发槽函数

本案例对应的源代码目录：src/chapter05/ks05_07。

在开发编辑类软件时，经常需要为工具条增加了样式反显功能。反显功能指什么呢？比如，在一个文字编辑器中，当用户选中某段文字时，在工具条的字体控件中应该显示这段文字的字体，随着选中文本区域的变换，字体控件可以随之更新并显示当前最新选中文字的字体，这就是反显功能。如果还有另一个功能，通过工具条上的字体控件修改当前选中文本的字体，那么这两个功能就可能相互影响，这是怎么回事呢？分别看一下这两个功能的流程图。通过工具条的字体控件修改当前选中文本的字体的流程图，见图5-42，用户通过工具条上的字体控件修改字体后，会导致字体控件发射信号currentFontChanged()，并触发槽函数 slot_fontFamilyChanged()的调用。

用户选中文本后，工具条的字体控件实现字体反显功能的流程，见图5-43。

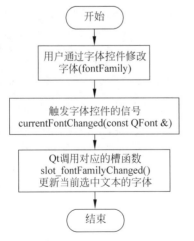

图5-42 修改当前选中文本字体功能的流程图

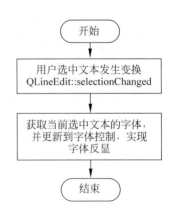

图5-43 字体控件的反显功能流程图

在图 5-43 中，当用户选中的文本区域发生变换时，会导致 QLineEdit 控件发射 selectionChanged() 信号，在对应的槽函数中，会获取当前选中文本的字体，并将其更新到工具条上的字体控件，从而实现字体反显。看上去这两个功能好像没啥关系，但是有一个问题，图 5-43 的最后一步，将选中文本的字体更新到字体控件时，需要调用如下代码。

```
ui.fontComboBox->setCurrentFont(ft);
```

如果字体控件中的字体与 ft 不同，将导致字体控件发射信号 currentFontChanged(const QFont&)。而从图 5-42 知道，这会导致调用槽函数 slot_fontFamilyChanged()，在该槽函数中将再次更新当前选中文本的字体，这是一次额外的触发，并不是开发者所期望的。这样，整个流程就变化了，见图 5-44。

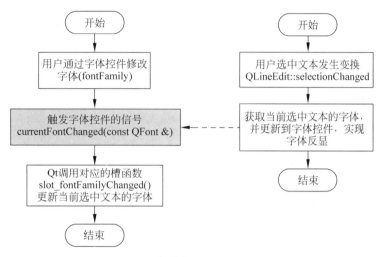

图 5-44　额外触发的槽函数调用

如图 5-44 的虚线部分所示，对于两个功能的描述中，多了一次对选中文本设置字体的操作。设置文本的字体相当于修改文件内容，将导致关闭文件时弹出类似"文件已修改"的提示，这会让用户感觉一头雾水。这一切都因为对选中的文本多执行了一次设置字体的操作。这确实是个比较麻烦的问题，那该怎么解决呢？别急，先来看一下字体反显接口，见代码清单 5-26。

代码清单 5-26

```
// dialog.cpp
void CDialog::updateFontWidget(){
    if (NULL == m_pCurrentLabel) {
        return;
    }
    QFont ft = m_pCurrentLabel->font();
    QString str;
    str.sprintf("%d", ft.pointSize());
    ui.cbFontSize->setCurrentText(str);                               ①
    ui.fontComboBox->setCurrentFont(ft);                              ②
}
```

代码清单 5-26 标号①、标号②处的代码将分别导致 ui.cbFontSize、ui.fontComboBox 这两个控件再次发射新的信号（比如 currentFontChanged），从而产生问题。实际上，Qt 为了防止发生此类事件，早就提供了解决方案：调用 blockSignals()。blockSignals() 的定义见代码清单 5-27。

代码清单 5-27

```
class QObject {
    ...
    bool blockSignals(bool b);
    ...
}
```

blockSignals()接口由 QObject 类提供。当 blockSignals(true)时，发给 QObject 对象的信号将被阻塞，此时该对象不会收到任何信号；当 blockSignals(false)时，QObject 对象又能收到信号了。现在需要做的就是，在反显时先将信号阻塞，等反显操作结束后，将信号解除阻塞，见代码清单 5-28。

代码清单 5-28

```
// dialog.cpp
void CDialog::updateFontWidget(){
    if (NULL == m_pCurrentLabel) {
        return;
    }
    ui.cbFontSize->blockSignals(true);                    ①
    ui.fontComboBox->blockSignals(true);                  ②
    QFont ft = m_pCurrentLabel->font();
    QString str;
    str.sprintf("%d", ft.pointSize());
    ui.cbFontSize->setCurrentText(str);
    ui.fontComboBox->setCurrentFont(ft);
    ui.cbFontSize->blockSignals(false);                   ③
    ui.fontComboBox->blockSignals(false);                 ④
}
```

代码清单 5-28 中，标号①、标号②处将两个控件的信号阻塞，标号③、标号④处，将两个控件解除信号阻塞。在 CDialog::setTextFont()中，可以添加 qDebug()来输出对 pLabel 的操作记录，见代码清单 5-29。

代码清单 5-29

```
// dialog.cpp
void CDialog::setTextFont(QLineEdit* pLabel, const QFont& newFont) {
    qDebug() << "setTextFont: " << pLabel;
    if (NULL != pLabel) {
        pLabel->setFont(newFont);
        updateFontWidget();
    }
}
```

请用配套资料的源代码做一下测试，把代码清单 5-28 中的 blockSignals()都封掉，看一下输出的调试信息。然后再把 blockSignals()解封，看一下输出的调试信息。通过对比可以发现，当封掉 blockSignals()时，会对文本框多一次操作，而当使用 blockSignals()时，仅有一次对文本框的操作。这样，通过对 blockSignals()的调用成功防止了额外发射的信号，也就防止了槽函数被额外触发。

建议：在开发类似的反显功能时，需要先对控件调用 blockSignals()来阻塞信号，当反显操作完成后再接触阻塞。这样，反显功能就可以正常运转。

5.8 案例 26 信号-槽只能用在对话框里吗

本案例对应的源代码目录：src/chapter05/ks05_08。

在前面的章节中介绍了许多信号-槽关联的应用场景，这些应用场景有一个共同点：信号-槽都用在对话框里。那么，信号-槽只能用在对话框里吗？不是的。本节介绍一个不在对话框里使用信号-槽的场景。在通过前面章节中已经学习过，如果某个类要用到信号-槽，那么该类需要从 QObject 派生，而且还要在类定义中编写 Q_OBJECT 宏，然后添加信号或槽函数即可，除此之外就没有其他要求了。因此，如果要使用信号-槽，并非一定使用对话框，只要满足信号槽机制的要求就可以，如代码清单 5-30 所示。

代码清单 5-30

```
// myobject.h
class CMyObject : public QObject {
    Q_OBJECT
public:
    CMyObject();
    ~CMyObject();
public:
    void saveLog(const QString&);
public slots:
    void slot_addressChanged(const QString&);
    ...
};
```

在代码清单 5-30 中，类 CMyObject 派生自 QObject，为了使用信号-槽，为它添加了 Q_OBJECT 宏，并定义了一个 public 槽函数 slot_addressChanged(const QString&)。这里的槽函数为什么定义成 public 呢？原因很简单，需要在 main() 函数中访问它，见代码清单 5-31。

代码清单 5-31

```
// main.cpp
...
int main(int argc, char * argv[]) {
    ...
    CDialog dlg(NULL);
    CMyObject * pMyObject = new CMyObject();
    QObject::connect(&dlg, &CDialog::sig_addressSaved, pMyObject, &CMyObject:: slot_addressSaved);    ①
    dlg.exec();
    ...
}
```

代码清单 5-31 中，定义 CDialog 类型的对象 dlg，在标号①处，因为需要把对象 dlg 的信号 sig_addressSaved 关联到对象 pMyObject 的槽函数 slot_addressSaved，这意味着编译器需要能在该处代码访问到槽函数 slot_addressSaved，所以需要将槽函数定义为 public。如果把槽函数定义成 private slots 呢？编译一下看看会发生什么。咦！是不是有惊喜呢？

下面介绍槽函数 slot_addressSaved 的实现，见代码清单 5-32。从代码清单 5-32 看出，槽函数 slot_addressChanged() 调用了 saveLog()，在 saveLog() 中将地址 strAddress 通过 qDebug() 输出。在 IDE 开发环境的调试器中可以看到 qDebug() 输出的内容。

代码清单 5-32

```cpp
// myobject.cpp
void CMyObject::slot_addressChanged(const QString& strAddress) {
    saveLog(strAddress);
}
void CMyObject::saveLog(const QString& strAddress) {
    QString strLog = "Address changed to: ";
    strLog += strAddress;
    qDebug() << strLog;
}
```

本案例介绍的内容比较少，只是为了说明一个问题，即，信号槽并非只能用在对话框里。除了在对话框中应用之外，在任何从 QObject 派生的类中都可以使用信号槽，前提是在类定义的开头部分编写 Q_OBJECT 宏并且根据需要定义信号或槽函数。

5.9 案例 27 对象之间还能怎么传递消息

视频讲解

本案例对应的源代码目录：src/chapter05/ks05_09。程序运行效果见图 5-45。

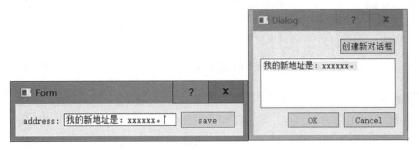

图 5-45 案例 27 运行效果

Qt 的信号-槽机制提供了在进程内传递消息的一种途径，但在进行信号-槽关联时，编译器需要明确知道信号发送者与接收者的类型，因此需要在代码中包含这两者的头文件。有些应用程序的设计方案中可能无法同时访问这些头文件，比如在插件设计方案中就只能访问插件的基类头文件而无法访问具体插件的头文件。对于这类场景，Qt 提供了什么样的解决方案呢？在本案例中，创建一个 CDialog 类型的对话框 dlg，当单击该对话框上的【创建新对话框】按钮时，创建一个 CWidgetAddress 类型的新对话框 pWidgetAddress，pWidgetAddress 的父窗口是 dlg。在 pWidgetAddress 中输入地址并单击 save 进行保存时，将把地址发送给父窗口 dlg 进行显示。为了能在父窗口中接受地址信息，一般需要为父窗口增加接口或者使用槽函数，但这属于高耦合的设计。为了不用为父窗口增加额外的接口，可以选择另一个方案。其实，Qt 的 QCoreApplication 类提供了一个静态接口：

```
static void QCoreApplication::postEvent(QObject * receiver, QEvent * event, int priority = Qt::NormalEventPriority)
```

其中，receiver 是事件接收者，event 是待发送的事件，priority 是事件的优先级，一般取默认值。该接口将 event 加入事件队列，然后马上返回。事件对象 event 必须在堆上分配内存（也就是要 new 出来），因为事件队列将拥有事件的所有权，并且一旦该事件在消息循环中被送出（posted），那么该事件将被删除（deleted）并释放内存。因此，当调用 postEvent()接口之后再访问 event 对象指针就不安全了,原因是它可能已经被删除。从 postEvent()接口的参数可以看出,调用者只需要提供一个 QObject * 的接收对象指针即可。这样就实现了接收者与发送者的解耦,即,无须包含接收者的头文件。

那么,具体怎样使用呢?通过查看 postEvent()的接口参数可以得知,使用时需要提供一个事件接收者 receiver 和一个事件对象 event。事件接收者很容易得到,把 CDialog 对象作为 receiver,那么现在只需要定义一个新的自定义事件作为 event,见代码清单 5-33。

代码清单 5-33

```
// customevent.h
class CCustomEvent : public QEvent {
public:
    CCustomEvent() :QEvent(QEvent::Type(QEvent::User + 1)){ }         ①
    ~CCustomEvent() { }
    void setFileName(const QString & strFileName) {
        m_strFileName = strFileName;
    }
    QString getFileName() { return m_strFileName; }
};
```

代码清单 5-33 中,定义自定义事件类型 CCustomEvent,该类可以用来保存用户在新对话框中输入的地址信息。如标号①处所示,事件的 Type 值为 QEvent::Uesr+1,需要注意 Type 取值不应与项目内的其他事件冲突。在对话框 CWidgetAddress 中添加槽函数 slot_btnSaveClicked(),以便保存用户输入的地址信息并生成事件并发送给父窗口,见代码清单 5-34,构造 CCustomEvent 对象并调用 QCoreApplication::postEvent()将该事件发送给父对象。发出该事件之后,由 Qt 的循环主线程负责将事件插入 post 队列进行发送。这是通过异步完成的操作,暂时不需要关注其内部细节。

代码清单 5-34

```
// address.cpp
void CWidgetAddress::slot_btnSaveClicked() {
    if (nullptr == parent())
        return;
    QString str = m_pUi->m_lineEdit->text();
    CCustomEvent * pEvent = new CCustomEvent();
    pEvent->setFileName(str);
    QCoreApplication::postEvent(parent(), pEvent);
}
```

如果在对话框 CDialog 中处理接收到的事件,需要为 CDialog 重写自定义事件处理接口 customEvent(),见代码清单 5-35。在标号①处,对 QEvent::User+1 类型的事件进行处理,也就是 CCustomEvent 事件的 Type。在标号②处,使用 dynamic_cast 将 event 转化为所需的类型,然后读取其中的地址并展示在界面上。

代码清单 5-35

```
// dialog.cpp
void CDialog::customEvent(QEvent * event) {
    QString str;
    CCustomEvent * pEvent = nullptr;
    switch (event->type()) {
    case (QEvent::User + 1): {                                        ①
```

```
                pEvent = dynamic_cast<CCustomEvent *>(event);                      ②
                if (nullptr != pEvent) {
                    str = ui.plainTextEdit->toPlainText();
                    str += "\n";
                    str += pEvent->getFileName();
                    ui.plainTextEdit->setPlainText(str);
                }
            }
            break;
        default:
            break;
    }
}
```

postEvent()实现了异步事件发送,即:调用完postEvent()之后,程序马上可以继续运行后续代码,而无须等待接收者处理事件。除此之外,Qt还提供了同步事件发送接口sendEvent(),该接口的用法跟postEvent()类似,只不过sendEvent()属于同步操作。当调用sendEvent()之后,调用者所在线程会等待接收者处理完消息之后,才继续执行sendEvent()后面的代码,而使用 postEvent() 时则是立即返回无须等待。其实,除了本节介绍的场景之外,QCoreApplication::postEvent()还可以用在多线程场景中,比如,可以用来在其他线程中将数据发送给界面主线程。Qt不允许在主线程之外对界面进行操作,否则会因为多线程同时操作界面而引发异常。关于在多线程中的使用场景将在13.2节中进行介绍。

本节介绍了通过QCoreApplication的接口postEvent()进行异步事件处理的方法,按照如下步骤实现:

(1) 编写自定义事件类。

(2) 确定接收者,并调用QCoreApplication::postEvent()将事件发给接收者。

(3) 为接收者重写customEvent()接口,并处理接收到的自定义事件。

5.10 知识点 编程实现控件嵌套布局

视频讲解

本知识点对应的源代码目录:src/chapter05/ks05_10。程序运行效果见图5-46。

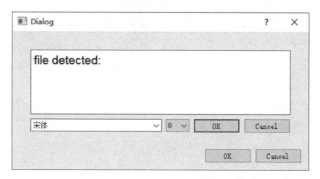

图5-46 ks05_10运行效果

开发者刚开始学习Qt时一般使用Designer绘制窗体,但随着工作的开展,经常会碰到这样一种情况:无法提前预知控件的类型,因此无法从Designer的工具箱中将控件拖入,但是还需要先用 Designer 把界面绘制出来并进行布局,这该怎么办呢? 别急,可以先用一个 Widget 类型的控件作为占位符,然后等确定控件的具体类型后在 Widget 内部插入具体的控件就行了。

下面介绍具体步骤。首先在 Designer 中拖入一个 Widgct 控件作为占位控件,并完成布局。如图 5-47 所示,拖入一个 Widget 控件,其类型是 QWidget。对窗体进行布局操作,完成布局后,选中该控件,可以看到属性窗中,该控件已自动生成一个布局对象 gridLayout,见图 5-48。

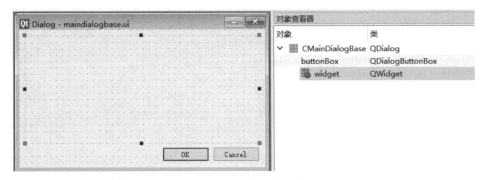

图 5-47　绘制占位控件

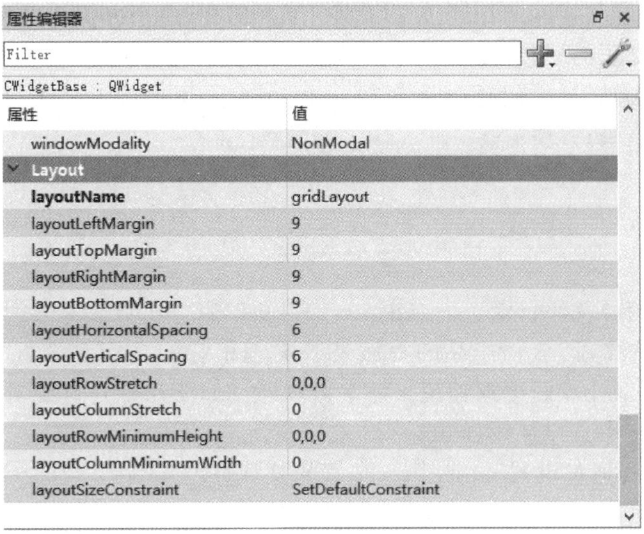

图 5-48　窗体的布局控件

如果 Designer 中没有自动生成该布局对象也没关系,可以写代码生成布局控件。然后,编写控件类(比如本节中的 CWidget),用 CWidget 构建对象并进行布局。CWidget 类的头文件为 widget.h。本节案例程序中,将主窗体的始化代码封装在 initializeDialog() 中,在该接口内部,创建了自定义控件,见代码清单 5-36。

代码清单 5-36

```
// maindialog.cpp
void CMainDialog::initialDialog() {
    CWidget * pWidget = new CWidget(ui.widget);
    ui.gridLayout->addWidget(pWidget, 0, 0);
}
```
①

代码清单 5-36 中,先构造一个 CWidget 窗体对象 pWidget,然后将它添加到 Designer 中生成的布局对象 gridLayout，见标号①处。其中的两个参数 0 分别表示添加到 gridLayout 的第 0 行、第 0 列。如果 Designer 中没有自动生成布局对象，可以用代码生成一个，见代码清单 5-37。

代码清单 5-37

```cpp
// maindialog.cpp
void CMainDialog::initialDialog() {
    // 构造子控件
    CWidget * subWidget = new CWidget(ui.widget);    // 占位控件作为 parent
    // 构建占位控件内部的布局对象,否则拉伸时子控件无法跟随拉伸
    QGridLayout * gridLayout = new QGridLayout(this);                    ①
    gridLayout->setObjectName(QStringLiteral("gridLayout"));
    // 将子控件添加到布局
    gridLayout->addWidget(subWidget, 0, 0);
    // 为占位控件设置布局
    ui.widget->setLayout(gridLayout);                                    ②
}
```

代码清单 5-37 中，标号①处，用代码生成了布局对象 gridLayout，并且为其设置对象名称；然后将新建的 pWidget 添加到该布局对象；最后，在标号②处，将 gridLayout 设置为占位控件 ui.widget 的布局对象。

到此，已完成自定义控件的构造并可以使用了。那么，这个占位控件有什么作用呢？最后还不是构造了一个真正的子控件对象？其实，本节的示例比较简单，完全可以不用占位控件。但是，如果程序的界面布局比较复杂时，在 Designer 中先用占位控件进行人工布局调整就比用代码进行布局要直观、方便得多。

5.11 知识点 样式

视频讲解

本知识点对应的源代码目录：src/chapter05/ks05_11。

有时候对于用户来说，软件产品的界面是否美观跟它的功能是否好用同样重要。在 Qt 中，通过使用样式可以让界面更加美观。通常可以通过如下几种方式使用样式。

（1）在 Designer 中直接使用样式。
（2）在属性窗中，通过设置 styleSheet 来设置样式。
（3）在代码中，调用 setStyleSheet() 接口设置样式。
（4）将样式保存到文件，然后加载该样式文件。

下面分别进行介绍。

1. 在 Designer 中直接使用样式

如果使用 Designer 绘制窗体，那么可以直接通过它提供的可视化界面修改窗体或控件的样式。修改样式的方法是先选中窗体或控件，右击选中的对象，然后选择【改变样式表】菜单，见图 5-49。

以本节知识点中的编辑控件为例，如果希望使用渐变色做背景色，效果如图 5-50 所示。

那么，可以先选中编辑控件，选择【改变样式表】菜单，弹出【编辑样式表】界面，见图 5-51。

然后，选择【添加渐变】菜单，在弹出的菜单中选择 background-color，见图 5-52。

图 5-49 改变样式表

图 5-50 渐变效果

图 5-51 编辑样式表

弹出【选择渐变】界面,见图 5-53。然后,选择需要的渐变,如果没有找到合适的,您可以单击【新建】按钮,弹出【编辑渐变】界面,见图 5-54。

单击【配置参数】按钮可以调出参数配置界面,见图 5-55。

图 5-52 添加渐变

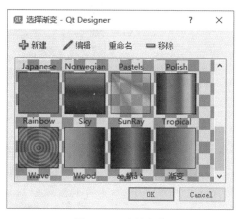

图 5-53 选择渐变

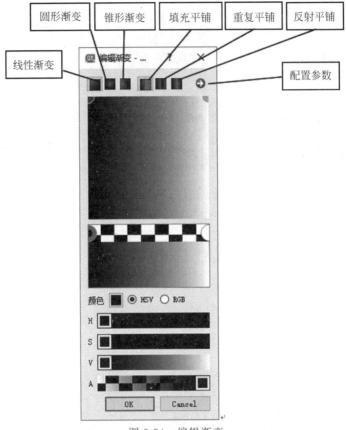

图 5-54　编辑渐变

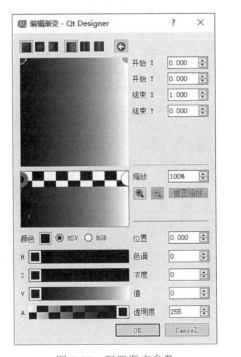

图 5-55　配置渐变参数

根据图 5-50 所示的效果,此处应该配置水平方向的渐变,因此,将【开始 Y】和【结束 Y】都设置为 0,然后,将【开始 X】设置为 0,将【结束 X】设置为 1。整个配置界面的中间部分,用来添加渐变点,见图 5-56,其中的圆圈用来表示渐变点,默认只有开头和结尾的点。可以通过双击增加渐变点。如果希望修改某个渐变点,可以单击对应的圆圈即可选中该渐变点。如果希望删除某个渐变点,可以右击该圆圈,然后选择【删除】菜单项。

选中某渐变点后,【编辑渐变】界面中的配置就更新为该渐变点的配置,包括颜色、位置等信息,见图 5-57。可以根据需要选择 HSV 方式还是 RGB 方式。如果需要更改颜色,可以单击颜色后面的颜色框,然后弹出颜色选择界面,见图 5-58。选择所需颜色之后,单击【添加到自定义颜色】按钮,然后选中该自定义颜色的颜色框并单击 OK 即可。用同样的方法修改各渐变点。请注意,如果所选择的颜色不属于图 5-58 所示的基本颜色,请务必单击【添加到自定义颜色】按钮,否则该颜色不会生效。

图 5-56　添加渐变点

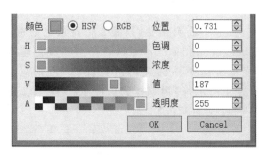

图 5-57　渐变点的配置

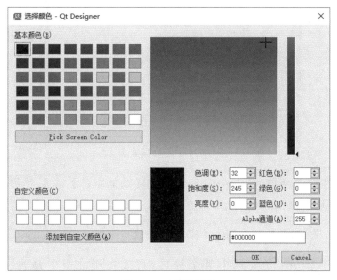

图 5-58　选择颜色

最终的 background-color 样式如图 5-59 所示。

如图 5-60 所示,如果对该渐变不满意,可以用鼠标框选样式表文本,然后仍然选择【添加渐变】菜单中对应的菜单项,比如本案例中的 background-color,在弹出的图 5-53 中单击【编辑】按钮修改渐变或者选择其他类型的渐变。

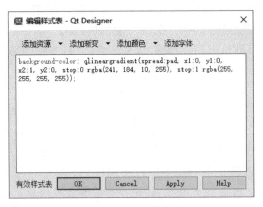
图 5-59 编辑后的样式表

图 5-60 修改样式表

如果不需要渐变,只需要将背景色设置一下,可以在弹出图 5-51 时,选择【添加颜色】菜单的 background-color,然后在弹出的颜色选择界面中选择所需颜色即可。如果更改某个样式,请务必先选中该样式再进行操作,否则只会新增样式,而且可能导致产生非法的样式。如图 5-61 所示,编辑完样式后提示【无效样式表】,就是因为没有事先选中需要修改的样式而直接选择【添加颜色】导致。

图 5-61 无效样式表

如果需要为控件设置字体,请在图 5-51 中单击【添加字体】按钮,然后在弹出的字体选择界面直接选择字体即可,见图 5-62。

2. 在属性窗中,通过设置 styleSheet 来设置样式

设置样式的另一个方法是先选中某个控件,直接在属性窗中修改 styleSheet 属性,见图 5-63。单击 styleSheet 的值即可进入编辑状态,然后单击"…"按钮即可弹出【编辑样式表】界面。

如果对样式不满意,可以单击【复位】按钮对样式进行重置,如图 5-64 所示。

3. 在代码中,调用 setStyleSheet() 接口设置样式

除了使用 Designer 编辑样式之外,还可以调用 setStyleSheet() 接口设置样式,该接口的

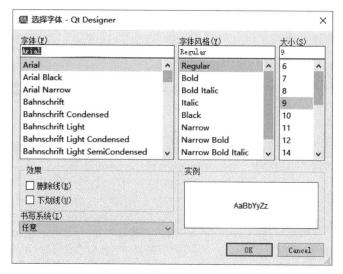

图 5-62 选择字体

图 5-63 设置 styleSheet 属性

图 5-64 样式复位

参数跟前两个方法的样式文本一样。所以，当不太清楚样式的具体语法时，可以先用 Designer 编辑样式，然后把样式文本复制出来作为参数传入 setStyleSheet()，见代码清单 5-38。

代码清单 5-38

```
setStyleSheet(background-color: qlineargradient(spread:pad, x1:0, y1:0, x2:1, y2:0, stop:0
rgba(0, 0, 0, 255), stop:1 rgba(255, 255, 255, 255));");
```

4．将样式保存到文件，然后加载该样式文件

除了上述方法之外，还可以先将样式文本保存到后缀为 qss 的样式文件中，然后再从样式文件加载样式文本，最后调用 setStyleSheet() 接口设置样式。

代码清单 5-39

```
// dialog.cpp
void CDialog::initialStyleSheet(const QString &strCssFile) {
    QFile styleSheetFile(strCssFile);
    file.open(QFile::ReadOnly | QFile::Text);
    if (!file.isOpen()) {
        return;
    }
    QString strStyleSheet = this->styleSheet();
    strStyleSheet += QLatin1String(file.readAll());
    setStyleSheet(strStyleSheet);
}
```

如果选择这种方案,需要事先准备 qss 文件,并且将 qss 文件添加到资源文件中,比如 a.qrc 中。

```
<!DOCTYPE RCC><RCC version = "1.0">
<qresource>
    <file>qss/coffee.qss</file>
</qresource>
</RCC>
```

然后在 pro 文件中添加如下内容。

```
RESOUCES += a.qrc
```

有时需要将窗体设置为透明并且将上面的按钮、下拉列表框等控件也设置为透明。具体操作分为 3 步。

(1) 将窗体样式设置为透明。

```
background-color: rgba(255, 255, 255, 0);
```

(2) 将按钮的 flat 属性设置为 true。其实这个属性在 Qt 5.5 中不需要设置,而在 Qt 5.11 中需要设置。

(3) 为其他控件设置样式。

```
background-color: rgba(255, 255, 255, 0);
border:none;
```

本节介绍了设置窗体或控件样式的几种方法,其实这几种方法都是相通的。对于界面开发来说,样式的设置方法很容易掌握,难的是样式文本的设计。需要通过不断学习、不断积累才能设计出美观的样式。比如,看到好的样式就记录下来,看到好的网页也可以关注一下样式的设置,这样才能更好地使用样式来让界面更加美观。

5.12 案例 28 使用 QStackedLayout 实现向导界面

视频讲解

本案例对应的源代码目录:src/chapter05/ks05_12。程序运行效果见图 5-65。

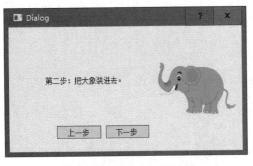

图 5-65 案例 28 运行效果

向导界面是一种比较特殊的界面,一般情况下,单击【下一步】按钮时会切换到下一个操作步骤界面。那么,该怎样实现向导界面呢?本节将借助 Qt 的 QStackedLayout 类开发一个向导界面演示程序。QStackedLayout 是一个布局部件,它的功能是实现堆栈式布局,也就是当显示某一个 QWidget 子部件时将隐藏其他的 QWidget 子部件。

首先,取得 src.baseline 中本案例的初始代码,代码包括 main() 函数、向导对话框的主界面 CDialog 类、3 个用来实现向导步骤的子界面类 (CStep1、CStep2、CStep3) 以及它们对应的界面资源文件。现在要做的就是下面 3 步。

(1) 为 3 个向导子界面增加信号并添加按钮对应的槽函数,在槽函数中发射相关信号以便通知 QStackedLayout 对象切换界面。

(2) 在向导主界面中构建向导子界面对象和 QStackedLayout 对象,并将向导子界面添加到 QStackedLayout 布局对象。

（3）在向导主界面中将子界面的信号关联到 QStackedLayout 的相关槽函数，以便在子界面中单击【上一步】和【下一步】按钮时更新当前界面。

下面分别进行介绍。

（1）为 3 个向导子界面增加信号并添加按钮对应的槽函数，在槽函数中发射相关信号。

QStackedLayout 类提供的设置当前索引页的槽函数如下，该槽函数的功能是将某个子界面设置为显示状态，而将其他子界面设置为隐藏状态。

```
void QStackedLayout::setCurrentIndex(int index)
```

为了让子界面的【上一步】和【下一步】按钮能够触发 QStackedLayout 对象的槽函数 setCurrentIndex()，在代码清单 5-40 中，为子界面类 CStep1 增加一个信号 showpage(int pageindex)，以便当单击【下一步】按钮时发射该信号。为了跟 QStackedLayout::setCurrentIndex (int index) 的参数保持一致，showpage() 信号也提供一个 int 类型的参数。另外，还为 CStep1 增加了一个槽函数，用来响应【下一步】按钮被按下。

代码清单 5-40

```cpp
// step1.h
#pragma once
#include <QWidget>
#include "ui_step1.h"
class CStep1 : public QWidget {
    Q_OBJECT
public:
    // 构造函数
    CStep1(QWidget * parent = 0);
Q_SIGNALS:
    void showpage(int page_index);
private slots:
    void slot_next();
private:
    Ui::CStep1 ui;
};
```

现在来看一下 CStep1 类的实现，见代码清单 5-41。

代码清单 5-41

```cpp
// step1.cpp
#include <QPushButton>
#include "step1.h"
CStep1::CStep1(QWidget * parent)
    : QWidget(parent) {
    ui.setupUi(this);
    connect(ui.btnNext, &QPushButton::clicked, this, &CStep1::slot_next);
}
void CStep1:: slot_next() {
    emit showpage(1);
}
```

代码清单 5-41 中，当 ui.btnNext 代表的【下一步】按钮被按下时，将触发槽函数 slot_next()。在该槽函数中，将发射信号 showpage(1)。参数值为 1，表示切换到第 1 页，即第 1 步对应的子界面，当前为第 0 页。showpage() 信号将在主界面中被截获。将按钮与槽函数关联时使用了信号地址、槽函数地址的语法。同样的，对子界面类 CStep2、CStep3 进行类似改造，见代码清单 5-42。

代码清单 5-42

```cpp
// step2.h
#pragma once
#include <QWidget>
#include "ui_step2.h"
class CStep2 : public QWidget {
    Q_OBJECT
public:
    // 构造函数
    CStep2(QWidget * parent = 0);
Q_SIGNALS:
    void showpage(int page_index);
private slots:
    void slot_previous();
    void slot_next();
private:
    Ui::CStep2 ui;
};
```

代码清单 5-42 中，为类 CStep2 增加了同样的信号 showpage(int page_index)，并且为【上一步】和【下一步】按钮分别增加了槽函数 slot_previous() 和 slot_next()。类 CStep2 的实现见代码清单 5-43。

代码清单 5-43

```cpp
// step2.cpp
#include "step2.h"
CStep2::CStep2(QWidget * parent)
    : QWidget(parent) {
    ui.setupUi(this);
    connect(ui.btnPrevious, &QPushButton::clicked, this, &CStep2::slot_previous);
    connect(ui.btnNext, &QPushButton::clicked, this, &CStep2::slot_next);
}
void CStep2::slot_previous() {
    emit showpage(0);
}
void CStep2::slot_next() {
    emit showpage(2);
}
```

代码清单 5-43 中，在【上一步】按钮对应的槽函数 slot_previous() 中发射信号 showpage(0)，表示切换到第 0 页，即第 0 步；在【下一步】按钮对应的槽函数 slot_previous() 中发射信号 showpage(2)，表示切换到第 2 页，即第 2 步。代码清单 5-44 中，为类 CStep3 增加了类似的信号-槽，不同之处是：为 CStep3 增加了信号 closeWindow() 和槽函数 slot_close() 用来发射界面关闭的信号，发射信号的目的是通知主界面退出。

代码清单 5-44

```cpp
// step3.h
#pragma once
#include <QWidget>
#include "ui_step3.h"
QT_BEGIN_NAMESPACE
```

```
QT_END_NAMESPACE
class CStep3 : public QWidget {
    Q_OBJECT
public:
    // 构造函数
    CStep3(QWidget * parent = 0);
Q_SIGNALS:
    void showpage(int page_index);
    void closeWindow();
private slots:
    void slot_previous();
    void slot_close();
private:
    Ui::CStep3 ui;
};
```

代码清单 5-45 中，提供了类 CStep3 的实现。在该类的构造函数中，将【关闭】按钮的单击信号关联到槽函数 slot_close()。在槽函数 slot_close() 中发射信号 closeWindow()，当主窗口截获该信号时将退出主程序。

代码清单 5-45

```
// step3.cpp
#include "step3.h"
CStep3::CStep3(QWidget * parent)
    : QWidget(parent) {
    ui.setupUi(this);
    connect(ui.btnPrevious, &QPushButton::clicked, this, &CStep3::slot_previous);
    connect(ui.btnClose, &QPushButton::clicked, this, &CStep3::slot_close);
}
void CStep3::slot_previous() {
    emit showpage(1);
}
void CStep3::slot_close() {
    emit closeWindow();
}
```

(2) 在向导主界面中构建向导子界面对象、QStackedLayout 对象，并将向导子界面添加到 QStackedLayout 布局对象。

在步骤(1)中做好了准备工作，为子界面增加了相关信号和槽函数。在步骤(2)中，将构建子界面对象和 QStackedLayout 对象，如代码清单 5-46 所示。

代码清单 5-46

```
// dialog.cpp
CDialog::CDialog(QWidget * parent) : QDialog(parent) {
    ui.setupUi(this);
    QStackedLayout * pStackLayout = new QStackedLayout(this);
    CStep1 * pWidgetStep1 = new CStep1(this);
    CStep2 * pWidgetStep2 = new CStep2(this);
    CStep3 * pWidgetStep3 = new CStep3(this);
    pStackLayout->addWidget(pWidgetStep1);
    pStackLayout->addWidget(pWidgetStep2);
    pStackLayout->addWidget(pWidgetStep3);
    pStackLayout->setCurrentIndex(0);
    ui.horizontalLayout->addLayout(pStackLayout);
}
```

代码清单 5-46 中，构建了 QStackedLayout 对象 pStackLayout，并分别构建了 3 个子界面对象，再将 3 个子界面对象添加到 pStackLayout 布局对象，然后设置默认的页面为第 0 页，最后将 pStackLayout 对象添加到 CDialog 的整体布局对象中。对象构建完毕，接下来进行信号-槽关联。

（3）在向导主界面中将子界面的信号关联到 QStackedLayout 的相关槽函数，以便在子界面中单击【上一步】和【下一步】按钮时更新当前页面。

代码清单 5-47 中，将 3 个子界面发射的 showpage() 信号关联到 pStackLayout 对象的槽函数 setCurrentIndex()。showpage(int page_index) 信号也提供一个 int 类型的参数，跟 QStackedLayout::setCurrentIndex(int index) 相配套，所以可以将各个子界面的 showpage() 信号直接关联到 QStackedLayout 对象的槽函数 setCurrentIndex()。然后，将子界面 pWidgetStep3 对象发射的 closeWindow() 信号关联到 CDialog::close() 槽函数，以便当 pWidgetStep3 子界面的 btnClose 按钮被单击时可以正常退出主程序。

代码清单 5-47

```
// dialog.cpp
CDialog::CDialog(QWidget * parent) : QDialog(parent) {
    ...
    connect(pWidgetStep1, &CStep1::showpage, pStackLayout, &QStackedLayout::setCurrentIndex);
    connect(pWidgetStep2, &CStep2::showpage, pStackLayout, &QStackedLayout::setCurrentIndex);
    connect(pWidgetStep3, &CStep3::showpage, pStackLayout, &QStackedLayout::setCurrentIndex);
    connect(pWidgetStep3, &CStep3::closeWindow, this, &CDialog::close);
}
```

本节介绍了使用 QStackedLayout 开发向导式界面的方法，主要分为如下 3 个步骤。

（1）为各个向导子界面增加信号并添加按钮对应的槽函数，在槽函数中发射相关信号以便通知 QStackedLayout 对象切换页面；如果发射的信号与 QStackedLayout 对象的槽函数 setCurrentIndex() 进行关联，那么信号的参数列表必须与槽函数的参数列表保持一致。

（2）在向导主界面中构建各个子界面对象、QStackedLayout 对象并将向导子界面添加到 QStackedLayout。

（3）在向导主界面中将子界面的信号关联到 QStackedLayout 对象的相关槽函数，以便在子界面中单击【上一步】和【下一步】按钮时可以切换页面。在子界面中发射自定义的关闭信号以便在主界面中退出主程序。

5.13 案例 29 定时器 1

视频讲解

本案例对应的源代码目录：src/chapter05/ks05_13。程序运行效果见图 5-66。

在开发界面类应用时，有时候需要执行一些周期性操作，比如周期性扫描某个目录下的文件、周期性刷新界面等，这时候定时器就派上用场了。定时器，顾名思义，指的是周期性发射时间信号的对象。Qt 的定时器类是 QTimer。使用 Qt 的定时器一共分为 3 步。

（1）定义定时器对象。

（2）定义并实现周期性调用的槽函数，将定时器的信号关联到该槽函数。

（3）设定定时器周期，并启动定时器。

下面分别进行介绍。

第5章 对话框

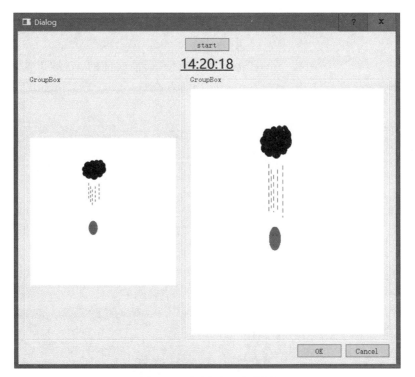

图 5-66　案例 29 运行效果

1. 定义定时器对象

在界面类定义中添加定时器对象作为成员变量。

```
QTimer * m_pTimer;
```

2. 定义槽函数，并将定时器的信号关联到该槽函数

在对话框 CMainDialog 的头文件中提供槽函数的定义。

```
// maindialog.h
class CMainDialog : public QDialog {
    ...
private slots:
    void slot_timeout();
    ...
};
```

在对话框 CMainDialog 的实现文件中，提供槽函数的实现，见代码清单 5-48。

代码清单 5-48

```
// maindialog.cpp
void CMainDialog::slot_timeout() {
    QTime tm = QTime::currentTime();
    QString str;
    str.sprintf(" %02d:%02d:%02d", tm.hour(),tm.minute(), tm.second());
    ui.label->setText(str);
    ui.label_png->setPixmap(m_png[m_idx++]);
```

```
        if (m_idx > 3)
            m_idx = 0;
}
```

代码清单 5-48 中，在槽函数 slot_timeout() 中获取当前时间后，更新到界面的文本框中。同时，为 ui.lable_png 更新图片。数组 m_png 中一共存放了 4 个图片，它在 CMainDialog 中的定义如下。

```
class CMainDialog : public QDialog {
    ...
private:
    QPixmap m_png[4];
};
```

通过定时器的周期性运转，每次进入槽函数 slot_timeout() 时都会将图片进行更换，这样就形成了动画效果。下面创建定时器对象，并将定时器的信号关联到该槽函数，如代码清单 5-49 所示。

代码清单 5-49

```
// maindialog.cpp
void CMainDialog::initialDialog() {
    ...
    m_pTimer = new QTimer(this);
    // 关联槽函数
    connect(m_pTimer, &QTimer::timeout, this, &CMainDialog::slot_timeOut);
}
```

3. 设定定时器周期，并启动定时器

如代码清单 5-50 所示，在界面的初始化过程中，设置定时间隔并启动定时器。至此，定时器功能开发完成。

代码清单 5-50

```
// maindialog.cpp
void CMainDialog::initialDialog() {
    ...
    m_pTimer->setInterval(300);
    m_pTimer->start();
}
```

下面介绍一个知识点：GIF 图片的展示方法。可以使用 QMovie 来展示 GIF 图片，见代码清单 5-51。然后，在界面初始化时构建该对象，见代码清单 5-52。

代码清单 5-51

```
class CMainDialog : public QDialog {
    ...
private:
    QMovie * m_movie;
};
```

代码清单 5-52

```
void CMainDialog::initialDialog() {
    ...
    QString imgStr(":/images/rainman.gif");
```

```
    m_movie = new QMovie(imgStr);
}
```

本案例中选择的 GIF 图片有些大,因此进行了缩放。

```
m_movie->setScaledSize(QSize(300, 300));
ui.label_gif->setMovie(m_movie);
m_movie->start();
```

为展示 GIF 图片的 QLabel 控件设置 QMovie 对象,并启动动画。

```
ui.label_gif->setMovie(m_movie);
m_movie->start();
```

最后,请将所有的图片都添加到 ks05_13.qrc 文件中。

```
<!DOCTYPE RCC><RCC version = "1.0">
<qresource>
    <file>images/rainman.gif</file>
    <file>images/pic1.png</file>
    <file>images/pic2.png</file>
    <file>images/pic3.png</file>
    <file>images/pic4.png</file>
</qresource>
</RCC>
```

将 ks05_13.qrc 文件添加到项目 pro 文件中的 RESOURCES 配置项。

```
RESOURCES += ks05_13.qrc
```

作为辅助功能,可以使用一个按钮来控制定时器、动画的启停,见代码清单 5-53。

代码清单 5-53

```
// maindialog.cpp
void CMainDialog::initialDialog() {
    ...
    connect(ui.pushButton, &QPushButton::toggled, this, &CMainDialog::onStartStop);
    ...
}
void CMainDialog::onStartStop() {
    m_bStart = !m_bStart;
    m_bStart ? (m_pTimer->start(),m_movie->start(),ui.pushButton->setText("stop")) : (m_pTimer->stop(), m_movie->stop(), ui.pushButton->setText("start"));
}
```

4. 定时器精度

定时器的精度取决于底层操作系统和硬件。绝大多数平台支持的定时器精度为 1ms,尽管定时器的准确性在许多现实情况下与此不符。定时器的准确性也取决于定时器类型 Qt::TimerType,见表 5-6。

表 5-6　Qt::TimerType 取值

枚　　举	值	含　　义
Qt::PreciseTimer	0	精确定时,尽力保持 1ms 精度
Qt::CoarseTimer	1	保持精度误差为期望的定时器周期的 5%
Qt::VeryCoarseTimer	2	精度只有秒级

对于 Qt::PreciseTimer 来说,QTimer 将试图保持精确度在 1ms。使用 Qt::PreciseTimer 作为精确的定时器从来不会在预计时间之前超时(触发)。对于 Qt::CoarseTimer 和 Qt::VeryCoarseTimer 类型,QTimer 可能早于预期超时,即在定时器周期之内被唤醒。Qt::CoarseTimer 类型定时器的误差为定时器周期的 5%,Qt::VeryCoarseTimer 误差为 500ms。这意味着这两种类型的定时器精度不可靠,如果应用程序对时间没有精确要求,可以考虑这两种定时器。在 Unix(包括 Linux、MacOS、iOS)系统中,Qt 将为 Qt::PreciseTimer 保持毫秒精度;对于 Qt::CoarseTimer 类型定时器,精度将调整到 5%,使定时器与其他定时器匹配或差不多在同一时间,目标是让大多数定时器在同一时间醒来,从而减少 CPU 唤醒和功耗。在 Windows 上,Qt 将为 Qt::PreciseTimer 使用 Windows 的多媒体定时器工具(如果可用),而为 Qt::CoarseTimer 和 Qt::VeryCoarseTimer 使用正常的 Windows 定时器。

本节简单介绍了使用 QTimer 完成定时信号触发槽函数的功能。使用定时器时,需要构建一个 QTimer 对象并将它的 timeout 信号关联到相关槽函数,然后设置定时器周期并将它启动。需要注意的是,请勿在定时器的槽函数中执行耗时操作。因为定时器工作在主线程中,如果执行过多耗时操作将影响界面刷新。

5.14 案例 30 定时器 2

本案例对应的源代码目录:src/chapter05/ks05_14。程序运行效果见图 5-67。

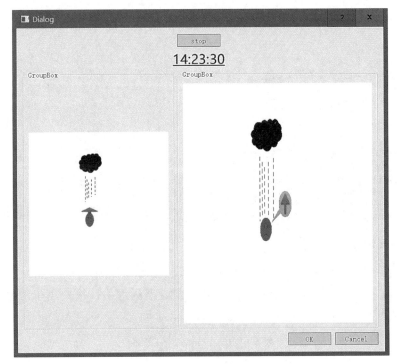

图 5-67 案例 30 运行效果

5.13 节中介绍了使用定时器的 timeout()信号触发槽函数的定时器用法,本节介绍另外一种用法,使用 timerEvent()事件实现定时功能。本节将介绍如何在 QObject 的派生类中通过 timerEvent()使用定时器,这种方法不再需要使用槽函数。使用 timerEvent()实现定时功能一共分为 2 步。

(1) 定义对象用来保存定时器 Id,设定定时器周期,启动定时器。

(2) 通过重写 timerEvent()事件实现定时功能。

下面进行详细介绍。

1. 定义对象用来保存定时器 Id,设定定时器周期,启动定时器

在界面类中添加定时器对象作为成员变量,见代码清单 5-54。

代码清单 5-54

```cpp
// maindialog.h
#pragma once
#include <QPixmap>
#include "ui_maindialogbase.h"
QT_BEGIN_NAMESPACE
class QMovie;
QT_END_NAMESPACE
class CMainDialog : public QDialog {
    Q_OBJECT
public:
    CMainDialog(QWidget* pParent);
    ~CMainDialog();
protected:
    void timerEvent(QTimerEvent* event) override;
private slots:
    void onStartStop();
private:
    void initialDialog();
private:
    bool m_bStart;
    int m_timerId;                                                    ①
    Ui::CMainDialogBase ui;
    QPixmap m_png[4];
    QMovie* m_movie;
    int m_idx;
};
```

代码清单 5-54 中,重写了时钟事件接口 timerEvent(),override 关键字(C++ 11 才支持)表明该接口是从基类派生的接口。标号①处定义了用来保存定时器 Id 的对象 m_timerId。

在 CMainDialog 构造函数中对界面进行初始化,见代码清单 5-55。

代码清单 5-55

```cpp
// maindialog.cpp
#include "maindialog.h"
#include <QGridLayout>
#include <QLabel>
#include <QMovie>
#include <QPushButton>
#include <QTime>
#include <QTimer>
CMainDialog::CMainDialog(QWidget* pParent) : QDialog(pParent) {
    ui.setupUi(this);
```

```cpp
        initialDialog();
}
CMainDialog::~CMainDialog(){
}
```

下面看一下初始化接口 initialDialog() 的实现,见代码清单 5-56。

代码清 5-56

```cpp
// maindialog.cpp
void CMainDialog::initialDialog() {
    m_idx = 0;
    m_bStart = true;
    // 启动定时器,保存定时器 Id
    m_timerId = startTimer(300, Qt::PreciseTimer);
    connect(ui.pushButton, &QPushButton::toggled, this, &CMainDialog::onStartStop);
    QString imgStr(":/images/rainman.gif");
    m_movie = new QMovie(imgStr);
    // 将图片缩放到指定尺寸
    m_movie->setScaledSize(QSize(300, 300));
    ui.label_gif->setMovie(m_movie);
    m_movie->start();
    m_png[0] = QPixmap(":/images/pic1.png").scaled(400,500);
    m_png[1] = QPixmap(":/images/pic2.png").scaled(400, 500);
    m_png[2] = QPixmap(":/images/pic3.png").scaled(400, 500);
    m_png[3] = QPixmap(":/images/pic4.png").scaled(400, 500);
    ui.label_png->setPixmap(m_png[0]);
}
```

代码清单 5-56 中,启动了定时器,并且保存定时器 Id 到变量 m_timerId。请注意 startTimer() 接口属于类 QObject,参数 Qt::PreciseTimer 表明使用精确计时。如代码清单 5-57 所示,在槽函数 onStartStop() 中,启停定时器。

代码清单 5-57

```cpp
// maindialog.cpp
void CMainDialog::onStartStop() {
    m_bStart = !m_bStart;
    if (m_bStart) {
        m_timerId = startTimer(300, Qt::PreciseTimer);         ①
        m_movie->start();
        ui.pushButton->setText("stop");
    }
    else {
        killTimer(m_timerId);                                   ②
        m_movie->stop();
        ui.pushButton->setText("start");
    }
}
```

代码清单 5-57 中,在标号①处,重新启动定时器并保存该定时器的 id 到成员变量 m_timerId,然后重新启动动画对象。在标号②处,需要停止动画,因此关闭定时器并停止动画。

2. 通过重写 timerEvent() 事件实现定时功能

重写的 timerEvent() 接口见代码清单 5-58。

代码清单 5-58

```
// maindialog.cpp
void CMainDialog::timerEvent(QTimerEvent * event) {
    if (m_timerId == event->timerId()){
        QTime tm = QTime::currentTime();
        QString str;
        str.sprintf("%02d:%02d:%02d", tm.hour(),tm.minute(), tm.second());
        ui.label->setText(str);
        ui.label_png->setPixmap(m_png[m_idx++]);
        if (m_idx > 3)
            m_idx = 0;
    }
}
```

代码清单 5-58 的这段代码其实是把 5.13 节中定时器槽函数中的内容搬到了 timerEvent() 中,唯一不同的就是增加了对定时器 Id 的判断。只有定时器 Id 满足要求才执行后续操作。这也就意味着可以开启多个定时器,通过定时器 Id 进行判断然后执行不同的操作。

从本节内容可以看出,使用 timerEvent() 实现定时器功能跟 5.13 节中使用信号-槽实现定时器功能有所不同。

(1) 使用 m_timerId 记录定时器 Id,在构造函数中通过调用 startTimer() 启动定时器并保存定时器 Id 到 m_timerId,然后设置定时器周期。

(2) 在 timerEvent() 中通过定时器 Id 判断应进行何种处理。

(3) 使用 killTimer() 停止定时器,并传入定时器 Id。重启定时器时调用 startTimer() 并保存新的定时器 Id。

5.15 配套练习

1. 运行 Designer,将 Widget Box 中的控件拖入窗体,在【对象查看器】中查看控件的类名,在【属性编辑器】中修改 objeceName,在代码中写出包含头文件的代码(♯include <Qxxx>)。

2. 运行 Designer,并进行如下练习。创建一个无按钮的对话框;在对话框中添加一个按钮(Buttons 中的 Push Button),为该按钮设置名称为 btn_Modify,设置按钮上显示的文本为"修改";向对话框中添加一个下拉列表框(Input Widgets 中的 Combo Box),要求最宽为 100;向对话框中添加 3 个复选框(Buttons 中的 Check Box),并将它们放在一个 Group Box(位于 Containers 组)中;向对话框中添加 3 个单选框(Buttons 中的 Radio Button),并将它们放在一个 Group Box 中。

3. 编写一个简单的对话框应用程序,要求用代码实现如下功能:该对话框只有最大化、最小化按钮,而且关闭按钮不可用。

4. 使用 Designer 创建一个对话框,在对话框中添加一个 QPushButton 按钮,为对话框设置样式,目的是当鼠标悬浮在按钮上时,按钮显示为黄色。为对话框设置如下样式后,样式未生效,请问是什么原因?

```
QPushbutton::hover {
    background-color: rgb(242, 255, 179);
    color: rgb(255, 139, 37);
}
```

第6章 常用控件

Qt 提供的最大的便利就是跨平台界面开发能力。Qt 提供了大量的控件用来实现界面开发，开发人员可以利用 Qt 提供的常用控件开发出各种各样的人机交互应用。本章介绍几个常用控件的开发与使用。

6.1 案例 31 使用 QLabel 显示文本或图片

本案例对应的源代码目录：src/chapter06/ks06_01。程序运行效果见图 6-1。

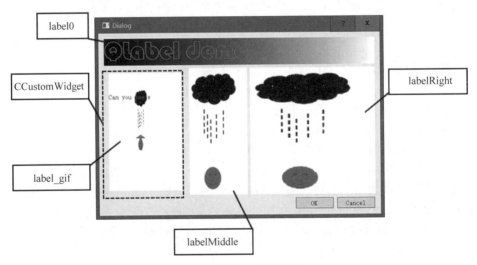

图 6-1 案例 31 运行效果

Qt 的 Designer 中提供了各种常用控件，极大方便了界面开发工作。本节介绍最常用的控件之一——文本控件 QLabel。QLabel 可以用来显示文本，还可以用来显示静态图片、GIF 动画，另外还可以用它开发绘图功能。本节介绍用 QLabel 实现文本与图片的显示。如图 6-1 所示，主窗体 CDialog 中一共使用了 5 个 QLabel。上面一行是一个 QLabel，名字是 label0，显示的内容是一行文字 QLabel demo。下面一行是由 3 部分组成，从左到右分别显示 GIF 动画、静态图片、静态图片。这 3 部分对应的控件分别为 CCustomWidget、QLabel、QLabel，其中最后两个 QLabel 的名字分别为 labelMiddle、labelRight。labelMiddle 用来显示静态图片，图片在 Deisgner 中设置；labelRight 也用来显示图片，显示图片的功能用代码实现。剩余的两个 QLabel 在哪里呢？在 CCusomWidget 里。其中一个名字为 label_gif，用来显示 GIF 动画；另外一个名字为 m_transparentLabel，用来作为透明文字覆盖在 GIF 动画上方。下面分别来看一下这 5 个 QLabel 实现相应功能的开发方法。

1. 用来显示文本的 lable0

lable0 用来显示文本信息，这是 QLabel 最常见的用法。直接在 Designer 中添加该文本对象，并且通过双击文本修改其内容为"QLabel demo"。然后修改其样式，方法是右击该 QLabel，选择【改变样式表】，在弹出的【编辑样式表】界面中，分别为 label0 设置字体、渐变色（背景色）、颜色（字体轮廓的颜色）。通过界面设置得到的样式如下。

```
font: 36pt "华文彩云";
background-color: qlineargradient(spread:pad, x1:0, y1:0, x2:1, y2:0, stop:0 rgba(0, 0, 0, 255), stop:1 rgba(255, 255, 255, 255));
color: rgb(255, 255, 0);
```

可以通过 label0->setText() 修改文本内容，通过 label0->setStyleSheet() 修改样式。

2. CCustomWidget 中用来显示 GIF 动画的 label_gif

label_gif 用来显示 GIF 动画。当整个界面缩放时，动画也应同步缩放，因此，将 label_gif 封装到 CCustomWidget 类中。用 Designer 创建一个 Widget 窗体，取名为 CCustomWidget，向其中拖入一个 QLabel 并取名为 label_gif。在主界面初始化时，把构建的 CCustomWidget 对象作为子控件添加到主窗口 CDialog 的 Widget 占位控件中，见代码清单 6-1，为占位控件 ui.widget 创建了布局对象 gridLayout，并创建子控件 m_pWidget，然后将 m_pWidget 添加到主界面布局 gridLayout 中。

代码清单 6-1

```
// dialog.cpp
CDialog::CDialog(QWidget * parent) : QDialog(parent) {
    ...
    QGridLayout * gridLayout = new QGridLayout(ui.widget);
    gridLayout->setObjectName(QStringLiteral("gridLayout"));
    m_pWidget = new CCustomWidget(this);
    gridLayout->addWidget(m_pWidget, 0, 0);
    ...
}
```

那么，怎样加载 GIF 动画并且显示到界面呢？首先需要构造一个 QMovie 对象，见代码清单 6-2，请注意其中图片文件路径的表达方式":/images/rainman.gif"，通过":"来表示文件路径位于当前项目代码路径的 images 子目录下，文件名为 rainman.gif。

代码清单 6-2

```
// customwidget.cpp
void CCustomWidget::initialize() {
    ...
    QString imgStr(":/images/rainman.gif");
    m_movie = new QMovie(imgStr);
    ...
}
```

为了约束 GIF 动画在界面上的显示尺寸，把播放 GIF 动画的 label_gif 的尺寸作为 m_movie 动画的初始尺寸。

```
m_movie->setScaledSize(QSize(ui.label_gif->geometry().size()));
```

最后，为 label_gif 设置动画对象，并且启动 GIF 动画。

```
ui.label_gif->setMovie(m_movie);
m_movie->start();
```

3. 透明的文本 m_transparentLabel

m_transparentLabel 用来覆盖在 GIF 动画上面，从而达到展示透明文本的效果，也就是文本的文字笔画区域会覆盖 GIF 动画，而文本中没有文字笔画的区域是透明的，因此可以显示下方的 GIF 动画，该功能实现见代码清单 6-3。为了使文本透明，使用 setStyleSheet() 设置样式，关键是样式中的"border: none"。

代码清单 6-3

```cpp
// customwidget.cpp
void CCustomWidget::initialize() {
    ...
    m_transparentLabel = new QLabel(this);
    m_transparentLabel->setText("Can You See Me?");
    m_transparentLabel->setGeometry(100, 250, 100, 30);
    m_transparentLabel->setStyleSheet("color: rgb(255, 48, 190);border:none");
}
```

为了使 GIF 动画在窗体被拉伸时可以一起拉伸，需要重写 CCustomWidget 的 resizeEvent()，见代码清单 6-4。在标号①处，设置 m_movie 的尺寸与 ui.label_gif 一致，这样 GIF 动画就可以跟窗体同步拉伸了。为了保证透明文本的展示效果，需要对 m_transparentLabel 的坐标进行动态调整，以便将它覆盖在 GIF 动画上面。

代码清单 6-4

```cpp
void CCustomWidget::resizeEvent(QResizeEvent * event) {
    QWidget::resizeEvent(event);
    m_movie->setScaledSize(QSize(ui.label_gif->geometry().size()));        ①
    QRectF rctGif = ui.label_gif->geometry();
    qreal x = rctGif.x() + rctGif.width()/3.f;
    qreal y = rctGif.y() + rctGif.height() / 6;
    m_transparentLabel->setGeometry(x, y, 100, 30);
}
```

4. 用 Designer 设置图片的 labelMiddle

labelMiddle 用来显示一个静态图片。在 Designer 中，可以直接通过界面设置需要显示的图片。选中该文本控件后，在属性窗中设置 Pixmap 属性，见图 6-2。

图 6-2 设置 pixmap 属性

如果选择的图片太大，可以在代码中调用 QPixmap 的 scaled() 接口来设置图片尺寸。

```
ui.labelMiddle->setPixmap(QPixmap(":/images/pic1.png").scaled(300, 300));
```

用这种方法为 QLabel 设置图片之后,使用 VS 2017 编译后能正常显示,但是用 Qt Creator 编译后可能无法正常显示图片,如果出现这种情况,请用代码设置一下图片即可。

5. 另一个静态图片 labelRight

labelRight 也用来显示一个静态图片,但是通过代码实现。为了使图片尺寸满足要求,也调用了 QPixmap 的 scaled()接口。

```
CDialog::CDialog(QWidget * parent) : QDialog(parent) {
    ...
    ui.labelRight->setPixmap(QPixmap(":/images/pic1.png").scaled(300, 300));
}
```

6.2 案例 32 使用 QLineEdit 获取多种输入

本案例对应的源代码目录:src/chapter06/ks06_02。程序运行效果见图 6-3 和图 6-4。

图 6-3 获取登录信息

图 6-4 获取用户输入的个人信息

在 Qt 界面编程中,文本框 QLineEdit(行编辑器)也是常用控件。比如,可以用 QLineEdit 来获取用户输入的地址、姓名等信息,也可以用它获取用户输入的密码。本节将通过两个对话框展示文本框的几种常用功能。图 6-3 所示的对话框主要演示输入密码功能,图 6-4 所示的对话框主要演示输入数字、对输入内容进行格式化展示等功能。

1. 输入密码

以 src.baseline 下的 ks06-02 代码为基础,用 Designer 打开 dialog.ui 文件,并且向其中添加两个 QLabel,分别设置显示的文本为"姓名""密码"。然后,在两个 QLabel 的右侧各自添加一个 QLineEdit,分别供用户输入姓名、密码。对于用来编辑姓名的 QLineEdit 不用做特殊设置。如果希望获取姓名字符串,可以使用 QLineEdit::text()接口。如果希望设置 QLineEdit 中的文本,可使用 QLineEdit::setText()接口。对于用来编辑密码的控件来说,应该隐藏密码,否则显示在界面上的密码就不叫密码了。Qt 提供了 EchoMode 属性用来实现该功能。EchoMode 的取值及含义见表 6-1。

表 6-1 EchoMode 取值及含义

枚 举	数值	含 义
QLineEdit::Normal	0	用户输入什么就显示什么。默认值是 QLineEdit::Normal
QLineEdit::NoEcho	1	不管用户输入什么,界面上都不显示任何东西。该选项用来当输入密码而且不希望别人看到密码长度时使用
QLineEdit::Password	2	用户输入密码时使用。根据不同的平台,显示不同的替换字符,而且不会显示用户输入的原始字符
QLineEdit::PasswordEchoOnEdit	3	当用户正在编辑时,显示用户输入的真实字符,否则显示同 QLineEdit::Password

如果只是作为普通的行编辑输入控件,可以把 EchoMode 设置为 QLineEdit::Normal,或者不做设置(使用默认值)。如果希望把用户输入作为密码,则可以根据具体的需求使用表 6-1 中 3 个非零值。可以通过 setEchoMode() 接口来修改该值。如果希望 QLineEdit 控件接受拖放,则可以设置 dragEanbled 为 True。如果暂时不希望用户对行编辑控件进行修改,可以设置 readOnly 为 True。CDialog 的实现见代码清单 6-5。

代码清单 6-5

```cpp
// dialog.cpp
#include "dialog.h"
#include <QGridLayout>
#include <QDialogButtonBox>
#include "infodialog.h"
CDialog::CDialog(QWidget * parent) : QDialog(parent) {
    ui.setupUi(this);
    ui.lePassword->setEchoMode(QLineEdit::Password);        ①
    ui.lePassword->setPlaceholderText("please input password.");
    connect(ui.buttonBox, &QDialogButtonBox::accepted, this, &CDialog::slot_accepted);
    connect(ui.buttonBox, &QDialogButtonBox::rejected, this, & CDialog::reject);
}
void CDialog::slot_accepted() {
    CInfoDialog dlg;
    dlg.exec();
    accept();
}
```

代码清单 6-5 标号①处,设置密码编辑控件的模式为 QLineEdit::Password,并且设置了提示用的文本"please input password."。然后,将对话框中的 OK、Cancel 按钮组 ui.buttonBox 的信号关联到对话框的对应槽函数。槽函数 slot_accepted() 的功能是,在第一个对话框关闭时弹出第二个对话框。

2. 格式化输入

在第二个对话框 CInfoDialog 中,演示 QLineEdit 的掩码、输入有效性检测等格式化输入功能。首先,在对话框中增加一个 QCheckBox,用来控制是否允许用户输入,见代码清单 6-6。

代码清单 6-6

```cpp
// infodialog.h
#pragma once
#include <QDialog>
```

```cpp
namespace Ui {
    class CInfoDialog;
}
class CInfoDialog : public QDialog {
    Q_OBJECT
public:
    explicit CInfoDialog(QWidget * parent = nullptr);
    ~CInfoDialog();
private slots:
    /*
    * @brief 允许编辑被单击
    * @param[in] b true:允许编辑,false:禁止编辑
    * @return void
    */
    void slot_editEnabled(bool b);
private:
    Ui::CInfoDialog * ui;
};
```

代码清单6-6中,槽函数slot_editEnabled(bool b)用来处理QCheckBox的状态更改。CInfoDialog的实现见代码清单6-7,槽函数slot_editEnabled()中,根据QCheckBox的勾选状态控制几个编辑控件是否允许编辑。

代码清单6-7

```cpp
// infodialog.cpp
#include "infodialog.h"
#include "ui_infodialog.h"
#include <QIntValidator>
CInfoDialog::CInfoDialog(QWidget * parent) : QDialog(parent), ui(new Ui::CInfoDialog) {
    ui->setupUi(this);
    connect(ui->buttonBox, &QDialogButtonBox::rejected, this, &CInfoDialog::reject);
    connect(ui->buttonBox, &QDialogButtonBox::accepted, this, &CInfoDialog::accept);
    connect(ui->ckEditable, &QCheckBox::stateChanged, this, &CInfoDialog::slot_editEnabled);
}
CInfoDialog::~CInfoDialog() {
    delete ui;
}
void CInfoDialog::slot_editEnabled(bool b) {
    ui->leName->setEnabled(b);
    ui->leStature->setEnabled(b);
    ui->leBirthday->setEnabled(b);
    ui->lePhone->setEnabled(b);
}
```

下面,介绍QLineEdit的几个常用功能。以下内容在CInfoDialog类的构造函数中实现。先来看身高控件ui->leStature,因为身高是整数,所以为该控件设置整数有效性检查。检查的方法是用ui->leStature构造一个QIntValidator对象,然后为ui->leStature调用setValidator()接口。

```cpp
ui->leStature->setValidator(new QIntValidator(ui->leStature));
```

接下来演示格式化输入功能,生日就属于这种情况,其格式为年-月-日,见代码清单6-8。

代码清单6-8

```cpp
// infodialog.cpp
CInfoDialog::CInfoDialog(QWidget * parent) : QDialog(parent), ui(new Ui::CInfoDialog) {
```

```
    ...
    ui->leBirthday->setInputMask("0000-00-00");
    ui->leBirthday->setText("00000000");
    ui->leBirthday->setCursorPosition(0);
}
```

代码清单 6-8 中,最关键的代码是对 setInputMask() 的调用。0000-00-00 表示要输入的生日格式为:4 位数字的年-2 位数字的月-2 位数字的日。用于 setInputMask() 的掩码字符见表 6-2。

表 6-2 用于 setInputMask() 的掩码字符

取 值	含 义
A	必须输入 ASCII 字母,取值范围是 A~Z,a~z
a	允许输入 ASCII 字母字符,但不是必需的,取值范围是 A~Z,a~z
N	必须输入 ASCII 字母或数字,取值范围是 A~Z,a~z,0~9
n	允许输入 ASCII 字母字符或数字,但不是必需的,取值范围是 A~Z,a~z,0~9
X	必须输入字符,任何字符都可以
x	可以输入任意字符,但不是必需的
9	必须输入数字,取值范围是 0~9
0	可以输入数字,但不是必需的,取值范围是 0~9
D	必须输入数字,取值范围是 1~9
d	可以输入数字,但不是必需的,取值范围是 1~9
#	可以输入数字或加减号,但不是必需的
H	必须输入十六进制数据字符,取值范围是 A~F,a~f,0~9
h	输入十六进制数据字符,但不是必须要的,取值范围是 A~F,a~f,0~9
B	必须输入二进制数据字符,取值范围是 0~1
b	输入二进制数据字符,但不是必须要的,取值范围是 0~1
>	输入的所有字符字母都要大写
<	输入的所有字符字母都要小写
!	关闭大小写
\	在需要显示以上字符的时候,使用"\"去转义上面的字符

在表 6-3 中给出了掩码字符的几个案例。

表 6-3 掩码字符案例

字 符	含 义
一个 IPv4 地址	000.000.000.000,输入字符形如:215.21.112.254
一个 MAC 地址	HH:HH:HH:HH:HH:HH
只允许输入一个 16 位的十六进制数	\\0\\xHHHH

最后,将 setInputMask() 跟 setValidator() 一起使用,见代码清单 6-9。

代码清单 6-9

```cpp
// infodialog.cpp
CInfoDialog::CInfoDialog(QWidget * parent) : QDialog(parent), ui(new Ui::CInfoDialog) {
    ...
    QRegExp regExp("^1[3|4|5|8][0-9][0-9]{8}");
    ui->lePhone->setValidator(new QRegExpValidator(regExp, ui->lePhone));
```

```
    ui->lePhone->setInputMask("#00-000-00000000");    ①
    ui->lePhone->setText("+00-000-00000000");
}
```

代码清单 6-9 演示了输入手机号的一种方案。构造一个正则表达式对象,它的约束为"^1[3|4|5|8][0-9][0-9]{8}",把它拆分开来解释,见表 6-4。

表 6-4 正则表达式解析

字 符	含 义
^1	第一位数字是 1
[3|4|5|8]	第二位数字取值 3、4、5、8 中的任意值
[0-9]	第三位取值 0～9 中任意数字
[0-9]{8}	后面 8 位数字取值 0～9

回到代码清单 6-9,在标号①处,调用 setInputMask()设置输入的掩码字符为"#00-000-00000000"。如表 6-2 所示,"#"表示可以输入数字或加减号,可用来输入电话号码中国家区号前面的"+"号;后面的"00-000-00000000"一共分 3 段,分别表示国家区号、手机号码段、手机剩余号码。

本节介绍了 QLineEdit 的基本用法,包括如何输入密码、设置掩码、进行有效性查验等内容,其中重点是 setInputMask()、setValidator(),应通过练习加深理解。

6.3 案例 33 使用 QComboBox 获取用户输入

视频讲解

本案例对应的源代码目录:src/chapter06/ks06_03。程序运行效果见图 6-5。

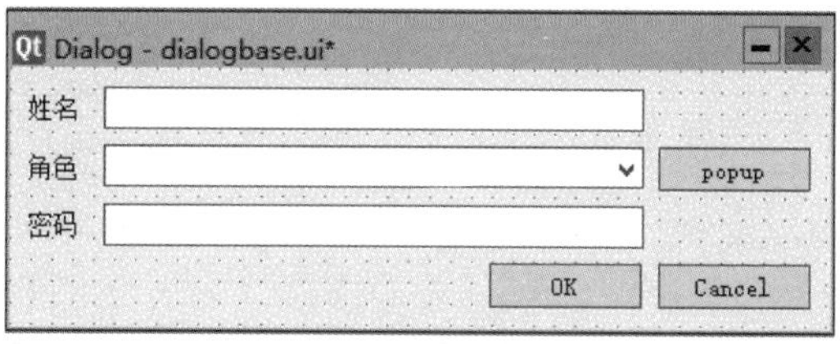

图 6-5 案例 33 运行效果

下拉列表框 QComboBox 也是 Qt 界面开发中常用的输入控件,开发者可以向下拉列表框中添加数据并且以文本、图标等方式展示。本节介绍下拉列表框的基本使用方法。本节的案例也需要使用 Designer 自定义一个对话框。其中,获取姓名和密码的控件均采用 QLineEdit。获取角色的控件使用 QComboBox。本案例实现如下功能。

(1) 在角色下拉列表中选择 admin、guest、user 等选项。
(2) 当单击 popup 按钮时将角色下拉列表弹出。

下面分为初始化界面和实现槽函数两个步骤进行介绍。

1. 在对话框类 CDialog 的构造函数中进行初始化

使用 Designer 完成界面绘制并保存,然后为各个控件设置名称。角色下拉列表的控件名称为 cbRole,类型为 QComboBox。QComboBox 提供了 addItem()接口用来添加数据。

```
ui.cbRole->addItem("user", static_cast<int>(EUserType_User));
```

addItem()的第一个参数是添加到下拉列表显示用的字符串,第二个参数用来保存对应的业务数据。请注意需要进行类型转换。除此之外,该功能也可以分两步实现,比如插入另一条记录时先调用 addItem()插入显示用的字符串,再调用 setItemData()为该条记录设置业务数据。

```
ui.cbRole->addItem("guest");
ui.cbRole->setItemData(1, static_cast<int>(EUserType_Guest));
```

setItemData()的参数"1"指的是序号,序号从 0 开始计算。请注意,代码执行到此处时,正好插入第 1 条记录(序号从 0 开始),所以 guest 对应的序号是 1。如果在插入 guest 的代码之后,通过 QComboBox::insertItem()在 guest 之前插入一条记录 visitor,此时的 guest 记录对应的序号已经从 1 变成了 2,但是它(序号为 2)对应的业务数据仍然是 EUserType_Guest。然后,插入另外一条记录 other,并且给它设置图标。

```
ui.cbRole->addItem(QIcon(":/images/user.png"), "other", static_cast<int>(EUserType_Other));
```

在该处 addItem()调用中,第一个参数是图标,other 表示该记录对应的字符串,最后一个参数是该项对应的业务数据。如果希望批量插入字符串,可以使用 addItems()。

```
QStringList strList;
strList << "maintain" << "security" << "owner";
ui.cbRole->addItems(strList);
```

为了界面美观或者需要对输入列表进行分组,可以在 QComboBox 的下拉列表中加入一个分隔线,其中参数"2"表示在第 2(序号从 0 开始)条记录后面插入分隔线。

```
ui.cbRole->insertSeparator(2);
```

也可以随时在已经添加的记录之间插入一条记录,比如在第 0 条记录之前插入 admin。

```
ui.cbRole->insertItem(0, "admin", static_cast<int>(EUserType_Admin));
```

2. 在槽函数中处理用户的选择

以 QComboBox 的下拉项变化信号 currentIndexChanged(int)为例,首先需要编写槽函数。

```
class CDialog {
    ...
private Q_SLOTS:
    void slot_roleChanged(int);
    ...
};
```

然后将信号关联到槽函数。

```
connect(ui.cbRole, SIGNAL(currentIndexChanged(int)), this, SLOT(slot_roleChanged(int)));
```

然后实现槽函数 slot_roleChanged(int),见代码清单 6-10。

代码清单 6-10

```
// dialog.cpp
void CDialog::slot_roleChanged(int) {
    int idx = ui.cbRole->currentIndex();        // 获取当前选择的记录序号
    QString str = ui.cbRole->currentText();     // 当前文本
    ...
    // 获取当前序号对应的业务数据
```

```
    int nUserType = ui.cbRole->itemData(idx).toInt();
    EUserType userType = static_cast<EUserType>(nUserType);
    switch (userType) {
    case EUserType_Admin:
        cout << "admin" << endl;
        cout << "current user:" << str.toLocal8Bit().data()<< endl;
        break;
    default:
        break;
    }
}
```
①

代码清单 6-10 中，先获取当前选中的序号 idx，然后，在标号①处调用 itemData()接口获取该项对应的业务数据。因为业务数据的类型是 EUserType，所以需要把 itemData()返回的数据先用 toInt()转换为 int 类型，然后用 static_cast 转换为 EUserType 类型。为了实现单击 popup 按钮时将下拉列表弹出的功能，需要先在头文件提供槽函数定义。

```
class CDialog {
    ...
private Q_SLOTS:
    void slot_popup();
    ...
};
```

然后，关联信号-槽。

```
connect(ui.btnPopup, SIGNAL(clicked()), this, SLOT(slot_popup()));
```

槽函数 slot_popup()比较简单。

```
void CDialog::slot_popup() {
    ui.cbRole->showPopup();
}
```

案例功能介绍完毕，下面进行小结。

（1）向下拉列表框中添加记录时使用 addItem()接口。该接口有几个重载，可以根据需要选用。

（2）为下拉列表项设置业务数据使用 setItemData()，需要把业务数据转换为 int。

（3）批量添加项时用 addItems()。

（4）获取下拉列表框当前选中项对应的业务数据时用 itemData()，该接口返回一个 QVariant()，需要将其先转换为 int，然后再用类型转换才能得到所需类型的数据。

（5）下拉列表框弹出时调用 showPopup()。

6.4 案例 34 使用 QListWidget 展示数据列表

视频讲解

本案例对应的源代码目录：src/chapter06/ks06_04。程序运行效果见图 6-6。

列表框 QListWidget 在界面开发中也是常用控件之一，比如节目列表、餐馆的菜单、音乐播放列表等都可以用列表框进行展示。本节介绍列表框 QListWidget 的基本使用方法。

本案例实现的功能如下。

（1）使用左、右两个列表框展示可选的编程语言。

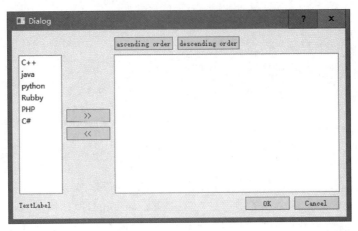

图 6-6 案例 34 运行效果

（2）通过中间的两个按钮将项从左侧移动到右侧或者从右侧移动到左侧。

（3）通过双击实现在两个列表框之间移动项。

（4）可以对右侧列表框进行升序、降序排序，排序时单击 ascending order 按钮、descending order 按钮。

（5）单击左侧列表框时，TextLabel 上会显示当前选中的项。

下面进行详细介绍。

1. 初始化

将界面的初始化封装到 initialize()接口并在构造函数中调用。在 initialize()接口中设置列表框的选择模式。为了演示更多的功能，将左侧列表框设置为允许单选，将右侧列表框设置为允许多选。然后，为左侧列表框调用 addItem()接口添加数据项。实际上，insertItem()、addItems()接口也可以用来添加数据，在介绍 QComboBox 时已经使用过这两个接口，QListWidget 的这两个接口同 QComboBox 类似。

```cpp
CDialog::CDialog(QWidget* parent) : QDialog(parent) {
    ui.setupUi(this);
    initialize();
}
void CDialog::initialize() {
    ui.listWidgetLeft->setSelectionMode(QListWidget::SingleSelection); // 允许单选
    ui.listWidgetRight->setSelectionMode(QListWidget::MultiSelection); // 允许多选
    ui.listWidgetLeft->addItem("C++");
    ui.listWidgetLeft->addItem("java");
    ui.listWidgetLeft->addItem("python");
    ui.listWidgetLeft->addItem("Rubby");
    ui.listWidgetLeft->addItem("PHP");
    ui.listWidgetLeft->addItem("C#");
    ...
}
```

2. 将项目从右侧移动到左侧

单击"<<"按钮时将数据记录从右侧移动到左侧。首先需要在 CDialog 头文件中定义槽函数。

```cpp
class CDialog : public QDialog {
    ...
private Q_SLOTS:
    void slot_move2Left();
    ...
};
```

接着,在 CDialog 构造函数中关联信号-槽。

```cpp
connect(ui.btn2Left, &QPushButton::clicked, this, &CDialog::slot_move2Left);
```

最后,实现槽函数。在槽函数中先获取右侧列表框当前选中的项目集合,然后遍历该集合,将所有项移动到左侧列表。遍历时先得到项的行号,然后调用 takeItem()将项从右侧列表框移除,再将项添加到左侧列表框。

```cpp
void CDialog::slot_move2Left(){
    // 右侧列表允许复选
    // 首先得到右侧列表中选中的项的集合
    QList<QListWidgetItem*> selectedItems = ui.listWidgetRight->selectedItems();
    int idx = 0;
    // 遍历该集合,并将项移动到左侧列表
    QList<QListWidgetItem*>::iterator iteLst = selectedItems.begin();
    for(; iteLst!= selectedItems.end(); iteLst++){
        idx = ui.listWidgetRight->row(*iteLst);        // 得到该项的行号(序号)
        ui.listWidgetRight->takeItem(idx);             // 先从右侧删除
        ui.listWidgetLeft->addItem(*iteLst);           // 将项添加到左侧
    }
}
```

3. 将项从左侧移动到右侧

单击">>"按钮时将数据记录从左侧移动到右侧。首先需要在 CDialog 头文件中定义槽函数。

```cpp
class CDialog : public QDialog {
    ...
private Q_SLOTS:
    void slot_move2Right();
    ...
};
```

接着,在 CDialog 构造函数中关联信号-槽。

```cpp
connect(ui.btn2Right, &QPushButton::clicked, this, &CDialog::slot_move2Right);
```

最后,实现槽函数。

```cpp
void CDialog::slot_move2Right(){
    // 左侧列表只允许单选
    // 得到左侧列表当前选中的项
    QListWidgetItem* pItem = ui.listWidgetLeft->currentItem();
    if (nullptr == pItem)
        return;
    int idx = ui.listWidgetLeft->row(pItem);           // 得到项的序号
    ui.listWidgetLeft->takeItem(idx);                  // 将项从左侧列表删除
    ui.listWidgetRight->addItem(pItem);                // 将项添加到右侧列表
}
```

4. 通过双击实现项的移动

首先,需要在 CDialog 头文件中定义槽函数。

```
class CDialog : public QDialog {
    ...
private Q_SLOTS:
    void slot_leftItemDoubleClicked(QListWidgetItem * item);
    ...
};
```

接着,在 CDialog 构造函数中关联信号-槽。

```
connect ( ui. listWidgetLeft, &QListWidget:: itemDoubleClicked, this, &CDialog:: slot_leftItemDoubleClicked);
```

最后,实现槽函数。

```
void CDialog::slot_leftItemDoubleClicked(QListWidgetItem * pItem) {
    int row = ui.listWidgetLeft->row(pItem);
    ui.listWidgetLeft->takeItem(row);
    ui.listWidgetRight->addItem(pItem);
}
```

5. 将选中项的字体加粗

首先,需要在 CDialog 头文件中定义槽函数。第一个槽函数将选中项目字体加粗,第二个槽函数用来在选中新的项后将前一次选中项的字体恢复。

```
class CDialog : public QDialog {
    ...
private Q_SLOTS:
    void slot_leftItemClicked(QListWidgetItem * item);
    void slot_leftCurrentItemChanged (QListWidgetItem * current, QListWidgetItem * previous);
    ...
};
```

接着,在 CDialog 构造函数中关联信号-槽。

```
connect(ui.listWidgetLeft, &QListWidget::itemClicked, this, &CDialog::slot_leftItemClicked);
connect ( ui. listWidgetLeft, &QListWidget:: currentItemChanged, this, &CDialog:: slot_leftCurrentItemChanged);
```

最后,实现槽函数。

```
void CDialog::slot_leftItemClicked(QListWidgetItem * pItem) {
    QString str = "my favorite program language is ";
    str += pItem->text();
    ui.label->setText(str);
    // 同时将被选中项字体加粗
    QFont ft = pItem->font();
    ft.setBold(true);
    pItem->setFont(ft);
}
void CDialog:: slot_ leftCurrentItemChanged ( QListWidgetItem * current, QListWidgetItem * previous) {
    Q_UNUSED(current);
```

```
            // 将之前选中项的字体粗体恢复
            if (nullptr!= previous){
                QFont ft = previous->font();
                ft.setBold(false);
                previous->setFont(ft);
            }
        }
```

6. 实现排序功能

首先,需要在 CDialog 头文件中定义槽函数。

```
class CDialog : public QDialog {
    ...
private Q_SLOTS:
    void slot_ascending();
    void slot_descending();
    ...
};
```

接着,在 CDialog 构造函数中关联信号-槽。

```
connect(ui.btnDescending, &QPushButton::clicked, this, &CDialog::slot_descending);
connect(ui.btnAscending, &QPushButton::clicked, this, &CDialog::slot_ascending);
```

最后,实现槽函数。

```
void CDialog::slot_ascending(){
    ui.listWidgetRight->sortItems(Qt::AscendingOrder);
}
void CDialog::slot_descending(){
    ui.listWidgetRight->sortItems(Qt::DescendingOrder);
}
```

6.5 案例 35 使用 QSlider 控制进度

本案例对应的源代码目录:src/chapter06/ks06_05。程序运行效果见图 6-7。

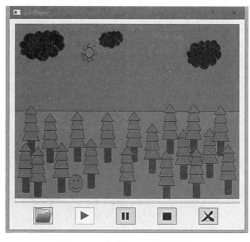

图 6-7 案例 35 运行效果

滑动条是用来控制位置或者进度的一种控件,本节将介绍 Qt 提供的滑动条控件 QSlider。在本节中,用 UI 文件方式实现一个 GIF 简易播放工具。首先,用 Designer 绘制界面的 UI 文件。各个控件的名称如图 6-8 所示。

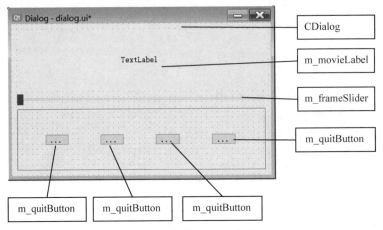

图 6-8 案例 44 界面文件

对各个控件说明见表 6-5。

表 6-5 各控件说明

控 件 名	控 件 功 能
CDialog	主对话框,类型为 QDialog
m_movieLabel	QLabel 文本控件,用来播放 GIF 动画
m_frameSlider	QSlider 滑动条,展示或控制动画播放进度
m_openButton	QToolButton 按钮,打开
m_pauseButton	QToolButton 按钮,暂停
m_stopButton	QToolButton 按钮,停止
m_quitButton	QToolButton 按钮,退出

主窗体对应的类为 CDialog,其头文件见代码清单 6-11。CDialog 的成员变量 m_currentDirectory 用来存放动画文件所在目录,m_movie 用来处理 GIF 动画。

代码清单 6-11

```cpp
// dialog.h
#pragma once
#include "ui_dialogbase.h"
#include <QDialog>
class CDialog : public QDialog {
    Q_OBJECT
public:
    CDialog(QWidget * parent);
    ~CDialog(){;}
    void openFile(const QString &fileName);
protected:
    void initialDialog();
private:
```

```
    void initialControls();
    void connectSignalsAndSlots();
    void changeFrameSliderMaxMin();
private slots:
    void slot_open();
    void slot_goToTheFrame(int frame);
    void slot_updateButtons();
    void slot_updateFrameSlider();
private:
    Ui::CDialog ui;
    QString m_currentDirectory;
    QMovie* m_movie;
};
```

下面介绍 CDialog 的实现。先来看 CDialog 的构造及初始化。initialDialog()用来实现 CDialog 的初始化。

```
// dialog.cpp
#include "dialog.h"
#include <QtWidgets>
CDialog::CDialog(QWidget* parent) : QDialog(parent), m_currentDirectory("") {
    ui.setupUi(this);
    initialDialog();
}
void CDialog::initialDialog() {
    initialControls();                  // 初始化控件
    connectSignalsAndSlots();           // 关联信号-槽
    slot_updateFrameSlider();           // 设置滑动条初始位置
    slot_updateButtons();               // 设置按钮状态
    setWindowTitle(tr("GIF Player"));
    resize(500, 500);
}
```

先介绍初始化控件的接口 initialControls()，见代码清单 6-12，标号①处，构造一个 QMovie 对象。设置其缓存模式为 QMovie::CacheAll，以便当动画播放完一遍后就完成对动画的缓存，从而通过滑动条来调整视频播放进度。如果将缓存模式设置成 QMovie::CacheNone，那么，即使把动画播放完之后，也无法通过滑动条调整播放进度，因为没有缓存。在标号②处为标签设置对齐方式和尺寸策略，QSizePolicy::Ignored 表示 ui.m_movieLabel 将获得尽可能多的空间。在标号③处，设置滑动条的刻度位于滑动条下方，并设置刻度间隔。在标号④处，将 ui.m_movieLabel 内容缩放以填满控件。最后，设置各个按钮的图标和提示等内容，其中为按钮设置图标时使用了标准图标，方法是调用 style()-> standardIcon()，见标号⑤处。

代码清单 6-12

```
// dialog.cpp
void CDialog::initialControls() {
    m_movie = new QMovie(this);                                                         ①
    // 当动画播放完一遍后,就完成了缓存,可以通过滑动条来调整视频播放进度
    m_movie->setCacheMode(QMovie::CacheAll);
    // 为标签设置对齐方式和尺寸策略
    ui.m_movieLabel->setAlignment(Qt::AlignCenter);                                     ②
    ui.m_movieLabel->setSizePolicy(QSizePolicy::Ignored, QSizePolicy::Ignored);
    ui.m_movieLabel->setBackgroundRole(QPalette::Dark);
    // 初始化滑动条
```

```cpp
    ui.m_frameSlider->setTickPosition(QSlider::TicksBelow);     // 设置刻度的位置          ③
    ui.m_frameSlider->setTickInterval(10);                       // 设置刻度的间隔
    // 设置label,将内容缩放以填满控件
    ui.m_movieLabel->setScaledContents(true);                                              ④
    // 设置按钮
    ui.m_openButton->setIcon(style()->standardIcon(QStyle::SP_DialogOpenButton));
    ui.m_openButton->setToolTip(tr("Open File"));
    ui.m_pauseButton->setCheckable(true);
    ui.m_pauseButton->setIcon(style()->standardIcon(QStyle::SP_MediaPlay));
                                                                 // 默认为播放按钮
    ui.m_pauseButton->setToolTip(tr("Pause"));
    ui.m_stopButton->setIcon(style()->standardIcon(QStyle::SP_MediaStop));                  ⑤
    ui.m_stopButton->setToolTip(tr("Stop"));
    ui.m_quitButton->setIcon(style()->standardIcon(QStyle::SP_DialogCloseButton));
    ui.m_quitButton->setToolTip(tr("Quit"));
}
```

控件初始化接口 initialControls() 介绍完毕。下面介绍进行信号-槽关联的接口 connectSignalsAndSlots(),见代码清单 6-13。

代码清单 6-13

```cpp
// dialog.cpp
void CDialog::connectSignalsAndSlots() {
    connect(ui.m_openButton, SIGNAL(clicked()), this, SLOT(slot_open()));
    connect(ui.m_pauseButton, SIGNAL(clicked(bool)), this, SLOT(slot_pause(bool)));
    connect(ui.m_stopButton, SIGNAL(clicked()), m_movie, SLOT(stop()));
    connect(ui.m_quitButton, SIGNAL(clicked()), this, SLOT(close()));
    connect(m_movie, SIGNAL(frameChanged(int)), this, SLOT(slot_updateFrameSlider()));     ①
    connect(m_movie, SIGNAL(stateChanged(QMovie::MovieState)), this, SLOT(slot_updateButtons()));
    connect(ui.m_frameSlider,SIGNAL(valueChanged(int)),this, SLOT(slot_gotoFrame(int)));   ②
}
```

在代码清单 6-13 中,实现了【打开】【播放】【暂停】【停止】【关闭】这几个按钮的信号-槽关联,其中【播放】【暂停】【停止】这 3 个按钮的信号直接关联到 m_movie 对象的槽函数上。在标号①处,把 m_movie 对象的播放帧变化信号 frameChanged(int) 关联到自定义槽函数 slot_updateFrameSlider(),目的是更新滑动条位置并指示动画播放进度。然后,把 m_movie 对象的 stageChanged() 信号又关联到槽函数 slot_updateButtons(),目的是根据动画播放状态更新按钮的状态。在标号②处,把滑动条的 valueChanged(int) 信号关联到槽函数 slot_goToTheFrame(int),以便通过拖动滑动条控制动画播放进度。

现在介绍上面提到的几个槽函数。先介绍 slot_updateFrameSlider(),见代码清单 6-14。该槽函数用来根据动画播放进度设置滑动条的位置。为了防止滑动条状态更新时额外发射信号,在标号①处将 ui.m_frameSlider 的信号阻塞。在标号②处,通过 m_movie->currentFrameNumber() 获取动画对象的当前播放帧序号,并且用该序号更新滑动条位置。然后,根据是否存在有效帧来设置滑动条的使能状态。最后,务必解除 ui.m_frameSlider 的信号阻塞,见标号③处。

代码清单 6-14

```cpp
// dialog.cpp
void CDialog::slot_updateFrameSlider() {
    ui.m_frameSlider->blockSignals(true);                                                  ①
    bool bHasFrames = (m_movie->currentFrameNumber()>=0);
```

```
        if (bHasFrames){
            ui.m_frameSlider->setValue(m_movie->currentFrameNumber());   ②
        }
        ui.m_frameSlider->setEnabled(bHasFrames);
        ui.m_frameSlider->blockSignals(false);                            ③
    }
```

下面介绍 slot_updateButtons()，该槽函数用来更新按钮的使能状态。

```
    void CDialog::slot_updateButtons() {
        ui.m_pauseButton->setChecked(m_movie->state() == QMovie::Paused);
        ui.m_stopButton->setEnabled(m_movie->state() != QMovie::NotRunning);
    }
```

下面介绍 slot_goToTheFrame()，该槽函数用来根据滑动条位置跳转到动画的指定帧。

```
    void CDialog::slot_goToTheFrame(int frame) {
        m_movie->jumpToFrame(frame);
    }
```

下面介绍打开按钮对应的槽函数 slot_open()。如代码清单 6-15 所示，在 slot_open() 中调用。在 openFile(const QString&) 接口中，先停止动画，再为 ui.m_movieLabel 设置动画对象，然后启动动画。最后更新滑动条的取值范围及按钮的状态。

代码清单 6-15

```
    void CDialog::slot_open() {
        QString fileName = QFileDialog::getOpenFileName (this, tr (" Open a GIF"), m_currentDirectory);
        if (!fileName.isEmpty())
            openFile(fileName);
    }
    void CDialog::openFile(const QString &fileName) {
        m_currentDirectory = QFileInfo(fileName).path();
        m_movie->stop();
        ui.m_movieLabel->setMovie(m_movie);
        m_movie->setFileName(fileName);
        m_movie->start();
        // 更新滑动条最值
        changeFrameSliderMaxMin();
        slot_updateButtons();
    }
```

本节通过一个简易的动画播放工具介绍了滑动条的使用，其中需要关注的是 QSlider 的几个接口，具体如下：

（1）设置最大值接口 setMaximum(int)，该接口的参数取值从 0 开始。
（2）设置最小值接口 setMinimum(int)。
（3）设置滑块位置接口 setValue(int)。
（4）滑动条位置变化信号 valueChanged(int)，可以利用该信号更新动画进度。

6.6 配套练习

1. 开发一个对话框应用，用 Designer 绘制对话框，并实现如下要求：添加一个 QLabel 控件，并为其设置背景色为黑色，字体颜色为红色，字体为宋体、16 号；添加另一个 QLabel 控件，用代码为其设置一个图片；再添加一个 QLabel 控件，要求可以覆盖在上面的图片之上，并且该控件的文本中没有笔画的地方是透明的。

2. 以 src.baseline 中 6.2 节配套代码为基础，进行如下练习：通过调整 setEchoMode() 的参数修改 QLineEdit 控件的显示模式，验证各种枚举值的含义；在对话框 CInfoDialog 中，增加一个 QLineEdit 用来输入 IP 地址，并使用 setValidator() 和 setInputMask() 进行验证。

3. 以 src.baseline 中 6.3 节配套代码为基础，进行如下练习：在角色下拉列表框中添加【管理员】【门卫】【来访者】，通过 QComboBox 的接口找到【来访者】，并在该项前面插入【值班员】，为这 4 个角色定义枚举值；为下拉列表框中的项设置枚举值（提示：setItemData()）；当用户选中下拉列表框中的某项时，应弹出提示信息框告知当前选中项对应的枚举值。

4. 如图 6-9 所示，结合 6.3 节、6.4 节讲的 QComboBox 和 QListBox，进行如下练习：创建一个对话框应用程序；使用 Designer 绘制主窗体并保存为 dialog.ui，窗体名称为 CDialog；窗体左侧含有一个下拉列表框 QComboBox 用来展示省、自治区、直辖市，名称为 cbProvince；窗体右侧含有一个列表框 QListWidget 用来展示选中的省、自治区、直辖市所辖的城市，名称为 listWidgetCity；请用随机数据将 cbProvince 初始化；当用户从 cbProvince 中选中某个省、自治区、直辖市时，更新右侧的城市列表；当用户双击右侧城市列表中某个项时，弹出提示说明用户所选择的城市名称；这两个控件都进行升序排序。

图 6-9　练习题 3 效果图

5. 创建一个对话框应用程序来练习 QSlider 的使用。要求如下：使用 Designer 在对话框中添加一个 QLineEdit 控件，控件名称为 lineEditStep；使用 Designer 在对话框中添加一个水平的 QSlider 控件并预设其范围，控件名称为：sliderHorizontal；在 lineEditStep 中输入数值后，可以自动调整 sliderHorizontal 的滑块位置；手工调整滑块位置时，可以自动更新 lineEditStep 的数值。提示：使用 blockSignals() 防止信号额外发射。

第7章 用QPainter实现自定义绘制

Qt提供了非常丰富的控件库用来开发GUI程序,但有时这些控件仍然无法满足需求。比如,在界面上绘制一些特殊的形状。这需要用到QPainter在界面上进行绘制的技术。本章将通过一些案例介绍这项技术。

7.1 知识点 怎样进行自定义绘制

视频讲解

本节内容比较简单,仅在对话框中绘制一些文本,但展示了Qt绘制界面时的层次关系(前后遮挡关系),对应的源代码目录:src/chapter07/ks07_01。程序运行效果见图7-1。在CDialog中放置了一个子控件CCustomWidget。为了演示前后遮挡关系,除了在UI中添加的控件外,在CDialog和CCustomWidget中都进行自定义绘制。既然要自定义绘制,就需要重写CDialog和CCustomWidget的paintEvent()接口,并在该接口中进行绘制。先重写CCustomWidget的paintEvent()接口。接口内部先调用基类的paintEvent(),然后定义一个QPainter对象用来进行绘制,并且自定义绘制的代码要写在painter.begin(this)和painter.end()之间,见代码清单7-1。

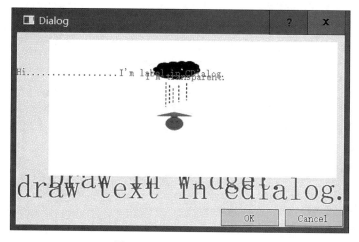

图7-1 ks07_01运行效果

代码清单 7-1

```cpp
// customwidget.cpp
void CCustomWidget::paintEvent(QPaintEvent * event) {
    QWidget::paintEvent(event);
    QPainter painter;
    painter.begin(this);
    ...
    painter.end();
}
```

如代码清单 7-2 所示，为了同 paintEvent()中绘制的内容进行对比，在构造过程中构建了一个半透明的 QLabel 对象 m_transparentLabel，见标号①处。在标号②处，设置样式时的 border: none 表示将该控件设置为透明（无背景）。标号③处的 this，表示将自定义内容绘制到 this 指针所代表的对象，如果希望绘制到其他对象，将 this 换成其他对象的地址即可。然后，设置 painter 的字体为宋体、26 号，并绘制文本。标号④处 drawText()绘制一行文本，drawText()有两个参数：参数 1 是文本的左下角坐标，参数 2 是文本内容。请注意该文本将显示在 CCustomWidget 的底层，即，在 CCustomWidget 中创建的控件会遮挡 paintEvent()中绘制的内容。

代码清单 7-2

```cpp
// customwidget.cpp
CCustomWidget::CCustomWidget(QWidget * parent) : QWidget(parent) {
    ui.setupUi(this);
    initialize();
}
void CCustomWidget::initialize() {
    QString imgStr(":/images/rainman.gif");
    m_movie = new QMovie(imgStr);
    m_movie->setScaledSize(QSize(ui.label_gif->geometry().size()));
    ui.label_gif->setMovie(m_movie);
    m_movie->start();
    m_transparentLabel = new QLabel(this);                                       ①
    m_transparentLabel->setText("I'm transparent.");
    m_transparentLabel->setGeometry(80, 250, 200, 40);
    m_transparentLabel->setStyleSheet("color: rgb(255, 48, 190);border:none");   ②
}
void CCustomWidget::paintEvent(QPaintEvent * event) {
    QWidget::paintEvent(event);                // 调用基类接口
    QPainter painter;
    painter.begin(this);                                                         ③
    painter.setPen(Qt::red);
    QFont ft;
    ft.setPointSizeF(30);
    painter.setFont(ft);
    QPointF pt = ui.label_gif->geometry().bottomLeft() + QPointF(0, 20);
    // 下面代码绘制的文本始终显示在本控件的底层
    painter.drawText(pt, "Draw In Widget.");                                     ④
    painter.end();
}
```

下面修改 CDialog。如果在 Designer 中对 CDialog 进行界面布局后，Qt 没有自动生成界面的 Layout 对象，那么可以用代码生成一个，见代码清单 7-3。

代码清单 7-3

```cpp
// dialog.cpp
CDialog::CDialog(QWidget * parent) : QDialog(parent) {
    ui.setupUi(this);
    QGridLayout * gridLayout = new QGridLayout(this);                        ①
    gridLayout->setObjectName(QStringLiteral("gridLayout"));
    m_pWidget = new CCustomWidget(this);
    gridLayout->addWidget(m_pWidget, 0, 0);
    // 下面代码构造的 QLabel 对象将覆盖在 m_pWidget 的上方
    // 因此得出结论:先创建的控件在下,后创建的控件在上
    QLabel * pLabel = new QLabel(this);                                      ②
    pLabel->setStyleSheet("color:rgb(0, 255,0)");
    pLabel->setText("Hi..................I'm label in CDialog.");
    pLabel->setGeometry(0, 45, 400, 30);
    connect(ui.buttonBox, &QDialogButtonBox::accepted, this, &CDialog::accept);
    connect(ui.buttonBox, &QDialogButtonBox::rejected, this, &CDialog::reject);
}
```

如代码清单 7-3 所示,在标号①处,先构造一个 QGridLayout 对象,并为对象设置名字。然后,用代码构建 CCustomWidget 对象 m_pWidget,并且将它添加到布局对象 gridLayout。因为布局对象中只有 m_pWidget 这一个子控件,所以 addWidget() 的第 2、3 个参数分别填写 0、0,表示子控件位于第 0 行、第 0 列。在标号②处构建一个 QLabel 对象 pLabel,从图 7-1 所示效果可以看出,pLabel 在 m_pWidget 的上方,因此可以得出结论,在同一个界面中,先创建的子控件在下,后创建的子控件在上。下面,重写 CDailog 的 paintEvent(),见代码清单 7-4,CDialog 的 paintEvent() 跟 CCustomWidget 的实现类似。

代码清单 7-4

```cpp
// dialog.cpp
void CDialog::paintEvent(QPaintEvent * event) {
    QWidget::paintEvent(event);
    QPainter painter;
    painter.begin(this);
    painter.setPen(Qt::blue);
    painter.drawText(QPointF(-20, 80), "Painting Text In Dialog");
    painter.end();
}
```

从图 7-1 可以看出,在 CCustomWidget 的 paintEvent() 和 CDialog 的 paintEvent() 中绘制的文本都被 GIF 动画挡住了,这是因为 Qt 的绘图机制是先调用 paintEvent() 绘制窗体,然后再绘制窗体上创建的子控件。所以,如果希望将文本绘制在 GIF 动画之上,就应该向窗体中添加 QLabel 子控件而不是在 paintEvent() 中绘制。如果希望把内容绘制到图标中该怎么做呢? 如代码清单 7-5 所示,就可以把内容绘制到一个 QPixmap 对象中。而且,无须将代码写在 paintEvent() 中就能正常生成图片。

代码清单 7-5

```cpp
QPixmap pixmap;
painter.begin(&pixmap);
...
painter.end();
```

本节介绍了使用 QPainter 进行自定义绘制的基本知识,简单总结如下。

（1）可以在 QWidget 的 paintEvent()中使用 QPainter 进行自定义绘制。只要是 QWidget 的派生类就具备 paintEvent()接口。

（2）在 CDialog 的 paintEvent()中使用 QPainter 绘制时，使用了 this 作为 QPaintDevice 指针。如果希望把内容绘制到其他对象中，只要把 this 指针换成其他对象的地址即可。

（3）自定义绘制的代码要写在 painter.begin()和 painter.end()之间，否则无法正常显示。

（4）在 Qt 进行窗体绘制时，先创建的子控件显示在下，后创建的子控件在上。Qt 会先调用 paintEvent()再绘制窗体上的子控件。Qt 绘制的先后覆盖关系从下向上（上方遮挡下方）依次为：窗体 paintEvent()→窗体子控件 paintEvent()→窗体子控件中创建的控件。

7.2 案例 36 萌新机器人

视频讲解

本案例对应的源代码目录：src/chapter07/ks07_02。程序运行效果见图 7-2。

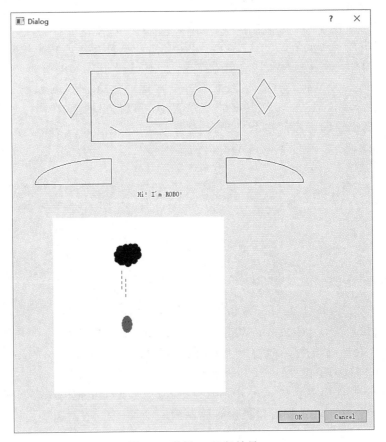

图 7-2 案例 36 运行效果

7.1 节介绍了在 paintEvent()中利用 QPainter 进行自定义绘制的基本方法。本节将介绍更多常用形状的绘制方法。如图 7-2 所示，绘制时用到了直线、矩形、封闭折线、椭圆、弦、开放折线、扇形、文字、图片。

首先，应做好准备工作，把 paintEvent()框架搭好。

```
// customwidget.cpp
void CCustomWidget::paintEvent(QPaintEvent * event) {
    QWidget::paintEvent(event);
    QPainter painter;
    painter.begin(this);
    ...
    painter.end();
}
```

1. 直线

调用 drawLine() 绘制一条直线。

```
QLineF line(QPointF(100, 20), QPointF(400, 20));
painter.drawLine(line);
```

其实 Qt 提供了一组用来绘制直线的接口。

```
inline void drawLine(const QLineF &line);
inline void drawLine(const QLine &line);
inline void drawLine(int x1, int y1, int x2, int y2);
inline void drawLine(const QPoint &p1, const QPoint &p2);
inline void drawLine(const QPointF &p1, const QPointF &p2);
```

绘制直线时只要提供直线两个端点的坐标即可。这些接口有的使用整数坐标（如 QPoint），有的使用浮点坐标（如 QPointF），开发人员可以根据精度需要自行决定。另外，Qt 还提供了一次性绘制多条直线的接口 drawLines()，该接口需要调用者传入一组 QLineF。

```
void drawLines(const QLineF * lines, int lineCount);
inline void drawLines(const QVector < QLineF > &lines);
```

如代码清单 7-6 所示，drawLines() 需要一组 QPointF。标号①处的 pointPairs 用来表示 lineCount 个直线顶点坐标对。标号②处的 pointPairs 也表示一些顶点坐标对，因此这些坐标所代表的直线个数为 pointPairs 的尺寸减半。

代码清单 7-6

```
void drawLines(const QPointF * pointPairs, int lineCount);                 ①
inline void drawLines(const QVector < QPointF > &pointPairs);              ②
```

下面的接口使用整数坐标。

```
void drawLines(const QLine * lines, int lineCount);
inline void drawLines(const QVector < QLine > &lines);
void drawLines(const QPoint * pointPairs, int lineCount);
inline void drawLines(const QVector < QPoint > &pointPairs);
```

2. 矩形

绘制矩形比较简单，直接提供一个 QRectF 的坐标即可，当然也可以使用整数坐标的 QRect。

```
QRectF rct(120, 50, 260, 120);
painter.drawRect(rct);
```

同样，Qt 也提供了一次性绘制多个矩形的接口，包括使用浮点坐标的接口和使用整数坐标的接口。

```
void drawRects(const QRectF * rects, int rectCount);
inline void drawRects(const QVector<QRectF> &rectangles);
void drawRects(const QRect * rects, int rectCount);
inline void drawRects(const QVector<QRect> &rectangles);
```

3. 圆角矩形

绘制圆角矩形需要提供圆角处的半径。

```
void drawRoundedRect(const QRectF &rect, qreal xRadius, qreal yRadius, Qt::SizeMode mode = Qt::AbsoluteSize);
```

本案例中并未使用圆角矩形。绘制圆角矩形需要提供一个 QRectF 作为外接矩形，并提供圆角处的 X 轴、Y 轴方向的半径。mode 用来表明 xRadius、yRadius 是绝对尺寸还是相对尺寸。如果是绝对尺寸，那么它们将被用来作为圆角处的半径；如果是相对尺寸，那么 xRadius、yRadius 表示相对于外接矩形 rect 的比例，即：rect.width() * xRadius 作为 X 轴方向的圆角半径，rect.height() * yRadius 作为 Y 轴方向的圆角半径。

4. 封闭折线

封闭折线使用 QPolyonF 提供浮点坐标。当然也可以使用整数坐标的 QPolygon。

```
QPolygonF polygonLeft;
polygonLeft << QPointF(84,70) << QPointF(64,100) << QPointF(84,130) << QPointF(104,100);
painter.drawPolygon(polygonLeft);
```

5. 开放折线

开放折线的坐标也使用 QPolygonF，只是绘制时调用的接口是 drawPolyline()。

```
QPolygonF polyline;
polyline << QPointF(154,146) << QPointF(172,156) << QPointF(325,154) << QPointF(344,135);
painter.drawPolyline(polyline);
```

6. 椭圆

绘制椭圆时，需要提供椭圆的外接矩形。

```
painter.drawEllipse(154, 79, 32, 33);
```

7. 文本

drawText() 是绘制文本最简单的方法。7.3 节将介绍字体的使用。

```
painter.drawText(QPointF(202,266), "Hi! I'm ROBO!");
```

如果希望使用对齐，可以用下面的接口。其中 flags 用来表示对齐方式，其取值来自 Qt::AlignmentFlag、Qt::TextFlag 的合集。

```
void drawText(const QRectF &r, int flags, const QString &text, QRectF * br = nullptr)
```

也可以用这个接口。

```
void drawText(const QRectF &r, const QString &text, const QTextOption &o = QTextOption());
```

其中 QTextOption 提供接口可以用来设置对齐。

```
inline void setAlignment(Qt::Alignment alignment)
```

QTextOption 也提供接口可以用来设置文字方向,如从左到右、从右到左。

```
inline void setTextDirection(Qt::LayoutDirection aDirection);
```

8. 弦

绘制弦时需要指定弦的外接矩形,以及起始角度和角度的跨度。其中需要注意的是,drawChort()接口需要使用弧度值,所以应该把角度转化为弧度:弧度=角度×16。

```
QRectF rctChord(219,110,45,60);
painter.drawChord(rctChord, 4 * 16, 173 * 16);        // 需要将角度转换为弧度
```

9. 扇形

扇形的绘制接口的参数跟弦的接口类似。

```
QRectF rctPieLeft(20.5,200.5,269,85);
painter.drawPie(rctPieLeft, 90 * 16, 90 * 16);        // 需要将角度转换为弧度
```

10. 图片

drawImage()用来绘制图片。绘制图片时需要注意,m_img 应提前初始化完毕,比如在构造函数中进行初始化,见代码清单 7-7。

```
QRectF rctImage(51,300.5,300,300);
painter.drawImage(rctImage, m_img);
```

代码清单 7-7

```
CCustomWidget::CCustomWidget(QWidget * parent) : QWidget(parent) {
    ui.setupUi(this);
    initialize();
}
void CCustomWidget::initialize() {
    m_img = QImage(":/images/rainman.gif");
}
```

因为 paintEvent()是频繁调用的接口,所以不应在 paintEvent()中临时构造 QImage 对象,否则频繁的 I/O 操作读取图片文件进行初始化会极大浪费性能。为了体验一下坐标转换,将机器人的瞳孔绘制成倾斜 45°的矩形,见代码清单 7-8。在标号①处,首先将当前矩阵保存。在标号②处,将坐标轴的原点移动到眼睛的中心,也就是椭圆的中心。在标号③处,将坐标轴倾斜 45°。绘制矩形时,要将矩形的中心对齐到原点,所以矩形的左上角应该在(−5,−5),否则绘制的矩形将偏移瞳孔的位置。在标号④处将转置矩阵复位,即将矩阵恢复到 painter.save()之前的状态。绘制眼睛的瞳孔时坐标轴进行了位移、旋转操作,那么 painter.restore()将坐标系的这些改动全都复位到 painter.save()之前的状态。

代码清单 7-8

```
painter.save();                                                              ①
painter.translate(170, 95);      // 把瞳孔画在眼睛(椭圆)的中心位置              ②
painter.rotate(45);                                                          ③
painter.drawRect(-5, -5, 10, 10);
painter.restore();                                                           ④
```

本节介绍了一些常见形状的绘制方法。在 7.3 节中,将为这些形状加上颜色、背景、字体,使它们变得五彩缤纷。

7.3 案例 37 机器人的新装

视频讲解

本案例对应的源代码目录:src/chapter07/ks07_03。程序运行效果见图 7-3。

图 7-3 案例 37 运行效果

7.2 节中,通过使用各种基本形状完成了机器人的形状绘制。在本案例中,将为这些形状添加上颜色、背景、字体。如代码清单 7-9 所示,先从帽子开始设置颜色。将帽子设置为蓝色的画笔;设置画笔的线型为 DashLine;设置画笔宽度为 10(Qt 支持浮点宽度的画笔);设置画笔的顶端为圆形;最后,将 painter 的画笔更新为 pn。在标号①处,为帽子设置完颜色后,将画笔改为实线。

代码清单 7-9

```
QPen pn;
pn.setColor(Qt::blue);              // 蓝色画笔
pn.setStyle(Qt::DashLine);          // 线型 - 虚线
pn.setWidthF(10.f);                 // 宽度 - 10
pn.setCapStyle(Qt::RoundCap);       // 顶端 - 圆形
pn.setJoinStyle(Qt::RoundJoin);     // 拐点 - 圆形
painter.setPen(pn);
pn.setStyle(Qt::SolidLine);
painter.setPen(pn);
pn.setStyle(Qt::SolidLine);
painter.setPen(pn);
```
①

接着,用渐变色绘制脸部。Qt 提供了 3 种渐变类型,见图 7-4。

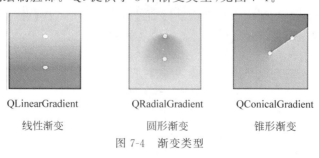

图 7-4 渐变类型

本案例中，为机器人的脸部使用线性渐变 QLinearGradient。首先定义一个 QLinearGradient 对象，并且将其起止坐标初始化。

```
QLinearGradient linearGradient(QPointF(120, 50), QPointF(120, 170));
```

请注意，构造 QLinearGradient 对象时填写的起止坐标，是将要绘制区域的坐标，即本案例中脸部的坐标范围。该坐标应该是整个脸的区域的左上角到右下角的坐标。如果希望渐变仅在 Y 轴方向起作用，可以像本例一样，将两个点的 X 值写成一样。如果希望渐变在 X、Y 轴都起作用，可以将起止坐标写成整个区域的左上角、右下角。然后为渐变设置扩散策略，此处设置为 PadSpread。

```
linearGradient.setSpread(QLinearGradient::PadSpread);
```

扩散策略有 3 种，见图 7-5。

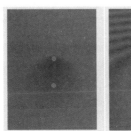

PadSpread (default)　　ReflectSpread　　RepeatSpread

图 7-5　扩散策略

下面为渐变添加 2 个渐变点，可根据需要自行增减渐变点的个数。setColorAt()参数 1 的取值范围为 0~1。

```
linearGradient.setColorAt(0, QColor(Qt::red));
linearGradient.setColorAt(1, QColor(Qt::yellow));
```

最后，为 painter 设置画刷即可。

```
painter.setBrush(linearGradient);
```

下面将脸的轮廓绘制为黑色，线宽设置为 3。

```
pn.setColor(Qt::black);
pn.setWidthF(3);
painter.setPen(pn);
```

将耳朵绘制为灰色。

```
brsh.setColor(Qt::gray);
brsh.setStyle(Qt::SolidPattern);
painter.setBrush(brsh);
```

眼睛用白色。

```
brsh.setColor(Qt::white);
painter.setBrush(brsh);
```

瞳孔用黑色、实心刷，画笔宽度设置为 2。

```
brsh.setColor(Qt::black);
brsh.setStyle(Qt::SolidPattern);
painter.setBrush(brsh);
```

```
pn.setStyle(Qt::SolidLine);
pn.setWidthF(2);
painter.setPen(pn);
```

为文本设置字体为宋体 12 号,画笔为红色。

```
QFont ft(QString::fromLocal8Bit("宋体"));
ft.setPointSizeF(12);
painter.setFont(ft);
painter.setPen(Qt::red);
```

至此,通过为机器人穿上新装的方式,完成了画笔、画刷、字体的设置。在自定义界面绘制时,样式的设计是最重要的。可以利用手头的工具快速得到自己想要的样式,比如可以使用 Designer 的改变样式功能,得到一个渐变的背景色数据,然后将其应用到程序中。当然,最好的方式还是请专业美工帮忙啦。

7.4 配套练习

1. Qt 绘制窗体的顺序是怎样的?请排序:窗体子控件中创建的控件;窗体子控件的 paintEvent();窗体的 paintEvent()。

2. 参考 7.2 节的内容,绘制一只大熊猫,一棵竹子。只需要绘制轮廓,不用上色。

3. 为练习题 2 的大熊猫和竹子填上颜色。

4. 绘制一个仪表盘。要求如下:刻度范围 10~200;背景为白色;仪表指针为黑色、共绘制 19 个刻度;在 10、50、100、150、200 处为粗刻度线;指针指示在读数为 150 的位置。

第 8 章 模型视图代理

模型-视图-控制器(MVC,Model View Controller)是 Xerox PARC 为编程语言 Smalltalk 发明的一种软件设计模式。MVC 采用一种把业务逻辑、数据、界面显示进行分离的方法来组织代码。Model(模型)代表存取数据的对象。模型可以带有逻辑,在数据变化时更新控制器。View(视图)将模型包含的数据进行可视化。Controller(控制器)作用于模型和视图上,它控制数据保存到模型对象,并在数据变化时更新视图。控制器使视图与模型解耦。本章介绍 Qt 的 MVC 机制:模型-视图-代理机制。

8.1 知识点 Qt 的 MVC 简介

视频讲解

Qt 提供了自己的 MVC 封装,即 Model-View-Delegate(模型-视图-代理)机制。Model 是模型,用来封装数据;View 是视图,用来展示数据;Delegate 是代理,用来实现人机交互。Qt 提供的 MVC 框架,支持开发者使用 Model(模型)管理数据,并将 View(视图)关联到模型。如图 8-1 所示,一个 Model 可以对应多个 View,每个 View 可以用不同的方式展示 Model 中的数据。

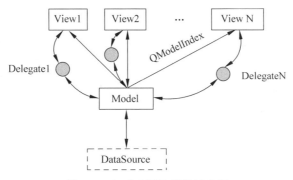

图 8-1 Qt 之 MVC 框架示意图

Model 用来管理数据,并负责跟 DataSource(数据源)通信。当 Model 中的数据更新后,自动通知各个 View 刷新视图。View 负责将 Model 的数据渲染到界面。QModelIndex(数据项索引)用来作为某个数据项的索引,View 使用 QModelIndex 从 Model 获取数据。一个 Model 可以对应多个不同类型的 View。Delegate 负责人机交互,它首先从 Model 读取数据将编辑控件初始化,然后从对应的 View 接收键盘、鼠标事件并进行处理,最后将修改后的数据写入 Model。QModelIndex 是联系三者的纽带。下面介绍模型、视图、代理、数据项索引这几个概念对应的 Qt 类。

1．模型

Qt 提供一个模型基类 QAbstractItemModel。该类派生自 QObject。数据不一定真正存储在模型中，数据也可以存储在数据源中（比如文件、数据库、网络）。模型只是对数据的访问做了封装，比如获取数据、写入数据、获取行列数等。一般的模型数据结构有表格数据、树数据、列表数据等，Qt 对这些数据结构分别提供了默认实现，即 QAbstractTableModel、QStandardItemModel、QStringListModel。除此之外，Qt 还封装了很多常用的模型类，比如：访问本地文件系统中的文件与目录信息可以使用 QDirModel；访问数据库可以用 QSqlQueryModel、QSqlTableModel 等。如果这些类仍然不能满足需求，可以从这些类派生来定义自己的模型类，当然，也可以直接从 QAbstractItemModel 派生自定义的模型类。

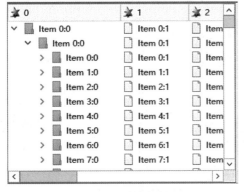

图 8-2　树视图

2．视图

视图用来展示数据，不同的视图有不同的展示形式。下面是 Qt 提供的几种常用视图，它们都派生自抽象基类 QAbstractItemView，开发者可以直接使用这些视图类。

1）树视图 QTreeView

树视图 QTreeView 用来展示树状结构的数据，见图 8-2。

2）表格视图 QTableView

表格视图 QTableView 用来展示树状结构的数据，见图 8-3。

3）列表视图 QListView

列表视图 QListView 用来展示列表数据，见图 8-4。

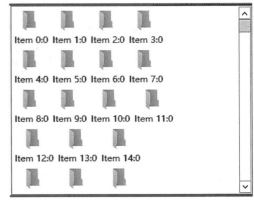

图 8-3　表格视图　　　　　　　　　　图 8-4　列表视图

Qt 自带的示例中有一个名为 interview 的工程，它的源代码目录为"$QTDIR\examples\widgets\itemviews\interview"，该项目展示了上述 3 个视图的简单用法。

3. 代理

代理 QAbstractItemDelegate 是 Qt 的 MVC 架构中的用于人机交互的抽象基类，其默认实现是 QItemDelegate，它用作 Qt 标准视图的默认代理。代理用来实现人机交互功能，比如在属性窗中单击某个属性，修改其数值时可能需要使用下拉列表的方式，这时就可以通过 Qt 的代理框架实现该功能。

4. 数据项索引

数据项索引 QModelIndex 用来表示项的索引。简单来讲，QModelIndex 就是一个行列号，它用来表示数据项在模型阵列中的行列号，也就是用来定位某个项。视图和代理都使用 QModelIndex 从模型中访问数据。QAbstractItemModel 类用来获取数据项的索引的接口原型如下，通过行号、列号、父项索引就可以得到某个数据项的索引。

```
// qabstractitemmodel.h
virtual QModelIndex index(int row, int column, const QModelIndex &parent = QModelIndex()) const = 0;
```

QModelIndex 提供对一个数据项的临时引用，通过它可以访问或是修改模型中的数据。但是模型中的数据随时会被增删，这时旧的 QModelIndex 值会失效，因此外部不应该保存临时的 QModelIndex。假如需要一个对数据项索引的长期引用，那么应该创建一个持久引用 QPersistentModelIndex，持久引用会自动保持更新。前面讲到 QModelIndex 对应的是数据项在模型中的行列号，听起来模型中的数据是按照数组的数据结构进行组织，其实不然。使用行列这种说法只是为了方便理解，它表示每个数据项可以用行号、列号进行定位。数据项的行列号与索引的示意关系见图 8-5。

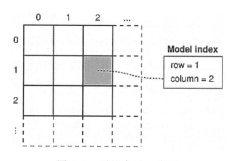

图 8-5 项的索引示意图

从图 8-5 可以看出，灰色单元格对应 QModelIndex 的 row＝1，column＝2。列表模型、表格模型、树模型的数据项索引以及其父项索引的示意图如图 8-6 所示。

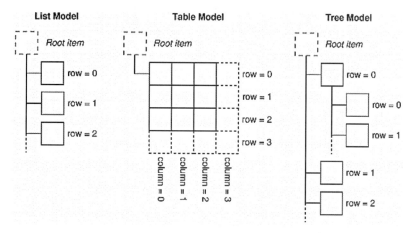

图 8-6 不同模型的数据项索引与父项索引示意图

其中 List Model、Table Model 比较容易理解,因为它们对应的 QModelIndex 的父项只有根项(Root item)那一个。而 Tree Model 则稍微复杂一点,每个叶子的父项就是它所在的树枝项,其父子关系如图 8-7 所示。

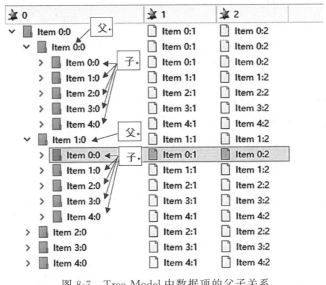

图 8-7　Tree Model 中数据项的父子关系

图 8-7 中 Item 0:0 和 Item 1:0 的叶子中都有 Item 0:0,这两个 Item 0:0 各自的父项就是其上级节点。在 Tree Model 中,每个项都有可能有子项,因此每个项都有可能是其他项的父项。

8.2　知识点　使用 QStandardItemModel 构建树模型

8.1 节介绍了 Qt 的 MVC 框架的基本知识,本节介绍如何使用 Qt 自带的 QStandardItemModel 构建树模型。本节将使用 QStandardItemModel 构建树模型,使用 QTreeView 作为视图展示数据,为了向模型中添加树结构的分支,还要用 QStandardItem 构建每个数据项,对应的源代码目录:src/chapter08/ks08_02。程序运行效果见图 8-8。本节内容分为下面几部分。

(1)为模型准备数据。
(2)构建模型对象、视图对象,并将视图关联到模型。
(3)向模型中添加数据。
下面分别进行介绍。

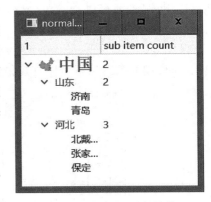

图 8-8　ks08_02 运行效果

1. 为模型准备数据

本案例使用 4.15 节中用过的国家-省-城市的树数据来构建树模型。为了方便演示,把函数名和返回值进行了修改,见代码清单 8-1,createCountry()返回值为 CCountry * 类型,后面将用该指针所包含的数据构建树模型。

代码清单 8-1

```cpp
// main.cpp
/**
 * @brief 构建 CCountry 对象.
 * @return CCountry 对象指针
 */
CCountry * createCountry(void) {
    CProvince * pProvince = NULL;
    CCity * pCity = NULL;
    CCountry * pCountry = new CCountry(QString::fromLocal8Bit("中国"));
    if (NULL == pCountry) {
        return NULL;
    }
    // add province
    {
        pProvince = new CProvince();
        pCountry->addProvince(pProvince);
        pProvince->setCountry(pCountry);
        pProvince->setName(QString::fromLocal8Bit("山东"));
        // add city
        pCity = new CCity();
        pCity->setName(QString::fromLocal8Bit("济南"));
        pCity->setProvince(pProvince);
        pProvince->addCity(pCity);
        // add city
        pCity = new CCity();
        pCity->setName(QString::fromLocal8Bit("青岛"));
        pCity->setProvince(pProvince);
        pProvince->addCity(pCity);
    }
    // add province
    {
        pProvince = new CProvince();
        pCountry->addProvince(pProvince);
        pProvince->setCountry(pCountry);
        pProvince->setName(QString::fromLocal8Bit("河北"));
        // add city
        pCity = new CCity();
        pCity->setName(QString::fromLocal8Bit("北戴河"));
        pCity->setProvince(pProvince);
        pProvince->addCity(pCity);
        // add city
        pCity = new CCity();
        pCity->setName(QString::fromLocal8Bit("张家口"));
        pCity->setProvince(pProvince);
        pProvince->addCity(pCity);
        // add city
        pCity = new CCity();
        pCity->setName(QString::fromLocal8Bit("保定"));
        pCity->setProvince(pProvince);
        pProvince->addCity(pCity);
    }
    return pCountry;        // 返回构建的 CCountry 对象
}
```

如代码清单 8-2 所示,首先,在 main()中构建 QApplication 对象,这是因为要使用 QWidget。在使用 QWidget 的模块中应先构建 QApplication 对象,否则将导致模块运行时异常。然后调用 createCountry()构建一个树数据并得到 CCountry * 指针。接着,在 main()中定义几个变量,并且通过 pCountry-> getProvinces()得到省级对象的列表。

代码清单 8-2

```cpp
// main.cpp
int main(int argc, char * argv[]) {
    Q_UNUSED(argc);
    Q_UNUSED(argv);
    QApplication app(argc, argv);
    CCountry * pCountry = createCountry();
    if (NULL == pCountry)
        return 1;
    QList < CProvince * > lstProvinces;
    QList < CProvince * >::iterator iteProvince;
    QList < CCity * > lstCities;
    QList < CCity * >::iterator iteCity;
    pCountry -> getProvinces(lstProvinces);
    ...
}
```

2. 构建模型对象、视图对象,并将视图关联到模型

如代码清单 8-3 所示,定义树模型对象 model 和树视图对象 treeView。标号①处,将 treeView 关联到 model。标号②处,设置根项可以显示子项,如果参数为 false 表示该视图中的根项不展开,即不显示子项。如果只显示根项而不显示子项,那么该视图的展示效果等同于列表视图。标号③处,设置第一列的列标题不允许被拖动。有时最后一列的右侧会留有空白,导致不能将视图的所有列铺满整个视图区域,为了美观,可以将最后一列拉伸使其伸展到视图的最右侧,见标号④处。未调用该代码的效果图如图 8-9 所示的黑色圆圈位置,第 2 列右侧仍然有一列空白列。调用该接口的效果图见图 8-10,第 2 列延伸到视图最右侧。

代码清单 8-3

```cpp
// main.cpp
int main(int argc, char * argv[]) {
    ...
    const int COLUMNCOUNT = 2;                    // 列的个数
    QStandardItemModel model;
    QTreeView treeView;
    treeView.setModel(&model);                                                    ①
    treeView.setRootIsDecorated(true);            // 根分支是否可展开              ②
    treeView.header()->setFirstSectionMovable(false);  // false:首列不允许被移动,
                                                       // true:首列允许移动       ③
    treeView.header()->setStretchLastSection(true);    // 将最后一列设置为自动拉伸,
                                                       // true:自动拉伸,false:不自动
                                                       // 拉伸                    ④
    treeView.setWindowTitle("normal tree view");
    treeView.show();
    ...
}
```

图 8-9　未调用 setStretchLastSection(true)的效果　　图 8-10　调用 setStretchLastSection(true)的效果

3．为模型添加数据项

为模型添加数据项时,应先得到数据项的索引,而这需要先得到其父项索引。在本案例中,父项就是根项(图 8-6 中的 Root item)。所以,需要获取根项以及它的索引。如代码清单 8-4 所示,invisibleRootItem()接口返回模型的顶级(Top-Level)不可见根项。Qt 设计不可见根项的目的之一是使开发者可以在设计接口时将该项和它的子项以同样的方式进行处理。然后,构建 pItemCountry 并将 pItemCountry 作为子项添加到不可见根项。

代码清单 8-4

```
int main(int argc, char * argv[]) {
    ...
    QStandardItem * pItemRoot = model.invisibleRootItem();
    QModelIndex indexRoot = pItemRoot->index();
    // 构建 country 节点
    QStandardItem * pItemCountry = new QStandardItem(pCountry->getName());
    // 将 country 节点作为根节点的子节点
    pItemRoot->appendRow(pItemCountry);
    ...
}
```

可以直接为 pItemCountry 设置字体及颜色,方法是调用 QStandardItem 的 setData (const QVariant &, int role)接口,其中参数 1 是设置的新数据,参数 2 是数据对应的角色。如代码清单 8-5 所示,将 pItemCountry 的字体(对应的角色为 Qt::FontRole)设置为宋体、16 号,将文字颜色(对应的角色为 Qt::TextColorRole)设置为红色。

代码清单 8-5

```
QFont ft("宋体", 16);
ft.setBold(true);
pItemCountry->setData(ft, Qt::FontRole);
pItemCountry->setData(QColor(Qt::red), Qt::TextColorRole);
```

还可以为 pItemCountry 设置图标,对应的角色是 Qt::DecorationRole。为了使图标尺寸合适,将图标尺寸调整为 24 像素×24 像素。

```
QImage img(":/images/china.png");
pItemCountry->setData(img.scaled(QSize(24, 24)), Qt::DecorationRole);
```

为了能在国家这一行上显示省的个数,需要设置该项的列数为 2,然后调用 setData()接口来设置省的个数。setData()接口第一个参数 QModelIndex 用来指示数据项的索引。数据项的索引通过模型的 index()接口得到。调用 index()接口时传入的参数为行号、列号、父项索引。

```
int main(int argc, char * argv[]) {
    ...
    const int COLUMNCOUNT = 2;        // 列数
    pItemRoot->setColumnCount(COLUMNCOUNT);
    // 必须在设置列数之后才能设置标题中该列的数据.即列不存在时,设置数据无效
    model.setHeaderData(1, Qt::Horizontal, "sub item count", Qt::DisplayRole);
    // 在 Country 节点所在的行的第 1 列显示省的个数
    model.setData(model.index(0, 1, indexRoot), lstProvinces.size());
    ...
}
```

下面开始对省进行遍历,构建省对象并将其添加到 pItemCountry。

```
int main(int argc, char * argv[]) {
    ...
    int idProvince = 0;
    QList<CProvince*>::iterator iteProvince = lstProvinces.begin();
    QList<CCity*>::iterator iteCity;
    while (iteProvince != lstProvinces.end()) {
        // 构建数据项:province
        pItemProvince = new QStandardItem((*iteProvince)->getName());
        // 添加数据项: province
        pItemCountry->appendRow(pItemProvince);
        ...
    }
    ...
}
```

然后,设置 pItemCountry 的列数以便显示城市的个数。

```
int main(int argc, char * argv[]) {
    ...
    // 设置 Country 的列数,可以封掉 setColumnCount()调用,看看是什么效果
    pItemCountry->setColumnCount(COLUMNCOUNT);
    (*iteProvince)->getCities(lstCities);
    // 设置 Province 的第 0 列的文本颜色为蓝色
    model.setData(model.index(idProvince, 0, pItemCountry->index()), QColor(Qt::blue), Qt::TextColorRole);
    // 设置 Country 第 1 列数据为城市个数
    model.setData(model.index(idProvince++, 1, pItemCountry->index()), lstCities.size());
    ...
}
```

最后,遍历所有城市并构建城市,将城市作为子项添加到省。

```
int main(int argc, char * argv[]) {
    ...
    iteCity = lstCities.begin();
    while (iteCity != lstCities.end()) {
        // 构建数据项:city
        pItemCity = new QStandardItem((*iteCity)->getName());
        // 添加数据项: city
        pItemProvince->appendRow(pItemCity);
        iteCity++;
    }
    iteProvince++;
}
```

至此,整个树模型构建完毕。下面回顾一下本节的内容。

(1) 可以使用 QStandardItemModel 构建树模型。
(2) 使用 QTreeView 构建树视图。调用视图的 setModel() 接口可把视图关联到模型。
(3) QtreeView::setRootIsDecorated(bool) 接口可以控制视图显示为树还是列表。
(4) QStandardItemModel::invisibleRootItem() 接口用来获取模型的不可见根项。
(5) 要在子项的某一列设置数据,需要先在父项设置列数,方法是调用父项的 QStandardItem::setColumnCount(int)。
(6) 使用 QStandardItem 构建数据项,使用父数据项的 appendRow() 接口将子数据项添加到父数据项。
(7) 可以用 QStandardItem 的 setData() 设置项的数据,也可以通过 QStandardItemModel 的 setData() 设置数据。获取数据时,可以调用模型的 data() 接口,请注意该接口中也要设置索要获取的数据角色。

8.3 案例 38 使用代理实现属性窗

视频讲解

本案例对应的源代码目录:src/chapter08/ks08_03。程序运行效果见图 8-11。

Qt 的 MVC 框架中,代理用来实现人机交互。本节通过一个属性窗案例介绍代理的运行机制。首先介绍图 8-11 中各属性的数据类型、编辑方式。

- Id:整数类型,不可编辑。
- 【描述】:字符串类型,用文本框输入。
- 【验证标志】:布尔类型,用下拉列表输入。
- 【是否最后一个】:布尔类型,单击时自动取反。
- 【动画速度】:枚举类型,用下拉列表输入。

本节用自定义的模型、视图、代理来实现功能。因为模型的功能比较简单,所以直接从 QStandardItemModel 派生得到模型类 CTableModel。本案例中的属性窗属于表格类型界面,因此,视图类 CTableView 从 QTableView 派生而来。代理类 CDelegate 派生自 QStyledItemDelegate。

在开始之前,先介绍一下在视图展示、属性编辑的整个过程中模型、视图、代理三者的交互过程。属性数据通过视图进行展示,而视图通过从模型中获取 DiaplayRole 角色的数据进行展示。视图刷新过程见图 8-12。模型中真正的数据是作为编辑角色(EditRole)的 10001,而视图中显示的是作为显示角色(DisplayRole)的"小明"。

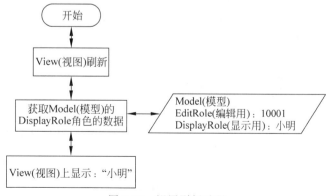

图 8-11 案例 38 运行效果　　　　图 8-12 视图刷新过程

当用户双击或单击视图中的数据项时,进入数据编辑状态。数据编辑控件的创建由代理负责。代理创建数据编辑控件的过程见图 8-13。

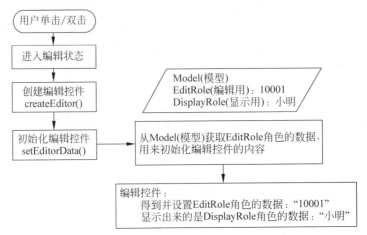

图 8-13　代理创建数据编辑控件的过程

1. 代理类 CDelegate

下面介绍本节的重点,代理类 CDelegate,其头文件见代码清单 8-6。

代码清单 8-6

```
// delegate.h
# pragma once
# include <QStyledItemDelegate>
class CDelegate : public QStyledItemDelegate {
    Q_OBJECT
public:
    CDelegate(QObject * parent = 0);
    QWidget * createEditor(QWidget * parent, const QStyleOptionViewItem &option, const QModelIndex &index) const override;                                                       ①
    void setEditorData(QWidget * editor, const QModelIndex &index) const override;       ②
    void setModelData(QWidget * editor, QAbstractItemModel * model, const QModelIndex &index) const override;                                                                   ③
    void updateEditorGeometry(QWidget * editor, const QStyleOptionViewItem &option, const QModelIndex &index) const override;                                                   ④
    virtual QString displayText(const QVariant &value, const QLocale &locale) const;    ⑤
private slots:
    void commitAndCloseEditor();
private:
    QStringList m_strListYesNo;         // 用来存储 yes、no 字符串                        ⑥
    QStringList m_strListSpeed;         // 用来存储速度字符串                              ⑦
};
```

本案例中的 CDelegate 派生自 QStyledItemDelegate。如代码清单 8-6 所示,CDelegate 类的 public 接口基本都继承自基类,这些接口都由 Qt 的 MVC 框架自动调用,开发人员只要重写这些接口即可。createEditor() 接口用来构建某数据项对应的编辑控件。当视图进入编辑状态后,Qt 首先需要创建用来编辑某个数据项的控件 Widget,该功能由 createEditor() 负责。标号①处,createEditor() 接口提供 3 个参数,参数 1 指示待创建控件的父窗体,参数 2 用来传递对齐、字体、图标、文本信息等内容，参数 3 表明该数据项的索引。完成编辑控件构建后，Qt 需要在编辑控件中显示初始数据，setEditorData() 接口用来初始化这些编辑控件，数据来自模型。标号②处，setEditorData() 接口的参数 1 是刚才创建的编辑控件对象指针，参数 2 是数据项索引。当用户完成编辑后，需要把编辑后的数据写回模型，这将用到接口 setModelData()，见标号③处。该接口参数 1 是编辑控件对象指针，参数 2 是模型对象，参数 3 是数据项索引。当编辑控件在刚刚被构造出来时，需要设置其尺寸，当拉伸整个窗口时，也要重新设置编辑控件的尺寸，这会用到接口 updateEditorGeometry()，见标号④处。它的参数 1 是编辑控件对象指针，参数 2 跟 createEditor() 第 2 个参数一样，也用来传递对齐、字体、图标、文本信息等内容，参数 3 是数据项索引。displayText() 接口的功能是当显示某些特定文本时，将它们转换成期望的文本进行显示，见标号⑤处。

属性名称列无须编辑，仅需要提供属性值的编辑功能。因此，需要在代码中对不同的属性进行区分。为避免使用常量，在 CTableModel 中定义属性对应的枚举。

```
// tablemodel.h
class CTableModel : public QStandardItemModel {
    Q_OBJECT
public:
    // 各属性所代表的意义
    enum EAttrIndex {
        EAttr_Id = 0,                // id
        EAttr_Description,           // 描述
        EAttr_Checked,               // 是否已验证
        EAttr_LastOneFlag,           // 是否最后一个
        EAttr_AnimateSpeed,          // 速度
        EAttr_Max,
    };
    ...
};
```

CDelegate 类的构造函数比较简单。

```
// delegate.cpp
CDelegate::CDelegate(QObject * parent) : QStyledItemDelegate(parent) {
}
```

下面依次介绍 CDelegate 的各个接口。介绍这些接口时，对各个属性依次进行说明。

1）createEditor()

在属性窗中，只需要为第 1 列创建编辑控件，其他列都不需要，因此其他列都空返回。在构建编辑控件时，需要把传入的 parent 作为新构建的编辑控件的父对象。下面按照各个属性依次介绍。

（1）对于整数类型的 id，可使用 spinbox 编辑。可根据具体业务需求设置最值范围。

```
// delegate.cpp
QWidget * CDelegate::createEditor(QWidget * parent, const QStyleOptionViewItem & option , const QModelIndex & index ) const {
    if (index.column() != 1) {
        return QStyledItemDelegate::createEditor(parent, option, index);
    }
    if (index.row() == CTableModel::EAttr_Id) {
        QSpinBox * pEditor = new QSpinBox(parent);
        pEditor->setFrame(false);
```

```
        pEditor->setMinimum(0);
        pEditor->setMaximum(100);
        return pEditor;
    }
    ...
}
```

图 8-14 【是否已验证】的取值

(2)【是否已验证】采用下拉列表进行编辑,取值 yes、no,见图 8-14。

(3)【动画速度】也采用下拉列表进行编辑,取值为【慢速】【中速】【快速】。代码清单 8-6 中,标号⑥、标号⑦处,为了方便,在代理的头文件中定义变量保存这些字符串。然后,在 CDelegate 的构造函数中初始化 m_strListSpeed、m_strListYesNo。

```
// delegate.cpp
CDelegate::CDelegate(QObject * parent) : QStyledItemDelegate(parent) {
    m_strListSpeed << QString::fromLocal8Bit("慢速") << QString::fromLocal8Bit("中速") << QString::fromLocal8Bit("快速");
    m_strListYesNo << "yes" << "no";
}
```

在 createEditor()接口中,构建一个下拉列表框并使用 m_strListYesNo 进行初始化。然后,通过 setItemData()设置各个数值对应的数据。

```
// delegate.cpp
QWidget * CDelegate::createEditor(QWidget * parent, const QStyleOptionViewItem &option, const QModelIndex &index) const {
    ...
    else if (index.row() == CTableModel::EAttr_Checked){
        QComboBox * pEditor = new QComboBox(parent);
        pEditor->addItems(m_strListYesNo);
        pEditor->setItemData(0, true);
        pEditor->setItemData(1, false);
        return pEditor;
    }
    ...
}
```

(4)【是否最后一个】也是布尔值,但是采用不同的方式进行展示和编辑。该属性为 True 时显示 Y,为 False 时显示 N。用户修改该属性的方式是单击取反而不是用下拉列表。因此,需要编写自定义控件 CEditor,它派生自 QLabel。当用户使用 CEditor 完成编辑后,需要发出完成编辑的通知,方法是将它的 editingFished 信号(完成编辑信号,这是 CEditor 提供的自定义信号)关联到槽函数 CDelegate::commitAndCloseEditor()。

```
// delegate.cpp
QWidget * CDelegate::createEditor(QWidget * parent, const QStyleOptionViewItem &option, const QModelIndex &index) const {
    ...
    else if (index.row() == CTableModel::EAttr_LastOneFlag){
        CEditor * pEditor = new CEditor(parent);
        connect(pEditor, &CEditor::editingFinished, this, Delegate::commitAndCloseEditor);
        return pEditor;
    }
    ...
}
```

CDelegate::commitAndCloseEditor()槽函数实现如下。其中，commitData(pEditor)信号的作用是发出通知，以便触发 Qt 对 CDelegate::setModelData()接口的调用。closeEditor信号的作用是关闭该编辑控件，使视图看上去处于退出编辑状态。

```cpp
// delegate.cpp
void CDelegate::commitAndCloseEditor() {
    CEditor * pEditor = qobject_cast<CEditor *>(sender());
    emit commitData(pEditor);
    emit closeEditor(pEditor);
}
```

现在介绍 CEditor 的实现，见代码清单 8-7。

代码清单 8-7

```cpp
// editor.h
#pragma once
#include <QLabel>
class CEditor : public QLabel {
    Q_OBJECT
public:
    explicit CEditor(QWidget * parent = 0);
signals:
    void editingFinished();                                              ①
protected:
    void mousePressEvent(QMouseEvent * event) override;                  ②
};
```

代码清单 8-7 中，在标号①处，信号 editingFinished()用来发出"结束编辑"的通知。在标号②处，重写 mousePressEvent()的原因是，实现单击时对属性值进行取反（将值在 Y、N 之间切换）。如代码清单 8-8 所示，在构造函数中，调用 setMouseTracking(true)的作用是启用鼠标跟踪，以便直接截获鼠标滚动消息，否则只有先单击该控件后再滚动鼠标才能截获鼠标滚动消息。

代码清单 8-8

```cpp
// editor.cpp
CEditor::CEditor(QWidget * parent) : QLabel(parent) {
    setMouseTracking(true);
    setAutoFillBackground(true);
}
```

现在介绍 CEditor 的核心功能：单击时改变文本的内容并发射"结束编辑"的信号 editingFinished()。

```cpp
// editor.cpp
void CEditor::mousePressEvent(QMouseEvent * /* event */) {
    if (text() == "Y")
        setText("N");
    else
        setText("Y");
    emit editingFinished();
}
```

（5）对于【动画速度】属性，将使用下拉列表框编辑。使用 m_strListSpeed 对控件进行初始化，并且分别为 3 个数据项设置对应的数据。为什么要设置数据呢？因为有时下拉列表中对应的数据可能不连续，或者插入的顺序是随机的，所以不能使用 currentIndex()当作其数据,更多时候需要设置跟业务相关的数据。在代码清单 8-9 中,标号①处的枚举值就是跟业务相关的数据。

代码清单 8-9

```cpp
// delegate.cpp
QWidget * CDelegate::createEditor(QWidget * parent, const QStyleOptionViewItem &option, const QModelIndex &index) const {
    ...
    else if (index.row() == CTableModel::EAttr_AnimateSpeed){
        // 动画速度设置单元格
        QComboBox * pEditor = new QComboBox(parent);
        pEditor->addItems(m_strListSpeed);
        pEditor->setItemData(0, CTableModel::EAnimateSpeed_Slow);         ①
        pEditor->setItemData(1, CTableModel::EAnimateSpeed_Normal);
        pEditor->setItemData(2, CTableModel::EAnimateSpeed_Fast);
        return pEditor;
    }
}
```

对于其他属性,如果没有特殊需求,可以使用 Qt 提供的默认编辑控件。

```cpp
// delegate.cpp
QWidget * CDelegate::createEditor(QWidget * parent, const QStyleOptionViewItem &option, const QModelIndex &index) const {
    ...
    else {
        return QStyledItemDelegate::createEditor(parent, option, index);
    }
}
```

至此,构建编辑控件的工作结束。下面开始介绍对编辑控件进行初始化的接口。

2) setEditorData()

该接口在 CDelegate::createEditor()接口被调用之后被 Qt 调用。这里只关心第 1 列被修改的情况,因此其他列使用 Qt 的默认处理。

```cpp
// delegate.cpp
void CDelegate::setEditorData(QWidget * editor, const QModelIndex &index) const{
    if (1 != index.column()) {
        return QStyledItemDelegate::setEditorData(editor, index);
    }
    ...
}
```

(1) 对于 id 值,需要先读取模型数据,将其转换为 int 类型,然后为 QSpinBox 编辑控件设置数值。

```cpp
// delegate.cpp
void CDelegate::setEditorData(QWidget * editor, const QModelIndex &index) const{
    ...
    if (CTableModel::EAttr_Id == index.row()){
        QSpinBox * pEditor = dynamic_cast<QSpinBox *>(editor);
        int value = index.model()->data(index, Qt::EditRole).toInt();
        pEditor->setValue(value);
    }
    ...
}
```

(2)对于【是否已验证】属性,需要先将传入的编辑控件转换为期望的编辑控件类型,然后获取模型数据,并设置下拉列表框的当前值。

```
// delegate.cpp
void CDelegate::setEditorData(QWidget * editor, const QModelIndex &index) const{
    ...
    else if (index.row() == CTableModel::EAttr_Checked) {
        QComboBox * pEditor = static_cast<QComboBox *>(editor);
        pEditor->setCurrentIndex(index.model()->data(index, Qt::EditRole).toBool() ? 0 : 1);
    }
    ...
}
```

(3)对于【是否最后一个】属性,先将传入的编辑控件转换为 CEditor,然后获取模型数据并通过类型转换将其转换为 Qt::CheckState 类型,最后设置编辑控件的值。

```
// delegate.cpp
void CDelegate::setEditorData(QWidget * editor, const QModelIndex &index) const{
    ...
    else if (index.row() == CTableModel::EAttr_LastOneFlag) {
        CEditor * pEditor = qobject_cast<CEditor *>(editor);
        Qt::CheckState checkState = static_cast<Qt::CheckState>(index.model()->data(index, Qt::EditRole).toInt());
        if (checkState)
            pEditor->setText("Y");
        else
            pEditor->setText("N");
    }
    ...
}
```

(4)对于【动画速度】属性,先将传入的编辑控件转换为 QComboBox *,然后获取模型数据并通过类型转换将其转换为 CTableModel::EAnimateSpeed 类型,最后更新下拉列表框的当前值。

```
// delegate.cpp
void CDelegate::setEditorData(QWidget * editor, const QModelIndex &index) const{
    ...
    else if (index.row() == CTableModel::EAttr_AnimateSpeed) {
        // 动画速度设置单元格
        QComboBox * pEditor = static_cast<QComboBox *>(editor);
        int nValue = index.model()->data(index, Qt::EditRole).toInt();
        CTableModel::EAnimateSpeed animateSpeed = static_cast<CTableModel::EAnimateSpeed>(nValue);
        pEditor->setCurrentIndex(index.model()->data(index, Qt::EditRole).toInt());
    }
    ...
}
```

(5)对于其他属性,如果没有特殊需求,可以使用 Qt 提供的默认处理。

```
// delegate.cpp
void CDelegate::setEditorData(QWidget * editor, const QModelIndex &index) const{
    ...
    else {
```

```cpp
        QStyledItemDelegate::setEditorData(editor, index);
    }
    ...
}
```

至此,为编辑控件设置数据的工作结束。下面开始介绍在编辑控件发射"结束编辑"信号后设置模型数据的接口。

3) setModelData()

在 Qt 收到结束编辑信号时将调用 setModelData()。先将传入的编辑控件转换为期望的编辑控件类型,然后获取控件的数据,最后将数据更新到模型中。

```cpp
// delegate.cpp
void CDelegate::setModelData(QWidget * editor, QAbstractItemModel * model, const QModelIndex
&index) const {
    if (1 != index.column()){
        return QStyledItemDelegate::setModelData(editor, model, index);
    }
    QVariant var;
    if (CTableModel::EAttr_Id == index.row()){                  // 属性:id
        QSpinBox * pEditor = qobject_cast<QSpinBox *>(editor);
        pEditor->interpretText();                                // 确保取得最新的数值
        model->setData(index, pEditor->value(), Qt::EditRole);
    }
    else if (CTableModel::EAttr_Checked == index.row()){         // 属性:是否已验证
        QComboBox * pEditor = qobject_cast<QComboBox *>(editor);
        var = pEditor->currentData();                            // 0:yes, 1:no
        model->setData(index, var.toBool());
    }
    else if (CTableModel::EAttr_LastOneFlag == index.row()) {    // 属性:是否最后一个
        CEditor * pEditor = qobject_cast<CEditor *>(editor);
        var.setValue((pEditor->text() == QString::fromLocal8Bit("是")) ? true : false);
        model->setData(index, var);
    }
    else if (CTableModel::EAttr_AnimateSpeed == index.row()){    // 属性:动画速度
        QComboBox * pEditor = qobject_cast<QComboBox *>(editor);
        var = pEditor->currentData();
        model->setData(index, var);
    }
    else {                                                        // 其他属性
        QStyledItemDelegate::setModelData(editor, model, index);
    }
}
```

4) updateEditorGeometry()

前文介绍过,编辑控件在刚被构建时需要设置尺寸;当拉伸整个窗口时,也要重新设置编辑控件的尺寸。该功能通过 updateEditorGeometry() 实现。在该接口中编写了比较简单的实现,用 option.rect() 设置编辑控件的尺寸。

```cpp
void CDelegate::updateEditorGeometry(QWidget * editor, const QStyleOptionViewItem &option,
const QModelIndex &/* index */) const {
    editor->setGeometry(option.rect);
}
```

5) displayText()

如果希望把某些特定字符串进行转换后再显示(比如,把布尔量显示为 yes、no),那么可以通过重写代理的 displayText()接口实现。通过这种方式可以实现对某种数据类型的统一处理。

```cpp
QString CDelegate::displayText(const QVariant &value, const QLocale &locale) const {
    switch (value.userType()) {
    case QMetaType::Bool:
        return value.toBool() ? tr("yes") : tr("no");
        break;
    default:
        return QStyledItemDelegate::displayText(value, locale);
    }
}
```

2. 模型类 CTableModel

为了配合代理功能的实现,编写自定义模型类 CTableModel。

```cpp
// tablemodel.h
#pragma once
#include <QStandardItemModel>
class CTableModel : public QStandardItemModel {
    Q_OBJECT
public:
    // 各属性对应的枚举
    enum EAttrIndex {
        EAttr_Id = 0,               // id
        EAttr_Description,          // 描述
        EAttr_Checked,              // 是否已验证
        EAttr_LastOneFlag,          // 是否最后一个
        EAttr_AnimateSpeed,         // 速度
        EAttr_Max,
    };
    // 速度枚举值
    enum EAnimateSpeed {
        EAnimateSpeed_Slow = 0,     // 慢速
        EAnimateSpeed_Normal,       // 中速
        EAnimateSpeed_Fast,         // 快速
        EAnimateSpeed_Max,
    };
public:
    explicit CTableModel(QObject * parent = 0);
    CTableModel(int rows, int columns, QObject * parent = nullptr);
    Qt::ItemFlags flags(const QModelIndex &index) const override;
    QVariant data(const QModelIndex &index, int role) const override;
    bool setData(const QModelIndex &index, const QVariant &value, int role = Qt::EditRole) Q_DECL_OVERRIDE;
};
```

1) 构造函数

CTableModel 的两个构造函数没有做特殊处理,只是调用基类的构造函数。

```cpp
// tablemodel.cpp
CTableModel::CTableModel(QObject * parent):QStandardItemModel(parent) {
```

```cpp
}
CTableModel::CTableModel(int rows, int columns, QObject * parent) : StandardItemModel(rows, 
columns, parent) {
}
```

2）数据项标志接口 flags()

数据项标志用来控制是否允许对模型中的数据执行修改、拖放等操作。本案例中只允许修改属性值列，属性名是不允许被修改的，所以在 flags() 接口中将第 0 列的属性设置为只读。

```cpp
// tablemodel.cpp
Qt::ItemFlags CTableModel::flags(const QModelIndex &index) const {
    Qt::ItemFlags itemFlags;
    if (0 == index.column()) {
        itemFlags &= (~Qt::ItemIsEditable);        // ~Qt::ItemIsEditable 表示不可编辑
        return itemFlags;
    }
    else {
        return QStandardItemModel::flags(index);
    }
}
```

3）获取模型中的数据接口 data()

data() 接口用来访问模型中的数据。如代码清单 8-10 所示，data() 接口提供两个参数，index 表示数据项索引，role 表示数据项角色。本案例中，在重写该接口时仅处理两种角色，Qt::EditRole（编辑角色）和 Qt::DisplayRole（显示角色）。对于编辑角色，调用基类的默认接口。对于显示角色，首先需要获取编辑角色对应的数据，而且第 0 列是属性名所以无须处理。对于第 1 列，针对不同的属性进行不同的处理。在标号①处，将数据转换为枚举 CTableModel::EAnimateSpeed 后，再翻译成文本进行展示。

代码清单 8-10

```cpp
// tablemodel.cpp
QVariant CTableModel::data(const QModelIndex &index, int role) const {
    QVariant var;
    if (Qt::EditRole == role) {
        return QStandardItemModel::data(index, role);
    }
    else if (Qt::DisplayRole != role) {
        return QStandardItemModel::data(index, role);
    }
    var = data(index, Qt::EditRole);
    if (0 == index.column()){
        return var;
    }
    switch (index.row()){
    case CTableModel::EAttr_Checked:
        var = (var.toBool() ? "no" : "yes");        // 0:yes, 1:no
        break;
    case CTableModel::EAttr_LastOneFlag:
        var = (var.toInt() ? true : false);
        break;
    case CTableModel::EAttr_AnimateSpeed: {
        CTableModel::EAnimateSpeed eSpeed = static_cast < CTableModel::EAnimateSpeed >(var
.toInt());                                                                               ①
```

```
            switch (eSpeed) {
            case CTableModel::EAnimateSpeed_Slow:
                var = QString::fromLocal8Bit("慢速");
                break;
            case CTableModel::EAnimateSpeed_Normal:
                var = QString::fromLocal8Bit("中速");
                break;
            case CTableModel::EAnimateSpeed_Fast:
                var = QString::fromLocal8Bit("快速");
                break;
            default:
                break;
            }
        }
        break;
    default:
        break;
    }
    return var;
}
```

4) 更新模型中的数据接口 setData()

setData()接口用来更新模型中的数据。本案例中,setData()接口采取了比较简单的实现,仅针对 EditRole 进行处理。

```
// tablemodel.cpp
bool CTableModel::setData(const QModelIndex &index, const QVariant &value, int role) {
    if (Qt::EditRole == role) {
        QStandardItemModel::setData(index,value, role);
        return true;
    }
    return false;
}
```

3. 视图类 CTableView

默认情况下,Qt 的视图是在双击状态下进入编辑状态,有时这样不太方便。本案例调整了操作方式,默认情况下不进入编辑状态,用户单击时进入编辑状态,因此需要编写自定义视图类 CTableView。为 CTableView 类提供构造函数并重写其鼠标按下事件。构造函数比较简单,直接在头文件中实现。

```
// tableview.h
#pragma once
#include <QTableView>
QT_BEGIN_NAMESPACE
    class QWidget;
QT_END_NAMESPACE
class CTableView : public QTableView {
    Q_OBJECT
public:
    explicit CTableView(QWidget * parent = nullptr) : QTableView(parent) {}
protected:
```

```cpp
    virtual void mousePressEvent(QMouseEvent * event) override;
private:
    QModelIndex m_indexLast;
};
```

下面介绍鼠标按下事件,在该事件中使数据项进入编辑状态,见代码清单 8-11。首先获取鼠标坐标并转化为数据项索引,这里使用 QPersistentModelIndex 而非 QModelIndex。这是因为通过 QPersistentModelIndex 访问数据项更安全,它不会因为模型数据发生变化而变得非法,只要在使用前调用 isValid()进行有效性判断就可以了。然后关闭上次的编辑控件,并打开本次的编辑控件使数据项进入编辑状态。

代码清单 8-11

```cpp
// tableview.cpp
void CTableView::mousePressEvent(QMouseEvent * event) {
    QPoint pt = event->pos();
    QPersistentModelIndex index = indexAt(pt);
    // 如果本次选择和上次不一样,需要关闭上次的编辑器
    if ((index != m_indexLast) && m_indexLast.isValid()) {
        closePersistentEditor(m_indexLast);
    }
    m_indexLast = index;
    // 新的序号有效,且是允许编辑的列
    if (index.isValid() && (1 == index.column())){
        openPersistentEditor(index);
    }
    QTableView::mousePressEvent(event);
}
```

4. main()函数

一切准备就绪,来看一下 main()函数。首先需要包含所需的头文件,然后定义 QApplication 对象,构建模型、视图对象并将模型视图建立关联。接着创建代理对象,并设置视图的代理。

```cpp
// main.cpp
#include <QApplication>
#include <QHeaderView>
#include "delegate.h"
#include "tablemodel.h"
#include "tableview.h"
int main(int argc, char * argv[]) {
    QApplication app(argc, argv);
    CTableModel model(CTableModel::EAttr_Max, 2);           // 指示行列数
    CTableView tableView;
    tableView.setModel(&model);                             // 将模型视图建立关联
    tableView.horizontalHeader()->setStretchLastSection(true);
    CDelegate delegate;
    tableView.setItemDelegate(&delegate);                   // 为视图设置代理
    QModelIndex index;
    ...
}
```

然后为模型设置数据,第 0 列是属性名,第 1 列是属性值。最后,为窗体设置标题并显示出来,将程序运行起来就完成了。

```cpp
// main.cpp
int main(int argc, char *argv[]) {
    ...
    // 为模型设置数据
    QModelIndex index;
    QModelIndex indexRoot = model.invisibleRootItem()->index();
    for (int row = 0; row < CTableModel::EAttr_Max; row++) {
        // 先设置第 0 列
        index = model.index(row, 0, indexRoot);
        if (CTableModel::EAttr_Id == row){
            model.setData(index, "id");
        }
        else if (CTableModel::EAttr_Description == row ) {
            model.setData(index, QString::fromLocal8Bit("描述"));
        }
        else if (CTableModel::EAttr_Checked == row ) {
            model.setData(index, QString::fromLocal8Bit("验证"));
        }
        else if (CTableModel::EAttr_LastOneFlag == row ) {
            model.setData(index, QString::fromLocal8Bit("是最后一个"));
        }
        else if (CTableModel::EAttr_AnimateSpeed == row ) {
            model.setData(index, QString::fromLocal8Bit("动画速度"));
        }
        // 再设置第 1 列
        index = model.index(row, 1, indexRoot);
        if (CTableModel::EAttr_Id == row) {
            model.setData(index, 0);
        }
        else if (CTableModel::EAttr_Description == row ) {
            model.setData(index, QString::fromLocal8Bit("备注"));
        }
        else if (CTableModel::EAttr_Checked == row ) {
            model.setData(index, 0);         // 0:yes, 1:no
        }
        else if (CTableModel::EAttr_LastOneFlag == row ) {
            model.setData(index, true);
        }
        else if (CTableModel::EAttr_AnimateSpeed == row ) {
            model.setData(index, static_cast<int>(CTableModel::EAnimateSpeed_Slow));
        }
    }
    tableView.setWindowTitle("Delegate Example");
    tableView.show();
    return app.exec();                     // 将 app 运行起来
}
```

5. 小结

本节通过一个具体案例介绍了 Qt 的 MVC 机制,重点介绍了代理的使用方法。在开发代理时必须要实现如下几个接口。

```
// 创建编辑控件
QWidget * createEditor(QWidget * parent, const QStyleOptionViewItem &option, const QModelIndex
&index) const override;
// 初始化编辑控件的数据
void setEditorData(QWidget * editor, const QModelIndex &index) const override;
// 结束编辑后将数据保存到模型
void setModelData(QWidget * editor, QAbstractItemModel * model, const QModelIndex &index) const
override;
// 更新编辑控件的尺寸
void updateEditorGeometry ( QWidget * editor, const QStyleOptionViewItem &option, const
QModelIndex &index) const override;
```

另外需要注意如下内容。

（1）如果希望编辑数据和显示出来的数据不同，请使用自定义的模型，并且在 data()接口中针对 Display 角色的数据进行处理。

（2）如果希望用户单击时就可以进入编辑状态，请使用自定义视图类，并在鼠标按下时使数据项进入编辑状态，方法是调用 openPersistentEditor()；当然，还应记得关闭上次的编辑控件，方法是调用 closePersistentEditor()。

（3）如果已有的编辑控件都无法满足需求，可以使用自定义编辑控件。方法是在 createEditor()中创建该控件，并且要实现该控件的 paintEvent()和相应的鼠标消息（本节中使用鼠标单击处理编辑功能）；在自定义编辑类的构造函数中调用 setMouseTracking(true)，否则只能单击控件后才能截获鼠标滚动消息；完成编辑后，在自定义编辑类中发射"结束编辑"的自定义信号；在代理的 createEditor()中构建完编辑控件对象后，要把这个结束编辑的自定义信号关联到自定义槽函数，并且在槽函数中发射下列两个信号以便 Qt 调用代理的 setModelData()接口。

```
emit commitData(pEditor);
emit closeEditor(pEditor);
```

8.4 案例 39　带子属性的属性窗

本案例对应的源代码目录：src/chapter08/ks08_04。程序运行效果见图 8-15。

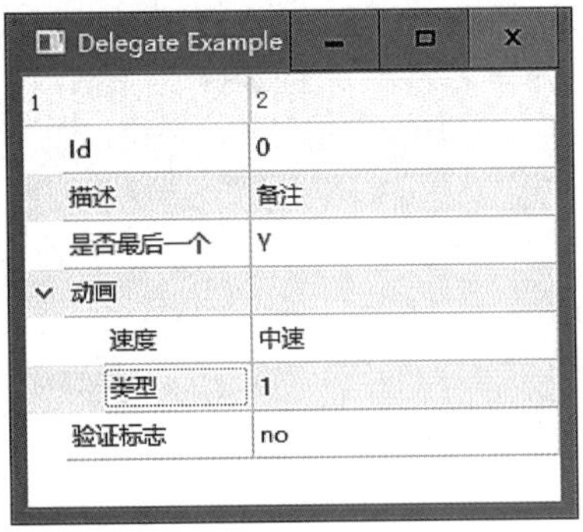

8.3 节通过属性窗的案例介绍了模型、视图、代理的基本使用方法，本节在此基础上介绍如何实现带子属性的属性窗。首先介绍图 8-15 中各属性的数据类型、编辑方式。

- Id：整数类型，不可编辑。
- 【描述】：字符串类型，用文本框输入。
- 【是否最后一个】：布尔类型，单击时自动取反。
- 【动画】有两个子属性：【速度】，枚举类型，用下拉列表输入；【类型】，整数，文本框输入。
- 【验证标志】：布尔类型，用下拉列表输入。

图 8-15　案例 39 运行效果

本案例仍采用自定义的模型、视图、代理。模型从 QStandardItemModel 派生得到模型类 CTableModel。本案例中的属性窗带有子数据项，这是树视图的特性,所以自定义视图类 CTreeView 从 QTreeView 派生而来。代理 CDelegate 派生自 QStyledItemDelegate。因为涉及数据项索引(QModelIndex)的使用问题,所以先从 main()函数开始介绍,以便更容易理解属性窗中各个数据项之间的关系。

1. main()函数

如代码清单 8-12 所示,main()函数内容同 8.3 节基本一致,只是把视图类型换成了 CTreeView,见标号①处。

代码清单 8-12

```
// main.cpp
#include <QApplication>
#include <QFile>
#include <QHeaderView>
#include "delegate.h"
#include "tablemodel.h"
#include "treeview.h"
int main(int argc, char *argv[]) {
    QApplication app(argc, argv);
    CTableModel model(CTableModel::EAttr_Max, 2);
    CTreeView treeView;
    treeView.setAlternatingRowColors(true);
    treeView.setModel(&model);              // 将模型视图建立关联
    QFile file(":/qss/treeview.qss");
    bool bok = file.open(QFile::ReadOnly);
    if (bok) {
        QString styleSheet = QString::fromLatin1(file.readAll());
        treeView.setStyleSheet(styleSheet);
    }
    ...
}
```
①

为了能像表格一样将属性之间的虚线绘制出来,需要为视图设置样式,样式来自样式文件。

```
// main.cpp
    ...
int main(int argc, char *argv[]) {
    ...
    QFile file(":/qss/treeview.qss");
    bool bok = file.open(QFile::ReadOnly);
    if (bok) {
        QString styleSheet = QString::fromLatin1(file.readAll());
        treeView.setStyleSheet(styleSheet);
    }
    ...
}
```

请注意文件名采用了":/qss/treeview.qss"的格式。在 qrc 文件中添加该文件的描述。

```
// ks08_03.qrc
<!DOCTYPE RCC><RCC version="1.0">
<qresource>
<file>qss/treeview.qss</file>
</qresource>
</RCC>
```

样式文件 treeview.qss 的内容如下。

```
// treeview.qss
QTreeView::item {
    border-right:1px solid rgb(179, 216, 247);
    border-bottom:1px solid rgb(179, 216, 247);
    padding: 2px;
    margin: 0px;
    margin-left: -2px;
}
QTreeView::branch {
    border-bottom:1px solid rgb(179,216,247);
}
QTreeView::branch:has-children:closed {
    image:url(":/images/childen_closed.png");
}
QTreeView::branch:has-children:open {
    image:url(":/images/childen_open.png");
}
```

接着创建代理对象,并设置视图的代理。然后为模型设置数据。如代码清单 8-13 所示,对【动画】进行处理时,除了调用 setData()接口填写属性名之外,在标号①处调用 model.insertRows()为【动画】插入两个子属性,调用 model.insertColumns()插入两列,分别用来表示这些子属性的属性名、属性值。在插入项时为它们指定的父项索引是 index,即:两个子项把【动画】这一行的第 0 列作为父项索引,请务必注意这一点。接着为这两个子项设置属性名,使用的 index 的行分别为 0、1,列取值为 0,该项的索引通过 model.index()取得,见标号②处。标号③处,在设置属性值列(第 1 列)时,需要将 index 重新赋值。标号④处,在设置【动画】的子属性时,又将 index 重新赋值,这里使用的行是 row,列是 0。这样组织出来的 index 的值其实表示【动画】这个属性的索引,也就是【动画速度】【动画类型】这两个子属性的父项索引。标号⑤处,组织【动画速度】的项索引时用的行号是 0,因为它是【动画】的子项,所以要重新计数。最后,为窗体设置标题并显示出来,将程序运行起来。

代码清单 8-13

```
// main.cpp
    ...
int main(int argc, char * argv[]) {
    ...
    CDelegate delegate;
    treeView.setItemDelegate(&delegate);           // 为视图设置代理
    QModelIndex index;
    for (int row = 0; row < CTableModel::EAttr_Max; ++row) {
        // 先填写第 0 列
        index = model.index(row, 0, QModelIndex());
        if (CTableModel::EAttr_Id == row) {
            model.setData(index, "Id");
        }
        else if (CTableModel::EAttr_Description == row){
            model.setData(index, QString::fromLocal8Bit("描述"));
        }
        else if (CTableModel::EAttr_Checked == row){
            model.setData(index, QString::fromLocal8Bit("验证标志"));
        }
```

```cpp
        else if (CTableModel::EAttr_LastOneFlag == row){
            model.setData(index, QString::fromLocal8Bit("是否最后一个"));
        }
        else if (CTableModel::EAttr_Animate == row){
            model.setData(index, QString::fromLocal8Bit("动画"));
            model.insertRows(0, 2, index);          // 插入两个子数据项              ①
            model.insertColumns(0, 2, index);       // 插入两列(属性名、属性值)
            model.setData(model.index(CTableModel::EAttr_AnimateSpeed, 0, index), QString::
fromLocal8Bit("速度"));                                                              ②
             model.setData(model.index(CTableModel::EAttr_AnimateType, 0, index), QString::
fromLocal8Bit("类型"));
        }
        // 再填写第 1 列
        index = model.index(row, 1, QModelIndex());                                  ③
        if (CTableModel::EAttr_Id == row) {
            model.setData(index, 0);
        }
        else if (CTableModel::EAttr_Description == row) {
            model.setData(index, QString::fromLocal8Bit("备注"));
        }
        else if (CTableModel::EAttr_Checked == row) {
            model.setData(index, false);
        }
        else if (CTableModel::EAttr_LastOneFlag == row) {
            model.setData(index, QVariant(static_cast<int>(Qt::Checked)));
        }
        else if (CTableModel::EAttr_Animate == row) {
            index = model.index(row, 0, QModelIndex());                              ④
            model.setData(model.index(0, 1, index), QVariant(static_cast<int>(CTableModel::
EAnimateSpeed_Normal)));                                                             ⑤
            model.setData(model.index(1, 1, index), 1);
        }
    }
    treeView.setWindowTitle(QObject::tr("Delegate Example"));
    treeView.show();
    return app.exec();                               // 将 app 运行起来
}
```

2. 代理类 CDelegate

本案例中的 CDelegate 派生自 QStyledItemDelegate。该类在 8.3 节已有介绍,只是其接口的实现有所不同。

```cpp
# pragma once
# include <QStyledItemDelegate>
class CDelegate : public QStyledItemDelegate {
    Q_OBJECT
public:
    CDelegate(QObject * parent = 0);
    QWidget * createEditor(QWidget * parent, const QStyleOptionViewItem &option, const QModelIndex &index) const override;
    void setEditorData(QWidget * editor, const QModelIndex &index) const override;
    void setModelData(QWidget * editor, QAbstractItemModel * model, const QModelIndex &index) const override;
     void updateEditorGeometry(QWidget * editor, const QStyleOptionViewItem &option, const QModelIndex &index) const override;
```

```cpp
    virtual QString displayText(const QVariant &value, const QLocale &locale) const;
private slots:
    void commitAndCloseEditor();
private:
    QStringList m_strListYesNo;               // 用来存储 yes、no 字符串
    QStringList m_strListSpeed;               // 用来存储速度字符串
};
```

如代码清单 8-14 所示,为了避免使用常量,在 CTableModel 中定义了这些属性对应的枚举。请注意本节的枚举值与 8.3 节有所不同。在标号①处,把【动画】子属性的枚举值重新从 0 开始定义,下一个属性【是否已验证】的枚举值 EAttr_Checked 定义为 EAttr_Animate+1,这样 EAttr_Max 就可以用来表示父项属性的行数(也就是所有可见根数据项的行数,根数据项不包括【动画速度】【动画类型】等子数据项)。

代码清单 8-14

```cpp
// tablemodel.h
class CTableModel : public QStandardItemModel {
    Q_OBJECT
public:
    // 各属性枚举值
    enum EAttrIndex {
        EAttr_Id = 0,                         // id
        EAttr_Descrition,                     // 描述
        EAttr_LastOneFlag,                    // 是否最后一个
        EAttr_Animate,                        // 动画
            EAttr_AnimateSpeed = 0,           // 动画速度            ①
            EAttr_AnimateType,                // 动画类型
        EAttr_Checked = EAttr_Animate + 1,    // 是否已验证
        EAttr_Max,
    };
    // 速度枚举值
    enum EAnimateSpeed {
        EAnimateSpeed_Slow = 0,               // 慢速
        EAnimateSpeed_Normal,                 // 中速
        EAnimateSpeed_Fast,                   // 快速
        EAnimateSpeed_Max,
    };
    ...
}
```

为 CDelegate 类编写默认的构造函数。

```cpp
// delegate.cpp
CDelegate::CDelegate(QObject * parent) : QStyledItemDelegate(parent) {
    m_strListSpeed << QString::fromLocal8Bit("慢速") << QString::fromLocal8Bit("中速") << QString::fromLocal8Bit("快速");
    m_strListYesNo << "yes" << "no";
}
```

1) createEditor()

creatorEditor()的实现见代码清单 8-15。在标号①处,将父项索引保存到 idxParent,如果没有父项,idxParent 就是当前项的索引。后续的所有代码都是根据 idxParent 的行号判断正在编辑哪一个属性,如果是其他属性,则 idxParent 跟 index 一致;如果是【动画速度】【动画类型】,则 idxParent 被转换为【动画】属性的项索引。因此,在标号②处判断是否是【动画】属性,如果是则空处理;在标号③处,判断如果是【动画速度】,那么就创建对应的下拉列表。

代码清单 8-15

```cpp
// delegate.cpp
QWidget * CDelegate::createEditor(QWidget * parent, const QStyleOptionViewItem & option, const 
QModelIndex & index ) const {
    QModelIndex idxParent = index.parent().isValid() ? index.parent() : index;      ①
    if (index.column() != 1) {
        return NULL;
    }
    if (idxParent.row() == CTableModel::EAttr_Id) {
        QSpinBox * pEditor = new QSpinBox(parent);
        pEditor->setFrame(false);
        pEditor->setMinimum(0);
        pEditor->setMaximum(100);
        return pEditor;
    }
    else if (idxParent.row() == CTableModel::EAttr_Checked){
        QComboBox * pEditor = new QComboBox(parent);
        pEditor->addItems(m_strListYesNo);
        pEditor->setItemData(0, true);
        pEditor->setItemData(1, false);
        return pEditor;
    }
    else if (idxParent.row() == CTableModel::EAttr_LastOneFlag){
        CEditor * pEditor = new CEditor(parent);
        connect(pEditor, &CEditor::editingFinished, this, CDelegate::commitAndCloseEditor);
        return pEditor;
    }
    else if (idxParent.row() == CTableModel::Eattr_Animate){
        if (index == idxParent) {                                                    ②
        }
        else if (index.row() == (CTableModel::Eattr_AnimateSpeed)) {                 ③
            // 动画速度设置单元格
            QComboBox * pEditor = new QComboBox(parent);
            pEditor->addItems(m_strListSpeed);
            pEditor->setItemData(0, CTableModel::EAnimateSpeed_Slow);
            pEditor->setItemData(1, CTableModel::EAnimateSpeed_Normal);
            pEditor->setItemData(2, CTableModel::EAnimateSpeed_Fast);
            return pEditor;
        }
    }
    return QStyledItemDelegate::createEditor(parent, option, index);
}
```

2）setEditorData()

setEditorData()接口实现同 8.3 节类似，见代码清单 8-16。有所不同的是，在处理【动画速度】时，在标号①处，如果是【动画】属性则空处理；在标号②处，如果是【动画速度】属性则进行相应处理。

代码清单 8-16

```cpp
// delegate.cpp
void CDelegate::setEditorData(QWidget * editor, const QModelIndex &index) const {
    QModelIndex idxParent = index.parent().isValid() ? index.parent() : index;
    if (index.column() != 1) {
        return QStyledItemDelegate::setEditorData(editor, index);
    }
```

```cpp
    if (idxParent.row() == CTableModel::EAttr_Id) {
        int value = index.model()->data(index, Qt::EditRole).toInt();
        QSpinBox * pEditor = static_cast<QSpinBox *>(editor);
        pEditor->setValue(value);
        return;
    }
    else if (idxParent.row() == CTableModel::EAttr_Checked) {
        QComboBox * pEditor = static_cast<QComboBox *>(editor);
        pEditor->setCurrentIndex(index.model()->data(index, Qt::EditRole).toBool() ? 0 : 1);
        return;
    }
    else if (idxParent.row() == CTableModel::EAttr_LastOneFlag) {
        CEditor * pEditor = qobject_cast<CEditor *>(editor);
        Qt::CheckState checkState = static_cast<Qt::CheckState>(index.model()->data(index, Qt::EditRole).toInt());
        if (checkState)
            pEditor->setText("Y");
        else
            pEditor->setText("N");
        return;
    }
    else if (idxParent.row() == CTableModel::Eattr_Animate) {
        if (index == idxParent) {                                               ①
        }
        else if (index.row() == (CTableModel::Eattr_AnimateSpeed)) {            ②
            // 动画速度
            QComboBox * pEditor = static_cast<QComboBox *>(editor);
            int nValue = index.model()->data(index, Qt::EditRole).toInt();
            CTableModel::EAnimateSpeed animateSpeed = static_cast<CTableModel::EAnimateSpeed>(nValue);
            pEditor->setCurrentIndex(index.model()->data(index, Qt::EditRole).toInt());
            return;
        }
    }
    QStyledItemDelegate::setEditorData(editor, index);
}
```

3) setModelData()

setModelData()接口的实现见代码清单 8-17。对【动画】【动画速度】也要进行特殊处理。

代码清单 8-17

```cpp
void CDelegate::setModelData(QWidget * editor, QAbstractItemModel * model, const QModelIndex
&index) const {
    QModelIndex idxParent = index.parent().isValid() ? index.parent() : index;
    if (index.column() != 1) {
        QStyledItemDelegate::setModelData(editor, model, index);
        return;
    }
    if (idxParent.row() == CTableModel::EAttr_Id){
        QSpinBox * spinBox = static_cast<QSpinBox *>(editor);
        spinBox->interpretText();                      // 确保取得最新的数值
        int value = spinBox->value();
        model->setData(index, value, Qt::EditRole);    // 为模型设置数据
        return;
    }
    else if (idxParent.row() == CTableModel::EAttr_Checked) {
```

```cpp
            QComboBox * pBox = static_cast<QComboBox *>(editor);
            QVariant var = pBox->currentData();
            model->setData(index, var.toBool());       // 为模型设置数据
            return;
        }
        else if (idxParent.row() == CTableModel::EAttr_LastOneFlag) {
            CEditor * pEditor = qobject_cast<CEditor *>(editor);
            QVariant var;
            var.setValue((pEditor->text() == "Y") ? true : false);
            model->setData(index, var);                // 为模型设置数据
            return;
        }
        else if (idxParent.row() == CTableModel::Eattr_Animate) {
            if (index == idxParent) {
            }
            else if (index.row() == (CTableModel::Eattr_AnimateSpeed)) {
                // 动画速度设置单元格
                QComboBox * pBox = static_cast<QComboBox *>(editor);
                QVariant var = pBox->currentData();
                model->setData(index, var);            // 为模型设置数据
                return;
            }
        }
    }
    QStyledItemDelegate::setModelData(editor, model, index);
}
```

4）updateEditorGeometry()

updateEditorGeometry()接口与 8.3 节一致。

```cpp
void CDelegate::updateEditorGeometry(QWidget * editor, const QStyleOptionViewItem &option,
const QModelIndex &/* index */) const {
    editor->setGeometry(option.rect);
}
```

5）displayText()

displayText()接口与 8.3 节一致。

```cpp
QString CDelegate::displayText(const QVariant &value, const QLocale &locale) const {
    switch (value.userType()) {
    case QMetaType::Bool:
        return value.toBool() ? tr("yes") : tr("no");
    default:
        return QStyledItemDelegate::displayText(value, locale);
    }
}
```

3．模型类 CTableModel

本节的 CTableModel 定义见代码清单 8-18。

代码清单 8-18

```cpp
// tablemodel.h
#pragma once
#include <QStandardItemModel>
class CTableModel : public QStandardItemModel {
    Q_OBJECT
```

```cpp
public:
    // 各行所代表的意义
    enum EAttrIndex {
        EAttr_Id = 0,                              // id
        EAttr_Description,                         // 描述
        EAttr_LastOneFlag,                         // 是否最后一个
        Eattr_Animate,                             // 动画
            Eattr_AnimateSpeed = 0,                // 动画速度
            Eattr_AnimateType,                     // 动画类型
        EAttr_Checked = Eattr_Animate + 1,         // 是否已验证
        Eattr_Max,
    };
    // 速度枚举值
    enum EAnimateSpeed {
        EAnimateSpeed_Slow = 0,                    // 慢速
        EAnimateSpeed_Normal,                      // 中速
        EAnimateSpeed_Fast,                        // 快速
        EAnimateSpeed_Max,
    };
public:
    explicit CTableModel(QObject * parent = 0);
    CTableModel(int rows, int columns, QObject * parent = nullptr);
    int rowCount(const QModelIndex &parent) const override;
    int columnCount(const QModelIndex &parent) const override;
    QVariant headerData(int section, Qt::Orientation orientation, int role) const override;
    virtual bool setHeaderData(int section, Qt::Orientation orientation, const QVariant &value, int role = Qt::EditRole);
    Qt::ItemFlags flags(const QModelIndex &index) const override;
    QVariant data(const QModelIndex &index, int role) const override;
    bool setData(const QModelIndex &index, const QVariant &value, int role = Qt::EditRole) Q_DECL_OVERRIDE;
};
```

1）构造函数 CTableModel()

CTableModel 类的构造函数没有做特殊处理，只是调用基类的构造函数。

```cpp
CTableModel::CTableModel(QObject * parent):QStandardItemModel(parent) {
}
CTableModel::CTableModel(int rows, int columns, QObject * parent) : QStandardItemModel(rows, columns, parent) {
}
```

2）数据项标志 flags()

flags()接口的实现同 8.3 节不太一样。在标号①处，如果是子项则允许编辑。在标号②处，如果是父项且有子项则不允许编辑，如果是父项且无子项则允许编辑。在判断是否拥有子项时，把 dataIndex 通过模型的 index()接口重新组织了一个索引，并把列换成了 0，以此来组织父项的索引，这样才能与模型保持一致。

```cpp
// tablemodel.cpp
Qt::ItemFlags CTableModel::flags(const QModelIndex &dataIndex) const {
    Qt::ItemFlags itemFlags = Qt::ItemIsEnabled;
    if (1 == dataIndex.column()) {
        if (dataIndex.parent().isValid()) {                    // 是子项                    ①
            itemFlags = Qt::ItemFlags(Qt::ItemIsEnabled | Qt::ItemIsEditable);
        }
```

```
        else {                    // 是根数据项
            itemFlags = (hasChildren(index(dataIndex.row(), 0, dataIndex.parent())))
                        ? Qt::ItemIsEnabled// 有子项,则该项不允许编辑
                        : Qt::ItemFlags(Qt::ItemIsEnabled | Qt::ItemIsEditable));       ②
        }
    }
    return itemFlags;
}
```

3) 属性窗标题 headerData()

属性窗的列标题中一般要显示【属性名】【属性值】字样。因此,需要为模型提供 headerData()接口的实现。本案例仅处理水平方向的内容,即列标题。

```
// tablemodel.cpp
QVariant CTableModel::headerData(int section, Qt::Orientation orientation, int role) const {
    if (role == Qt::DisplayRole) {
        if (orientation == Qt::Horizontal) {
            if (section == 0) {
                return tr("attribute");
            }
            else {
                return tr("value");
            }
        }
        else {
            return QVariant(QString::null);
        }
    }
    return QStandardItemModel::headerData(section, orientation, role);
}
```

4) 获取数据 data()

在 data()接口中,同样也要把项索引转换为父数据项索引。

```
// tablemodel.cpp
QVariant CTableModel::data(const QModelIndex &index, int role) const {
    QModelIndex idxParent = index.parent().isValid()
                            ? index.parent()
                            : index;
    QVariant var;
    if (index.column() == 0) {                    // 第 0 列无须特殊处理
        var = QStandardItemModel::data(index, role);
        return var;
    }
    if (Qt::EditRole == role) {                   // 获取编辑角色对应的数据时直接调用基类接口
        var = QStandardItemModel::data(index, Qt::EditRole);
        return var;
    }
    else if (Qt::DisplayRole == role) {
        var = QStandardItemModel::data(index, Qt::EditRole);
        switch (idxParent.row()) {
        case EAttr_Checked:
            var = (var.toBool() ? "yes" : "no");
            break;
        case EAttr_LastOneFlag:
```

```cpp
                    var = (var.toInt() ? "Y" : "N");
                    break;
                case Eattr_Animate:
                    if (idxParent == index) {                            // "动画"
                    }
                    else if (index.row() == (Eattr_AnimateSpeed)) {      // "动画速度"
                        CTableModel::EAnimateSpeed animateSpeed = static_cast<CTableModel::
EAnimateSpeed>(var.toInt());
                        switch (animateSpeed) {
                        case EAnimateSpeed_Slow:
                            var = QString::fromLocal8Bit("慢速");
                            break;
                        case EAnimateSpeed_Normal:
                            var = QString::fromLocal8Bit("中速");
                            break;
                        case EAnimateSpeed_Fast:
                            var = QString::fromLocal8Bit("快速");
                            break;
                        }
                    }
                    break;
                default:
                    break;
                }
            }
            return var;
}
```

5）设置数据 setData()

设置数据接口 setData() 采用了比较简单的实现，仅针对 EditRole 进行处理。

```cpp
// tablemodel.cpp
bool CTableModel::setData(const QModelIndex &index, const QVariant &value, int role) {
    if (Qt::EditRole == role) {
        QStandardItemModel::setData(index,value, role);
        return true;
    }
    return false;
}
```

4. 视图类 CTreeView

同 8.3 节的视图类一样，本节也采取用户单击属性值就进入编辑状态的方案，只是视图类的基类变成 QTreeView。

```cpp
#pragma once
#include <QTreeView>
QT_BEGIN_NAMESPACE
class QWidget;
QT_END_NAMESPACE
class CTreeView : public QTreeView {
    Q_OBJECT
public:
    explicit CTreeView(QWidget * parent = nullptr):QTreeView(parent) {}
protected:
```

```cpp
    virtual void mousePressEvent(QMouseEvent * event) override;
private:
    QModelIndex m_indexLast;
};
```

鼠标按下事件的处理同 8.3 节一致。

```cpp
void CTreeView::mousePressEvent(QMouseEvent * event) {
    QPoint pos = event->pos();
    QPersistentModelIndex index = indexAt(pos);
    // 如果本次选择和上次不一样,则需要关闭上次的编辑控件
    if ((index != m_indexLast) && m_indexLast.isValid()) {
        closePersistentEditor(m_indexLast);
    }
    m_indexLast = index;
    if (index.isValid() && (1 == index.column())) {
        // 打开编辑控件进入编辑状态
        if (index.model()->flags(index) & Qt::ItemIsEditable)
            openPersistentEditor(index);
    }
    QTreeView::mousePressEvent(event);
}
```

本节介绍了带有子项的属性窗的实现方法。与 8.3 节的不同之处在于如下几点。

(1) 使用树视图,为了在属性窗中显示出表格单元格那样的虚框,需要为视图设置样式。

(2) 因为带有子项,所以在判断当前正在编辑的项时,首先需要将数据项转换父项的序号再进行判断。

8.5 配套练习

1. 请回答如下问题:在 Qt 的 MVC 框架中,模型、视图、代理三者之间是什么关系?在 Qt 的 MVC 中它们各自的作用是什么?模型、视图、代理三者之间的纽带是什么?指出图 8-6 中的根项(Root item);指出图 8-6 中的父项与子项;假设模型中某数据项的索引为 index1,当模型数据发生增删时,index1 能否被继续使用,为什么?如果希望继续使用 index1 所代表数据项的索引,该怎么办?

2. 参考 8.3 节创建一个展示属性窗的应用。需要展示的属性如下。

【序号】:整数类型,不可编辑。

【姓名】:字符串类型,用文本框输入。

3. 在练习题 2 的基础上,增加如下属性。

【性别】:整数类型,0 为男生,1 为女生,单击取反,默认为男生。

【出生日期】:日期类型,格式为:年-月-日,参考 6.2 节的内容采用格式化输入。

4. 在练习题 3 的基础上,增加如下属性。

【联系方式】:含有两个子属性:手机、QQ。参考 6.2 节,手机采用格式化输入;QQ 采用文本输入。

【身高】:浮点数,单位为米,允许编辑。

第9章 开发SDI应用

采用 Qt 开发的界面类应用中,除了对话框应用,SDI(Single Document Interface,单文档界面)应用也是比较常用的界面类应用形式。

9.1 案例40 开发一个 SDI 应用

视频讲解

本案例对应的源代码目录:src/chapter09/ks09_01。程序运行效果见图 9-1。

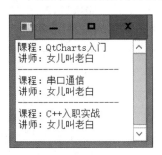

图 9-1 案例 40 运行效果

从本节开始,将介绍带主窗口模块的开发。主窗口类应用一般包括菜单、工具条、浮动窗等内容。带主窗口的模块类型分为 SDI(单文档界面)和 MDI(多文档界面),本节介绍 SDI 模块的开发。本节以文本编辑器为例,该模块打开一个 TXT 文档并展示其内容。

如代码清单 9-1 所示,在标号①处,先构建一个 QApplication 对象,再构建一个 QMainWindow 对象 mainWindow,然后构建一个 QTextEdit 对象,父窗口设置为 mainWindow。在标号②处,打开测试文件并将内容显示在 textEdit 中。在标号③处,将 textEdit 设置为 mainWindow 的主部件。最后,将 mainWindow 显示出来。

代码清单 9-1

```
#include <QApplication>
#include <QFile>
#include <QMainWindow>
#include <QTextEdit>
#include <QTextStream>
#include "base/basedll/baseapi.h"
int main(int argc, char * argv[])
{
    QApplication app(argc, argv);
    QMainWindow mainWindow(NULL);
    QTextEdit textEdit(&mainWindow);
    QFile file;
    QString strFile = ns_train::getFileName("$TRAINDEVHOME/test/chapter09/ks09_01/input.txt");
    file.setFileName(strFile);
    QString str;
```
①

```
        if (file.open(QFile::ReadOnly | QFile::Text)) {            ②
            QTextStream input(&file);
            input.setCodec("UTF-8");          // 可以试试用：GBK
            str = input.readAll();
        }
        textEdit.setText(str);
        mainWindow.setCentralWidget(&textEdit);
        mainWindow.show();                                          ③
        return app.exec();
    }
```

本节用扫盲式的方法介绍了 SDI 开发的基本过程，9.2 节开始将介绍如何使用自定义视图开发主窗口类应用。

9.2 案例 41　使用自定义视图

本案例对应的源代码目录：src/chapter09/ks09_02。程序运行效果见图 9-2。

9.1 节介绍了 SDI 开发的基本方法。在 9.1 节案例中，构造了一个 QTextEdit 对象作为主窗口的中心部件（centeralWidget），本节将介绍如何开发自定义视图并将其作为主窗体的中心部件。其实，用自定义视图作为主窗体的中心部件时，也是通过主窗口 setCentralWidget()接口进行设置。本节介绍一些自定义视图开发的知识。如代码清单 9-2 所示，设计自定义视图类 CTextEdit，该类派生自 QTextEdit。在代码清单 9-2 中，除了 CTextEdit 类的构造函数和析构函数，仅仅为该类重写了 paintEvent()接口。

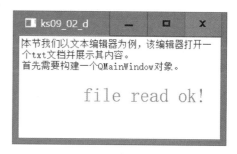

图 9-2　案例 41 运行效果

代码清单 9-2

```
# pragma once
# include <QTextEdit>
class CTextEdit : public QTextEdit {
public:
    CTextEdit(QWidget* parent);
    ~CTextEdit(){;}
protected:
    virtual void paintEvent(QPaintEvent* event);
};
```

如代码清单 9-3 所示，在 paintEvent()接口中，将视口的背景更改了颜色，并且打印一行文字"file read ok!"。在代码清单 9-3 中，在标号①处，并未采用"painter.begin(this);"的写法。这是因为，在本例中这种写法是失效的，也就是说在程序启动后看不到绘制的内容。原因是：对于 QTextEdit 来说，所有内容最终显示到它的视口上，也就是 viewPort()上面。因此，需要采用标号①处的写法才能将文本显示在视图中。最后，需要调用基类的接口，见标号②处。

代码清单 9-3

```
void CTextEdit::paintEvent(QPaintEvent* event) {
    QPainter painter;
```

```
        painter.begin(viewport());
        painter.setRenderHint(QPainter::Antialiasing, true);
        painter.setPen(Qt::blue);
        painter.fillRect(event->rect(), QColor(0, 255, 255, 100));
        QFont ft("宋体", 18);
        painter.setFont(ft);
        painter.drawText(QPointF(100,100), "file read ok!");
        painter.end();
        QTextEdit::paintEvent(event);
}
```
① ②

本节介绍了使用自定义视图开发 SDI 应用的方法,后续章节将陆续介绍在 SDI 应用中开发菜单、工具条、浮动窗等控件的方法。

9.3 案例 42 添加主菜单

视频讲解

本案例对应的源代码目录：src/chapter09/ks09_03。程序运行效果见图 9-3。

在 GUI 编程中,很多功能都是通过菜单的方式实现。本节介绍主菜单功能的开发,主要涉及如下内容。

(1) 菜单项的创建以及 QAction 的使用。
(2) 在菜单项之间添加分隔线。
(3) 添加二级菜单。
(4) 菜单分组。

下面分别进行介绍。

1. 菜单项的创建以及 QAction 的使用

开发带有主菜单功能的模块时,需要自定义主窗口。设计 CMainWindow 类,它派生自 QMainWindow。主菜单的各个菜单项都是通过 QAction 实现。先构造主菜单,然后构建一个 QAction 对象,并将该对象添加到主菜单就形成菜单项。如图 9-4 所示,文件菜单包含 3 个菜单项：【打开】【保存】【退出】。

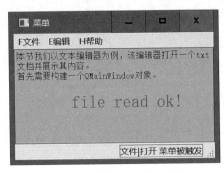

图 9-3 案例 42 运行效果

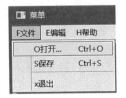

图 9-4 文件主菜单

本案例的配套代码中提供了更多菜单项及相关槽函数。下面,以【文件】菜单中的【打开】菜单项为例进行介绍。首先,定义主菜单对象、【打开】菜单项对应的 QAction 对象、菜单项对应的槽函数 open()。如代码清单 9-4 所示，为了代码整洁，将创建菜单和创建 QAction 的工作封装到 createActions()、createMenus() 两个接口中。

代码清单 9-4

```
// mainwindow.h
class CMainWindow : public QMainWindow {
    Q_OBJECT
private slots:
    void open();
    ...
private:
    void createActions();
    void createMenus();
private:
    QMenu  * m_pFileMenu;
    QAction * m_pOpenAct;
    ...
};
```

createActions() 接口见代码清单 9-5。在标号①处，创建【打开】菜单项对应的 QAction 时，参数 1 指示该菜单项显示的文本，参数 2 指示该菜单的父对象，其中 Open 前面的"&"表示快捷键为后面的第一个字母 O。在标号②处，指示菜单项的快捷键，此处使用 Qt 提供的系统默认的快捷键 Ctrl+O。在标号③处，设置菜单项对应的状态栏提示信息。在标号④处，将菜单项对应的 QAction 对象的信号关联到槽函数。

代码清单 9-5

```
void CMainWindow::createActions() {
    m_pOpenAct = new QAction(tr("&Open..."), this);                              ①
    m_pOpenAct -> setShortcuts(QKeySequence::Open);                              ②
    m_pOpenAct -> setStatusTip(tr("Open an existing file"));                     ③
    connect(m_pOpenAct, &QAction::triggered, this, &CMainWindow::open);          ④
}
```

如果希望为菜单项添加图标，请将标号①处的代码改为如下形式。

```
m_pOpenAct = new QAction(QIcon(":/images/open.png"),tr("&Open..."), this);
```

这样就为菜单项添加了图标。但是，这也意味着增加了两项额外的工作。

1）将 open.png 放到 images 目录并修 ks09_03.qrc 文件

```
// ks08_03.qrc
<!DOCTYPE RCC>
< RCC version = "1.0">
< qresource >
    < file > images/open.png </file>
</qresource >
</RCC>
```

2）在 pro 中添加 qrc 文件的描述

```
RESOURCES  += ks09_03.qrc
```

接下来在 createMenus() 中，将 m_pOpenAct 添加到主菜单。

```
void CMainWindow::createMenus() {
    m_pFileMenu = menuBar() -> addMenu(tr("&File"));
    m_pFileMenu -> addAction(m_pOpenAct);
    ...
}
```

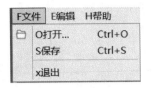

图 9-5 菜单项之间的分隔线

2. 在菜单项之间添加分隔线

有时候,在一个主菜单中会有很多菜单项。在这些菜单项中,有一些菜单项是与功能相关的,因此可以采取一些方法让这些菜单项看起来是一类的,用分隔线可以达到目的,见图 9-5。

如代码清单 9-6 所示,在标号①处,添加完【保存】菜单项之后,为菜单添加了一个分隔线。这表示【打开】和【保存】两个菜单项功能相关。

代码清单 9-6

```
void CMainWindow::createMenus() {
    m_pFileMenu = menuBar()->addMenu(tr("&File"));
    m_pFileMenu->addAction(m_pOpenAct);
    m_pFileMenu->addAction(m_pSaveAct);
    m_pFileMenu->addSeparator();                    ①
    m_pFileMenu->addAction(m_pExitAct);
}
```

3. 添加二级菜单

如图 9-6 所示,有时候一级菜单还不够用,还需要使用二级菜单,见代码清单 9-7。在标号①处,在【编辑】菜单 m_pEditMenu 下面新增了二级菜单,即【格式】菜单 m_pFormatMenu,并为该二级菜单添加菜单项。

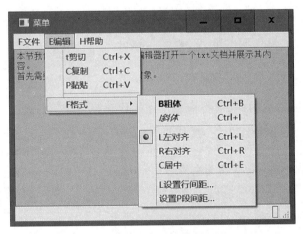

图 9-6 二级菜单

代码清单 9-7

```
void CMainWindow::createMenus() {
    ...
    m_pEditMenu = menuBar()->addMenu(tr("&Edit"));
    m_pEditMenu->addAction(m_pCutAct);
    m_pEditMenu->addAction(m_pCopyAct);
    m_pEditMenu->addAction(m_pPasteAct);
    m_pEditMenu->addSeparator();
    m_pFormatMenu = m_pEditMenu->addMenu(tr("&Format"));    ①
```

```
    m_pFormatMenu -> addAction(m_pBoldAct);
    m_pFormatMenu -> addAction(m_pItalicAct);
    ...
}
```

4．菜单分组

有时，用户希望把一些配置项用菜单的方式实现，而这些配置项之间是互斥的。当选中某个菜单项之后，其他菜单项的状态自动取消，效果类似单选按钮，见图 9-7。【左对齐】【右对齐】【居中】3 个菜单项属于一组而且功能互斥。在代码清单 9-8 中，标号①处，创建 QActionGroup 分组对象 m_pAlignmentGroup，并将 3 个菜单项添加到分组。在标号②处，设置【左对齐】为默认选中状态。

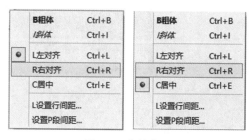

图 9-7　菜单分组

代码清单 9-8

```
// mainwindow.h
class CMainWindow : public QMainWindow {
    ...
private:
    QActionGroup * m_pAlignmentGroup;
    ...
    QAction * m_pItalicAct;
    QAction * m_pLeftAlignAct;
    QAction * m_pRightAlignAct;
    QAction * m_pCenterAct;
};
// mainwindow.cpp
void CMainWindow::createMenus() {
    ...
    m_pAlignmentGroup = new QActionGroup(this);                          ①
    m_pAlignmentGroup -> addAction(m_pLeftAlignAct);
    m_pAlignmentGroup -> addAction(m_pRightAlignAct);
    m_pAlignmentGroup -> addAction(m_pCenterAct);
    m_pLeftAlignAct -> setChecked(true);                                 ②
}
```

9.4　案例 43　常规工具条

视频讲解

本案例对应的源代码目录：src/chapter09/ks09_04。程序运行效果见图 9-8。

9.3 节介绍了主菜单的开发，有了主菜单，工具条的开发就简单多了。工具条的开发分为 3 步。

(1) 构建工具条。

(2) 向工具条添加按钮。

(3) 在初始化时调用构建工具条的接口。

下面分别介绍。

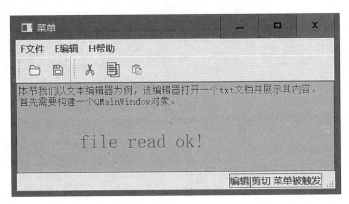

图 9-8 案例 43 运行效果

1. 构建工具条

为了构建工具条,首先要定义工具条对象。本例中在 createToolBars() 接口中构建两个工具条。

```
class CMainWindow : public QMainWindow {
    ...
private:
    void createToolBars();                          // 构建工具条
private:
    QToolBar * m_pFileToolBar;                      // 文件工具条
    QToolBar * m_pEditToolBar;                      // 编辑工具条
};
```

下面介绍 createToolBars() 接口的实现。

```
void CMainWindow::createToolBars() {
    m_pFileToolBar = addToolBar(tr("file tool bar"));
    m_pFileToolBar->setObjectName("file tool bar");
    m_pEditToolBar = addToolBar(tr("edit tool bar"));
    m_pEditToolBar->setObjectName("edit tool bar");
}
```

2. 向工具条添加按钮

工具条可以直接使用主菜单的菜单项对应的 QAction 对象。可以调用 addAction() 接口将菜单项对应的 QAction 对象添加到工具条。

```
void CMainWindow::createToolBars() {
    m_pFileToolBar = addToolBar(tr("file tool bar"));
    m_pFileToolBar->setObjectName("file tool bar");
    m_pFileToolBar->addAction(m_pOpenAct);
    m_pFileToolBar->addAction(m_pSaveAct);
    m_pEditToolBar = addToolBar(tr("edit tool bar"));
    m_pEditToolBar->setObjectName("edit tool bar");
    m_pEditToolBar->addAction(m_pCutAct);
    m_pEditToolBar->addAction(m_pCopyAct);
    m_pEditToolBar->addAction(m_pPasteAct);
}
```

3. 在初始化时调用构建工具条的接口

在初始化接口中调用 createToolBars() 完成工具条的创建。

```
CMainWindow::CMainWindow(QWidget * parent) : QMainWindow(parent) {
    createActions();
    createMenus();
    createToolBars();
    ...
}
```

9.5 知识点 在状态栏上显示鼠标坐标

视频讲解

当开发界面类模块时，有时需要在状态栏上显示鼠标的坐标，这该怎么实现呢？要在状态栏显示鼠标坐标，首先需要获取鼠标坐标。鼠标坐标一般在视图而非主框架中获取，因此需要重写视图的 onMouseMoveEvent() 并且在其内部将鼠标的坐标信息通过信号发射出去，再由主窗口的槽函数处理接收到的信号，并将鼠标坐标展示在状态栏。有了总体思路，就可以分步实施了，对应的源代码目录：src/chapter09/ks09_05。程序运行效果见图 9-9。

图 9-9 ks09_05 运行效果

1. 重写视图的 onMouseMoveEvent() 并发射信号

本案例用到的视图类为 CTextEdit，见代码清单 9-9。首先为它添加一个信号 viewMouseMove()，该信号用来发给主框架。为 CTextEdit 类编写 Q_OBJECT 宏，否则无法使用 Qt 的信号-槽机制。信号 viewMouseMove() 的参数是一个 QMouseEvent 对象，其实也可以使用自定义结构体来传递鼠标坐标。本案例直接使用 QMouseEvent 是为了简便。然后，重写 onMouseMoveEvent() 接口，在 CTextEdit 的头文件中编写接口定义。接口后面的 override 关键字表示本接口派生自 QTextEdit，如果因拼写错误导致编译器在基类中找不到该接口，编译器会报错。

代码清单 9-9

```
// textedit.h
class CTextEdit : public QTextEdit {
    Q_OBJECT
    ...
protected:
    virtual void mouseMoveEvent(QMouseEvent * e) override;
    virtual void paintEvent(QPaintEvent * event);
Q_SIGNALS:
    void viewMouseMove(QMouseEvent * event);
    ...
};
```

在 mouseMoveEvent()接口中将 viewMouseMove()信号发射。

```cpp
void CTextEdit::mouseMoveEvent(QMouseEvent * e) {
    QTextEdit::mouseMoveEvent(e);              // 首先,调用基类接口
    emit(viewMouseMove(e));
}
```

2. 在主窗口中关联该信号到主窗口的槽函数

在主窗口头文件定义槽函数 onMouseMoveInView()。m_pMouseLabel 用来展示鼠标坐标。

```cpp
// mainwindow.h
class CMainWindow : public QMainWindow {
private slots:
    void onMouseMoveInView(QMouseEvent * event);
private:
    QLabel * m_pMouseLabel;                    // 鼠标位置显示
};
```

在代码清单 9-10 中,将主窗口的编辑视图对象的初始化封装到 initialize()中。在标号①处,将视图的信号 viewMouseMove()关联到主窗口的槽函数 onMouseMoveInView()。

代码清单 9-10

```cpp
void CMainWindow::initialize() {
    m_pTextEdit = new CTextEdit(this);
    QFile file;
    QString strFile = ns_train::getFileName(" $TRAINDEVHOME/test/chapter08/ks08_01/input.txt");
    file.setFileName(strFile);
    if (!file.open(QFile::ReadOnly | QFile::Text)) {
        return;
    }
    QTextStream input(&file);
    input.setCodec("UTF-8");                   // 可以试试用: GBK
    QString str = input.readAll();
    m_pTextEdit->setText(str);
    setCentralWidget(m_pTextEdit);
    connect(m_pTextEdit, SIGNAL(viewMouseMove(QMouseEvent *)), this, SLOT(onMouseMoveInView
(QMouseEvent *)));                                                                    ①
}
```

3. 构建标签以便展示鼠标位置

代码清单 9-11 中,标号①、标号③处,把 m_pInfoLabel、m_pMouseLabel 这两个标签的初始化封装到 createStatusBar()接口。标号②处,将 pMouseLabel 的最小尺寸限制在 100,以防无法完整显示鼠标坐标。

代码清单 9-11

```cpp
// mainwindow.cpp
void CMainWindow::createStatusBar() {
    m_pInfoLabel = new QLabel(tr(""));
    m_pInfoLabel->setFrameStyle(QFrame::StyledPanel | QFrame::Sunken);
    m_pInfoLabel->setAlignment(Qt::AlignCenter);
    statusBar()->addPermanentWidget(m_pInfoLabel);                                    ①
    m_pMouseLabel = new QLabel("", statusBar());
```

```
            m_pMouseLabel->setMinimumWidth(100);                                    ②
            statusBar()->addPermanentWidget(m_pMouseLabel);                         ③
            statusBar()->show();
        }
```

4. 在槽函数中更新鼠标位置

在槽函数中将鼠标坐标更新到状态栏的文本中，见代码清单 9-12。从 event 对象获取鼠标坐标，然后在 m_pMouseLabel 中进行展示。

代码清单 9-12

```
void CMainWindow::onMouseMoveInView(QMouseEvent* event) {
    const QPointF ptLocal = event->localPos();
    QPoint pt = ptLocal.toPoint();
    QString str;
    str.sprintf("%d, %d", pt.x(), pt.y());
    m_pMouseLabel->setText(str);
}
```

本节的案例介绍了在状态栏展示鼠标坐标的方法。在 MDI 中开发时要稍微复杂一些，因为窗口的子视图会发生切换，所以需要处理视图切换事件以便重新关联信号。

9.6 知识点 使用 QSplashScreen 为程序添加启动画面

视频讲解

大型应用程序的启动一般都比较耗时，为了不降低用户体验，这类应用一般都有启动画面。启动画面上一般会用文本或进度条指示进度。本节将介绍带进度条启动画面的开发方法。如果单纯展示一个启动画面，可以直接使用 QSplashScreen；但是如果还要提供进度条，QSplashScreen 就不满足需求了，需要自行实现。本节以 src.baseline 中的代码为基础，为其添加启动界面，对应的源代码目录：src/chapter09/ks09_06。程序运行效果见图 9-10。

图 9-10 ks09_06 运行效果

1. 编写自定义的 CSplashScreen 类

如代码清单 9-13 所示，CSpahsScreen 派生自 QSplashScreen。该类提供一个构造函数，构造函数带一个 "const QPixmap&" 类型的参数，用来指定启动画面的图片。成员变量 m_pProgressBar 用来展示启动进度。槽函数 setProgress(quint32) 用来更新 m_pProgressBar 的进度。

代码清单 9-13

```
// splashscreen.h
#pragma once
#include <QSplashScreen>
QT_BEGIN_NAMESPACE
class QProgressBar;
QT_END_NAMESPACE
class CSplashScreen : public QSplashScreen {
```

```cpp
    Q_OBJECT
public:
    CSplashScreen(const QPixmap &pixmap = QPixmap());
    ~CSplashScreen(){;}
public Q_SLOTS:
    void setProgress(quint32);
private:
    QProgressBar * m_pProgressBar;                       //进度条
};
```

下面介绍 CSplashScreen 的实现,见代码清单 9-14。在构造函数中构建了进度条对象 m_pProgressBar,然后设置了进度条的位置、尺寸,此处借用了启动图片的宽度和高度数据。为了让进度条更加美观,为进度条设置样式。槽函数 setProgress()用来接收主窗口发射的进度信号,以便更新进度条位置。

代码清单 9-14

```cpp
// splashscreen.cpp
#include "splashscreen.h"
#include <QProgressBar>
CSplashScreen::CSplashScreen(const QPixmap &pixmap) : QSplashScreen(pixmap) {
    m_pProgressBar = new QProgressBar(this);
    //设置进度条的位置
    m_pProgressBar->setGeometry(0, pixmap.height() - 50, pixmap.width(), 30);
    //设置进度条的样式
    m_pProgressBar->setStyleSheet(
        "QProgressBar {color:black;font:30px;text-align:center; } \
         QProgressBar::chunk {background-color: rgb(200, 160, 16);}");
    //设置进度条的范围
    m_pProgressBar->setRange(0, 100);
    //设置进度条的当前进度(默认值)
    m_pProgressBar->setValue(0);
}
void CSplashScreen::setProgress(quint32 value) {
    m_pProgressBar->setValue(value % 101);
}
```

2. 在耗时代码中发射更新进度的信号

如代码清单 9-15 所示,为主窗口 CMainWindow 添加进度信号以及关联信号-槽的代码。这里只列出了对 CMainWindow 修改(相对 src.baseline 中的代码)的内容。为 CMainWindow 的构造函数增加了一个参数,用来传入 CSplashScreen 对象。那么,为何不提供接口来设置该对象呢?原因很简单,这样做的目的是在 CMainWindow 构造(用时较长)的过程中展示启动进度,如果在 CMainWindow 构造完成后耗时工作就完成了,这时再调用接口传入 CSplashScreen 对象去更新进度条就已经迟了。如果应用程序启动的时间主要花在其他地方,那么就在耗费时间的代码中发送信号以更新进度条状态。本节是以 CMainWindow 的构造过程比较耗时为例进行演示。readData()接口用来模拟构造过程中的耗时操作,以便在该接口中发射信号更新进度条。progress(quint32)信号是为主窗口新增的信号,该信号用来通知 CSplashScreen 从而更新进度。

代码清单 9-15

```cpp
// mainwindow.h
class CMainWindow : public QMainWindow {
    Q_OBJECT
public:
    CMainWindow(QWidget * parent, CSplashScreen * pSplashScreen);
    ~CMainWindow(){;}
    void readData();                          // 模拟构造过程中的耗时操作
Q_SIGNALS:
    void progress(quint32);
    ...
};
```

下面看一下 CMainWindow 的实现。代码清单 9-16 中，在标号①处，将 progress() 信号关联到 CSplashScreen 对象的 setProgress() 槽函数。在标号②处，调用 QThread::sleep(1) 来模拟耗时操作，该代码导致的结果是睡眠 1s。在标号③处，发射 progress 信号，信号中的参数值为 10，这样就会更新进度条的进度值为 10。具体可以查看 CSplashScreen::setProgress() 的实现。在 initialize() 中调用模拟耗时操作的 readData()。

代码清单 9-16

```cpp
// mainwindow.cpp
#include "splashscreen.h"
CMainWindow::CMainWindow( QWidget * parent, CSplashScreen * pSplashScreen ) : QMainWindow(parent) {
    connect(this, &CMainWindow::progress, pSplashScreen, &CSplashScreen::setProgress);   ①
    QThread::sleep(1);                                      // 模拟耗时操作              ②
    emit progress(10);                                                                   ③

    createActions();
    createMenus();
    createToolBars();
    createStatusBar();
    initialize();
    setWindowTitle(tr("Demo"));
    setMinimumSize(160, 160);
    resize(480, 320);
}
void CMainWindow::initialize() {
    ...
    readData();
}
```

readData() 的实现见代码清单 9-17，可以看出，readData() 其实非常简单，通过 QThread::sleep() 进行睡眠，然后发射更新进度条状态的信号 progress()。

代码清单 9-17

```cpp
// mainwindow.cpp
void CMainWindow::readData() {
    QThread::sleep(1);
    emit progress(30);
    QThread::sleep(1);
    emit progress(50);
    QThread::sleep(1);
```

```
        emit progress(70);
        QThread::sleep(1);
        emit progress(100);
}
```

3. 构建启动窗口

最后，在 main()函数中为应用程序添加启动画面，见代码清单 9-18。标号①处，构造 CSplashScreen 对象并将其显示出来。标号②处，app.processEvents()目的是为了保证显示启动画面的同时仍可以正常响应鼠标、键盘等操作。标号③处，构造 CMainWindow 对象时传入了 splashScreen 对象地址，以便在 CMainWindow 的构造函数中关联信号-槽。标号④处，代码的功能是在 mianWindow 构造函数执行完毕后隐藏 splashScreen。

代码清单 9-18

```
// main.cpp
#include <QApplication>
#include <QTranslator>
#include <QLibraryInfo>
#include <QFile>
#include <QPixmap>
#include <QThread>
#include <QTextEdit>
#include <QTextStream>
#include "mainwindow.h"
#include "splashscreen.h"
int main(int argc, char * argv[]) {
    QApplication app(argc, argv);
    ...
    QPixmap pixmap(":images/logo.png");
    CSplashScreen splashScreen(pixmap);                                    ①
    splashScreen.show();
    QThread::msleep(10);
    app.processEvents();       // 保证显示启动画面的同时仍可以正常响应鼠标、键盘等操作  ②
    CMainWindow mainWindow(NULL, &splashScreen);                           ③
    splashScreen.finish(&mainWindow);    // 等待主窗口初始化完毕,然后隐藏 splashScreen  ④
    mainWindow.showMaximized();
    return app.exec();
}
```

本节介绍了为应用程序添加启动界面的方法。其实，不同应用程序的启动过程中的耗时操作可能跟本案例的场景不完全相同，但是处理思路是一致的，就是在耗时操作过程中不断地发射更新进度的信号，以便自定义的 CSplashScreen 对象在接收到信号后更新进度条的进度。

9.7 知识点　工具条反显

视频讲解

当开发图文编辑类模块时，经常会为文本设置一些字体参数，比如粗体、斜体等。当选中编辑区域的文字内容时，需要在工具条上把文字的字体参数进行显示（反显），该怎样实现这个功能呢？本节将介绍它的实现方案，对应的源代码目录：src/chapter09/ks09_07。程序运行效果见图 9-11。反显功能与设置功能是配合实现的。当单击【粗体】按钮时，需要将编辑控件

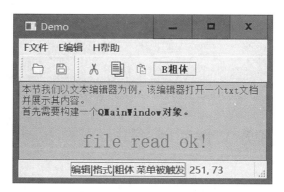

图 9-11 ks09_07 运行效果

中选中的文本变为粗体；当在编辑控件中选中文本时，如果选中文本的字体是粗体，需要将
【粗体】按钮的状态更新为按下的状态，否则需要将【粗体】按钮的状态更新为抬起的状态。下
面实现【粗体】按钮的功能。【粗体】按钮按下时将触发槽函数 bold(bool)。在该槽函数中，获
取当前光标下的文本，将其字体设置为粗体。

```
// mainwindow.cpp
void CMainWindow::bold(bool bChecked) {
    m_pInfoLabel->setText(tr("Invoked <b>Edit|Format|Bold</b>"));
    QTextCursor tc = m_pTextEdit->textCursor();              // 获取当前光标下的文本对象
    QTextCharFormat textCharFormat = tc.blockCharFormat();   // 获取该对象的格式信息
    QFont ft = textCharFormat.font();                        // 获取字体信息
    ft.setBold(bChecked);                                    // 根据按钮的状态设置字体的粗体信息
    textCharFormat.setFont(ft);                              // 重新为格式信息对象设置字体
    m_pTextEdit->setCurrentCharFormat(textCharFormat);       // 为选中的文本更新格式
}
void CMainWindow::createToolBars() {
    ...
    m_pEditToolBar->addAction(m_pBoldAct);                   // 将按钮添加到工具条
}
```

下面实现反显功能。

(1) 将选中文本变化的信号关联到槽函数。

```
connect(m_pTextEdit, SIGNAL(selectionChanged()), this, SLOT(onSelectionChanged()));
```

(2) 实现槽函数。

如代码清单 9-19 所示，获取到光标下的文本对象后，获取它的格式中的字体，然后获取字
体的粗体标志，根据该值将【粗体】按钮的状态进行更新。请注意标号①、标号②处对
blockSignals()的调用，在 5.7 节曾介绍过该接口，它的功能是防止额外触发槽函数调用。如
果封掉 blockSignals()的调用，那么当执行标号②处的代码时，将修改 m_pBoldAct 的状态。
如果程序通过 m_pBoldAct 的状态变化信号（changed 信号）去触发槽函数 bold()，那么将会
导致一次不必要的槽函数调用，因此应通过 blockSignals()防止发生这种情况；如果程序通过
m_pBoldAct 的 triggered 信号去触发槽函数 bold()，就无须调用 blockSignals()。

代码清单 9-19

```
void CMainWindow::onSelectionChanged() {
    QTextCursor tc = m_pTextEdit->textCursor();           // 获取光标下选中的文本对象
    QTextCharFormat textCharFormat = tc.charFormat();     // 获取它的格式
```

```
    bool b = textCharFormat.font().bold();              // 获取字体的粗体信息
    /* 必须先阻塞信号,否则,setChecked()调用将触发 m_pBoldAct 的 triggered()信号 */
    m_pBoldAct->blockSignals(true);                     // 阻塞信号                              ①
    m_pBoldAct->setChecked(b);                          // 设置粗体按钮的状态
    m_pBoldAct->blockSignals(false);                    // 解除信号阻塞                          ②
}
```

9.8 案例 44 打开文件对话框

视频讲解

本案例对应的源代码目录：src/chapter09/ks09_08。程序运行效果见图 9-12。

图 9-12 案例 44 运行效果

对于界面类应用来说,打开文件是经常用到的操作,这会用到打开文件对话框。本节将介绍如何用 QFileDialog 提供打开文件界面。为了方便演示,先把打开文件功能进行封装,为类 CTextEdit 添加成员函数 openFile()。

```
class CTextEdit : public QTextEdit {
    ...
public:
    bool openFile(const QString& strFileName);
    ...
};
```

该接口实现如下。

```
bool CTextEdit::openFile(const QString& strFile) {
    QFile file;
    file.setFileName(strFile);
    if (!file.open(QFile::ReadOnly | QFile::Text)) {
        return false;
    }
    QTextStream input(&file);
    input.setCodec("UTF-8");                            // 可以试试用:GBK
    QString str = input.readAll();
    setText(str);
    m_strFileName = strFile;
    return true;
}
```

然后，为主窗口的 CMainWindow::open() 接口添加实现代码，见代码清单 9-20。调用 getDirectory() 接口将路径中的环境变量进行解析得到全路径。在标号①处，准备过滤条件，过滤条件使用";;"进行分隔。本案例中的过滤条件可以过滤 3 种类型的文件，分别是"＊.txt""＊.xml""＊.＊"，运行效果如图 9-13 的下拉列表所示。然后，调用 QFileDialog::getOpenFileName() 接口弹出打开文件对话框。此处在处理时区分 Windows 平台与其他平台。Windows 平台，参数 1 是父窗口指针，参数 2 是打开文件对话框显示的标题，参数 3 是打开的目录，参数 4 是文件过滤字符串。其他平台，程序进入 else 分支，调用的 QFileDialog::getOpenFileName() 接口多设置了两个参数，其接口原型见代码清单 9-21。

代码清单 9-20

```
void CMainWindow::open() {
    QString szDir = ns_train::getDirectory(" $ TRAINDEVHOME/test/chapter08/ks08_01/");
    QString strFilter("text file( * .txt);;XML File( * .xml);; * ( * . * )");                    ①
#ifdef WIN32
    QString fileName = QFileDialog::getOpenFileName(this, tr("select file to open"), szDir, strFilter);
#else
    QString fileName = QFileDialog::getOpenFileName(this, tr("select file to open"), szDir, strFilter, NULL, QFileDialog::DontUseNativeDialog);     ②
#endif
    ...
}
```

图 9-13　过滤条件下拉列表框

代码清单 9-21

```
static QString getOpenFileName(QWidget * parent = nullptr,
                               const QString &caption = QString(),
                               const QString &dir = QString(),
                               const QString &filter = QString(),
                               QString * selectedFilter = nullptr,
                               Options options = Options());
```

参数 selectedFilter 用来传递用户通过界面选中的文件过滤字符串，参数 options 用来指示选项。在代码清单 9-20 标号②处，options 取值 QFileDialog::DontUseNativeDialog。如果不这样设置，在 Linux 上的界面将使用系统自带的打开文件界面，那将与 Windows 风格不太一致；设置 QFileDialog::DontUseNativeDialog 后，Linux 上的打开文件界面与 Windows 风格基本一致。如果感兴趣，可以封掉该参数做个测试看看有何不同。

9.9 案例 45 浮动窗里的列表框

视频讲解

本案例对应的源代码目录：src/chapter09/ks09_09。程序运行效果见图 9-14。

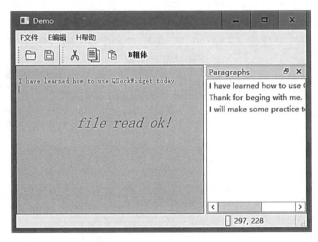

图 9-14 案例 45 运行效果

对于窗体类模块来说，浮动窗是比较常用的界面形式。在本案例中，为主窗体增加一个 QDockWidget 浮动窗对象，并在该对象中添加一个 QListWidget 对象。为了演示浮动窗内部控件与主窗口视图的交互功能，当用户单击 QListWidget 选中某行文本时，将选中的文本串添加到编辑控件中。首先在主窗体中添加成员变量 m_pParagraphsList 用来构建浮动窗中的 QListWidget。

```
class CMainWindow : public QMainWindow {
    Q_OBJECT
public:
    CMainWindow(QWidget * parent);
    ~CMainWindow(){;}
private:
    void createDockWindows();
    void connectSignalAndSlot();              // 关联信号－槽
private:
    QListWidget * m_pParagraphsList;          // 浮动窗里的 widget
};
```

然后，添加 createDockWindows()接口，该接口用来生成浮动窗，见代码清单 9-22。在标号①处，构建 QDockWidet 对象。接着，构建 m_pParagraphsList，并向其添加了 3 行字符串，见标号②处。在标号③处，为浮动窗设置控件。在标号④处，将浮动窗添加到主窗体，Qt::RightDockWidgetArea 表示浮动窗的停靠位置在窗体的右侧停靠区。

代码清单 9-22

```
void CMainWindow::createDockWindows() {
    QDockWidget * dock = new QDockWidget(tr("Paragraphs"), this);    // 构建浮动窗            ①
    m_pParagraphsList = new QListWidget(dock);
    QStringList strList;
```

```
        strList << "I have learned how to use QDockWidget today."
                << "Thank for beging with me."
                << "I will make some practice tonight.";
    m_pParagraphsList->addItems(strList);                                                      ②
    dock->setWidget(m_pParagraphsList);                                                        ③
    addDockWidget(Qt::RightDockWidgetArea, dock);                                              ④
}
```

将所有信号-槽关联都封装到 connectSignalAndSlot() 中。

```
void CMainWindow::connectSignalAndSlot() {
    connect(m_pTextEdit, SIGNAL(viewMouseMove(QMouseEvent *)), this, SLOT(onMouseMoveInView
(QMouseEvent *)));
    connect(m_pTextEdit, SIGNAL(selectionChanged()), this, SLOT(onSelectionChanged()));
    connect(m_pParagraphsList, &QListWidget::currentTextChanged, this, &CMainWindow::
addParagraph);
}
```

在主窗体的类定义中添加槽函数 addParagraph()。

```
class CMainWindow : public QMainWindow {
    Q_OBJECT
    ...
private slots:
    void addParagraph(const QString &paragraph);
    ...
};
```

该槽函数实现如下。在槽函数中，获取浮动窗中选中的文本串，并将其添加到文本编辑器中当前光标之后。

```
void CMainWindow::addParagraph(const QString &paragraph) {
    if (paragraph.isEmpty())
        return;
    QTextCursor cursor = m_pTextEdit->textCursor();
    if (cursor.isNull())
        return;
    cursor.beginEditBlock();
    cursor.movePosition(QTextCursor::PreviousBlock, QTextCursor::MoveAnchor, 2);
    cursor.insertBlock();
    cursor.insertText(paragraph);
    cursor.insertBlock();
    cursor.endEditBlock();
}
```

9.10 案例 46 拖放

视频讲解

本案例对应的源代码目录：src/chapter09/ks09_10。程序运行效果见图 9-15。

使用鼠标进行人机交互操作时，拖放是非常方便的一种手段。要实现拖放操作，首先需要确认是否进入拖放状态，也就是要确认是否满足启动拖放的条件；然后构造拖放数据并启动拖放；用鼠标将拖放内容移动到目标区域并松开鼠标后，解析拖放数据并执行相关处理。本节展示的拖放功能是：在编辑控件中选中文本并将文本拖放到悬浮窗的列表框中。本案例仅

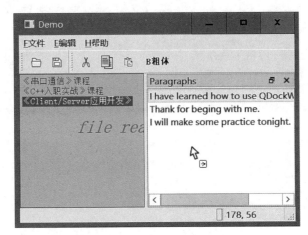

图 9-15 案例 46 运行效果

演示整个功能的开发过程,对于拖放数据的组织等细节问题在开发不同的应用时会有差异,请注意具体情况具体分析。

1. 确认是否满足拖放启动的条件

因为本案例的拖放操作是从编辑控件中发起,所以需要在编辑控件类 CTextEdit 中进行判断。判断分为两步。

1) 鼠标按下时进行判断

在鼠标按下时,判断是否单击到单词上,并记录鼠标按下的坐标,见代码清单 9-23。本案例中进行了简单的判断,只要光标处选中文本的长度非零,就认为具备启动拖放的初步条件。在进行其他的拖放操作开发时,可根据实际需要判断是否具备启动拖放的条件。

代码清单 9-23

```
void CTextEdit::mousePressEvent(QMouseEvent * e) {
    QTextEdit::mousePressEvent(e);                  // 首先,调用基类接口
    m_ptMousePress = e->globalPos();
    QTextCursor tc = textCursor();                  // 获取光标下选中的文本对象
    if (tc.selectedText().length()> 0)
        m_bDrag = true;
}
```

2) 在鼠标移动时判断

在鼠标移动时,判断其他条件是否已满足,见代码清单 9-24。在标号①处,先判断是否有鼠标按键按下,如果没有则不进入拖放。在标号②处,判断鼠标移动的距离是否满足拖放启动的最小距离。鼠标移动距离是用接口参数中的鼠标移动事件中的坐标减去鼠标按下时的坐标,并用 manhattanLength() 接口获取该差值的曼哈顿距离,用这个距离数值跟 QApplication::startDragDistance() 进行比较,如果超过后者则将拖放标志 bDistance 设置为 True。启动拖放的最小距离可以用 QApplication::setStartDragDistance() 进行设置。接着,就可以对是否允许进入拖放状态进行综合判断。除了 m_bDrag 和 bDistance 之外,还要判断鼠标移动时鼠标左键是否处于按下状态,只有这 3 个条件同时满足,才认为应启动拖放操作。将 m_bDrag 标志设置为 false,以防后续鼠标移动时重复进入该分支,见标号③处。

代码清单 9-24

```
void CTextEdit::mouseMoveEvent(QMouseEvent * e) {
    emit(viewMouseMove(e));                    // 发射信号,以便可以在状态栏显示鼠标坐标
    Qt::MouseButtons btns = e->buttons();
    if (!(btns | Qt::NoButton)) {
        m_bDrag = false;                                                                    ①
    }
    bool bDistance = false;
    QPoint ptDistance = e->globalPos() - m_ptMousePress;
    if (ptDistance.manhattanLength() > QApplication::startDragDistance()) {
                                              // 超过允许的拖放距离才启动拖放操作
        bDistance = true;                                                                   ②
    }
    if (m_bDrag && bDistance && (btns & Qt::LeftButton)) {
        m_bDrag = false;                                                                    ③
        ...
    }
    ...
}
```

2. 启动拖放

若满足拖放启动条件,就可以启动拖放操作了。本案例中拖放的内容为编辑控件中选中的文本以及它的字体信息。代码清单 9-25 中,用 XML 格式传输拖放信息。在标号①处,获取当前选中的文本以及它的格式信息中的字体信息。在标号②处,构建一个 QMimeData 对象用来以 MIME(Multipurpose Internet Mail Extensions,多用途互联网邮件扩展类型)格式保存拖放数据。在标号③处,构建一个 QTextStream 对象 textStream,并且将 textStream 对象关联到一个 QByteArray 对象。构建 textStream 时按照读写的方式构建,并且设置字符集为UTF-8。在标号④处,构建 doc 对象,将拖放数据以 XML 格式进行组织并存入 doc 对象中。在标号⑤处,将 mimeData 的数据设置为 itemData,即 doc 中的 XML 文本。setData()接口的参数"dnd/format"表示 MIME 的类型,是开发人员自定义的格式字符串,用来区分不同的拖放数据。使用分隔符"/"的目的是分层区分不同的拖放数据。常用的 MIME 类型见表 9-1。Qt 自带的示例项目 mimetypes/mimetypebrowser 对 QMimeType 有更详细的介绍。在标号⑥处,构建拖放对象 drag。在标号⑦处,为拖放对象设置 MIME 数据。在标号⑧处,执行拖放动作。exec()接口是同步执行接口,也就是阻塞式的,因此只有拖放操作完成(鼠标左键松开)时该接口才执行完毕。exec()的返回值来自接受拖放者的 dropEvent(QDropEvent * event)中设置的返回值(见代码清单 9-27 中标号④处)。

代码清单 9-25

```
void CTextEdit::mouseMoveEvent(QMouseEvent * e) {
    ...
    if (m_bDrag && bDistance && (btns & Qt::LeftButton)) {
        m_bDrag = false;
        QTextCursor tc = textCursor();                        // 获取光标下选中的文本对象 ①
        QTextCharFormat textCharFormat = tc.charFormat();     // 获取它的格式
        bool b = textCharFormat.font().bold();                // 获取字体的粗体信息
        // 开始准备拖放的数据
        QMimeData * mimeData = new QMimeData;                                              ②
```

```
            QByteArray itemData;
            QTextStream textStream(&itemData, QIODevice::ReadWrite);        ③
            textStream.setCodec("UTF-8");
            QDomDocument doc;                                                ④
            QDomElement rootDoc = doc.createElement("root");
            doc.appendChild(rootDoc);
            QDomElement eleDoc = doc.createElement("document");
            eleDoc.setAttribute("text", tc.selectedText());
            eleDoc.setAttribute("bold", b);
            rootDoc.appendChild(eleDoc);
            doc.save(textStream, 1, QDomNode::EncodingFromTextStream);
            mimeData->setData("dnd/format", itemData);                       ⑤
            QDrag *drag = new QDrag(this);                                   ⑥
            drag->setMimeData(mimeData);                                     ⑦
            if (drag->exec(Qt::DropActions(Qt::MoveAction | Qt::CopyAction), Qt::CopyAction) ==
Qt::CopyAction) {                                                            ⑧
            }
        }
        else {
            QTextEdit::mouseMoveEvent(e);  // 调用基类接口
        }
}
```

表 9-1 QMimeData 的接口及 MIME 类型

测 试 接 口	Get 接口	Set 接口	MIME 类型标签
hasText()	text()	setText()	text/plain
hasHtml()	html()	setHtml()	text/html
hasUrls()	urls()	setUrls()	text/uri-list
hasImage()	imageData()	setImageData()	image/*
hasColor()	colorData()	setColorData()	application/x-color

3. 响应拖放操作

要在列表框中接收拖放数据，就要响应拖放事件，因此需要使用自定义类 CListWidget，它派生自 QListWidget。在该类中定义拖放相关的接口。

```
// listwidget.h
#pragma once
#include <QListWidget>
class CListWidget : public QListWidget {
public:
    CListWidget(QWidget* parent);
    ~CListWidget();
protected:
    void dragEnterEvent(QDragEnterEvent* event);      // 拖放进入事件
    void dragMoveEvent(QDragMoveEvent* event);        // 拖放移动事件
    void dragLeaveEvent(QDragLeaveEvent* event);      // 拖放离开事件
    void dropEvent(QDropEvent* event);    // 拖放放下事件(拖放操作过程中,松开鼠标触发该事件)
private:
    QString m_strFileName;
};
```

在 CListWidget 的构造函数中设置为允许接收拖放数据。

```
CListWidget::CListWidget(QWidget * parent) : QListWidget(parent) {
    setAcceptDrops(true);
}
```

1) 重写 dragEnterEvent()

需要重写其拖放进入事件 dragEnterEvent()，见代码清单 9-26。在标号①处，判断是否为期望的拖放数据，方法是调用 hasFormat() 接口，参数是在生成拖放数据时填写的格式字符串"dnd/format"（见代码清单 9-25 标号⑤处）。标号②处 setAccepted(true) 必须调用，否则 Qt 不会调用 dragMoveEvent()。如果感兴趣，可以封掉标号②处的代码进行验证。

代码清单 9-26

```
void CListWidget::dragEnterEvent(QDragEnterEvent * event) {
    if (event->mimeData()->hasFormat("dnd/format")){                          ①
        event->setDropAction(Qt::CopyAction);
        event->setAccepted(true);                                              ②
    }
    else {
        event->setAccepted(false);
    }
}
```

2) 重写 dragMoveEvent()

重写 dragMoveEvent()，该接口的处理同 dragEnetrEvent() 类似。

```
void CListWidget::dragMoveEvent(QDragMoveEvent * event) {
    if (event->mimeData()->hasFormat("dnd/format")){
        event->setDropAction(Qt::CopyAction);
        event->setAccepted(true);
    }
    else {
        event->setAccepted(false);
    }
}
```

3) 重写 dragLeaveEvent()

最后，还可以重写 dragLeaveEvent()。其实，在本案例中并未真正用到它，但在其他情况下可能会用到。比如，从工具箱拖一个图元到编辑视图时，需要创建一个图元；在鼠标未松开的情况下又将鼠标移出编辑视图时，就会触发 dragLeaveEvent()。在这种情况下，应该把刚创建的图元删除，这种处理就可以在 dragLeaveEvent() 里完成。

```
void CListWidget::dragLeaveEvent(QDragLeaveEvent * event) {
    QListWidget::dragLeaveEvent(event);
}
```

4．接收拖放操作的数据并处理

最后，通过重写 dropEvent() 接口来处理拖放数据，见代码清单 9-27。当执行拖放操作时，在接收拖放的有效区域内松开鼠标时将触发该事件。在标号①处，从 QDropEvent 事件对象中获取拖放数据。在标号②处构建 QDomDocument 对象，并解析收到的数据。在标号③处，用解析后的数据构造 QListWidgetItem 对象并添加到 listWidget 控件。在标号④处，用来为 QDrag 对象的 exec() 设置返回值（见代码清单 9-25 标号⑧处）。

代码清单 9-27

```
void CListWidget::dropEvent(QDropEvent *event) {
    if (event->mimeData() && event->mimeData()->hasFormat("dnd/format")) {
        QByteArray mimeData = event->mimeData()->data("dnd/format");           ①
        QDomDocument document;                                                  ②
        document.setContent(mimeData);
        QDomElement rootDoc = document.firstChildElement();
        if (rootDoc.isNull() || (rootDoc.tagName() != "root"))
            return;
        QDomElement eleDoc = rootDoc.firstChildElement();
        // 判断格式的合法性
        if (eleDoc.isNull() || (eleDoc.tagName() != "document"))
            return;
        QString strText = eleDoc.attribute("text");
        bool bBold = eleDoc.attribute("bold").toInt();
        QListWidgetItem *pItem = new QListWidgetItem(strText, this);            ③
        QFont ft = pItem->font();
        ft.setBold(bBold);
        pItem->setFont(ft);
        addItem(pItem);
        event->setDropAction(Qt::CopyAction);                                   ④
        event->setAccepted(true);
    }
}
```

本案例介绍了拖放功能的开发方法，大体上分为 4 步。

(1) 确定是否进入拖放状态。

(2) 创建拖放对象，组织拖放数据。

(3) 为接收拖放数据的类重写 dragEnterEvent()、dragMoveEvent()、dragLeaveEvent() 来响应拖放操作。

(4) 为接收拖放数据的类重写 dropEvent()，解析拖放数据并处理，并调用 setDropAction() 来设置 QDrag 对象调用 exec() 时的返回值。

9.11 案例 47 使用树视图做个工具箱

视频讲解

本案例对应的源代码目录：src/chapter09/ks09_11。程序运行效果见图 9-16。

在主窗体应用程序中，树视图也是常用的控件，本节将介绍树视图的人机交互操作。本节将在 SDI 窗口中增加一个浮动窗，用来显示树视图，当双击该视图中的项时，打开对应的文件并显示在右侧的编辑视图中。本节用到了 8.2 节的 CCountry、CProvince、CCity 等类，所以需要用到 8.2 节的 country.h、country.cpp、province.h、province.cpp、city.h、city.cpp。首先对 CMainWindow 进行改造，这里只介绍改动的代码，见代码清单 9-28，对类 CCountry、CTreeview 进行前置声明。在标号①处，槽函数 slot_ItemDoubleClicked() 用来响应树视图的双击信号，以便打开文件。打开文件的接口 openFile() 在标号②处定义。在标号③处，定义 createDockWindows_Left() 接口用来创建树视图，该接口沿用了 9.10 节的浮动窗，只是把它内部的控件替换为树视图控件。createCountry() 接口复用了 8.2 节的内容。

第 9 章 开发SDI应用

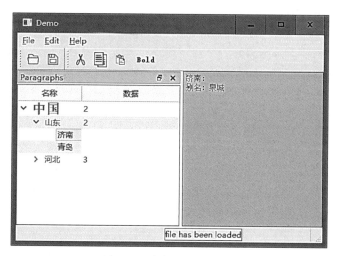

图 9-16　案例 47 运行效果

代码清单 9-28

```
#pragma once
class CCountry;
class CTreeView;
class CMainWindow : public QMainWindow {
    ...
private slots:
    void slot_ItemDoubleClicked(const QString&);                    ①
private:
    void openFile(const QString&);                                  ②
    void createDockWindows_Left();                                  ③
    CCountry * createCountry(void);                                 ④
private:
    CTreeView * m_pTreeView;                    // 左侧的树视图
    ...
};
```

下面介绍 CMainWindow 的实现文件,首先增加对相关头文件的引用。

```
// mainwindow.h
#include <QStandardItemModel>
#include <QTreeView>
#include "city.h"
#include "country.h"
#include "province.h"
#include "textedit.h"
#include "treeview.h"
```

createCountry()接口复用了 8.2 节的代码。

```
CCountry * CMainWindow::createCountry(void) {
    ...
    // 返回构建的 CCountry 对象
    return pCountry;
}
```

在关联信号-槽的接口 connectSignalAndSlot()中,将树视图的双击信号关联到槽函数

• 285 •

CMainWindow::slot_ItemDoubleClicked()。

```
void CMainWindow::connectSignalAndSlot() {
    connect(m_pTreeView, &CTreeView::itemDoubleClicked, this, CMainWindow::slot_ItemDoubleClicked);
}
```

下面介绍树视图的初始化过程。createDockWindows_Left()用来生成左侧的浮动窗，为浮动窗添加树视图控件，见代码清单9-29。在标号①处，构建一个浮动窗对象，然后调用createCountry()生成模型数据。构建树视图的方法已在8.2节做过介绍，此处仅针对不同之处进行说明。在标号②处，为树视图设置标题名。在标号③处，禁止对视图的项进行编辑。在标号④处，设置视图选中模式为一次选中整行，也可以设置为选中某个项或者选中整列等。在标号⑤处，设置视图为单选模式，也可以设置为不允许选中、多选等模式。在标号⑥处，设置为间隔行显示不同的颜色。在标号⑦处，将树视图添加到浮动窗。在标号⑧处，设置浮动窗的停靠位置。

代码清单 9-29

```
// mainwindow.cpp
void CMainWindow::createDockWindows_Left() {
    QDockWidget * dock = new QDockWidget(tr("Paragraphs"), this);           ①
    CCountry * pCountry = createCountry();
    if (NULL == pCountry)
        return;
    QList<CProvince *> lstProvinces;
    QList<CProvince *>::iterator iteProvince;
    QList<CCity *> lstCities;
    QList<CCity *>::iterator iteCity;
    pCountry->getProvinces(lstProvinces);
    const int COLUMNCOUNT = 2;                                 // 列的个数
    QStandardItemModel * pModel = new QStandardItemModel(this);
    pModel->setHorizontalHeaderLabels(QStringList() << QStringLiteral("名称") <<
QStringLiteral("数据"));                                                      ②
    m_pTreeView = new CTreeView(dock);
    //1. QTreeView常用设置项
    m_pTreeView->setEditTriggers(QTreeView::NoEditTriggers);   // 不能编辑单元格    ③
    m_pTreeView->setSelectionBehavior(QTreeView::SelectRows);  // 一次选中整行      ④
    m_pTreeView->setSelectionMode(QTreeView::SingleSelection); // 单选             ⑤
    m_pTreeView->setAlternatingRowColors(true);                // 每间隔一行颜色不一样,当有
                                                               // qss 时该属性无效   ⑥
    m_pTreeView->setFocusPolicy(Qt::NoFocus);                  // 隐藏鼠标移到单元格上时的
                                                               // 虚线框

    //2. 列头相关设置
    m_pTreeView->header()->setStretchLastSection(true);        // 最后一列自适应宽度
    m_pTreeView->header()->setDefaultAlignment(Qt::AlignCenter);
                                                               // 列头文字默认居中对齐

    m_pTreeView->setModel(pModel);
    m_pTreeView->setRootIsDecorated(true);
    m_pTreeView->header()->setFirstSectionMovable(false);
    m_pTreeView->header()->setStretchLastSection(true);
    m_pTreeView->setWindowTitle(QObject::tr("Flat Tree View"));
    QStandardItem * pItemRoot = pModel->invisibleRootItem();
    QModelIndex indexRoot = pItemRoot->index();
    // 将 Country 节点 添加到 invisible 根节点作为其子节点
    QStandardItem * pItemCountry = new QStandardItem(pCountry->getName());
```

```
        pItemRoot->appendRow(pItemCountry);
        QFont ft("宋体", 16);
        ft.setBold(true);
        pItemCountry->setData(ft, Qt::FontRole);
        pItemCountry->setData(QColor(Qt::red), Qt::TextColorRole);
        QImage img(":/images/china.png"); ;
        pItemCountry->setData(img.scaled(QSize(24, 24)), Qt::DecorationRole);
        // 设置 pItemRoot 的列数以便显示省的个数
        pItemRoot->setColumnCount(COLUMNCOUNT);
        // 在 Country 节点所在行的第 1 列显示省的个数
        pModel->setData(pModel->index(0, 1, indexRoot), lstProvinces.size());
        QStandardItem * pItemProvince = NULL;
        QStandardItem * pItemCity = NULL;
        int idProvince = 0;
        iteProvince = lstProvinces.begin();
        while (iteProvince != lstProvinces.end()) {
            // 构建数据项:province
            pItemProvince = new QStandardItem((*iteProvince)->getName());
            // 添加数据项: province
            pItemCountry->appendRow(pItemProvince);
            // 设置 pItemCountry 的列数以便显示城市的个数
            pItemCountry->setColumnCount(COLUMNCOUNT);
            (*iteProvince)->getCities(lstCities);
            // 设置 Province 节点的第 0 列的文本颜色为蓝色
            pModel->setData(pModel->index(idProvince, 0, pItemCountry->index()), QColor(Qt::blue), Qt::TextColorRole);
            // 设置 Country 节点第 1 列数据为城市个数
             pModel->setData(pModel->index(idProvince++, 1, pItemCountry->index()), lstCities.size());
            // 遍历所有城市
            iteCity = lstCities.begin();
            while (iteCity != lstCities.end()) {
                // 构建数据项:city
                pItemCity = new QStandardItem((*iteCity)->getName());
                // 添加数据项: city
                pItemProvince->appendRow(pItemCity);
                iteCity++;
            }
            iteProvince++;
        }
        dock->setWidget(m_pTreeView);                                          ⑦
        addDockWidget(Qt::LeftDockWidgetArea, dock);                           ⑧
}
```

最后介绍槽函数 slot_ItemDoubleClicked()。该槽函数中调用接口 openFile()打开指定名称对应的文件。

```
void CMainWindow::slot_ItemDoubleClicked(const QString& str) {
    openFile(str);
}
void CMainWindow::openFile(const QString& str) {
    if (!str.isEmpty()) {
        QString fileName = "$TRAINDEVHOME/test/chapter09/ks09_11/";
        fileName += str;
```

```
            fileName += ".txt";
            fileName = ns_train::getFileName(fileName);
            QString str = m_pTextEdit->currentFileName();
            if (str == fileName) {
                return;
            }
            QString strError;
            if (m_pTextEdit->openFile(fileName)) {
                m_pInfoLabel->setText(tr("file has been loaded"));
            }
            else {
                m_pInfoLabel->setText(tr("file can not open!"));
                return;
            }
        }
    }
```

对本节内容进行小结。在应用程序中使用树视图作工具箱时,大致分为如下几步。
(1) 创建浮动窗,创建树视图,组织树视图的模型,将视图与模型进行关联。
(2) 在树视图中,在用户操作时发射相关信号。
(3) 在合适的代码处将信号与槽函数进行关联。
(4) 在槽函数中进行相关处理,比如打开文件。

9.12 案例48 使用事项窗展示事项或日志

视频讲解

本案例对应的源代码目录:src/chapter09/ks09_12。程序运行效果见图9-17。

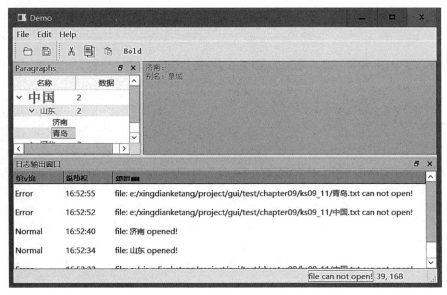

图 9-17 案例 48 运行效果

在各种界面应用中,经常需要输出一些运行日志,以便通知用户关注这些信息。本节介绍在主窗体中添加事项窗以便显示事项或日志。本节按照如下步骤介绍日志窗口的开发过程。

（1）设计日志结构。
（2）设计日志事件类。
（3）构建日志窗口。
（4）添加日志通知接口。
（5）使用日志通知接口。
下面进行详细介绍。

1. 设置日志结构

首先需要定义日志等级 ELogLevel 和日志结构 SLog。

```
// logevt.h
// 日志级别枚举
enum ELogLevel {
    ELogLevel_Error = 1,                    /// 错误
    ELogLevel_Warning,                      /// 警告
    ELogLevel_Normal,                       /// 一般
};
// 日志结构
struct SLog {
    ELogLevel level;                        /// 日志等级
    QString msg;                            /// 日志内容
    QTime time;                             /// 接收日志时间
    static QString translateLevel(ELogLevel level);
};
```

在结构体 SLog 的定义中，提供了一个接口 translateLevel()，它负责将日志等级翻译为文本。

```
QString SLog::translateLevel(ELogLevel level) {
    switch (level) {
    case ELogLevel_Error:
        return QObject::tr("Error");
        break;
    case ELogLevel_Warning:
        return QObject::tr("Warning");
        break;
    case ELogLevel_Normal:
        return QObject::tr("Normal");
        break;
    default:
        break;
    }
    return QString::null;
}
```

2. 设计日志事件类

下面设计日志事件类，以便使用 QApplication::postEvent(QObject * receiver, QEvent * event, int priority)将该事件发出去。在 postEvent()接口中，参数 1 是该事件的接收者；参数 2 是待发送的事件，比如本案例中定义 CLogEvt 类，它从 QEvent 派生；参数 3 是事件优先级，一般取默认值即可。

```
// logevt.h
enum ELogEvt {
    ELogEvt_LogOut = QEvent::User + 1,
};
class CLogEvt : public QEvent {
public:
    CLogEvt(ELogEvt nType = ELogEvt_LogOut);
    virtual ~CLogEvt();
    SLog getLog() const;
    void setLog(const SLog& log);
private:
    SLog m_log;
};
// logevt.cpp
CLogEvt::CLogEvt(ELogEvt nType) : QEvent((QEvent::Type)nType) {
}
CLogEvt::~CLogEvt() {
}
SLog CLogEvt::getLog() const {
    return m_log;
}
void CLogEvt::setLog(const SLog& log) {
    m_log = log;
}
```

3. 构建日志窗口

下面介绍日志事件展示窗 CLogDockWidget, 它是一个浮动窗, 派生自 QDockWidget。需要在该类中接收 QApplication::sendEvent() 发送的事件, 所以要重写 customEvent() 接口。使用 QTableWidget 来展示日志。CLogDockWidget 的头文件如下。

```
// logdockwidget.h
#pragma once
#include <QDockWidget>
class QTableWidget;
class CLogDockWidget : public QDockWidget {
public:
    CLogDockWidget(const QString &title, QWidget * parent = 0, Qt::WindowFlags flags = 0);
    virtual ~CLogDockWidget();
protected:
    void customEvent(QEvent * e) Q_DECL_OVERRIDE;
private:
    QTableWidget * m_pTableWidget;
};
```

CLogDockWidget 的实现见代码清单 9-30。在标号①处, 在 CLogDockWidget 的构造函数中, 构造日志展示控件对象 m_pTableWidget, 并将其设置为 3 列, 分别用来显示日志的【级别】【时间】【内容】。在标号②处, 设置标题为加粗字体, 然后设置标题的高度、对齐方式。在标号③处, 设置横标题的文本。在标号④、标号⑤处, 分别设置前两列的宽度。在标号⑥处, 隐藏网格线。在标号⑦处, 隐藏纵标题。在标号⑧处, 设置浮动窗的控件为表格控件 m_pTableWidget。

代码清单 9-30

```
#include <QListWidget>
#include <QTableWidget>
#include <QHeaderView>
#include "logdockwidget.h"
#include "logevt.h"
const int maxLogNum = 1000;              // 日志窗口显示的最大日志数目
CLogDockWidget::CLogDockWidget(const QString &title, QWidget * parent/* = 0 */, Qt::
WindowFlags flags/* = 0 */) : QDockWidget(title, parent, flags), m_pTableWidget(NULL) {
    Q_UNUSED(title);
    Q_UNUSED(parent);
    Q_UNUSED(flags);
    m_pTableWidget = new QTableWidget(this);                                              ①
    m_pTableWidget->setColumnCount(3);
    QFont font = m_pTableWidget->horizontalHeader()->font();  // 设置表头字体加粗
    font.setBold(true);
    m_pTableWidget->horizontalHeader()->setFont(font);                                    ②
    m_pTableWidget->horizontalHeader()->setFixedHeight(25);   //设置表头的高度
    m_pTableWidget->horizontalHeader()->setDefaultAlignment(Qt::AlignLeft);
    m_pTableWidget->setHorizontalHeaderLabels(QStringList() << QString::fromLocal8Bit("级
别") << QString::fromLocal8Bit("时间") << QString::fromLocal8Bit("内容"));                 ③
    m_pTableWidget->setColumnWidth(0, 100);                                               ④
    m_pTableWidget->setColumnWidth(1, 100);                                               ⑤
    m_pTableWidget->horizontalHeader()->setStretchLastSection(true);
    m_pTableWidget->setShowGrid(false);                       //设置不显示格子线           ⑥
    m_pTableWidget->verticalHeader()->setHidden(true);        // 设置垂直表头不可见        ⑦
    QString strStyle = "QHeaderView::section{background:skyblue;}";
    m_pTableWidget->horizontalHeader()->setStyleSheet(strStyle);  //设置表头背景色
    setWidget(m_pTableWidget);                                                            ⑧
}
//! 析构函数
CLogDockWidget::~CLogDockWidget() {
}
```

下面介绍 CLogDockWidget::customEvent() 接口的实现,见代码清单 9-31。在标号①处,将事件对象 e 做动态类型转换,将其转换为 CLogEvent 类型。然后获取其中的日志信息。在标号②处,仅保留最多 maxLogNum 个日志。在标号③处,将新日志添加到控件开头,然后在表格控件中设置日志的具体内容。

代码清单 9-31

```
void CLogDockWidget::customEvent(QEvent * e) {
    CLogEvt * pLogEvt = dynamic_cast<CLogEvt *>(e);                                       ①
    if (NULL != pLogEvt) {
        SLog log = pLogEvt->getLog();
        int rowIndex = m_pTableWidget->rowCount();
        while (rowIndex >= maxLogNum) {       // 仅保留maxLogNum个,需要删除最后的日志    ②
            m_pTableWidget->removeRow(rowIndex - 1);
            rowIndex--;
        }
        //新增的永远加到最前面
        m_pTableWidget->insertRow(0);                                                     ③
        m_pTableWidget->setItem(0, 0, new QTableWidgetItem(SLog::translateLevel(log
.level)));
```

```cpp
        m_pTableWidget->setItem(0, 1, new QTableWidgetItem(log.time.toString()));
        m_pTableWidget->setItem(0, 2, new QTableWidgetItem(log.msg));
    }
}
```

为 CMainWindow 添加成员变量 m_pLogDockWidget。下面为 CMainWindow 添加 createDockWindows_Down() 接口，该接口用来构建日志浮动窗 m_pLogDockWidget。

```cpp
class CMainWindow : public QMainWindow {
    ...
private:
    void createDockWindows_Down();
private:
    CLogDockWidget * m_pLogDockWidget;              // 日志输出窗口
}
```

createDockWindows_Down() 用来生成日志浮动窗，该浮动窗停靠在主窗口底部。

```cpp
void CMainWindow::createDockWindows_Down() {
    m_pLogDockWidget = new CLogDockWidget(QString::fromLocal8Bit("日志输出窗口"), this);
    addDockWidget(Qt::BottomDockWidgetArea, m_pLogDockWidget);
}
```

在 createDockWindows() 添加对 createDockWindows_Down() 的调用。

```cpp
void CMainWindow::createDockWindows() {
    createDockWindows_Left();
    createDockWindows_Down();
}
```

4．添加日志通知接口

为 CMainWindow 添加 notify() 接口。

```cpp
class CMainWindow : public QMainWindow {
    ...
private:
    void notify(const SLog&);
    ...
}
```

修改 CMainWindow::open() 接口，将 m_pTextEdit->openFile(fileName) 修改为 openFile(fileName)。在 notify() 中，构建 CLogEvt 对象并设置日志内容，然后通过 QApplication::postEvent() 把日志事件发给 m_pLogDockWidget。

```cpp
void CMainWindow::notify(const SLog& log) {
    if (NULL != m_pLogDockWidget) {
        CLogEvt * pLogEvt = new CLogEvt(ELogEvt_LogOut);
        if (NULL != pLogEvt)    {
            pLogEvt->setLog(log);
            QApplication::postEvent(m_pLogDockWidget, pLogEvt);
        }
    }
}
```

5. 使用日志通知接口

如代码清单 9-32 所示，修改 openFile() 接口，碰到不同情况时发出不同的日志。构建 SLog 对象，并调用 notify() 接口将日志发出，见标号①处。

代码清单 9-32

```
bool CMainWindow::openFile(const QString& str) {
    SLog log;
    log.time = QTime::currentTime();
    if (!str.isEmpty()) {
        QString fileName = "$TRAINDEVHOME/test/chapter09/ks09_11/";
        if (str.indexOf("/") <= 0) {
            fileName += str;
            fileName += ".txt";
        }
        else {
            fileName = str;
        }
        fileName = ns_train::getFileName(fileName);
        QString str = m_pTextEdit->currentFileName();
        if (str == fileName){
            log.level = ELogLevel_Warning;
            log.msg = QString("file: %1 already open!").arg(str);
            notify(log);
            return false;
        }
        QString strError;
        if (m_pTextEdit->openFile(fileName)) {
            m_pInfoLabel->setText(tr("file has been loaded"));
        }
        else {
            m_pInfoLabel->setText(tr("file can not open!"));
            log.level = ELogLevel_Error;
            log.msg = QString("file: %1 can not open!").arg(str);
            notify(log);
            return false;
        }
    }
    log.level = ELogLevel_Normal;
    log.time = QTime::currentTime();
    log.msg = QString("file: %1 opened!").arg(str);
    notify(log);
    return true;
}
```

①

本节通过 QApplication::postEvent() 实现日志的发送，通过重写浮动窗的 customEvent() 接口将收到的日志展示在 QTableWidget 中。QApplication::postEvent(QObject* receiver, QEvent* event, int priority) 的参数 2 是 QEvent 类型的指针，因此从 QEvent 类派生了 CLogEvt 类，然后将 SLog 中的日志信息保存到 CLogEvt 中。

建议：将最新的日志显示在最上方是个不错的选择。

9.13 案例 49 剪切、复制、粘贴

本案例对应的源代码目录：src/chapter09/ks09_13。程序运行效果见图 9-18。

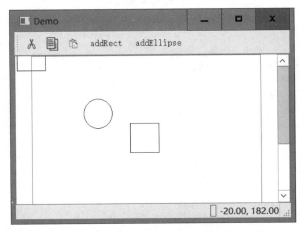

图 9-18 案例 49 运行效果

在界面类软件开发过程中，剪切、复制、粘贴是常用的操作。本节以一款绘图软件为例介绍剪切、复制、粘贴的一种实现方案。该软件主要功能是在单击的位置创建矩形或椭圆，当执行剪切、复制、粘贴时可以将之前单击位置的图元进行剪切、复制、粘贴操作。在开始之前，先简单介绍一下本节对应的 src.baseline 中的基线代码。本节基线代码已经具备的功能是：程序的视图类为 CGraphicsView，单击【添加矩形】【添加椭圆】按钮后，在视图中添加矩形、椭圆。

本节所述方案主要分为如下几个步骤。

(1) 为主窗体增加【剪切】【复制】【粘贴】按钮。
(2) 在视图中增加复制功能。
(3) 在视图中增加粘贴功能。
(4) 在视图中增加剪切功能。

下面分别介绍。

1. 为主窗体增加【剪切】【复制】【粘贴】按钮

在主窗体中增加【剪切】【复制】【粘贴】按钮对应的 QAction 对象，顺便把槽函数也一起添加上。这些 QAction 对象对应菜单项或者工具条中的按钮。

```
// mainwindow.h
class CMainWindow : public QMainWindow {
    ...
private slots:
    void slot_cut();
    void slot_copy();
    void slot_paste();
private:
    void createActions();                       // 构建菜单项对应的 QAction
```

```cpp
private:
    QAction * m_pCutAct;                    // 剪切
    QAction * m_pCopyAct;                   // 复制
    QAction * m_pPasteAct;                  // 粘贴
};
```

在 createActions() 中构建这些 QAction 对象。

```cpp
// mainwindow.cpp
void CMainWindow::createActions() {
#ifndef QT_NO_CLIPBOARD
    m_pCutAct = new QAction(QIcon(":/images/cut.png"), tr("Cu&t"), this);
    m_pCutAct->setShortcuts(QKeySequence::Cut);
    m_pCutAct->setStatusTip(tr("Cut the current selection's contents to the clipboard"));
    connect(m_pCutAct, &QAction::triggered, this, &CMainWindow::slot_cut);
    m_pCopyAct = new QAction(QIcon(":/images/copy.png"), tr("&Copy"), this);
    m_pCopyAct->setShortcuts(QKeySequence::Copy);
    m_pCopyAct->setStatusTip(tr("Copy the current selection's contents to the clipboard"));
    connect(m_pCopyAct, &QAction::triggered, this, &CMainWindow::slot_copy);
    m_pPasteAct = new QAction(QIcon(":/images/paste.png"), tr("&Paste"), this);
    m_pPasteAct->setShortcuts(QKeySequence::Paste);
    m_pPasteAct->setStatusTip(tr("Paste the clipboard's contents into the current selection"));
    connect(m_pPasteAct, &QAction::triggered, this, &CMainWindow::slot_paste);
#endif
    m_pRectAct = new QAction(tr("addRect"), this);
    m_pRectAct->setStatusTip(tr("add rect to view"));
    connect(m_pRectAct, &QAction::triggered, this, &CMainWindow::slot_addRect);
    m_pEllipseAct = new QAction(tr("addEllipse"), this);
    m_pEllipseAct->setStatusTip(tr("add ellipse to view"));
    connect(m_pEllipseAct, &QAction::triggered, this, &CMainWindow::slot_addEllipse);
    m_pAboutAct = new QAction(tr("&About"), this);
    m_pAboutAct->setStatusTip(tr("Show the application's About box"));
    connect(m_pAboutAct, &QAction::triggered, this, &CMainWindow::about);
}
```

然后，把这些 QAction 对象添加到工具条。

```cpp
// mainwindow.cpp
void CMainWindow::createToolBars() {
    m_pEditToolBar = addToolBar(tr("edit tool bar"));
    m_pEditToolBar->setObjectName("edit tool bar");
    m_pEditToolBar->addAction(m_pCutAct);
    m_pEditToolBar->addAction(m_pCopyAct);
    m_pEditToolBar->addAction(m_pPasteAct);
    ...
}
```

最后，添加相应的槽函数，见代码清单 9-33。其实，在主窗体的槽函数中调用了视图对象的接口来实现相关功能，相当于预先设计了视图的接口。

代码清单 9-33

```cpp
// mainwindow.cpp
void CMainWindow::slot_cut() {
    m_pView->cut();
}
```

```cpp
void CMainWindow::slot_copy() {
    m_pView->copy();
}
void CMainWindow::slot_paste() {
    m_pView->paste();
}
```

2．在视图中增加复制功能

为什么要先介绍复制、粘贴，最后才介绍剪切功能呢？原因是剪切功能会用到复制功能。剪切就是删除加复制。复制、粘贴功能依赖于操作系统的剪切板，对应 Qt 的 QClipBoard。首先介绍视图的这几个接口。

```cpp
class CGraphView : public QGraphicsView {
public:
    ...
    void cut();                                              // 剪切
    void copy();                                             // 复制
    void paste();                                            // 粘贴
private:
    void copyItems(QList<QGraphicsItem *>&);                 // 复制图元
};
```

本案例中用到了矩形、椭圆等图元，编写 graphitem.h 用来提供图元类型定义。

```cpp
// graphitem.h
#pragma once
#include <QGraphicsItem>
enum EGraphItemType {
    EGraphItemType_Rect = QGraphicsItem::UserType + 1,       // 矩形
    EGraphItemType_Ellipse                                   // 椭圆
};
```

如代码清单 9-34 所示，copy()接口的实现中调用了 copyItems()接口。copyItems()接口的实现依赖于剪切板。其实在 9.10 节的拖放案例中已经介绍过使用 MIME 实现数据复制的方法，此处的复制功能跟 9.10 节的方法完全一样，只不过对于 XML 文本的组织形式略有不同。复制之前先清除剪切板中的数据，见标号①处。在标号②处，为 data 对象设置的 MIME 标签为"gp/copyitem"。

代码清单 9-34

```cpp
// graphview.cpp
void CGraphView::copy() {
    QGraphicsScene * pScene = scene();
    QList<QGraphicsItem *> lst = pScene->items(m_ptScene);
    copyItems(lst);
}
void CGraphView::copyItems(QList<QGraphicsItem *>& lst) {
    // 清除剪贴板的原数据
    QClipboard * clipboard = QApplication::clipboard();
    clipboard->clear();                                                    ①
    // 如果没有图元可复制,则返回
    if (lst.size() == 0)
        return;
```

```cpp
    QByteArray dataArr;
    // 复制的信息写到数据流
    QTextStream stream(&dataArr, QIODevice::WriteOnly);
    // 只复制选中图元中第一个图元
    QList<QGraphicsItem*>::iterator iteLst = lst.begin();
    QGraphicsItem* pItem = *iteLst;
    qint64 type = pItem->type();
    QPointF pt = pItem->pos();
    QDomDocument document;
    QDomElement root = document.createElement("doc");
    // 图元信息
    QDomElement itemEle = document.createElement("item");
    itemEle.setAttribute("type", type);
    itemEle.setAttribute("x", pt.x());
    itemEle.setAttribute("y", pt.y());
    switch (type) {
    case EGraphItemType_Rect: {
        CGraphRectItem* pRectItem = dynamic_cast<CGraphRectItem*>(pItem);
        if (NULL != pRectItem) {
            itemEle.setAttribute("w", pRectItem->getWidth());
            itemEle.setAttribute("h", pRectItem->getHeight());
        }
        break;
    }
    case EGraphItemType_Ellipse: {
        CGraphEllipseItem* pEllipseItem = dynamic_cast<CGraphEllipseItem*>(pItem);
        if (NULL != pEllipseItem) {
            itemEle.setAttribute("w", pEllipseItem->getWidth());
            itemEle.setAttribute("h", pEllipseItem->getHeight());
        }
        break;
    }
    default:
        break;
    }
    root.appendChild(itemEle);
    document.appendChild(root);
    stream << document;
    QMimeData* data = new QMimeData();
    data->setData("gp/copyItem", dataArr);                                    ②
    clipboard->setMimeData(data);
}
```

3. 在视图中增加粘贴功能

paste()实现的粘贴功能如代码清单9-35所示。在标号①处,访问剪切板并得到剪切板中的数据。在标号②处,使用hasFormat()判断是否有期望的数据"gp/copyItem"。然后,解析其中的数据并生成新图元。

代码清单 9-35

```cpp
void CGraphView::paste() {
    QClipboard* clipboard = QApplication::clipboard();                       ①
```

```
        const QMimeData* mimeData = clipboard->mimeData();
        QGraphicsScene* pScene = scene();
        if (NULL == pScene)
            return;
        if (mimeData->hasFormat("qp/copyItem")) {                                     ②
            QDomDocument doc;
            doc.setContent(mimeData->data("qp/copyItem"));
            QDomElement root = doc.firstChildElement();
            QDomElement itemEle = root.firstChildElement();
            QString strTagName = itemEle.tagName();
            qDebug() << strTagName;
            if (strTagName != "item") {
                return;
            }
            QString strValue = itemEle.attribute("type", "0");
            qint64 type = strValue.toUInt();
            QPointF pt = m_ptScene;
            if (itemEle.hasAttribute("w")) {
                qreal w = itemEle.attribute("w", 0).toDouble();
                qreal h = itemEle.attribute("h", 0).toDouble();
                switch (type) {
                case EGraphItemType_Rect: {
                    CGraphRectItem* pItem = new CGraphRectItem();
                    pItem->setWidth(w);
                    pItem->setHeight(h);
                    pItem->setPos(pt);
                    pScene->addItem(pItem);
                    break;
                }
                case EGraphItemType_Ellipse: {
                    CGraphEllipseItem* pItem = new CGraphEllipseItem();
                    pItem->setWidth(w);
                    pItem->setHeight(h);
                    pItem->setPos(pt);
                    pScene->addItem(pItem);
                    break;
                }
                default:
                    return;
                }
            }
        }
}
```

4. 在视图中增加剪切功能

在完成复制、粘贴功能后，要实现剪切功能就简单了。在剪切图元时，先把被复制的图元隐藏就可以了。

```
void CGraphView::cut() {
    QGraphicsScene* pScene = scene();
    QList<QGraphicsItem*> lst = pScene->items(m_ptScene);
    if (lst.size() == 0)
```

```
        return;
    /* 剪切时采用先隐藏图元、再通过复制得到新图元的方法,也可以在复制得到新图元后把原始图
元删除。但是如果删除原始图元,则会影响 redo/undo 功能 */
    QList<QGraphicsItem *>::iterator ite = lst.begin();
    for (ite = lst.begin(); ite != lst.end(); ite++) {
        (*ite)->setVisible(false);
    }
    copyItems(lst);
}
```

本节介绍了剪切、复制、粘贴功能的一种实现方案。本方案通过系统剪切板,把数据用 XML 格式进行传递,并实现了剪切、复制、粘贴功能。因为剪切、复制、粘贴的数据千变万化,本节仅仅引入一种实现思路。开发人员可以此为参考,设计自己的剪切、复制、粘贴方案。

9.14 案例 50 上下文菜单

视频讲解

本案例对应的源代码目录:src/chapter09/ks09_14。程序运行效果见图 9-19。

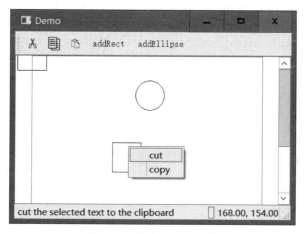

图 9-19 案例 50 运行效果

9.3 节介绍过为主窗口添加菜单项的方法。在日常界面类软件开发过程中,经常还会用到上下文菜单,也就是右键菜单。本节介绍上下文菜单的开发方法,以 9.13 节案例代码为基础,为项目添加右键菜单功能,把【剪切】【复制】【粘贴】3 个菜单项放到右键菜单中。如代码清单 9-36 所示,首先要把视图 CGraphView 中的剪切、复制、粘贴接口改为槽函数,原因是需要在上下文菜单中调用。为剪切、复制、粘贴分别定义对应的 QAction 对象,并且在 createActions() 中构建这些对象。

代码清单 9-36

```
// graphview.h
class CGraphView : public QGraphicsView {
    ...
public slots:
#ifndef QT_NO_CLIPBOARD
    void cut();                         // 剪切
    void copy();                        // 复制
```

```cpp
        void paste();                    // 粘贴
# endif
    ...
protected:
    void createActions();                // 生成所有的 QAction 对象
private:
# ifndef QT_NO_CLIPBOARD
    QAction  * m_pCutAct;                // 剪切
    QAction  * m_pCopyAct;               // 复制
    QAction  * m_pPasteAct;              // 粘贴
# endif
};
```

在 createActions() 中构建上下文菜单的各个菜单项对应的 QAction 对象。

```cpp
// graphview.cpp
void CGraphView::createActions() {
# ifndef QT_NO_CLIPBOARD
    m_pCutAct = new QAction(tr("&cut"), this);
    m_pCutAct->setStatusTip(tr("cut the selected text to the clipboard"));
    connect(m_pCutAct, SIGNAL(triggered()), this, SLOT(cut()));
    m_pCopyAct = new QAction(tr("&copy"), this);
    m_pCopyAct->setShortcuts(QKeySequence::Copy);
    m_pCopyAct->setStatusTip(tr("Copy selected content to the clipboard"));
    connect(m_pCopyAct, SIGNAL(triggered()), this, SLOT(copy()));
    m_pPasteAct = new QAction(tr("&paste"), this);
    m_pPasteAct->setShortcuts(QKeySequence::Paste);
    m_pPasteAct->setStatusTip(tr("Paste the contents of the clipboard to the current location"));
    connect(m_pPasteAct, SIGNAL(triggered()), this, SLOT(paste()));
# endif
}
```

然后在视图的构造函数中调用该接口。

```cpp
// graphview.cpp
CGraphView::CGraphView(QWidget * parent) : QGraphicsView(parent) {
    setMouseTracking(true);
    createActions();
}
```

最后进入关键步骤,在视图中定义上下文事件接口 contextMenuEvent()。

```cpp
// graphview.cpp
class CGraphView : public QGraphicsView {
    ...
protected:
# ifndef QT_NO_CONTEXTMENU
    void contextMenuEvent(QContextMenuEvent * event) override;
# endif
    ...
};
```

然后实现 contextMenuEvent() 接口,见代码清单 9-37。在标号①处创建右键菜单。在标号②处,得到鼠标坐标位置并转换为场景坐标,以便获取场景中对应坐标的图元列表。在标号③处进行判断,如果选中了图元,则弹出的上下文菜单中含有【剪切】【复制】菜单项。在标号④处判断,如果没有选中图元,则弹出的菜单中含有【粘贴】菜单项。在标号⑤处判断,如果剪切板中含有"gp/copyItem"数据,说明执行过剪切、复制操作,那么【粘贴】功能可用,否则禁用该菜单项。在标号⑥处,在视图中单击位置弹出菜单项,这里仍采用视图中的坐标而非场景坐标。

代码清单 9-37

```cpp
// graphview.cpp
...
#ifndef QT_NO_CONTEXTMENU
void CGraphView::contextMenuEvent(QContextMenuEvent * event) {
    QMenu * pPopMenu = new QMenu(this);                              ①
#ifndef QT_NO_CLIPBOARD
    m_ptScene = mapToScene(event->pos());                            ②
    QGraphicsScene * pScene = scene();
    QList<QGraphicsItem *> lst = pScene->items(m_ptScene);
    if (0 != lst.size()) {                                           ③
        pPopMenu->addAction(m_pCutAct);
        pPopMenu->addAction(m_pCopyAct);
    }
    else {
        pPopMenu->addAction(m_pPasteAct);                            ④
        // 判断一下有没有事先执行过剪切、复制操作
        QClipboard * clipboard = QApplication::clipboard();
        const QMimeData * mimeData = clipboard->mimeData();
        if (!mimeData->hasFormat("gp/copyItem")) {                   ⑤
            m_pPasteAct->setEnabled(false);
        }
    }
#endif
    QPoint popPt = event->globalPos();
    pPopMenu->move(popPt);                                           ⑥
    pPopMenu->show();
}
#endif
```

本节介绍了上下文菜单的实现方案,并且介绍了在不同方式下弹出不同内容的菜单。比如:当在图元上右击时,弹出的菜单中包含【剪切】【复制】菜单项;当在空白处右击时,弹出【粘贴】菜单项,如果之前未执行过【剪切】【复制】操作,则【粘贴】菜单项为灰色,表示禁用。有一点请注意,在 Linux 平台上,如果在空白处连续右击两次,Qt(版本为 5.11.1)的实现是仅弹出一次右键菜单,在 Windows 上不存在该现象。

9.15 案例 51 利用属性机制实现动画弹出菜单

视频讲解

本案例对应的源代码目录:src/chapter09/ks09_15。程序运行效果见图 9-20。

经常在网页上看到有些菜单弹出时带有动画效果,看上去让人耳目一新,那么在 Qt 中能否实现类似效果呢?本节介绍如何实现菜单的动画弹出效果。菜单的动画效果可以依赖 Qt 的动画机制实现。Qt 提供了 QPropertyAnimation 类,该类依赖 Qt 的属性(PROPERTY)机制实现动画。在 Qt 的类体系中,只要是 QObject 类的派生类,就都支持对属性的访问,比如 QMenu 类,见代码清单 9-38。

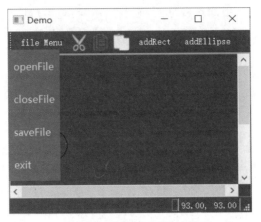

图 9-20　案例 51 运行效果

代码清单 9-38

```
// qmenu.h
class Q_WIDGETS_EXPORT QMenu : public QWidget {
private:
    Q_OBJECT
    Q_DECLARE_PRIVATE(QMenu)
    Q_PROPERTY(bool tearOffEnabled READ isTearOffEnabled WRITE setTearOffEnabled)    ①
    Q_PROPERTY(QString title READ title WRITE setTitle)
    Q_PROPERTY(QIcon icon READ icon WRITE setIcon)
    Q_PROPERTY(bool separatorsCollapsible READ separatorsCollapsible WRITE setSeparatorsCollapsible)
    Q_PROPERTY(bool toolTipsVisible READ toolTipsVisible WRITE setToolTipsVisible)
    ...
};
```

代码清单 9-38 摘自 Qt 的头文件 qmenu.h，Qt 采用宏 Q_PROPERTY 描述 QMenu 类的属性。标号①处的 tearOffEnabled 属性是个布尔值，该属性的读（READ）访问接口为 isTearOffEnabled，它的写（WRITE）访问接口为 setTearOffEnabled。QMenu 还继承了 QWidget 的属性。Qt 的 QPropertyAnimation 类就是通过修改类的属性值实现动画效果。如果想实现菜单动画弹出和动画退出的效果，就要修改它的 pos 属性，该属性在 QWidget 中提供，见代码清单 9-39 标号①处。

代码清单 9-39

```
// qwidget.h
class Q_WIDGETS_EXPORT QWidget : public QObject, public QPaintDevice {
    Q_OBJECT
    Q_DECLARE_PRIVATE(QWidget)
    Q_PROPERTY(bool modal READ isModal)
    Q_PROPERTY(Qt::WindowModality windowModality READ windowModality WRITE setWindowModality)
    Q_PROPERTY(bool enabled READ isEnabled WRITE setEnabled)
    Q_PROPERTY(QRect geometry READ geometry WRITE setGeometry)
    Q_PROPERTY(QRect frameGeometry READ frameGeometry)
    Q_PROPERTY(QRect normalGeometry READ normalGeometry)
    Q_PROPERTY(int x READ x)
    Q_PROPERTY(int y READ y)
    Q_PROPERTY(QPoint pos READ pos WRITE move DESIGNABLE false STORED false)          ①
};
```

要实现菜单的动画效果，需要把菜单从菜单栏移除，然后通过一个按钮来弹出和隐藏菜单,见图 9-20 中的 file Menu 按钮。下面分两步介绍实现菜单动画效果的方法。

1. 设计并实现动画菜单类

要实现菜单的动画弹出和隐藏效果,需要设计并实现自定义菜单类 CAnimationMenu。重写该类的目的是为了当失去焦点时,菜单可以发出信号以便进行相应处理。CAnimationMenu 的头文件见代码清单 9-40。在标号①处,定义信号 sig_focusOut,该信号用来发出"菜单已失去焦点"的通知,以便隐藏菜单。在标号②处,重写 focusOutEvent()以便发射信号 sig_focusOut。

代码清单 9-40

```cpp
// mainwindow.h
#include <QMenu>
class CAnimationMenu : public QMenu {
    Q_OBJECT
public:
    CAnimationMenu(const QString&, QWidget * pParent);
Q_SIGNALS:
    void sig_focusOut();                                    ①
protected:
    void focusOutEvent(QFocusEvent * event);                ②
};
```

CAnimationMenu 的实现见代码清单 9-41。

代码清单 9-41

```cpp
// mainwindow.cpp
CAnimationMenu::CAnimationMenu(const QString& str, QWidget * pParent):QMenu(str, pParent) {
    setMouseTracking(true);           //接收鼠标事件
}
void CAnimationMenu::focusOutEvent(QFocusEvent * event) {
    QMenu::focusOutEvent(event);
    emit sig_focusOut();
}
```

2. 构造菜单和按钮

构造菜单和按钮跟普通的主窗体程序开发基本一样,不同之处在于构造菜单时指定其父为 NULL。CMainWindow 头文件见代码清单 9-42。

代码清单 9-42

```cpp
// mainwindow.h
class CMainWindow : public QMainWindow {
    ...
private slots:
    void slot_fileMenu();
    void slot_openFile();
    void slot_saveFile();
    void slot_closeFile();
    void slot_exit();
private:
    void createMenus();                              // 构建菜单
```

```
private:
    CAnimationMenu * m_pFileMenu;              // 文件菜单              ①
    QAction * m_pFileMenuAct;                  // 文件菜单              ②
    QAction * m_pOpenFileAct;                  // 打开文件
    QAction * m_pSaveFileAct;                  // 保存文件
    QAction * m_pCloseFileAct;                 // 关闭文件
    QAction * m_pExitAct;                      // 退出
    int m_nMenubarHeight;                      // 菜单栏高度            ③
};
```

代码清单 9-42 中，在标号①处，定义文件菜单对象，也就是要执行动画效果的菜单。在标号②处，定义 m_pFileMenuAct 对象，该对象用来触发【文件】菜单的显示、隐藏，单击该按钮时将触发槽函数 slot_fileMenu()。m_pOpenFileAct、m_pSaveFileAct、m_pCloseFileAct 是【文件】菜单的菜单项，这几个 QAction 对象对应的槽函数分别是 slot_openFile()、slot_saveFile()、slot_closeFile()。标号③处的 m_nMenubarHeight 用来辅助计算弹出菜单时的位置。

下面介绍 CMainWindow 的实现。在代码清单 9-43 中，CMainWindow 的构造函数中增加了构建菜单接口 createMenus() 的调用。在标号①处，将窗口最大化显示，这样做是为了美观。否则，在一个非最大化状态的窗体中使用动画弹出一个菜单感觉有点怪，见图 9-21。将窗口最大化的另外一个目的是简化坐标计算。在标号②处，当窗口最大化后，计算菜单栏的高度并保存到 m_nMenubarHeight。

代码清单 9-43

```
// mainwindow.cpp
CMainWindow::CMainWindow(QWidget * parent) : QMainWindow(parent), m_pAnimaMenuShow(NULL), m_bShowMenu(false) {
    initialize();
    createActions();
    createMenus();
    createToolBars();
    createStatusBar();
    connectSignalAndSlot();
    setWindowTitle(tr("Demo"));
    setMinimumSize(160, 160);
    showMaximized();                                                              ①
    m_nMenubarHeight = menuBar()->height();                                       ②
}
```

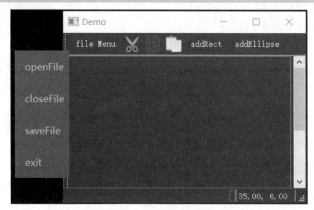

图 9-21 非最大化状态的窗口菜单

如代码清单 9-44 所示，修改 createActions()接口并构造各个菜单项。在标号①、标号②、标号③、标号④处，将各个菜单项的 triggered 信号关联到槽函数 slot_hideMenu()，以便单击菜单项时隐藏主菜单。在标号⑤处，在 createToolBars()中将 m_pFileMenuAct 添加到工具栏 pEditToolBar。在 createMenus()中，构建 m_pFileMenu 并将各个菜单项添加 m_pFileMenu。在标号⑥处，将工具条上按钮的文本颜色设置为白色，以便在深色背景中突出显示。在标号⑦处，将菜单的 sig_focusOut 信号关联到槽函数 slot_hideMenu()。在标号⑧处，将 m_pFileMenu 的窗体风格设置为 Qt::CustomizeWindowHint|Qt::Tool|Qt::FramelessWindowHint，这样做是防止单击菜单项时导致菜单消失，不过如果只有一级菜单、没有二级菜单，可以不做设置。

代码清单 9-44

```cpp
// mainwindow.cpp
void CMainWindow::createActions() {
    ...
    // file operation action
    m_pFileMenuAct = new QAction(tr("file Menu"), this);
    m_pFileMenuAct->setStatusTip(tr("file Menu"));
    connect(m_pFileMenuAct, &QAction::triggered, this, &CMainWindow::slot_fileMenu);
    // file operation action
    m_pOpenFileAct = new QAction(tr("openFile"), this);
    m_pOpenFileAct->setStatusTip(tr("openFile"));
    connect(m_pOpenFileAct, &QAction::triggered, this, &CMainWindow::slot_openFile);
    connect(m_pOpenFileAct, &QAction::triggered, this, &CMainWindow::slot_hideMenu);   ①
    m_pSaveFileAct = new QAction(tr("saveFile"), this);
    m_pSaveFileAct->setStatusTip(tr("saveFile"));
    connect(m_pSaveFileAct, &QAction::triggered, this, &CMainWindow::slot_saveFile);
    connect(m_pSaveFileAct, &QAction::triggered, this, &CMainWindow::slot_hideMenu);   ②
    m_pCloseFileAct = new QAction(tr("closeFile"), this);
    m_pCloseFileAct->setStatusTip(tr("closeFile"));
    connect(m_pCloseFileAct, &QAction::triggered, this, &CMainWindow::slot_closeFile);
    connect(m_pCloseFileAct, &QAction::triggered, this, &CMainWindow::slot_hideMenu);  ③
    m_pExitAct = new QAction(tr("exit"), this);
    m_pExitAct->setStatusTip(tr("exit"));
    connect(m_pExitAct, &QAction::triggered, this, &CMainWindow::slot_exit);
    connect(m_pExitAct, &QAction::triggered, this, &CMainWindow::slot_hideMenu);       ④
}
void CMainWindow::createToolBars() {
    ...
    m_pEditToolBar->addAction(m_pFileMenuAct);                                         ⑤
    ...
    m_pEditToolBar->setStyleSheet("color:white");                                      ⑥
}
void CMainWindow::createMenus() {
    m_pFileMenu = new CAnimationMenu(tr("&File"), this);
    connect(m_pFileMenu, &CAnimationMenu::sig_focusOut, this, &CMainWindow::slot_hideMenu); ⑦
    m_pFileMenu->setWindowFlags(Qt::CustomizeWindowHint | Qt::Tool | Qt::FramelessWindowHint);
            //flag 设置为 tool 和无边框,消除 popup 效果                                  ⑧
    m_pFileMenu->addAction(m_pOpenFileAct);
    m_pFileMenu->addAction(m_pCloseFileAct);
    m_pFileMenu->addAction(m_pSaveFileAct);
    m_pFileMenu->addAction(m_pExitAct);
}
```

代码清单 9-45 提供了各个菜单项的空实现。

代码清单 9-45

```cpp
// mainwindow.cpp
void CMainWindow::slot_openFile() {
    QMessageBox::information(this, "menu", "openFile triggered!");
}
void CMainWindow::slot_saveFile() {
}
void CMainWindow::slot_closeFile() {
}
void CMainWindow::slot_exit() {
}
```

3. 利用 QPropertyAnimation 实现动画效果

在代码清单 9-46 中，在标号①处，对类 QPropertyAnimation 进行声明，因为后面要用该类定义对象的指针。使用声明而非引入头文件的目的是减少头文件依赖，只有在对象真正构造时才需要引入头文件。在标号②处，定义 QPropertyAnimation 对象以便通过属性控制对象实现动画。在标号③处，定义一个布尔量用来表明现在处于显示菜单状态还是隐藏菜单状态。

代码清单 9-46

```cpp
// mainwindow.h
class QPropertyAnimation;                                           ①
class CMainWindow : public QMainWindow {
    ...
    QPropertyAnimation * m_pAnimaMenuShow;    // 菜单动画          ②
    bool m_bShowMenu;                          // 显示菜单          ③
};
```

如代码清单 9-47 所示，在 CMainWindow 的构造函数的初始化列表中对新增的两个变量初始化。slot_fileMenu() 是本节的核心代码。在标号①处，获取并保存菜单栏的高度、宽度，以便将菜单在菜单栏和工具栏的下方弹出。标号②处的判断是为了防止重复构建动画对象。在标号③处，构建 m_pAnimaMenuShow，设置操作对象为 m_pFileMenu、操作属性为 pos。pos 就是位置，本案例通过修改菜单的位置实现动画移动菜单的效果。在标号④处，将动画对象的 finished() 信号关联到槽函数 slot_animationMenuFinished()，以便动画结束时执行额外的操作。然后设置动画持续时间，单位是 ms(毫秒)，设置动画进展曲线为 QEasingCurve::Linear(与时间呈线性关系)。在标号⑤处，将菜单显示在菜单栏和工具栏的下方，然后设置菜单动画的起始位置和终止位置，如果不明白，可以尝试仅使用 x()、y() 来验证效果。在标号⑥处，启动动画。隐藏时的代码跟菜单显示时正好相反。

代码清单 9-47

```cpp
// mainwindow.cpp
CMainWindow::CMainWindow(QWidget * parent) : QMainWindow(parent), m_pAnimaMenuShow(NULL), m_bShowMenu(true) {
    ...
}
void CMainWindow::slot_fileMenu() {
    int s_MenuWidth = m_pFileMenu->width();                         ①
    if (NULL == m_pAnimaMenuShow) {                                 ②
```

```cpp
        m_pAnimaMenuShow = new QPropertyAnimation(m_pFileMenu, "pos");           ③
        connect(m_pAnimaMenuShow, SIGNAL(finished()), this, SLOT(slot_animationMenuFinished()));
                                                                                  ④
        m_pAnimaMenuShow->setDuration(400);                    // 动画持续时间
        m_pAnimaMenuShow->setEasingCurve(QEasingCurve::Linear); // 动画进展曲线
    }
    m_bShowMenu = !m_bShowMenu;
    if (m_bShowMenu) {                                         // 单击时弹出菜单
        m_pFileMenu->show();
        m_pFileMenu->activateWindow();
        m_pFileMenu->setFocus(Qt::ActiveWindowFocusReason);
        int offsetY = m_nMenubarHeight + m_pEditToolBar->height();               ⑤
        m_pAnimaMenuShow->setStartValue(QPoint(x() - s_MenuWidth, y() + offsetY));
        m_pAnimaMenuShow->setEndValue(QPoint(x(), y() + offsetY));
        m_pAnimaMenuShow->start();                                                ⑥
    }
    else {                                                     // 再次单击时隐藏菜单
        int offsetY = m_nMenubarHeight + m_pEditToolBar->height();
        m_pAnimaMenuShow->setStartValue(QPoint(x(), y() + offsetY));
        m_pAnimaMenuShow->setEndValue(QPoint(x() - s_MenuWidth, y() + offsetY));
        m_pAnimaMenuShow->start();
    }
}
```

代码清单 9-48 展示了动画结束时触发的槽函数 slot_animationMenuFinished()以及菜单失去焦点时用来隐藏菜单的槽函数 slot_hideMenu()。在槽函数 slot_hideMenu()中将菜单以动画方式关闭的功能与 slot_fileMenu()中类似。

代码清单 9-48

```cpp
// mainwindow.cpp
void CMainWindow::slot_animationMenuFinished() {
    if (!m_bShowMenu && m_pFileMenu->isVisible()) {
        m_pFileMenu->hide();
    }
}
void CMainWindow::slot_hideMenu() {
    m_bShowMenu = false;
    int s_MenuWidth = m_pFileMenu->width();
    int offsetY = m_nMenubarHeight + m_pEditToolBar->height();
    m_pAnimaMenuShow->setStartValue(QPoint(x(), y() + offsetY));
    m_pAnimaMenuShow->setEndValue(QPoint(x() - s_MenuWidth, y() + offsetY));
    m_pAnimaMenuShow->start();
}
```

为了让界面看起来更酷，本案例使用了样式文件。

```cpp
// main.cpp
int main(int argc, char * argv[]) {
    ...
    QFile file(":/qss/black.qss");
    bool bok = file.open(QFile::ReadOnly);
    if (bok) {
        QString styleSheet = QString::fromLatin1(file.readAll());
        qApp->setStyleSheet(styleSheet);
```

```
    }
    file.close();
    return app.exec();
}
```

9.16 知识点 main()函数一般都写什么

C++开发人员都知道,C++程序从main()函数开始执行。那么,在main()函数中一般都写什么呢？其实,程序的编写并无特定标准,本节只是根据经验总结的一些知识点,对应的源代码目录：src/chapter09/ks09_16。

1. 应用程序启动参数

有些应用程序以命令行方式启动运行。这些程序可能会有启动参数或者称作命令行参数,可以用QCommandLineParser、QCommandLineOption处理启动参数。如代码清单9-49所示,演示了如何解析命令行参数。在标号①处,展示了程序运行时的命令行,其中,ks09-16.exe为应用程序的进程名,"-f='c:/dir/fielname.dat'"为命令行参数。在标号②处,创建op1来对应该参数项,并指定对应的参数项为f。然后通过setValueName()通知解析器该参数带值,即：参数为a=b的形式。在标号③处,定义解析对象parser。在标号④处为解析器添加参数对象op1。在标号⑤处开始解析。在标号⑥处,判断参数中是否含有-f参数,如果有则输出参数项的值。

代码清单9-49

```
#include <QApplication>
#include <QCommandLineOption>
#include <QCommandLineParser>
#include <QTranslator>
#include <QLibraryInfo>
#include <QFile>
int main(int argc, char * argv[]) {
    QApplication app(argc, argv);
    // 解析命令行参数,如:ks09_16.exe -f="c:/dir/fielname.dat"     ①
    QCommandLineOption op1("f");                                  ②
    op1.setValueName("path");   // 期望值是路径,设置ValueName后,解析器会认为此命令带值
    QCommandLineParser parser;                                    ③
    parser.addOption(op1);                                        ④
    parser.process(app);                                          ⑤
    if (parser.isSet("f")) {                                      ⑥
        qDebug() << parser.value(op1);         // "c:/dir/fielname.dat"
    }
    ...
}
```

2. 加载翻译文件

对于使用Qt开发的项目,建议默认支持国际化。既然支持国际化,就需要加载翻译文件,包括Qt自带的翻译文件以及开发人员编写的翻译文件。如果开发人员编写了Qt翻译文件的补丁,还应该加载补丁翻译文件。

```cpp
int main(int argc, char * argv[]) {
    ...
    // 国际化
    // 安装 Qt 自带的中文翻译
    const QString localSysName = QLocale::system().name();
    QScopedPointer<QTranslator> qtTranslator(new QTranslator(QCoreApplication::instance()));
    if (qtTranslator->load(QStringLiteral("qt_") + localSysName, QLibraryInfo::location
(QLibraryInfo::TranslationsPath))) {
        QCoreApplication::installTranslator(qtTranslator.take());
    }
    // 安装项目的翻译文件
    QString strPath = qgetenv("TRAINDEVHOME");   // 获取环境变量所指向的路径
    strPath += "/system/lang";                    // $ TRAINDEVHOME/system/lang/ksxx_xx.qm
    QScopedPointer<QTranslator> gpTranslator(new QTranslator(QCoreApplication::instance()));
    if (gpTranslator->load("ks09_16.qm", strPath)) {
        QCoreApplication::installTranslator(gpTranslator.take());
    }
    ...
}
```

3. 初始化工作

剩下的就是些初始化的工作了,这些工作可以放到自定义类中,比如从 QApplication 类派生的类。初始化工作包括如下内容。

1) 初始化套接字

在 Windows 系统中,进行网络通信时,需要初始化套接字运行环境。

```cpp
#ifdef WIN32
    WSADATA wsaData;
    if (WSAStartup (0x202, &wsaData) != 0)
    return false;
#endif
```

2) 初始化资源

如果项目含有资源文件,应进行初始化。

```cpp
int main(int argc, char * argv[]) {
    Q_INIT_RESOURCE(ks05_04);
    ...
}
```

3) 读取配置文件

如果应用程序有配置文件,可以将读取配置文件的工作放入初始化过程中执行,比如读取应用程序的各种配置参数。

4) 构建主窗体

界面类应用可以在初始化时构建主窗体,然后恢复主窗体的尺寸、布局。

5) 初始化内存数据

如果应用程序需要访问数据库或数据文件来构建内存模型,那么这些工作可以放在初始化过程中执行。

4. 退出时的处理

退出程序时，一般需要执行一些清理工作，比如清理套接字运行环境、清理内存数据、保存运行中修改的配置等。以下代码用来清理套接字运行环境。

```
#ifdef WIN32
    WSACleanup();
#endif
```

其实，本节介绍的内容都是可选项，开发人员可以根据自己的需要进行取舍。建议开发人员通过编程实践把这些内容沉淀下来，这样可以有效提高工作效率。

9.17 配套练习

1. 开发一个 SDI 应用。使用自定义类 CWidget 作为中心部件（centeralWidget），该类派生自 QWidget。为 CWidget 设置背景色为黄色。

2. 以练习题 1 为基础，为应用添加【文件】【视图】菜单。为【文件】菜单添加【打开】【打印】子菜单项，为【视图】菜单添加【设置背景色】子菜单项和一个二级菜单【格式】，为【格式】菜单添加分组子菜单【左对齐】【居中对齐】【右对齐】，然后为【格式】菜单添加分隔线，然后为【格式】菜单添加【斜体】【粗体】子菜单项。所有菜单项可以空实现。当鼠标在 CWidget 中移动时，在状态栏中显示鼠标坐标。

3. 修改 9.6 节的案例，将 CMainWindow 的构造函数还原为只有一个 QWidget * 的参数，为 CMainWindow 添加接口设置 CSplashScreen 对象。将耗时操作改为在 CMainWindow 对象构造完成后再在 main() 函数中调用。将信号 progress() 与槽函数 CSplashScreen::setProgress() 的关联放到 main() 函数中。

```
class CMainWindow: public QMainWindow {
public:
    CMainWindow(QWidget * parent);
    ...
};
```

4. 为 9.7 节的案例添加斜体反显功能。

5. 以 src.baseline 中 9.11 节代码为基础，为项目添加浮动窗 A、浮动窗 B。在浮动窗 A 中添加树视图控件，并为树视图构建模型，在浮动窗 B 中添加表格视图控件。支持从浮动窗 A 的树视图拖放内容到浮动窗 B 中的表格。当双击树视图中的项时，如果表格中的内容跟双击的内容一致，则将这些单元格背景设置为红色。

第10章 开发MDI应用

MDI指的是多文档界面接口,它是微软公司从Microsoft Excel电子表格程序开始引入的,MDI的出现是为了满足Excel电子表格用户同时操作多份表格的需求,这也为其他应用提供了新的人机交互方案。

10.1 案例52 MDI——采用同一类型的View

视频讲解

本案例对应的源代码目录:src/chapter10/ks10_01。程序运行效果见图10-1。

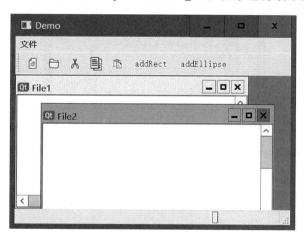

图10-1 案例52运行效果

第9章介绍了SDI应用的开发方法,从本节开始介绍MDI应用的开发。在开始介绍开发过程之前,先来看一下MDI应用程序的界面结构。如图10-2所示,黑色粗框线包围的区域就是视图区域。

如图10-2所示,视图区域实际上分为3个层次。

(1) QMdiArea。

QMdiArea负责管理多窗口区域,是QMainWindow的直接下级。

(2) QMdiSubWindow。

QMdiSubWindow负责管理单个视图。QMdiSubWindow是QMdiArea的下一级,用来容纳单个视图,每个视图都需要一个QMdiSubWindow。QMdiSubWindow是不可见的,也就

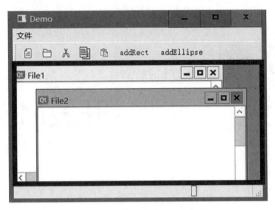

图 10-2　MDI 中的视图区域

是说在界面上看不到 QMdiSubWindow，在界面上只能看到视图。

（3）自定义视图。

开发 MDI 程序时编写的自定义视图，用来处理业务数据的展示与人机交互，比如本节的 CGraphView。它位于最底层，由 QMdiSubWindow 管理。每个 QMdiSubWindow 管理一个自定义视图对象。如图 10-3 所示，展示了这 3 个类之间的关系。

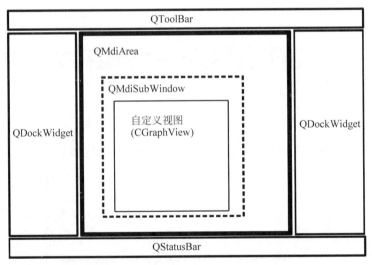

图 10-3　视图区域各个层次之间的逻辑关系

如图 10-4 所示，展示了多视图的应用场景。

开发 MDI 应用大概分为下面几个步骤。

（1）编写或改造自定义视图类，本节中的自定义视图类是 CGraphView。

（2）编写多文档区域处理类 CEditMdiArea，用来处理各个视图对象之间的切换等事务，它派生自 QMdiArea。

（3）编写主窗体类 CMainWindow。开发 MDI 程序与开发 SDI 程序一样，都需要使用主窗口，因此仍然要从 QMainWindow 派生主窗体。

src.baseline 中本节的项目代码（见配套资料）中包含 SDI 应用所需的自定义视图类 CGraphView、主窗体类 CMainWindow 等内容，在此基础上执行如下操作。

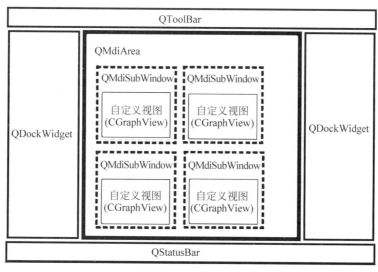

图 10-4　MDI 中的多视图场景

1. 编写或改造自定义视图类 CGraphView

如代码清单 10-1 所示，对自定义视图类 CGraphView 进行改造。在标号①处，为构造函数增加一个参数，用来传入文件名。这种改造仅仅针对本案例，其他 MDI 应用中的视图类未必包含该参数。在标号②处，定义接口 isValid() 用来判断视图是否有效，当视图对应的场景（文档）对象非法时，视图无效。该接口用来对视图有效性进行判断，以便做相应处理。在标号③处，定义接口 getFileName() 用来获取视图对应的文件名。在标号④处，定义视图关闭信号，用来在关闭视图时通知其他对象解除与本视图的信号槽关联。在标号⑤处，重写视图关闭事件 closeEvent()，在该接口中发出标号④处定义的信号 viewClose。

代码清单 10-1

```
#pragma once
...
class CGraphView : public QGraphicsView {
    Q_OBJECT
public:
    CGraphView(QWidget * parent, const QString& strFileName = "");    ①
    ~CGraphView();
public:
    bool isValid();                    // 视图是否有效                    ②
    QString getFileName() const;       // 获取本视图对应的文件名          ③
    ...
Q_SIGNALS:
    void viewClose(QWidget * );        // 收到本信号后,应解除与本视图的信号-槽关联   ④
    ...
protected:
    virtual void closeEvent(QCloseEvent * event) Q_DECL_OVERRIDE;      ⑤
    ...
private:
    ...
    QString m_strFileName;
};
```

下面介绍 CGraphView 的实现,此处仅列出改动的代码,见代码清单 10-2。在构造函数中,保存传入的文件名。在标号①处,添加一个整数序号用来组织视图的标题。在标号②处,在 closeEvent() 事件中,通过调用 event-> accept() 阻止事件继续发送,并恢复鼠标光标状态,然后发射视图关闭信号 viewClose()。对自定义类的改造关键之处在于重写 closeEvent() 接口及新增 isValid() 接口。

代码清单 10-2

```
CGraphView::CGraphView(QWidget * parent, const QString& strFileName) : QGraphicsView(parent) {
    setMouseTracking(true);
    createActions();
    if (strFileName.length()) {
        m_strFileName = strFileName;
        ...
    }
    QGraphicsScene * pScene = new QGraphicsScene(this);
    setScene(pScene);
    QRectF rct(0, 0, 400,400);
    pScene->setSceneRect(rct);
    static int sequenceNumber = 1;                                          ①
    QString curFile = tr("File %1").arg(sequenceNumber++);
    setWindowTitle(curFile + "[*]");
}
QString CGraphView::getFileName() const {
    return m_strFileName;
}
void CGraphView::closeEvent(QCloseEvent * event) {                          ②
    event->accept();
    QGuiApplication::restoreOverrideCursor();   // 关闭视图后需要恢复光标,否则可能因为意
                                                // 外导致光标处于某个操作状态(如八爪鱼拉
                                                // 伸状态)而无法恢复

    emit viewClose(this);
}
bool CGraphView::isValid() {
    QGraphicsScene * pScene = scene();
    if (pScene == NULL) {
        return false;
    }
    else {
        return true;
    }
}
```

2. 编写多文档区域处理类 CEditMdiArea

QMdiArea 用于管理多文档区域,包括对各个视图的管理。编写自定义类 CEditMdiArea,该类派生自 QMdiArea。

1) CEditMdiArea 类定义

CEditMdiArea 类定义如代码清单 10-3 所示。除了管理视图,还可以在 CEditMdiArea 中提供对菜单、工具条等的封装。在标号①处,定义接口 activeMdiChild() 用来获得当前活动视图。在标号②处,getActiveEditView() 接口用来通过父对象 pMdiChild 找到子视图。在标号

③处，createMdiChild()接口用来打开指定文件，并创建一个新的子视图，同时创建子视图的父窗口 QMdiSubWindow 对象。标号④处的 findMdiChild()接口用来根据文件名查找子视图的父窗口 QMdiSubWindow 对象。标号⑤处的槽函数 onViewClose()用来处理子视图关闭信号。标号⑥处的槽函数 onSubWindowActivate()用来处理子窗口 QMdiSubWindow 激活信号。标号⑦处的信号 viewMouseMove()用来协助继续转发子视图的鼠标移动信号。标号⑧处的信号 editViewChanged()用来通知编辑视图切换。标号⑨处的信号 editViewClose()用来通知编辑视图关闭。标号⑩处的 connectEditViewWithSlot()用来封装信号-槽关联的代码，disconnectEditViewWithSlot_whenInActivate()用来在活动窗口发生切换时将相关的信号-槽解除关联，disconnectEditViewWithSlot()用来在关闭视图时将相关的信号-槽解除关联。disconnectEditViewWithSlot() 比 disconnectEditViewWithSlot_whenInActivate()多做了一步操作，即将视图的关闭信号与对应的槽函数解除关联。

代码清单 10-3

```
#pragma once
#include <QMdiArea>
QT_BEGIN_NAMESPACE
class QMdiSubWindow;
class QMainWindow;
class QGraphicsScene;
class QAction;
class QToolBar;
QT_END_NAMESPACE
class CGraphView;
class CEditMdiArea : public QMdiArea {
    Q_OBJECT
public:
    CEditMdiArea(QMainWindow * pMainWindow);          // 构造函数
    virtual ~CEditMdiArea();                          // 析构函数
public:
    QMainWindow * getMainWindow();
    CGraphView * activeMdiChild();                                                      ①
    CGraphView * getActiveEditView(QMdiSubWindow * pMdiChild);                           ②
    virtual CGraphView * createMdiChild(const QString& fileName, QString * pError = NULL); ③
    virtual QMdiSubWindow * findMdiChild(const QString &fileName);                       ④
    void createActions();
    void createToolBars();
    bool openFile(const QString &fileName, QString * pError = NULL);
private slots:
    void slot_new();
    void slot_open();
    void slot_addRect();
    void slot_addEllipse();
#ifndef QT_NO_CLIPBOARD
    void slot_cut();                                  // 剪切
    void slot_copy();                                 // 复制
    void slot_paste();                                // 粘贴
#endif
    virtual void onViewClose(QWidget * );                                               ⑤
    virtual void onSubWindowActivate(QMdiSubWindow * pMdiChild);                        ⑥
Q_SIGNALS:
```

```
        void viewMouseMove(const QPointF&);                                    ⑦
        void editViewChanged(QWidget * );                                      ⑧
        void editViewClose(QWidget * );                                        ⑨
private:
        void connectEditViewWithSlot(CGraphView * pView);                      ⑩
        void disconnectEditViewWithSlot_whenInActivate(CGraphView * pView);
        void disconnectEditViewWithSlot(CGraphView * pView);
private:
        QMdiSubWindow * m_pLastActivatedMdiChild;       // 上个激活的窗口(焦点窗口)
        QMainWindow * m_pMainWindow;                    // 主窗口指针
        QToolBar * m_pEditToolBar;                      // 编辑工具条
        QAction * m_pNewAct;                            // 新建
        QAction * m_pOpenAct;                           // 打开文件
#ifndef QT_NO_CLIPBOARD
        QAction * m_pCutAct;                            // 剪切
        QAction * m_pCopyAct;                           // 复制
        QAction * m_pPasteAct;                          // 粘贴
#endif
        QAction * m_pRectAct;                           // 添加矩形
        QAction * m_pEllipseAct;                        // 添加椭圆
};
```

2) CEditMdiArea 构造函数、析构函数

首先介绍构造函数、析构函数,见代码清单 10-4。在构造函数中对 m_pLastActivatedMdiChild 进行初始化,该成员变量用来保存上次的活动子窗口,以便当活动窗口发生切换时解除相关的信号-槽关联。构造函数中,调用 createActions() 创建菜单项、按钮等对应的 QAction 对象,并将相关的信号-槽进行关联,然后调用 createToolBars() 创建工具条。在标号①处,将 subWindowActivated(QMdiSubWindow *) 信号关联到槽函数 onSubWindowActivate (QMdiSubWindow *),以便当活动窗口发生切换时进行相关处理。成员变量 m_pMainWindow 用来保存父窗口指针,可以通过 getMainWindow() 接口来访问该指针。

代码清单 10-4

```
CEditMdiArea::CEditMdiArea(QMainWindow * pMainWindow) : QMdiArea(pMainWindow), m_pLastActivatedMdiChild
(NULL), m_pMainWindow(pMainWindow) {
        createActions();
        createToolBars();
        connect(this, SIGNAL(subWindowActivated(QMdiSubWindow * )), this, SLOT(onSubWindowActivate
(QMdiSubWindow * )));                                                          ①
        onSubWindowActivate(NULL);
}
CEditMdiArea::~CEditMdiArea() {
}
QMainWindow * CEditMdiArea::getMainWindow() {
        return m_pMainWindow;
}
```

3) 与活动窗口相关的接口

下面介绍与活动窗口、活动视图相关的接口,如代码清单 10-5 所示。标号①处的 getActiveEditView(QMdiSubWindow *) 接口用来访问子窗口 pMdiChild 对应的视图。标号 ②处的 activeMdiChild() 用来访问当前活动视图,该接口内部首先通过 activeSubWindow() 获得当前子窗口,然后调用 getActiveEditView() 来获得对应的视图。标号③处的 createMdiChild()

用来创建视图并打开指定文件，同时创建 QMdiSubWindow 类型的子窗口作为视图的父对象。标号④处的 findMdiChild() 用来通过文件名查找指定的子窗口，以便检查有没有打开过该文件。标号⑤处提供了 openFile(const QString &fileName, QString * pError) 的实现。在该接口中，先通过 findMdiChild() 检查有没有打开过该文件，如果已经打开过该文件则直接激活对应的视图并返回，如果没有打开过则调用 createMdiChild() 创建视图打开文件。如果打开文件失败，则关闭视图，见标号⑥处。

代码清单 10-5

```
CGraphView * CEditMdiArea::getActiveEditView(QMdiSubWindow * pMdiChild) {         ①
    if (NULL == pMdiChild) {
        return NULL;
    }
    CGraphView * pView = NULL;
    if (NULL != pMdiChild->widget()) {
        pView = dynamic_cast<CGraphView *>(pMdiChild->widget());
    }
    return pView;
}
CGraphView * CEditMdiArea::activeMdiChild() {                                     ②
    CGraphView * pView = NULL;
    QMdiSubWindow * tActiveSubWindow = activeSubWindow();
    if (NULL == tActiveSubWindow) {
        tActiveSubWindow = m_pLastActivatedMdiChild;
    }
    if (NULL != tActiveSubWindow) {
        pView = getActiveEditView(tActiveSubWindow);
    }
    return pView;
}
CGraphView * CEditMdiArea::createMdiChild(const QString& fileName, QString *) {   ③
    CGraphView * pView = new CGraphView(this, fileName);
    if ((NULL != pView) && pView->isValid()) {
        QMdiSubWindow * subWindow1 = new QMdiSubWindow;
        subWindow1->setWidget(pView);
        subWindow1->setAttribute(Qt::WA_DeleteOnClose);
        addSubWindow(subWindow1);
        pView->setParent(subWindow1);
    }
    return pView;
}
QMdiSubWindow * CEditMdiArea::findMdiChild(const QString &fileName) {             ④
    QString strFileName = QFileInfo(fileName).fileName();
    foreach(QMdiSubWindow * window, subWindowList()) {
        CGraphView * pView = getActiveEditView(window);
        if (NULL != pView && pView->getFileName() == strFileName) {
            return window;
        }
    }
    return 0;
}
bool CEditMdiArea::openFile(const QString &fileName, QString * pError) {          ⑤
    bool succeeded = false;
```

```cpp
    if (!fileName.isEmpty()) {
        QMdiSubWindow * existing = findMdiChild(fileName);
        if (existing) {
            setActiveSubWindow(existing);
            return true;
        }
        CGraphView * child = createMdiChild(fileName, pError);
        succeeded = child->isValid();
        if (succeeded) {
            child->showMaximized();
        }
        else {                                                              ⑥
            if (NULL != child->parent()) {
                QMdiSubWindow * pSubWindow = dynamic_cast<QMdiSubWindow *>(child->parent());
                (NULL != pSubWindow) ? pSubWindow->close() : child->close();
            }
            else {
                child->close();
            }
        }
    }
    else {
        if (NULL != pError) {
            *pError = tr("filename is empty");
        }
    }
    return succeeded;
}
```

4）菜单项、工具条、槽函数

下面介绍菜单项、工具条的创建，以及这些菜单项、工具条按钮对应的槽函数，见代码清单10-6，这里省略了部分代码，具体代码请参见配套资料。需要注意的是标号①处的槽函数，首先通过activeMdiChild()获取当前活动视图，然后通过调用视图对象的接口来实现槽函数功能，其他槽函数的实现与此类似。

代码清单10-6

```cpp
void CEditMdiArea::createActions() {
    m_pNewAct = new QAction(QIcon(":/images/new.png"), tr("&New"), this);
    m_pNewAct->setShortcuts(QKeySequence::New);
    m_pNewAct->setStatusTip(tr("New File"));
    connect(m_pNewAct, &QAction::triggered, this, &CEditMdiArea::slot_new);
    ...
}
void CEditMdiArea::createToolBars() {
    m_pEditToolBar = m_pMainWindow->addToolBar(tr("edit tool bar"));
    m_pEditToolBar->setObjectName("edit tool bar");
    m_pEditToolBar->addAction(m_pNewAct);
    ...
}
void CEditMdiArea::slot_new() {
    CGraphView * child = createMdiChild("");
    if (NULL == child) {
```

```
            return;
        }
        bool succeeded = child->isValid();
        if (succeeded) {
            child->showMaximized();
        }
        else {
            child->close();
        }
    }
    void CEditMdiArea::slot_open() {
        openFile("");
    }
    #ifndef QT_NO_CLIPBOARD
    void CEditMdiArea::slot_cut() {                                              ①
        CGraphView* pView = activeMdiChild();
        if (NULL == pView)
            return;
        pView->cut();
    }
    ...
    #endif
    void CEditMdiArea::slot_addRect() {
        CGraphView* pView = activeMdiChild();
        if (NULL == pView)
            return;
        pView->addRect();
    }
    void CEditMdiArea::slot_addEllipse() {
        ...
    }
```

5）关联信号-槽

下面介绍将信号-槽进行关联或解除关联的相关接口，见代码清单 10-7。标号①处的 connectEditViewWithSlot()接口中，将视图的信号与相关槽函数进行关联。当收到视图关闭信号 viewClose(QWidget*)时将触发槽函数 onViewClose(QWidget*)（该槽函数的实现见代码清单 10-8）。标号②处的 disconnectEditViewWithSlot()接口用来将视图的信号与相关槽函数解除关联，该接口比标号④处的 disconnectEditViewWithSlot_whenInActivate()多做了一步操作，就是将视图的关闭信号 viewClose()与槽函数 onViewClose()解除关联，见标号③处。这是因为 disconnectEditViewWithSlot_whenInActivate()用来在视图发生切换时解除信号-槽的关联，此时旧的视图并未关闭，因此无须将视图关闭信号与对应的槽函数解除关联，而 disconnectEditViewWithSlot()则在关闭视图时被调用，见代码清单 10-8 标号①处。

代码清单 10-7

```
void CEditMdiArea::connectEditViewWithSlot(CGraphView* pView) {                  ①
    connect(pView, SIGNAL(viewMouseMove(const QPointF&)), this, SIGNAL(viewMouseMove(const QPointF&)));
    connect(pView, SIGNAL(viewClose(QWidget*)), this, SLOT(onViewClose(QWidget*)));
}
void CEditMdiArea::disconnectEditViewWithSlot(CGraphView* pView) {                ②
    disconnectEditViewWithSlot_whenInActivate(pView);
```

```
        disconnect(pView, SIGNAL(viewClose(QWidget*)), this, SLOT(onViewClose(QWidget*)));    ③
    }
    void CEditMdiArea::disconnectEditViewWithSlot_whenInActivate(CGraphView* pView) {         ④
        disconnect(pView, SIGNAL(viewMouseMove(const QPointF&)), this, SIGNAL(viewMouseMove(const QPointF&)));
    }
```

代码清单 10-8

```
    void CEditMdiArea::onViewClose(QWidget* pChild) {
        if (pChild == NULL) {
            return;
        }
        CGraphView* pView = dynamic_cast<CGraphView*>(pChild);
        if (NULL != pView) {
            disconnectEditViewWithSlot(pView);      // 将编辑视图与多窗口区域的槽函数断开连接  ①
        }
        m_pLastActivatedMdiChild = NULL;                                                       ②
        emit editViewClose(pChild);                                                            ③
        m_pLastActivatedMdiChild = NULL;    // 防止其他对象对于 editViewClose 信号的处理导致触
                                            // 发 activeSubWindow 从而使 m_pLastActivatedMdiChild
                                            // 重新被赋值(为已关闭的窗口)                     ④
    }
```

在代码清单 10-8 中，首先将 pChild 进行类型转换，得到 CGraphView 类型的指针 pView，然后在标号①处调用 disconnectEditViewWithSlot(pView) 将视图的信号与相关槽函数解除关联。在标号②处，设置 m_pLastActivatedMdiChild 为 NULL。在标号③处，发出信号 editViewClose(pChild)，以便通知相关对象：编辑视图已关闭。标号④处，重新设置 m_pLastActivatedMdiChild 为 NULL，其原因在该行代码注释中已明确说明。

6）onSubWindowActivate(QMdiSubWindow*)

下面介绍活动窗口发生切换时调用的槽函数 onSubWindowActivate(QMdiSubWindow*)，见代码清单 10-9。在该接口中，首先判断 pMdiChild 是否非空，如果 pMdiChild 非空才做相关处理，见标号①处。标号②处，判断活动窗口是否发生切换。在标号③处，如果活动窗口发生切换，并且上次活动活动窗口非空，则需要把槽函数跟旧视图解除关联，防止旧视图信号继续触发槽函数。在标号④处，在获得新的编辑视图对象后，在标号⑤处发射"编辑视图切换"的信号 editViewChanged(pWidget)。在标号⑥处，将新的活动视图的信号关联到相关槽函数。在标号⑦处，更新 m_pLastActivatedMdiChild 对象。

代码清单 10-9

```
    void CEditMdiArea::onSubWindowActivate(QMdiSubWindow* pMdiChild) {
        bool hasMdiChild = (pMdiChild == NULL) ? false : true;
        if (hasMdiChild) {                                                                     ①
            if (pMdiChild != m_pLastActivatedMdiChild) {                                       ②
                if (m_pLastActivatedMdiChild != NULL) {
                    CGraphView* pView = getActiveEditView(m_pLastActivatedMdiChild);
                    if (NULL != pView) {
                        // 需要把槽函数跟旧视图解除关联,防止旧视图信号继续触发槽函数
                        disconnectEditViewWithSlot_whenInActivate(pView);                      ③
                    }
                }
                CGraphView* pView = getActiveEditView(pMdiChild);                              ④
```

```
            if (NULL != pView) {
                QWidget * pWidget = pView;
                emit editViewChanged(pWidget);            // 发出信号              ⑤
                // 将编辑视图关联到多窗口区域的槽函数
                connectEditViewWithSlot(pView);                                    ⑥
            }
            m_pLastActivatedMdiChild = pMdiChild;                                  ⑦
        }
    }
    ...
}
```

3. 编写主窗体类 CMainWindow

如代码清单 10-10 所示，对 CMainWindow 进行修改，将 src.baseline 中的 CMainWindow 中的菜单项、工具条等成员变量都删除，因为这些对象都被转移到了 CEditMdiArea 中。然后，新增 CEditMdiArea * 类型的成员变量，见标号①处。

代码清单 10-10

```
# pragma once
    ...
class CEditMdiArea;
class CGraphView;
class CMainWindow : public QMainWindow {
    Q_OBJECT
public:
    CMainWindow(QWidget * parent);
    ~CMainWindow(){;}
private slots:
    void onMouseMoveInView(const QPointF&);
    void about();
private:
    void createActions();           // 构建菜单项对应的 QAction
    void createMenus();              // 构建菜单
    void createStatusBar();          // 构建状态栏
    void initialize();               // 初始化
    void connectSignalAndSlot();     // 关联信号-槽
private:
    QMenu * m_pHelpMenu;             // 帮助菜单
    QAction * m_pAboutAct;           // 关于
    QLabel * m_pInfoLabel;           // 信息标签
    QLabel * m_pMouseLabel;          // 鼠标位置显示
    CEditMdiArea * m_pMdiArea;       // 多文档区域管理对象                          ①
};
```

下面介绍 CMainWindow 类的实现，主要介绍改动部分的内容，见代码清单 10-11。标号①处的初始化接口中，创建 CEditMdiArea 类型的对象 m_pMdiArea，并且将它设置为主部件，见标号②处。在标号③处，将 m_pMdiArea 的 viewMouseMove(const QPointF&) 信号关联到槽函数 onMouseMoveInView(const QPointF&)，以便将鼠标坐标更新到状态栏。

代码清单 10-11

```
# include < QtWidgets >
# include < QGraphicsScene >
```

```cpp
#include "base/basedll/baseapi.h"
#include "mainwindow.h"
#include "graphview.h"
#include "mdiarea.h"
CMainWindow::CMainWindow(QWidget * parent) : QMainWindow(parent) {
    initialize();
    createActions();
    createMenus();
    createStatusBar();
    connectSignalAndSlot();
    setWindowTitle(tr("Demo"));
    setMinimumSize(160, 160);
    resize(480, 320);
}
void CMainWindow::initialize() {
    m_pMdiArea = new CEditMdiArea(this);                                    ①
    setCentralWidget(m_pMdiArea);                                           ②
}
void CMainWindow::connectSignalAndSlot() {                                  ③
    connect(m_pMdiArea, SIGNAL(viewMouseMove(const QPointF&)), this, SLOT(onMouseMoveInView
(const QPointF&)));
}
```

本节介绍了 MDI 应用的开发方法，请重点关注 CEditMdiArea 类。除此之外，还要关注 CGraphView 新增的 isValid() 接口、viewClose() 信号以及重写的 closeEvent() 事件。

10.2 知识点 MDI——采用不同类型的 View

视频讲解

10.1 节介绍了使用 CGraphView 类型的视图进行 MDI 开发，本节将介绍如何使用两种不同的视图开发 MDI 应用。大部分情况下，MDI 应用仅支持一种视图就可以满足需求，但是有些情况下，需要在 QMdiArea 区域展示不同类型的视图。有时候需要以图形方式展示图形文件的内容（见图 10-5），而另外一些时候则需要以文本方式展示图形文件的内容（见图 10-6）。那么，该怎样做才能让上一节的 MDI 应用支持两种不同的视图展示方式呢？本节将分 3 步实现。

（1）对 CGraphView 类进行修改，本部分工作只是为了方便案例演示，并非必须。
（2）增加一个新的视图类，如文本编辑视图 CTextEdit。
（3）修改 CEditMdiArea 中与视图类型有关的内容。

首先看一下实现方案，对应的源代码目录：src/chapter10/ks10_02。程序运行效果见图 10-5 和图 10-6。在本节的示例代码中，【新建】按钮仍然只负责创建 CGraphView 视图对象。当在 CGraphView 视图中空白处右击时，弹出的菜单中增加了两个子菜单项。

- save to text graph file，表示将当前图形保存为文本文件。
- open text graph file，表示打开文本格式的图形文件并以文本编辑视图展示该文件内容。

这两个菜单项分别用来将当前图形保存到文本文件、打开文本格式的图形文件。当单击 open text graph file 菜单项时，以文本编辑视图打开之前保存的文本格式的图形文件并创建一个文本编辑视图对象用来展示新打开的图形。当然也可以用其他方式实现该功能，比如：在单击【新建】或【打开】时让用户选择视图种类。以下对于 CGraphView 类的改动并非必须。如果对此不感兴趣可以跳过第 1 部分的内容。

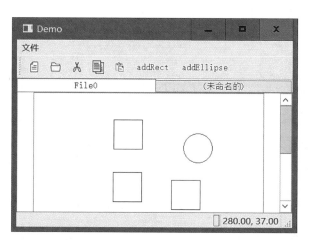

图 10-5　MDI 中的图形视图

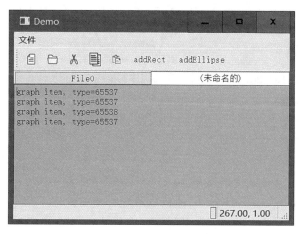

图 10-6　MDI 中的文本视图

1. 修改 CGraphView

先为新增的两个子菜单项设计两个 QAction 对象以及对应的槽函数。

```
// graphview.h
class CGraphView : public QGraphicsView {
public slots:
    ...
    void saveGraph();                       // 保存图形文件
    void viewGraph();                       // 查看图形文件
private:
    QAction * m_pSaveGraphAct;              // 保存图形到文件
    QAction * m_pViewGraphFileAct;          // 查看图形文件内容
};
```

修改 CGraphView 类的构造函数以便创建默认的文件名。

```
// graphview.cpp
CGraphView::CGraphView(QWidget * parent, const QString& strFileName):QGraphicsView(parent) {
    setMouseTracking(true);
```

```
    createActions();
    static int sequenceNumber = 0;
    QGraphicsScene* pScene = new QGraphicsScene(this);
    setScene(pScene);
    QRectF rct(0, 0, 400,400);
    pScene->setSceneRect(rct);
    if (strFileName.length()) {
        m_strFileName = strFileName;
        ...            // 此处省略了打开文件的代码
        setWindowTitle(m_strFileName);
        return;
    }
    else {
        QString curFile = tr("File%1").arg(sequenceNumber++);
        setWindowTitle(curFile + "[*]");
        m_strFileName = curFile;
    }
}
```

下面,构建两个子菜单项对应的 QAction 对象。

```
void CGraphView::createActions() {
    m_pSaveGraphAct = new QAction(tr("save to text graph file"), this);
    m_pSaveGraphAct->setStatusTip(tr("save to text graph file"));
    connect(m_pSaveGraphAct, SIGNAL(triggered()), this, SLOT(saveGraph()));
    m_pViewGraphFileAct = new QAction(tr("open text graph file"), this);
    m_pViewGraphFileAct->setStatusTip(tr("open text graph file"));
    connect(m_pViewGraphFileAct, SIGNAL(triggered()), this, SLOT(viewGraph()));
    ...
}
```

然后,编写两个槽函数,见代码清单 10-12。标号①处,在 viewGraph() 中打开文件后,发出 openGraphFile(strFileName)信号,以便接收者进行相关处理。

代码清单 10-12

```
void CGraphView::saveGraph() {
    QGraphicsScene* pScene = scene();
    QList<QGraphicsItem*> lst = pScene->items();
    if (lst.size() == 0)
        return;
    QString strFileName = ns_train::getFileName("$TRAINDEVHOME/test/chapter10/ks10_02/");
    if (m_strFileName.indexOf("/") < 0) {
        strFileName += m_strFileName;
        strFileName += ".txt";
    }
    else {
        strFileName = m_strFileName;
    }
    QFile file(strFileName);
    QString strFileContent;
    QString str;
    if (!file.open(QFile::WriteOnly | QFile::Truncate)) {
        return;
    }
    QList<QGraphicsItem*>::iterator ite = lst.begin();
    for (ite = lst.begin(); ite != lst.end(); ite++) {
        if (!(*ite)->isVisible())
```

```
                continue;
            str = QString("graph item, type = %1\n").arg((*ite)->type());
            strFileContent += str;
        }
        file.write(strFileContent.toLocal8Bit());
        file.close();
    }
    void CGraphView::viewGraph() {
        QString strFileName = ns_train::getFileName("$TRAINDEVHOME/test/chapter10/ks10_02/");
        if (m_strFileName.indexOf("/") < 0) {
            strFileName += m_strFileName;
            strFileName += ".txt";
        }
        else {
            strFileName = m_strFileName;
        }
        emit openGraphFile(strFileName);
    }
```

2. 增加一个新的视图类 CTextEdit

开发人员可以根据自己的业务需求编写自己的视图类。本节参考了 9.12 节的文本编辑视图 CTextEdit，此处不再详述。

3. 修改 CEditMdiArea

为了能处理两个不同的视图，对 10.1 节的 CEditMdiArea 进行修改。修改的接口见表 10-1。

表 10-1 对 CEditMdiArea 接口的改动

原 接 口	新 接 口	改动类型
CGraphView * activeMdiChild()	QWidget * activeMdiChild()	修改返回值类型
CGraphView * getActiveEditView(QMdiSubWindow *)	QWidget * getActiveEditView(QMdiSubWindow *)	修改返回值类型
CGraphView * createMdiChild(const QString&, QString *)	CGraphView * createGraphViewMdiChild(const QString&, QString *)	修改函数名称
	CTextEdit * createTexteditMdiChild(const QString&, QString *)	增加接口
QMdiSubWindow * findMdiChild(const QString &)	QMdiSubWindow * findGraphViewMdiChild(const QString &)	修改函数名称
	QMdiSubWindow * findTexteditMdiChild(const QString &)	增加接口
bool openFile(const QString &, QString *)	bool openFileByGraphview(const QString &, QString *)	修改函数名称
	bool openFileByTextview(const QString &, QString *)	增加接口
void onSubWindowActivate(QMdiSubWindow *)	void onSubWindowActivate(QMdiSubWindow *)	修改内部实现

下面依次介绍。

1) activeMdiChild()

如表 10-1 所示,将 activeMdiChild() 的返回值类型改为 QWidget *。该接口的功能是返回当前活动视图对象的指针,而当前活动视图的类型可能为 CGraphView 或 CTextEdit,所以将返回值类型改为 QWidget *。

```cpp
// mdiarea.cpp
QWidget * CEditMdiArea::activeMdiChild() {
    QWidget * pWidget = NULL;
    QMdiSubWindow * tActiveSubWindow = activeSubWindow();
    if (NULL == tActiveSubWindow) {
        tActiveSubWindow = m_pLastActivatedMdiChild;
    }
    if (NULL != tActiveSubWindow) {
        pWidget = getActiveEditView(tActiveSubWindow);
    }
    return pWidget;
}
```

将所有调用 activeMdiChild() 的代码进行改动。将 activeMdiChild() 返回的 QWidget * 转换为 CGraphView * 并进行判断。这里仅针对 CGraphView * 类型进行处理,因为目前只为 CGraphView 设计了对应的接口,如果 CTextEdit 也设计了同样的接口,可以增加功能将返回的 QWidget * 也转换为 CTextEdit 进行判断、处理。另外一种方案是,创建视图基类 CMdiSubView 并提供公共接口,让 CGraphView、CTextEdit 从该类派生,然后将 QWidget * 转换为 CMdiSubView * 再进行判断、处理。

```cpp
// mdiarea.cpp
#ifndef QT_NO_CLIPBOARD
void CEditMdiArea::slot_cut() {
    QWidget * pWidget = activeMdiChild();;
    if (NULL == pWidget)
        return;
    CGraphView * pView = dynamic_cast < CGraphView * >(pWidget);
    if (NULL == pView)
        return;
    pView->cut();
}
void CEditMdiArea::slot_copy() {
    QWidget * pWidget = activeMdiChild();;
    if (NULL == pWidget)
        return;
    CGraphView * pView = dynamic_cast < CGraphView * >(pWidget);
    if (NULL == pView)
        return;
    pView->copy();
}
void CEditMdiArea::slot_paste() {
    QWidget * pWidget = activeMdiChild();;
    if (NULL == pWidget)
        return;
    CGraphView * pView = dynamic_cast < CGraphView * >(pWidget);
```

```
        if (NULL == pView)
            return;
        pView->paste();
    }
#endif
    void CEditMdiArea::slot_addRect() {
        QWidget * pWidget = activeMdiChild();;
        if (NULL == pWidget)
            return;
        CGraphView * pView = dynamic_cast<CGraphView *>(pWidget);
        if (NULL == pView)
            return;
        pView->addRect();
    }
    void CEditMdiArea::slot_addEllipse() {
        QWidget * pWidget = activeMdiChild();;
        if (NULL == pWidget)
            return;
        CGraphView * pView = dynamic_cast<CGraphView *>(pWidget);
        if (NULL == pView)
            return;
        pView->addEllipse();
    }
```

2) getActiveEditView(QMdiSubWindow * pMdiChild)

修改 getActiveEditView() 的返回值类型为 QWidget *。

```
    QWidget * CEditMdiArea::getActiveEditView(QMdiSubWindow * pMdiChild) {
        if (NULL == pMdiChild) {
            return NULL;
        }
        return pMdiChild->widget();
    }
```

3) createGraphViewMdiChild(const QString& fileName, QString * pError = NULL)

对于原来的接口 createMdiChild() 来说，因为要处理两种不同类型视图的创建工作，所以将原来的接口改名为 createGraphViewMdiChild()，然后新增一个接口 createTexteditMdiChild()，新增的接口用来创建 CTextEdit 类型的视图。原来调用 createMdiChild() 接口的代码都改为调用 createGraphViewMdiChild()。

```
    CTextEdit * CEditMdiArea::createTexteditMdiChild(const QString& fileName, QString * pError) {
        Q_UNUSED(pError);
        CTextEdit * pTextEdit = new CTextEdit(this);
        if ((NULL != pTextEdit)) {
            if (fileName.length() > 0) {
                pTextEdit->openFile(fileName);
            }
            QMdiSubWindow * subWindow1 = new QMdiSubWindow;
            subWindow1->setWidget(pTextEdit);
            subWindow1->setAttribute(Qt::WA_DeleteOnClose);
            addSubWindow(subWindow1);
            pTextEdit->setParent(subWindow1);
        }
        return pTextEdit;
```

```
}
CGraphView * CEditMdiArea::createGraphViewMdiChild(const QString& fileName, QString * /*
pError */) {
    CGraphView * pView = new CGraphView(this, fileName);
    if ((NULL != pView) && pView->isValid()) {
        QMdiSubWindow * subWindow1 = new QMdiSubWindow;
        subWindow1->setWidget(pView);
        subWindow1->setAttribute(Qt::WA_DeleteOnClose);
        addSubWindow(subWindow1);
        pView->setParent(subWindow1);
    }
    return pView;
}
```

4) findMdiChild(const QString &fileName)

因为原来的接口 findMdiChild(const QString &)只能查找一种类型的视图，所以将原来的接口改名为 findGraphViewMdiChild()，并新增 findTexteditMdiChild()接口用来查找 CTextEdit 类型的视图。这两个接口中都用到了 getActiveEditView()接口，但是对返回的 pWidget 指针却进行了不同的处理，见代码清单 10-13。在标号①处，将 pWidget 转换为 CGraphView 类型的指针；而在标号② 处，将 pWidget 转换为 CTextEdit 类型的指针。

代码清单 10-13

```
QMdiSubWindow * CEditMdiArea::findGraphViewMdiChild(const QString &fileName) {
    QString strFileName = QFileInfo(fileName).fileName();
    QWidget * pWidget = NULL;
    foreach(QMdiSubWindow * window, subWindowList()) {
        pWidget = getActiveEditView(window);
        if (NULL == pWidget) {
            continue;
        }
        CGraphView * pView = dynamic_cast<CGraphView *>(pWidget);         ①
        if (NULL != pView && pView->getFileName() == strFileName) {
            return window;
        }
    }
    return 0;
}
QMdiSubWindow * CEditMdiArea::findTexteditMdiChild(const QString &fileName) {
    QString strFileName = QFileInfo(fileName).fileName();
    QWidget * pWidget = NULL;
    foreach(QMdiSubWindow * window, subWindowList()) {
        pWidget = getActiveEditView(window);
        if (NULL == pWidget) {
            continue;
        }
        CTextEdit * pView = dynamic_cast<CTextEdit *>(pWidget);           ②
        if (NULL != pView && pView->windowTitle() == strFileName) {
            return window;
        }
    }
    return 0;
}
```

5) openFile(const QString &fileName, QString * pError=NULL)

将openFile()接口改名为openFileByGraphview()，并且新增openFileByTextview()接口用来创建CTextEdit类型的视图并打开文件名为fileName的文件。

```cpp
bool CEditMdiArea::openFileByGraphview(const QString &fileName, QString * pError) {
    bool succeeded = false;
    if (!fileName.isEmpty()) {
        QMdiSubWindow * existing = findGraphViewMdiChild(fileName);
        if (existing) {
            setActiveSubWindow(existing);
            return true;
        }
        CGraphView * child = createGraphViewMdiChild(fileName, pError);
        succeeded = child->isValid();
        if (succeeded) {
            child->showMaximized();
        }
        else {
            if (NULL != child->parent()) {
                QMdiSubWindow * pSubWindow = dynamic_cast<QMdiSubWindow *>(child->parent());
                (NULL != pSubWindow) ? pSubWindow->close() : child->close();
            }
            else {
                child->close();
            }
        }
    }
    else {
        if (NULL != pError) {
            *pError = tr("filename is empty");
        }
    }
    return succeeded;
}
bool CEditMdiArea::openFileByTextview(const QString& fileName, QString * pError) {
    bool succeeded = false;
    if (!fileName.isEmpty()) {
        QMdiSubWindow * existing = findTexteditMdiChild(fileName);
        if (existing) {
            setActiveSubWindow(existing);
            return true;
        }
        CTextEdit * child = createTexteditMdiChild(fileName, pError);
        if (NULL != child) {
            child->showMaximized();
        }
        else {
            if (NULL != child->parent()) {
                QMdiSubWindow * pSubWindow = dynamic_cast<QMdiSubWindow *>(child->parent());
                (NULL != pSubWindow) ? pSubWindow->close() : child->close();
            }
            else {
                child->close();
```

```
                }
            }
        }
        else {
            if (NULL != pError) {
                * pError = tr("filename is empty");
            }
        }
        return succeeded;
}
```

6) onSubWindowActivate(QMdiSubWindow * pMdiChild)

如代码清单 10-14 所示,在处理子窗口激活的槽函数 onSubWindowActivate(QMdiSubWindow *)中,在标号①、标号②处,仅针对 CGraphView 类型的视图做相关处理。

代码清单 10-14

```
void CEditMdiArea::onSubWindowActivate(QMdiSubWindow * pMdiChild) {
    bool hasMdiChild = (pMdiChild == NULL) ? false : true;
    QWidget * pWidget = NULL;
    CGraphView * pView = NULL;
    if (hasMdiChild) {
        if (pMdiChild != m_pLastActivatedMdiChild) {
            if (m_pLastActivatedMdiChild != NULL) {
                pWidget = getActiveEditView(m_pLastActivatedMdiChild);
                pView = dynamic_cast < CGraphView * >(pWidget);                    ①
                if (NULL != pView) {
                    // 需要把槽函数跟旧视图解除关联,防止旧视图信号继续触发槽函数
                    disconnectEditViewWithSlot_whenInActivate(pView);
                }
            }
            pWidget = getActiveEditView(pMdiChild);
            pView = dynamic_cast < CGraphView * >(pWidget);                        ②
            if (NULL != pView) {            // 将编辑视图关联到多窗口区域的槽函数
                connectEditViewWithSlot(pView);
            }
            emit editViewChanged(pView);    // 发出信号
            m_pLastActivatedMdiChild = pMdiChild;
        }
    }
#ifndef QT_NO_CLIPBOARD
    m_pPasteAct -> setEnabled(hasMdiChild);
#endif
}
```

如代码清单 10-15 所示,为了处理 CGraphView 发出的信号,需要修改信号-槽的关联、解除关联的接口,并为 CEditMdiArea 编写槽函数 slot_openTextGraphFile()。在标号①、标号②处,增加了对新增的信号-槽的关联和解除关联操作。

代码清单 10-15

```
// mdiarea.cpp
void CEditMdiArea::connectEditViewWithSlot(CGraphView * pView) {
    connect(pView, SIGNAL(viewMouseMove(const QPointF&)), this, SIGNAL(viewMouseMove(const QPointF&)));
    connect(pView, SIGNAL(viewClose(QWidget * )), this, SLOT(onViewClose(QWidget * )));
```

```
        connect(pView, SIGNAL(openGraphFile(const QString&)), this, SLOT(slot_openTextGraphFile
(const QString&)));                                                                              ①
    }
    void CEditMdiArea::disconnectEditViewWithSlot(CGraphView* pView) {
        disconnectEditViewWithSlot_whenInActivate(pView);
        disconnect(pView, SIGNAL(viewClose(QWidget*)), this, SLOT(onViewClose(QWidget*)));
    }
    void CEditMdiArea::disconnectEditViewWithSlot_whenInActivate(CGraphView* pView) {
        disconnect(pView, SIGNAL(viewMouseMove(const QPointF&)), this, SIGNAL(viewMouseMove(const
QPointF&)));
        disconnect(pView, SIGNAL(openGraphFile(const QString&)), this, SLOT(slot_openTextGraphFile
(const QString&)));                                                                              ②
    }
    void CEditMdiArea::slot_openTextGraphFile(const QString& fileName) {
        openFileByTextview(fileName, NULL);
    }
```

代码清单 10-16 标号①处，使用 TAB 选项卡模式可以同时展示各个视图的标签。

代码清单 10-16

```
    CEditMdiArea:: CEditMdiArea ( QMainWindow * pMainWindow ) : QMdiArea ( pMainWindow ), m_
pLastActivatedMdiChild(NULL), m_pMainWindow(pMainWindow) {
        setViewMode(QMdiArea::TabbedView);                                                       ①
        createActions();
        createToolBars();
        connect(this, SIGNAL(subWindowActivated(QMdiSubWindow*)),
            this, SLOT(onSubWindowActivate(QMdiSubWindow*)));
        onSubWindowActivate(NULL);
    }
```

10.3 配套练习

1. 将 9.2 节的 SDI 应用改造为 MDI 应用。
2. 将 9.12 节的 SDI 应用改造为 MDI 应用。
3. 参考 10.2 节，创建 MDI 应用，视图类型分别为自定义的树视图和文本视图。自定义的树视图可以参考 9.11 节的 CTreeview，文本视图可以参考 10.2 节的 CTextEdit。将树视图的内容保存到 XML 中，用文本视图展示 XML 的内容。

第 11 章

重写Qt事件

在开发界面类应用时,经常为了实现某些交互操作而重写 Qt 的事件,比如鼠标事件、键盘事件、绘制事件等,本章主要介绍重写 Qt 事件的方法。

11.1 知识点 QWidget 事件简介

QWidget 的事件大致分为鼠标事件、键盘事件、绘制事件、其他事件几类。可以通过重写这些事件接口实现所需的功能。

1. 鼠标事件

鼠标事件是通过鼠标进行交互时产生的事件,常见的鼠标事件见表 11-1。

表 11-1 常见的鼠标事件

事件类型	对应的事件	事件说明
鼠标按下事件	virtual void mousePressEvent(QMouseEvent * event);	按下鼠标左键时触发。可以通过 event 对象获取当前鼠标按下的按键集合,方法是调用 QMouseEvent::buttons()。可通过 QMouseEvent::modifiers()获取当前键盘的 Shift 键、Ctrl 键的状态
鼠标抬起事件	virtual void mouseReleaseEvent(QMouseEvent * event);	鼠标按键抬起时触发。其他同上
鼠标双击事件	virtual void mouseDoubleClickEvent (QMouseEvent * event);	鼠标按键双击时触发。其他同上。请注意,双击事件发生时,仍然会触发 2 次鼠标按下事件和 1 次鼠标抬起事件
鼠标移动事件	virtual void mouseMoveEvent(QMouseEvent * event);	当在窗体或控件内移动鼠标时触发。有些情况下需要调用 setMouseTracking(true) 启用鼠标跟踪才能进入该事件。其他同上
滚轮事件	virtual void wheelEvent(QWheelEvent * event);	鼠标滚轮滚动时触发,一般可以用来进行对视图进行缩放。不带滚轮的鼠标无法触发该事件

2. 键盘事件

当键盘按下、抬起时触发键盘事件，见表 11-2。

表 11-2 常见的键盘事件

事件类型	对应的事件	事件说明
键盘按下事件	virtual void keyPressEvent(QKeyEvent * event);	当有键盘按键按下时触发
键盘抬起事件	virtual void keyReleaseEvent(QKeyEvent * event);	当有键盘按键抬起时触发

3. 绘制事件

当希望在窗体或控件上绘制自定义内容时，可以重写绘制事件，见表 11-3。

表 11-3 绘制事件

事件类型	对应的事件	事件说明
绘制事件	virtual void paintEvent(QPaintEvent * event);	当需要对窗体进行绘制时触发。可以重写该接口，并在该接口中绘制窗体的内容

4. 其他事件

其他事件见表 11-4。

表 11-4 其他事件

事件类型	对应的事件	事件说明
焦点事件	virtual void focusInEvent(QFocusEvent * event); virtual void focusOutEvent(QFocusEvent * event);	当前窗体、控件获得焦点或失去焦点时触发
鼠标进入/退出事件	virtual void enterEvent(QEvent * event); virtual void leaveEvent(QEvent * event);	当鼠标光标移动进入或者离开窗体、控件时触发

拖放相关事件	virtual void dragEnterEvent(QDragEnterEvent * event);
	virtual void dragMoveEvent(QDragMoveEvent * event);
	virtual void dragLeaveEvent(QDragLeaveEvent * event);
	virtual void dropEvent(QDropEvent * event);
		当执行拖放操作时触发这些事件

关闭事件	virtual void closeEvent(QCloseEvent * event);	当窗体、控件关闭时触发
尺寸改变事件	virtual void resizeEvent(QResizeEvent * event);	当窗体、控件的尺寸发生改变时触发。一般用来调整子控件的尺寸或者位置

如果自定义类是从 QWidget 的派生类派生而来，那么也可以为自定义类重写这些派生类的各种事件。

11.2 案例53 通过重写鼠标事件实现图元移动

视频讲解

本案例对应的源代码目录：src/chapter11/ks11_02。程序运行效果见图 11-1。

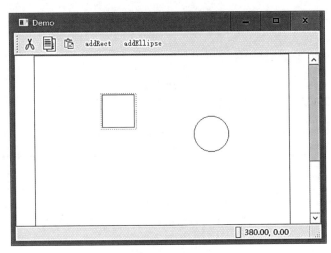

图 11-1 案例 53 运行效果

使用鼠标进行人机交互是界面类应用中最常见的交互方式，本节介绍如何重写鼠标事件来实现人机交互功能。本节以 10.1 节中的绘图软件为基础，通过重写鼠标事件和刷新事件完成如下两个功能。

（1）单击选中图元后在图元周围绘制虚线用来表示该图元被选中，这需要重写绘制事件。

（2）单击选中图元后，继续保持鼠标左键按下状态，通过移动鼠标实现移动图元的功能。

下面介绍实现方案。

首先为 CGraphView 增加相关成员变量和接口，见代码清单 11-1。在标号①处，重写 mousePressEvent()用来记录鼠标坐标以及选中的图元列表。在标号②处，重写 mouseMoveEvent()以便实现移动选中图元的功能。在标号③处，重写 mouseReleaseEvent()以便在将图元移动出场景的边界后更新场景的尺寸。在标号④处，重写 drawForeground()以便在前景绘制被选中图元周围的虚框。这里引入了前景的概念，跟前景对应的是背景。一般在背景（屏幕上远离观察者的方向）绘制背景图片、水印等内容，而在前景（屏幕上靠近观察者的方向）绘制等高线、蒙版等内容。前景、背景的遮挡关系示意见图 11-2。标号⑤处的接口用来重新计算场景尺寸。在标号⑥处，为 CGraphView 类增加 m_selectedItems 成员变量用来保存被选中的图元。标号⑦处的 m_ptLastMousePosition 用来保存上次鼠标位置，比如上次鼠标按下时或者鼠标移动时的鼠标坐标。

代码清单 11-1

```
class CGraphView : public QGraphicsView {
    ...
protected:
    virtual void mousePressEvent(QMouseEvent * event) override;      ①
    virtual void mouseMoveEvent(QMouseEvent * e) override;           ②
    virtual void mouseReleaseEvent(QMouseEvent * e) override;        ③
    virtual void drawForeground(QPainter * painter, const QRectF &rect);  ④
    void calculateSceneRect();                                       ⑤
    ...
private:
    QList< QGraphicsItem * > m_selectedItems;                        ⑥
    QPointF m_ptLastMousePosition;                                   ⑦
    ...
};
```

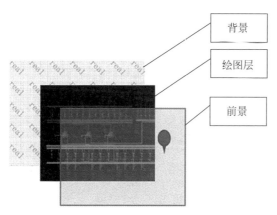

图 11-2　前景、背景的遮挡关系示意

下面先介绍选中图元显示虚线框的功能，通过 mousePressEvent() 实现选中图元功能，见代码清单 11-2。在标号①处，通过 QMouseEvent::localPos() 得到鼠标的坐标，该坐标是视图坐标系内的坐标。在标号②处，将视图坐标转换为场景坐标系的坐标，原因是调用场景对象的 items() 接口时需要提供场景坐标系的坐标。在标号③处，保存上次鼠标位置到成员变量 m_ptLastMousePosition。在标号④处，获取鼠标按下位置的图元列表。在标号⑤处，如果鼠标在空白处单击，则清空原来的选中图元列表。在标号⑥处，仅将鼠标按下处的最上边的图元添加到选中图元列表，在添加前判断是否已添加过，没有添加过才继续添加。在标号⑦处，如果没有按下 Ctrl 键则清空选中图元列表。在标号⑧处，将新选中的图元添加到列表。在标号⑨处，调用基类的接口。在标号⑩处，及时刷新视图，否则可能导致界面出现拖尾现象。

代码清单 11-2

```
void CGraphView::mousePressEvent(QMouseEvent * event) {
    QPointF ptView = event->localPos();                                    ①
    m_ptScene = mapToScene(ptView.toPoint());                              ②
    m_ptLastMousePosition = m_ptScene;                                     ③
    QList<QGraphicsItem*> lst = items(ptView.toPoint());                   ④
    if (0 == lst.size()) {
        m_selectedItems.clear();                                           ⑤
    }
    else {
        QGraphicsItem * pItem = *(lst.begin());
        if (!m_selectedItems.contains(pItem)) {                            ⑥
            if (!(event->modifiers() && Qt::ControlModifier)) {
                m_selectedItems.clear();                                   ⑦
            }
            m_selectedItems.append(pItem);                                 ⑧
        }
    }
    QGraphicsView::mousePressEvent(event);                                 ⑨
    viewport()->update();                                                  ⑩
}
```

重写 drawForeground() 接口，以便绘制选中图元周围的虚框，见代码清单 11-3。在标号①处，用当前选中图元的外接矩形计算虚框的尺寸，该尺寸应比图元大一些，否则会和图元重叠导致看不清楚。但是也不能超过图元的 boundingRect()，否则在移动图元时会导致拖尾现象。

代码清单 11-3

```cpp
void CGraphView::drawForeground(QPainter *painter, const QRectF &rect) {
    if (m_selectedItems.size() > 0) {
        QPolygonF path;
        QRectF rct;
        QList<QGraphicsItem*>::iterator ite = m_selectedItems.begin();
        QPen pn = painter->pen();
        pn.setStyle(Qt::DotLine);
        CGraphItemBase* pItem = NULL;
        painter->setPen(pn);
        for (ite = m_selectedItems.begin(); ite != m_selectedItems.end(); ite++) {
            pItem = dynamic_cast<CGraphItemBase*>(*ite);
            if (NULL == pItem)
                continue;
            rct = pItem->getItemRect();
            rct.setWidth(rct.width() + 3);
            rct.setHeight(rct.height() + 3);                                    ①
            rct.setLeft(rct.left() - 1.5f);
            rct.setTop(rct.top() - 1.5f);
            path = (*ite)->mapToScene(rct);
            painter->drawPolygon(path);
        }
    }
    QGraphicsView::drawForeground(painter, rect);
}
```

如代码清单 11-4 所示，实现移动图元功能。在标号①处，计算本次鼠标坐标与上次鼠标坐标的偏移量并保存到 ptOffset 中。在标号②处，将最新的坐标更新到成员变量 m_ptLastMousePosition。在标号③处，判断是否按下鼠标左键，只有左键按下时才认为是选中图元操作。然后遍历选中图元列表，并调用它们的 moveBy() 接口来实现移动图元的功能。

代码清单 11-4

```cpp
void CGraphView::mouseMoveEvent(QMouseEvent *e) {
    QGraphicsView::mouseMoveEvent(e);
    QPointF pt = mapToScene(e->localPos().toPoint());
    emit(viewMouseMove(pt));         // 发射信号，以便可以在状态栏显示鼠标坐标
    QPointF ptOffset = pt - m_ptLastMousePosition;                              ①
    m_ptLastMousePosition = pt;                                                 ②
    if (e->buttons()&Qt::LeftButton) {                                          ③
        QList<QGraphicsItem*>::iterator iteLst = m_selectedItems.begin();
        for (; iteLst != m_selectedItems.end(); iteLst++) {
            (*iteLst)->moveBy(ptOffset.x(), ptOffset.y());
        }
    }
}
```

当完成粘贴或者鼠标抬起时，需要根据图元位置重新计算场景尺寸，以防止图元被移动到场景的边界之外。将自动计算场景尺寸的功能封装到 calculateSceneRect() 中，并在 paste()、mouseReleaseEvent() 中调用。

```cpp
void CGraphView::paste() {
    ...
    calculateSceneRect();
```

```
}
void CGraphView::calculateSceneRect() {
    QGraphicsScene * pScene = scene();
    QList<QGraphicsItem *> lst = pScene->items();
    QRectF rectScene = pScene->sceneRect();
    QRectF itemRect;
    QList<QGraphicsItem *>::iterator iteLst = lst.begin();
    for(; iteLst != lst.end(); iteLst++) {
        itemRect = (*iteLst)->boundingRect();
        itemRect = (*iteLst)->mapToScene(itemRect).boundingRect();
        if (rectScene.left() > itemRect.left())
            rectScene.setLeft(itemRect.left());
        if (rectScene.right() < itemRect.right())
            rectScene.setRight(itemRect.right());
        if (rectScene.top() > itemRect.top())
            rectScene.setTop(itemRect.top());
        if (rectScene.bottom() < itemRect.bottom())
            rectScene.setBottom(itemRect.bottom());
    }
    pScene->setSceneRect(rectScene);
}
void CGraphView::mouseReleaseEvent(QMouseEvent * e) {
    Q_UNUSED(e);
    calculateSceneRect();
}
```

11.3 案例 54 通过重写键盘事件实现图元移动

本案例对应的源代码目录：src/chapter11/ks11_03。程序运行效果见图 11-3。

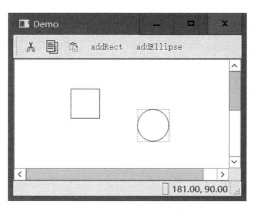

图 11-3 案例 54 运行效果

11.2 节介绍了通过重写鼠标事件实现人机交互。有时用户还需要通过键盘进行操作，本节就通过重写键盘事件实现人机交互。本节将继续 11.2 节的案例，在鼠标交互的基础上通过上、下、左、右键实现图元的上、下、左、右移动。本节案例的实现方案非常简单，就是重写键盘事件。在 CGraphView 类中增加定义。

```cpp
// graphview.h
virtual void keyPressEvent(QKeyEvent * event) override;
```

如代码清单 11-5 所示,实现该接口。在标号①处,定义一个系数用来保存移动速率。在标号②处,判断是否按下了 Alt 键,如果 Alt 键是按下状态,则将速率设定为 4。在标号③处,根据按下的按键确定移动方向和距离。在标号④处,遍历选中图元列表并移动图元。

代码清单 11-5

```cpp
// graphview.cpp
void CGraphView::keyPressEvent(QKeyEvent * event) {
    QPointF ptOffset;
    qreal dCoef = 1.f;                                              ①
    if (event->modifiers() & Qt::AltModifier) {
        dCoef = 4.f;                                                ②
    }
    switch (event->key()) {                                         ③
    case Qt::Key_Up:
        ptOffset.setY(-2.f * dCoef);
        break;
    case Qt::Key_Down:
        ptOffset.setY(2.f * dCoef);
        break;
    case Qt::Key_Left:
        ptOffset.setX(-2.f * dCoef);
        break;
    case Qt::Key_Right:
        ptOffset.setX(2.f * dCoef);
        break;
    default:
        return;
    }
    QList<QGraphicsItem*>::iterator iteLst = m_selectedItems.begin();
    for (; iteLst != m_selectedItems.end(); iteLst++) {             ④
        (*iteLst)->moveBy(ptOffset.x(), ptOffset.y());
    }
    calculateSceneRect();
    QGraphicsView::keyPressEvent(event);
    viewport()->update();
}
```

11.4 知识点 无法切换到中文输入时该怎么办

在进行界面类应用开发时,经常需要用户输入中文,本节介绍中文输入相关的一点知识。严格来说,本节的内容应算作答疑。当在某个 Qt 开发的界面中进行输入时,有时会出现切换输入法失败的现象,这时只能输入英文,无法切换到中文输入状态。解决的方法是重写 event() 接口。假设界面类为 CCustomView,在类的头文件中增加 event() 接口定义。

```cpp
class CCustomView : public XXX {
    Q_OBJECT;
public:
```

```
    // 重写 event()事件
    virtual bool event(QEvent * event) Q_DECL_OVERRIDE;
    ...
}
```

然后实现该接口，见代码清单 11-6。重点是 QEvent::InputMethodQuery 分支的处理，在标号①处，将事件对象 e 转换为 QInputMethodQueryEvent 类型的指针。在标号②处，调用 imqE-> setValue(Qt::ImEnabled, true)，就可以使应用正常切换到中文输入法。

代码清单 11-6

```
bool CCustomView::event(QEvent * e) {
    switch (e->type()) {
    case QEvent::InputMethodQuery: {
        // 允许使用输入法
        QInputMethodQueryEvent * imqE = dynamic_cast < QInputMethodQueryEvent * >(e);    ①
        imqE -> setValue(Qt::ImEnabled, true);                                           ②
        break;
    }
    default:
        break;
    }
}
```

11.5 配套练习

1. 以 9.12 节的示例代码为基础，增加功能：当单击日志窗的某条日志时，在状态栏中显示该日志的内容。

2. 以 9.11 节的示例代码为基础，增加功能：用"上""下"键调整树视图中的焦点项。当按下"上"键时，将树视图中靠上的兄弟项设置为焦点，如果不存在兄弟项，就把父项设置为焦点；当按下"下"键时，将树视图中靠下的兄弟项设置为焦点，如果不存在兄弟项，就把下一个父项设置为焦点。

第12章 开发插件

从软件设计的角度来讲,软件除了具备功能性、稳定性、易用性等特性外,还应具备较好的扩展性,而插件化设计则可以让软件具备一定的扩展能力。

12.1 知识点 什么是插件,插件用来干什么

在进行软件开发时,经常会碰到一些不确定的场景。比如:在开发通信功能时,不能预知通信的双方是以串口、TCP/IP(Transmission Control Protocol/Internet Protocol,传输控制协议/网际协议)还是其他方式进行通信;在进行数据库操作时,无法预知数据库类型是Oracle、SQL Server还是国产的达梦、金仓数据库等。这时,就可以考虑采用插件方式进行开发。那么什么是插件呢?怎样设计、开发插件呢?PnP(Plug and Play,即插即用)是信息技术中的一个术语,指在计算机上加上一个符合某种接口标准的新的外部设备时,计算机能自动侦测与配置系统资源然后就能直接使用该硬件,而无须重新配置计算机或手动安装驱动程序。PCI (Peripheral Component Interconnect,外设部件互连标准)接口是计算机主板上使用最为广泛的接口。符合PCI接口标准的任何硬件插到计算机主板的PCI插槽上就可以使用。软件中的"插件"概念与此类似。软件中的所谓插件,指的是遵循一定应用程序接口规范开发的软件模块。以通信软件为例,可针对各种不同类型的通信方式(串口、TCP/IP 等)定义统一的通信接口,见代码清单12-1。

代码清单12-1

```
class CCommunicationInterface {
public:
    CCommunicationInterface();
    ~CCommunicationInterface();
    virtual int connect() = 0;              // 建立通道连接              ①
    virtual int makeSendFrame() = 0;        // 发送数据组帧              ②
    virtual int send() = 0;                 // 把数据发送到通道          ③
    virtual int read() = 0;                 // 读取通道数据              ④
    virtual int readProc() = 0;             // 解析读取到的数据          ⑤
};
```

在标号①处,connect()接口用来建立通道连接。比如处理串口通信时可以从该类派生得到串口通道类CCommSerial。CCommSerial类的connect()接口中,可以设置串口序号、通信波特率、起始位、停止位等参数并打开串口。如果使用TCP/IP进行网络通信,可以从该接口

类派生得到网络通信类 CCommSocket。在 CCommSocket 类的 connect() 接口中,可以设置服务端的 IP 地址、服务端端口号等信息并同对方建立连接。标号②处的 makeSendFrame() 接口用来进行组帧,也就是组织待发送的数据。为保证通信可靠性,一般都进行轮询式通信(即先问后答),所以要先把要问的数据进行组织。如果双方采用循环主动发送的方式,而且是对侧负责发送数据,那么本侧就没有必要组织发送数据了,这时该接口空返回即可。标号③处的 send() 接口用来把组织好的数据发送到通道上,这里的通道指的是串口、网络等。不同的派生类可以调用不同的 API 进行数据发送。既然已经把要发的数据发送完毕,那么标号④处 read() 接口的作用就是读取通道中对侧返回的数据。在标号⑤处,readProc() 用来解析读取到的数据并做相关处理。

上面以通信接口类为例简单介绍了接口类的基本概念。那么这跟插件开发有什么关系呢?其实,开发插件时一般要先定义接口类,然后在插件中创建或者传入接口类对象实例,以便进行相关操作。比如:可以先在插件中定义接口类的一个派生类。

```
class CCommSerial : public CCommunicationInterface {
public:
    CCommSerial();
    ~CCommSerial();
    virtual int connect();              // 打开通道连接
    virtual int makeSendFrame();        // 发送数据组帧
    virtual int send();                 // 把数据发送到通道
    virtual int read();                 // 读取通道数据
    virtual int readProc();             // 解析读取到的数据
};
```

然后,在插件中定义一个引出接口,见代码清单 12-2。

代码清单 12-2

```
extern "C" {
    // 创建通信对象
    COMMExport CCommunicationInterface * creatCommunicateInstance() {
        return new CCommSerial();
    }
};
```

请注意代码清单中的 extern "C",这句代码的作用就是将它后面的花括号中所包含的接口引出。在代码清单 12-2 中,引出的接口为 creatCommunicateInstance()。在引出接口中,构建一个 CCommSerial 对象并返回其指针。开发时可以通过扫描该模块的接口得到接口指针从而调用该接口。因此,设计插件时先要定义接口。双方只要提前把接口约定好,就可以各自根据接口进行开发,以便实现各自所需的功能。本节主要引入插件接口的概念,12.2 节将介绍插件开发的具体方法、步骤。

12.2 案例 55 怎样开发插件

本案例对应的源代码目录:src/chapter12/ks12_02。程序运行效果见图 12-1。

12.1 节简单介绍了插件的概念以及作用,本节介绍插件的基本开发方法、过程。插件一般是以模块形态存在,比如 DLL 形态。插件接口指的是 DLL 提供的引出接口,这个接口可以被扫描到并且能被访问到。定义插件接口,其实就是定义 DLL 的引出接口。既然是插件,那

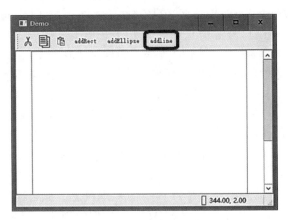

图 12-1 案例 55 运行效果

么就要有统一的接口,这样才能做到即插即用。这里所说的即插即用,指的是不用重新编译原有程序,而是只要把模块重启甚至无须重启就可以让新插件发挥作用。本节 10.1 节的绘图软件为基础,用插件的方式增加直线图元类型。图 12-1 中的 addLine 按钮用来创建直线图元。实现该功能的方法是在插件的引出接口中生成 QAction 对象,在主程序中调用插件接口得到生成的 QAction 对象并将其添加到工具条。因此,首先需要定义插件接口。其实插件接口并无统一的定义,同一种插件需要对接口进行统一定义,不同的插件接口是不同的。那么怎样定义插件的接口呢?

1. 定义插件接口

定义插件接口类 CActionObjectInterface,见代码清单 12-3。在本案例中,该接口类派生自 QObject,这是因为需要在其派生类中使用信号-槽。如果不需要在派生类中使用信号-槽,就不需要从 QObject 派生。在代码清单 12-3 中,为接口类编写了几个 Get、Set 函数。插件的设计者可以根据自己的需要为接口类设计接口。

代码清单 12-3

```
// action_interface.h
#pragma once
#include "qglobal.h"
#include <QObject>
QT_BEGIN_NAMESPACE
class QAction;
class QWidget;
class QGraphicsView;
QT_END_NAMESPACE
class CActionObjectInterface : public QObject {
public:
    CActionObjectInterface() :m_pView(NULL), m_pAction(NULL){ ; }
    virtual ~CActionObjectInterface() {}
public:
    void setView(QGraphicsView * pView) { m_pView = pView; }
    QGraphicsView * getView() { return m_pView; }
    void setAction(QAction * pAction) { m_pAction = pAction; }
    QAction * getAction() { return m_pAction; }
```

```cpp
private:
    QGraphicsView * m_pView;
    QAction * m_pAction;
};
```

2．实现插件

下面开始实现插件。本案例中的插件以 DLL 形式实现。首先定义插件 DLL 的引出接口，见代码清单 12-4。

代码清单 12-4

```cpp
// action_addline.h
#pragma once
#ifdef WIN32                                    // windows platform
#    if defined __ACTION_ADDLINE_SOURCE__
#        define EXPORT_ACTION_ADDLINE __declspec(dllexport)
#    else
#        define EXPORT_ACTION_ADDLINE __declspec(dllimport)
#    endif
#else                                           // other platform
#    define EXPORT_ACTION_ADDLINE
#endif                                          // WIN32

#include "qglobal.h"
#include "ks12_02/action_interface.h"
QT_BEGIN_NAMESPACE
class QAction;
class QWidget;
class QGraphicsView;
QT_END_NAMESPACE
class CActionObject;
// 获取插件指针的导出函数
extern "C" {
    EXPORT_ACTION_ADDLINE CActionObjectInterface * createAction(int i);            ①
};
class CActionAddLineObject : public CActionObjectInterface {
    Q_OBJECT
public:
    CActionAddLineObject() :CActionObjectInterface(){ ; }
    ~CActionAddLineObject() {}
public slots:
    void slot_addLine();
private:
};
```

代码清单 12-4 中，标号①处定义了引出接口 createAction(int)。一个插件中可以引出多个接口，但这些接口的名称应该不同，可以根据实际需要为接口定义参数列表。本案例中设计的接口参数 i 只是为了演示插件接口可以提供参数，并没有具体含义，参数 i 在函数体中并未得到使用。接口返回值既可以是自定义类型，也可以是 void 类型或者其他基本数据类型。请务必注意，插件 DLL 的引出接口必须写在 extern "C" {}的花括号内部。

本案例中插件接口的返回值为自定义类，所以要定义一个派生类，这样不同的插件就能实现不同的功能。本案例中定义的派生类 CActionAddLineObject 用来增加直线图元。它拥有一个槽函数 slot_addLine()。设计这个槽函数是因为本插件用来生成一个 QAction 对象,而 QAction 对象需要关联到槽函数才能发挥作用,可以将功能代码写在槽函数里。在本案例的场景中,把槽函数写在同一个插件里将带来极大的便利。

下面看一下插件的实现,见代码清单 12-5。

代码清单 12-5

```cpp
// action_addline.cpp
#include <QAction>
#include <QGraphicsView>
#include <QGraphicsScene>
#include <QGraphicsItem>
#include <QWidget>
#include "action_addline.h"
extern "C" {
    // 生成 action
    CActionObjectInterface * createAction(int i) {
        CActionAddLineObject * pObject1 = new CActionAddLineObject;    ①
        CActionObjectInterface * pObject = pObject1;
        QAction * pAction = NULL;                                       ②
        pAction = new QAction(QObject::tr("addline"), pObject);
        pAction->setStatusTip(QObject::tr("add line"));
        pObject->setAction(pAction);
        QObject::connect(pAction, &QAction::triggered, pObject1, &CActionAddLineObject::slot_addLine);  ③
        return pObject;
    }
};
```

代码清单 12-5 中,提供了 createAction(int) 的定义。请注意,标号①处定义了 CActionAddLineObject 类型的对象指针 pObject1,而非 createAction() 接口的返回值的类型 CActionObjectInterface *,其原因在于标号③处的 connect() 调用。在标号③处的 connect() 调用中,作为信号接收者的参数 3(即 pObject1)需要与作为槽函数的参数 4(即 &CActionAddLineObject::slot_addLine)的类型相匹配。如果参数 3 使用 pObject(类型同接口的返回值类型),那么编译器会报错。在标号②处定义了所需要的 QAction 对象并且进行必要初始化。

下面看一下槽函数的实现,见代码清单 12-6。其实这个槽函数没什么特别的,唯一需要注意的是标号①处的 getView() 接口的调用,这是设计这个自定义类的目的所在,在为 pView 赋值之后,可以在插件内部通过 pView 的接口向 pView 对象传递数据。这可以实现插件对象和插件调用者之间传递数据的功能。

代码清单 12-6

```cpp
void CActionAddLineObject::slot_addLine() {
    static double s_PosX = 0.f;
    static double s_PosY = 0.f;
    QGraphicsView * pView = getView();                              ①
    QGraphicsScene * pScene = pView->scene();
    QGraphicsLineItem * pItem = new QGraphicsLineItem();
    pItem->setLine(s_PosX, s_PosY, 100., 100.f);
    pScene->addItem(pItem);
    s_PosX += 60.f;
    s_PosY += 30.f;
}
```

3. 修改调用代码

下面修改插件调用者的代码。首先,修改 CMainWindow 类的头文件,此处主要列出新增代码,见代码清单 12-7。

代码清单 12-7

```cpp
// mainwindow.h
#pragma once
    ...
#include <QList>
class CActionObjectInterface;
class CMainWindow : public QMainWindow {
    ...
private:
    void createPluginActions();                              // 构建插件中的 Action      ①
private:
    QList<CActionObjectInterface*> m_lstActionObject;        // 插件接口对象列表         ②
};
```

代码清单 12-7 中,标号①处的 createPluginActions() 接口用来构建 QAction 对象。这些对象通过调用插件接口生成。标号②处的 m_lstActionObject 用来存放插件接口对象。

下面介绍 CMainWindow 的实现。如代码清单 12-8 所示,在标号①处,添加对插件接口头文件的引用。在标号②处,在构造函数中调用 createPluginActions() 构建插件中的 QAction 对象。

代码清单 12-8

```cpp
// mainwindow.cpp
#include "ks12_02/action_interface.h"                                        ①
    ...
CMainWindow::CMainWindow(QWidget* parent) : QMainWindow(parent) {
    initialize();
    createActions();
    createPluginActions();                              // 构建插件 QAction    ②
    createToolBars();
    createStatusBar();
    connectSignalAndSlot();
    setWindowTitle(tr("Demo"));
    setMinimumSize(160, 160);
    resize(480, 320);
}
```

然后,扫描插件并调用插件中的引出接口,见代码清单 12-9。在标号①处,定义一个指向函数的指针类型 FuncType。在标号②处,扫描指定目录,并将扫描到的文件列表保存到 list。在标号③处,通过宏定义 TRAIN_DEBUG 判断当前编译的程序是 Debug 版还是 Release 版。宏定义 TRAIN_DEBUG 来自 gui_base.pri,在 2.6 节已经介绍过该宏。在标号④处,根据插件文件名判断插件的版本,如果是 Debug 版本的程序,则只加载 Debug 版本的插件。在标号⑤处,根据插件文件名判断插件的版本,如果是 Release 版本的程序,则只加载 Release 版本的插件。在标号⑥处,通过 QLibrary::resolve() 接口获得插件中指定名称的接口指针并保存到临时变量 createFunc 中。在标号⑦处,将 createFunc 转换为 FuncType 类型并保存到 pFunc 中。在标号⑧处,调用插件中得到的接口,并提供参数值为 1,同时将函数返回的对象保存到

pActionObject 中。在标号⑨处,将插件返回的对象压栈。

代码清单 12-9

```
typedef CActionObjectInterface * ( * FuncType)(int);                              ①
void CMainWindow::createPluginActions() {
    QDir dir(ns_train::getPath("$TRAINDEVHOME/bin"));
    dir.setFilter(QDir::Files | QDir::NoSymLinks);
    QFileInfoList list = dir.entryInfoList();                                     ②
    if (!list.empty()) {
        for (int i = 0; i < list.size(); ++i) {
            QFileInfo fileInfo = list.at(i);
            // 根据文件名区分 Release 版本与 Debug 版本
            QString strFileName = fileInfo.fileName();                            ③
#ifdef TRAIN_DEBUG
            if (!strFileName.contains("_d.")) { // Debug 版只加载 Debug 版的插件文件  ④
                continue;
            }
#else
            if (strFileName.contains("_d.")) {  // Release 版只加载 Release 版的插件文件 ⑤
                continue;
            }
#endif // ICCS_DEBUG
            QFunctionPointer createFunc = QLibrary::resolve(fileInfo.absoluteFilePath(),
"createAction");                                                                  ⑥
            if (NULL != createFunc) {
                FuncType pFunc = reinterpret_cast<FuncType>(createFunc);          ⑦
                if (NULL != pFunc) {
                    CActionObjectInterface * pActionObject = pFunc(6);            ⑧
                    m_lstActionObject.push_back(pActionObject);                   ⑨
                }
            }
        }
    }
}
```

如代码清单 12-10 所示,在生成工具条的接口中,把插件中生成的 QAction 对象添加到工具条。在标号①处,对插件接口返回对象列表 m_lstActionObject 进行遍历。在标号②处,调用插件返回对象的接口,得到 QAction 对象,并将得到的 QAction 对象添加到工具条。在标号③处,为插件返回对象设置视图。

代码清单 12-10

```
void CMainWindow::createToolBars() {
    m_pEditToolBar = addToolBar(tr("edit tool bar"));
    m_pEditToolBar->setObjectName("edit tool bar");
#ifndef QT_NO_CLIPBOARD
    m_pEditToolBar->addAction(m_pCutAct);
    m_pEditToolBar->addAction(m_pCopyAct);
    m_pEditToolBar->addAction(m_pPasteAct);
#endif
    m_pEditToolBar->addAction(m_pRectAct);
    m_pEditToolBar->addAction(m_pEllipseAct);
    QList<CActionObjectInterface *>::iterator iteList = m_lstActionObject.begin();
    for (iteList = m_lstActionObject.begin(); iteList != m_lstActionObject.end();  ①
```

```
        iteList++) {
            m_pEditToolBar->addAction((*iteList)->getAction());        ②
            (*iteList)->setView(m_pView);                              ③
        }
    }
```

总结一下插件开发的基本过程。

（1）设计插件接口。插件接口可以拥有参数，也可以一个参数也没有。可以通过将自定义类对象作为插件返回值来实现数据传递。当使用自定义类作为返回值时，一般将该自定义类定义为接口类，然后在各个插件中设计和使用它的派生类。

（2）在插件中使用 extern "C"{} 将需要引出的函数进行定义。函数实现也需要写在 extern "C"{} 中。对于插件中的其他代码，如果不属于引出函数，则可以写在花括号外部。

（3）在调用插件的模块中扫描插件并解析插件中的接口，然后调用插件接口。这里需要注意对 Debug 版本、Release 版本的处理。

（4）本节所介绍的案例只是插件的某一种使用场景。插件开发者可根据需求设计插件接口以及插件接口的使用方法。

12.3 配套练习

1. 以 src.baseline 中 12.2 节的代码（见配套资料）为基础，增加图片图元插件。当单击插件提供的按钮时，向视图中添加指定的图片。

2. 插件接口见代码清单 12-11，请编写一个符合该接口的插件。要求：插件的 getId() 接口返回内容为"二进制解析"；parseFile() 接口内部处理 XML 格式文件，并解析指定的 XML 格式文件，返回元素 doc 的属性 student 的值，XML 的格式见代码清单 12-12。

代码清单 12-11

```
// plugin_interface.h
#pragma once
class CToolInterface {
public:
    CToolInterface(){ ; }
    virtual ~CToolInterface() {}
public:
    virtual QPixmap createIcon() = 0;                                  // 生成图标
    virtual string getId() = 0;                                        // 获取插件 id
    virtual int parseFile(const string& strFileName) = 0;              // 解析指定文件，并返回
};
```

代码清单 12-12

```
<?xml version="1.0" encoding="UTF-8"?>
<info>
    <team name="软件特攻队" teacher="女儿叫老白" students="10000" />
</info>
```

第13章 开发多线程应用

有些软件可能要同时执行多种并发任务,而 QThread 可以为软件提供多线程并发操作能力。本章介绍多线程开发的基本知识以及在界面类软件中的应用技巧。

13.1 案例56 多线程和互斥锁

视频讲解

本案例对应的源代码目录:src/chapter13/ks13_01。程序运行效果见图 13-1。

在软件开发中经常会碰到在一个进程内部同时处理不同业务功能的场景,这可以通过多线程的方式解决。本节介绍多线程的开发方法以及互斥锁的使用。在开发多线程软件时,经常碰到数据访问冲突问题,也就是不同的线程可能会同时访问同一个数据。如果不对数据进行保护,就会导致在访问数据时无法在一个 CPU 指令周期内完成操作,这样就会出现数据访问异常。因此,需要对多线程访问的数据进行加锁保护。QMutex 是 Qt 提供的互斥锁,它可以用来保护数据,

图 13-1 案例 56 运行效果

在某一时刻只允许一个线程访问被它保护的数据,这样可以防止多线程访问同一数据时发生异常。本节将展示如何使用 QMutex 保护数据。

本节的示例程序中涉及两个线程。线程 1 是数据接收线程 CRecvThread,它负责从文件读取数据并保存到单体对象中;线程 2 是数据发送线程 CSendThread,它从单体对象读取数据并写入另一个文件。下面以 src.baseline 中本节对应代码为基础介绍开发过程。首先创建单体类,然后编写两个线程,最后在主界面上单击 start thread 按钮时启动数据接收线程和数据发送线程,在单击 stop thread 时停止两个线程。

1. 开发单体类

单体类 CConfig 用来存储配置数据。单体类不是必需的,这里仅仅是为了方便才在本案例中使用单体类模式,其实互斥锁也可以用在普通类中以保护数据。为单体类设计两个数据项:教师人数 m_nTeacherNuber、学员人数 m_nStudentNumber,并设计 Get、Set 接口用来访问这两个数据。CConfig 类有一个 QMutex 类型的成员变量 m_mtx,该对象用来保护这两个数据。如果这两个数据会同时被不同的线程访问,为了提高效率,可以设计两个 QMutex 对

象来分别保护这两个数据。QMutex 对象进行加锁和解锁操作会耗费 CPU 时间,当多线程之间竞争互斥锁的访问权限时,会导致进入锁的等待时间变长,从而浪费 CPU 性能。因此,可以根据实际需求设计多个互斥锁用来分别保护多个数据对象。

```cpp
// config.h
#pragma once
#include <qglobal.h>
#include <QMutex>
class CConfig {
public:
    static CConfig& instance();
    void setTeacherNumber(quint16 n);
    quint16 getTeacherNumber();
    void setStudentNumber(quint16 n);
    quint16 getStudentNumber();
private:
    CConfig():m_nTeacherNumber(0), m_nStudentNumber(0){}
    CConfig(const CConfig&);
    ~CConfig() {}
private:
    static CConfig m_config;              // 静态对象
    qint16 m_nTeacherNumber;              // 教师人数
    qint16 m_nStudentNumber;              // 学员人数
    QMutex m_mtx;                         // 互斥锁
};
```

下面介绍如何使用 QMutex 保护数据,见代码清单 13-1。

代码清单 13-1

```cpp
#include "config.h"
#include <QMutex>
#include <QMutexLocker>
CConfig CConfig::m_config;
CConfig& CConfig::instance() {
    return m_config;
}
quint16 CConfig::getTeacherNumber() {
    QMutexLocker mtx(&m_mtx);                                         ①
    return m_nTeacherNumber;
}
void CConfig::setTeacherNumber(quint16 n) {                           ②
    m_mtx.lock();
    m_nTeacherNumber = n;
    m_mtx.unlock();
}
void CConfig::setStudentNumber(quint16 n) {
    QMutexLocker mtx(&m_mtx);
    m_nStudentNumber = n;
}
quint16 CConfig::getStudentNumber() {
    QMutexLocker mtx(&m_mtx);
    return m_nStudentNumber;
}
```

代码清单 13-1 中,标号①处的 void CConfig::setTeacherNumber(quint16)接口中,首先

构造一个 QMutexLocker 对象 mtx。QMutexLocker 类可以自动执行加锁、解锁操作。当 mtx 被构造时,它将对 m_mtx 执行加锁操作,当 QMutexLocker 对象被析构时,它将对 m_mtx 执行解锁操作。因此使用者无须关注加锁解锁操作。标号②处的 void CConfig::setTeacherNumber(quint16)接口中展示了 QMutex 的另外一种用法。简单来说,如果不使用 QMutexLocker,就需要开发人员编写加锁、解锁的代码。如果接口中有 return 语句,那么在 return 之前还要记得解锁,一旦忘记编写解锁代码,将导致该 QMutex 对象一直处于锁定状态,其他线程将无法继续获取该锁的访问权限,也就无法访问它保护的数据。所以使用 QMutexLocker 是个不错的选择。

2. 接收数据线程 CRecvThread

设计 CRecvThread 线程用来接收数据,CRecvThread 派生自 QThread,见代码清单 13-2。所谓的接收数据,其实是通过从文件读取数据来模拟接收数据的过程。标号①处的 run()是重写的 QThread 的接口,当在程序中调用线程的 start()接口后,Qt 将自动调用 run()接口。线程的主要业务功能在 run()中实现。在标号②处,isWorking()用来获取线程的运行状态,在 run()中,可以通过 isWorking()判断是否需要继续运行。

代码清单 13-2

```
// recvthread.h
#pragma once
#include <QThread>
#include <QMutex>
class CRecvThread : public QThread {
public:
    CRecvThread();
    ~CRecvThread();
    virtual void run();                              ①
    bool isWorking();                                ②
    void exitThread();                               ③
private:
    QMutex m_mtxRunning;           // 保护 m_bWorking
    bool m_bWorking;               // 线程正在工作
    bool m_bFinished;              // 线程已停止工作
};
```

下面介绍 CRecvThread 的实现,见代码清单 13-3。在标号①处,因为线程已启动,所以将 m_bWorking 设置为 True。run()接口中实现了线程的主要工作,即读取文件内容并写入单体对象 CConfig 中。标号②处是主循环体代码,通过 isWorking()判断线程是否仍需要继续工作,在调用过线程对象的 exitThread()接口后,isWorking()将返回 false。在循环体内部,在标号③处进行休眠,如果不休眠,很有可能会因为线程空转从而导致 CPU 占用率高。在标号④处,线程工作已结束,因此将 m_bFinished 赋值为 true。在标号⑤处的 isWorking()接口中,使用互斥锁 m_mtxRunning 保护对 m_bWorking 的访问。在标号⑥处的 exitThread()接口中,先将 m_bWorking 赋值为 False,然后等待线程的 run()接口退出运行。

代码清单 13-3

```
// recvthread.cpp
#include <QFile>
#include <QTextStream>
```

```
#include "baseapi.h"
#include "config.h"
#include "recvthread.h"
CRecvThread::CRecvThread() : QThread(), m_bWorking(false), m_bFinished(false) {
}
CRecvThread::~CRecvThread() {
}
void CRecvThread::run() {
    m_bWorking = true;                                                          ①
    QString strFileName = ns_train::getPath("$TRAINDEVHOME/test/chapter12/ks12_03/recv.txt");
    QFile file(strFileName);
    QString str;
    QStringList strList;
    while (isWorking()) {                                                       ②
        sleep(1);                                                               ③
        if (!file.open(QFile::ReadOnly | QFile::Text))
            continue;
        QTextStream in(&file);
        in >> str;
        file.close();
        strList = str.split(",");
        if (2 == strList.size()) {
            CConfig::instance().setTeacherNumber(strList[0].toInt());
            CConfig::instance().setStudentNumber(strList[1].toInt());
        }
    }
    m_bFinished = true;                                                         ④
}
bool CRecvThread::isWorking() {
    QMutexLocker locker(&m_mtxRunning);                                         ⑤
    return m_bWorking;
}
void CRecvThread::exitThread() {                                                ⑥
    {
        QMutexLocker locker(&m_mtxRunning);
        m_bWorking = false;
    }
    while (!m_bFinished) {
        QThread::msleep(10);
    }
}
```

3. 发送数据线程 CSendThread

CSendThread 线程用来发送数据。所谓的发送数据，其实是将数据写入文件。CSendThread 同 CRecvThread 的定义类似，只是功能不同。

```
// sendthread.h
#pragma once
#include <QThread>
#include <QMutex>
class CSendThread : public QThread {
public:
```

```cpp
    CSendThread();
    ~CSendThread();
virtual void run();
    bool isWorking();
    void exitThread();
private:
    QMutex m_mtxRunning;                    // 保护 m_bWorking
    bool m_bWorking;                        // 线程正在工作
    bool m_bFinished;                       // 线程已停止工作
};
```

下面看一下 CSendThread 的实现。CSendThread 的实现同 CRecvThread 类似，只是这个线程的 run()接口把数据从单体对象中读取出来，然后将数据组织成字符串并写入文件。

```cpp
// sendthread.cpp
#include <QFile>
#include <QTextStream>
#include "baseapi.h"
#include "config.h"
#include "sendthread.h"
CSendThread::CSendThread() : QThread(), m_bWorking(false), m_bFinished(false) {
}
CSendThread::~CSendThread() {
}
void CSendThread::run() {
    m_bWorking = true;
    QString strFileName = ns_train::getPath("$TRAINDEVHOME/test/chapter12/ks12_03/send.txt");
    QFile file(strFileName);
    QString str;
    while (isWorking()) {
        sleep(1);
        str = QString("teacher:%1, ").arg(CConfig::instance().getTeacherNumber());
        str += QString("student:%1\n").arg(CConfig::instance().getStudentNumber());
        if (!file.open(QFile::WriteOnly | QFile::Truncate | QFile::Text))
            continue;
        QTextStream out(&file);
        out << str;
        file.close();
    }
    m_bFinished = true;
}
bool CSendThread::isWorking() {
    QMutexLocker locker(&m_mtxRunning);
    return m_bWorking;
}
void CSendThread::exitThread() {
    {
        QMutexLocker locker(&m_mtxRunning);
        m_bWorking = false;
    }
    while (!m_bFinished)
    {
        QThread::msleep(10);
    }
}
```

4. 启动、停止线程

在主界面 CDialog 中增加变量 m_pRecvThread、m_pSendThread 用来创建线程对象。

```cpp
// dialog.h
#pragma once
#include "ui_dialog.h" // 头文件名称来自：dialog.ui -- -> ui_dialog.h
class CRecvThread;
class CSendThread;
class CDialog : public QDialog {
    Q_OBJECT
public:
    CDialog(QWidget * pParent);
    ~CDialog();
private slots:
    void slot_startthread();
    void slot_stopthread();
private:
    Ui::CDialog ui;
    CRecvThread * m_pRecvThread;
    CSendThread * m_pSendThread;
};
```

然后在 CDialog 的构造函数中进行信号-槽关联并实现槽函数。

```cpp
// dialog.cpp
#include "dialog.h"
#include "recvthread.h"
#include "sendthread.h"
CDialog::CDialog(QWidget * pParent) : QDialog(pParent), m_pRecvThread(new CRecvThread), m_pSendThread(new CSendThread) {
    ui.setupUi(this);
    connect(ui.btnStartThread, SIGNAL(clicked()), this, SLOT(slot_startthread()));
    connect(ui.btnStopThread, SIGNAL(clicked()), this, SLOT(slot_stopthread()));
}
CDialog::~CDialog() {
    slot_stopthread();
}
void CDialog::slot_startthread() {
    m_pRecvThread->start();
    m_pSendThread->start();
}
void CDialog::slot_stopthread() {
    m_pRecvThread->exitThread();
    m_pSendThread->exitThread();
}
```

本节展示了多线程开发的基本方法，现在把关键技术小结如下。
- 开发自定义线程类实现多线程开发，自定义线程类从 QThread 派生。
- start() 接口用来启动线程运行，需要重写线程类的 run() 接口，以便实现业务功能。run() 接口的主循环中应该根据工作标志判断是否需要继续执行循环。
- 编写 exitThread() 接口用来停止线程运行，在该接口内应该等待 run() 接口退出运行。
- 使用 QMutex 保护数据，防止多线程访问数据时异常。可以使用 QMutexLocker 简化对互斥锁的操作。

13.2 知识点 多线程应用中如何与主界面通信

图 13-2 ks13_02 运行效果

在使用 Qt 开发多线程应用时,不应在多线程中直接操作主界面的控件,否则将导致程序异常。那么,在多线程中,该怎样同主界面线程通信呢?解决方案就是发送自定义事件给主界面,然后在主界面中重写自定义事件的处理函数。本节以 13.1 节的案例代码为基础,在发送数据线程中将数据发送到主界面,不再将数据写入文件,对应的源代码目录:src/chapter13/ks13_02。程序运行效果见图 13-2。

1. 设计自定义事件

首先,设计自定义事件。需要根据具体的业务需求设计自定义事件中包含的数据。本节案例中将文件读取的数据存入自定义事件中。

```cpp
// customevent.h
#pragma once
#include <QEvent>
#include <QString>
class CCustomEvent : public QEvent {
public:
    CCustomEvent():QEvent(QEvent::Type(QEvent::User + 1)){ ; }
    ~CCustomEvent() { ; }
    void setTeacherNumber(quint16 n) {
        m_nTeacherNumber = n;
    }
    quint16 getTeacherNumber() const {
        return m_nTeacherNumber;
    }
    void setStudentNumber(quint16 n) {
        m_nStudentNumber = n;
    }
    quint16 getStudentNumber() const { return m_nStudentNumber; }
private:
    quint16 m_nTeacherNumber;                  // 教师人数
    quint16 m_nStudentNumber;                  // 学员人数
};
```

2. 修改线程类

在 5.9 节案例中曾介绍过对象之间传递消息时可以使用 QCoreApplication::postEvent(QObject *, QEvent *, int priority)接口,该接口的参数 1 是事件接收者,其类型为 QObject *。因此,为线程类 CSendThread 增加接口 void setDialog(QWidget * pObject),用来保存主界面对话框的对象指针,以便通过 postEvent()接口发送事件给主界面。

```cpp
// sendthread.h
#pragma once
#include <QThread>
```

```cpp
#include <QMutex>
QT_BEGIN_NAMESPACE
class QWidget;
QT_END_NAMESPACE
class CSendThread : public QThread {
public:
    CSendThread();
    ~CSendThread();
    virtual void run();
    void setDialog(QWidget * pDialog) {
        m_pDialog = pDialog;
    }
    bool isWorking();
    void exitThread();
private:
    QMutex m_mtxRunning;              // 保护 m_bWorking
    bool m_bWorking;                  // 线程正在工作
    bool m_bFinished;                 // 线程已停止工作
    QWidget * m_pDialog;              // 主界面对象
};
```

修改发送数据线程 CSendThread 的 run() 函数，将数据组织成事件发送给主界面，见代码清单 13-4。在标号①处，构建 CCustomEvent 对象，并在标号②处，将事件发送给主窗口对象。

代码清单 13-4

```cpp
// sendthread.cpp
void CSendThread::run() {
    m_bWorking = true;
    CCustomEvent * pEvent = NULL;
    QString str;
    while (isWorking()) {
        sleep(1);
        str = QString("teacher:%1, ").arg(CConfig::instance().getTeacherNumber());
        str += QString("student:%1\n").arg(CConfig::instance().getStudentNumber());
        pEvent = new CCustomEvent();                                                    ①
        pEvent->setTeacherNumber(CConfig::instance().getTeacherNumber());
        pEvent->setStudentNumber(CConfig::instance().getStudentNumber());
        QCoreApplication::postEvent(m_pDialog, pEvent);                                 ②
    }
    m_bFinished = true;
}
```

既然主界面 CDialog 要接收 CSendThread 对象的事件，就要把自身地址传递给 CSendThread。

```cpp
// dialog.h
CDialog::CDialog(QWidget * pParent) : QDialog(pParent), m_pRecvThread(new CRecvThread),
m_pSendThread(new CSendThread) {
    ui.setupUi(this);
    m_pSendThread->setDialog(this);
    connect(ui.btnStartThread, SIGNAL(clicked()), this, SLOT(slot_startthread()));
}
```

为 CDialog 定义 customEvent() 接口。

```cpp
// dialog.h
class CDialog : public QDialog {
```

```cpp
    Q_OBJECT
public:
    CDialog(QWidget * pParent);
    ~CDialog();
protected:
    virtual void customEvent(QEvent * event);
    ...
};
```

实现 CDialog::customEvent()接口,将线程发来的事件进行处理,并将收到的数据展示在界面上。

```cpp
// dialog.cpp
void CDialog::customEvent(QEvent * event) {
    QString str;
    CCustomEvent * pEvent = NULL;
    switch (event->type()) {
    case (QEvent::User + 1): {
        pEvent = dynamic_cast<CCustomEvent *>(event);
        if (NULL != pEvent) {
            str = QString("teacher: %1, ").arg(pEvent->getTeacherNumber());
            str += QString("student: %1\n").arg(pEvent->getStudentNumber());
            ui.textLabel->setText(str);
        }
        break;
    }
    default:
        break;
    }
}
```

本节实现了在多线程中更新主界面的功能,本案例的核心是设计自定义事件并将自定义事件发送给主界面,然后重写主界面的 customEvent(QEvent * event)将收到的数据刷新到主界面。如果想实现更大程度的解耦,就应该删除 CSendThread::setDialog()接口,改为由 CSendThread 发射信号,在其他合适的代码处提供槽函数处理该信号,然后通过 QCoreApplication::postEvent()将事件发送给界面对象。感兴趣的话,可以尝试一下这个思路。

13.3 案例 57 使用 QtConcurrent 处理并发——Map 模式

视频讲解

本案例对应的源代码目录:src/chapter13/ks13_03。程序运行效果见图 13-3。

在处理各种操作任务的时候,有些处理可以并行进行(即同时执行),比如:批量转换文件、批量导出数据库表、批量计算缩略图等操作任务。如果批量操作任务中的单个任务之间没有关联,就可以并行执行这些任务。本节将使用 QtConcurrent 的 Map 模式处理并发操作。QtConcurrent 是 Qt 提供的用来处理多线程并发操作的模块,它可以自动根据可用的 CPU 核心数分配调整所用的线程数目,而且无须开发者关注内部细节。也就是说用 QtConcurrent 开发的程序兼容多核计算机。QtConcurrent 提供了一个静态的接口,该接口用于处理可以并发执行且相互之间没有任何关联的操作,Qt 提供的定义见代码清单 13-5。

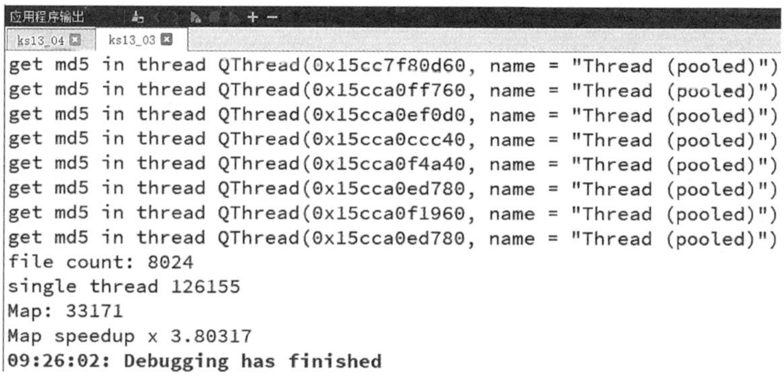

```
应用程序输出
ks13_04   ks13_03
get md5 in thread QThread(0x15cc7f80d60, name = "Thread (pooled)")
get md5 in thread QThread(0x15cca0ff760, name = "Thread (pooled)")
get md5 in thread QThread(0x15cca0ef0d0, name = "Thread (pooled)")
get md5 in thread QThread(0x15cca0ccc40, name = "Thread (pooled)")
get md5 in thread QThread(0x15cca0f4a40, name = "Thread (pooled)")
get md5 in thread QThread(0x15cca0ed780, name = "Thread (pooled)")
get md5 in thread QThread(0x15cca0f1960, name = "Thread (pooled)")
get md5 in thread QThread(0x15cca0ed780, name = "Thread (pooled)")
file count: 8024
single thread 126155
Map: 33171
Map speedup x 3.80317
09:26:02: Debugging has finished
```

图 13-3 案例 57 运行效果

代码清单 13-5

```
// qtconcurrentmap.h
template < typename OutputSequence, typename InputSequence, typename MapFunctor >
OutputSequence blockingMapped(const InputSequence &sequence, MapFunctor map) {
    return blockingMappedReduced < OutputSequence >
        (sequence,
         QtPrivate::createFunctionWrapper(map),
         QtPrivate::PushBackWrapper(),
         QtConcurrent::OrderedReduce);
}
```

代码清单 13-5 展示了模板接口 blockingMapped() 的定义。该接口提供了两个参数。参数 1 为输入序列 sequence，比如一个文件名列表或者一个待处理的图片数组等；参数 2 是映射函数 map，该函数接收 sequence 中一个成员作为参数。blockingMapped() 接口返回值为输出序列 OutputSequence。QtConcurrent 会自动遍历 sequence，把每一个成员作为参数传入映射函数 map，然后将返回值组织成一个输出序列。

在本节案例中将实现如下功能：遍历指定目录中的所有文件，逐个计算文件的 MD5 码，最后把得到的所有 MD5 码组成一个列表。

1. 单线程计算批量文件的 MD5 码

用单线程计算文件的 MD5 码的方法见代码清单 13-6。

代码清单 13-6

```
// main.cpp
# include < QApplication >
# include < QTranslator >                    // 国际化
# include "qglobal.h"
# include < QLibraryInfo >                   // 国际化
# include < QDir >
# include < QFile >
# include < qtconcurrentmap.h >                                              ①
# include < iostream >
# include "baseapi.h"
using std::cout;
using std::endl;
int main(int argc, char * argv[]) {
    ...
```

```
    QStringList strFilters;
    strFilters << " * ";
    // 得到待计算 MD5 码的文件列表
    QString strScanPath = ns_train::getPath(" $ TRAINDEVHOME");
    qDebug() << strScanPath;
    QStringList files = ns_train::getFileList(strScanPath, strFilters, true);
    QStringList::iterator ite;
    int singleThreadTime = 0;                      // 单线程计算 MD5 码所需的时间
    QTime time;
    time.start();
    QList < QByteArray > md5_a;
    {                                              // 串行操作
        QString strFileName;
        for (ite = files.begin(); ite != files.end(); ite++) {           ②
            md5_a.push_back(ns_train::getMd5( * ite));
        }
        singleThreadTime = time.elapsed();         // ms                 ③
        qDebug() << "single thread" << singleThreadTime;
    }
    ...
}
```

代码清单 13-6 标号①处,因为用到 QtConcurrent,所以需要包含头文件 qtconcurrentmap. h。在标号②处,遍历文件列表,并挨个计算文件的 MD5 码,将得到的 MD5 码保存到列表 md5_a;为了对比使用单线程计算 MD5 码与 QtConcurrent 计算 MD5 码的速度,在标号③处,统计用时并输出。为了两种方法的计算结果进行对比,确保两种方法计算得到的 MD5 码一致,将单线程计算得到的 MD5 码列表保存到文件" $ TRAINDEVHOME/test/chapter13/ks13_03/md5_a. txt"。

```
// main.cpp
int main(int argc, char * argv[]) {
    ...
    // 将结果 a 写入文件
    {
        QString strFileName;
        strFileName = ns_train::getPath(" $ TRAINDEVHOME/test/chapter13/ks13_03/md5_a.txt");
        QString strDir = ns_train::getDirectory(strFileName);
        QDir dir;
        dir.mkpath(strDir);
        QFile file(strFileName);
        // 打开方式:只读、文本方式
        if (!file.open(QFile::Truncate | QFile::WriteOnly | QFile::Text)) {
            qDebug("open failed! file name is:% s", strFileName.toLocal8Bit().data());
        }
        else {
            QList < QByteArray >::iterator iteMd5 = md5_a.begin();
            for (; iteMd5 != md5_a.end(); iteMd5++) {
                file.write( * iteMd5);
            }
        }
        file.close();
    }
    ...
}
```

2. 使用 QtCocurrent 计算批量文件的 MD5 码

下面使用 QtCocurrent 计算批量文件的 MD5 码,见代码清单 13-7。

代码清单 13-7

```cpp
// main.cpp
#include <QApplication>
#include <QTranslator>                  // 国际化
#include "qglobal.h"
#include <QLibraryInfo>                 // 国际化
#include <QDir>
#include <QFile>
#include <qtconcurrentmap.h>
#include <iostream>
#include <functional>
#include "baseapi.h"
using std::cout;
using std::endl;
int main(int argc, char * argv[]) {
    ...
    // 利用 std::function 声明的函数
    std::function<QByteArray(const QString&)> getMd5OfFile = [](const QString &strFileName) ->
QByteArray {                                                                                       ①
        qDebug() << "get md5 in thread" << QThread::currentThread();                               ②
        return ns_train::getMd5(strFileName);
    };
    // 使用 QtConcurrentBlocking::mapped 对所有文件调用 getMd5OfFile()
    QList<QByteArray> md5_b;
    int mapTime = 0;                    // 使用 QtConcurrent 的 Map 计算 MD5 码所需的时间
    {
        QTime time;
        time.start();
        md5_b = QtConcurrent::blockingMapped(files, getMd5OfFile);                                 ③
        mapTime = time.elapsed();       // ms
        qDebug() << "Map:" << mapTime;
    }
    qDebug() << "Map speedup x" << ((double)singleThreadTime - (double)mapTime) / (double)
mapTime + 1;
    ...
}
```

代码清单 13-7 中,标号①处利用 std::function 封装了一个 lambda 函数,lambda 函数是 C++11 的特性。此处的 lambda 函数是 getMd5OfFile(const QString &),该函数提供一个 const QString& 类型的参数,返回值为 QByteArray 类型。等号后面是 lambda 函数的语法。lambda 函数可以引用在它之外声明的变量,这些变量的集合叫作一个闭包。闭包被定义在 lambda 函数声明中的"[]"内,"[]"后面是参数列表。该函数的实现中,在标号②处打印了当前线程号,然后调用 ns_train::getMd5() 计算指定文件的 MD5 码,标号②处的两行代码是 lambda 函数的函数体。对 lambda 函数的调用在标号③处,通过 QtConcurrent::blockingMapped() 执行了 lambda 函数 getMd5OfFile()。调用 QtConcurrent::blockingMapped() 时,参数 1 是文件名列表,参数 2 是需要被调用的函数名 getMd5OfFile,调用 QtConcurrent::blockingMapped() 完成后的返回值存放在 md5_b 中。如代码清单 13-8 所示,该方案得到的 MD5 码列表也会写入文件以便同单线程方案进行对比。

代码清单 13-8

```cpp
// main.cpp
// 将结果 b 写入文件
int main(int argc, char * argv[]) {
    ...
    qDebug() << "Map speedup x" << ((double)singleThreadTime - (double)mapTime) / (double)mapTime + 1;
    // 将结果 b 写入文件
    {
        QString strFileName;
        strFileName = ns_train::getPath(" $ TRAINDEVHOME/test/chapter13/ks13_03/md5_b.txt");
        QString strDir = ns_train::getDirectory(strFileName);
        QDir dir;
        dir.mkpath(strDir);
        QFile file(strFileName);
        // 打开方式:只读、文本方式
        if (!file.open(QFile::Truncate | QFile::WriteOnly | QFile::Text)) {
            qDebug("open failed! file name is:%s",
                strFileName.toLocal8Bit().data());
        }
        else {
            QList<QByteArray>::iterator iteMd5 = md5_b.begin();
            for (; iteMd5 != md5_b.end(); iteMd5++) {
                file.write(*iteMd5);
            }
        }
        file.close();
    }
}
```

本节介绍了使用 QtConcurrent 处理并发操作的一种方式,关键在于 QtConcurrent::blockingMapped()接口。批量任务数量越多就越能发挥该模式的优势。

注意:使用 QtConcurrent 的 Map 模式处理并发时,批量任务中的单个任务之间应该没有关联,否则不能使用该模式。

13.4 案例 58 使用 QtConcurrent 处理并发 ——MapReduce 模式

视频讲解

本案例对应的源代码目录:src/chapter13/ks13_04。程序运行效果见图 13-4。

```
应用程序输出
ks13_04
get md5 in thread QThread(0x1816f6112b0, name = "Thread (pooled)")
get md5 in thread QThread(0x1816f613ce0, name = "Thread (pooled)")
get md5 in thread QThread(0x1816f60ddb0, name = "Thread (pooled)")
get md5 in thread QThread(0x1816f622320, name = "Thread (pooled)")
get md5 in thread QThread(0x1816f606380, name = "Thread (pooled)")
file count: 2854
single thread 1122
MapReduce 588
Map speedup x 1.90816
09:16:10: Debugging has finished
```

图 13-4 案例 58 运行效果

第13章 开发多线程应用

13.3 节使用 QtConcurrent 的 Map 模式处理并发操作：计算指定目录下所有文件的 MD5 码。在 13.3 节的案例中，这些操作的结果之间没有关联，只是利用 CPU 的多核特性执行并发操作。在本节的案例中，将会把任务拆分并最终将计算结果进行合并，也就是通常所说的 MapReduce（Map 是把任务拆分再用多线程并发执行；Reduce 是把各个线程计算结果汇总得到最终结果集），本节将利用 QtConcurrent 的 MapReduce 模式进行开发。QtConcurrent 的 mappedReduced 的定义在 qtconcurrentmap.h 中，见代码清单 13-9。接口 mappedReduced() 有 4 个参数。参数 1 sequence 是输入序列，比如一个文件名列表或者一个待处理的图片数组等；参数 2 是功能函数，该函数接收 sequence 中一个成员作为参数；参数 3 是 reduce 函数，用来汇总计算结果集；参数 4 是 MapReduce 选项集，其取值及含义见表 13-1。

代码清单 13-9

```
// qtconcurrentmap.h
template < typename Sequence, typename MapFunctor, typename ReduceFunctor >
QFuture < typename QtPrivate::ReduceResultType < ReduceFunctor >::ResultType > mappedReduced
(const Sequence &sequence, MapFunctor map, ReduceFunctor reduce, ReduceOptions options =
ReduceOptions(UnorderedReduce | SequentialReduce));
```

表 13-1 ReduceOptions 取值及含义

常量	取值	含义
QtConcurrent::UnorderedReduce	0x1	合并时不会按照输入序列中的顺序组织返回值，即乱序
QtConcurrent::OrderedReduce	0x2	合并时按照输入序列中的顺序依次返回
QtConcurrent::SequentialReduce	0x4	合并时按输入顺序依次进行，一次仅有一个线程调用 reduce 函数。将来 Qt 会支持开发调用

mappedReduced() 接口返回值与参数 3 中的 reduce 函数的返回值类型一样。QtConcurrent 会自动遍历 sequence，把 sequence 中每一个成员作为参数传入映射函数 map，然后调用 reduce 接口把 map 调用后的返回值组织到一起并返回。在本案例中，将实现如下功能：遍历指定目录中的所有文件，逐个计算文件的 MD5 码，最后把文件名、该文件对应的 MD5 码组成一个映射 QMap < QString, QByteArray >。

1. 单线程计算批量文件 MD5 码

单线程计算批量文件 MD5 码的实现见代码清单 13-10。这里仅介绍与 13.3 节的不同之处。在标号①处，定义映射 MD5Map，用于组织计算结果集合。在标号②处，定义 MD5Map 类型的变量 md5_a。在标号③处，将每个文件计算得到的 MD5 码添加到映射中。在标号④处，将 md5_a 的内容写入文件。

代码清单 13-10

```
// main.cpp
...
#include < qtconcurrentmap.h >
typedef QMap < QString, QByteArray > MD5Map;                                    ①
int main(int argc, char * argv[]) {
    ...
    QStringList strFilters;
    strFilters << "*.h" << "*.cpp";   // 避免把 demo 产生的 md5_a.txt、md5_b.txt 统计在内
    // 得到待计算 MD5 码的文件列表
```

```cpp
        QString strScanPath = ns_train::getPath("$TRAINDEVHOME");
        qDebug() << strScanPath;
        QStringList files = ns_train::getFileList(strScanPath, strFilters, true);
        QStringList::iterator ite = files.begin();
        int singleThreadTime = 0;                      // 单线程计算 MD5 码所需的时间
        QTime time;
        time.start();
        MD5Map md5_a;                                                                      ②
        {                                              // 串行操作
            QString strFileName;
            for (; ite != files.end(); ite++) {
                md5_a[*ite] = ns_train::getMd5(*ite);                                      ③
            }
            singleThreadTime = time.elapsed();         // ms
        }
        // 将结果 a 写入文件
        {
            QString strFileName;
            strFileName = ns_train::getPath("$TRAINDEVHOME/test/chapter13/ks13_04/md5_a.txt");
            QString strDir = ns_train::getDirectory(strFileName);
            QDir dir;
            dir.mkpath(strDir);
            QFile file(strFileName);
            // 打开方式:只读、文本方式
            if (!file.open(QFile::Truncate | QFile::WriteOnly | QFile::Text)) {
                qDebug("open failed! file name is:%s", strFileName.toLocal8Bit().data());
            }
            else {
                QMapIterator<QString, QByteArray> iteMd5(md5_a);
                while (iteMd5.hasNext()) {
                    iteMd5.next();
                    file.write(iteMd5.key().toLocal8Bit());                                ④
                    file.write(iteMd5.value());
                }
            }
            file.close();
        }
    }
```

2. 使用 QtCocurrent 的 mappedReduced() 计算批量文件 MD5 码

使用 mappedReduced() 计算批量文件 MD5 码的实现见代码清单 13-11。在标号①处,是映射函数 getMd5OfFile(),与 13.3 节的不同之处在于:映射函数的返回值与标号④处 QtConcurrent::mappedReduced() 的返回值类型相同;另一处不同在标号②处,将计算得到的 MD5 码直接添加到映射中。在标号③处,定义了收缩函数 reduce,该接口的两个参数都是 MD5Map 类型,同标号④处 QtConcurrent::mappedReduced() 的返回值类型相同。在收缩函数 reduce 中,将 w 的内容添加到结果集 result 中。在标号④处,调用 QtConcurrent::mappedReduced() 启动并发操作。

代码清单 13-11

```cpp
// main.cpp
   ...
#include <qtconcurrentmap.h>
```

```cpp
// map 函数
MD5Map getMd5OfFile(const QString& strFileName) {                                    ①
    qDebug() << "get md5 in thread" << QThread::currentThread();    //使用qDebug()会影响性能
    MD5Map md5map;
    md5map[strFileName] = ns_train::getMd5(strFileName);                             ②
    return md5map;
};
// reduce 函数
void reduce(MD5Map &result, const MD5Map &w) {                                       ③
    QMapIterator<QString, QByteArray> i(w);
    while (i.hasNext()) {
        i.next();
        result[i.key()] += i.value();
    }
}
int main(int argc, char * argv[]) {
    ...
    int mapReduceTime = 0;
    MD5Map md5_b;
    {
        QTime time;
        time.start();
        md5_b = QtConcurrent::mappedReduced(files, getMd5OfFile, reduce);            ④
        mapReduceTime = time.elapsed();
        qDebug() << "file count:" << files.count();
        qDebug() << "single thread" << singleThreadTime;
        qDebug() << "MapReduce" << mapReduceTime;
    }
    qDebug() << " Map speedup x" << ((double)singleThreadTime - (double)mapReduceTime) / (double)mapReduceTime + 1;
    // 将结果 b 写入文件
    {
        QString strFileName;
        strFileName = ns_train::getPath(" $TRAINDEVHOME/test/chapter13/ks13_04/md5_b.txt");
        QString strDir = ns_train::getDirectory(strFileName);
        QDir dir;
        dir.mkpath(strDir);
        QFile file(strFileName);
        // 打开方式:只读、文本方式
        if (!file.open(QFile::Truncate | QFile::WriteOnly | QFile::Text)) {
            qDebug("open failed! file name is:%s", strFileName.toLocal8Bit().data());
        }
        else {
            QMapIterator<QString, QByteArray> iteMd5(md5_b);
            while (iteMd5.hasNext()) {
                iteMd5.next();
                file.write(iteMd5.key().toLocal8Bit());
                file.write(iteMd5.value());
            }
        }
        file.close();
    }
}
```

本节介绍了使用 QtConcurrent::mappedReduced() 处理并发操作并将结果汇总的 MapReduce 模式的开发方法，关键在于编写映射函数 map()、收缩函数 reduce()。

注意：在处理并发并且需要将结果合并时，可以使用 QtConcurrent 的 MapReduce 模式。需要创建自定义类型 A 来描述结果集，QtConcurrent::mappedReduced() 的返回值类型应该为 A，而且映射函数 map() 的返回值类型、收缩函数 reduce() 的两个参数的类型也都应该为 A。

13.5 配套练习

1. 参考 13.1 节案例，开发一个多线程应用。该应用包含 1 个线程。线程负责扫描指定目录中的某个指定文件，读取并解析该文件，得到文件中的数据并保存到内存中。自行设计文件格式即可。

2. 参考 13.2 节所讲的知识点，以练习题 1 代码为基础，开发一个界面类应用，将线程读取到的数据刷新到界面。

3. 参考 13.3 节案例，使用 QtConcurrent::blockingMapped() 完成一个并发操作，比如从一个目录复制一批文件到另外一个目录。

4. 参考 13.4 节案例，使用 QtConcurrent::mappedReduced() 完成批量任务：扫描指定目录下的图片文件，并生成图片的缩略图，缩略图规格为 48 像素 * 48 像素。

5. 以 13.4 节案例代码为基础，将其改造为界面类应用。当执行完 QtConcurrent::mappedReduced() 后，把结果刷新到界面的 QTextEdit 控件中。

第 14 章 开发网络应用

在进行软件开发时，经常需要开发 C/S 模式的软件。所谓 C/S，其实就是 Client、Server，也就是客户端、服务器(也称服务端)。比如：开发一个服务端程序，该服务端负责接收、存储、发布数据，客户端程序从服务端程序获取数据或者把数据发送到服务端供其他客户端访问。客户端、服务端模块通常不会运行在同一台机器上，可以使用网络通信协议实现客户端、服务端的数据传输。TCP/IP 是互联网上最流行的网络协议。本章介绍使用 Qt 开发网络应用程序的方法。

14.1 案例 59 基于 Qt 的 TCP/IP 编程

视频讲解

本案例对应的源代码目录：src/chapter14/ks14_01。程序运行效果见图 14-1 和图 14-2。

图 14-1 案例 59 客户端运行效果　　图 14-2 案例 59 服务端运行效果

本案例使用 TCP/IP 开发一个服务端程序和一个客户端程序。服务端程序负责提供数据服务，客户端程序从服务端获取数据。

1. TCP/IP 开发的基础知识

进行 TCP/IP 编程时，服务端程序首先要启动监听。启动监听的目的是侦测客户端的连接，以便有客户端接入时进行相关处理。如果服务端不启动监听，客户端就无法连接到服务端。

2. 使用 QTcpServer 开发服务端模块

设计 CServer 类来实现服务端的功能。因为要用到信号-槽，所以 CServer 派生自 QObject，并且需要为 CServer 类编写 Q_OBJECT 宏。

```cpp
// server.h
#pragma once
#include <QObject>
QT_BEGIN_NAMESPACE
class QTcpServer;
QT_END_NAMESPACE
class CServer : public QObject {
    Q_OBJECT
public:
    CServer();
    ~CServer();
    bool startListen();
public slots:
    void sendData();
private:
    QTcpServer * m_pTcpServer;
};
```

CServer类比较简单,见代码清单14-1。接口startListen()用来启动监听,槽函数sendData()用来响应客户端接入从而向客户端发送数据。在构造函数中创建QTcpServer对象用来处理服务端事务,并为该对象创建信号-槽关联。QTcpServer::newConnection信号表示有新客户端接入。

代码清单 14-1

```cpp
#include <QtNetwork>
#include <QTcpSocket>
#include "server.h"
CServer::CServer():QObject(){
    // 创建服务端对象
    m_pTcpServer = new QTcpServer(this);
    connect(m_pTcpServer, &QTcpServer::newConnection,
        this, &CServer::sendData);
}
```

下面介绍服务端启动监听的接口。

```cpp
bool CServer::startListen() {
    //启动监听
    if (!m_pTcpServer->listen()) {
        qDebug("startlisten failed");
        return false;
    }
    qDebug("server port: %d", m_pTcpServer->serverPort());
    return true;
}
```

启动监听的方法比较简单,就是调用QTcpServer类的listen()接口。该接口提供两个参数。

```cpp
bool listen(const QHostAddress &address = QHostAddress::Any, quint16 port = 0);
```

参数address表示服务端监听的地址,其类型为QHostAddress,默认值为QHostAddress::Any,该默认值的类型为枚举类型QHostAddress::SpecialAddress。QHostAddress::SpecialAddress取值范围见表14-1。

第14章 开发网络应用

表 14-1 QHostAddress::SpecialAddress 取值及含义

枚 举	取值	含 义
QHostAddress::Null	0	空对象,相当于 QHostAddress()
QHostAddress::Broadcast	1	IPv4 广播地址,相当于 QHostAddress("255.255.255.255")
QHostAddress::LocalHost	2	IPv4 本地主机地址,相当于 QHostAddress("127.0.0.1")
QHostAddress::LocalHostIPv6	3	IPv6 本地主机地址,相当于 QHostAddress("::1")
QHostAddress::Any	4	双地址栈,与该地址绑定的套接字将同时侦听 IPv4 和 IPv6 接口
QHostAddress::AnyIPv6	5	IPv6 任意地址,相当于 QHostAddress("::")。与该地址绑定的套接字将只监听 IPv6 接口
QHostAddress::AnyIPv4	6	IPv4 任意地址,相当于 QHostAddress("0.0.0.0")。与该地址绑定的套接字将只监听 IPv4 接口

listen()接口的参数 2 是服务端监听的端口号。简单来说就像收音机频道一样:服务端在某个频道监听,客户端在这个频道接入才能与服务端建立连接并收发数据。需要注意的是,设置监听端口号时要与本机的其他应用区分开,也不要把监听端口号设置为常用的网络监听端口号,比如:80 端口被 HTTP 协议占用、21 端口被 FTP 协议占用、23 端口被 Telnet 协议占用等。

每当有一个客户端接入时就会触发 QTcpServer::newConnection 信号,从而触发槽函数 CServer::sendData(),如代码清单 14-2 所示。

代码清单 14-2

```
void CServer::sendData() {
    QByteArray block;
    QDataStream out(&block, QIODevice::WriteOnly);                            ①
    out.setVersion(QDataStream::Qt_5_11);                                     ②
    QTime tm = QTime::currentTime();
    out << tm;
    QString str = "Hi! This is server talking.";
    out << str;
    qDebug("new client connected.");
    // 取得下一个客户端连接对象
    QTcpSocket * clientConnection = m_pTcpServer->nextPendingConnection();    ③
     connect(clientConnection, &QAbstractSocket::disconnected, clientConnection, &QObject::
deleteLater);                                                                 ④
    clientConnection->write(block);                                           ⑤
    clientConnection->disconnectFromHost();                                   ⑥
}
```

代码清单 14-2 中,在标号①处创建 QDataStream 对象,并将其用只写的方式关联到 block。在标号②处设置 QDataStream 对象的版本。请注意,在客户端从流中读取数据时也要设置相同的版本。在标号③处获得新接入的客户端连接对象,并保存到 clientConnection 中。在标号④处把 clientConnection 进行信号-槽关联,以便当该连接关闭时能够自动析构 clientConnection 对象。在标号⑤处,将 block 中的服务端数据写入连接对象 clientConnection。完成任务后,在标号⑥处关闭连接。完成这些工作后,编写 main()函数,构建 CServer 对象,并启动监听。服务端程序就完成了。

```
// main.cpp
#include <QApplication>
#include "server.h"
int main(int argc, char * argv[]) {
    Q_UNUSED(argc);
```

```
    Q_UNUSED(argv);
    QApplication app(argc, argv);
    CServer server;
    server.startListen();
    return app.exec();
}
```

3. 使用 QTcpSocket 开发客户端模块

先来看客户端界面 Client 类的头文件，见代码清单 14-3。

代码清单 14-3

```
// client.h
#pragma once
#include "ui_client.h"        // 头文件名称来自: client.ui -- -> ui_client.h
#include <QDataStream>
#include <QAbstractSocket>
QT_BEGIN_NAMESPACE
class QTcpSocket;
class QNetworkSession;
QT_END_NAMESPACE
class CClient : public QDialog {
    Q_OBJECT
public:
    CClient(QWidget * pParent);
    ~CClient();
private slots:
    void slot_connectToServer();
    void readToRead();
    void slot_displayError(QAbstractSocket::SocketError socketError);
    void enableGetDataButton();
    void slot_sessionOpened();
private:
    void setupUi();
    void connectSignalAndSlots();
    void initialSession();
private:
    Ui::CClient ui;
    QTcpSocket * m_pTcpSocket;              ①
    QDataStream m_inStream;                 ②
    QNetworkSession * m_pNetworkSession;    ③
};
```

Client 派生自 QDialog，并提供 5 个槽函数，见表 14-2。

表 14-2 槽函数描述

槽 函 数	含 义
void slot_connectToServer()	连接服务端，并发送请求数据
void slot_readToRead()	socket 连接有数据可读取时触发该槽函数
void slot_displayError(QAbstractSocket::SocketError)	socket 连接出错时触发该槽函数
void enableGetDataButton()	根据填写的端口号等信息控制连接按钮的使能状态
void slot_sessionOpened()	打开新的 session 时触发(有的平台会有，有的平台没有)

在代码清单14-3中，Client类还提供了几个成员变量。标号①处的m_pTcpSocket用来同服务端建立网络通信。标号②处的流对象in用来读取网络上服务端发来的数据。标号③处的m_pNetworkSession用来维护网络任务。

1）构造函数

先看一下构造函数，见代码清单14-4。在构造函数的初始化列表中对套接字对象m_pTcpSocket进行初始化。把初始化相关的其他代码封装到3个接口中。标号①处的setupUi()用来初始化界面中的控件，标号②处的connectSignalAndSlots()用来关联信号-槽，标号③处的initialSession()用来读取网络配置并创建网络任务。

代码清单14-4

```
#include <QtWidgets>
#include <QtNetwork>
#include "client.h"
CClient::CClient(QWidget * pParent) : QDialog(pParent), m_pTcpSocket(new QTcpSocket(this)), m_pNetworkSession(NULL) {
    setupUi();                                                            ①
    connectSignalAndSlots();                                              ②
    initialSession();                                                     ③
}
```

(1) 在setupUi()中进行界面初始化，见代码清单14-5。在标号①处获取本机机器名，在标号②处获取域名信息，然后在标号③处，将机器名、域名信息组织后添加到主机下拉列表。在标号④处，获取本机IP地址列表，然后将该列表添加到界面。在标号⑤处，为输入端口号的行编辑控件设置有效区间。在标号⑥处，将用来读取网络数据的流对象in与套接字m_pTcpSocket进行关联。在标号⑦处，设置流对象的版本号，与服务端的版本号一致，见代码清单14-2标号②处。

代码清单14-5

```
// client.cpp
void CClient::setupUi() {
    ui.setupUi(this);
    setWindowFlags(windowFlags() & ~Qt::WindowContextHelpButtonHint);
    setWindowTitle(QGuiApplication::applicationDisplayName());
    // 查找机器名
    QString name = QHostInfo::localHostName();                                    ①
    if (!name.isEmpty()) {
        ui.hostCombo->addItem(name);
        QString domain = QHostInfo::localDomainName();                            ②
        if (!domain.isEmpty())
            ui.hostCombo->addItem(name + QChar('.') + domain);                    ③
    }
    if (name != QLatin1String("localhost"))
        ui.hostCombo->addItem(QString("localhost"));
    // 查找本机 ip 列表
    QList<QHostAddress> ipAddressesList = QNetworkInterface::allAddresses();      ④
    // 把非 localhost 的 IP 地址添加到界面
    for (int i = 0; i < ipAddressesList.size(); ++i) {
        if (!ipAddressesList.at(i).isLoopback())
            ui.hostCombo->addItem(ipAddressesList.at(i).toString());
    }
    // 把 localhost 地址添加到最后
```

```cpp
    for (int i = 0; i < ipAddressesList.size(); ++i) {
        if (ipAddressesList.at(i).isLoopback())
            ui.hostCombo->addItem(ipAddressesList.at(i).toString());
    }
    // 设置有效区间
    ui.portLineEdit->setValidator(new QIntValidator(1, 65535, this));      ⑤
    ui.portLineEdit->setFocus();
    // 把文本标签的快捷键关联到对应的控件(主机、端口号)
    ui.hostLabel->setBuddy(ui.hostCombo);
    ui.portLabel->setBuddy(ui.portLineEdit);
    ui.btnGetData->setDefault(true);
    ui.btnGetData->setEnabled(false);
    ui.hostCombo->setEditable(true);
    m_inStream.setDevice(m_pTcpSocket);                                     ⑥
    m_inStream.setVersion(QDataStream::Qt_5_11);                            ⑦
}
```

(2) 用 connectSignalAndSlots() 进行信号-槽关联,见代码清单 14-6。在该接口中,将控件、套接字对象等进行信号-槽关联。需要注意的是标号①处的套接字信号 QOverload < QAbstractSocket::SocketError >::of(&QAbstractSocket::error),这里使用了重载,将信号中带的参数重载为 QAbstractSocket::SocketError 类型。

代码清单 14-6

```cpp
void CClient::connectSignalAndSlots() {
    connect(ui.hostCombo, &QComboBox::editTextChanged, this, CClient::enableGetDataButton);
    connect(ui.portLineEdit, &QLineEdit::textChanged, this, &CClient::enableGetDataButton);
    connect(ui.btnGetData, &QAbstractButton::clicked, this, &CClient::slot_connectToServer);
    connect(ui.btnQuit, &QAbstractButton::clicked, this, &QWidget::close);
    connect(m_pTcpSocket, &QIODevice::readyRead, this, &CClient::readToRead);
    connect(m_pTcpSocket, QOverload < QAbstractSocket::SocketError >::of(&QAbstractSocket::
    error), this, &CClient::slot_displayError);                             ①
}
```

(3) 用 initialSession() 初始化网络任务,见代码清单 14-7。QNetworkConfigurationManager 类用来管理网络配置。网络配置(QNetworkConfiguration)描述了启动网络接口的参数集合。一个网络接口通过给定的网络配置打开一个 QNetworkSession 来完成启动。大多数情况下,可以基于特定平台默认的网络配置来创建网络会话。函数 QNetworkConfigurationManager::defaultConfiguration() 返回默认的网络配置。一些平台要求应用程序在进行任何网络操作之前打开一个网络会话,这可以通过 QNetworkConfigurationManager::capabilities() 函数的返回值是否含有标志 QNetworkConfigurationManager::NetworkSessionRequired 来测试。在标号①处,构建网络配置管理对象 manager。在标号②处,判断 manager 是否支持网络任务。在标号③处构建网络配置对象 config。在标号④处,初始化网络任务对象 m_pNetworkSession,并在标号⑤处将该对象的 open 信号与槽函数关联。

代码清单 14-7

```cpp
void CClient::initialSession() {
    QNetworkConfigurationManager manager;                                   ①
    if (manager.capabilities() & QNetworkConfigurationManager::NetworkSessionRequired) {  ②
        // 获取网络配置
        QSettings settings(QSettings::UserScope, QLatin1String("QtProject"));
        settings.beginGroup(QLatin1String("QtNetwork"));
        const QString id = settings.value(QLatin1String("DefaultNetworkConfiguration")).toString();
```

第 *14* 章　开发网络应用

```
            settings.endGroup();
        }
        // 如果没有保存过网络配置,就用系统默认值
        QNetworkConfiguration config = manager.configurationFromIdentifier(id);       ③
        if ((config.state() & QNetworkConfiguration::Discovered) !=
            QNetworkConfiguration::Discovered) {
            config = manager.defaultConfiguration();
        }
        m_pNetworkSession = new QNetworkSession(config, this);                         ④
        connect(m_pNetworkSession, &QNetworkSession::opened, this, &CClient::slot_sessionOpened);
                                                                                       ⑤
        ui.btnGetData->setEnabled(false);
        ui.statusLabel->setText(tr("Opening network session."));
        m_pNetworkSession->open();
    }
}
```

来看一下槽函数 slot_sessionOpened()。在该槽函数中,将网络任务中的配置进行保存,并更新按钮的状态。

```
void CClient::slot_sessionOpened() {
    // 保存网络配置
    QNetworkConfiguration config = m_pNetworkSession->configuration();
    QString id;
    if (config.type() == QNetworkConfiguration::UserChoice) {
        id = m_pNetworkSession->sessionProperty(QLatin1String("UserChoiceConfiguration")).toString();
    }
    else {
        id = config.identifier();
    }
    QSettings settings(QSettings::UserScope, QLatin1String("QtProject"));
    settings.beginGroup(QLatin1String("QtNetwork"));
    settings.setValue(QLatin1String("DefaultNetworkConfiguration"), id);
    settings.endGroup();
    ui.statusLabel->setText(QString::fromLocal8Bit("本模块需要服务端程序处于运行状态."));
    enableGetDataButton();
}
```

2) slot_connectToServer()

槽函数 slot_connectToServer()中,首先断开之前的连接,然后用指定的端口号连接到服务器。

```
void CClient::slot_connectToServer() {
    ui.btnGetData->setEnabled(false);
    m_pTcpSocket->abort();
    m_pTcpSocket->connectToHost(ui.hostCombo->currentText(), ui.portLineEdit->text().toInt());
}
```

3) enableGetDataButton()

槽函数 enableGetDataButton()用来根据网络任务是否已启动等条件来更新 btnGetData 按钮状态。

```
void CClient::enableGetDataButton() {
    ui.btnGetData->setEnabled((!m_pNetworkSession || m_pNetworkSession->isOpen()) &&
```

```
        !ui.hostCombo->currentText().isEmpty() &&
        !ui.portLineEdit->text().isEmpty());
}
```

4）slot_displayError()

槽函数 slot_displayError() 用来处理收到的套接字错误。

```
void CClient::slot_displayError(QAbstractSocket::SocketError socketError) {
    switch (socketError) {
    case QAbstractSocket::RemoteHostClosedError:
        break;
    case QAbstractSocket::HostNotFoundError:
        QMessageBox::information(this, QString::fromLocal8Bit("客户端"), QString::fromLocal8Bit("无法连接到主机,请检查注意名称与端口号是否正确."));
        break;
    case QAbstractSocket::ConnectionRefusedError:
        QMessageBox::information(this, QString::fromLocal8Bit("客户端"), QString::fromLocal8Bit("连接被对方关闭。请确认服务端处于运行状态并检查服务器名称、端口号。"));
        break;
    default:
        QMessageBox::information(this, QString::fromLocal8Bit("客户端"), QString::fromLocal8Bit("运行出错。错误信息:%1.").arg(m_pTcpSocket->errorString()));
        break;
    }
    ui.btnGetData->setEnabled(true);
}
```

5）slot_readyToRead()

槽函数 slot_readyToRead() 用来处理接收到的服务端数据,见代码清单 14-8。请注意,从流对象中解析数据的顺序跟服务端写入顺序正好相反。在标号①处,对输入流对象启用事务操作,以便当处理出错时回滚事务。这里的事务其实指的就是接收数据,如果数据没有接收完整,应该将事务回滚。因为只要收到数据就会有信号 QIODevice::readyRead,所以收到该信号并不意味着数据已经接收完整,有可能只是收到了一部分数据。如果数据没有接收完整,就应该对事务进行回滚操作,使输入流对象恢复到调用该槽函数之前的状态,以便在数据接收完整后再进行解析。在标号②处调用 in.commitTransaction(),该接口的功能是判断本行代码之前的流操作是否提交成功,也就是能否从输入流中读出所需的数据,如果提交失败则返回,说明数据还没有接收完整。

代码清单 14-8

```
void CClient::slot_readyToRead() {
    m_inStream.startTransaction();                                    ①
    QTime tm;
    QString str;
    m_inStream >> tm;
    m_inStream >> str;
    if (!m_inStream.commitTransaction())                              ②
        return;
    QString strInfo;
    strInfo.sprintf("%02d:%02d:", tm.minute(), tm.second());
    strInfo += str;
    ui.statusLabel->setText(strInfo);
    ui.btnGetData->setEnabled(true);
}
```

6）main()函数

最后,看一下 main()函数。

```
#include <QApplication>
#include "client.h"
int main(int argc, char * argv[]) {
    Q_UNUSED(argc);
    Q_UNUSED(argv);
    QApplication app(argc, argv);
    CClient client(NULL);
    client.show();
    return app.exec();
}
```

14.2 案例 60　TCP/IP 多客户端编程

视频讲解

本案例对应的源代码目录：src/chapter14/ks14_02。程序运行效果见图 14-3 和图 14-4。

图 14-3　案例 60 服务端运行效果

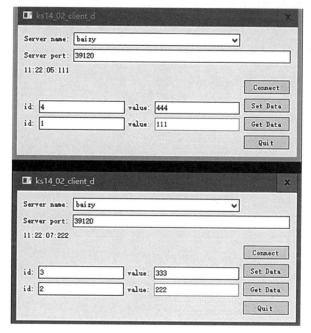

图 14-4　案例 60 中两个客户端的运行效果

14.1 节介绍了利用 Qt 开发基于 TCP/IP 的 C/S(客户端/服务器)软件的基本方法。本节演示如何进行多客户端编程。开发网络通信软件时,经常碰到客户端与服务器之间发送各种不同类型的数据,这涉及这些数据的组帧、解帧操作。为了方便,可以将客户端、服务端之间的通信封装为任务,并且制作成 DLL。服务端程序和客户端程序都可以依赖该 DLL 提供的类或接口。软件体系结构如图 14-5 所示。

图 14-5　案例 60 软件设计图

本案例实现的功能如下。
- 服务端支持多个客户端连接。
- 客户端连接到服务端后,服务端向客户端发送问候语。
- 多个客户端可以分别向服务端发送数据、获取数据,互不影响。
- 客户端 A 将数据发送到服务端后,服务端保存数据,客户端 B 可以访问更新后的数据。

1. 将任务及通信封装成 DLL

1) DLL 的 pro 文件

将任务和通信封装成公共库 ks14_02_communicate。该 DLL 提供两个头文件:task.h 和 clientconnection.h。将这两个头文件放到"$$TRAIN_INCLUDE_PATH/ks14_02"目录下。DLL 的 pro 文件如下。

```
// ks14_02_communicate.pro
include ( $$(TRAINDEVHOME)/src/gui_base.pri)
TEMPLATE = lib
LANGUAGE = C++
CONFIG += dll
QT += xml network
TEMPDIR = $$TRAIN_OBJ_PATH/base/basedll
DESTDIR = $$TRAIN_LIB_PATH
DLLDESTDIR = $$TRAIN_BIN_PATH
INCLUDEPATH += $$TRAIN_INCLUDE_PATH/ks14_02
win32{
    DEFINES *= __KS14_02_COMMUNICATE_SOURCE__
}
HEADERS += $$TRAIN_SRC_PATH/gui_base.pri \
           ks14_02_communicate.pro \
           $$TRAIN_INCLUDE_PATH/ks14_02/task.h \
           $$TRAIN_INCLUDE_PATH/ks14_02/clientconnection.h
SOURCES += task.cpp \
           clientconnection.cpp
OBJECTS_DIR = $$TEMPDIR
MOC_DIR = $$TEMPDIR/moc
UI_DIR = $$TEMPDIR/ui
debug_and_release {
    CONFIG(debug, debug|release) {
        TARGET = ks14_02_commuinicate_d
    }
    CONFIG(release, debug|release) {
```

```
            TARGET = ks14_02_commuinicate
        }
    } else {
        debug {
            TARGET = ks14_02_commuinicate_d
        }
        release {
            TARGET = ks14_02_commuinicate
        }
    }
```

2) task.h 中的任务类型枚举 ETASKTYPE 和任务类 CTask

task.h 中封装了任务相关的类。首先介绍任务类型枚举 ETASKTYPE 和任务类 CTask。见代码清单 14-9,在标号①处,定义了任务类型枚举 ETASKTYPE,用来区分不同的任务。CTask 是所有任务类的基类。析构函数"~CTask()"被定义为 virtual,目的是在析构指向子类对象的基类指针时可以正确调用子类的析构函数。标号②处定义纯虚接口 taskType(),它用来获取子任务类的类型,基类接口是纯虚接口,说明派生类如果想实例化就必须实现该接口。标号③处 sendFrame() 接口用来将任务进行发送组帧,也就是将任务数据组帧并发送到流对象。标号④处 parseFrame() 接口用来从流对象解析出任务数据。标号⑤处定义静态接口用来从流中解析任务类型,以便调用者继续调用标号⑥处的 createTask() 接口来生成任务对象。

代码清单 14-9

```
// task.h
#pragma once
#include <QByteArray>
#include <QDataStream>
#include <QString>
#include "ks14_02.h"
// 任务类型枚举
enum ETASKTYPE {                                              ①
    ETASK_INVALID = -1,                     // 无效
    ETASK_HELLO = 1,                        // hello
    ETASK_SETONEDATA,                       // 设置一个数据
    ETASK_GETONEDATA,                       // 获取一个数据
    ETASK_ONEDATARETURNED,                  // 返回一个数据
    ETASK_SETDATAS,                         // 设置一批数据
    ETASK_GETDATAS,                         // 获取一批数据
    ETASK_MAX                               // 任务类型的最大值
};
class KS14_02_API CTask {
public:
    CTask();
    virtual ~CTask();
    virtual ETASKTYPE taskType() = 0;                         ②
    virtual void sendFrame(QDataStream& ds) = 0;              ③
    virtual void parseFrame(QDataStream& ds) = 0;             ④
    static ETASKTYPE parseTaskType(QDataStream& ds);          ⑤
    static CTask * createTask(ETASKTYPE taskType);            ⑥
};
```

CTask 的实现代码见代码清单 14-10。标号①处的 parseTaskType() 中,从输入流中得到

任务类型并返回。在标号①处，对输入流对象启动事务，然后读取数据，在标号②处，解析得到任务类型。在标号③处，提交事务并判断是否成功，如果失败，则回滚事务。标号④处的 createTask()用来根据任务类型构建任务对象。

代码清单 14-10

```cpp
// task.cpp
#include "task.h"
CTask::CTask(){}
CTask::~CTask() {}
ETASKTYPE CTask::parseTaskType(QDataStream& inStream) {
    ETASKTYPE taskType = ETASK_INVALID;
    inStream.startTransaction();                                    ①
    qint32 iVal = -1;
    inStream >> iVal;                                               ②
    if (!inStream.commitTransaction()) {                            ③
        inStream.rollbackTransaction();
        return ETASK_INVALID;
    }
    taskType = static_cast<ETASKTYPE>(iVal);
    return taskType;
}
CTask* CTask::createTask(ETASKTYPE taskType) {                      ④
    switch (taskType) {
    case ETASK_HELLO:
        return new CHelloTask;
    case ETASK_SETONEDATA:
        return new CSetOneDataTask;
    case ETASK_GETONEDATA:
        return new CGetOneDataTask;
    case ETASK_ONEDATARETURNED:
        return new COneDataReturnedTask;
    default:
        break;
    }
    return NULL;
}
```

3）task.h 中的其他任务类型

task.h 中还提供了另外几个用来演示的任务类。CHelloTask 类是由服务端向客户端发送问候，还有客户端设置或者获取数据的任务类 CSetOneDataTask、CGetOneDataTask、COneDataReturnedTask。CHelloTask 定义如下。

```cpp
// task.h
class KS14_02_API CHelloTask : public CTask {
public:
    CHelloTask() : CTask(), m_str("I'm Server.Hello!"){}
    virtual ~CHelloTask() override {}
    virtual ETASKTYPE taskType() override { return ETASK_HELLO; }
    virtual void sendFrame(QDataStream&) override;
    virtual void parseFrame(QDataStream& inStream) override;
    QString getString() { return m_str;}
    void setString(const QString& str) { m_str = str;}
private:
    QString m_str;
};
```

CHelloTask 类的实现见代码清单 14-11。CHelloTask 的 sendFrame() 接口用来向客户端发送问候语,而 parseFrame() 接口负责从流中解析出问候语句。在标号①、标号②处,sendFrame() 接口中向流对象输出了两个变量,而在标号③处的 parseFrame() 接口中只解析了一个。这是因为在接收到数据时,已经从流对象中将任务类型解析出来了(见代码清单 10-10 标号②处),所以 parseFrame() 接口只需要解析任务类型之后的数据。

代码清单 14-11

```
// task.cpp
void CHelloTask::sendFrame(QDataStream& out) {
    qint32 iTaskType = ETASK_HELLO;
    out << iTaskType;                                                    ①
    out << m_str;                                                        ②
}
bool CHelloTask::parseFrame(QDataStream& inStream) {
    inStream.startTransaction();
    inStream >> m_str;                                                   ③
    if (!inStream.commitTransaction()){
        m_str.clear();
        inStream.rollbackTransaction();
        return false;
    }
    return true;
}
```

CSetOneDataTask、CGetOneDataTask、COneDataReturnedTask 在 task.h 中的定义如下。

```
// task.h
// 向服务端设置一个数据
class KS14_02_API CSetOneDataTask : public CTask {
public:
    CSetOneDataTask() : CTask(), m_dataId(-1),m_dataValue(0.f){}
    virtual ~CSetOneDataTask() override {}
    virtual ETASKTYPE taskType() override { return ETASK_SETONEDATA; }
    virtual void sendFrame(QDataStream&) override;
    virtual void parseFrame(QDataStream& inStream) override;
    qint32 getDataId() { return m_dataId; }
    void setDataId(qint32 id) { m_dataId = id; }
    qreal getDataValue() { return m_dataValue; }
    void setDataValue(qreal val) { m_dataValue = val; }
private:
    qint32 m_dataId;
    qreal m_dataValue;
};
// 从服务端获取一个数据
class KS14_02_API CGetOneDataTask : public CSetOneDataTask {
public:
    CGetOneDataTask() : CSetOneDataTask() {}
    virtual ~CGetOneDataTask()override {}
    virtual ETASKTYPE taskType() override { return ETASK_GETONEDATA; }
};
// 服务端返回一个数据给客户端
class KS14_02_API COneDataReturnedTask : public CGetOneDataTask {
public:
```

```cpp
    COneDataReturnedTask(): CGetOneDataTask() {}
    virtual ~COneDataReturnedTask() override {}
    virtual ETASKTYPE taskType() override { return ETASK_ONEDATARETURNED; }
};
```

CGetOneDataTask、COneDataReturnedTask 的实现代码已经写在 task.h 中。CSetOneDataTask 负责将一个数据传给接收端,包括数据序号和数据值,实现代码如下。

```cpp
// task.cpp
void CSetOneDataTask::sendFrame(QDataStream& out) {
    qint32 iTaskType = taskType();
    out << iTaskType;
    out << m_dataId;
    out << m_dataValue;
}
bool CSetOneDataTask::parseFrame(QDataStream& inStream) {
    inStream.startTransaction();
    inStream >> m_dataId;
    inStream >> m_dataValue;
    if (!inStream.commitTransaction()) {
        m_dataId = 0;
        m_dataValue = 0.f;
        inStream.rollbackTransaction();
        return false;
    }
    return true;
}
```

4) clientconnection.h

下面看一下 DLL 中另一个头文件 clientconnection.h。代码清单 14-12 是类 CClientConnection 的定义。该类负责维护连接,比如向连接中添加任务、取出任务并组帧发送等;该类利用 m_pClientSocket 成员变量维护客户端的套接字对象,该成员赋值来自外部传入的 QTcpSocket 指针。

代码清单 14-12

```cpp
// clientconnection.h
#pragma once
#include <QByteArray>
#include <QList>
#include <QMutex>
#include <QObject>
#include "task.h"
#include "ks14_02.h"
QT_BEGIN_NAMESPACE
class QTcpSocket;
QT_END_NAMESPACE
class KS14_02_API CClientConnection : public QObject {
    Q_OBJECT
public:
    CClientConnection(QTcpSocket* pSocket, QObject* parent = nullptr);
    ~CClientConnection();
    void addTask(CTask* pTask);
    void sendDeal();
```

```
        void disconnect();
        void isSameConnect(const QTcpSocket * pSocket);
    protected:
        CTask * takeOneTask();
    private:
        QTcpSocket * m_pClientSocket;                    // 客户端连接
        QMutex m_mtxTask;                                 // 互斥锁,保护 m_task
        QMutex m_mtxRecvBlock;                            // 互斥锁,保护接收数据
        QList < CTask * > m_tasks;                        // 任务队列
        QDataStream m_outSream;                           // 发送流对象
        QDataStream m_inStream;                           // 接收流对象
    };
```

CClientConnection 的实现见代码清单 14-13。标号①、标号②处分别将设置输入流对象、输出流对象关联到套接字对象指针 pClientSocket,并设置流对象的版本号,以便通信双方可以保持版本号一致。在标号③处的 sendDeal()接口中,获取待发送的任务并将数据组帧、发送,发送完毕后将 pTask 对象销毁。标号④处提供了一个友好关闭接口,以便调用者可以友好地关闭连接。标号⑤处的 addTask()用来向连接对象添加任务。标号⑥处的 taskOneTask()接口负责从任务队列取出一个任务并将其从队列删除。请注意,这几个接口在访问成员变量时使用了互斥锁进行访问保护。标号⑦处的接口用来判断本连接对象是否与指定的 QTcpSocket 对象相同。

代码清单 14-13

```
// clientconnection.cpp
# include "clientconnection.h"
# include < QtNetwork >
# include < QTcpSocket >
# include "task.h"
CClientConnection::CClientConnection(QTcpSocket * pClientSocket, QObject * parent) :
QObject(parent), m_pClientSocket(pClientSocket) {
    m_inStream.setDevice(m_pClientSocket);                                         ①
    m_inStream.setVersion(QDataStream::Qt_5_11);
    m_outSream.setDevice(m_pClientSocket);                                         ②
    m_outSream.setVersion(QDataStream::Qt_5_11);
}
CClientConnection::~CClientConnection() {
}
void CClientConnection::sendDeal() {
    CTask * pTask = takeOneTask();                                                 ③
    if (NULL != pTask) {
        pTask -> sendFrame(m_outSream);
        delete pTask;
    }
}
void CClientConnection::disconnect() {                                             ④
    if (NULL != m_pClientSocket) {
        m_pClientSocket -> disconnectFromHost();
        m_pClientSocket -> waitForDisconnected();
    }
}
void CClientConnection::addTask(CTask * pTask) {                                   ⑤
```

```
        QMutexLocker locker(&m_mtxTask);
        m_tasks.append(pTask);
    }
    CTask * CClientConnection::takeOneTask() {                               ⑥
        CTask * pTask = NULL;
        QMutexLocker locker(&m_mtxTask);
        if (m_tasks.size() > 0) {
            pTask = m_tasks[0];
            m_tasks.removeAt(0);
        }
        return pTask;
    }
    bool CClientConnection::isSameConnect(const QTcpSocket * pSocket) {      ⑦
        return (pSocket == m_pClientSocket);
    }
```

至此，已经把 DLL 介绍完毕。下面看一下客户端程序。

2. 客户端模块 ks14_02_client

客户端模块见图 14-6。

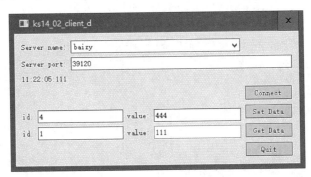

图 14-6 案例 60 客户端模块

用户在 Server port 处输入服务端的端口号，单击 Connect 按钮后可以连接到服务端，随后会收到服务端发来的问候语并显示在界面中。当用户在 Set Data 按钮左侧的输入框中输入 id、value 后，单击 Set Data 按钮时，程序会把用户输入的 id、value 发送给服务端。用户在 Get Data 按钮左侧的输入框中输入 id 并单击 Get Data 按钮后，程序会发送获取数据的命令到服务端并会收到服务端发来的数据，然后将数据展示在 Get Data 按钮左侧的 value 文本框中。CClient 的头文件见代码清单 14-14。本节的 CClient 比 14.1 节多了两个槽函数，见标号①、标号②处，另外还多了一个成员变量 m_pClientConnection 用来处理通信任务，见标号③处。

代码清单 14-14

```cpp
// client.h
#pragma once
    ...
class CClientConnection;
class CClient : public QDialog {
    Q_OBJECT
    ...
private slots:
```

```
        void slot_SetOneData();                                              ①
        void slot_GetOneData();                                              ②
        ...
    private:
        ...
        CClientConnection * m_pClientConnection;                             ③
};
```

先看一下 CClient 的构造函数、析构函数的实现,见代码清单 14-15。

代码清单 14-15

```
// client.cpp
# include "client.h"
# include <QtWidgets>
# include <QtNetwork>
# include "task.h"
# include "clientconnection.h"
CClient::CClient(QWidget * pParent) : QDialog(pParent), m_pTcpSocket(new QTcpSocket(this)), m_
pNetworkSession(NULL), m_pClientConnection(new CClientConnection(m_pTcpSocket, this)) {
    setupUi();
    connectSignalAndSlots();
    initialSession();
}
CClient::~CClient() {
    m_pClientConnection -> disconnect();
}
```

CClient 的 setupUi()、initialSession()、slot_displayError()、slot_sessionOpened()这些接口与 14.1 节相比变化不大,此处不再赘述。下面介绍进行信号-槽关联的 connectSignalAndSlots()接口。该接口增加了 ui.btnSetData、ui.btnGetData 的信号-槽关联代码。

```
// client.cpp
void CClient::connectSignalAndSlots() {
    connect(ui.btnConnect, &QAbstractButton::clicked, this, &CClient::slot_connectToServer);
    connect(ui.btnSetData, &QAbstractButton::clicked, this, &CClient::slot_SetOneData);
    connect(ui.btnGetData, &QAbstractButton::clicked, this, &CClient::slot_GetOneData);
    connect(ui.btnQuit, &QAbstractButton::clicked, this, &QWidget::close);
    connect(m_pTcpSocket, &QIODevice::readyRead, this, &CClient::slot_readyToRead);
    connect(m_pTcpSocket, QOverload < QAbstractSocket::SocketError >::of(&QAbstractSocket::
error), this, &CClient::slot_displayError);
}
```

下面介绍几个按钮对应的槽函数。在代码清单 14-16 所示的几个槽函数中,创建了不同的任务对象,并将其添加到 m_pClientConnection 的任务队列并组帧发送。

代码清单 14-16

```
// client.cpp
void CClient::slot_SetOneData() {
    CSetOneDataTask * pSetOneDataTask = new CSetOneDataTask();
    pSetOneDataTask -> setDataId(ui.leSetDataId -> text().toInt());
    pSetOneDataTask -> setDataValue(ui.leSetDataValue -> text().toDouble());
    m_pClientConnection -> addTask(pSetOneDataTask);
    m_pClientConnection -> sendDeal();
}
void CClient::slot_GetOneData() {
```

```cpp
    CGetOneDataTask * pGetOneDataTask = new CGetOneDataTask();
    pGetOneDataTask->setDataId(ui.leGetDataId->text().toInt());
    m_pClientConnection->addTask(pGetOneDataTask);
    m_pClientConnection->sendDeal();
}
void CClient::slot_connectToServer() {
    ui.btnGetData->setEnabled(false);
    m_pTcpSocket->abort();
    m_pTcpSocket->connectToHost(ui.hostCombo->currentText(), ui.portLineEdit->text().toInt());
}
```

下面介绍处理接收数据的槽函数 slot_readyToRead()，见代码清单 14-17。

代码清单 14-17

```cpp
// client.cpp
void CClient::slot_readyToRead() {
    ETASKTYPE taskType = CTask::parseTaskType(m_inStream);            ①
    CTask * pTask = CTask::createTask(taskType);                       ②
    if (NULL == pTask) {
        return;
    }
    bool bOk = pTask->parseFrame(m_inStream);                          ③
    if (!bOk) {
        delete pTask;
        return;
    }
    CHelloTask * pHelloTask = NULL;
    COneDataReturnedTask * pOneDataReturnedTask = NULL;
    QString str;
    QString strInfo;
    QTime tm = QTime::currentTime();
    strInfo.sprintf("%02d:%02d:%02d:", tm.hour(), tm.minute(), tm.second());
    switch (taskType) {
    case ETASK_HELLO:
        pHelloTask = dynamic_cast<CHelloTask *>(pTask);
        if (NULL != pHelloTask) {
            str = pHelloTask->getString();
        }
        break;
    case ETASK_ONEDATARETURNED:
        str = "OneDataReturned From Server.";
        pOneDataReturnedTask = dynamic_cast<COneDataReturnedTask *>(pTask);
        if (NULL != pOneDataReturnedTask) {
            qint32 id = pOneDataReturnedTask->getDataId();
            qreal value = pOneDataReturnedTask->getDataValue();
            str = QString("%1").arg(id);
            ui.leGetDataId->setText(str);
            str = QString("%1").arg(value);
            ui.leGetDataValue->setText(str);
        }
        break;
    default:
```

```
            break;
        }
        strInfo += str;
        ui.statusLabel->setText(strInfo);
        ui.btnGetData->setEnabled(true);
        delete pTask;                                                    ④
}
```

代码清单 14-17 中，在标号①处，解析收到的数据，得到任务类型。在标号②处，创建任务对象，如果创建的任务对象非法则返回。在标号③处，通过任务对象解析输入流的数据，数据来自 m_pTcpSocket 对应的网络连接。如果解析失败，说明数据未接收完整，应删除任务对象并返回。然后，根据收到的不同任务对象类型，将任务数据取出并展示到界面。在标号④处将任务对象销毁，以免导致内存泄漏。

客户端的实现基本介绍完毕。下面看一下服务端。

3. 服务端模块 ks14_02_server

对服务端的改动除了增加对设置数据、获取数据的响应之外，还增加了对控制台输入的处理。当用户在控制台键入 exit 时，服务端可以友好地退出运行，这样就无须使用快捷键 Ctrl+C 来终止程序运行了。先介绍对 CServer 的改动，见代码清单 14-18。

代码清单 14-18

```
// server.h
#pragma once
#include <QAbstractSocket>
#include <QList>
#include <QMutex>
#include <QObject>
#include <QThread>
QT_BEGIN_NAMESPACE
class QTcpServer;
class QTcpSocket;
QT_END_NAMESPACE
class CClientConnection;
class CServer : public QObject {
    Q_OBJECT
public:
    CServer();
    ~CServer();
    bool startListen();
    qreal getDataById(qint32 id);                                        ①
    void setData(qint32 id, qreal value);                                ②
public slots:
    void slot_newConnection();
    void slot_readyToRead();                                             ③
    void slot_disconnected();                                            ④
private:
    QTcpServer * m_pTcpServer;
    QList<CClientConnection *> m_clientSockets;
    QMap<qint32, qreal> m_mapData;
    QMutex m_mtxData;
};
```

先从私有数据开始。从代码清单 14-18 看出，为 CServer 类添加了一个映射 m_mapData。该成员变量用来存取数据 id 到数据值的映射。互斥锁 m_mtxData 用来保护 m_mapData。在标号①、标号②处，新增对数据映射的访问接口。另外把 14.1 节的槽函数 sendData() 改为 slot_newConnection() 用来处理新的客户端连接。标号③处的 slot_readyToRead() 用来处理客户端发来的数据。标号④处的槽函数 slot_disconnected() 用来处理客户端主动断开的情况。下面看一下 CServer 类的实现。CServer 类的构造函数、析构函数、startListen() 接口基本没有变化。

```cpp
// server.cpp
#include "server.h"
#include <QApplication>
#include <QMutexLocker>
#include <QtNetwork>
#include <QTcpSocket>
#include "clientconnection.h"
#include "task.h"
CServer::CServer():QObject(){
    // 创建服务端对象
    m_pTcpServer = new QTcpServer(this);
    connect(m_pTcpServer, &QTcpServer::newConnection, this, &CServer::slot_newConnection);
}
CServer::~CServer() {
    QList<CClientConnection*>::iterator iteLst = m_clientConnections.begin();
    for (; iteLst != m_clientConnections.end(); iteLst++) {
        (*iteLst)->disconnect();
        delete *iteLst;
    }
    m_clientConnections.clear();
}
bool CServer::startListen() {
    //启动监听
    if (!m_pTcpServer->listen()) {
        qDebug("startlisten failed");
        return false;
    }
    qDebug("server port: %d", m_pTcpServer->serverPort());
    return true;
}
```

在代码清单 14-19 中，实现了数据访问接口 getDataById() 和 setData()。

代码清单 14-19

```cpp
// server.cpp
qreal CServer::getDataById(qint32 id) {
    QMutexLocker locker(&m_mtxData);
    QMap<qint32, qreal>::ConstIterator ite = m_mapData.constFind(id);
    if (ite != m_mapData.constEnd()) {
        return (ite.value());
    }
    return 0;
}
void CServer::setData(qint32 id, qreal value) {
```

```
        QMutexLocker locker(&m_mtxData);
        m_mapData[id] = value;
}
```

在代码清单 14-20 的 slot_newConnection() 接口中,处理了新客户端接入的情况。标号①处得到客户端连接套接字对象指针并保存到 pClientSocket。在标号②处,将 pClientSocket 的信号与对应的槽函数进行关联。在标号④处,构建一个 CClientConnection 对象来处理与客户端的通信数据。在标号⑤处,构建了一个问候任务,并且立刻组帧发送给客户端。在标号⑥处,将客户端连接对应的套接字对象压栈。m_clientSockets 是全部客户端连接链表,用来向全部客户端发送广播数据,该功能在本案例中并未实现。

代码清单 14-20

```
// server.cpp
void CServer::slot_newConnection() {
    qDebug("new client connected.");
    // 取得下一个客户端连接对象
    QTcpSocket * pClientSocket = m_pTcpServer->nextPendingConnection();            ①
    connect (pClientSocket, &QAbstractSocket::disconnected, this, &CServer::slot_
disconnected);                                                                    ②
    connect(pClientSocket, &QIODevice::readyRead, this, &CServer::slot_readyToRead); ③
    CClientConnection * pConnection = new CClientConnection(pClientSocket, this); ④
    CHelloTask * pTask = new CHelloTask;                                          ⑤
    pConnection->addTask(pTask);
    pConnection->sendDeal();              // pTask 在该接口内部已释放
    m_clientConnections.append(pConnection);                                      ⑥
}
```

如代码清单 14-21 所示,在 slot_disconnected() 槽函数中,处理客户端断开连接的情况。当收到客户端断开连接时,将该客户端对应的 QTcpSocket 指针从 m_clientSockets 中移除。

代码清单 14-21

```
// server.cpp
void CServer::slot_disconnected() {
    QTcpSocket * pClientSocket = dynamic_cast<QTcpSocket *>(sender());
    if (NULL == pClientSocket)
        return;
    QList<CClientConnection *>::iterator iteLst = m_clientConnections.begin();
    for (; iteLst != m_clientConnections.end();) {
        if ((*iteLst)->isSameConnect(pClientSocket)) {
            (*iteLst)->disconnect();
            iteLst = m_clientConnections.erase(iteLst);
        }
        else {
            iteLst++;
        }
    }
    pClientSocket->deleteLater();
}
```

如代码清单 14-22 所示,在槽函数 slot_readyToRead() 中,处理收到的客户端数据。在标号①处构建 QDataStream 对象,然后将其关联到客户端连接对应的套接字指针,并启动事务。在标号②处开始处理收到的数据,根据类型构建任务对象并进行解析。在标号③处,如果收到的数据不全,则返回。在标号④处,处理收到的设置数据任务,将收到的数据设置到内存中,并打印到控制台。在标号⑤处,处理收到的获取数据任务,得到客户端提供的数据序号,然后根据该序号获取数据,最后构建返回数据任务对象 pOneDataReturnedTask 并组帧发送,发送完成后销毁该任务对象。在标号⑥处,将之前构建的任务对象销毁以防止内存泄漏。

代码清单 14-22

```cpp
// server.cpp
void CServer::slot_readyToRead() {
    QDataStream inStream;                                                    ①
    QTcpSocket * pClientSocket = dynamic_cast<QTcpSocket *>(sender());
    inStream.setDevice(pClientSocket);
    inStream.setVersion(QDataStream::Qt_5_11);
    inStream.startTransaction();                    // 启动事务
    ETASKTYPE taskType = CTask::parseTaskType(inStream);                     ②
    CTask * pTask = CTask::createTask(taskType);
    if (NULL == pTask) {
        return;
    }
    bool bOk = pTask->parseFrame(inStream);   // 解析收到的数据
    if (!bOk) {                               // 数据没有接收完毕,返回         ③
        delete pTask;
        return;
    }
    CHelloTask * pHelloTask = NULL;
    CSetOneDataTask * pSetOneDataTask = NULL;
    CGetOneDataTask * pGetOneDataTask = NULL;
    COneDataReturnedTask * pOneDataReturnedTask = NULL;
    QString str;
    switch (taskType) {
    case ETASK_SETONEDATA:                          // 设置数据                ④
        pSetOneDataTask = dynamic_cast<CSetOneDataTask *>(pTask);
        if (NULL != pSetOneDataTask) {
            qint32 id = pSetOneDataTask->getDataId();
            qreal value = pSetOneDataTask->getDataValue();
            setData(id, value);
            qDebug("setData: %d, %f", id, value);
        }
        break;
    case ETASK_GETONEDATA:                                                   ⑤
        pGetOneDataTask = dynamic_cast<CGetOneDataTask *>(pTask);
        if (NULL != pGetOneDataTask) {
            qint32 id = pGetOneDataTask->getDataId();
            qreal value = getDataById(id);
            qDebug("getData: %d, %f", id, value);
            pOneDataReturnedTask = new COneDataReturnedTask;
            pOneDataReturnedTask->setDataId(id);
            pOneDataReturnedTask->setDataValue(value);
            QDataStream ds;
            ds.setDevice(pClientSocket);
            ds.setVersion(QDataStream::Qt_5_11);
            pOneDataReturnedTask->sendFrame(ds);
            delete pOneDataReturnedTask;
```

```
            pOneDataReturnedTask = NULL;
        }
        break;
    default:
        break;
    }
    delete pTask;                                                              ⑥
}
```

下面介绍如何处理控制台输入，专门建立一个线程类 CInputThread 来处理控制台输入，见代码清单 14-23。

代码清单 14-23

```
// inputthread.h
#pragma once
#include <QThread>
class CInputThread : public QThread {
public:
    CInputThread() {}
    virtual ~CInputThread(){}
    virtual void run() override;
};
```

在代码清单 14-24 中，编写线程类 CInputThread 的 run() 函数。在标号①处，构建 QTextStream 只读对象用来接收控制台（命令行）输入。在标号②处，循环检测用户输入。在标号③处，读取控制台输入。在标号④处，判断输入是否为 exit，如果是则调用线程的 exit() 接口终止线程并退出循环。在标号⑤处，如果输入不是 exit，则打印提示信息到控制台。在标号⑥处，调用睡眠函数以防止线程空转导致 CPU 占用率高。

代码清单 14-24

```
// inputthread.cpp
#include "inputthread.h"
#include <iostream>
#include <QTextStream>
void CInputThread::run() {
    QTextStream qin(stdin, QIODevice::ReadOnly);                                ①
    while (true) {                                                              ②
        QString qstr;
        qin >> qstr;                                                            ③
        if (qstr == "exit") {                                                   ④
            exit();
            break;
        }
        else {                                                                  ⑤
            std::cout << "if you want to quit, please input:exit"
                      << std::endl ;
        }
        QThread::msleep(10);                                                    ⑥
    }
}
```

最后，介绍 main() 函数的实现。

代码清单 14-25

```cpp
// main.cpp
#include <QApplication>
#include "inputthread.h"
#include "server.h"
int main(int argc, char * argv[]) {
    Q_UNUSED(argc);
    Q_UNUSED(argv);
    QApplication app(argc, argv);
    CServer server;
    server.startListen();
    CInputThread thread;
    thread.start();
    QObject::connect(&thread, SIGNAL(finished()), &app, SLOT(quit()));
    return app.exec();
}
```

①

代码清单 14-24 中，在标号①处，server 启动监听。在标号②处，构建 CInputThread 对象并启动线程运行，以便检测用户输入。在标号③处，将线程对象的终止信号关联到 App 对象的 quit()接口，以便可以正常退出应用程序。

14.3 配套练习

1. 参考 14.1 节案例，开发一个控制台应用（CONFIG+=console），该应用不提供 GUI（Graphical User Interface，图形用户接口）。在该应用中，服务端的监听端口固定为 31 000，客户端启动后主动连接服务端，服务端的 IP 地址可采用硬编码的方式写在代码中。服务端侦测到客户端连接后，向客户端发送问候，问候内容为"Soldier, this is Soft Company. What is your level?"。

2. 扩展 14.2 节的代码，当用户在服务端输入 fix 时，服务端向所有客户端广播一条信息，信息内容为"Soft Company Timer Task! Please fix the bug."

第 15 章 PyQt 5 基础

Python 语言因为简单易学、功能丰富的第三方库而广受程序员的欢迎，Qt 是款流行多年的跨平台界面开发库，两者结合便形成了 PyQt。PyQt 诞生自 1998 年，目前本书基于的版本是 5.13.1 版。本章将介绍利用 PyQt 5 进行界面开发的基础知识。

15.1 知识点　PyQt 5 简介

1. PyQt 5 简介

Python 是一种脚本语言，并不具备界面开发能力，但是它具有良好的扩展性，因此很多 GUI 控件库以扩展集的方式应用在 Python 中，比如 PyQt。PyQt 诞生自 1998 年，当时叫作 PyKDE，目前最新版为 PyQt 5。PyQt 5 对 Qt 的类进行了完整封装，因此只要导入（import）相应模块，就可以在 PyQt 中使用 Qt 的各种类进行开发。PyQt 还集成了 Qt 的各种命令模块，比如 Qt 设计师 Designer、Qt 助手 assistant、Qt 国际化工具 lupdate 等，这些命令的用法同 Qt 自带的命令相同。因此，无须安装 Qt 就可以轻松、方便地使用 Qt 的功能了。

PyQt 5 提供 GPL（GNU General Public License，GNU 通用公共许可证）版和商业版授权。GPL 协议：软件版权属于开发者，并且受国际著作权法的保护；允许任何用户对软件进行修改并重新发布，但新发布的软件必须也遵守 GPL 协议，并且不得添加额外的限制；遵守 GPL 协议的软件不做任何担保，使用 GPL 协议的软件后出现任何问题时，不得向软件作者追责。

2. PyQt 5 特点

PyQt 5 具有如下特点。
- 底层是基于 C++ 开发的 Qt 库，因此可开发出美观、跨平台的图形界面应用。
- 可以利用 Qt 设计师进行图形化界面设计，并可以方便地转换为 Python 代码。
- 提供对 Qt 类库的完整封装，可以利用 Qt 的控件开发出各种界面应用。
- 支持信号-槽机制。
- 开发出的程序支持跨平台，源程序无须修改仅需要重新编译就可运行在 Windows、Linux、Mac OS 等系统上。

3. PyQt 5 兼容性

1) 对 PyQt 4 的兼容性

PyQt 5 不再兼容 PyQt 4 编写的程序，部分原因如下：PyQt 5 对一些模块进行重组或删除；不再支持一些旧的信号-槽使用方式，仅支持新的信号-槽使用方式。建议初学者直接上手 PyQt 5。

2) 对 Python 的兼容性

PyQt 5 不再兼容 Python 2.6 以前的版本，它对 Python 3 的支持比较完善。

4. PyQt 5 的 API 文档

注意：为了便于开发，附录 A 提供了 PyQt 5 常用类与所在模块对应表。该表描述了 PyQt 5 常用类所在的模块，在开发时可以参考该表。

安装完 PyQt 5 之后，如果想查看某个类有哪些属性、接口，可以通过下列方法查询。

1) 通过命令查询

可以用内置函数 dir()、help() 查询。这种方法相对麻烦一些。

dir() 用来查询一个类或对象的所有属性。在 Python 交互环境中输入以下代码可以查询 QWidget 的帮助信息。

```
from PyQt5.QtWidgets import QWidget
dir(QWidget)
```

QWidget 是 PyQt 5 的窗口类的基类，需要导入 PyQt5.QWidgets，然后使用 dir() 函数可以打印 QWidget 的属性、接口。返回结果如图 15-1 所示。

图 15-1　dir 函数返回的结果

help() 可以用来查看类的说明。在 Python 交互环境中输入以下代码。

```
from PyQt5.QtWidgets import QWidget
help(QWidget)
```

help(QWidget) 返回结果见图 15-2。

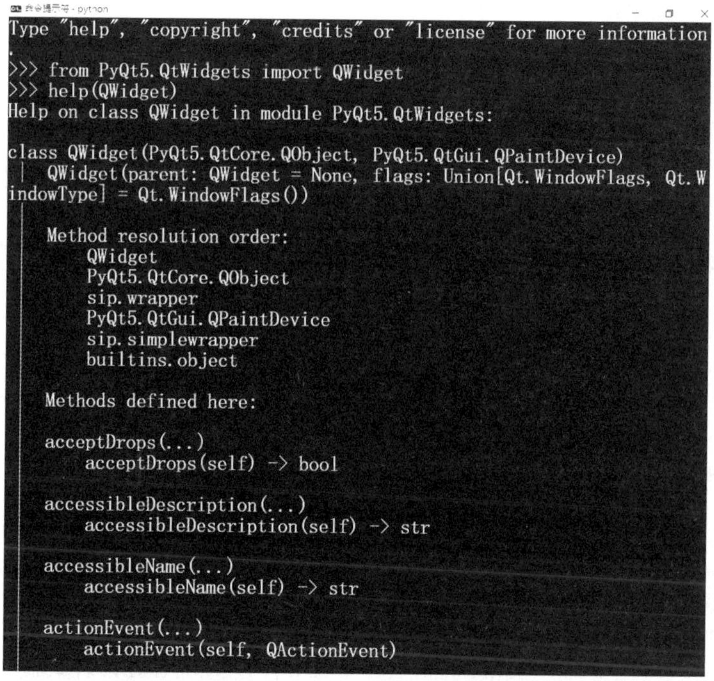

```
Type "help", "copyright", "credits" or "license" for more information
.
>>> from PyQt5.QtWidgets import QWidget
>>> help(QWidget)
Help on class QWidget in module PyQt5.QtWidgets:

class QWidget(PyQt5.QtCore.QObject, PyQt5.QtGui.QPaintDevice)
 |  QWidget(parent: QWidget = None, flags: Union[Qt.WindowFlags, Qt.W
indowType] = Qt.WindowFlags())
 |
 |  Method resolution order:
 |      QWidget
 |      PyQt5.QtCore.QObject
 |      sip.wrapper
 |      PyQt5.QtGui.QPaintDevice
 |      sip.simplewrapper
 |      builtins.object
 |
 |  Methods defined here:
 |
 |  acceptDrops(...)
 |      acceptDrops(self) -> bool
 |
 |  accessibleDescription(...)
 |      accessibleDescription(self) -> str
 |
 |  accessibleName(...)
 |      accessibleName(self) -> str
 |
 |  actionEvent(...)
 |      actionEvent(self, QActionEvent)
```

图 15-2　help 函数返回结果

help()也可以用来查看类的接口说明。在 Python 交互环境中输入以下代码，返回接口说明，见图 15-3。

```
from PyQt5.QtWidgets import QFileDialog
help(QFileDialog.getOpenFileName)
```

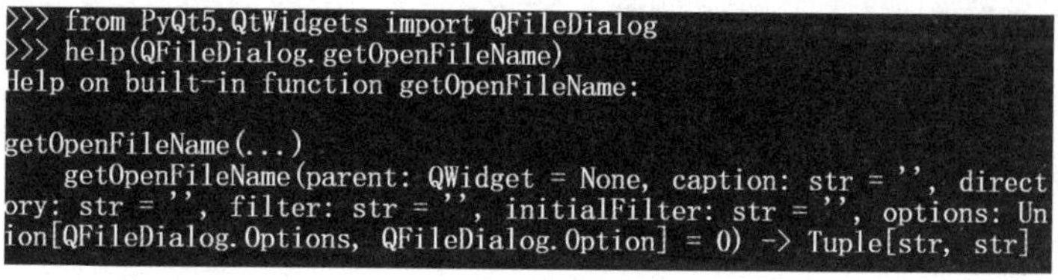

```
>>> from PyQt5.QtWidgets import QFileDialog
>>> help(QFileDialog.getOpenFileName)
Help on built-in function getOpenFileName:

getOpenFileName(...)
    getOpenFileName(parent: QWidget = None, caption: str = '', direct
ory: str = '', filter: str = '', initialFilter: str = '', options: Un
ion[QFileDialog.Options, QFileDialog.Option] = 0) -> Tuple[str, str]
```

图 15-3　help(QFileDialog.getOpenFileName)命令返回的信息

2）在线查询帮助文档

（1）可以通过 PyQt 5 的在线说明文档查看 PyQt 5 的详细说明，网址见本书配套资源中【Qt for Python 在线帮助文档】。PyQt 5 在线帮助的类索引页面如图 15-4 所示。推荐使用该网址进行查询。

（2）另外一个在线帮助网站的网址见本书配套资源中【PyQt 在线帮助文档】。在网页右上方，单击 Classes 可以查看 PyQt 5 提供的模块、类。这个网站上有些类的接口说明还没有提供，只能看到该类属于哪个模块以及拥有哪些接口。可以先在该网站查询某个类所属的模块，然后利用配套资源中【Qt for Python 在线帮助文档】的网址查询该类的具体说明。

3）利用 Qt 助手进行查询

如果有条件的话，可以独立安装对应版本的 Qt，然后利用 Qt 的助手(assistant.exe)进行查询。这种方法只适合已经安装 Qt 的情况。如图 15-5 所示，这需要安装 Qt 的帮助文档。

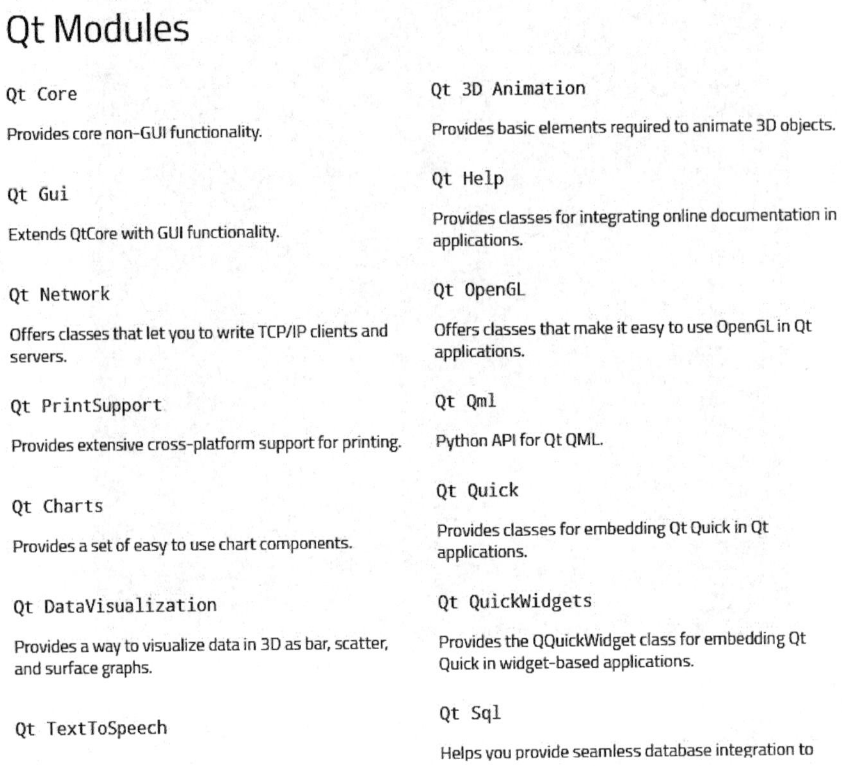

Qt Modules
Qt Core
Provides core non-GUI functionality.
Qt Gui
Extends QtCore with GUI functionality.
Qt Network
Offers classes that let you to write TCP/IP clients and servers.
Qt PrintSupport
Provides extensive cross-platform support for printing.
Qt Charts
Provides a set of easy to use chart components.
Qt DataVisualization
Provides a way to visualize data in 3D as bar, scatter, and surface graphs.
Qt TextToSpeech
Qt 3D Animation
Provides basic elements required to animate 3D objects.
Qt Help
Provides classes for integrating online documentation in applications.
Qt OpenGL
Offers classes that make it easy to use OpenGL in Qt applications.
Qt Qml
Python API for Qt QML.
Qt Quick
Provides classes for embedding Qt Quick in Qt applications.
Qt QuickWidgets
Provides the QQuickWidget class for embedding Qt Quick in widget-based applications.
Qt Sql
Helps you provide seamless database integration to

图 15-4　PyQt 5 在线帮助的模块索引页面

Qt 助手
文件(F)　编辑(E)　查看(V)　前往(G)　书签(B)　帮助(H)
内容　索引　书签
内容
Qt Canvas 3D
Qt Charts
Qt Concurrent
Qt Core
Qt Data Visualization
Qt D-Bus
Qt Designer Manual
Qt 5.11.1 Reference…
Qt Gamepad
Qt Graphical Effects
Qt GUI
Qt Help
Qt Image Formats
Open Pages
Qt GUI 5.11
Qt 5.11　Qt GUI
Qt 5.11.1 Reference Documentation
Contents
Getting Started
Application Windows
2D Graphics
OpenGL and OpenGL ES Integration
Vulkan Integration
Drag and Drop
Licenses and Attributions
Reference
Qt GUI
The Qt GUI module provides classes for windowing system integration, event handling, OpenGL and OpenGL ES integration, 2D graphics, basic imaging, fonts and text. These classes are used internally by Qt's user interface technologies and can also be used directly,

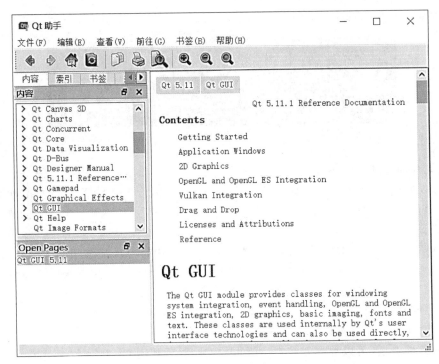

图 15-5　Qt 助手

第 15 章 PyQt 5 基础

注意：PyQt 5-tools 中虽然提供 Qt 的助手模块 assistant.exe，但是该助手并没有带文档，也就是说，无法使用该助手查询 Qt 类的使用说明。如果希望离线使用帮助文档，建议单独安装 Qt 的对应版本，安装 Qt 时需要安装帮助文档。然后，利用 Qt 自带的助手查询帮助文档即可。Qt 的安装说明见 1.5 节。

15.2 知识点 搭建 PyQt 5 开发环境

1. 在 Windows 上搭建 PyQt 5 开发环境

1) 安装 PyQt 5

可以使用 pip 命令安装 PyQt 5。在安装 Python 后会自带 pip 命令。如果可以联网并且网速较快，可以运行如下命令在线安装 PyQt 5。

```
pip install PyQt5
```

因为上述 pip 命令需要联网下载安装包，如果网络环境较差，可能会出现连接超时导致安装失败的情况。因此，建议先下载离线安装包，然后用离线安装包进行安装。离线包下载地址请见本书配套资源中【PyQt 5 离线包下载地址】。

如图 15-6 所示，单击 Download files 按钮，显示下载页面，然后选择所需的操作系统安装包下载即可。本书选择的版本为 PyQt5-5.13.1-5.13.1-cp35.cp36.cp37.cp38-none-win_amd64.whl。

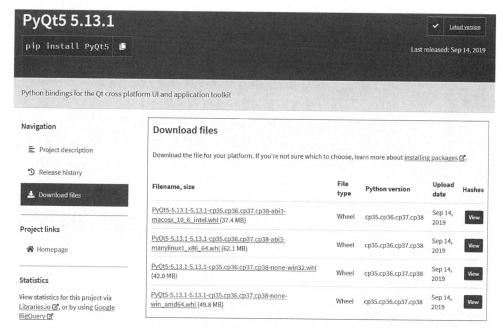

图 15-6 PyQt 5 下载页面

如图 15-7 所示，如果有需要，可以单击 Release history 选择历史版本的安装包。
安装包下载完成后，运行如下命令即可启动安装程序（假设安装包下载到 D:/software 目录）。

```
pip install D:/software/PyQt5-5.13.1-5.13.1-cp35.cp36.cp37.cp38-none-win_amd64.whl
```

安装完成后，如果出现如下提示，说明安装成功。

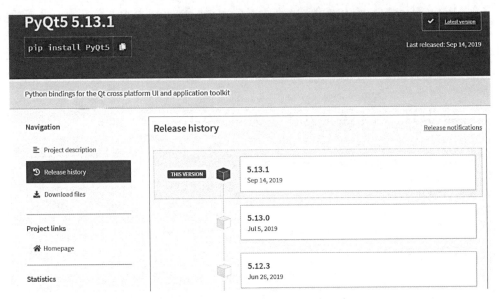

图 15-7　PyQt 的历史版本

```
Successfully installed PyQt5-5.13.1 PyQt5-sip-12.7.0
```

2）安装 PyQt 5-tools

Windows 上最新版的 PyQt 5 安装包中不再提供 Qt 设计师（designer.exe）等模块，因此还需要安装 PyQt 5-tools。运行如下命令可以在线安装 PyQt 5-tools。

```
pip install pyqt5-tools
```

因为上述 pip 命令需要联网下载安装包，如果网络环境较差，可能会出现连接超时导致安装失败的情况。因此，建议先下载离线安装包，然后进行离线安装。离线包下载地址请见本书配套资源中【PyQt 5-tools 离线包下载地址】。

如图 15-8 所示，单击 Download files 按钮，显示下载页面，然后选择所需的操作系统安装包下载即可。本书选择的版本为 pyqt5_tools-5.13.0.1.5-cp37-none-win_amd64.whl。

如图 15-9 所示，如果有需要，可以选择历史版本的安装包。

安装包下载完成后，运行如下命令即可启动安装程序。

```
pip install D:\software\pyqt5_tools-5.13.0.1.5-cp37-none-win_amd64.whl
```

安装完后，就可以使用 PyQt 5 进行开发了。

2. 在 Linux 上搭建 PyQt 5 开发环境

本书所用 Linux 为红帽 Linux，版本为 Linux redhat76 3.10.0-957.el7.x86_64。本书所用 Python 版本为 3.8.1。所有安装包均放在/usr/appsoft 目录中。首先使用 whereis 命令检查开发环境中的 Python 版本号，下列信息表明系统中只安装了 Python 2.x 版本。

```
[root@redhat76 appsoft]# whereis python
python: /usr/bin/python /usr/bin/python2.7 /usr/lib/python2.7 /usr/lib64/python2.7 /etc/python /usr/include/python2.7 /usr/share/man/man1/python.1.gz
```

然后，进入/usr/bin 目录，检查 python 的指向。

第 15 章 PyQt 5基础

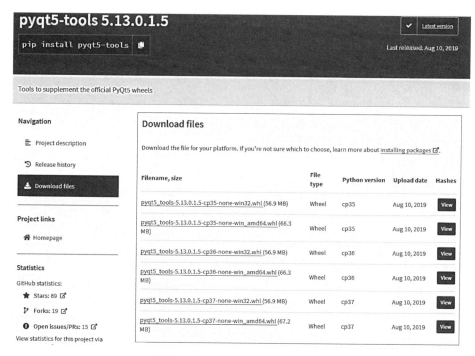

图 15-8 PyQt 5-tools 下载页面

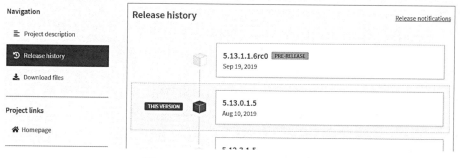

图 15-9 PyQt 5-tools 的历史版本

```
[root@redhat76 appsoft]# cd /usr/bin
[root@redhat76 bin]# ll python*
lrwxrwxrwx. 1 root root 9 12 月 19 10:12 python2 -> python2.7
-rwxr-xr-x. 1 root root 7216 9 月 12 2018 python2.7
lrwxrwxrwx. 1 root root 7 12 月 19 10:12 python.bak -> python2
```

然后用 vim 打开/usr/libexec/urlgrabber-ext-down,将第一行"#! /usr/bin/python"修改为"#! /usr/bin/python2"。修改后的效果如下。

```
#! /usr/bin/python2
# A very simple external downloader、
# Copyright 2011-2012 Zdenek Pavlas
...
```

下载 Python 3.8.1,网址请见本书配套资源中【Python 3.8.1 下载地址】。选择 Python-3.8.1.tgz 并下载,把下载后的文件放到/usr/appsoft 目录中。然后下载 OpenSSL 的安装包

openssl-1.0.2u.tar.gz，下载地址请见本书配套资源中【OpenSSL 下载地址】。安装时将安装包放到/usr/appsoft/中，用 tar 命令解压，然后进行编译安装。

```
[root@redhat76 appsoft]# tar -xvf openssl-1.0.2u.tar.gz
[root@redhat76 appsoft]# cd openssl-1.0.2u
[root@redhat76 openssl-1.0.2u]# ./configure
[root@redhat76 openssl-1.0.2u]# make
[root@redhat76 openssl-1.0.2u]# make install
```

下面编译安装 Python 3.8.1。使用 tar 命令解压然后安装 Python 3.8.1。将 PyQt 5 安装到/usr/local/Python3.8.1 目录。

```
[root@redhat76 appsoft]# tar -xvf Python-3.8.1.tgz
[root@redhat76 Python-3.8.1]# cd Python-3.8.1
[root@redhat76 Python-3.8.1]# ./configure --prefix=/usr/local/Python3.8.1 --with-openssl=/usr/local/ssl --with-ssl-default-suites=python
[root@redhat76 Python-3.8.1]# make
[root@redhat76 Python-3.8.1]# make install
```

Linux 上的 PyQt 5 的下载地址请见本书配套资源中【PyQt 5 离线包下载地址】。安装 PyQt 5 还会用到一些依赖包，一定要注意依赖包与 PyQt 5 的版本相互匹配，否则会因为版本不匹配导致出错。选择 PyQt 5 版本时，要注意选择与 Python 3.8.1 配套的 Linux 版本，也就是含有 cp38 字样的版本，比如 PyQt5-5.13.1-5.13.1-cp35.cp36.cp37.cp38-abi3-manylinux1_x86_64.whl，其中 cp38 表示 Python 3.8，manlinux 表示用于 Linux 的版本。下载 PyQt 5 的依赖包并安装，下载地址请见本书配套资源中【PyQt 5 依赖包下载地址】。所有依赖包都要下载对应 Python 3.8 的版本，如果安装包名称中没有区分小版本号，则只要下载 Python3 版本的即可。下载的依赖包有 pyparsing-2.4.5-py2.py3-none-any.whl、six-1.13.0-py2.py3-none-any.whl、packaging-19.2-py2.py3-none-any.whl、toml-0.10.0-py2.py3-none-any.whl、sip-5.0.1-cp38-cp38-manylinux1_x86_64.whl、PyQt5_sip-12.7.0-cp38-cp38-manylinux1_x86_64.whl、PyQt5-5.14.0-5.14.0-cp35.cp36.cp37.cp38-abi3-manylinux1_x86_64.whl、python_dateutil-2.8.1-py2.py3-none-any.whl、cycler-0.10.0-py2.py3-none-any.whlcycler-0.10.*、numpy-1.18.0-cp38-cp38-manylinux1_x86_64.whl、kiwisolver-1.1.0-cp38-cp38-manylinux1_x86_64.whl、matplotlib-3.1.2-cp38-cp38-manylinux1_x86_64.whl。下载完后，在/usr/appsoft 目录中执行 pip 命令进行安装。安装命令如下。

```
[root@redhat76 appsoft]# pip install    安装包名称
```

在使用 PyQt 5 之前，还要安装两个依赖包 libffi7 和 libffi-devel。这两个依赖包可以从网上找到。下载后，用 rpm 命令安装即可。

```
rpm -i libffi7-3.2.1.git505-2.2.x86_64.rpm
rpm -i libffi-devel-3.2.1.git505-2.2.x86_64.rpm
```

完成安装后，使用 make 命令编译构建 Python 3.8.1，并使用 make install 进行安装，然后再使用 pip 命令安装 PyQt 5。最后，创建 pyuic5、pyrcc5、pylupdate5 快捷方式，这需要修改.bashrc。首先，进入.bashrc 所在目录。

```
# cd
# vi .bashrc
```

然后，为.bashrc 增加如下内容。

```
alias pyrcc5 = 'python -m PyQt5.pyrcc_main'
alias pyuic5 = 'python -m PyQt5.uic.pyuic'
alias pylupdate5 = 'python -m PyQt5.pylupdate_main'
```

如果希望该配置立刻生效,可以使用 source 命令,否则就需要重新登录。

```
# cd
# source .bashrc
```

PyQt 5 安装包中未提供 Qt 语言家(Qt Linguist)。如果需要使用 Qt 的多国语言支持(国际化),建议使用 Linux 版的 Qt 中自带的 linguist 工具。linguist 的用法见 3.1 节。

至此,PyQt 5 开发环境搭建完毕,可以使用 pyuic5 命令验证安装效果。当出现如下信息时说明 PyQt 5 安装成功。

```
# pyuic5
Error: one input ui-file must be specified
```

15.3 案例 61 编写第一个 PyQt 5 程序

本案例对应的源代码目录:src/chapter15/ks15_03。程序运行效果见图 15-10。

1. 开始之前

在开始编写第一个 PyQt 5 程序之前,请先阅读 5.1 节、5.2 节、5.11 节中有关 Qt Designer 使用的内容,以便掌握基本的控件类型、布局方法、控件属性设置等内容。

图 15-10 案例 61 运行效果

2. 设计窗体界面并保存成 UI 文件

使用 PyQt 5 开发界面类应用时,需要先准备界面对应的 UI 文件。可以使用 PyQt 5-tools 中带的 designer.exe 模块设计界面并保存。如图 15-11 所示,designer.exe 模块在 PyQt 5-tools 的安装目录中,比如"%Python 安装目录%\Lib\site-packages\pyqt5_tools\Qt\bin"。

如图 15-12 所示,使用 Qt Designer 绘制一个 QDialog,然后将窗体的 objectName 设置为 CDialog,并将窗体保存为 dialog.ui。

3. 将窗体的 UI 文件转换为 .py 文件

保存窗体的 UI 文件后,需要将它转换为 Python 语言可识别的 .py 文件。PyQt 5-tools 中的 pyuic5 命令可以实现这种转换。执行如下命令将 dialog.ui 转换为 ui_dialog.py。-o 用来指示转换后的 .py 文件名称。转换后的 .py 文件使用"ui_"前缀是为了对源代码文件进行区分,以便明确哪些 .py 文件是人工编写的,哪些文件是通过资源文件转换得到的。

```
pyuic5 -o ui_dialog.py dialog.ui
```

或者换一下顺序也行。

```
pyuic5 dialog.ui -o ui_dialog.py
```

注意:使用 pyuic5 命令将 UI 文件转换为 .py 文件时,为转换后的文件名添加 ui_ 前缀,以便于区分转换得到的临时文件和手工编写的源代码文件。这样,清理临时文件时,可以将带有

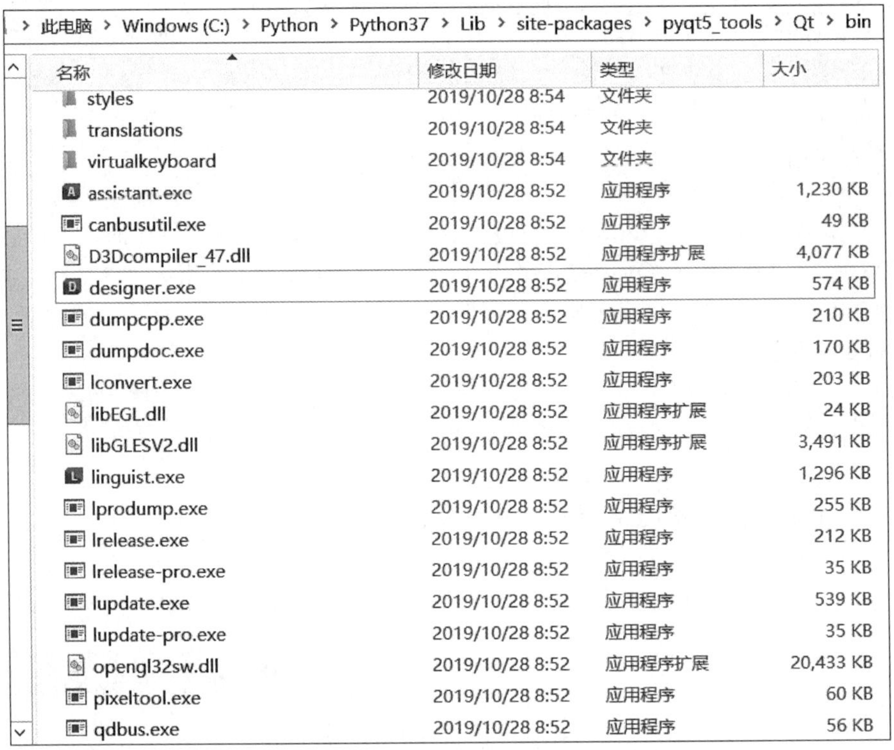

图 15-11　designer.exe 所在目录

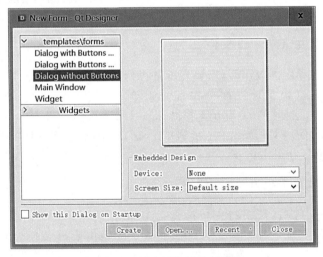

图 15-12　创建无按钮的对话框

ui_前缀的.py 文件清除。

　　转换后得到的 ui_dialog.py 内容见代码清单 15-1。在标号①处的 Ui_CDialog 是窗体的类名，它来自 dialog.ui 中的 objeceName，即 CDialog，只不过前面增加了前缀 Ui_。标号②处是转换时自动生成的界面初始化接口 setupUi()。从代码清单 15-1 可以看出，在对界面 dialog.ui 中的控件进行访问时，可以采用"self.控件名"的形式，比如标号③处的 self.label。

代码清单 15-1

```
# -*- coding: utf-8 -*-
# Form implementation generated from reading ui file 'dialog.ui'
#
# Created by: PyQt5 UI code generator 5.13.0
#
# WARNING! All changes made in this file will be lost!
from PyQt5 import QtCore, QtGui, QtWidgets
class Ui_CDialog(object):                                               ①
    def setupUi(self, CDialog):                                         ②
        CDialog.setObjectName("CDialog")
        CDialog.resize(335, 104)
        self.label = QtWidgets.QLabel(CDialog)                          ③
        self.label.setGeometry(QtCore.QRect(40, 40, 301, 16))
        self.label.setObjectName("label")    self.retranslateUi(CDialog)
        QtCore.QMetaObject.connectSlotsByName(CDialog)    def retranslateUi(self, CDialog):
        _translate = QtCore.QCoreApplication.translate
        CDialog.setWindowTitle(_translate("CDialog", "Dialog"))
        self.label.setText(_translate("CDialog", "This is my first PyQt Application!"))
```

4．界面与业务分离

现在已经得到窗体的 Python 文件，接着要处理界面中的各种业务逻辑。但是，不能把业务逻辑代码写到用 UI 文件转换得到的 .py 文件中，原因是每次使用 pyuic5 命令转换后，得到的 .py 文件都会被重写。因此，要专门编写界面对应的业务类来处理各种业务逻辑，并保存到独立的 .py 文件中，如代码清单 15-2 所示。在标号①处，从 PyQt 5 的 QtWidgets 中导入 QDialog 类。在标号②处，导入整个 ui_dialog 模块，此处的 ui_dialog 指的是用 pyuic5 命令转换得到的 ui_dialog.py。在标号③处，编写界面的业务处理类 CDialog，它的基类 1 为 QDialog，基类 2 为 Ui_CDialog。QDialog 来自窗体的 UI 文件，这是因为设计该窗体时选择了对话框（QDialog）类的窗体；Ui_CDialog 来自 ui_dialog.py，见代码清单 15-1 中标号①处。在标号④处，定义了类的初始化接口 __init__()。在标号⑤处，调用基类的初始化接口，一般情况下，需要先调用基类的初始化接口再编写其他初始化代码。但是也有例外，比如当基类的初始化接口中的参数需要提前初始化的时候，就要先初始化这些参数，再调用基类的初始化接口。在标号⑥处，调用基类 Ui_CDialog 的 setupUi() 接口进行界面初始化，setupUi() 接口的实现见代码清单 15-1 中标号②处。

代码清单 15-2

```
# ks15_01.py
from PyQt5.QtWidgets import QDialog                                     ①
from ui_dialog import *                                                 ②
class CDialog(QDialog, Ui_CDialog) :                                    ③
    def __init__(self, parent = None):                                  ④
        super(CDialog, self).__init__(parent)                           ⑤
        self.setupUi(self)                                              ⑥
```

5．在应用中调用窗体

完成窗体对应的业务类 CDialog 之后，就可以在应用中调用窗体并展示。本案例完整代码见代码清单 15-3。在标号①处，导入 sys 模块。在标号②处，从 PyQt 5 的 QtWidgets 模块中导入 QApplication、QDialog 这两个类。在标号③处，定义 QApplication 对象，在界面类应用中，必须先构建该对象。在标号④处，定义 CDialog 对象，然后将它显示出来。在标号⑤处，调用 app.exec_()启动 app 的事件循环，当单击窗体的【关闭】按钮时，将退出应用。

代码清单 15-3

```python
# ks15_01.py
# -*- coding: utf-8 -*-
import sys                                                          ①
from PyQt5.QtWidgets import QApplication, QDialog                   ②
from ui_dialog import *
class CDialog(QDialog, Ui_CDialog):
    def __init__(self, parent=None):
        super(CDialog, self).__init__(parent)
        self.setupUi(self)
if __name__ == "__main__":
    app = QtWidgets.QApplication(sys.argv)                          ③
    widget = CDialog()                                              ④
    widget.show()
    sys.exit(app.exec_())                                           ⑤
```

注意：在实际开发中，可以将 CDialog 的业务代码单独放到一个文件中，比如 cdialog.py。使用 IDE 调试程序时，当程序运行结束时提示下面英文，表示程序结束。该提示一般在 IDE 中调试时出现，正式运行时不会出现。

the program has terminated with an exit status of 0.

本节以对话框应用为例开发了一个界面类程序。下面简单对 Qt 的界面类应用做一下分类。Qt 的界面大概分为 3 大类：主窗口 QMainWindow、对话框 QDialog、控件 QWidget。其中 QMainWindow 含有菜单栏、工具条，菜单、工具下方的空白区域是主部件区域，可以通过 setCentralWidget()接口为 QMainWindow 设置主部件。QDialog 带有最大化、最小化、关闭按钮，有模态、非模态之分。QWidget 一般用作其他部件的子部件。

15.4 案例 62 给应用加上图片

本案例对应的源代码目录：src/chapter15/ks15_04。程序运行效果见图 15-13。

在界面开发中，使用图片会为应用增色不少，而且图片也能表现出文字无法传达的信息。那么该怎样使用图片呢？

1. 新建.qrc 文件

在 2.3 节讲过手工编辑.qrc 文件的方法，本节将使用 Qt Designer 生成.qrc 文件。如图 15-14 所示，在 Qt Designer 的 Resource Browser 界面中，单击【编辑资源】按钮，弹出 Edit Resource 界面（见图 15-15），然后单击【新

图 15-13 案例 62 运行效果

建资源文件】按钮，弹出 New Resource File 界面（见图 15-16），输入文件名并保存。添加资源后的 Edit Resources 界面如图 15-17 所示，单击 OK 后才会真正保存 ks15_02.qrc 文件，如图 15-18 所示。

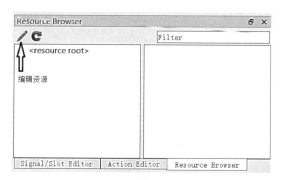

图 15-14　资源浏览器界面

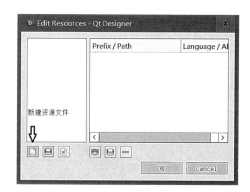

图 15-15　编辑资源界面

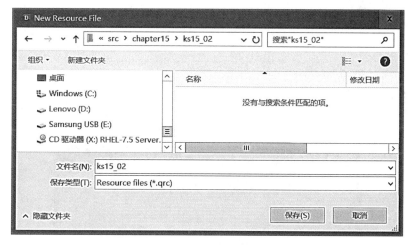

图 15-16　新建资源文件界面

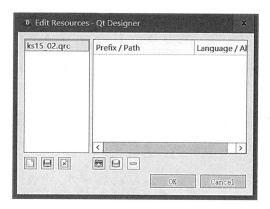

图 15-17　添加资源后的编辑界面

图 15-18　保存后的 ks15_02.qrc

2．添加图片

将提前准备好的图片放到源代码目录的 images 子目录中。如图 15-19 所示，在 Qt Designer 的 Edit Resources 界面中单击 Add Prefix 按钮添加前缀并将前缀设置为 pic。然后，选中 pic 并单击 Add Files 添加图片，见图 15-20。添加图片后的效果见图 15-21。最终的 ks15_02.qrc 内容见代码清单 15-4。

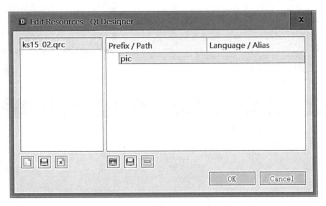

图 15-19　添加前缀/目录

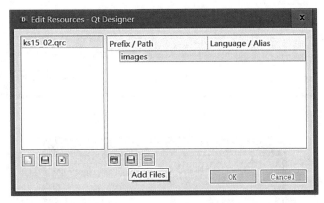

图 15-20　添加图片按钮

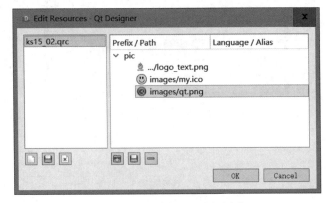

图 15-21　为前缀 pic 添加图片

代码清单 15-4

```
// ks15_02.qrc
<RCC>
  <qresource prefix = "pic">
    <file> images/logo_text.png </file>
    <file> images/my.ico </file>
    <file> images/qt.png </file>
  </qresource>
</RCC>
```

3. 绘制对话框界面并使用图片

如图 15-22 所示，使用 Qt Designer 绘制一个对话框并保存为 dialog.ui。为窗体添加一个 QLabel 文本标签控件，然后设置其 pixmap 属性，见图 15-23。单击 pixmap 属性右侧的三角按钮，然后选择 Choose Resource 菜单项。如图 15-24 所示，在弹出的 Select Resource 界面中，选中 pic 下的 images，然后从图片列表中选择所需图片。然后，使用 pyuic5 命令将 dialog.ui 转换为 ui_dialog.py。

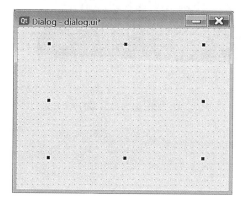

图 15-22　带 QLabel 的对话框界面

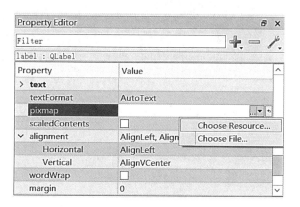

图 15-23　QLabel 控件的 pixmap 属性

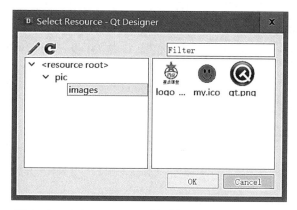

图 15-24　Select Resource 界面中 images 的图片列表

4. 编写业务代码及主程序

参考 15.3 节所讲内容，编写业务代码，见代码清单 15-5。看上去好像完成了整个功能开发，但是当执行 python ks15_02.py 启动程序时，却提示错误，见图 15-25。

代码清单 15-5

```python
#ks15_04.py
# -*- coding: utf-8 -*-
import sys
from PyQt5.QtWidgets import QApplication, QDialog
from ui_dialog import *
class CDialog(QDialog, Ui_CDialog) :
    def __init__(self, parent = None):
        super(CDialog, self).__init__(parent)
        self.setupUi(self)
if __name__ == "__main__":
    app = QtWidgets.QApplication(sys.argv)
    widget = CDialog()
    widget.show()
    sys.exit(app.exec_())
```

```
E:\xingdianketang\project\gui\src\chapter15\ks15_02>python ks15_02.py
Traceback (most recent call last):
  File "ks15_02.py", line 3, in <module>
    from dialog import *
  File "E:\xingdianketang\project\gui\src\chapter15\ks15_02\dialog.py", line 29, in <module>
    import ks15_02_rc
ModuleNotFoundError: No module named 'ks15_02_rc'
```

图 15-25　启动 ks15_02.py 时报错

错误提示的主要内容是找不到模块"ks15_02_rc"，这就需要使用 pyrcc5 将 .qrc 文件转换为 .py 文件。

```
pyrcc5 ks15_02.qrc -o ks15_02_rc.py
```

这时，就可以正常启动程序了。

15.5　案例 63　信号-槽初探——窗口 A 调用窗口 B

本案例对应的源代码目录：src/chapter15/ks15_05。程序运行效果见图 15-26。

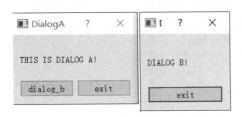

图 15-26　案例 63 运行效果

信号-槽是 Qt 设计的一种界面交互机制，当对象 A 发出信号 s 时，可以触发对象 B 的槽函数 S，这就是 Qt 的信号槽机制。本节介绍 PyQt 5 中信号槽的基本使用方法。本节实现的功能是：当单击对话框 A 中的 dialog_b 按钮时，弹出对话框 B；单击对话框 B 的 exit 按钮时，关闭对话框 B 并返回到对话框 A；单击对话框 A 的 exit 按钮时，关闭对话框 A 并退出程序。

1. 功能开发

从 src.baseline 中将本节的 dialog_a.ui、dialog_b.ui 复制到 src 对应目录。然后，使用 pyuic5 将这两个 UI 文件转换为 .py 文件。修改后的 ks15_03.py 如代码清单 15-6 所示。在标号①处，导入 dialog_b 模块，以便使用其中的对话框。在标号②处，将按钮 dialog_a.py 中对话框类 CDialogA 的 btnDialogB 按钮的单击信号关联到槽函数 slot_invokeDialogB()，该槽函数在标号④处定义。在标号③处,将 btnExit 按钮的单击信号关联到 close()接口,close()由 QDialog 默认提供。在标号④处,定义了槽函数 slot_invokeDialogB。在该槽函数中,在标号⑤处,取得信号发送对象,并将其内容打印到终端。在标号⑥处,构建一个 CDialogB 类型的对象,并显示出来。在标号⑦处,定义了 dialog_b.py 对应的业务处理类 CDialogB,并将其 btnExit 按钮的单击信号关联到 close(),以便在收到信号时关闭该对话框。

代码清单 15-6

```python
#ks15_05.py
# -*- coding: utf-8 -*-
import sys
from PyQt5.QtWidgets import QApplication, QDialog
from ui_dialog_a import *
from ui_dialog_b import *                                              ①
class CDialogA(QDialog, Ui_CDialogA):
    def __init__(self, parent = None):
        super(CDialogA, self).__init__(parent)
        self.setupUi(self)
        self.btnDialogB.clicked.connect(self.slot_invokeDialogB)       ②
        self.btnExit.clicked.connect(self.close)                       ③
    def slot_invokeDialogB(self):                                      ④
        sender = self.sender()                                         ⑤
        print(sender.text() + '按下')
        dialogB = CDialogB()                                           ⑥
        dialogB.exec_()
class CDialogB(QDialog, Ui_CDialogB):                                  ⑦
    def __init__(self, parent = None):
        super(CDialogB, self).__init__(parent)
        self.setupUi(self)
        self.btnExit.clicked.connect(self.close)
if __name__ == "__main__":
    app = QtWidgets.QApplication(sys.argv)
    widget = CDialogA()
    widget.show()
    sys.exit(app.exec_())
```

2. PyQt 5 的控件都有哪些信号、槽函数

那么,PyQt 5 中 Qt Designer 自带的控件都有哪些信号呢?一个简单方法是通过 Qt Designer 进行查询。如图 15-27 所示,在 Signal/Slot Editor(信号-槽编辑)界面中,临时添加

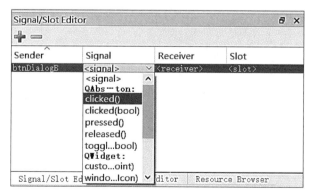

图 15-27　利用 Qt Designer 查询控件的信号、槽函数

一条记录,然后将sender(信号发送者)设置为需要查询的对象,比如btnDialogB按钮,然后在Signal列中就会列出该对象的信号,在这里可以查询它自己的信号以及基类的信号。图15-27中的Signal中,在"QWidget:"之后的信号就是基类QWidget的信号。此外,还可以利用该界面在Slot列中查询Receiver提供了哪些槽函数。

15.6 案例64 编写代码实现控件布局

本案例对应的源代码目录:src/chapter15/ks15_06。程序预览效果见图15-28。

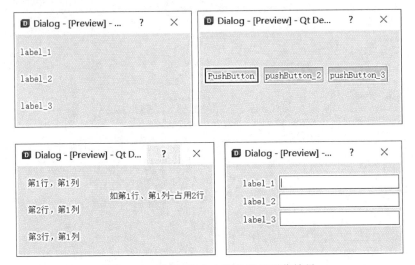

图15-28 案例64中4种布局的预览效果

5.2节介绍了如何使用Qt Designer进行界面控件布局,本节主要讲述通过编写代码实现控件布局的方法。Qt Designer中提供了4种布局控件,见图15-29。如果忘记如何使用代码构建或设置某个布局控件,有一个简单易行的方法:在Qt Designer中使用该布局控件设计一个窗体并保存,并用pyuic5命令将保存的UI文件转换为.py文件,然后查看.py的代码即可。

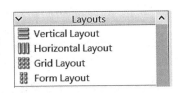

图15-29 布局控件

1. 垂直布局控件 QVBoxLayout

如图15-30所示,垂直布局控件QVBoxLayout提供竖直方向的布局功能。将该界面保存为vboxlayout.ui,并用pyuic5命令转换得到vboxlayout.py,如代码清单15-7所示。在标号①处,构建一个QtWidgets.QWidget类型的成员对象self.verticalLayoutWidget,并将其父设置为对话框Dialog,然后为该成员对象设置名称。在实际开发时,如果已经有父控件对象可用,就无须构建self.verticalLayoutWidget。在标号②处,构建垂直布局控件对象self.verticalLayout,并将其父设置为self.verticalLayoutWidget。在标号③处,设置该布局控件的页边距为0,如果有需要可以将页边距设置为不同的值。在标号④处,将self.label_1添加到布局控件中,然后用相同的方法将另外两个QLabel对象添加到布局控件。

注意：在图 15-30 所示案例中，只是对 3 个 QLabel 对象进行垂直布局，并未对整个窗体进行布局。因此，当窗体拉伸时，布局控件不会跟随窗体一起拉伸。如果希望布局控件跟随窗体一起拉伸，可以在代码清单 15-7 标号①处，不再构建 self.verticalLayoutWidge 对象，在标号②处构建 self.verticalLayout 时，将其父对象设置为窗体 Dialog（或者合适的父控件）即可，也就是把 self.verticalLayout 直接作为整个窗体的布局控件。

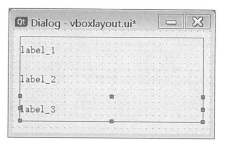

图 15-30　使用 QVBoxLayout 进行垂直布局

代码清单 15-7

```python
# vboxlayout.py
from PyQt5 import QtCore, QtGui, QtWidgets
from ui_vboxlayout import *
class Ui_Dialog(object):
    verticalLayoutWidget = None
    verticalLayout = None
    label_1 = None
    label_2 = None
    label_3 = None
    def setupUi(self, Dialog):
        Dialog.setObjectName("Dialog")
        Dialog.resize(311, 158)
        self.verticalLayoutWidget = QtWidgets.QWidget(Dialog)                                    ①
        self.verticalLayoutWidget.setGeometry(QtCore.QRect(10, 10, 291, 131))
        self.verticalLayoutWidget.setObjectName("verticalLayoutWidget")
        self.verticalLayout = QtWidgets.QVBoxLayout(self.verticalLayoutWidget)                   ②
        self.verticalLayout.setContentsMargins(0, 0, 0, 0)                                       ③
        self.verticalLayout.setObjectName("verticalLayout")
        self.label_1 = QtWidgets.QLabel(self.verticalLayoutWidget)
        self.label_1.setObjectName("label_1")
        self.verticalLayout.addWidget(self.label_1)                                              ④
        self.label_2 = QtWidgets.QLabel(self.verticalLayoutWidget)
        self.label_2.setObjectName("label_2")
        self.verticalLayout.addWidget(self.label_2)
        self.label_3 = QtWidgets.QLabel(self.verticalLayoutWidget)
        self.label_3.setObjectName("label_3")
        self.verticalLayout.addWidget(self.label_3)
        self.retranslateUi(Dialog)
        QtCore.QMetaObject.connectSlotsByName(Dialog)
    def retranslateUi(self, Dialog):
        _translate = QtCore.QCoreApplication.translate
        Dialog.setWindowTitle(_translate("Dialog", "Dialog"))
        self.label_1.setText(_translate("Dialog", "label_1"))
        self.label_2.setText(_translate("Dialog", "label_2"))
        self.label_3.setText(_translate("Dialog", "label_3"))
```

2. 水平布局控件 QHBoxLayout

如图 15-31 所示，水平布局控件 QHBoxLayout 提供水平方向的布局功能。将该界面保存为 hboxlayout.ui，并用 pyuic5 命令转换得到 hboxlayout.py，见代码清单 15-8。在标号①

处，构建一个QtWidgets.QWidget类型的成员对象self.horizontalLayoutWidget，并将其父设置为对话框Dialog，然后为该成员对象设置对象名称。在实际开发时，如果已经有父控件对象可用，就无须构建self.horizontalLayoutWidget。在标号②处，构建水平布局控件对象self.horizontalLayout，并将其父设置为self.horizontalLayoutWidget。在标号③处，设置该布局控件的页边距为0，如果有需要可以将页边距设置为不同的值。在标号④处，将self.pushButton_1添加到布局控件中，然后用相同的方法将另外两个QPushButton对象添加到布局控件。同样，在图15-31所示的案例中，水平布局控件也未参与整个对话框的布局，因此无法跟随整个对话框进行拉伸，如果希望水平布局控件跟随对话框一起拉伸，方法跟垂直布局控件中介绍的一样，也是直接将水平布局控件的父设置为整个对话框（或者合适的父控件）即可。

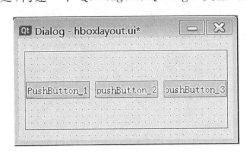

图15-31 使用QHBoxLayout进行水平布局

代码清单15-8

```
# hboxlayout.py
from PyQt5 import QtCore, QtGui, QtWidgets
from ui_hboxlayout import *
class Ui_Dialog(object):
    horizontalLayoutWidget = None
    horizontalLayout = None
    pushButton_1 = None
    pushButton_2 = None
    pushButton_3 = None
    def setupUi(self, Dialog):
        Dialog.setObjectName("Dialog")
        Dialog.resize(352, 160)
        self.horizontalLayoutWidget = QtWidgets.QWidget(Dialog)                              ①
        self.horizontalLayoutWidget.setGeometry(QtCore.QRect(10, 10, 319, 131))
        self.horizontalLayoutWidget.setObjectName("horizontalLayoutWidget")
        self.horizontalLayout = QtWidgets.QHBoxLayout(self.horizontalLayoutWidget)           ②
        self.horizontalLayout.setContentsMargins(0, 0, 0, 0)                                 ③
        self.horizontalLayout.setObjectName("horizontalLayout")
        self.pushButton_1 = QtWidgets.QPushButton(self.horizontalLayoutWidget)
        self.pushButton_1.setObjectName("pushButton_1")
        self.horizontalLayout.addWidget(self.pushButton_1)                                   ④
        self.pushButton_2 = QtWidgets.QPushButton(self.horizontalLayoutWidget)
        self.pushButton_2.setObjectName("pushButton_2")
        self.horizontalLayout.addWidget(self.pushButton_2)
        self.pushButton_3 = QtWidgets.QPushButton(self.horizontalLayoutWidget)
        self.pushButton_3.setObjectName("pushButton_3")
        self.horizontalLayout.addWidget(self.pushButton_3)
        self.retranslateUi(Dialog)
        QtCore.QMetaObject.connectSlotsByName(Dialog)
    def retranslateUi(self, Dialog):
        _translate = QtCore.QCoreApplication.translate
        Dialog.setWindowTitle(_translate("Dialog", "Dialog"))
        self.pushButton_1.setText(_translate("Dialog", "PushButton"))
        self.pushButton_2.setText(_translate("Dialog", "pushButton_2"))
        self.pushButton_3.setText(_translate("Dialog", "pushButton_3"))
```

3. 网格布局控件 QGridLayout

如图 15-32 所示，网格布局控件 QGridLayout 提供网格布局功能。将该界面保存为 gridlayout.ui，并用 pyuic5 命令转换得到 gridlayout.py，见代码清单 15-9。在标号①处，构建一个 QtWidgets. QWidget 类型的成员对象 self. gridLayoutWidget，并将其父设置为对话框 Dialog，然后为该成员对象设置对象名称。在实际开发时，如果已经有父控件对象可用，就无须构建 self. gridLayoutWidget。在标号②处，构建网格布局控件对象 self. gridLayout，并将其父设置为 self. gridLayoutWidget。在标号③处，设置该布

图 15-32 使用 QGridLayout 进行网格布局

局控件的页边距为 0，如果有需要可以将页边距设置为不同的值。在标号④处，将 self. label_2 添加到布局控件中，然后用相同的方法将另外几个 QLabel 对象添加到布局控件。如果希望布局控件跟随对话框一起拉伸，方法跟垂直布局控件中介绍的一样，也是直接将布局控件的父设置为整个对话框（或者合适的父控件）即可。需要注意的是图 15-32 中，控件【第 3 行、第 1 列】扩展到整行（即占用所有列），而控件【占用两行的第 1 行、第 1 列】扩展 2 行，要实现这个效果，需要在标号④处调用 addWidget() 接口时，设置行扩展、列扩展参数。addWidget() 的原型见代码清单 15-10，其中：rowSpan 表示该控件扩展的行数，默认为 1（只占 1 行）；columnSpan 表示该控件扩展的列数，默认为 1（只占 1 列）。因为图 15-32 中的【占用两行的第 1 行、第 1 列】扩展 2 行，所以在代码清单 15-9 中标号⑤处，将该控件设置为第 0 行、第 1 列、占用 2 行、占用 1 列。因为图 15-32 中的【第 3 行、第 1 列】扩展到整行，所以在代码清单 15-9 标号⑥处，将该控件设置为第 2 行、第 0 列、占用 1 行、占用 2 列。

代码清单 15-9

```
# gridlayout.py
from PyQt5 import QtCore, QtGui, QtWidgets
from ui_gridlayout import *
class Ui_Dialog(object):
    gridLayoutWidget = None
    gridLayout = None
    label_1 = None
    label_2 = None
    label_3 = None
    label_4 = None
    def setupUi(self, Dialog):
        Dialog.setObjectName("Dialog")
        Dialog.resize(348, 154)
        self.gridLayoutWidget = QtWidgets.QWidget(Dialog)                                    ①
        self.gridLayoutWidget.setGeometry(QtCore.QRect(20, 10, 311, 131))
        self.gridLayoutWidget.setObjectName("gridLayoutWidget")
        self.gridLayout = QtWidgets.QGridLayout(self.gridLayoutWidget)                       ②
        self.gridLayout.setContentsMargins(0, 0, 0, 0)                                       ③
        self.gridLayout.setObjectName("gridLayout")
        self.label_2 = QtWidgets.QLabel(self.gridLayoutWidget)
        self.label_2.setObjectName("label_2")
        self.gridLayout.addWidget(self.label_2, 1, 0, 1, 1)                                  ④
```

```python
        self.label_4 = QtWidgets.QLabel(self.gridLayoutWidget)
        self.label_4.setObjectName("label_4")
        self.gridLayout.addWidget(self.label_4, 0, 1, 2, 1)                        ⑤
        self.label_1 = QtWidgets.QLabel(self.gridLayoutWidget)
        self.label_1.setObjectName("label_1")
        self.gridLayout.addWidget(self.label_1, 0, 0, 1, 1)
        self.label_3 = QtWidgets.QLabel(self.gridLayoutWidget)
        self.label_3.setObjectName("label_3")
        self.gridLayout.addWidget(self.label_3, 2, 0, 1, 2)                        ⑥
        self.retranslateUi(Dialog)
        QtCore.QMetaObject.connectSlotsByName(Dialog)
    def retranslateUi(self, Dialog):
        _translate = QtCore.QCoreApplication.translate
        Dialog.setWindowTitle(_translate("Dialog", "Dialog"))
        self.label_2.setText(_translate("Dialog", "第 2 行,第 1 列"))
        self.label_4.setText(_translate("Dialog", "第 1 行,第 1 列"))
        self.label_1.setText(_translate("Dialog", "第 1 行,第 1 列"))
        self.label_3.setText(_translate("Dialog", "第 3 行,第 1 列"))
```

代码清单 15-10

```
void QGridLayout::addItem (QLayoutItem * item, int row, int column, int rowSpan = 1, int
columnSpan = 1, Qt::Alignment alignment = ...)
```

4. 表单布局控件 QFormLayout

如图 15-33 所示,表单布局控件 QFormLayout 提供表单布局功能。将该界面保存为

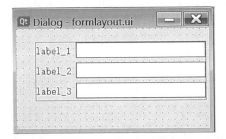

图 15-33 使用 QFormLayout 进行表单布局

formlayout.ui,并用 pyuic5 命令转换得到 formlayout.py,见代码清单 15-11。在标号①处,构建一个 QtWidgets.QWidget 类型的成员对象 self.formLayoutWidget,并将其父设置为对话框 Dialog,然后为该成员对象设置对象名称。在实际开发时,如果已经有父控件对象可用,就无须构建 self.formLayoutWidget。在标号②处,构建表单布局控件对象 self.formLayout,并将其父设置为 self.formLayoutWidget。在标号③处,设置该布局控件的页边距为 0,如果有需要可以将页边距设置为不同的值。在标号④处,将 self.label 添加到布局控件中第 0 行,角色为 QtWidgets.QFormLayout.LabelRole。在标号⑤处,将 self.lineEdit 添加到布局控件中第 0 行,角色为 QtWidgets.QFormLayout.FieldRole。然后用相同的方法将另外几组对象添加到布局控件。如果希望布局控件跟随对话框一起拉伸,方法跟垂直布局控件中介绍的一样,也是直接将布局控件的父设置为整个对话框(或者合适的父控件)即可。

代码清单 15-11

```python
# formlayout.py
from PyQt5 import QtCore, QtGui, QtWidgets
from ui_formlayout import *
class Ui_Dialog(object):
    formLayoutWidget = None
    formLayout = None
    label_1 = None
```

```
        label_2 = None
        label_3 = None
        lineEdit = None
        lineEdit_2 = None
        lineEdit_3 = None
    def setupUi(self, Dialog):
        Dialog.setObjectName("Dialog")
        Dialog.resize(306, 154)
        self.formLayoutWidget = QtWidgets.QWidget(Dialog)                                    ①
        self.formLayoutWidget.setGeometry(QtCore.QRect(30, 20, 271, 91))
        self.formLayoutWidget.setObjectName("formLayoutWidget")
        self.formLayout = QtWidgets.QFormLayout(self.formLayoutWidget)                       ②
        self.formLayout.setContentsMargins(0, 0, 0, 0)                                       ③
        self.formLayout.setObjectName("formLayout")
        self.label = QtWidgets.QLabel(self.formLayoutWidget)
        self.label.setObjectName("label")
        self.formLayout.setWidget(0, QtWidgets.QFormLayout.LabelRole, self.label)            ④
        self.lineEdit = QtWidgets.QLineEdit(self.formLayoutWidget)
        self.lineEdit.setObjectName("lineEdit")
        self.formLayout.setWidget(0, QtWidgets.QFormLayout.FieldRole, self.lineEdit)         ⑤
        self.label_2 = QtWidgets.QLabel(self.formLayoutWidget)
        self.label_2.setObjectName("label_2")
        self.formLayout.setWidget(1, QtWidgets.QFormLayout.LabelRole, self.label_2)
        self.lineEdit_2 = QtWidgets.QLineEdit(self.formLayoutWidget)
        self.lineEdit_2.setObjectName("lineEdit_2")
        self.formLayout.setWidget(1, QtWidgets.QFormLayout.FieldRole, self.lineEdit_2)
        self.label_3 = QtWidgets.QLabel(self.formLayoutWidget)
        self.label_3.setObjectName("label_3")
        self.formLayout.setWidget(2, QtWidgets.QFormLayout.LabelRole, self.label_3)
        self.lineEdit_3 = QtWidgets.QLineEdit(self.formLayoutWidget)
        self.lineEdit_3.setObjectName("lineEdit_3")
        self.formLayout.setWidget(2, QtWidgets.QFormLayout.FieldRole, self.lineEdit_3)
        self.retranslateUi(Dialog)
        QtCore.QMetaObject.connectSlotsByName(Dialog)
    def retranslateUi(self, Dialog):
        _translate = QtCore.QCoreApplication.translate
        Dialog.setWindowTitle(_translate("Dialog", "Dialog"))
        self.label.setText(_translate("Dialog", "label_1"))
        self.label_2.setText(_translate("Dialog", "label_2"))
        self.label_3.setText(_translate("Dialog", "label_3"))
```

15.7 案例 65 在窗体 A 中嵌入自定义控件 B

本案例对应的源代码目录：src/chapter15/ks15_07。程序运行效果见图 15-34。

在开发界面类应用时，有时候需要开发人员自行设计子控件，然后将子控件应用到不同的界面中。本节将介绍如何把自定义的控件嵌入其他界面。在 src.baseline 中已经为本案例提供了对话框 CDialog 和自定义控件 Widget 的资源文件，现在只需要把控件嵌入对话框即可。

1. 在对话框中添加占位控件

使用 Qt Designer 打开 src.baseline 中的 dialog.ui，并为其添加占位控件，占位控件的类型可以选择 Frame 或者 Widget，如图 15-35 所示。添加占位控件的目的是利用 Qt Designer

图 15-34 案例 65 运行效果

进行图形化布局,使用代码进行布局显然不如使用 Qt Designer 来得直观、方便。添加占位控件后的效果见图 15-36。将占位控件的 objeceName 设置为 placeHolderwidget。该占位控件将作为嵌入控件的父控件。

2. 将对话框及控件的 UI 文件转换为 .py 文件

使用 pyuic5 命令将 dialog.ui、widget.ui 转换为 .py 文件。

3. 编写控件的业务类

在 ks15_07.py 中添加占位控件的业务类 CWidget,见代码清单 15-12。在标号①处,需要导入 QWidget 类,因为 CWidget 的基类是 QWidget。

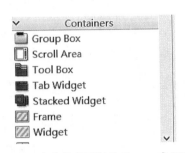

图 15-35 占位控件可以选 Frame 或 Widget

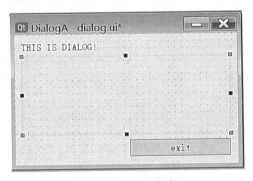

图 15-36 占位控件

代码清单 15-12

```
# ks15_07.py
# - * - coding: utf - 8 - * -
from PyQt5.QtWidgets import QApplication, QDialog, QWidget    ①
    ...
class CWidget(QWidget, Ui_CWidget):
    def __init__(self, parent = None):
        super(CWidget, self).__init__(parent)
        self.setupUi(self)
```

4. 将控件嵌入对话框中

在 ks15_07.py 中添加占位控件的业务类 CWidget,见代码清单 15-13。在标号①处,导入嵌入控件所在的 widget 模块。在标号②处,构建一个网格布局对象,并为其设置对象名称。在标号③处,构建嵌入的子控件 widget,并将其父对象设置为占位控件 self.placeHolderwidget。在标号④处,将嵌入的子控件添加到网格布局。

代码清单 15-13

```
# ks15_07.py
# - * - coding: utf - 8 - * -
```

```
import sys
from PyQt5.QtWidgets import QApplication, QDialog, QWidget
from ui_dialog import *
from ui_widget import *
class CDialog(QDialog, Ui_CDialog) :                                            ①
    def __init__(self, parent = None):
        super(CDialog, self).__init__(parent)
        self.setupUi(self)
        self.btnExit.clicked.connect(self.close)
        gridLayout = QtWidgets.QGridLayout(self.placeHolderwidget)              ②
        gridLayout.setObjectName("widgetGridLayoutWidget")
        widget = CWidget(self.placeHolderwidget);                               ③
        widget.setObjectName("widget")
        widget.setMinimumHeight(200)
        gridLayout.addWidget(widget, 0, 0)                                      ④
class CWidget(QWidget, Ui_CWidget) :
    def __init__(self, parent = None):
        super(CWidget, self).__init__(parent)
        self.setupUi(self)
if __name__ == "__main__":
    app = QtWidgets.QApplication(sys.argv)
    dialog = CDialog()
    dialog.show()
    sys.exit(app.exec_())
```

15.8 案例 66 使用 QLabel 显示 GIF 动画

本案例对应的源代码目录：src/chapter15/ks15_08。程序运行效果见图 15-37。

QLabel 除了显示文字信息，还可以显示超链接、图片等内容。QLabel 在 Qt Designer 中的位置见图 15-38。

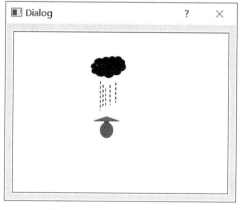

图 15-37 案例 66 运行效果

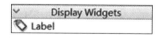

图 15-38 QLabel 在 Qt Designer 中的位置

本节介绍如何使用 QLabel 展示 GIF 动画。展示 GIF 动画，需要用到 QMovie 类，该类在 QtGui 模块中。src.baseline 中本节的 images 目录中已经提供了 GIF 动画文件，并且准备了 dialog.ui 文件，只需要把 GIF 动画跟 QLabel 建立关联即可。

1. 建立 .qrc 文件

利用 15.4 节介绍的知识,为项目构建 .qrc 文件,取名为 ks15_08.qrc,然后利用 pyrcc5 命令将 ks15_08.qrc 转换为 ks15_08_rc.py。

2. 构建 QMovie 对象并与 QLabel 建立关联

将 dialog.ui 文件转换为 ui_dialog.py 文件。修改 ks15_08.py,修改 CDialog 类,见代码清单 15-14。在标号①、标号②处,导入 QSize 类、QMovie 类。在标号③处,将对话框显示出来,该行代码的作用在于使 self.label 先按照正常尺寸显示一次,以便后续代码获取 self.label 的尺寸时不会出现问题,self.label 将被用来显示 GIF 动画。如果感兴趣,可以将标号③处的代码封掉,看看会发生什么。在标号④处,使用 images 目录下的 rainman.gif 文件构建 QMovie 对象,请注意文件名的拼写规则。在标号⑤处,获取显示 GIF 动画的 QLabel 控件的尺寸,以便在标号⑥处使该尺寸更新 QMovie 对象的尺寸。如果封掉标号③处的代码,该尺寸将发生变化。在标号⑦处,为 self.label 设置动画对象。在标号⑧处,启动动画。

代码清单 15-14

```
# ks15_08.py
# -*- coding: utf-8 -*-
import sys
from PyQt5.QtWidgets import QApplication, QDialog
from PyQt5.QtCore import QSize                                  ①
from PyQt5.QtGui import QMovie                                  ②
from ui_dialog import *
class CDialog(QDialog, Ui_CDialog):
    def __init__(self, parent = None):
        super(CDialog, self).__init__(parent)
        self.setupUi(self)
        self.show()                                             ③
        movie = QtGui.QMovie(":pic/images/rainman.gif");        ④
        size = QSize(self.label.geometry().size())              ⑤
        movie.setScaledSize(size);                              ⑥
        # print("w = %d, h = %d" % (size.width(), size.height()))
        self.label.setMovie(movie);                             ⑦
        movie.start();                                          ⑧
if __name__ == "__main__":
    app = QtWidgets.QApplication(sys.argv)
    widget = CDialog()
    widget.show()
    sys.exit(app.exec_())
```

15.9 案例 67 使用 QLineEdit 获取多种输入

本案例对应的源代码目录:src/chapter15/ks15_09。程序运行效果见图 15-39。

行编辑器 QLineEdit 可以用来获取用户键盘输入的信息。QLineEdit 在 Qt Designer 中的位置见图 15-40。可以用 QLineEdit 获取用户输入的地址、姓名等信息,也可以用它获取用户输入的密码。

图 15-39 案例 67 运行效果

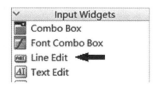

图 15-40 QLineEdit 在 Qt Designer 中的位置

本节将通过两个对话框展示文本框的几种常用功能。图 15-39 所示的左侧对话框主要演示输入密码功能，图 15-39 所示的右侧对话框主要演示输入数字、对输入内容进行格式化展示等功能。本案例的 C++ 版本见 6.2 节。

1. 输入密码

本节以 src.baseline 下的 ks15-09 的代码为基础进行开发。用 Designer 打开 dialog.ui 文件，并且向其中添加两个 QLabel，分别设置显示的文本为"姓名""密码"。然后，在两个 QLabel 的右侧各自添加一个 QLineEdit，分别用来供用户输入姓名、密码。对于用来编辑姓名的 QLineEdit，不用做特殊设置。如果希望获取姓名字符串，可以调用 QLineEdit 的 text() 接口。如果希望设置 QLineEdit 中的文本，可以调用 QLineEdit 的 setText() 接口。对于用来编辑密码的控件来说，应该隐藏密码，否则显示在界面上的密码就不叫密码了。Qt 提供了 EchoMode 属性用来实现该功能。EchoMode 的取值及含义见表 6-1（见 6.2 节）。如果希望把用户输入作为密码，则可以根据具体的需求使用表 6-1（见 6.2 节）中 3 个非零值。可以通过 setEchoMode() 接口来修改该值。如果希望 QLineEdit 控件接受拖放，则可以设置 dragEanbled 为 True。如果暂时不希望用户对行编辑控件进行修改，可以设置 readOnly 为 True。使用 pyuic5 将 dialog.ui、infodialog.ui 转换为 ui_dialog.py、ui_infodialog.py。修改 ks15_09.py 并增加 CDialog 类，见代码清单 15-15。

代码清单 15-15

```
# ks15_09.py
# -*- coding: utf-8 -*-
import sys
from PyQt5.QtWidgets import QApplication, QDialog
from ui_dialog import *
class CDialog(QDialog, Ui_CDialog):
    def __init__(self, parent = None):
        super(CDialog, self).__init__(parent)
        self.setupUi(self)
        self.buttonBox.accepted.connect(self.slot_accept)                    ①
        self.buttonBox.rejected.connect(self.reject)                         ②
        # 设置密码的 echoMode
        self.lePassword.setEchoMode(QtWidgets.QLineEdit.Password);           ③
        self.lePassword.setPlaceholderText("please input password.");        ④
    def slot_accept(self):
```

```
            infodialog = CInfoDialog(self)                         ⑤
            infodialog.exec()
if __name__ == "__main__":
    app = QtWidgets.QApplication(sys.argv)
    widget = CDialog()
    widget.show()
    sys.exit(app.exec_())
```

代码清单 15-15 中，在标号①处，将 OK、Cancel 按钮组的 accepted 信号关联到槽函数 slot_accept()，单击 OK 时会发出 accepted 信号。在标号②处，将 OK、Cancel 按钮组的 rejected 信号关联到 QDialog 自带的槽函数 self.reject()。在标号③处，设置密码编辑控件的模式为 QtWidgets.QLineEdit.Password，并且在标号④处设置了提示用的文本"please input password."。如标号⑤处所示，槽函数 slot_accepted() 的功能是，在对话框关闭时弹出 CInfoDialog 对话框。

2. 格式化输入

在对话框 CInfoDialog 中，演示 QLineEdit 的掩码、输入有效性检测等格式化输入功能，对话框中的 QCheckBox 用来控制是否允许编辑。如代码清单 15-16 所示，首先，导入 QtGui、QtCore 模块中的相关类。在标号①、标号②处，将 OK、Cancel 按钮组的信号关联到相关槽函数。在标号③处，将控制是否允许编辑的 QCheckBox 的 stateChanged 信号关联到槽函数 slot_editEnabled。在标号④处，构建 QIntValidator 对象并为表示身高的控件 leStature 设置有效性检查对象，目的是限制用户输入的身高处于范围为 0～300。接下来演示格式化输入功能，生日就属于这种情况，其格式为年-月-日，在标号⑤处，为生日控件设置输入掩码，以确保用户输入 4 位数字的年、2 位数字的月、2 位数字的日。setInputMask() 的掩码字符见表 6-2（见 6.2 节），掩码案例见表 6-3（见 6.2 节）。在标号⑥处，设置光标的默认位置。下面演示输入手机号的一种方案，在标号⑦处，构造一个正则表达式对象，它的约束为"^1[3|4|5|8][0-9][0-9]{8}"，该正则表达式的解释见表 6-4（见 6.2 节）。在标号⑧处，为手机号输入控件设置有效性检查对象。在标号⑨处，调用 setInputMask() 设置输入的掩码字符为"♯00-000-00000000"。如表 6-2 所示，♯表示可以输入数字或加减号，可用来输入电话号码中国家区号前面的＋号；后面的"00-000-00000000"一共分 3 段，分别表示国家区号、手机号码段、手机剩余号码。标号⑩处，提供了槽函数 slot_editEnabled() 的定义，用来更新界面的允许编辑状态。

代码清单 15-16

```
# ks15_09.py
# -*- coding: utf-8 -*-
import sys
from PyQt5.QtWidgets import QApplication, QDialog
from PyQt5.QtGui import QIntValidator, QRegExpValidator
from PyQt5.QtCore import QRegExp
from ui_dialog import *
from ui_infodialog import *
class CDialog(QDialog, Ui_CDialog):
    def __init__(self, parent = None):
        super(CDialog, self).__init__(parent)
        self.setupUi(self)
        self.buttonBox.accepted.connect(self.slot_accept)
```

```python
            self.buttonBox.rejected.connect(self.reject)
            # 设置密码的 echoMode
            self.lePassword.setEchoMode(QtWidgets.QLineEdit.Password);
            self.lePassword.setPlaceholderText("please input password.");
    def slot_accept(self) :
        infodialog = CInfoDialog(self)
        infodialog.exec()
class CInfoDialog(QDialog, Ui_CInfoDialog) :
    def __init__(self, parent = None):
        super(CInfoDialog, self).__init__(parent)
        self.setupUi(self)
        self.buttonBox.accepted.connect(self.accept)                              ①
        self.buttonBox.rejected.connect(self.reject)                              ②
        self.ckEditable.stateChanged.connect(self.slot_editEnabled)               ③
        # setValidator for leStature, min:0cm, max:300cm
        self.leStature.setValidator(QIntValidator(0, 300, self.leStature));       ④
        # setMask for leBirthday, 年年年年 - 月月 - 日日
        self.leBirthday.setInputMask("0000 - 00 - 00");                           ⑤
        self.leBirthday.setText("00000000");
        self.leBirthday.setCursorPosition(0);                                     ⑥
        # mask & validator, 单纯使用 mask 无法约束数值的范围
        regExp = QRegExp("^1[3|4|5|8][0-9][0-9]{8}");                             ⑦
        self.lePhone.setValidator(QRegExpValidator(regExp, self.lePhone));        ⑧
        self.lePhone.setInputMask("#00 - 000 - 00000000"); # eg. + 86 - 135 - 87989898  ⑨
        self.lePhone.setText(" + 00 - 000 - 00000000");

    def slot_editEnabled(self, b) :                                               ⑩
        self.leName.setEnabled(b);
        self.leStature.setEnabled(b);
        self.leBirthday.setEnabled(b);
        self.lePhone.setEnabled(b);
if __name__ == "__main__":
    app = QtWidgets.QApplication(sys.argv)
    widget = CDialog()
    widget.show()
    sys.exit(app.exec_())
```

15.10 案例 68 使用 QComboBox 获取用户输入

本案例对应的源代码目录：src/chapter15/ks15_10。程序运行效果见图 15-41。

下拉列表框 QComboBox 也是 PyQt 界面开发中常用的输入控件，下拉列表框在 Qt Designer 中的位置见图 15-42。可以向下拉列表框中添加数据并且以文本、图标等方式展示。

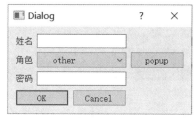

图 15-41 案例 68 运行效果

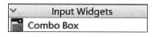

图 15-42 Qt Designer 中的下拉列表框

本节介绍下拉列表框的基本使用方法。本节的案例也需要使用 Designer 自定义一个对话框。其中，获取姓名和密码的控件均采用 QLineEdit。获取角色的控件使用 QComboBox。本案例实现如下功能。

（1）在表示角色的下拉列表框中选择 admin、guest、user 等选项。

（2）当单击 popup 按钮时将下拉列表框弹出。

下面分为初始化界面和实现槽函数两个步骤进行介绍。首先，将 src.baseline 中本节内容复制到 src 下对应目录。然后用 pyuic5 将 dialog.ui 转换为 dialog.py，再用 pyrcc5 将 ks15_10.qrc 转换为 ks15_10_rc.py。

1. 为 CDialog 添加枚举定义

因为下拉列表框中显示的是文本，需要为这些下拉项定义对应的枚举，便于在编写代码时区分这些下拉项。为 CDialog 添加枚举 EUserType，见代码清单 15-17。在标号①处，导入 enum 模块中的 Enum 类，这是定义枚举时需要做的。在标号②处，定义枚举 EUserType，该类从 Enum 派生。然后定义枚举值 EUserType_Invalid 等。之所以把枚举定义在类 CDialog 的内部，就是为了防止名称污染，这样很自然地就把这些枚举值同全局命名空间的枚举值区分开来。

代码清单 15-17

```
# ks15_10.py
# -*- coding: utf-8 -*-
import sys
    ...
from enum import Enum                                          ①
class CDialog(QDialog, Ui_CDialog):
    class EUserType(Enum):                 # 用户角色枚举         ②
        EUserType_Invalid = 0              # 无效
        EUserType_Admin = 1                # 管理员
        EUserType_User = 2                 # 普通用户
        EUserType_Guest = 3                # guest 用户
        EUserType_Other = 4                # 其他
        EUserType_Max = 5                  # 最大值
    def __init__(self, parent = None):
        super(CDialog, self).__init__(parent)
        self.setupUi(self)
if __name__ == "__main__":
    app = QApplication(sys.argv)
    widget = CDialog()
    widget.show()
    sys.exit(app.exec_())
```

2. 修改 CDialog 的初始化接口

修改 CDialog 的初始化接口，为下拉列表框添加下拉项。如代码清单 15-18 所示，在代码的开头部分导入所需的类 QMessageBox、QIcon 等，并导入资源文件模块 ks15_10_rc。在标号①处，为下拉列表框 cbRole 添加第 0 项，该项显示的文本为 user，它对应的业务数据为枚举值 self.EUserType.EUserType_User。在标号②处添加 guest，目前该项是第 1 项，标号③处给出了为项设置业务数据的另一种方法，为当前的第 1 项（即 guest）设置对应的业务数据为枚举值 self.EUserType.EUserType_Guest。在标号④处添加 other 项，指定该项对应的图标为

":/images/other.png",指定该项对应的业务数据为 self.EUserType.EUserType_Other。在标号⑤处,将字符串列表中的内容作为 3 个项追加到下拉列表框中,请注意,此处并未对这几个项设置对应的数值。在标号⑥处,演示了如何在指定项(第 0 项,即 user)之前插入 1 个项 admin,新插入的项对应的数值为 self.EUserType.EUserType_Admin,插入后 user 的序号将从 0 变成 1。在标号⑦处开始的几行代码将信号-槽进行关联。

代码清单 15-18

```
# ks15_10.py
# -*- coding: utf-8 -*-
import sys
from PyQt5.QtWidgets import QApplication, QDialog, QMessageBox
from PyQt5.QtGui import QIcon
from ui_dialog import *
from enum import Enum
import ks15_10_rc
class CDialog(QDialog, Ui_CDialog) :
    class EUserType(Enum) :                          # 用户角色枚举
        ...
    def __init__(self, parent = None) :
        super(CDialog, self).__init__(parent)
        self.setupUi(self)
        # addItem, 当前第 0 条
        self.cbRole.addItem("user", self.EUserType.EUserType_User);          ①
        # 当前第 1 条
        self.cbRole.addItem("guest");                                        ②
        self.cbRole.setItemData(1, self.EUserType.EUserType_Guest);          ③
        self.cbRole.addItem(QIcon(":/images/other.png"), "other", self.EUserType.EUserType_
Other);                                                                      ④
        strList = ["maintain", "security", "owner"]
        self.cbRole.addItems(strList);                                       ⑤
        # 在 user 之前插入一条记录.将在第 0 条之前插入,"admin"将变为第 0 条
        self.cbRole.insertItem(0, "admin", self.EUserType.EUserType_Admin);  ⑥
        # 修改完 cbRole 的数据后再关联信号-槽
        self.cbRole.currentIndexChanged.connect(self.slot_cbRoleChanged)     ⑦
        self.buttonBox.accepted.connect(self.accept)
        self.buttonBox.rejected.connect(self.reject)
        self.btnPopup.clicked.connect(self.slot_popup)
if __name__ == "__main__":
    app = QApplication(sys.argv)
    widget = CDialog()
    widget.show()
    sys.exit(app.exec_())
```

3. 实现槽函数

如代码清单 15-19 所示,在标号①处,槽函数 slot_popup 的实现比较简单,调用接口将下拉列表框的下拉菜单弹出。在标号②处,获取下拉列表框的指定项的数值并保存到 eUserType 中。在标号③处,调用 QMessageBox 弹出信息提示框,因此需要提前导入 QtWidgets 中的 QMessageBox 类。

代码清单 15-19

```
# ks15_10.py
# -*- coding: utf-8 -*-
import sys
from PyQt5.QtWidgets import QApplication, QDialog, QMessageBox
    ...
class CDialog(QDialog, Ui_CDialog) :
    ...
    def slot_popup(self) :                                                      ①
        self.cbRole.showPopup();
    def slot_cbRoleChanged(self, index) :
        str = self.cbRole.currentText();
        eUserType = self.cbRole.itemData(index);                                ②
        if eUserType == self.EUserType.EUserType_Admin :
            strInfo = str + ","
            str = f"idx = {index}, usertype enum value = {eUserType}"
            strInfo += str
            print(strInfo)
            QMessageBox.information(self, "combobox selection change", strInfo) ③
        else :
            strInfo = str + ","
            str = f"idx:{index}, usertype enum value:{eUserType}"
            strInfo += str
            print(strInfo)
            QMessageBox.information(self, "combobox selection change", strInfo)
if __name__ == "__main__":
    app = QApplication(sys.argv)
    widget = CDialog()
    widget.show()
    sys.exit(app.exec_())
```

案例功能介绍完毕,下面进行小结。

(1) 向下拉列表框中添加记录时使用 addItem() 接口。该接口有几个重载,可以根据需要选用。

(2) 为下拉列表项设置业务数据使用 setItemData()。

(3) 向下拉列表框中批量添加项时用 addItems()。

(4) 获取下拉列表框当前选中项对应的业务数据时用 itemData()。

(5) 将下拉列表框弹出时调用 showPopup()。

15.11 案例 69 使用 QListWidget 展示并操作列表

本案例对应的源代码目录:src/chapter15/ks15_11。程序运行效果见图 15-43。

列表框 QListWidget 在界面开发中也是常用控件之一,比如节目列表、餐馆的菜单、音乐播放列表等都可以用列表框进行展示。列表框在 Qt Designer 中的位置见图 15-44。

本案例实现的功能如下。

(1) 使用左、右两个列表框展示可选的编程语言。

(2) 通过中间的两个按钮将项从左侧移动到右侧或者从右侧移动到左侧。

第 15 章　PyQt 5 基础

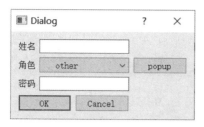

图 15-43　案例 69 运行效果

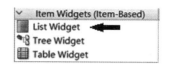

图 15-44　Qt Designer 中的列表框

（3）通过双击实现在两个列表框之间移动项。

（4）可以对右侧列表框进行升序、降序排序操作，排序时单击 ascending order 按钮、descending order 按钮。

（5）单击左侧列表框时，TextLabel 上会显示当前选中的项。

下面进行详细介绍。

1．初始化

首先将 dialog.ui 转换为 dialog.py。在 ks15_11.py 中编写对话框对应的业务类 CDialog，并修改其初始化接口，见代码清单 15-20。为了进行对比，将左侧列表框设置为允许单选，将右侧列表框设置为允许多选。然后，为左侧列表框调用 addItem() 接口添加数据项。实际上，insertItem()、addItems() 接口也可以用来添加数据，在介绍 QComboBox 时已经使用过这两个接口，QListWidget 的这两个接口同 QComboBox 类似。在代码清单 15-20 中，标号①处，为左侧的列表框 self.listWidgetLeft 设置选择模式为单选，标号②处，为右侧列表框 self.listWidgetRight 设置选择模式为多选。在标号③处，开始为左侧的列表框 self.listWidgetLeft 添加列表项。在标号④处开始，进行信号-槽关联。其中，标号⑤处将列表框的单击信号关联到相关槽函数。在标号⑥处，将列表框的双击信号关联到相关槽函数。

代码清单 15-20

```
# ks15_11.py
# -*- coding: utf-8 -*-
import sys
from PyQt5.QtWidgets import QApplication, QDialog, QAbstractItemView
from ui_dialog import *
class CDialog(QDialog, Ui_CDialog):
    def __init__(self, parent = None):
        super(CDialog, self).__init__(parent)
        self.setupUi(self)
        self.listWidgetLeft.setSelectionMode(QAbstractItemView.SingleSelection);     ①
        self.listWidgetRight.setSelectionMode(QAbstractItemView.MultiSelection);     ②
        self.listWidgetLeft.addItem("C++");                                          ③
        self.listWidgetLeft.addItem("Python");
        self.listWidgetLeft.addItem("java");
        self.listWidgetLeft.addItem("C#");
        self.listWidgetLeft.addItem("Rubby");
        self.listWidgetLeft.addItem("Go");
        self.buttonBox.accepted.connect(self.accept);                                ④
        self.buttonBox.rejected.connect(self.reject);
```

```python
        self.btn2Left.clicked.connect(self.slot_move2Left)
        self.btn2Right.clicked.connect(self.slot_move2Right)
        self.btnAscending.clicked.connect(self.slot_ascending)
        self.btnDescending.clicked.connect(self.slot_descending)
        self.listWidgetLeft.itemClicked.connect(self.slot_leftItemClicked)               ⑤
        self.listWidgetLeft.itemDoubleClicked.connect(self.slot_leftItemDoubleClicked)   ⑥
        self.listWidgetLeft.currentItemChanged.connect(self.slot_leftCurrentItemChanged)
if __name__ == "__main__":
    app = QApplication(sys.argv)
    widget = CDialog()
    widget.show()
    sys.exit(app.exec_())
```

2. 将项目从右侧移动到左侧

单击"<<"按钮时将数据记录从右侧移动到左侧，见代码清单15-21。在标号①处，进行保护性判断，如果当前没有选中任何项则返回。

代码清单 15-21

```python
# ks15_11.py
def slot_move2Left(self):
    # 右侧列表允许复选
    # 首先得到右侧列表中选中的项的集合
    selectedItems = self.listWidgetRight.selectedItems()
    idx = 0
    # 遍历该集合,并将项移动到左侧列表
    for item in selectedItems:
        idx = self.listWidgetRight.row(item)      # 得到该项的行号(序号)
        self.listWidgetRight.takeItem(idx)        # 先从右侧删除
        self.listWidgetLeft.addItem(item)         # 将项添加到左侧
```

3. 将项目从左侧移动到右侧

单击">>"按钮时将数据项从左侧列表框移动到右侧，见代码清单15-22。

代码清单 15-22

```python
# ks15_11.py
def slot_move2Right(self):
    # 左侧列表只允许单选
    # 得到左侧列表当前选中的项
    pItem = self.listWidgetLeft.currentItem()
    if pItem is None:                             ①
        return
    idx = self.listWidgetLeft.row(pItem)          # 得到项的序号
    self.listWidgetLeft.takeItem(idx)             # 将项从左侧列表删除
    self.listWidgetRight.addItem(pItem)           # 将项添加到右侧列表
```

4. 升序、降序

单击ascending、descending按钮时对右侧列表框分别执行升序、降序操作。

```python
# ks15_11.py
def slot_ascending(self):
    self.listWidgetRight.sortItems(Qt.AscendingOrder)
```

```python
    def slot_descending(self) :
        self.listWidgetRight.sortItems(Qt.DescendingOrder)
```

5. 单击左侧列表框

单击左侧列表框时,在对话框的 label 中显示当前选中项的文本内容,并将选中项字体加粗。

```python
# ks15_11.py
    def slot_leftItemClicked(self, item) :
        str = "my favorite program language is "
        str += item.text()
        self.label.setText(str)
        # 同时将被选中项字体加粗
        ft = item.font()
        ft.setBold(True)
        item.setFont(ft)
```

6. 通过双击将项目从左侧移动到右侧

双击左侧列表框的项时,将双击的项移动到右侧列表框。

```python
# ks15_11.py
    def slot_leftItemDoubleClicked(self, item) :
        # 双击时,将左侧列表中被单击的项移动到右侧列表
        idx = self.listWidgetLeft.row(item)
        self.listWidgetLeft.takeItem(idx)
        self.listWidgetRight.addItem(item)
```

7. 左侧列表框选中项发生变化

当左侧列表框选中项发生变化时,触发槽函数 slot_leftCurrentItemChanged()。将前一个选中项的字体恢复正常。

```python
# ks15_11.py
    def slot_leftCurrentItemChanged(self, current, previous) :
        # 将之前选中项的字体粗体恢复
        if not (previous is None) :
            ft = previous.font()
            ft.setBold(False)
            previous.setFont(ft)
```

15.12 案例 70 使用 QSlider 控制进度

本案例对应的源代码目录:src/chapter15/ks15_12。程序运行效果见图 15-45。

滑动条是用来控制位置或者进度的一种控件,本节将介绍 Qt 提供的滑动条控件 QSlider。在本节中,用 UI 文件方式实现一个 GIF 简易播放工具。首先,用 Designer 绘制界面的 UI 文件。各个控件的名称如图 15-46 所示。对各个控件说明见表 15-1。

本案例实现的功能:当打开 GIF 文件时,展示在 movieLabel 控件中,并根据播放进度更新滑动条 frameSlider 的位置;当用户手工调整滑动条位置时,相应地更新动画的播放进度。本案例以 src.baseline 中的代码为基础进行改造,因此仅介绍改动部分的代码,其他代码请参见配套源代码中本节的代码。

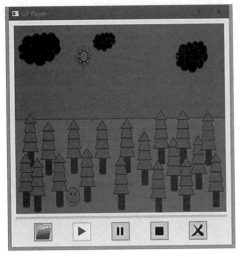

图 15-45　案例 70 运行效果

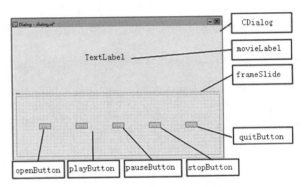

图 15-46　案例 70 界面文件

表 15-1　播放界面的控件说明

控 件 名	控 件 功 能
CDialog	主对话框，类型为 QDialog
movieLabel	QLabel 文本控件，用来播放 GIF 动画
frameSlider	QSlider 滑动条，展示或控制动画播放进度
openButton	QToolButton 按钮，打开
playButton	QToolButton 按钮，播放
pauseButton	QToolButton 按钮，暂停
stopButton	QToolButton 按钮，停止
quitButton	QToolButton 按钮，退出

1. 在界面初始化时设置滑动条的属性

在界面初始化时，需要设置滑动条的属性，见代码清单 15-23。在初始化控件接口 initialControls() 中，在标号①处，设置滑动条刻度位置为 QSlider.TicksBelow，表示刻度位于滑动条下方。然后，设置刻度个数为 10。在标号②处，调用 self.slot_updateFrameSlider() 接口设置滑动条的位置。需要注意的是，标号③处设置【打开】按钮图标时使用了系统标准图标 QStyle.SP_DialogOpenButton。在槽函数 self.slot_updateFrameSlider() 的实现中，在标号④处，将滑动条的信号进行阻塞，目的是防止在操作滑动条的过程中导致发出 valueChanged() 信号。在本案例中，valueChanged() 信号将会触发更新动画播放进度。因此，当利用这个槽函数自动更新滑动条状态时，不应该触发 valueChanged() 信号，只有当用户手动调整滑动条位置时，才应该发射该信号。在标号⑤处，获取动画的当前播放帧，并在标号⑥处更新滑动条位置。完成对滑动条的操作后，在标号⑦处，解除滑动条的信号阻塞。

代码清单 15-23

```
# ks15_12.py
# -*- coding: utf-8 -*-
import sys
```

```python
from PyQt5.QtWidgets import QApplication, QDialog, QSizePolicy, QStyle, QFileDialog, QSlider
from PyQt5.QtGui import QMovie, QPalette
from PyQt5.QtCore import Qt, QFileInfo
from ui_dialog import *
class CDialog(QDialog, Ui_CDialog) :
    def __init__(self, parent = None) :
        super(CDialog, self).__init__(parent)
        self.setupUi(self)
        self.currentDirectory = ""
        # 初始化控件
        self.initialControls()
        # 连接信号槽
        self.connectSignalsAndSlots()
        # 设置按钮状态
        self.slot_updateButtons()
        self.setWindowTitle("GIF Player")
        self.resize(500, 500)
    # 初始化控件
    def initialControls(self) :
        self.movie = QMovie(self)
        # 当动画播放完一遍后,就完成了缓存,可以通过滑动条来调整视频播放进度
        self.movie.setCacheMode(QMovie.CacheAll)
        # 为标签设置对齐方式和尺寸策略
        self.movieLabel.setAlignment(Qt.AlignCenter)
        self.movieLabel.setSizePolicy(QSizePolicy.Ignored, QSizePolicy.Ignored)
        self.movieLabel.setBackgroundRole(QPalette.Dark)
        # 初始化滑动条
        self.frameSlider.setTickPosition(QSlider.TicksBelow);         # 设置刻度的位置        ①
        self.frameSlider.setTickInterval(10);
        # 设置滑动条初始位置
        self.slot_updateFrameSlider()                                                          ②
        # 设置 label,将内容缩放以填满控件
        self.movieLabel.setScaledContents(True)
        # 设置按钮
        self.openButton.setIcon(self.style().standardIcon(QStyle.SP_DialogOpenButton))         ③
        self.openButton.setToolTip("Open File")
        self.pauseButton.setCheckable(True)                           # 默认为播放按钮
        self.pauseButton.setIcon(self.style().standardIcon(QStyle.SP_MediaPlay))
        self.pauseButton.setToolTip("Pause")
        self.stopButton.setIcon(self.style().standardIcon(QStyle.SP_MediaStop))
        self.stopButton.setToolTip("Stop")
        self.quitButton.setIcon(self.style().standardIcon(QStyle.SP_DialogCloseButton))
        self.quitButton.setToolTip("Quit")
    def slot_updateFrameSlider(self) :
        self.frameSlider.blockSignals(True)                                                    ④
        bHasFrames = (self.movie.currentFrameNumber() >= 0)                                    ⑤
        if bHasFrames :
            self.frameSlider.setValue(self.movie.currentFrameNumber())                         ⑥
        self.frameSlider.setEnabled(bHasFrames)
        self.frameSlider.blockSignals(False)                                                   ⑦
if __name__ == "__main__" :
    app = QApplication(sys.argv)
    widget = CDialog()
    widget.show()
    sys.exit(app.exec_())
```

2. 进行信号-槽关联

如代码清单 15-24 所示,在 connectSignalsAndSlots()中进行信号-槽关联。在标号①处,将动画的 frameChanged()信号关联到槽函数 self.slot_updateFrameSlider()。在标号②处,将滑动条的 valueChanged()信号关联到槽函数 self.slot_gotoFrame()。

代码清单 15-24

```
# ks15_12.py
# 连接信号槽
def connectSignalsAndSlots(self):
    self.openButton.clicked.connect(self.slot_open)
    self.pauseButton.clicked.connect(self.slot_pause)
    self.stopButton.clicked.connect(self.movie.stop)
    self.quitButton.clicked.connect(self.close)
    self.movie.stateChanged.connect(self.slot_updateButtons)
    self.movie.frameChanged.connect(self.slot_updateFrameSlider)    ①
    self.frameSlider.valueChanged.connect(self.slot_gotoFrame)      ②
```

3. 编写槽函数

槽函数 self.slot_updateFrameSlider()在代码清单 15-23 中已经进行介绍。槽函数 self.slot_gotoFrame()的实现见代码清单 15-25。在该槽函数中,需要对 self.movie 动画对象进行信号的阻塞与解除阻塞操作。本槽函数的主要功能是根据滑动条的当前值更新动画播放进度,见标号①处。在标号②处,及时更新动画的显示。

代码清单 15-25

```
# ks15_12.py
def slot_gotoFrame(value):
    if value >= self.movie.frameCount():
        return
    self.movie.blockSignals(True)
    self.movie.jumpToFrame(value)  # 播放过的动画响应比较快,还没被播过的部分会稍微慢些   ①
    self.movieLabel.update()       # 需要更新 label 对象                                  ②
    self.movie.blockSignals(False)
```

4. 打开文件后更新滑动条状态

打开动画文件后,需要及时更新滑动条的属性及状态,见代码清单 15-26。在打开文件接口中,在标号①处,调用 elf.changeFrameSliderMaxMin()更新滑动条的最值。该接口实现见标号②处。

代码清单 15-26

```
# ks15_12.py
def openFile(self, fileName):
    self.currentDirectory = QFileInfo(fileName).path()
    self.movie.stop()
    self.movieLabel.setMovie(self.movie)
    self.movie.setFileName(fileName)
    self.movie.start()
    self.pauseButton.setIcon(self.style().standardIcon(QStyle.SP_MediaPause))
    self.pauseButton.setToolTip("Pause")
    # 更新按钮状态
    self.slot_updateButtons()
    # 更新滑动条最值
```

```
            self.changeFrameSliderMaxMin()                              ①
    def changeFrameSliderMaxMin(self):                                  ②
        bHasFrames = (self.movie.currentFrameNumber() >= 0)
        if bHasFrames:                    # 已经开始播放
            if self.movie.frameCount() > 0:
                self.frameSlider.setMaximum(self.movie.frameCount() - 1)
            elif self.movie.currentFrameNumber() > self.frameSlider.maximum():  # 加上一层保护
                self.frameSlider.setMaximum(self.movie.currentFrameNumber())
        else:                             # 尚未播放
            self.frameSlider.setMaximum(0)
```

5. 滑动条使用总结

本节通过一个简易的动画播放工具介绍了滑动条的使用，其中需要关注的是 QSlider 的如下几个接口。

- 设置最大值接口 setMaximum(int)，该接口的参数取值从 0 开始。
- 设置最小值接口 setMinimum(int)。
- 设置滑块位置接口 setValue(int)。
- 滑动条位置变化信号 valueChanged(int)，可以利用该信号更新动画进度。

15.13 案例 71 使用 QMessageBox 弹出提示信息

本案例对应的源代码目录：src/chapter15/ks15_13。

在开发界面类应用程序时，经常需要通过弹出界面将提示信息展示给用户。信息对话框类 QMessageBox 可以提供简单的信息提示功能。使用 QMessagBox 属于界面类开发，Qt 规定：在进行界面类开发时，必须先构造一个 QApplication 对象，否则会在运行时出现异常。因此需要先构造一个 QApplication 对象，见代码清单 15-27 标号①处。在标号②处，使用 if 语句进行判断是否调用相应的示例接口。可以通过修改 if 后的值为 True 或 False 来演示不同的示例。

代码清单 15-27

```
# ks15_13.py
if __name__ == "__main__":
    app = QApplication(sys.argv)                                        ①
    # example01
    if True:                                                            ②
        example01()
    # example02
    if True:
        example02()
    # example03
    if True:
        example03()
    # example04
    if True:
        example04()
    # example05
    if True:
        example05()
    sys.exit()
```

下面通过 5 种场景介绍 QMessageBox 的 5 个常用接口。

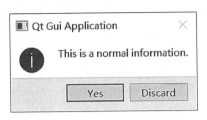

图 15-47　用 QMessageBox 弹出普通提示信息

1. 弹出普通提示信息

程序运行效果见图 15-47。

QMessageBox 提供了一个 static 接口 information() 来弹出普通提示信息。这里的普通提示信息是相对于后面的严重错误信息、帮助信息等来说的。既然是 static 接口，就应通过"类名.接口名"的方式调用。QMessageBox 的 information 接口的原型见代码清单 15-28。

代码清单 15-28

```
information(QWidget,
            str,
            str,
            buttons: Union [ QMessageBox. StandardButtons, QMessageBox. StandardButton ] = QMessageBox.Ok,
            defaultButton: QMessageBox.StandardButton = QMessageBox.NoButton) -> QMessageBox
.StandardButton
```

如代码清单 15-28 所示，该接口提供 5 个参数。
- QWidget 是父窗口。本示例中并未提供父窗口，因此可以写成 None。正常情况下应该是弹出该界面的代码所在的窗口对象。
- 两个 str 是该信息对话框的标题和提示信息。
- buttons 的类型是 StandardButtons，它是 StandardButton 枚举值进行或运算的结果。如图 15-47 所示，在弹出的界面中设计了 Yes、Discard 两个按钮。可以根据需要自行选择使用什么按钮，只要把几个枚举值进行或操作即可。
- defaultButton 是默认按钮。

图 15-47 所示界面对应的代码见代码清单 15-29。

代码清单 15-29

```
# ks15_13.py
# 弹出普通提示信息
def example01() :
    button = QMessageBox.information ( None, " Qt Gui Application", " This is a normal information.", QMessageBox. StandardButtons ( QMessageBox. Yes | QMessageBox. Discard ), QMessageBox.Yes);
    if QMessageBox.Discard == button :
        print ("infomation discarded." )
```

2. 弹出"关键错误"提示信息

程序运行效果见图 15-48。

弹出"关键错误"提示信息的功能实现见代码清单 15-30，使用 QMessageBox.critical() 接口来弹出关键错误信息。它的严重等级比 QMessageBox.information() 要高，这点可以从图 15-48 的程序效果图看出。该接口的参数同 QMessageBox.information() 类似。

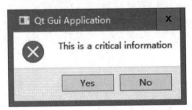

图 15-48　用 QMessageBox 弹出关键错误提示信息

代码清单 15-30

```
# ks15_13.py
# 弹出严重错误信息
def example02() :
    button = QMessageBox.critical(None, "Qt Gui Application", "This is a critical information.",
QMessageBox.StandardButtons(QMessageBox.Ok | QMessageBox.Discard), QMessageBox.Ok);
    if QMessageBox.Ok == button :
        print("i see the critical information and i will take further step to handle it.")
    else :
        print("it doesn't matter to me.")
```

3. 弹出"提问"信息

程序运行效果见图 15-49。功能实现见代码清单 15-31。这里，使用 QMessageBox .question()接口来弹出提问信息。本实例中对接口返回值进行判断，这个返回值的含义是指用户单击了哪个按钮。如代码清单 15-31 所示，程序根据用户单击的按钮不同，向终端输出不同的信息。

代码清单 15-31

```
# ks15_13.py
# 弹出提问信息
def example03() :
    button = QMessageBox.question(None, "Qt Gui Application", "Do you like this lesson?")
    if QMessageBox.Yes == button :
        print("I like this lesson.")
    else :
        print("I don't agree.")
```

4. 弹出"关于"信息

程序运行效果见图 15-50。如代码清单 15-32 所示，使用 QMessageBox::about()接口可以很方便地弹出帮助信息。

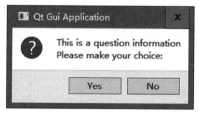

图 15-49 用 QMessageBox 弹出提问信息

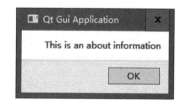

图 15-50 用 QMessageBox 弹出关于提示信息

代码清单 15-32

```
# ks15_13.py
# 弹出"关于(About)"信息
def example04() :
    QMessageBox.about(None, "Qt Gui Application", "copyright: 2018～2019\r\nall rights
reserved.")
```

5. 弹出"警告"信息

程序运行效果见图 15-51。如代码清单 15-33 所示，使用 QMessageBox::warning()接口可以很方便地弹出警告信息。

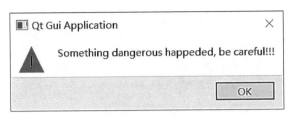

图 15-51　用 QMessageBox 弹出警告提示信息

代码清单 15-33

```
# ks15_13.py
# 弹出"警告(Warning)"信息
def example05():
    QMessageBox.warning(None, " Qt Gui Application", " Something dangerous happeded, be careful!!!")
```

15.14　案例 72　使用 QInputDialog 获取用户输入

本案例对应的源代码目录：src/chapter15/ks15_14。

在进行界面类应用开发时，经常需要用户输入一些数据。一般情况下，可以设计专用界面来接收用户输入的数据。但如果只需要用户输入一个数值或一个字符串，那么就可以利用 PyQt 提供的类 QInputDialog 而无须专门编写界面。下面将通过几个示例介绍这个类的用法。

1. 获取单行文本

QInputDialog 的 getText() 用来获取用户输入的单行文本，其函数的原型见代码清单 15-34。

代码清单 15-34

```
getText(QWidget,
        str,
        str,
        echo: QLineEdit.EchoMode = QLineEdit.Normal,
        text: str = '',
        flags: Union[Qt.WindowFlags, Qt.WindowType] = Qt.WindowFlags(),
        inputMethodHints: Union[Qt.InputMethodHints, Qt.InputMethodHint] = Qt.ImhNone) -> Tuple[str, bool]
```

对代码清单 15-34 中的各个参数解释如下。
- QWidget 是父窗口，在案例中设置为 None。
- 两个 str 分别是界面的标题和提示信息。
- echo 是文本编辑框的模式。如果希望用户输入密码时，可以设置为 QLineEdit.Password。
- text 是默认值。
- flags 用来设置输入界面的 WindowFlags。
- inputMethodHints 用来设置输入法的标志，如果希望控制输入为日期格式则使用 Qt::ImhDate，如果希望将输入自动转换为大写则用 Qt::ImhUppercaseOnly 等。

getText() 接口的返回值类型是 Tuple[str、bool]，其中 str 是返回的文本，bool 为 True 表

示用户单击了【确认】按钮，否则 bool 为 False。

获取单行文本的程序运行效果见图 15-52。如代码清单 15-35 所示，调用 QInputDialog.getText()可以获取用户输入的单行文本字符串内容。最后，将用户输入的文本用 QMessageBox 的提示框进行展示。在标号①处，获取用户输入的文本。在标号②处，判断用户是否单击【确认】按钮。在标号③处，将文本展示出来，strText 是用户输入的文本内容。如果希望用户输入密码，则可以使用 QLineEdit.Password，见标号④处。

代码清单 15-35

```
# ks15_14.py
# -*- coding: utf-8 -*-
import sys
from PyQt5.QtWidgets import QApplication, QMessageBox, QInputDialog, QLineEdit
# 获取文本
def example01():
    strText, ok = QInputDialog.getText(None, "QInputDialog 示例", "请输入文本")         ①
    if ok:                                                                            ②
        QMessageBox.information(None, "您输入的文本是", strText)                       ③
    else:
        QMessageBox.information(None, "您输入的文本是","您选择了放弃.")
    strText = QInputDialog.getText(None, "QInputDialog 示例", "请输入密码", QLineEdit
.Password)                                                                            ④
    QMessageBox.information(None, "您输入的密码是", "我不告诉你!")
```

2. 获取多行文本

获取多行文本的程序运行效果见图 15-53。如代码清单 15-36 所示，QInputDialog.getMultiLineText()可以获取用户输入的多行文本（带换行符的文本）。在获得用户输入的多行文本后，利用"\n"将多行文本拆分成多个字符串并分别进行展示。

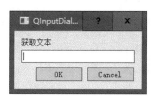

图 15-52　用 QInputDialog 获取单行文本

图 15-53　用 QInputDialog 获取多行文本

代码清单 15-36

```
# 获取多行文本
def example02():
    strText, ok = QInputDialog.getMultiLineText(None, "QInputDialog 示例", "请输入多行文本")
    QMessageBox.information(None, "您输入的文本是:",strText)
    # 将多行文本拆分
```

```
        strList = strText.split("\n")
        for strText in strList :
            QMessageBox.information(None, "您输入的文本是:", strText);
```

3. 从列表框中获取选中的条目

从列表框中获取选中的条目的程序运行效果见图 15-54。如代码清单 15-37 所示，QInputDialog.getItem()可以接收用户从列表框中选出的一个条目。strList 是一个列表，通过 QInputDialog.getItem()接口可以获得用户从 strList 中选择的文本内容。

图 15-54　用 QInputDialog 获取列表框中选中的条目

代码清单 15-37

```
# 获取条目
def example03() :
    strList = ["苹果", "香蕉", "orange", "pear"]
    strText, ok = QInputDialog.getItem(None, "QInputDialog 示例", "请选择你喜欢的水果", strList, 2, True);
    if ok :
        QMessageBox.information(None, "您的选择是:", strText);
    else :
        QMessageBox.information(None, "您的选择是", "您选择了放弃。")
```

4. 获取整数

QInputDialog.getInt()接口用来获取用户输入的整数，其接口原型见代码清单 15-38。

代码清单 15-38

```
getInt(QWidget,
       str,
       str,
       value: int = 0,
       min: int = -2147483647,
       max: int = 2147483647,
       step: int = 1,
       flags: Union[Qt.WindowFlags, Qt.WindowType] = Qt.WindowFlags()) -> Tuple[int, bool]
```

下面介绍一下 getInt()接口各个参数的含义。

- QWidget 是父窗口，在本案例中设置为 None。
- 两个 str 分别是界面的标题和提示信息。
- value 是默认值。
- min 是允许输入的最小值。

- max 是允许输入的最大值。
- step 是输入数据的步长,也就是当用户单击输入界面中的 spinbox 的增减按钮时整数的变化量。
- flags 用来设置输入界面的 WindowFlags。

获取整数的程序运行效果见图 15-55,其功能实现见代码清单 15-39。

图 15-55　用 QInputDialog 获取整数

代码清单 15-39

```
# 获取整数
def example04():
    data, ok = QInputDialog.getInt(None, "QInputDialog 示例", "请输入整数:", 20, -100, 200, 10)
    if ok:
        QMessageBox.information(None, "QInputDialog 示例", "您输入的整数是:%d" % data)
    else:
        QMessageBox.information(None, "您的选择是", "您选择了放弃。")
```

5. 获取浮点数

QInputDialog.getDouble() 用来接收用户输入的一个浮点数,其接口原型见代码清单 15-40。

代码清单 15-40

```
getDouble(QWidget,
          str,
          str,
          value: float = 0,
          min: float = -2147483647,
          max: float = 2147483647,
          decimals: int = 1,
          flags: Union[Qt.WindowFlags, Qt.WindowType] = Qt.WindowFlags()) -> Tuple[float, bool]
```

下面介绍 getDouble() 接口各个参数的含义。
- QWidget 是父窗口,在本案例中设置为 None。
- 两个 str 分别是界面的标题和提示信息。
- value 是默认值。
- min 是允许输入的最小值。
- max 是允许输入的最大值。
- decimals 是小数点后保留的位数,比如 decimals=2 表示在获取用户输入的浮点数时在小数点后保留两位小数。
- flags 用来设置输入界面的 WindowFlags。

getDouble() 接口的返回值类型是 Tuple[float、bool],其中 float 是返回的浮点数,bool 为 True 表示用户单击了【确认】按钮,否则表示用户单击了其他按钮。

获取浮点数的程序运行效果见图 15-56,其功能实现如代码清单 15-41 所示。

图 15-56　用 QInputDialog 获取浮点数

代码清单 15-41

```
# 获取浮点数
def example05():
```

```
        data, ok = QInputDialog.getDouble(None, "QInputDialog 示例", "请输入浮点数:", 100.32,
-12.4, 200.5, 5)
        if ok :
            QMessageBox.information(None, "QInputDialog 示例", "您输入的浮点数是:{:g}".format(data))
        else :
            QMessageBox.information(None, "您的选择是", "您选择了放弃。")
```

15.15 案例 73 使用 QFileDialog 获取用户选择的文件名

本案例对应的源代码目录：src/chapter15/ks15_15。程序运行效果见图 15-57。

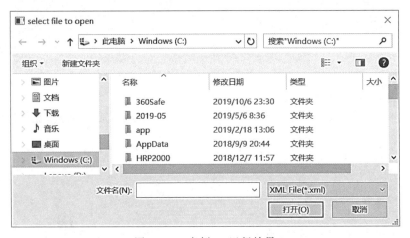

图 15-57 案例 73 运行效果

对于界面类应用来说，打开文件是经常用到的操作，这会用到打开文件对话框。本节将介绍如何用 QFileDialog 提供打开文件界面。QFileDialog 的 getOpenFileName() 接口用来获取用户选择的文件名，其接口原型如代码清单 15-42 所示。

代码清单 15-42

```
getOpenFileName(parent: QWidget = None,
                caption: str = '',
                directory: str = '',
                filter: str = '',
                initialFilter: str = '',
                options: Union[QFileDialog.Options, QFileDialog.Option] = 0) -> Tuple[str, str]
```

下面介绍一下 getOpenFileName() 接口各个参数的含义。
- QWidget 是父窗口，在本案例中设置为 self。
- caption 是界面的标题。

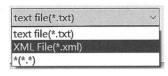

图 15-58 文件类型过滤器

- directory 是默认打开路径。
- filter 是打开文件时的文件类型过滤器，见图 15-58。
- initialFilter 是文件过滤器的默认值。
- options 用来设置界面的窗口选项，取值类型为 QFileDialog.Options。

如代码清单 15-43 所示，本案例的功能比较简单，在槽函数 getFileName() 中获取用户选择的文件名，然后使用 QMessageBox 的 information() 接口将文件名展示出来。在标号①处，定义打开文件时的过滤器，这里定义了 3 组过滤器，分别是 text file、XML File、*，这 3 组过滤器后面分别是过滤器对应的文件后缀，比如 text file 后面的 *.txt，文件后缀应写在() 中。请注意过滤器的语法，过滤器之间用";;"分隔。标号②、标号③处调用 QFileDialog 的 getOpenFileName() 接口获取用户选择的文件名，此处设置默认的文件过滤器为"XML File(*.xml)"。其中标号②处用来处理 Windows 平台的情况，标号③处的代码处理非 Windows 平台（比如 Linux 平台）的情况。标号②处与标号③处的不同在于 QFileDialog.getOpenFileName() 最后一个参数，标号③处使用 QFileDialog.DontUseNativeDialog，这表示不使用操作系统自带的打开文件对话框界面。

代码清单 15-43

```
# ks15_15.py
# -*- coding: utf-8 -*-
import sys
import platform
from PyQt5.QtWidgets import QApplication, QDialog, QFileDialog, QMessageBox
from ui_dialog import *
class CDialog(QDialog, Ui_CDialog) :
    def __init__(self, parent = None) :
        super(CDialog, self).__init__(parent)
        self.setupUi(self)
        self.btnGetFileName.clicked.connect(self.getFileName)
    def getFileName(self) :
        strFilter = "text file(*.txt);;XML File(*.xml);;*(*.*)"                    ①
        sys = platform.system()
        if sys == "Windows":
            fileName, _ = QFileDialog.getOpenFileName(self, 'select file to open', 'c:\\',
strFilter, "XML File(*.xml)")                                                      ②
        else:
            fileName, _ = QFileDialog.getOpenFileName(self, 'select file to open', '/usr/local/',
strFilter, "XML File(*.xml)", QFileDialog.DontUseNativeDialog)                     ③
        QMessageBox.information(None, "文件名", fileName)
if __name__ == "__main__":
    app = QApplication(sys.argv)
    widget = CDialog()
    widget.show()
    sys.exit(app.exec_())
```

15.16 知识点　把程序最小化到系统托盘

本知识点对应的源代码目录：src/chapter15/ks15_16。程序运行效果见图 15-59。

当系统中启动的程序比较多时，操作系统的任务栏上就会显示很多应用程序图标，为了节省任务栏的空间，可以把应用程序最小化到操作系统的托盘中。那么，怎样做才能把应用程序添加到操作系统的托盘里呢？如代码清单 15-44 所示，首先为窗体类 CDialog 添加系统托盘对象和托盘中图标对应的菜单。在标号①处的 tray、icon 分别表示应用程序对应的托盘对象以及其图标。标号②处的 tray_menu 是托盘图标对应的右键菜单，RestoreAction、QuitAction

是用来演示的两个菜单项。将构建托盘图标的功能封装到 addSystemTray() 中并在构造函数中调用。在 addSystemTray() 的实现中,在标号③处,构建托盘对象,在标号④处,构建托盘对象对应的图标并为托盘设置该图标。在标号⑤处,设置应用程序的图标,可以封掉该行代码看看有什么后果。在标号⑥处,将托盘对象的 activated 信号关联到槽函数 slot_iconActivated(),以便处理单击托盘图标之类的情况。在标号⑦处,构建托盘图标对应的右键菜单及菜单项。因为应用程序最小化到系统托盘后,是无法直接弹出对话框进行信息提示的,此时可以通过操作系统的通知消息来发送提示,本案例中,当打开文件后,会进行提示,见图 15-60,当用户单击该提示时,将会触发槽函数 slot_messageClicked,见标号⑧处。标号⑨处是 slot_iconActivated() 的实现,在该槽函数中演示了激活图标或者双击时的情况。

图 15-59　ks15_16 运行效果

图 15-60　通过操作系统的提示信息发送提示

代码清单 15-44

```
# ks15_16.py
import sys
import platform
from PyQt5.QtWidgets import QApplication, QDialog, QFileDialog, QMessageBox, QSystemTrayIcon, QMenu, QAction
from PyQt5.QtGui import QIcon
from PyQt5.Qt import qApp
from PyQt5.QtCore import Qt
from dialog import *
from ks15_16_rc import *
class CDialog(QDialog, Ui_CDialog) :
    tray = None                                          # 系统托盘对象                ①
    icon = None                                          # 应用程序图标
    tray_menu = None                                     # 托盘中的菜单                ②
    RestoreAction = None                                 # 托盘菜单项
    QuitAction = None                                    # 托盘菜单项
    def __init__(self, parent = None) :
        super(CDialog, self).__init__(parent)
        self.setupUi(self)
        self.btnGetFileName.clicked.connect(self.getFileName)
        self.addSystemTray()
        self.setWindowFlags(self.windowFlags()|Qt.WindowMinimizeButtonHint)
```

```python
    def addSystemTray(self):
        # 添加到托盘
        self.tray = QSystemTrayIcon(self)                              # 创建系统托盘对象       ③
        self.icon = QIcon(':/pic/images/my.ico')                       # 创建图标              ④
        self.tray.setIcon(self.icon)                                   # 设置系统托盘图标
        self.setWindowIcon(self.icon)                                  # 设置应用程序的图标     ⑤
        self.tray.activated.connect(self.slot_iconActivated)           # 设置托盘点击事件处理函数
                                                                                              ⑥
        # 右击托盘中图标时弹出的菜单
        self.tray_menu = QMenu(QApplication.desktop())                                        ⑦
        self.RestoreAction = QAction(u'还原', self, triggered = self.show)
        # 添加一级菜单动作选项(还原主窗口)
        self.QuitAction = QAction(u'退出', self, triggered = qApp.quit)
        # 添加一级菜单动作选项(退出程序)
        self.tray_menu.addAction(self.RestoreAction)                   # 为菜单添加动作
        self.tray_menu.addAction(self.QuitAction)
        self.tray.setContextMenu(self.tray_menu)                       # 设置系统托盘菜单
        self.tray.show()
        self.tray.messageClicked.connect(self.slot_messageClicked)
        # 当单击提示信息时,给出反馈,也可以不给                                                 ⑧
    def slot_iconActivated(self, reason):                                                      ⑨
        if QSystemTrayIcon.Trigger == reason:
            self.show()
        elif QSystemTrayIcon.DoubleClick == reason:
            self.show()
```

这样,当单击窗口的【关闭】按钮时,将会把应用程序最小化到系统托盘。此外,当单击【最小化】按钮时,也希望能把应用添加到系统托盘,见代码清单 15-45。

代码清单 15-45

```python
# ks15_16.py
class CDialog(QDialog, Ui_CDialog):
    ...
    def closeEvent(self, event):
        if (not event.spontaneous()) or (not self.isVisible()):
            return
        if self.tray.isVisible():
            QMessageBox.information(self, u"系统托盘应用", u"程序将最小化到系统托盘中运行.
            如果希望恢复界面,\n 请单击或右击托盘中的图标并选择相应的菜单项.")
            self.hide()
            event.ignore()
    def changeEvent(self, event):
        if not event.WindowStateChange:
            QDialog.changeEvent(event)
            return
        if Qt.WindowMinimized == self.windowState():                   # 点击"最小化"按钮
            self.hide()
            self.setWindowFlags(Qt.Tool)                               # 隐藏任务栏上图标
            self.tray.show()                                           # 显示托盘
            self.tray.showMessage(self.windowTitle(),"请单击")          # 提示
            event.ignore()
```

当最小化到系统托盘后,应用程序可以通过 showMessage 发送提示信息给用户,如代码清单 15-46 所示。在标号①处,定义接口 showMessage(),该接口通过 QSystemTrayIcon 的

showMessage()接口将信息以操作系统提示的形式发出去。当用户单击提示消息时，触发 slot_messageClicked()，见标号②处。在标号③处，演示了showMessage()接口的功能调用。

代码清单 15-46

```python
# ks15_16.py
class CDialog(QDialog, Ui_CDialog) :
    ...
    def showMessage(self, info) :                                                        ①
        self.tray.showMessage(u"标题", info, self.icon, 5000)
    def slot_messageClicked(self) :                                                      ②
        QMessageBox.information(None, u"标题", u"看来您已经阅读了软件发送的提示信息.")
    def getFileName(self) :
        strFilter = "text file(*.txt);;XML File(*.xml);;*(*.*)"
        sys = platform.system()
        if sys == "Windows":
            fileName, _ = QFileDialog.getOpenFileName(self, 'select file to open', 'c:\\',
strFilter, "XML File(*.xml)")
        else:
            fileName, _ = QFileDialog.getOpenFileName(self, 'select file to open', '/usr/local/',
strFilter, "XML File(*.xml)", QFileDialog.DontUseNativeDialog)
        QMessageBox.information(None, "文件名", fileName)
        info = u'打开的文件为:' + fileName
        self.showMessage(info)                                                           ③
```

15.17 配套练习

1. 使用 PyQt 5 创建一个对话框应用。要求在对话框中显示一行信息"PyQt is so easy!"。

2. 在练习题 1 的基础上，为对话框类的构造函数添加一个参数 name 并使用类的成员变量保存该参数。

```python
...
class CDialog(QDialog, Ui_CDialog) :
    def __init__(self, name, parent = None) :
        ...
```

3. 使用 PyQt 5 创建一个对话框应用。为对话框设置背景图片，在对话框中添加一个按钮，并为按钮设置图片。

4. 使用 PyQt 5 创建一个对话框应用。要求程序启动时显示对话框 A，单击对话框 A 的按钮 1 时弹出对话框 B。

5. 使用 PyQt 5 创建一个对话框应用。要求使用 Qt Designer 绘制一个空白对话框，然后编码实现向对话框中添加控件并对控件进行布局。

6. 使用 PyQt 5 创建一个对话框应用。要求在对话框 A 中嵌入自定义控件 B 和自定义控件 C。

第16章 PyQt 5进程内通信

信号-槽机制是 Qt 提供的一种进程内通信机制,它为开发者提供了极大的便利。PyQt 5 中仍然提供信号-槽机制,本章将介绍在 PyQt 5 中如何利用信号-槽机制进行开发。

16.1 知识点　PyQt 5 中的信号-槽

如果需要使用 PyQt 5 的信号-槽机制,那么对象必须从 QObject 类或者其子类派生。PyQt 5 中的信号-槽的用法同 Qt 5 中基本一致,大概包括如下步骤。

- 编写自定义信号。如果使用内置信号,则不必再编写。
- 编写定义槽函数。如果使用内置槽函数,则不必再编写。
- 将信号关联到槽函数,或者根据需要解除信号-槽的关联。
- 在合适的代码处发射信号。如果使用内置信号则一般不必发射。

这里提到了内置信号、内置槽函数、自定义信号、自定义槽函数。下面分别进行解释。

- 内置信号:PyQt 5 自带的类提供的信号,比如 QPushButton 的 clicked()信号。在 15.5 节介绍过怎样查询某个类提供哪些内置信号,也可以使用在线帮助查询,在线帮助的网址见 15.1 节。在 PyQt 5 中,类可以继承其基类的信号。
- 内置槽函数:PyQt 5 自带的类提供的槽函数或接口,比如 QDialog 的 reject()接口。在 15.5 节介绍过怎样查询某个类提供哪些内置槽函数,也可以使用在线帮助查询。在 PyQt 5 中,类可以继承其基类的槽函数。
- 自定义信号:如果内置信号不满足需求,可以使用自定义信号。先编写自定义信号,然后将自定义信号与槽函数进行关联。
- 自定义槽函数:如果内置槽函数不满足需求,可以使用自定义槽函数,先编写自定义槽函数,然后将信号与自定义槽函数关联。

信号与槽函数存在如下关系。

- 一个信号可以关联到多个槽函数。当信号被发射时,将会自动触发这些槽函数的调用。
- 多个信号可以关联到同一个槽函数。发射其中任何一个信号都会触发该槽函数。
- 信号与槽的关联可以是同步的,也可以是异步的。如果是同步,表示信号一旦被发射,将立即调用槽函数;如果是异步,则表示信号发射后,会被暂时缓冲到一个消息队列中,然后等待接收者的事件循环从队列中获取消息再执行槽函数。

- 信号发射者与信号接收者可以在不同的线程中。
- 信号既可以关联到槽函数,也可以同槽函数解除关联。
- 可以暂时阻塞对象接收信号,然后在合适的时机解除阻塞。解除阻塞后,对象可以继续接收信号。

1. 自定义信号

pyqtSignal()函数用来创建一个或多个未绑定信号。信号只能在 QObject 的派生类中定义,而且必须在创建类时定义信号,不能在创建类后把信号作为动态属性进行添加。PyQt5.QtCore.pyqtSignal()定义如下。

```
PyQt5.QtCore.pyqtSignal(types[, name[, revision = 0[, arguments = []]]])
创建一个或多个重载的未绑定信号作为类属性。
参数列表:
    types——定义信号的 C++签名的类型,可以是 Python 类型,也可以是 C++类型,或者是类型序列。在这种情况下,每个序列定义不同重载信号的特征。第一个重载将作为默认内容。
    name——信号名称。如果省略,则使用类属性的名称。这里只作为关键字参数给出。
    revision——导出到 QML 的信号的修订。这里只作为关键字参数给出。
    arguments——输出到 QML 的信号参数的名称序列。这里只作为关键字参数给出。
返回值:
    一个未绑定的信号。
```

其中,types 表示信号参数的类型,信号可以传递多个参数,参数类型是 Python 数据类型。name 表示信号名称,如果省略该参数则采用类的属性名称。revision 和 arguments 参数用在 QML 中,暂时不必关注。pyqtSignal()返回一个未绑定信号。比如:为类 CDialog 定义一个信号 valueChanged。

```
from PyQt5.QtCore import pyqtSignal
from PyQt5.QtWidgets import QDialog
class CDialog(QDialog) :
    valueChanged = pyqtSignal([dict], [list])
```

2. 自定义槽函数

为了处理收到的信号,一般都要编写自定义槽函数。槽函数的编写方式与类的成员函数一样。

3. 将信号-槽进行关联/解除关联

信号与槽函数都准备好后,可以在合适的代码处将信号-槽进行关联。如果不再需要该关联,可以解除信号-槽的关联。connect()函数的原型如下。

```
connect(slot[, type = PyQt5.QtCore.Qt.AutoConnection[, no_receiver_check = False]]) → PyQt5.QtCore.QMetaObject.Connection
将信号-槽进行关联。如果关联失败则抛出异常。
参数列表:
    slot——信号关联的槽函数。可以是可调用的接口,也可以是另一个绑定信号。
    type——信号-槽的关联类型。可缺省,默认值为 PyQt5.QtCore.Qt.AutoConnection。
    no_receiver_check - 禁止检查底层 C++接收器实例是否仍然存在,并传递信号。可缺省,默认值为 False。
返回值:
    一个可以传给 disconnect()的关联对象,这是同 lambda 函数解除关联的唯一方法。
```

disconnect()函数的原型如下。

第16章 PyQt 5进程内通信

```
disconnect([slot])
```
解除某个信号的一个或多个槽函数关联。如果槽函数跟该信号没有关联或者该信号一个关联也没有，将导致抛出异常。
参数列表：
　　slot——要解除关联的可选槽函数，可以是connect()返回的关联对象、可调用的Python或其他绑定信号。如果省略，则断开连接到信号的所有槽函数。

将信号-槽进行关联的语法如下。

发射信号的对象.信号名称.connect(信号接收者对象.槽函数名称)

比如：将按钮button对象的单击信号关联到dialog对象的槽函数slot_buttonClicked。

```
button.clicked.connect(dialog.slot_buttonClicked)
```

解除关联的代码如下。

```
button.clicked.disconnect(dialog.slot_buttonClicked)
```

4. 发射信号

emit()用来发射信号。emit()函数原型如下。

```
emit(*args)
```
发射一个信号。
参数列表：
　　args——传递给任何槽函数的可选参数序列。

发射信号代码如下。

```
button.clicked.emit()
```

5. 信号阻塞/解除阻塞

当对象A、对象B互相作为对方信号的接收者时，在收到信号后，很有可能在槽函数中因为修改数据导致自身的状态改变，而状态改变有可能引起信号发射，进而触发对方的槽函数。这种额外的信号发射不是开发人员预期的，因此，应该在槽函数中将信号阻塞以防止发射信号。信号的阻塞与解除的接口是QObject的blockSignals()，语法如下。

```
信号发射者.blockSignals(bool)
```

比如，将某个QSlider的信号阻塞、解除阻塞的代码如下。

```
self.frameSlider.blockSignals(True)      # 阻塞信号
    ...
self.frameSlider.blockSignals(False)     # 解除阻塞
```

16.2 案例74 使用自定义信号

本案例对应的源代码目录：src/chapter16/ks16_02。程序运行效果见图16-1。

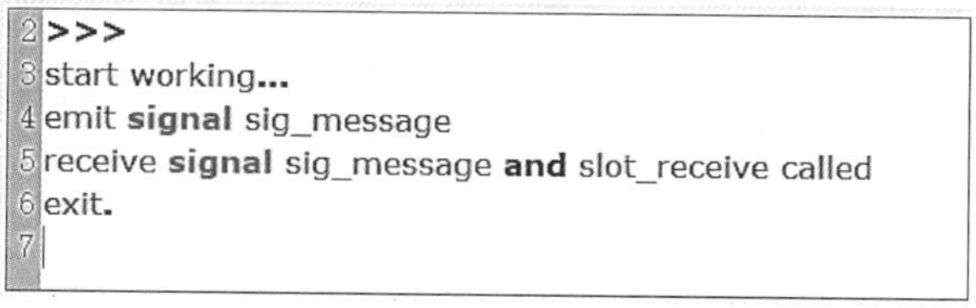

```
>>>
start working...
emit signal sig_message
receive signal sig_message and slot_receive called
exit.
```

图16-1 案例74运行效果

16.1节介绍了自定义信号的相关知识,本节将用一个实例演示如何使用自定义信号,见代码清单16-1。在标号①处,导入QObject、pyqtSignal。在标号②处,定义类CObjectA,并在标号③处为CObjectA定义信号sig_message,该信号无参数。在标号④处,定义一个模拟发射信号的接口emission_simulate(),设计这个接口仅仅是为了演示信号发射的情景,在真正的开发中需要根据实际情况在合适的位置发射信号。在标号⑤处,定义类CObjectB,并在标号⑥处,为类CObjectB定义槽函数slot_receive()。在标号⑦处的主程序中,分别定义类型为CObjectA的对象objectA和类型为CObjectB的对象objectB。在标号⑧处,将objectA的信号sig_message关联到objectB的槽函数slot_receive()。最后,在标号⑨处模拟了一次信号发射。

代码清单16-1

```python
# ks16_02.py
# -*- coding: utf-8 -*-
import sys
from PyQt5.QtCore import QObject, pyqtSignal          ①
# 对象A
class CObjectA(QObject):                              ②
    # 定义一个信号
    sig_message = pyqtSignal()                        ③
    def __init__(self):
        super(CObjectA, self).__init__()
        # 模拟发射信号
    def emission_simulate(self):                      ④
        print("emit signal sig_message")
        # 发射信号
        self.sig_message.emit()
# 对象B
class CObjectB(QObject):                              ⑤
    def __init__(self):
        super(CObjectB, self).__init__()
    # 槽函数
    def slot_receive(self):                           ⑥
        print("receive signal sig_message and slot_receive called")
if __name__ == "__main__":
    print("\nstart working...")
    objectA = CObjectA()                              ⑦
    objectB = CObjectB()
    # 将信号关联到槽函数
    objectA.sig_message.connect(objectB.slot_receive) ⑧
    # 模拟信号发射
    objectA.emission_simulate()                       ⑨
    print("exit.")
```

注意:自定义信号应写在类定义与构造函数__init__()之间的位置,见代码清单16-1标号③处。

在本案例中,演示了为类添加自定义信号、为信号接收者定义槽函数、将信号关联到槽函数、发射信号这几个关键步骤。从本节案例可以看出,信号-槽不仅可以用在对话框中,还可以用在任何从QObject派生的类对象上。

16.3 案例 75 带参数的自定义信号

本案例对应的源代码目录：src/chapter16/ks16_03。程序运行效果见图 16-2。

```
>>>
start working...
emit signal sig_no_parameter.
slot__no_parameter called.
emit signal sig_one_parameter.
slot_one_parameter called.
emit signal sig_one_parameter_overload_int.
slot_one_parameter_int called.
emit signal sig_one_parameter_overload_str.
slot_one_parameter_str called.
emit signal sig_two_parameter.
slot_two_parameter called.
emit signal sig_two_parameter_overload_int_str.
slot_two_parameter_int_str called.
emit signal sig_two_parameter_overload_int_float.
slot_two_parameter_int_float called.
exit.
```

图 16-2 案例 75 运行效果

16.2 节介绍了自定义信号开发的基本方法，本节将演示带有多个参数及重载的自定义信号的开发方法。

1. 带参数的信号

先从带一个参数的自定义信号开始。见代码清单 16-2。在标号①处，为 CObjectA 带一个 float 参数的信号 sig_float_parameter。在标号②处，定义一个模拟发射信号的接口 emission_simulate_one_parameter()。在标号③处，为类 CObjectB 定义槽函数 slot_one_parameter()。在标号④处，将 objectA 的信号 sig_float_parameter 关联到 objectB 的槽函数 slot_one_parameter()。最后，在标号⑤处模拟了一次信号发射。

代码清单 16-2

```python
# ks16_03.py
# -*- coding: utf-8 -*-
import sys
from PyQt5.QtCore import QObject, pyqtSignal
# 对象 A
class CObjectA(QObject):
    # 不带参数的信号
    sig_no_parameter = pyqtSignal()
    # 带 1 个 float 参数的信号
    sig_float_parameter = pyqtSignal(float)                                    ①
    def __init__(self):
        super(CObjectA, self).__init__()
    # 模拟发射信号
    def emission_simulate_no_parameter(self):
        print("emit signal sig_no_parameter.")
        # 发射信号
```

```
        self.sig_no_parameter.emit()
    # 模拟发射信号
    def emission_simulate_one_parameter (self, fValue) :
        print("emit signal sig_float_parameter.")
        # 发射信号
        self.sig_float_parameter.emit(fValue)
# 对象 B
class CObjectB(QObject) :
    def __init__(self) :
        super(CObjectB, self).__init__()
    # 槽函数
    def slot_no_parameter (self) :
        print("slot_no_parameter called.")
    # 槽函数
    def slot_one_parameter (self, fValue) :
        print("slot_one_parameter called.")
if __name__ == "__main__":
    print("\nstart working...")
    objectA = CObjectA()
    objectB = CObjectB()
    # 将信号关联到槽函数
    objectA.sig_no_parameter.connect(objectB.slot_no_parameter)
    objectA.sig_float_parameter.connect(objectB.slot_one_parameter)
    # 模拟信号发射
    objectA.emission_simulate_no_parameter()
    objectA.emission_simulate_one_parameter(15.6)
    print("exit.")
```

② ③ ④ ⑤

2. 重载的信号

所谓重载信号指的是同一个信号中可能带有类型 A 的参数,也可能带有类型 B 的参数。如代码清单 16-3 所示,在标号①处,定义重载信号 sig_int_or_str_parameter,该信号带有一个 int 类型的参数或 str 类型的参数。在标号②处,定义信号 sig_two_parameter,它带有 2 个 int 类型的参数。在标号③处,定义重载信号 sig_two_parameter_overload,它带有一组[int,str]类型的参数或者一组[int,float]类型的参数。在标号④处,演示了重载信号 sig_int_or_str_parameter 的发射代码,此处按照 int 类型的参数发射该信号。在标号⑤处,演示了重载信号 sig_int_or_str_parameter 的另一种发射代码的写法,此处按照 str 类型的参数发射该信号。在标号⑥处,发射信号 sig_two_parameter。在标号⑦处,发射信号 sig_two_parameter_overload,此时,该信号带有一组[int,str]类型的参数。在标号⑧处,发射信号 sig_two_parameter_overload,此时,该信号带有一组[int,float]类型的参数。

代码清单 16-3

```
# ks16_03.py
# -*- coding: utf-8 -*-
import sys
from PyQt5.QtCore import QObject, pyqtSignal
# 对象 A
class CObjectA(QObject) :
    # 带 1 个 int 或 str 参数的重载信号
    sig_int_or_str_parameter = pyqtSignal([int], [str])
```

①

```
    # 带2个参数(int,int)的信号
    sig_two_parameter = pyqtSignal(int, int)                                    ②
    # 带2个参数([int,str]或[int,float])的重载信号
    sig_two_parameter_overload = pyqtSignal([int, str], [int, float])           ③
    def __init__(self):
        super(CObjectA, self).__init__()
    # 模拟发射信号
    def emission_simulate_one_parameter_overload_int(self, value):
        print("emit signal sig_int_or_str_parameter_int.")
        # 发射信号
        self.sig_int_or_str_parameter[int].emit(value)                          ④
    # 模拟发射信号
    def emission_simulate_one_parameter_overload_str(self, strValue):
        print("emit signal sig_int_or_str_parameter_str.")
        # 发射信号
        self.sig_int_or_str_parameter[str].emit(strValue)                       ⑤
    # 模拟发射信号
    def emission_simulate_two_parameter (self, iValue1, iValue2):
        print("emit signal sig_two_parameter.")
        # 发射信号
        self.sig_two_parameter.emit(iValue1, iValue2)                           ⑥
    # 模拟发射信号
    def emission_simulate_two_parameter_int_str (self, iValue, strValue):
        print("emit signal sig_two_parameter_overload_int_str.")
        # 发射信号
        self.sig_two_parameter_overload[int, str].emit(iValue, strValue)        ⑦
    # 模拟发射信号
    def emission_simulate_two_parameter_int_float (self, iValue, fValue):
        print("emit signal sig_two_parameter_overload_int_float.")
        # 发射信号
        self.sig_two_parameter_overload[int, float].emit(iValue, fValue)        ⑧
    ...
```

下面介绍槽函数,见代码清单16-4。在标号①处至标号②处之间,定义了上述信号的槽函数,从槽函数名称可以看出该槽函数对应的信号。更详细的关联关系,可以从标号③处开始的connect()操作看出来。在标号③处,将信号sig_int_or_str_parameter关联到objectB的槽函数slot_one_parameter_int,此时的信号带有一个int类型的参数,写法是sig_int_or_str_parameter[int]。在标号④处,将信号sig_int_or_str_parameter关联到objectB的槽函数slot_one_parameter_str,此时的信号带有一个str类型的参数,写法是sig_int_or_str_parameter[str]。在标号⑤处,将带有两个参数的信号sig_two_parameter关联到objectB的槽函数slot_two_parameter。在标号⑥处,将信号sig_two_parameter_overload关联到objectB的槽函数slot_two_parameter_int_str,此时的信号带有一组[int,str]类型的参数,写法是sig_two_parameter_overload[int,str]。在标号⑦处,将信号sig_two_parameter_overload关联到objectB的槽函数slot_two_parameter_int_float,此时的信号带有一组[int,float]类型的参数,写法是sig_two_parameter_overload[int,float]。在标号⑧处开始,调用objectA的接口模拟信号发射。

代码清单16-4

```
# ks16_03.py
# -*- coding: utf-8 -*-
import sys
```

```python
from PyQt5.QtCore import QObject, pyqtSignal
...
# 对象B
class CObjectB(QObject) :
    def __init__(self) :
        super(CObjectB, self).__init__()
    # 槽函数
    def slot_one_parameter_int(self, iValue) :                                          ①
        print("slot_one_parameter_int called.")
    # 槽函数
    def slot_one_parameter_str(self, strValue) :
        print("slot_one_parameter_str called.")
    # 槽函数
    def slot_two_parameter (self, iValue1, iValue2) :
        print("slot_two_parameter called.")
    # 槽函数
    def slot_two_parameter_int_str(self, iValue, strValue) :
        print("slot_two_parameter_int_str called.")
    # 槽函数
    def slot_two_parameter_int_float(self, iValue, fValue) :                            ②
        print("slot_two_parameter_int_float called.")
if __name__ == "__main__":
    print("\nstart working...")
    objectA = CObjectA()
    objectB = CObjectB()
    # 将信号关联到槽函数
    objectA.sig_int_or_str_parameter[int].connect(objectB.slot_one_parameter_int)       ③
    objectA.sig_int_or_str_parameter[str].connect(objectB.slot_one_parameter_str)       ④
    objectA.sig_two_parameter.connect(objectB.slot_two_parameter)                       ⑤
    objectA.sig_two_parameter_overload[int, str].connect(objectB.slot_two_parameter_int_str)
                                                                                        ⑥
    objectA.sig_two_parameter_overload[int, float].connect(objectB.slot_two_parameter_int_float)
                                                                                        ⑦
    # 模拟信号发射
    objectA.emission_simulate_one_parameter_overload_int(100)                           ⑧
    objectA.emission_simulate_one_parameter_overload_str('iDev')
    objectA.emission_simulate_two_parameter(20, 30)
    objectA.emission_simulate_two_parameter_int_str(50, 'iDev')
    objectA.emission_simulate_two_parameter_int_float(60, 89.3)
    print("exit.")
```

16.4 知识点 信号比槽的参数少该怎么办

本知识点对应的源代码目录：src/chapter16/ks16_04。程序运行效果见图 16-3。

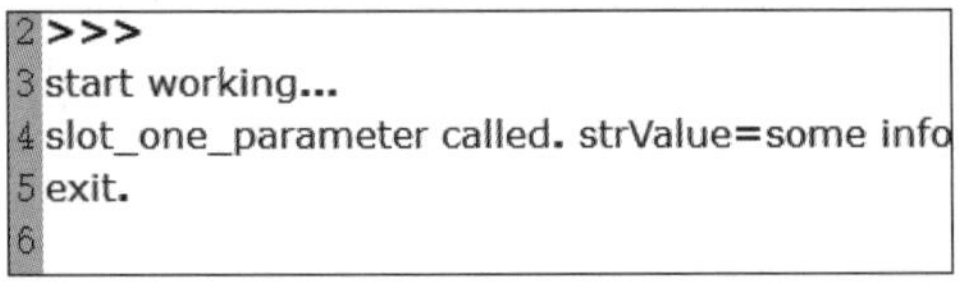

```
>>>
start working...
slot_one_parameter called. strValue=some info
exit.
```

图 16-3 ks16_04 运行效果

在有些情况下，信号可能不带参数，而槽函数带有参数，信号的参数会少于槽函数的参数个数，这在 Python 中是不允许的，这该怎么办呢？如果出现这种情况，可以用两种方法解决。

1. 使用 Lambda 表达式

使用 Lambda 表达式的代码，见代码清单 16-5。在标号①处，定义信号 sig_no_parameter，它不带任何参数。在标号②处，是槽函数 slot_one_parameter 的定义，它带一个参数。在标号③处，将信号与槽进行关联。这里使用了 Lambda 表达式语法，并且为槽函数提供了一个固定参数值"some info"，该参数值将在触发槽函数调用时作为 strValue 参数的值被传给槽函数。

代码清单 16-5

```
# ks16_04.py
# -*- coding:utf-8 -*-
import sys
from PyQt5.QtCore import QObject, pyqtSignal
# 对象 A
class CObjectA(QObject) :
    # 带一个 int 参数的信号
    sig_no_parameter = pyqtSignal()                                           ①
    def __init__(self) :
        super(CObjectA, self).__init__()
# 对象 B
class CObjectB(QObject) :
    def __init__(self) :
        super(CObjectB, self).__init__()
    # 槽函数
    def slot_one_parameter(self, strValue) :                                  ②
        print('slot_one_parameter called. strValue = {}'.format(strValue))
if __name__ == "__main__":
    print("\nstart working...")
    objectA = CObjectA()
    objectB = CObjectB()
    # 将信号关联到槽函数
    objectA.sig_no_parameter.connect(lambda : objectB.slot_one_parameter('some info'))  ③
    # 模拟信号发射
    objectA.sig_no_parameter.emit()
    print("exit.")
```

2. 使用 partial() 函数

另一个方案是使用 partial() 函数，见代码清单 16-6。在标号①处，从 functools 模块中导入 partial 函数。在标号②处，利用 partial() 函数进行信号-槽关联，其中 partial() 函数的参数 1 是槽函数，参数 2 "some info" 是此次关联提供的默认参数。

代码清单 16-6

```
# ks16_04.py
# -*- coding:utf-8 -*-
import sys
from PyQt5.QtCore import QObject, pyqtSignal
from functools import partial                                                 ①
    ...
if __name__ == "__main__":
    print("\nstart working...")
    objectA = CObjectA()
```

```
objectB = CObjectB()
# 将信号关联到槽函数
objectA.sig_no_parameter.connect(partial(objectB.slot_one_parameter, 'some info'))    ②
# 模拟信号发射
objectA.sig_no_parameter.emit()
print("exit.")
```

16.5 案例 76 使用 QTimer 实现定时器

本案例对应的源代码目录：src/chapter16/ks16_05。程序运行效果见图 16-4。

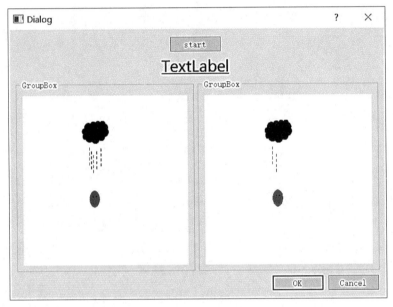

图 16-4 案例 76 运行效果

在开发界面类应用时，有时候需要执行一些周期性操作，比如周期性扫描某个目录下的文件、周期性刷新界面等，这时候定时器就派上用场了。定时器可以周期性发射时间信号。PyQt 的定时器类是 QTimer。使用定时器一共分为 3 步。

(1) 定义定时器对象。

(2) 定义并实现周期性调用的槽函数，将定时器的信号关联到该槽函数。

(3) 设定定时器周期，并启动定时器。

图 16-4 中左侧的图片是个 GIF 动画，右侧是静态图片，本案例通过定时器实现周期性更换右侧图片达到跟左侧图片一样的动画效果。通过 start/stop 按钮可以启动、停止定时器及动画。本案例的实现见代码清单 16-7。在标号①处，导入相关类。在标号②处，定义定时器对象 timer、动画对象 movie 等成员变量。在标号③处，构建定时器对象，并在标号④处将定时器的超时信号关联到槽函数 self.slot_timeOut()。在标号⑤处，设定定时器周期，单位是毫秒。在标号⑥处，定义槽函数用来控制定时器的启动、关闭，方法是调用定时器的 start()、stop()接口。在标号⑦处，定义定时器对应的槽函数，在该槽函数中，循环更换 self.label_png 上的图片，从而达到动画效果。

代码清单 16-7

```python
# ks16_05.py
# -*- coding: utf-8 -*-
import sys
from PyQt5.QtWidgets import QApplication, QDialog, QPushButton          ①
from PyQt5.QtCore import QTime, QTimer, QSize
from PyQt5.QtGui import QMovie, QPixmap
from ui_maindialog import *
import ks16_05_rc
class CMainDialog(QDialog, Ui_CMainDialog) :
    idx = 0
    timer = None                                                         ②
    movie = None
    pictures = [None, None, None, None]
    def __init__(self, parent = None) :
        super(CMainDialog, self).__init__(parent)
        self.setupUi(self)
        self.pushButton.toggled.connect(self.onStartStop)
        self.movie = QMovie(":/images/rainman.gif")
        self.movie.setScaledSize(QSize(300, 300))
        self.label_gif.setMovie(self.movie)
        self.movie.start()
        self.pictures[0] = QPixmap(":/images/pic1.png").scaled(300, 300)
        self.pictures[1] = QPixmap(":/images/pic2.png").scaled(300, 300)
        self.pictures[2] = QPixmap(":/images/pic3.png").scaled(300, 300)
        self.pictures[3] = QPixmap(":/images/pic4.png").scaled(300, 300)
        self.label_png.setPixmap(self.pictures[0])
        self.timer = QTimer(self)                                        ③
        self.timer.timeout.connect(self.slot_timeOut)                    ④
        self.timer.setInterval(300)         # 设置定时器周期。单位:毫秒   ⑤
        self.pushButton.setText("start")
    def onStartStop(self) :                                              ⑥
        if self.pushButton.isChecked() :
            self.timer.start()
            self.movie.start()
            self.pushButton.setText('stop')
        else :
            self.timer.stop()
            self.movie.stop()
            self.pushButton.setText('start')
    def slot_timeOut(self) :                                             ⑦
        tm = QTime.currentTime()
        strText = tm.toString("hh:mm:ss")
        self.label.setText(strText);
        # 更新图片
        self.label_png.setPixmap(self.pictures[self.idx])
        self.idx += 1
        if self.idx > 3 :
            self.idx = 0
if __name__ == "__main__":
    app = QApplication(sys.argv)
    widget = CMainDialog()
    widget.show()
    sys.exit(app.exec_())
```

16.6 知识点 使用 timerEvent()实现定时器

本知识点对应的源代码目录：src/chapter16/ks16_06。程序运行效果见图 16-5。

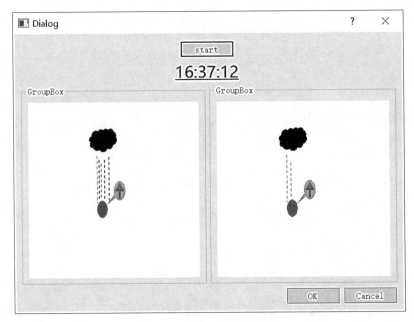

图 16-5　ks16_06 运行效果

在 16.5 节介绍了使用定时器的 timeout()信号触发槽函数的定时器用法，本节介绍另外一种用法，使用 QObject 的 timerEvent()事件实现定时功能。在 QObject 的派生类中通过 timerEvent()使用定时器时，不再需要使用槽函数。使用 timerEvent()实现定时功能一共分为 2 步。

（1）定义对象用来保存定时器 Id，设定定时器周期，启动定时器。
（2）通过重写 timerEvent()事件实现定时功能。
下面进行详细介绍。

1. 启动定时器、保存定时器 Id

如代码清单 16-8 所示，首先导入所需的类。在标号①处，为界面类 CMainDialog 添加成员变量 timerId 用来保存定时器 Id。在标号②处，当单击 start 按钮时，启动定时器，并设定周期为 300ms。其中 Qt.PreciseTimer 指的是精确定时，有关定时器精确度的知识见 5.13 节。当单击 stop 按钮时，将停止定时器及动画刷新，同时将保存定时器 Id 的成员变量赋值为 -1，见标号③处。

代码清单 16-8

```
# ks16_06.py
# -*- coding: utf-8 -*-
import sys
from PyQt5.QtWidgets import QApplication, QDialog, QPushButton
```

第16章 PyQt 5进程内通信

```python
from PyQt5.QtCore import QObject, QTime, QTimer, QSize, QTimerEvent, Qt
from PyQt5.QtGui import QMovie, QPixmap
from ui_maindialog import *
import ks16_06_rc
class CMainDialog(QDialog, Ui_CMainDialog) :
    idx = 0
    movie = None
    pictures = [None, None, None, None]
    timerId = 0                                                                   ①
    def __init__(self, parent = None) :
        super(CMainDialog, self).__init__(parent)
        self.setupUi(self)
        self.pushButton.toggled.connect(self.onStartStop)
        self.movie = QMovie(":/images/rainman.gif")
        self.movie.setScaledSize(QSize(300, 300))
        self.label_gif.setMovie(self.movie)
        self.movie.start()
        self.pictures[0] = QPixmap(":/images/pic1.png").scaled(300, 300)
        self.pictures[1] = QPixmap(":/images/pic2.png").scaled(300, 300)
        self.pictures[2] = QPixmap(":/images/pic3.png").scaled(300, 300)
        self.pictures[3] = QPixmap(":/images/pic4.png").scaled(300, 300)
        self.label_png.setPixmap(self.pictures[0])
        self.pushButton.setText("start");
    def onStartStop(self) :
        if self.pushButton.isChecked() :
            self.timerId = self.startTimer(300, Qt.PreciseTimer);
                                            # 启动定时器,单位:毫秒                ②
            self.movie.start()
            self.pushButton.setText('stop')
        else :
            self.bStart = True
            self.killTimer(self.timerId);         # 关闭定时器                    ③
            self.timerId = -1
            self.movie.stop()
            self.pushButton.setText('start')
if __name__ == "__main__":
    app = QApplication(sys.argv)
    widget = CMainDialog()
    widget.show()
    sys.exit(app.exec_())
```

2. 通过重写 timerEvent()事件实现定时功能

重写的 timerEvent()接口见代码清单 16-9。在标号①处,判断是否是期望的定时器 Id,如果是则执行相关动作。

代码清单 16-9

```python
# ks16_06.py
...
def timerEvent(self, evt) :
    if self.timerId == evt.timerId() :    # 判断是否是所需的定时器,这点很重要!    ①
        tm = QTime.currentTime()
        strText = tm.toString("hh:mm:ss")
```

```
            self.label.setText(strText);
            # 更新图片
            self.label_png.setPixmap(self.pictures[self.idx])
            self.idx += 1
            if self.idx > 3 :
                self.idx = 0
            ...
```

16.7 案例 77 使用 QStackedLayout 实现向导界面

本案例对应的源代码目录：src/chapter16/ks16_07。程序运行效果见图 16-6。

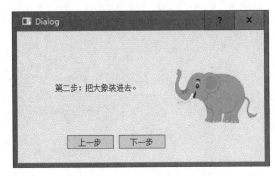

图 16-6 案例 77 运行效果

向导界面是一种比较特殊的界面，一般情况下，当单击【下一步】按钮时会切换到下一个操作步骤界面。那么，该怎样实现向导界面呢？本节将借助 Qt 的 QStackedLayout 类开发一个向导界面演示程序。QStackedLayout 是一个布局部件，它的功能是实现堆栈式布局，也就是当显示某一个 QWidget 子部件时将隐藏其他的 QWidget 子部件。

首先，取得 src.baseline 中本案例的初始代码，代码包括向导对话框的主界面 CDialog 类、3 个用来实现向导步骤的子界面类 CStep1、CStep2、CStep3 以及它们对应的界面资源文件。现在要做的就是下面 3 步。

（1）为 3 个向导子界面增加信号并添加按钮对应的槽函数，在槽函数中发射相关信号以便通知 QStackedLayout 对象切换界面。

（2）在向导主界面中构建向导子界面对象和 QStackedLayout 对象，并将向导子界面添加到 QStackedLayout 布局对象。

（3）在向导主界面中将子界面的信号关联到 QStackedLayout 的相关槽函数，以便在子界面中单击【上一步】【下一步】按钮时更新当前界面。

下面分别进行介绍。

（1）为 3 个向导子界面增加信号并添加按钮对应的槽函数，在槽函数中发射相关信号。

QStackedLayout 类提供的设置当前索引页的槽函数如下，该槽函数的功能是将某个子界面设置为显示状态而将其他子界面设置为隐藏状态。

```
QStackedLayout::setCurrentIndex(index:int)
```

为了让子界面的【上一步】【下一步】按钮能够触发 QStackedLayout 对象的槽函数 setCurrentIndex()，在代码清单 16-10 中，为子界面类 CStep1 增加一个信号 sig_showpage (int),以便当单击【下一步】按钮时发射该信号。为了跟 QStackedLayout::setCurrentIndex(int)的参数保持一致,sig_showpage()信号也提供一个 int 类型的参数。另外,还为 CStep1 增加了一个槽函数,用来响应【下一步】按钮被按下。

代码清单 16-10

```
# step1.py
class CStep1(QWidget, Ui_CStep1):
    sig_showPage = pyqtSignal(int)
    ...
    def slot_next(self):
        ...
```

现在来看一下 CStep1 类的实现,见代码清单 16-11。

代码清单 16-11

```
# step1.py
...
class CStep1(QWidget, Ui_CStep1):
    sig_showPage = pyqtSignal(int)
    def __init__(self, parent = None) :
        super(CStep1, self).__init__(parent)
        self.setupUi(self)
        self.btnNext.clicked.connect(self.slot_next)
    def slot_next(self):
        self.sig_showPage.emit(1)
                            # 序号从 0 开始, step1 界面是第 0 个,所以下一步要显示第 1 个
```

在代码清单 16-11 中,当 ui.btnNext 代表的【下一步】按钮被按下时,将触发槽函数 slot_next()。在该槽函数中,将发射信号 sig_showpage(1)。参数值为 1,表示切换到第 1 页,即第 1 步对应的子界面,当前为第 0 页。sig_showpage()信号将在主界面中被截获。将按钮与槽函数关联时使用了信号地址、槽函数地址的语法。同样的,对子界面类 CStep2、CStep3 进行类似改造,见代码清单 16-12。

代码清单 16-12

```
# step2.py
...
class CStep2(QWidget, Ui_CStep2):
    sig_showPage = pyqtSignal(int)
    ...
    def slot_previous(self):
        ...
    def slot_next(self):
        ...
```

在代码清单 16-12 中,为类 CStep2 增加了同样的信号 sig_showpage(int),并且为【上一步】【下一步】按钮分别增加了槽函数 slot_previous()、slot_next()。类 CStep2 的实现见代码清单 16-13。

代码清单 16-13

```
# step2.py
...
class CStep2(QWidget, Ui_CStep2):
    sig_showPage = pyqtSignal(int)
    def __init__(self, parent = None) :
```

```python
        super(CStep2, self).__init__(parent)
        self.setupUi(self)
        self.btnPrevious.clicked.connect(self.slot_previous)
        self.btnNext.clicked.connect(self.slot_next)
    def slot_previous(self):
        self.sig_showPage.emit(0)
                              # 序号从 0 开始, Step2 界面是第 1 个,所以上一步要显示第 0 个
    def slot_next(self):
        self.sig_showPage.emit(2)
                              # 序号从 0 开始, Step2 界面是第 1 个,所以下一步要显示第 2 个
```

在代码清单 16-13 中,在【上一步】按钮对应的槽函数 slot_previous() 中发射信号 sig_showpage(0),表示切换到第 0 页,即第 0 步;在【下一步】按钮对应的槽函数 slot_previous() 中发射信号 sig_showpage(2),表示切换到第 2 页,即第 2 步。在代码清单 16-14 中,为类 CStep3 增加了类似的信号-槽,不同之处是为 CStep3 增加了信号 sig_closeWindow 和槽函数 slot_close() 用来发射界面关闭的信号,发射信号的目的是通知主界面退出。

代码清单 16-14

```python
# step3.py
...
class CStep3(QWidget, Ui_CStep3):
    sig_showPage = pyqtSignal(int)
    ...
    def slot_previous(self):
        ...
    def slot_close(self):
        ...
```

在代码清单 16-15 中,提供了类 CStep3 的实现。在该类的构造函数中,将【关闭】按钮的单击信号关联到槽函数 slot_close()。在槽函数 slot_close() 中发射信号 closeWindow(),当主窗口截获该信号时将退出主程序。

代码清单 16-15

```python
// step3.cpp
class CStep3(QWidget, Ui_CStep3):
    sig_showPage = pyqtSignal(int)
    sig_closeWindow = pyqtSignal()
    def __init__(self, parent = None) :
        super(CStep3, self).__init__(parent)
        self.setupUi(self)
        self.btnPrevious.clicked.connect(self.slot_previous)
        self.btnClose.clicked.connect(self.slot_close)
    def slot_previous(self):
        self.sig_showPage.emit(1)
                              # 序号从 0 开始, Step3 界面是第 2 个,所以上一步要显示第 1 个
    def slot_close(self):
        self.sig_closeWindow.emit()
```

(2) 在向导主界面中构建向导子界面对象、QStackedLayout 对象并将向导子界面添加到 QStackedLayout 布局对象。

在步骤 1 中已经做好了准备工作,为子界面增加了相关信号和槽函数。在步骤 2 中,将构建子界面对象和 QStackedLayout 对象,如代码清单 16-16 所示。

代码清单 16-16

```python
# cdialog.py
...
class CDialog(QDialog, Ui_CDialog):
    def __init__(self, parent = None) :
        super(CDialog, self).__init__(parent)
        self.setupUi(self)
        # 构建QStackedLayout布局对象、3个子向导界面对象
        stackedLayout = QStackedLayout(self.horizontalLayout)
        widgetStep1 = CStep1(self)
        widgetStep2 = CStep2(self)
        widgetStep3 = CStep3(self)
        # 将3个子向导界面对象添加到堆栈布局
        stackedLayout.addWidget(widgetStep1)
        stackedLayout.addWidget(widgetStep2)
        stackedLayout.addWidget(widgetStep3)
        # 设置默认页
        stackedLayout.setCurrentIndex(0)
```

在代码清单 16-16 中，构建了 QStackedLayout 对象 stackLayout，并分别构建了 3 个子界面对象，然后将 3 个子界面对象添加到 stackLayout 布局对象，然后设置默认的页面为第 0 页，最后将 stackLayout 对象添加到 CDialog 的整体布局对象中。对象构建完毕，接下来进行信号-槽关联。

（3）在向导主界面中将子界面的信号关联到 QStackedLayout 的相关槽函数，以便在子界面中单击【上一步】【下一步】按钮时更新当前页面。

在代码清单 16-17 中，将 3 个子界面发射的 sig_showpage() 信号关联到 stackLayout 对象的槽函数 setCurrentIndex()。sig_showpage(int) 信号也提供一个 int 类型的参数，跟 QStackedLayout::setCurrentIndex(int) 相配套，所以可以将各个子界面的 sig_showpage() 信号直接关联到 QStackedLayout 对象的槽函数 setCurrentIndex()。然后，将子界面 widgetStep3 对象发射的 sig_closeWindow 信号关联到 CDialog::close() 槽函数，以便当 widgetStep3 子界面的 btnClose 按钮被单击时可以正常退出主程序。

代码清单 16-17

```python
# cdialog.py
class CDialog(QDialog, Ui_CDialog):
    def __init__(self, parent = None) :
        ...
        # 绑定信号槽：将子向导界面的信号绑定到堆栈布局对象的槽函数
        widgetStep1.sig_showPage.connect(stackedLayout.setCurrentIndex)
        widgetStep2.sig_showPage.connect(stackedLayout.setCurrentIndex)
        widgetStep3.sig_showPage.connect(stackedLayout.setCurrentIndex)
        widgetStep3.sig_closeWindow.connect(self.close)
```

本节介绍了使用 QStackedLayout 开发向导式界面的方法，主要分为如下 3 个步骤。

（1）为各个向导子界面增加信号并添加按钮对应的槽函数，在槽函数中发射相关信号以便通知 QStackedLayout 对象切换页面；如果发射的信号与 QStackedLayout 对象的槽函数 setCurrentIndex() 进行关联，那么信号的参数列表必须与槽函数的参数列表保持一致。

（2）在向导主界面中构建各个子界面对象、QStackedLayout 对象并将向导子界面添加到 QStackedLayout。

（3）在向导主界面中将子界面的信号关联到 QStackedLayout 对象的相关槽函数，以便在子界面中单击【上一步】【下一步】按钮时可以切换页面。在子界面中发射自定义的关闭信号以便在主界面中退出主程序。

16.8 配套练习

1. 使用 PyQt 5 的信号槽机制时，关联信号槽的语法是什么？

2. 使用 PyQt 5 创建一个对话框应用，该对话框带有一个按钮 btnSendMessage，单击该按钮时，发射信号 sig_Message，该信号带有两个参数：参数 1 为整数类型，参数 2 为字符串类型。

3. 在练习题 2 的基础上，为对话框添加槽函数，处理收到的数据，将数据用 QMessageBox 的 information()接口展示出来。

4. 使用 PyQt 5 创建一个对话框应用，利用 QTimer 实现定时功能：定时扫描指定目录中以 txt 为后缀的文件，如果符合要求的文件个数＞4，则将文件名称列表显示在对话框中，并删除这些文件。

5. 使用 QStackedLayout 创建一个驱动程序的安装界面，安装步骤如下：首先检查是否已安装该版本的驱动程序，如果已安装则提示并返回，如果未安装则允许继续执行下一步；然后，将文件复制到系统目录并提示"正在复制文件到系统目录……"，完成后提示"驱动程序安装完成。"并允许继续执行下一步；最后展示安装后的最新版本。

第 17 章 PyQt 5实现自定义绘制

Qt 提供了非常丰富的控件库用来开发 GUI 程序，但有时这些控件仍然无法满足需求。比如，在界面上绘制一些特殊的形状。这需要用到 QPainter 在界面上进行绘制的技术。本章将通过一些案例介绍这项技术。

17.1 知识点 怎样进行自定义绘制

本节内容比较简单，仅在对话框中绘制一些文本，但该知识点展示了 Qt 绘制界面时的层次关系（前后遮挡关系），对应的源代码目录：src/chapter17/ks17_01。程序运行效果见图 17-1。在 CDialog 中放置了一个子控件 CCustomWidget。为了演示前后遮挡关系，除了 UI 文件中添加的控件外，在 CDialog 和 CCustomWidget 中都进行自定义绘制。既然要自定义绘制，就需要重写 CDialog 和 CCustomWidget 的 paintEvent()接口，并在该接口中进行绘制。先重写 CCustomWidget 的 paintEvent()接口，定义一个 QPainter 对象用来进行绘制，并且自定义绘制的代码要写在 painter.begin(self)和 painter.end()之间，见代码清单 17-1。

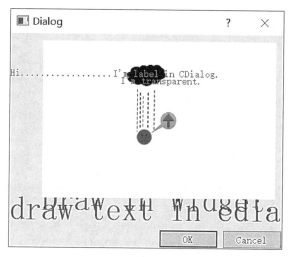

图 17-1　ks17_01 运行效果

代码清单 17-1

```
# ccustomwidget.py
...
class CCustomWidget(QWidget, Ui_CCustomWidget) :
    ...
    def paintEvent (self, evt):
        painter = QPainter()
        painter.begin(self)
        ...
        painter.end()
```

CCustomWidget.py 的完整实现见代码清单 17-2。为了展示前后遮挡关系, 需要将界面中的控件同 paintEvent()中绘制的内容进行对比, 因此在构造过程中构建一个 QLabel 对象 m_transparentLabel, 见标号①处。在标号②处, 样式文本中的 border: none 表示将该控件设置为透明(无背景)。标号③处的 self, 表示将自定义内容绘制到 self 对象, 如果希望绘制到其他对象, 将 self 换成其他对象即可。然后, 设置 painter 的字体为"宋体"、26 号字, 并绘制文本。标号④处 drawText()绘制一行文本, drawText()有两个参数, 参数 1 是文本的左下角坐标, 参数 2 是文本内容。请注意该文本将显示在 CCustomWidget 的底层, 即, 在 CCustomWidget 中创建的控件会遮挡 paintEvent()中绘制的内容。

代码清单 17-2

```
# ccustomwidget.py
from PyQt5.QtWidgets import QWidget, QLabel
from PyQt5.QtGui import QFont, QMovie, QPainter
from PyQt5.QtCore import QSize, Qt, QPointF
from ui_customwidget import *
import ks17_01_rc
class CCustomWidget(QWidget, Ui_CCustomWidget) :
    movie = None
    transparentLabel = None
    def __init__(self, parent = None) :
        super(CCustomWidget, self).__init__(parent)
        self.setupUi(self)
        # 添加 1 个控件用来展示动画
        self.movie = QMovie(':/images/rainman.gif')
        self.movie.setScaledSize(QSize(self.label_gif.geometry().size()))
        self.label_gif.setMovie(self.movie)
        self.movie.start()
        self.transparentLabel = QLabel(self)                                            ①
        self.transparentLabel.setText("I'm transparent.")
        self.transparentLabel.setGeometry(80, 250, 200, 40)
        self.transparentLabel.setStyleSheet("color: rgb(255, 48, 190);border:none")     ②
    def resizeEvent(self, evt):
        QWidget.resizeEvent(self, evt)          # 调用基类接口
        self.movie.setScaledSize(QSize(self.label_gif.geometry().size()))
        rctGif = self.label_gif.geometry()
        x = rctGif.x() + rctGif.width()/3
        y = rctGif.y() + rctGif.height() / 6
        self.transparentLabel.setGeometry(x, y, 200, 40)
    def paintEvent (self, evt):
        painter = QPainter()
        painter.begin(self)                                                             ③
        painter.setPen(Qt.red)
```

```
            ft = QFont()
            ft.setPointSizeF(30)
            painter.setFont(ft)
            pt = QPointF()
            pt = self.label_gif.geometry().bottomLeft() + QPointF(0, 20)
            # 下面代码绘制的文本始终显示在本控件的底层
            painter.drawText(pt, "Draw In Widget.")                              ④
            painter.end()
```

下面修改 CDialog。如果在 Designer 中对 CDialog 进行界面布局后,Qt 没有自动生成界面的 Layout 对象,那么可以用代码生成一个,见代码清单 17-3。

代码清单 17-3

```
# cdialog.py
# -*- coding: utf-8 -*-
from PyQt5.QtWidgets import QDialog, QGridLayout, QLabel
from PyQt5.QtGui import QFont, QPainter
from PyQt5.QtCore import QPointF, Qt
from ui_dialog import *
from ccustomwidget import CCustomWidget
class CDialog(QDialog, Ui_CDialog) :
    customWidget = None                                                          ①
    def __init__(self, parent = None) :
        super(CDialog, self).__init__(parent)
        self.setupUi(self)
        gridLayout = QGridLayout(self.widget)                                    ②
        gridLayout.setObjectName("gridLayout")
        self.customWidget = CCustomWidget(self)
        gridLayout.addWidget(self.customWidget, 0, 0)                            ③
        # 下面代码构造的 QLabel 对象将覆盖在 customWidget 的上方。因此得出结论,先创建的
        # 控件在下,后创建的控件在上
        newLabel = QLabel(self)                                                  ④
        newLabel.setStyleSheet("color:rgb(0, 255,0)")
        newLabel.setText("Hi...............I'm label in CDialog.")
        newLabel.setGeometry(0, 45, 400, 30)
        self.buttonBox.accepted.connect(self.accept)
        self.buttonBox.rejected.connect(self.reject)
```

如代码清单 17-3 所示,在标号①处,定义 customWidget 成员变量。在标号②处,构造一个 QGridLayout 对象 gridLayout,并为对象设置名字。然后,用代码构建 CCustomWidget 类型的对象 customWidget,并且将它添加到布局对象 gridLayout。因为布局对象中只有 customWidget 这一个子控件,所以 addWidget() 的第 2、3 个参数分别填写 0、0,表示子控件位于第 0 行、第 0 列,见标号③处。在标号④处构建一个 QLabel 对象 pLabel,从图 17-1 所示效果可以看出,pLabel 在 customWidget 的上方,因此可以得出结论,在同一个界面中,先创建的子控件在下,后创建的子控件在上。下面,重写 CDailog 的 paintEvent(),见代码清单 17-4,CDialog 的 paintEvent() 跟 CCustomWidget 的实现类似。

代码清单 17-4

```
# cdialog.py
class CDialog(QDialog, Ui_CDialog) :
    ...
    def paintEvent(self, evt) :
        painter = QPainter()
```

```
            painter.begin(self)
            ft = QFont()
            ft.setPointSizeF(30)
            painter.setFont(ft)
            painter.setPen(Qt.blue)
            # 下面代码绘制的文本始终显示在本控件的底层,在 m_pWidget 的下层
            painter.drawText(QPointF(0, self.customWidget.geometry().bottom() + 5), "draw text in cdialog.")
            painter.end()
```

从图 17-1 可以看出,在 CCustomWidget 的 paintEvent() 和 CDialog 的 paintEvent() 中绘制的文本都被 GIF 动画挡住了,这是因为 Qt 的绘图机制是先调用 paintEvent() 绘制窗体,然后再绘制窗体上创建的子控件。所以,如果希望将文本绘制在 GIF 动画之上,就应该向窗体中添加 QLabel 子控件而不是在 paintEvent() 中绘制一个文本。现在把基本的知识介绍完了,如果希望把内容绘制到图标中该怎么做呢?如代码清单 17-5 所示,就可以把内容绘制到一个 QPixmap 对象中啦!而且,无须将代码写在 paintEvent() 中就能正常生成图片。

代码清单 17-5

```
QPixmap pixmap;
painter.begin(pixmap);
...
painter.end();
```

本节介绍了使用 QPainter 进行自定义绘制的基本知识,简单总结如下。

(1)可以在 QWidget 的 paintEvent() 中使用 QPainter 进行自定义绘制。只要是 QWidget 的派生类就具备 paintEvent() 接口。

(2)在 CDialog 的 paintEvent() 中使用 QPainter 绘制时,使用了 self 作为 QPaintDevice 对象。如果希望把内容绘制到其他对象中,只要把 self 换成其他对象即可,如代码清单 17-5 中生成图标时的 pixmap。

(3)自定义绘制的代码要写在 painter.begin() 和 painter.end() 之间,否则无法正常显示。

(4)在 Qt 进行窗体绘制时,先创建的子控件在下,后创建的子控件在上。Qt 会先调用 paintEvent() 再绘制窗体上的子控件。Qt 绘制的先后覆盖关系从下向上(上方遮挡下方)依次为:窗体 paintEvent()→窗体子控件 paintEvent()→窗体子控件中创建的控件。

17.2 案例 78 萌新机器人

本案例对应的源代码目录:src/chapter17/ks17_02。程序运行效果见图 17-2。

17.1 节介绍了在 paintEvent() 中利用 QPainter 进行自定义绘制的基本方法。本节将介绍更多常用形状的绘制方法。如图 17-2 所示,绘制时用到了直线、矩形、封闭折线、椭圆、弦、开放折线、扇形、文字、图片。

首先,应做好准备工作,把 paintEvent() 框架搭好。

```
# cdialog.py
...
class CDialog(QDialog, Ui_CDialog):
    imageGif = None
    def __init__(self, parent = None):
```

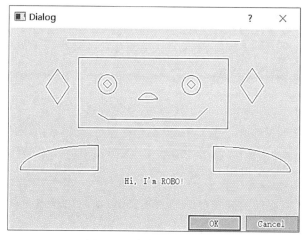

图 17-2　案例 78 运行效果

```
        super(CDialog, self).__init__(parent)
        self.setupUi(self)
        imageGif = QImage(":/images/rainman.gif")
        self.buttonBox.accepted.connect(self.accept)
        self.buttonBox.rejected.connect(self.reject)
    def paintEvent(self, evt):
        painter = QPainter()
        painter.begin(self)
        ...
        painter.end();
```

下面,开始调用 QPainter 的接口绘制各种形状。

1. 直线

调用 drawLine() 绘制一条直线。

```
# 头顶的帽子
linef = QLineF(QPointF(100, 20), QPointF(400, 20))
painter.drawLine(linef)
```

其实 PyQt 提供了一组用来绘制直线的接口。

```
drawLine(self, QLineF)
drawLine(self, QLine)
drawLine(self, int, int, int, int)
drawLine(self, QPoint, QPoint)
drawLine(self, Union[QPointF, QPoint], Union[QPointF, QPoint])
```

绘制直线时只要提供直线两个端点的坐标即可。这些接口有的使用整数坐标(如 QPoint),有的使用浮点坐标(如 QPointF),开发人员可以根据精度需要自行决定。另外,Qt 还提供了一次性绘制多条直线的接口 drawLines()。该接口需要调用者传入一组 QLineF。

```
drawLines(self, QLineF, *)
drawLines(self, Iterable[QLineF])
drawLines(self, Union[QPointF, QPoint], *)
drawLines(self, Iterable[Union[QPointF, QPoint]])
```

下面的接口使用整数坐标。

```
drawLines(self, QLine, *)
drawLines(self, Iterable[QLine])
drawLines(self, QPoint, *)
drawLines(self, Iterable[QPoint])
```

2. 矩形

绘制矩形比较简单，直接提供一个 QRectF 的坐标即可，当然也可以使用整数坐标的 QRect。

```
# 脸
rctf = QRectF(120, 50, 260, 120)
painter.drawRect(rctf)
```

同样，Qt 也提供了一次性绘制多个矩形的接口，包括使用浮点坐标的接口和使用整数坐标的接口。

```
drawRects(self, QRectF, *)
drawRects(self, Iterable[QRectF])
drawRects(self, QRect, *)
drawRects(self, Iterable[QRect])
```

3. 圆角矩形

绘制圆角矩形需要提供圆角处的半径。

```
drawRoundedRect(x, y, w, h, xRadius, yRadius[, mode = Qt.AbsoluteSize])
drawRoundedRect(rect, xRadius, yRadius[, mode = Qt.AbsoluteSize])
drawRoundedRect(rectF, xRadius, yRadius[, mode = Qt.AbsoluteSize])
```

本案例中并未使用圆角矩形。绘制圆角矩形需要提供一个 QRectF 作为外接矩形，并提供圆角处的 X 轴、Y 轴方向的半径。mode 用来表明 xRadius、yRadius 是绝对尺寸还是相对尺寸。如果是绝对尺寸，那么它们将被直接用作圆角处的半径；如果是相对尺寸，那么 xRadius、yRadius 表示相对于外接矩形 rect 的比例，即：rect.width() * xRadius 作为 X 轴方向的圆角半径，rect.height() * yRadius 作为 Y 轴方向的圆角半径。

4. 封闭折线

封闭折线使用 QPolyonF 提供浮点坐标。当然也可以使用整数坐标的 QPolygon。

```
# 左侧耳朵
polygonLeft = QPolygonF ([QPointF(84, 70), QPointF(64, 100), QPointF(84, 130), PointF(104, 100)])
painter.drawPolygon(polygonLeft)
```

5. 开放折线

开放折线的坐标也使用 QPolygonF，只是绘制时调用的接口是 drawPolyline()。

```
# 嘴巴
polyline = QPolygonF ([QPointF(154, 146), QPointF(172, 156), QPointF(325, 154), QPointF(344, 135)])
painter.drawPolyline(polyline)
```

6. 椭圆

绘制椭圆时，需要提供椭圆的外接矩形。drawEllipse() 的四个参数依次为 x、y、width、height。

```
painter.drawEllipse(154, 79, 32, 33)                # 左眼
```

7. 文本

drawText()是绘制文本最简单的方法。17.3 节将介绍字体的使用。

```
painter.drawText(QPointF(202,266), "Hi! I'm ROBO!");
```

如果希望使用对齐,可以用下面的接口。其中 r 为 QRectF 或 QRect,表示文本的外接矩形;flags 用来表示对齐方式,其取值来自 Qt.AlignmentFlag、Qt.TextFlag 的合集。

```
drawText(r, flags, text)
```

也可以用这个接口。

```
drawText(QRectF, str, option:QTextOption = QTextOption())
```

其中 QTextOption 提供接口可以用来设置对齐。

```
setAlignment(Qt.Alignment)
```

QTextOption 也提供接口可以用来设置文本方向,如:从左到右、从右到左。

```
setTextDirection(Qt.LayoutDirection);
```

8. 弦

绘制弦时需要指定弦的外接矩形、起始角度、角度的跨度。需要注意的是,drawChort()接口需要使用弧度值,所以应该把角度转化为弧度:方法是角度值×16。

```
# 鼻子
rctChord = QRectF (219,110,45,60)
painter.drawChord(rctChord,
                  40 * 16,                # 起始角度,需要把角度(40)转换为弧度
                  103 * 16)               # 跨度
```

9. 扇形

扇形的绘制接口的参数跟弦的接口类似。

```
# 左脚
rctPieLeft = QRectF (20.5,200.5,269,85)
painter.drawPie(rctPieLeft,
                90 * 16,                  # 起始弧度
                90 * 16)                  # 跨度
```

10. 图片

drawImage()用来绘制图片。

```
# 来张动图? 其实 drawImage()显示的是静态图片
rctImage = QRectF (51,300.5,300,300)
painter.drawImage(rctImage, self.imageGif)
```

绘制图片时需要注意,图片对象 imageGif 应提前初始化完毕,比如在构造函数中进行初始化,见代码清单 17-6。

代码清单 17-6

```python
# cdialog.py
class CDialog(QDialog, Ui_CDialog) :
    imageGif = None
    def __init__(self, parent = None) :
        super(CDialog, self).__init__(parent)
        self.setupUi(self)
        imageGif = QImage(":/images/rainman.gif")
```

因为 paintEvent() 是频繁调用的接口,所以不应在 paintEvent() 中临时构造 QImage 对象,否则频繁的 I/O 操作读取图片文件进行初始化会极大浪费性能,将导致 CPU 居高不下。为了体验一下坐标转换,可以将机器人的瞳孔绘制成倾斜 45°的矩形,见代码清单 17-7。在标号①处,首先将当前矩阵保存。在标号②处,将坐标轴的原点移动到眼睛的中心,也就是椭圆的中心。在标号③处,将坐标轴倾斜 45°。绘制矩形时,要将矩形的中心对齐到原点,所以矩形的左上角应该在(-5,-5),否则绘制的矩形将偏移瞳孔的位置。在标号④处将转置矩阵复位,即将矩阵恢复到 painter.save() 之前的状态。绘制眼睛的瞳孔时将坐标轴进行了位移、旋转操作,那么 painter.restore() 将坐标系的这些改动全都复位到 painter.save() 之前的状态。

代码清单 17-7

```
# 小试牛刀,体验一下坐标变换
painter.save()                    # 保存当前配置,包括画笔、画刷、字体、矩阵等      ①
painter.translate(170, 95)        # 把瞳孔画在眼睛(椭圆)的中心位置                 ②
painter.rotate(45)                                                               ③
painter.drawRect(-5, -5, 10, 10)
painter.restore()                 # 恢复(这次 save)之前的配置                     ④
```

本节介绍了一些常见形状的绘制方法。在 17.3 节中,将为这些形状添加颜色、背景、字体,把它们变得五彩缤纷。

17.3 案例 79 机器人的新装

本案例对应的源代码目录:src/chapter17/ks17_03。程序运行效果见图 17-3。

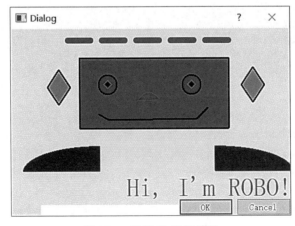

图 17-3 案例 79 运行效果

17.2节中,通过使用各种基本形状完成了机器人的形状绘制。在本案例中,将为这些形状添加上颜色、背景、字体。如代码清单17-8所示,先从帽子开始设置颜色。将帽子设置为蓝色的画笔;设置画笔的线型为DashLine;设置画笔宽度为10(Qt支持浮点宽度的画笔);设置画笔的顶端为圆形;最后,将painter的画笔更新为pn。在标号①处,为帽子设置完颜色后,将画笔改为实线。

代码清单17-8

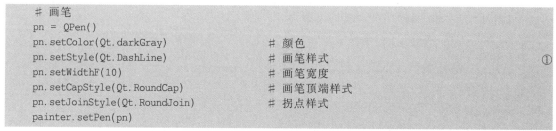

接着,用渐变色绘制脸部。Qt提供了3种渐变类型,见图17-4。

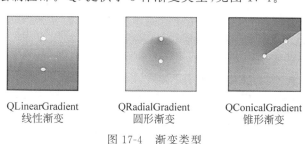

图17-4 渐变类型

本案例中,为机器人的脸部使用线性渐变QLinearGradient。首先定义一个QLinearGradient对象,并且将其起止坐标初始化。

```
linearGradient = QLinearGradient(QPointF(120, 50), QPointF(120, 170))
```

请注意,构造QLinearGradient对象时填写的起止坐标,是将要绘制区域的坐标,即本案例中脸部的坐标范围。该坐标应该是整个脸的区域的左上角到右下角的坐标。如果希望渐变仅在Y轴方向起作用,可以像本例一样,将两个点的X值写成一样(都设置成120)。如果希望渐变在X、Y轴都起作用,可以将起止坐标写成整个区域的左上角、右下角。然后为渐变设置扩散策略,此处设置为PadSpread。

```
linearGradient.setSpread(QLinearGradient.PadSpread);
```

扩散策略有3种,见图17-5。

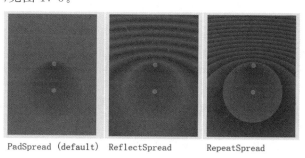

图17-5 扩散策略

下面为渐变添加 2 个渐变点，可根据需要自行增减渐变点的个数。setColorAt()参数 1 的取值范围为 0～1。

```
linearGradient.setColorAt(0,Qcolor(Qt.red));
linearGradient.setColorAt(1,Qcolor(Qt.yellow));
```

最后，为 painter 设置画刷即可。

```
painter.setBrush(linearGradient);
```

下面将脸的轮廓绘制为黑色，线宽设置为 3。

```
pn.setColor(Qt::black);
pn.setWidthF(3);
painter.setPen(pn);
```

将耳朵绘制为灰色。

```
brsh.setColor(Qt.gray);
brsh.setStyle(Qt.SolidPattern);
painter.setBrush(brsh);
```

眼睛用白色。

```
brsh.setColor(Qt.white);
painter.setBrush(brsh);
```

瞳孔用黑色、实心刷，画笔宽度设置为 2。

```
brsh.setColor(Qt.black);
brsh.setStyle(Qt.SolidPattern);
painter.setBrush(brsh);
pn.setStyle(Qt.SolidLine);
pn.setWidthF(2);
painter.setPen(pn);
```

为文本设置字体为宋体 12 号，画笔为红色。

```
QFont ft("宋体");
ft.setPointSizeF(26);
painter.setFont(ft);
painter.setPen(Qt.red);
```

至此，通过为机器人穿上新装的方式，完成了画笔、画刷、字体的设置。在自定义界面绘制时，样式的设计是最重要的。可以利用手头的工具快速得到自己想要的样式，比如可以使用 Designer 的样式编辑功能，得到一个渐变的背景色数据，然后将其应用到程序中。当然，最好的方式还是请专业美工帮忙啦。

17.4 配套练习

1. PyQt 绘制窗体的顺序是怎样的？请排序：窗体子控件中创建的控件；窗体子控件的 paintEvent()；窗体的 paintEvent()。

2. 参考 17.2 节的内容，使用 PyQt 绘制一只大熊猫，一棵竹子。只需要绘制轮廓，不用上色。

3. 为练习题 2 的大熊猫和竹子填上颜色。

4. 使用 PyQt 绘制一个仪表盘。要求如下：刻度范围 10～200；背景为白色；仪表指针为黑色、共绘制 19 个刻度；在 10、50、100、150、200 处为粗刻度线；指针指示在 30 的位置。

第18章 PyQt 5中的模型视图代理

有关 Qt 5 的 MVC 基础知识见 8.1 节。

18.1 知识点 使用 QStandardItemModel 构建树模型

建议：在阅读本节之前，先阅读 8.1 节中关于 Qt 的 MVC 基础知识。

本节介绍如何使用 Qt 自带的类构建树模型、树视图。本节将使用 QStandardItemModel 构建树模型，使用 QTreeView 作为视图展示数据。为了向模型中添加树结构的分支，还要用 QStandardItem 构建每个数据项，对应的源代码目录：src/chapter18/ks18_01。程序运行效果见图 18-1。本节内容分为两部分。

图 18-1　ks18_01 运行效果

（1）构建模型对象、视图对象，并将视图关联到模型。

（2）向模型中添加数据。

下面分别进行介绍。

如代码清单 18-1 所示，标号①处，定义树模型对象 model 和树视图对象 treeView。标号②处，将 treeView 关联到 model。标号③处，设置根项可以显示子项，如果参数为 False 表示该视图中的根项不展开，即不显示子项。如果只显示根项而不显示子项，那么该视图的展示效果等同于列表视图。标号④处，设置第一列的列标题不允许被拖动。有时最后一列的右侧会留有空白，导致不能将视图的所有列铺满整个视图区域，为了美观，可以将最后一列拉伸使其伸展到视图的最右侧，见标号⑤处。未调用该代码的效果图见图 8-9（见 8.2 节），第 2 列右侧仍然有一列空白列。调用该接口的效果图见图 8-10（见 8.2 节），第 2 列延伸到视图最右侧。

代码清单 18-1

```
# ks18_01.py
import sys
from PyQt5.QtWidgets import QApplication, QTreeView
from PyQt5.QtGui import QStandardItemModel, QStandardItem, QColor, QFont, QImage
from PyQt5.QtCore import Qt, QSize
import ks18_01_rc
if __name__ == "__main__":
```

```
app = QApplication(sys.argv)
# 构建模型,并设置一些属性
model = QStandardItemModel()                                            ①
treeView = QTreeView(None)
treeView.setModel(model)                                                ②
treeView.setRootIsDecorated(True)        # 根分支是否可展开              ③
treeView.header().setFirstSectionMovable(False)
                            # False:首列不允许被移动,True:首列允许移动  ④
treeView.header().setStretchLastSection(True)
                # 将最后一列设置为自动拉伸,True:自动拉伸,False:不自动拉伸 ⑤
treeView.setWindowTitle("树视图")
treeView.show()
...
```

为模型添加数据项时,应先得到数据项的索引,而这需要先得到其父项索引。在本案例中,父项就是根项(图 8-6 中的 Root item)。所以,需要获取根项以及它的索引。如代码清单 18-2 所示,在标号①处,invisibleRootItem()接口返回模型的顶级(Top-Level)不可见根项。Qt 设计不可见根项的目的之一是使开发者可以在设计接口时将该项和它的子项以同样的方式进行处理。在标号②处,构建 itemCountry 并将 itemCountry 作为子项添加到不可见根项,然后为 itemCountry 设置字体、颜色、图标。可以直接为 itemCountry 设置字体及颜色,方法是调用 QStandardItem 的 setData(const QVariant &, int role)接口,其中参数 1 是设置的新数据,参数 2 是数据对应的角色。如标号③处、标号④处所示,将 itemCountry 的字体(对应的角色为 Qt::FontRole)设置为"宋体"、16 号字,将文字颜色(对应的角色为 Qt::TextColorRole)设置为红色。还可以为 itemCountry 设置图标,对应的角色是 Qt::DecorationRole,见标号⑤处。为了使图标尺寸合适,将图标尺寸调整为 24 像素×24 像素。

代码清单 18-2

```
# ks18_01.py
...
if __name__ == "__main__":
    ...
    # 将数据添加到模型,包括子数据
    # 得到根节点
    itemRoot = model.invisibleRootItem()                                ①
    # 得到根节点的序号
    indexRoot = itemRoot.index()
    # 构建 country 节点
    itemCountry = QStandardItem('中国')                                 ②
    # 将 country 节点作为根节点的子节点
    itemRoot.appendRow(itemCountry)
    # 设置 country 的字体、字色
    ft = QFont('宋体', 16)
    ft.setBold(True)
    itemCountry.setData(ft, Qt.FontRole)                                ③
    itemCountry.setData(QColor(Qt.red), Qt.TextColorRole)               ④
    image = QImage (":/images/china.png")
    itemCountry.setData(image.scaled(QSize(24, 24)), Qt.DecorationRole) ⑤
```

如代码清单 18-3 所示,在标号①处,为了能在国家这一行上显示省的个数,需要设置其父项(也就是根项)的列数为 2。在标号②处,设置列标题为"子项个数"。在标号③处,调用 model.setData()接口来设置省的个数。setData()接口第一个参数 QModelIndex 用来指示数据项的索引。数据项的索引通过模型的 index() 接口得到。调用 index() 接口时传入的参数为行号、列号、父项索引。

代码清单 18-3

```
# ks18_01.py
...
if __name__ == "__main__":
    ...
    # 设置 itemRoot 的列数以便显示省的个数
    COLUMNCOUNT = 2  # 列数
    itemRoot.setColumnCount(COLUMNCOUNT)                                    ①
    # 必须在设置列数之后才能设置标题中该列的数据;当列不存在时,设置数据无效
    model.setHeaderData(1, Qt.Horizontal, "子项个数", Qt.DisplayRole)        ②
    # 在 Country 节点所在的行的第 1 列显示省的个数
    model.setData(model.index(0, 1, indexRoot), 2)                          ③
```

接着,构建省级节点、市级节点。如代码清单 18-4 所示,在标号①处,构建省级节点"山东"。在标号②处,将省级节点"山东"作为子项添加到国家节点 itemCountry。在标号③处,设置 itemCountry 的列数。在标号④处,设置省级节点第 0 列的文本颜色。请注意,在构建省级节点第 0 列的项索引时使用了 model.index(0, 0, itemCountry.index()),其中,参数 0 表示第 0 行,参数 1 表示第 0 列,参数 3 为父项索引(即 itemCountry 的索引)。在标号⑤处,设置省级节点第 1 列的数据为城市个数。在标号⑥处,构建各个市级节点并添加到省级节点。在标号⑦处,构建另一个省级节点及其子项。

代码清单 18-4

```
# ks18_01.py
...
if __name__ == "__main__":
    ...
    idProvince = 0
    # 构建省节点 1,并添加到国家节点的下级
    itemProvince = QStandardItem('山东')                                    ①
    itemCountry.appendRow(itemProvince)                                     ②
    # 设置 Country 的列数
    itemCountry.setColumnCount(COLUMNCOUNT)                                 ③
    # 设置 Province 节点的第 0 列的文本颜色为蓝色
    model.setData(model.index(0, 0, itemCountry.index()), QColor(Qt.blue), Qt.TextColorRole)
                                                                            ④
    # 设置 Country 节点第 1 列数据为城市个数
    model.setData(model.index(0, 1, itemCountry.index()), 2)                ⑤
    # 构建所有城市
    # 构建城市节点 1
    itemCity = QStandardItem('济南')                                        ⑥
    # 添加城市节点 1
    itemProvince.appendRow(itemCity)
    # 构建城市节点 2
    itemCity = QStandardItem('青岛')
    # 添加城市节点 2
    itemProvince.appendRow(itemCity)
    # 构建省节点 2,并添加到国家节点的下级
    itemProvince = QStandardItem('河北')                                    ⑦
    itemCountry.appendRow(itemProvince)
```

```
        # 设置 Province 节点的第 0 列的文本颜色为蓝色
        model.setData(model.index(1, 0, itemCountry.index()), QColor(Qt.blue), Qt.TextColorRole)
        # 设置 Country 节点第 1 列数据为城市个数
        model.setData(model.index(1, 1, itemCountry.index()), 3)
        # 遍历所有城市
        # 构建城市节点 1
        itemCity = QStandardItem('北戴河')
        # 添加城市节点 1
        itemProvince.appendRow(itemCity)
        # 构建城市节点 2
        itemCity = QStandardItem('张家口')
        # 添加城市节点 2
        itemProvince.appendRow(itemCity)
        # 构建城市节点 3
        itemCity = QStandardItem('保定')
        # 添加城市节点 3
        itemProvince.appendRow(itemCity)
    sys.exit(app.exec_())
```

至此，整个树模型构建完毕。下面回顾一下本节的内容。

（1）可以使用 QStandardItemModel 构建树模型。

（2）使用 QTreeView 构建树视图。调用视图的 setModel() 接口可以把视图关联到模型。

（3）QtreeView.setRootIsDecorated() 接口可以控制视图显示为树还是列表。

（4）QStandardItemModel.invisibleRootItem() 接口用来获取模型的不可见根项。

（5）要在子项的某一列设置数据，需要先在父项设置列数，方法是调用父项的 setColumnCount()。

（6）使用 QStandardItem 构建数据项，使用父数据项的 appendRow() 接口将子数据项添加到父数据项。

（7）可以用 QStandardItem 的 setData() 设置项的数据，也可以通过 QStandardItemModel 的 setData() 设置数据。获取数据时，可以调用模型的 data() 接口，请注意该接口中也要设置所要获取数据的角色。

18.2 案例 80 最简单的属性窗

本案例对应的源代码目录：src/chapter18/ks18_02。程序运行效果见图 18-2。

在开发界面类应用时，经常用属性窗对软件进行配置，本节介绍最简单的属性窗的开发方法。一般情况下，属性窗会放置在浮动窗中，为了方便演示，本节的属性窗以独立视图的形式存在。从图 18-2 可以看出，属性窗视图是表格形式，因此本节采用 QTableView 实现属性窗的视图，采用 QStandardItemModel 处理属性窗的模型。这是最简单的实现，完全利用 Qt 的默认功能完成人机交互，比如布尔量的取值 True、False 采用下拉列表的形式实现，见图 18-3。在 18.3 节，将使用代理来实现不同的交互方式。

如代码清单 18-5 所示，在标号①处定义树模型对象 model，因为属性数据一般为键值对形式，所以该模型为 4 行 2 列。在标号②处定义视图对象 tableView，然后将 tableView 关联到 model。在标号③处，设置视图为隔行自动变色，目的是便于用户区分不同行的数据。在标号④处，设置列标题的最后一列为自动扩展。

图 18-2 案例 80 运行效果

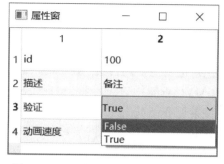

图 18-3 用下拉列表实现布尔量的输入

代码清单 18-5

```
# ks18_02.py
import sys
from PyQt5.QtWidgets import QApplication, QTableView
from PyQt5.QtGui import QStandardItemModel, QStandardItem, QColor, QFont, QImage
from PyQt5.QtCore import Qt, QSize
import ks18_02_rc
if __name__ == "__main__":
    app = QApplication(sys.argv)
    # 构建模型,并设置一些属性
    model = QStandardItemModel(4, 2)                                    ①
    tableView = QTableView(None)                                        ②
    tableView.setModel(model)
    tableView.setAlternatingRowColors(True)                             ③
    tableView.horizontalHeader().setStretchLastSection(True);           ④
    tableView.setWindowTitle("属性窗")
    tableView.show()
    ...
```

接下来为属性模型设置数据,见代码清单 18-6。在标号①处,获取不可见根项的索引。从标号②处开始,为属性窗第 0 列(即属性名)设置数据。从标号③处开始,为属性窗第 1 列(即属性值)设置数据。

代码清单 18-6

```
# ks18_02.py
...
if __name__ == "__main__":
    ...
    # 开始初始化数据
    indexRoot = model.invisibleRootItem().index()                       ①
    model.setData(model.index(0, 0, indexRoot), 'id')                   ②
    model.setData(model.index(1, 0, indexRoot), '描述')
    model.setData(model.index(2, 0, indexRoot), '验证')
    model.setData(model.index(3, 0, indexRoot), '动画速度')
    model.setData(model.index(0, 1, indexRoot), 100);                   ③
    model.setData(model.index(1, 1, indexRoot), '备注')
    model.setData(model.index(2, 1, indexRoot), True)
    model.setData(model.index(3, 1, indexRoot), 2)
    sys.exit(app.exec_())
```

18.3 案例81 使用代理实现属性窗

本案例对应的源代码目录：src/chapter18/ks18_03。程序运行效果见图18-4。

Qt 的 MVC 框架中，代理用来实现人机交互。本节通过一个属性窗案例介绍代理的运行机制。首先介绍图18-4中各属性的数据类型、编辑方式。

- id，整数类型，可编辑，取值范围0～100。
- 【描述】，字符串类型，用文本框输入。

图18-4 案例81运行效果

在开始之前，先介绍一下使用代理创建编辑控件的过程。当用户双击或单击视图中的数据项时，进入数据编辑状态。数据编辑控件的创建由代理负责。代理创建数据编辑控件的过程见图8-13（见8.3节）。

在本节中，为 id 属性设置可编辑的上下限。PyQt 5 中的代理类为 QStyledItemDelegate，它提供如下几个接口。

- createEditor(self, parent, option, index)，用户双击某个数据项后，PyQt 自动调用该接口，用来创建数据项对应的编辑控件。
- setEditorData(self, editor, index)，在创建编辑控件后，PyQt 自动调用该接口用来从模型读取数据，并设置编辑控件的初始值。
- setModelData(self, editor, model, index)，当用户完成编辑后，PyQt 自动调用该接口用来读取编辑控件的数据并更新到模型中。

梳理一下上述几个接口的调用顺序。当用户在视图中双击某个数据项进入编辑状态时，PyQt 会自动调用 createEditor() 创建编辑控件，然后调用 setEditorData() 从模型获取数据并用来初始化编辑控件，当用户完成编辑后，PyQt 会自动调用 setModelData() 接口将控件中的数据写入模型。本节的代理类为 CDelegate，派生自 QStyledItemDelegate，下面依次介绍这几个接口的实现。

1. createEditor()

当用户双击某个属性进入编辑状态后，将自动调用 createEditor()，见代码清单18-7。为了方便说明，针对每一个属性定义了枚举 EAttrIndex，它派生自 IntEnum，见标号①处。在标号②处，定义 CDelegate，它派生自 QStyledItemDelegate。接下来为 CDelegate 编写初始化接口。在标号③处，定义 createEditor()。属性名那一列（第0列）是不需要编辑的，因此当编辑第0列时直接返回 None，见标号④处。在标号⑤处，判断如果是 id 这个属性，则创建一个 QSpinBox 控件，将它设置为无边框，并设置取值范围为0～100。在标号⑥处，如果是其他属性，调用基类的默认实现。

代码清单18-7

```
# delegate.py
# -*- coding: utf-8 -*-
from PyQt5.QtWidgets import QSpinBox, QStyledItemDelegate
from PyQt5.QtCore import Qt
from enum import IntEnum
# 各属性项枚举
```

```python
class EAttrIndex(IntEnum):                              ①
    EAttr_Id = 0                    # id
    EAttr_Description = 1           # 描述
    Eattr_Max = 2
class CDelegate(QStyledItemDelegate):                   ②
    def __init__(self, parent=None):
        super(CDelegate, self).__init__(parent)
    def createEditor(self, parent, option, index):      ③
        # 只有第 1 列允许编辑
        if 1 != index.column():
            return None                                 ④
        if EAttrIndex.EAttr_Id == EAttrIndex(index.row()):   ⑤
            editor = QSpinBox(parent)
            editor.setFrame(False)
            editor.setMinimum(0)
            editor.setMaximum(100)
        else:
            editor = QStyledItemDelegate.createEditor(self, parent, option, index)  ⑥
        return editor
```

2. setEditorData()

当通过 createEditor() 创建完控件后，PyQt 会自动调用 setEditorData() 为编辑控件设置初始值，setEditorData() 的实现见代码清单 18-8。同样，在本接口中仅处理属性值列。在标号①处，当处理 id 属性时，从模型中读取该属性数据项索引 index 对应的编辑角色（Qt.EditRole）的数据，并更新到编辑控件。在标号②处，如果是其他属性则调用基类的默认实现。

代码清单 18-8

```python
# delegate.py
...
class CDelegate(QStyledItemDelegate):
    ...
    def setEditorData(self, editor, index):
        if 1 != index.column():
            return QStyledItemDelegate.setEditorData(self, editor, index)
        if EAttrIndex.EAttr_Id == EAttrIndex(index.row()):      ①
            value = index.model().data(index, Qt.EditRole)
            editor.setValue(value)
        else:
            QStyledItemDelegate.setEditorData(self, editor, index)   ②
```

3. setModelData()

当用户完成编辑时，会自动调用 setModelData()，该接口的实现见代码清单 18-9。在标号①处，如果是 id 属性，则调用 editor.interpretText()，目的是确保取得最新的数值，然后在标号②处，将从编辑控件取得的数值写入模型。标号③处重写了 updateEditorGeometry() 接口，当初次构建编辑控件或者属性窗尺寸改变时，将会触发该接口的调用。当需要对控件的尺寸或位置做特殊处理时，可以重写 updateEditorGeometry() 接口。

代码清单 18-9

```python
# delegate.py
...
```

```python
class CDelegate(QStyledItemDelegate):
    ...
    def setModelData(self, editor, model, index):
        if 1 != index.column():
            return QStyledItemDelegate.setModelData(self, editor, model, index)
        if EAttrIndex.EAttr_Id == EAttrIndex(index.row()):
            editor.interpretText()                      # 确保取得最新的数值    ①
            model.setData(index, editor.value(), Qt.EditRole)                ②
        else:
            QStyledItemDelegate.setModelData(self, editor, model, index)
    def updateEditorGeometry(self, editor, option, index):                   ③
        editor.setGeometry(option.rect)
```

4. 为视图设置代理

完成代理类 CDelegate 的编写后,可以为视图创建代理,见代码清单 18-10。在标号①处,构建代理对象,并在标号②处为视图设置代理。

代码清单 18-10

```python
# ks18_03.py
# -*- coding: utf-8 -*-
import sys
from PyQt5.QtWidgets import QApplication, QTableView
from PyQt5.QtGui import QStandardItemModel
from delegate import *
if __name__ == "__main__":
    app = QApplication(sys.argv)
    # 构建模型,并设置一些属性
    model = QStandardItemModel(EAttrIndex.Eattr_Max, 2)
    tableView = QTableView(None)
    tableView.setModel(model)
    tableView.setAlternatingRowColors(True)
    tableView.horizontalHeader().setStretchLastSection(True);
    delegate = CDelegate()                                                   ①
    tableView.setItemDelegate(delegate)                                      ②
    tableView.setWindowTitle("属性窗")
    tableView.show()
    indexRoot = model.invisibleRootItem().index()
    model.setData(model.index(EAttrIndex.EAttr_Id, 0, indexRoot), 'id')
    model.setData(model.index(EAttrIndex.EAttr_Description, 0, indexRoot), '描述')
    model.setData(model.index(EAttrIndex.EAttr_Id, 1, indexRoot), 100);
    model.setData(model.index(EAttrIndex.EAttr_Description, 1, indexRoot), '备注')
    sys.exit(app.exec_())
```

18.4 案例 82 自定义属性窗

本案例对应的源代码目录:src/chapter18/ks18_04。程序运行效果见图 18-5。

18.3 节介绍了使用代理开发属性窗的方法,但是只能使用 PyQt 的默认交互方式,比如:对布尔量的操作只能用下拉列表方式。本节将实现自定义属性窗,实现的具体功能如下。

- 用户单击属性值时进入编辑状态(默认情况下,双击时进入编辑状态)。

- 通过单击取反的方式实现对布尔量的操作。在布尔量上单击后,可以切换该布尔量的状态值。
- 替换特定文本的显示内容,比如将 True 替换为【是】,将 False 替换为【否】。
- 通过模型控制【属性名】这一列为只读。

本节的属性窗包含如下属性。

- id,整数类型,可编辑,取值范围 0~100。
- 【描述】,字符串类型,用文本框输入。
- 【是否已验证】,布尔类型,采用默认的下拉列表方式输入。
- 【是否最后一个】,布尔类型,采用单击取反的方式输入,显示为【是】/【否】。
- 【动画速度】,整数类型,采用下拉列表的方式输入,取值为【慢速】【中速】【快速】,对应的值分别为 0、1、2。

图 18-5　案例 82 运行效果

在开始之前,先介绍一下在视图展示过程中模型、视图的交互过程。属性数据通过视图进行展示,而视图通过从模型中获取 DiaplayRole 角色的数据进行展示,见图 8-12(见 8.3 节)。如图 8-12 所示,模型中真正的数据是作为编辑角色(EditRole)的 10001,而视图中显示的是作为显示角色(DisplayRole)的"小明"。

1. 自定义模型类 CTableModel

1) 定义各个属性项对应的枚举

因为要控制某个数据项是否允许编辑以及某个数据项在视图中显示的文本,所以需要自定义模型类 CTableModel,它负责维护对数据的访问。在 18.2 节为属性项建立了对应的枚举,本节将枚举转移到类 CTableModel 中,见代码清单 18-11。在标号①处,定义模型类 CTableModel,它派生自 QStandardItemModel。在标号②处,定义枚举类型 EAttrIndex,它用来表示各个属性项索引。在标号③处,定义枚举类型 EAnimateSpeed,它用来表示【动画速度】的取值。

代码清单 18-11

```
# tablemodel.py
from PyQt5.QtGui import QStandardItemModel
from PyQt5.QtCore import Qt, QVariant
from enum import IntEnum, Enum
class CTableModel(QStandardItemModel):                    ①
    # 各属性项枚举
    class EAttrIndex (IntEnum) :                          ②
        EAttr_Id = 0                # id
        EAttr_Descrition = 1        # 描述
        EAttr_Checked = 2           # 是否已验证
        EAttr_LastOneFlag = 3       # 是否最后一个
        Eattr_AnimateSpeed = 4      # 动画速度
        Eattr_Max = 5
    # 速度枚举值
    class EAnimateSpeed (Enum) :                          ③
```

```python
        EAnimateSpeed_Slow = 0          # 慢速
        EAnimateSpeed_Normal = 1        # 中速
        EAnimateSpeed_Fast = 2          # 快速
        EAnimateSpeed_Max = 3
    def __init__(self, rows, columns, parent = None) :
        super(CTableModel, self).__init__(rows, columns, parent)
```

2）数据项标志接口 flags()

在本节的 flags() 接口，仍将第 0 列的属性设置为只读。

```python
# tablemodel.py
class CTableModel(QStandardItemModel):
    ...
    def flags(self, index):
        # 只有第 1 列允许被编辑
        itemFlags = Qt.ItemFlags(0)
        if 1 != index.column():
            # Qt.ItemIsEditable 表示可编辑，~Qt.ItemIsEditable 表示取反，即不可编辑
            itemFlags &= (~Qt.ItemIsEditable);
            return itemFlags;
        else :
            return QStandardItemModel.flags(self, index)
```

3）获取模型中的数据接口 data()

data() 接口用来访问模型中的数据。如代码清单 18-12 所示，data() 接口提供两个参数，index 表示数据项索引，role 表示数据项角色。本案例中，在重写该接口时仅处理两种角色，Qt::EditRole（编辑角色）和 Qt::DisplayRole（显示角色）。对于编辑角色，调用基类的默认接口。对于显示角色，首先需要获取编辑角色对应的数据，因为第 0 列是属性名所以无须处理，对于第 1 列，针对不同的属性进行不同的处理。在标号①处，将数据转换为枚举 CTableModel::EAnimateSpeed 后，再翻译成文本进行展示。请注意各个属性项返回数据的类型，比如【是否最后一个】属性的数据为布尔类型，见标号①处。其实，QStandardItemModel 类本身支持对编辑角色（Qt.EditRole）、显示角色（Qt.DisplayRole）这两种角色数据的存储与访问，但是，有些时候需要从其他数据源（比如数据库、服务端）获取显示角色的数据，这些情况下，把对数据的访问封装到自定义模型中是个很好的选择。

代码清单 18-12

```python
# tablemodel.py
class CTableModel(QStandardItemModel):
    ...
    def data(self, index, role) :
        if Qt.EditRole == role:
            return QStandardItemModel.data(self, index, role)
        elif Qt.DisplayRole != role:
            return QStandardItemModel.data(self, index, role)
        var = self.data(index, Qt.EditRole)
        var = QVariant(var)
        if 0 == index.column():
            return var;
        if CTableModel.EAttrIndex.EAttr_Checked == CTableModel.EAttrIndex(index.row()):
            var = (var.value() and 'no' or 'yes')  # 0:yes, 1:no
        elif CTableModel.EAttrIndex.EAttr_LastOneFlag == CTableModel.EAttrIndex(index.row()):
```

```
            var = (var.value() and True or False)  # 0:False, other:True
        elif CTableModel.EAttrIndex.Eattr_AnimateSpeed == CTableModel.EAttrIndex(index.row()):
            eSpeed = CTableModel.EAnimateSpeed(var.value())
            if eSpeed == CTableModel.EAnimateSpeed.EAnimateSpeed_Slow:
                var = '慢速'
            elif eSpeed == CTableModel.EAnimateSpeed.EAnimateSpeed_Normal:
                var = '中速'
            elif eSpeed == CTableModel.EAnimateSpeed.EAnimateSpeed_Fast:
                var = '快速'
            else :
                var = ''
        return var;
```

4) 更新模型中的数据接口 setData()

setData()接口用来更新模型中的数据。本案例中，setData()接口采取了比较简单的实现，仅针对 EditRole 进行处理。

```
# tablemodel.py
class CTableModel(QStandardItemModel):
    ...
    def setData(self, index, value, role) :
        if (Qt.EditRole == role) :
            return QStandardItemModel.setData(self, index, value, role);
        else:
            return False
```

2. 自定义视图类 CTableView

默认情况下，Qt 的视图是在双击状态下进入编辑状态，有时这样不太方便。本案例调整了操作方式，默认情况下不进入编辑状态，用户单击时进入编辑状态，因此需要编写自定义视图类 CTableView。为 CTableView 类提供构造函数并重写其鼠标按下事件。下面介绍鼠标按下事件，在该事件中使数据项进入编辑状态，见代码清单 18-13。在标号①处，定义成员变量 indexLast 用来保存上次点击的数据项索引。在标号②处，获取鼠标坐标并转化为数据项索引，在使用 index 前需要调用 isValid() 进行有效性判断。在标号③处，关闭上次的编辑控件，并打开本次的编辑控件使数据项进入编辑状态。在标号④处，保存当前单击的数据项索引。在标号⑤处，如果新索引有效且允许被编辑则打开编辑器，这会触发 PyQt 调用代理的 createEditor()接口。

代码清单 18-13

```
# tableview.py
from PyQt5.QtWidgets import QTableView
from PyQt5.QtCore import QModelIndex
class CTableView(QTableView):
    indexLast = QModelIndex()                                          ①
    def __init__(self, parent=None) :
        super(CTableView, self).__init__(parent)
    def mousePressEvent(self, evt):
        pt = evt.pos()
        index = self.indexAt(pt);                                      ②
        # 如果本次选择和上次不一样，需要关闭上次的编辑器
        if index != self.indexLast and self.indexLast.isValid():
```

```
            self.closePersistentEditor(self.indexLast);                    ③
        self.indexLast = index;                                             ④
        # 新的索引有效,且是允许编辑的列
        if index.isValid() and 1 == index.column():
            self.openPersistentEditor(index)                                ⑤
        QTableView.mousePressEvent(self, evt)
```

3. 单击取反的编辑器控件

现在介绍 CEditor 的实现,见代码清单 18-14。在标号①处,信号 edittingFinished()用来发出"结束编辑"的通知。在标号②处构造函数中,调用 setMouseTracking(true)来启用鼠标跟踪,以便直接截获鼠标滚动消息,否则只有单击该控件后再滚动鼠标才能在控件中截获鼠标滚动消息。在标号③处,重写 mousePressEvent()的原因是:实现鼠标单击时对属性值进行取反(将值在 Y、N 之间切换)。在标号④处,结束编辑后,发射 sig_editFinished 信号。

代码清单 18-14

```
# editor.py
# - * - coding: utf - 8 - * -
from PyQt5.QtWidgets import QLabel
from PyQt5.QtCore import pyqtSignal
class CEditor(QLabel):
    sig_editFinished = pyqtSignal()                                         ①
    def __init__(self, parent = None) :
        super(CEditor, self).__init__(parent)
        self.setMouseTracking(True);                                        ②
        self.setAutoFillBackground(True)
    def mousePressEvent(self, event) :                                      ③
        if self.text() == '否':
            self.setText('是')
        else :
            self.setText('否')
        self.sig_editFinished.emit()                                        ④
```

4. 代理类 CDelegate

现在介绍本节的代理类实现。同 18.2 节一样,还是按照几个接口的顺序进行介绍。

1) createEditor()

createEditor()的实现见代码清单 18-15。在标号①、标号②处,定义两个成员变量用来存放一些文本字符,定义成员变量的目的是避免每次使用时都重新构建数组。在标号③处,构建 QComboBox 控件后,因为它的下拉项是文本 yes、no,所以为下拉项设置业务数据,这是为了方便操作。如果对使用整数还是使用文本进行对比都能接受的编程人员,就无须设置业务数据了,直接使用文本进行对比即可。请注意,yes 的索引为 0,其业务数据也设置为 0,no 的索引为 1,其对应的业务数据也设置为 1,可以尝试把业务数据改为使用自定义枚举值。在标号④处,为属性【是否最后一个】构建 CEdit 类型的编辑控件,并为它进行信号-槽关联。在标号⑤处,为【动画速度】属性构建编辑控件,并为其下拉项设置业务数据。

代码清单 18-15

```
# delegate.py
from PyQt5.QtWidgets import QSpinBox, QStyledItemDelegate, QComboBox
```

第18章　PyQt 5中的模型视图代理

```
from PyQt5.QtCore import Qt, QMetaType, QVariant
from editor import CEditor
from tablemodel import CTableModel
class CDelegate(QStyledItemDelegate):
    strListYesNo = ['yes', 'no']  # 0:yes, 1:no                                   ①
    strListSpeed = ['慢速', '中速', '快速']                                         ②
    def __init__(self, parent = None):
        super(CDelegate, self).__init__(parent)
    def createEditor(self, parent, option, index) :
        # 只有第1列允许编辑
        if 1 != index.column() :
            return QStyledItemDelegate.createEditor(self, parent, option, index)
        if CTableModel.EAttrIndex.EAttr_Id == CTableModel.EAttrIndex(index.row()):
            editor = QSpinBox(parent)
            editor.setFrame(False)
            editor.setMinimum(0)
            editor.setMaximum(100)
        elif CTableModel.EAttrIndex.EAttr_Checked == CTableModel.EAttrIndex(index.row()):
            editor = QComboBox(parent)
            editor.addItems(self.strListYesNo)
            editor.setItemData(0, 0)  # 0:yes,索引=0,对应的值=0                    ③
            editor.setItemData(1, 1)  # 1:no,索引=1,对应的值=1
        elif CTableModel.EAttrIndex.EAttr_LastOneFlag == CTableModel.EAttrIndex(index.row()):
            editor = CEditor(parent)                                              ④
            editor.sig_editFinished.connect(self.slot_commitAndCloseEditor)
        elif CTableModel.EAttrIndex.Eattr_AnimateSpeed == CTableModel.EAttrIndex(index.row()):
            editor = QComboBox(parent)
            editor.addItems(self.strListSpeed)
            editor.setItemData(0, CTableModel.EAnimateSpeed.EAnimateSpeed_Slow)   ⑤
            editor.setItemData(1, CTableModel.EAnimateSpeed.EAnimateSpeed_Normal)
            editor.setItemData(2, CTableModel.EAnimateSpeed.EAnimateSpeed_Fast)
        else:
            editor = QStyledItemDelegate.createEditor(self, parent, option, index)
        return editor
```

2）setEditorData()

setEditorData()的实现见代码清单18-16。在标号①处，取得属性【是否已验证】的数据后，根据数据得到索引，并且更新编辑控件的初始值，请注意，此处获取数据时用的角色是Qt.EditRole。在标号②处，取得属性【是否最后一个】的数据后，将其转换为Qt.CheckState类型，这是因为该属性的数据为布尔类型（见代码清单18-12标号①处）。在标号③处，取得属性【动画速度】的数据后，将其转换为CTableModel.EAnimateSpeed类型，根据其数据得到对应的下拉项索引，然后更新编辑控件的初始值。

代码清单18-16

```
# delegate.py
class CDelegate(QStyledItemDelegate):
    ...
    def setEditorData(self, editor, index) :
        if 1 != index.column():
            return QStyledItemDelegate.setEditorData(self, editor, index)
        if CTableModel.EAttrIndex.EAttr_Id == CTableModel.EAttrIndex(index.row()):
            value = index.model().data(index, Qt.EditRole)
```

```python
            editor.setValue(value)
        elif CTableModel.EAttrIndex.EAttr_Checked == CTableModel.EAttrIndex(index.row()):
            #  item    index   value(data())
            #  yes      0       0
            #  no       1       1
            idx = (index.model().data(index, Qt.EditRole) and 1 or 0)                   ①
            editor.setCurrentIndex(idx)
        elif CTableModel.EAttrIndex.EAttr_LastOneFlag == CTableModel.EAttrIndex(index.row()):
            var = index.model().data(index, Qt.EditRole)
            checkState = Qt.CheckState(var)                                             ②
            if checkState:
                editor.setText('是')
            else:
                editor.setText('否')
        elif CTableModel.EAttrIndex.Eattr_AnimateSpeed == CTableModel.EAttrIndex(index.row()):
            aSpeed = index.model().data(index, Qt.EditRole)
            aSpeed = CTableModel.EAnimateSpeed(aSpeed)
            idx = 0
            if aSpeed == CTableModel.EAnimateSpeed.EAnimateSpeed_Slow:
                idx = 0                                                                 ③
            elif aSpeed == CTableModel.EAnimateSpeed.EAnimateSpeed_Normal:
                idx = 1
            elif aSpeed == CTableModel.EAnimateSpeed.EAnimateSpeed_Fast:
                idx = 2
            editor.setCurrentIndex(idx)
        else:
            QStyledItemDelegate.setEditorData(self, editor, index)
```

3) setModelData()

setModelData()的实现见代码清单18-17。在标号①处，根据属性【是否已验证】的编辑控件的值更新模型的数据，此处获取编辑控件的值时调用了currentData()接口，该接口返回当前选中项的业务数据。在标号②处，处理属性【是否最后一个】时，因为编辑控件是自定义控件，其上只会显示【是】/【否】，所以可以根据编辑控件中的当前文本进行判断，得到所需的数据，并更新到模型。

代码清单18-17

```python
# delegate.py
class CDelegate(QStyledItemDelegate):
    ...
    def setModelData(self, editor, model, index):
        if 1 != index.column():
            return QStyledItemDelegate.setModelData(self, editor, model, index)
        if CTableModel.EAttrIndex.EAttr_Id == CTableModel.EAttrIndex(index.row()):
            editor.interpretText()                  # 确保取得最新的数值
            model.setData(index, editor.value(), Qt.EditRole)
        elif CTableModel.EAttrIndex.EAttr_Checked == CTableModel.EAttrIndex(index.row()):
            var = editor.currentData()              # 0:yes, 1:no                       ①
            model.setData(index, var, Qt.EditRole)
        elif CTableModel.EAttrIndex.EAttr_LastOneFlag == CTableModel.EAttrIndex(index.row()):
            var = (editor.text() == '是' and True or False)                             ②
            model.setData(index, var, Qt.EditRole)
        elif CTableModel.EAttrIndex.Eattr_AnimateSpeed == CTableModel.EAttrIndex(index.row()):
```

```
            var = editor.currentData()
            model.setData(index, var, Qt.EditRole)
        else :
            QStyledItemDelegate.setModelData(self, editor, model, index)
    def updateEditorGeometry(self, editor, option, index) :
        editor.setGeometry(option.rect)
```

4) slot_commitAndCloseEditor

slot_commitAndCloseEditor()槽函数的实现如下。其中,commitData 信号的作用是发出"提交数据"的通知,以便触发 Qt 对 CDelegate 的 setModelData()接口的调用。closeEditor 信号的作用是关闭该编辑控件,使视图看上去处于退出编辑状态。

```
# delegate.py
class CDelegate(QStyledItemDelegate):
    ...
    def slot_commitAndCloseEditor(self):
        editor = self.sender()
        self.commitData.emit (editor)           # 提交数据
        self.closeEditor.emit(editor)           # 关闭编辑器控件
```

5) displayText()接口

如果希望把某些特定字符串进行转换后再显示(比如,把布尔量显示为【是】【否】),那么可以通过重写代理的 displayText()接口实现。

```
# delegate.py
class CDelegate(QStyledItemDelegate):
    ...
    def displayText(self, value, locale) :
        var = QVariant(value)
        if QMetaType.Bool == var.userType() :
            str = (value and '是' or '否')
            return str
        else:
            return QStyledItemDelegate.displayText(self, value, locale)
```

18.5 案例 83 带子属性的属性窗

本案例对应的源代码目录:src/chapter18/ks18_05。程序运行效果见图 18-6。

18.4 节介绍了开发自定义属性窗的方法,并使用了单击属性项进入编辑状态的方案,对于布尔量采用了单击取反的实现方案,本节将介绍带有子属性的属性窗的开发方法。本节的属性窗包含如下属性。

- id,整数类型,可编辑,取值范围 0~100。
- 【描述】,字符串类型,用文本框输入。
- 【验证】,布尔类型,采用默认的下拉列表方式输入。
- 【是否最后一个】,布尔类型,采用鼠标单击取反的方式输入,显示为【是】/【否】。
- 【动画】,含有两个子属性:【类型】和【速度】。【类型】,

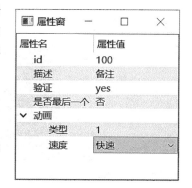

图 18-6 案例 83 运行效果

整数类型,可用下拉列表编辑。【速度】,整数类型,采用下拉列表的方式编辑,取值为【慢速】【中速】【快速】,对应的值分别为 0、1、2。

下面介绍该功能的实现方案。

1. 自定义模型类 CTableModel

1) 定义各个属性项对应的枚举

CTableModel 中,添加了【动画】子属性对应的枚举,见代码清单 18-18 标号①处。

代码清单 18-18

```
# tablemodel.py
from PyQt5.QtGui import QStandardItemModel
from PyQt5.QtCore import Qt, QVariant
from enum import Enum
class CTableModel(QStandardItemModel):
    # 各属性项枚举
    class EAttrIndex (Enum) :
        EAttr_Id = 0                          # id
        EAttr_Descrition = 1                  # 描述
        EAttr_Checked = 2                     # 是否已验证
        EAttr_LastOneFlag = 3                 # 是否最后一个
        Eattr_Animate = 4                     # 动画
        Eattr_Max = 5
    # 动画的子属性项枚举
    class EAttrIndexAnimate(Enum):                                          ①
        EattrAnimate_AnimateType = 0          # 动画类型
        EattrAnimate_AnimateSpeed = 1         # 动画速度
        EattrAnimate_Max = 2
    # 速度枚举值
    class EAnimateSpeed (Enum) :
        EAnimateSpeed_Slow = 0                # 慢速
        EAnimateSpeed_Normal = 1              # 中速
        EAnimateSpeed_Fast = 2                # 快速
        EAnimateSpeed_Max = 3
    def __init__(self, rows, columns, parent = None) :
        super(CTableModel, self).__init__(rows, columns, parent)
```

2) 数据项标志接口 flags()

如代码清单 18-19 所示,在本节的 flags()接口中,仍将第 0 列的属性设置为只读。针对【动画】这种带有子属性项的第 0 列、第 1 列,将其属性都设置为只读,见标号①处。请注意,在标号①处的判断中,在构建项索引时,将列设置为 0,这是因为只有【动画】属性的第 0 列拥有子属性,而第 1 列并不包含子属性,但也应该把第 1 列设置为只读。

代码清单 18-19

```
# tablemodel.py
class CTableModel(QStandardItemModel):
    ...
    def flags(self, index):
        itemFlags = Qt.ItemFlags(0)
        # 只有第 1 列允许被编辑
        if 1 != dataIndex.column():
            return itemFlags
        if dataIndex.parent().isValid() :       # 是子数据项
```

```
            itemFlags = Qt.ItemFlags(Qt.ItemIsEnabled | Qt.ItemIsEditable)
            return itemFlags;
        else :                      # 是根数据项
            if self.hasChildren(self.index(dataIndex.row(), 0, dataIndex.parent())) :
                                    # 有子数据项,则父项本身不允许编辑                    ①
                itemFlags = Qt.ItemFlags(0)
            else :                  # 无子数据项,则本身允许编辑
                itemFlags = Qt.ItemFlags(Qt.ItemIsEnabled | Qt.ItemIsEditable)
        return itemFlags
```

3) 获取模型中的数据接口 data()

data()接口的实现见代码清单 18-20。在标号①处,构建一个变量 idxParent,如果数据项的父项有效则该变量保存父项的索引,否则保存当前数据项的索引。在标号②处,判断正在处理哪个数据项时,用的索引是 idxParent 变量而非 index,这是因为 idxParent 能够代表父项对应的行号,而子属性对应的行号是重新从 0 开始的,比如【动画】的子属性【类型】,其行号是 0 而不是 4。在标号③处,如果有父项则说明当前数据项是子属性。在标号④处,如果当前数据项是【速度】属性值,那么则返回对应的文字内容。

代码清单 18-20

```
# tablemodel.py
class CTableModel(QStandardItemModel):
    ...
    def data(self, index, role):
        idxParent = (index.parent().isValid() and index.parent() or index)         ①
        if 0 == index.column():
            return QStandardItemModel.data(self, index, role)
        if Qt.EditRole == role:
            return QStandardItemModel.data(self, index, role)
        elif Qt.DisplayRole != role:
            return QStandardItemModel.data(self, index, role)
        var = self.data(index, Qt.EditRole)
        var = QVariant(var)
        if CTableModel.EAttrIndex.EAttr_Checked == CTableModel.EAttrIndex(idxParent.row()):
                                                                                    ②
            var = (var.value() and 'no' or 'yes')  # 0:yes, 1:no
        elif CTableModel.EAttrIndex.EAttr_LastOneFlag == CTableModel.EAttrIndex(idxParent.row()):
            var = (var.value() and True or False)  # 0:False1, other:True
        elif CTableModel.EAttrIndex.Eattr_Animate == CTableModel.EAttrIndex(idxParent.row()):
            if idxParent != index:              # 有父项,说明是子属性项                ③
                if CTableModel.EAttrIndexAnimate.EattrAnimate_AnimateSpeed == CTableModel
.EAttrIndexAnimate(index.row()):                # 如果是【速度】属性项                ④
                    eSpeed = CTableModel.EAnimateSpeed(var.value())
                    if eSpeed == CTableModel.EAnimateSpeed.EAnimateSpeed_Slow:
                        var = '慢速'
                    elif eSpeed == CTableModel.EAnimateSpeed.EAnimateSpeed_Normal:
                        var = '中速'
                    elif eSpeed == CTableModel.EAnimateSpeed.EAnimateSpeed_Fast:
                        var = '快速'
                    else :
                        var = ''
        return var;
```

4) 更新模型中的数据接口 setData()

setData()接口用来更新模型中的数据。本案例中，setData()接口采取了比较简单的实现，仅针对 EditRole 进行处理。

```python
# tablemodel.py
class CTableModel(QStandardItemModel):
    ...
    def setData(self, index, value, role) :
        if (Qt.EditRole == role) :
            return QStandardItemModel.setData(self, index, value, role);
        else:
            return False
```

2. 自定义视图类 CTreeView

为了方便展示子属性项，本案例中的视图采用树视图 CTreeView，它派生自 QTreeView，见代码清单 18-21。同 18.4 节不同的是，在标号①处，判断只有模型的 flag()接口返回的标志中指示当前数据项为"允许编辑"（Qt.ItemIsEditable）时，才能够创建编辑控件。

代码清单 18-21

```python
# treeview.py
from PyQt5.QtWidgets import QTreeView
from PyQt5.QtCore import QModelIndex, Qt
class CTreeView(QTreeView):
    indexLast = QModelIndex()
    def __init__(self, parent = None) :
        super(CTreeView, self).__init__(parent)
    def mousePressEvent(self, evt):
        pt = evt.pos()
        index = self.indexAt(pt);
        # 如果本次选择和上次不一样,需要关闭上次的编辑器
        if index != self.indexLast and self.indexLast.isValid():
            self.closePersistentEditor(self.indexLast);
        self.indexLast = index;
        # 新的序号有效,且是允许编辑的列
        if index.isValid() and 1 == index.column() :
            if index.model().flags(index) & Qt.ItemIsEditable :     ①
                self.openPersistentEditor(index)
        QTreeView.mousePressEvent(self, evt)
```

3. 单击取反的编辑器控件

本节的 CEditor 实现同 18.4 节一样，此处不再赘述。

4. 代理类 CDelegate

现在介绍本节的代理类实现。同 18.3 节一样，还是按照几个接口的顺序进行介绍。

1) createEditor()

createEditor()的实现见代码清单 18-22。在标号①处，构建一个变量 idxParent，如果数据项的父项有效则该变量保存父项的索引，否则保存当前数据项的索引。在标号②处，判断正在处理哪个数据项时，用的索引是 idxParent 变量而非 index。在标号③处，处理【动画】属性

时，如果有父项则说明当前数据项是子属性。在标号④处，如果当前数据项是【速度】属性值，则构建下拉列表并为其添加下拉项。同 18-4 节的另一个不同之处在于，当所有编辑控件在构造完成后就直接返回，所有未处理的其他情况将执行标号⑤处的代码以便构建默认的编辑控件。

代码清单 18-22

```python
# delegate.py
from PyQt5.QtWidgets import QSpinBox, QStyledItemDelegate, QComboBox
from PyQt5.QtCore import Qt, QMetaType, QVariant
from editor import CEditor
from tablemodel import CTableModel
class CDelegate(QStyledItemDelegate):
    strListYesNo = ['yes', 'no']  # 0:yes, 1:no
    strListSpeed = ['慢速', '中速', '快速']
    def __init__(self, parent = None) :
        super(CDelegate, self).__init__(parent)
    def createEditor(self, parent, option, index) :
        # 只有第 1 列允许编辑
        if 1 != index.column() :
            return QStyledItemDelegate.createEditor(self, parent, option, index)
        idxParent = (index.parent().isValid() and index.parent() or index)                    ①
        if CTableModel.EAttrIndex.EAttr_Id == CTableModel.EAttrIndex(idxParent.row()):        ②
            editor = QSpinBox(parent)
            editor.setFrame(False)
            editor.setMinimum(0)
            editor.setMaximum(100)
            return editor
        elif CTableModel.EAttrIndex.EAttr_Checked == CTableModel.EAttrIndex(idxParent.row()):
            editor = QComboBox(parent)
            editor.addItems(self.strListYesNo)
            editor.setItemData(0, 0)      # 0:yes, 索引 = 0, 对应的值 = 0
            editor.setItemData(1, 1)      # 1:no, 索引 = 1, 对应的值 = 1
            return editor
        elif CTableModel.EAttrIndex.EAttr_LastOneFlag == CTableModel.EAttrIndex(idxParent.row()):
            editor = CEditor(parent)
            editor.sig_editFinished.connect(self.slot_commitAndCloseEditor)
            return editor
        elif CTableModel.EAttrIndex.Eattr_Animate == CTableModel.EAttrIndex(idxParent.row()):
            if idxParent != index and idxParent.isValid():    # 有父项，说明是子属性项      ③
                if CTableModel.EAttrIndexAnimate.EattrAnimate_AnimateSpeed == CTableModel.EAttrIndexAnimate(index.row()):    # 如果是【动画速度】属性项   ④
                    editor = QComboBox(parent)
                    editor.addItems(self.strListSpeed)
                    editor.setItemData(0, CTableModel.EAnimateSpeed.EAnimateSpeed_Slow)
                    editor.setItemData(1, CTableModel.EAnimateSpeed.EAnimateSpeed_Normal)
                    editor.setItemData(2, CTableModel.EAnimateSpeed.EAnimateSpeed_Fast)
                    return editor
        editor = QStyledItemDelegate.createEditor(self, parent, option, index)                ⑤
        return editor
```

2) setEditorData()

setEditorData() 的实现见代码清单 18-23。在标号①处，构建一个变量 idxParent，如果数据项的父项有效则该变量保存父项的索引，否则保存当前数据项的索引。在标号②处，判断正在处理哪个数据项时,用的索引是 idxParent 变量而非 index。在标号③处,处理【动画】属性时,如果有父项则说明当前数据项是子属性。在标号④处,如果当前数据项是【速度】属性值,则根据模型数据更新下拉列表的当前值。

代码清单 18-23

```python
# delegate.py
class CDelegate(QStyledItemDelegate):
    ...
    def setEditorData(self, editor, index) :
        if 1 != index.column():
            return QStyledItemDelegate.setEditorData(self, editor, index)
        idxParent = (index.parent().isValid() and index.parent() or index)              ①
        if CTableModel.EAttrIndex.EAttr_Id == CTableModel.EAttrIndex(idxParent.row()):  ②
            value = index.model().data(index, Qt.EditRole)
            editor.setValue(value)
            return
        elif CTableModel.EAttrIndex.EAttr_Checked == CTableModel.EAttrIndex(idxParent.row()):
            # item index value(data())
            # yes    0    0
            # no     1    1
            idx = (index.model().data(index, Qt.EditRole) and 1 or 0)
            editor.setCurrentIndex(idx)
            return
        elif CTableModel.EAttrIndex.EAttr_LastOneFlag == CTableModel.EAttrIndex(idxParent.row()):
            var = index.model().data(index, Qt.EditRole)
            checkState = Qt.CheckState(var)
            if checkState:
                editor.setText('是')
            else:
                editor.setText('否')
            return
        elif CTableModel.EAttrIndex.Eattr_Animate == CTableModel.EAttrIndex(idxParent.row()):
            # 有父项(说明是子属性项),并且是【动画速度】属性项
            if idxParent != index and idxParent.isValid() :        # 有父项,说明是子属性项       ③
                if CTableModel.EAttrIndexAnimate.EattrAnimate_AnimateSpeed == CTableModel
.EAttrIndexAnimate(index.row()):                                  # 如果是【动画速度】属性项   ④
                    aSpeed = index.model().data(index, Qt.EditRole)
                    aSpeed = CTableModel.EAnimateSpeed(aSpeed)
                    idx = 0
                    if aSpeed == CTableModel.EAnimateSpeed.EAnimateSpeed_Slow:
                        idx = 0
                    elif aSpeed == CTableModel.EAnimateSpeed.EAnimateSpeed_Normal:
                        idx = 1
                    elif aSpeed == CTableModel.EAnimateSpeed.EAnimateSpeed_Fast:
                        idx = 2
                    editor.setCurrentIndex(idx)
        QStyledItemDelegate.setEditorData(self, editor, index)
```

3) setModelData()

setModelData()的实现见代码清单 18-24。在标号①处,构建一个变量 idxParent,如果数据项的父项有效则该变量保存父项的索引,否则保存当前数据项的索引。在标号②处,判断正

在处理哪个数据项时,用的索引是 idxParent 变量而非 index。在标号③处,处理【动画】属性时,如果有父项则说明当前数据项是子属性。在标号④处,如果当前数据项是【速度】属性值,则根据下拉列表中当前项的业务数据,更新模型中的数据。

代码清单 18-24

```python
# delegate.py
class CDelegate(QStyledItemDelegate):
    ...
    def setModelData(self, editor, model, index):
        if 1 != index.column():
            return QStyledItemDelegate.setModelData(self, editor, model, index)
        idxParent = (index.parent().isValid() and index.parent() or index)            ①
        if CTableModel.EAttrIndex.EAttr_Id == CTableModel.EAttrIndex(idxParent.row()): ②
            editor.interpretText()              # 确保取得最新的数值
            model.setData(index, editor.value(), Qt.EditRole)
            return
        elif CTableModel.EAttrIndex.EAttr_Checked == CTableModel.EAttrIndex(idxParent.row()):
            var = editor.currentData()          # 0:yes, 1:no
            model.setData(index, var, Qt.EditRole)
            return
        elif CTableModel.EAttrIndex.EAttr_LastOneFlag == CTableModel.EAttrIndex(idxParent
.row()):
            var = (editor.text() == '是' and True or False)
            model.setData(index, var, Qt.EditRole)
            return
        elif CTableModel.EAttrIndex.Eattr_Animate == CTableModel.EAttrIndex(idxParent.row()):
            # 有父项(说明是子属性项),并且是【动画速度】属性项
            if idxParent != index:              # 有父项,说明是子属性项            ③
                if CTableModel.EAttrIndexAnimate.EattrAnimate_AnimateSpeed == CTableModel
.EAttrIndexAnimate(index.row()):              # 如果是【动画速度】属性项            ④
                    var = editor.currentData()
                    model.setData(index, var, Qt.EditRole)
                    return
        QStyledItemDelegate.setModelData(self, editor, model, index)
    def updateEditorGeometry(self, editor, option, index):
        editor.setGeometry(option.rect)
```

4) slot_commitAndCloseEditor

slot_commitAndCloseEditor()槽函数的实现与 18.4 节相同。

5) displayText()接口

displayText()接口的实现与 18.4 节相同。

5. 使用新的视图

在主函数中使用新的树视图 CTreeView,见代码清单 18-25。在标号①处,构建树视图对象 treeView,并将视图与模型进行关联。在标号②处,为视图对象设置样式,该样式来自样式文件。在标号③处,为模型设置列标题的文本。在标号④处,为【动画】属性项创建索引,在为【动画】插入子属性项时会用到该索引,见标号⑤处。在标号⑥处,为【类型】【速度】两个子属性构建索引并设置数据。请注意,为这两个子属性项构建索引时,其行号重新从 0 开始计算。

代码清单 18-25

```python
# ks18_05.py
import sys
from PyQt5.QtWidgets import QApplication
from PyQt5.QtCore import QFile
from delegate import *
from treeview import *
from tablemodel import *

if __name__ == "__main__":
    app = QApplication(sys.argv)
    # 构建模型,并设置一些属性
    model = CTableModel(int(CTableModel.EAttrIndex.Eattr_Max), 2)
    treeView = CTreeView(None)                                                      ①
    treeView.setModel(model)
    treeView.setAlternatingRowColors(True)
    file = QFile (":/qss/treeview.qss");
    bok = file.open(QFile.ReadOnly);
    if bok:
        styleSheet = file.readAll()
        treeView.setStyleSheet(styleSheet)                                          ②
    model.setHeaderData(0, Qt.Horizontal, '属性名')                                  ③
    model.setHeaderData(1, Qt.Horizontal, '属性值')
    delegate = CDelegate()
    treeView.setItemDelegate(delegate)
    treeView.setWindowTitle("属性窗")
    treeView.show()

    # 设置第 0 列
    indexRoot = model.invisibleRootItem().index()
    indexItem = model.index(int(CTableModel.EAttrIndex.EAttr_Id), 0, indexRoot)
    model.setData(indexItem, 'id', Qt.EditRole)
    indexItem = model.index(int(CTableModel.EAttrIndex.EAttr_Description), 0, indexRoot)
    model.setData(indexItem, '描述', Qt.EditRole)
    indexItem = model.index(int(CTableModel.EAttrIndex.EAttr_Checked), 0, indexRoot)
    model.setData(indexItem, '是否已验证', Qt.EditRole)
    indexItem = model.index(int(CTableModel.EAttrIndex.EAttr_LastOneFlag), 0, indexRoot)
    model.setData(indexItem, '是否最后一个', Qt.EditRole)
    indexItem = model.index(int(CTableModel.EAttrIndex.Eattr_Animate), 0, indexRoot)    ④
    model.setData(indexItem, '动画', Qt.EditRole)
    model.insertRows(0, 2, indexItem)              # 插入两个子数据项                 ⑤
    model.insertColumns(0, 2, indexItem)           # 插入两列(属性名、属性值)
    indexSubItem = model.index(int(CTableModel.EAttrIndexAnimate.EattrAnimate_AnimateType),
0, indexItem)                                                                       ⑥
    model.setData(indexSubItem, '类型', Qt.EditRole)
    indexSubItem = model.index(int(CTableModel.EAttrIndexAnimate.EattrAnimate_AnimateSpeed),
0, indexItem)
    model.setData(indexSubItem, '速度', Qt.EditRole)
    # 设置第 1 列
    indexItem = model.index(int(CTableModel.EAttrIndex.EAttr_Id), 1, indexRoot)
    model.setData(indexItem, 100, Qt.EditRole)
    indexItem = model.index(int(CTableModel.EAttrIndex.EAttr_Description), 1, indexRoot)
```

```
            model.setData(indexItem, '备注', Qt.EditRole)
            indexItem = model.index(int(CTableModel.EAttrIndex.EAttr_Checked), 1, indexRoot)
            model.setData(indexItem, 0, Qt.EditRole)
            indexItem = model.index(int(CTableModel.EAttrIndex.EAttr_LastOneFlag), 1, indexRoot)
            model.setData(indexItem, False, Qt.EditRole)
            indexItem = model.index(int(CTableModel.EAttrIndex.Eattr_Animate), 0, indexRoot)
            indexSubItem = model.index(int(CTableModel.EAttrIndexAnimate.EattrAnimate_AnimateType), 1, indexItem)
            model.setData(indexSubItem, 1, Qt.EditRole)
            indexSubItem = model.index(int(CTableModel.EAttrIndexAnimate.EattrAnimate_AnimateSpeed), 1, indexItem)
            model. setData ( indexSubItem, int ( CTableModel. EAnimateSpeed. EAnimateSpeed _ Fast ), Qt.EditRole);
            sys.exit(app.exec_())
```

本节通过树视图实现了带子属性的属性窗。现在把关键技术小结如下。

- 实现带有子属性项的属性窗时，需要使用树视图。
- 带有子属性项的父属性一般不允许编辑。在模型的 flags() 接口中要进行判断、处理。
- 子属性项的索引的行号重新从 0 开始计算，并不延续父项索引的行号。
- 在模型中、代理中访问子数据项时，需要利用模型的 index() 接口构建索引，这时要用到父项索引。
- 可以通过数据项索引的 parent() 接口得到父项索引，根据父项索引是否为空判断该数据项是否拥有父项。
- 可以通过模型的 hasChildren(QModelIndex) 接口判断某数据项是否拥有子项。

18.6 配套练习

1. 参考 18.3 节创建一个展示属性窗的应用。需要展示的属性如下。

【序号】：整数类型，不可编辑。

【姓名】：字符串类型，用文本框输入。

2. 在练习题 2 的基础上，增加如下属性。

【性别】：整数类型，0 为男生，1 为女生，单击取反，默认为男生。

【出生日期】：日期类型，格式为：年-月-日，参考 6.2 节的内容采用格式化输入。

3. 在练习题 3 的基础上，增加如下属性。

【联系方式】：含有两个子属性：手机、QQ。参考 6.2 节，手机采用格式化输入；QQ 采用文本输入。

【身高】：浮点数，单位为米，允许编辑。

第19章 PyQt 5开发SDI应用

采用PyQt开发的界面类应用中,除了对话框应用之外,SDI(Single Document Interface,单文档界面)应用也是比较常用的界面类应用形式。

19.1 案例84 开发一个SDI应用

本案例对应的源代码目录:src/chapter19/ks19_01。程序运行效果见图19-1。

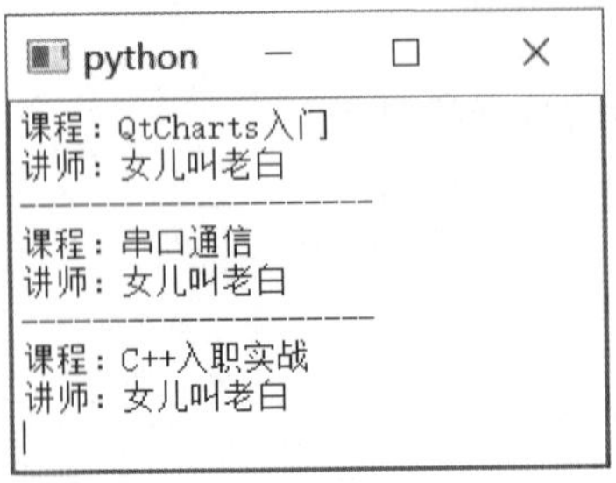

从本节开始,将介绍带主窗口的模块开发。主窗口类应用一般带有菜单、工具条、浮动窗等内容。带主窗口的模块类型分为SDI(单文档界面)和MDI(多文档界面),本节介绍SDI模块的开发。在本节的文本编辑器中,打开一个TXT文档并展示其内容。

如代码清单19-1所示,在标号①处,构建一个QMainWindow对象mainWindow。在标号②处,构建一个QTextEdit对象,将其父窗口设置为mainWindow。在标号③处,打开测试文件,然后将内容显示在textEdit中。在标号④处,将textEdit设置为mainWindow的主部件。最后,将mainWindow显示出来。

图19-1 案例84运行效果

代码清单19-1

```
# ks19_01.py
import sys
from PyQt5.QtWidgets import QApplication, QMainWindow, QTextEdit
from PyQt5.QtCore import QFile, QTextStream
import os
if __name__ == "__main__":
    app = QApplication(sys.argv)
    mainWindow = QMainWindow(None)                                    ①
    textEdit = QTextEdit(mainWindow)                                  ②
    file = QFile()
    trainDevHome = os.getenv('TRAINDEVHOME')
    if None is trainDevHome:
        trainDevHome = 'usr/local/gui'
    strFile = trainDevHome + '/test/chapter19/ks19_01/input.txt'
    file.setFileName(strFile)
```

```
        strText = str()
        if (file.open(QFile.ReadOnly | QFile.Text)) :                    ③
            input = QTextStream(file)
            input.setCodec('UTF-8')
            strText = input.readAll()
        textEdit.setText(strText)
        mainWindow.setCentralWidget(textEdit)
        mainWindow.show()                                                ④
        sys.exit(app.exec_())
```

本节用扫盲式的方法介绍了 SDI 开发的基本过程,从 19.2 节开始将介绍如何使用自定义视图开发主窗口类应用。

19.2 案例 85 使用自定义视图

本案例对应的源代码目录:src/chapter19/ks19_02。程序运行效果见图 19-2。

19.1 节介绍了 SDI 开发的基本方法。在 19.1 节案例中,构造了一个 QTextEdit 对象作为主窗口的中心部件(centeralWidget),本节将介绍如何开发自定义视图并将其作为主窗体的中心部件。其实,用自定义视图作为主窗体的中心部件时,也是通过主窗口 setCentralWidget() 接口进行设置。本节介绍一些自定义视图开发的知识。如代码清单 19-2 所示,设计自定义视图类 CTextEdit,该类派生自 QTextEdit。在代码清单 19-2 中,除了

图 19-2 案例 85 运行效果

CTextEdit 类的初始化接口,仅仅为该类重写了 paintEvent() 接口,将视口的背景更改了颜色,并且打印一行文字"file read ok!"。在标号①处,并未采用"painter.begin(self);"的写法。这是因为,在本例中这种写法是失效的,也就是说在程序启动后看不到绘制的内容。原因是:对于 QTextEdit 来说,所有内容最终显示到它的视口上,也就是 viewPort() 上面。因此,需要采用标号①处的写法才能将文本显示在视图中。最后,需要调用基类的接口,见标号②处。

代码清单 19-2

```
# textedit.py
from PyQt5.QtWidgets import QTextEdit
from PyQt5.QtGui import QPainter, QFont, QColor
from PyQt5.QtCore import Qt, QPointF
class CTextEdit(QTextEdit):
    def __init__(self, parent = None) :
        super(CTextEdit, self).__init__(parent)
    def paintEvent(self, evt):
        painter = QPainter()
        painter.begin(self.viewport())                                   ①
        painter.setRenderHint(QPainter.Antialiasing, True)
        painter.setPen(Qt.blue)
        painter.fillRect(evt.rect(), QColor(0, 255, 255, 100))
        ft = QFont("宋体", 18)
        painter.setFont(ft)
```

```
        painter.drawText(QPointF(100,100), "file read ok!")
        painter.end()
        QTextEdit.paintEvent(self, evt)
```
②

本节,介绍了使用自定义视图开发 SDI 应用的方法,后续章节将陆续介绍在 SDI 应用中开发菜单、工具条、浮动窗等控件的方法。

19.3 案例 86 添加主菜单

本案例对应的源代码目录:src/chapter19/ks19_03。程序运行效果见图 19-3。

在 GUI 编程中,很多功能都是通过菜单的方式实现。本节介绍主菜单功能的开发。主要涉及如下内容。

(1)菜单项的创建以及 QAction 的使用。
(2)在菜单项之间添加分隔线。
(3)添加二级菜单。
(4)菜单分组。

下面分别进行介绍。

1. 菜单项的创建以及 QAction 的使用

开发带有主菜单功能的模块时,需要自定义主窗口。设计 CMainWindow 类,它派生自 QMainWindow。主菜单的各个菜单项都是通过 QAction 实现。先构造主菜单,然后构建一个 QAction 对象,并将该对象添加到主菜单就形成菜单项。如图 19-4 所示,文件菜单包含 3 个菜单项:打开、保存、退出。

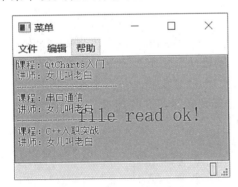
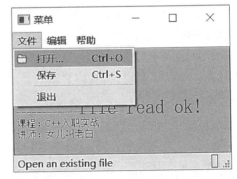

图 19-3 案例 86 运行效果　　　　　图 19-4 文件主菜单

下面以【文件】菜单中的【打开】菜单项为例进行介绍。首先,定义主菜单对象、【打开】菜单项对应的 QAction 对象、菜单项对应的槽函数 open(),如代码清单 19-3 所示。为了代码整洁,将创建菜单和创建 QAction 的工作封装到 createActions()、createMenus()两个接口中。

代码清单 19-3

```
# mainwindow.py
from PyQt5.QtWidgets import QMainWindow, QAction, QActionGroup, QMenu, QLabel, QFrame, QMessageBox
from PyQt5.QtGui import QIcon, QKeySequence
from PyQt5.QtCore import Qt
```

第 19 章　PyQt 5开发SDI应用

```
from ks19_03_rc import *
class CMainWindow(QMainWindow):
    fileMenu = None                 # 文件菜单
        ...
    openAct = None                  # 【打开】菜单项对应的 QAction 对象
        ...
    def createActions(self):
        ...
    def createMenus(self):
        ...
    def open(self):                 # 【打开】菜单项对应的槽函数
        ...
```

createActions()接口见代码清单 19-4。在标号①处，创建【打开】菜单项对应的 QAction 时，参数 1 指示该菜单项显示的文本，参数 2 指示该菜单的父对象。在标号②处，指示菜单项的快捷键，此处使用 Qt 提供的系统默认的快捷键 Ctrl+O。在标号③处，设置菜单项对应的状态栏提示信息。在标号④处，将菜单项对应的 QAction 对象的信号关联到槽函数。

代码清单 19-4

```
# mainwindow.py
def createActions(self):
    self.openAct = QAction('打开...', self)                              ①
    self.openAct.setShortcuts(QKeySequence.Open)                         ②
    self.openAct.setStatusTip('Open an existing file')                   ③
    self.openAct.triggered.connect(self.open)                            ④
```

如果希望为菜单项添加图标，请将标号①处的代码改为如下形式。

```
self.openAct = QAction(QIcon(':/images/open.png'),'打开...', self)
```

这样就为菜单项添加了图标。但是，这也意味着增加了两项额外的工作。

（1）将 open.png 放到 images 目录并修 ks19_03.qrc 文件。

```
// ks19_03.qrc
<!DOCTYPE RCC>
<RCC version="1.0">
<qresource>
    <file>images/open.png</file>
</qresource>
</RCC>
```

（2）在 pro 中添加 qrc 文件的描述。

```
RESOURCES += ks19_03.qrc
```

接下来在 createMenus()中，将 openAct 添加到主菜单。

```
# ks19_03.py
def createMenus(self):
    self.fileMenu = self.menuBar().addMenu('文件')
    self.fileMenu.addAction(self.openAct)
    ...
```

2. 在菜单项之间添加分隔线

有时候，在一个主菜单中会有很多菜单项。在这些菜单项中，有一些菜单项是功能相关

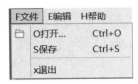

图 19-5 菜单项之间的分隔线

的,因此可以采取一些方法让这些菜单项看起来是一类的,用分隔线可以达到这个目的,见图 19-5。

如代码清单 19-5 所示,在标号①处,添加完【保存】菜单项之后,为菜单添加了一个分隔线。这表示【打开】和【保存】两个菜单项功能相关。

代码清单 19-5

```
# mainwindow.py
def createMenus(self):
    self.fileMenu = self.menuBar().addMenu('文件')
    self.fileMenu.addAction(self.openAct)
    self.fileMenu.addAction(self.saveAct)
    self.fileMenu.addSeparator()                    ①
    self.fileMenu.addAction(self.exitAct)
```

3. 添加二级菜单

如图 19-6 所示,有时候一级菜单还不够用,还需要使用二级菜单,见代码清单 19-6。在标号①处,在【编辑】菜单 editMenu 下面新增了二级菜单,即【格式】菜单 formatMenu,并为该二级菜单添加菜单项。

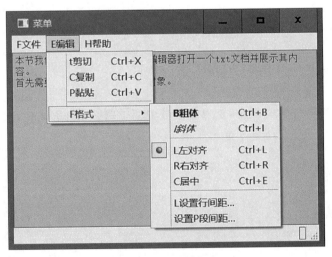

图 19-6 二级菜单

代码清单 19-6

```
# mainwindow.py
def createMenus(self):
    ...
    self.editMenu = self.menuBar().addMenu('编辑')
    self.editMenu.addAction(self.cutAct)
    self.editMenu.addAction(self.copyAct)
    self.editMenu.addAction(self.pasteAct)
    self.editMenu.addSeparator()
    self.helpMenu = self.menuBar().addMenu('帮助')
    self.helpMenu.addAction(self.aboutAct)
```

```
        self.formatMenu = self.editMenu.addMenu('格式化')
        self.formatMenu.addAction(self.boldAct)
        ...
}
```

4. 菜单分组

有时,用户希望把一些配置项用菜单的方式实现,而这些配置项之间是互斥的。当选中某个菜单项之后,其他菜单项的状态自动取消,效果类似单选按钮,见图 19-7。【左对齐】【右对齐】【居中】3 个菜单项属于一组而且功能互斥。在代码清单 19-7 中,标号①处,创建 QActionGroup 分组对象 alignmentGroup,并将 3 个菜单项添加到分组。标号②处,设置【左对齐】为默认选中状态。

图 19-7 菜单分组

代码清单 19-7

```
# mainwindow.py
...
class CMainWindow(QMainWindow):
    ...
    alignmentGroup = None                    # 对齐菜单项组
    ...
    leftAlignAct = None                      # 【左对齐】子菜单
    rightAlignAct = None                     # 【右对齐】子菜单
    centerAct = None                         # 【居中对齐】子菜单
    ...
    def createActions(self):
        ...
        self.alignmentGroup = QActionGroup(self)                        ①
        self.alignmentGroup.addAction(self.leftAlignAct)
        self.alignmentGroup.addAction(self.rightAlignAct)
        self.alignmentGroup.addAction(self.centerAct)
        self.leftAlignAct.setChecked(True)                              ②
}
```

19.4 案例 87 常规工具条

本案例对应的源代码目录:src/chapter09/ks19_04。程序运行效果见图 19-8。

19.3 节介绍了主菜单的开发,有了主菜单,工具条的开发就简单多了。工具条的开发分为 3 步。

(1) 构建工具条。
(2) 向工具条添加按钮。
(3) 在初始化时调用构建工具条的接口。

下面分别介绍。

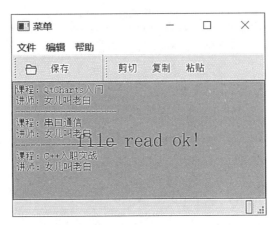

图 19-8 案例 87 运行效果

1. 构建工具条

为了构建工具条，首先要定义工具条对象。在本例中构建两个工具条。在 createToolBars() 接口中构建这两个工具条。

```python
# mainwindow.py
class CMainWindow(QMainWindow):
    fileToolBar = None              #【文件】工具条
    editToolBar = None              #【编辑】工具条
    ...
    def createToolBars(self):
        ...
```

下面介绍 createToolBars() 接口的实现。

```python
# mainwindow.py
def createToolBars(self):
    self.fileToolBar = self.addToolBar('文件工具条')
    self.fileToolBar.setObjectName('file toolbar')
    self.editToolBar = self.addToolBar('编辑工具条')
    self.editToolBar.setObjectName("edit toolbar")
```

2. 向工具条添加按钮

工具条可以直接使用主菜单的菜单项对应的 QAction 对象。可以调用工具条的 addAction() 接口将菜单项对应的 QAction 对象添加到工具条。

```python
# mainwindow.py
def createToolBars(self):
    self.fileToolBar = self.addToolBar('文件工具条')
    self.fileToolBar.setObjectName('file toolbar')
    self.fileToolBar.addAction(self.openAct)
    self.fileToolBar.addAction(self.saveAct)
    self.editToolBar = self.addToolBar('编辑工具条')
    self.editToolBar.setObjectName("edit toolbar")
    self.editToolBar.addAction(self.cutAct)
    self.editToolBar.addAction(self.copyAct)
    self.editToolBar.addAction(self.pasteAct)
```

3. 在初始化时调用构建工具条的接口

在初始化接口中调用 createToolBars() 完成工具条的创建。

```
# mainwindow.py
class CMainWindow(QMainWindow):
    ...
    def __init__(self, parent = None) :
        super(CMainWindow, self).__init__(parent)
        self.createActions()
        self.createMenus()
        self.createToolBars()
    ...
```

19.5 案例88 在状态栏上显示鼠标坐标

本案例对应的源代码目录：src/chapter19/ks19_05。程序运行效果见图 19-9。

当开发界面类模块时，有时需要在状态栏上显示鼠标的坐标，这该怎么实现呢？要在状态栏显示鼠标坐标，首先需要获取鼠标坐标。鼠标坐标一般是在视图而非主框架中获取，因此需要重写视图的 onMouseMoveEvent() 并且在其内部将鼠标的坐标信息通过信号发射出去，然后由主窗口的槽函数处理接收到的信号，并将鼠标坐标展示在状态栏。有了总体思路，就可以分步实施了。

1. 重写视图的 onMouseMoveEvent() 并发射信号

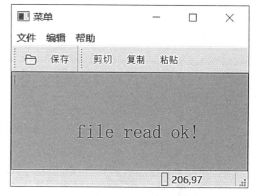

图 19-9 案例 88 运行效果

本案例用到的视图类为 CTextEdit，见代码清单 19-8。在标号①处，首先为它添加一个信号 sig_viewMouseMove，该信号用来把鼠标坐标信息发给主框架。信号 sig_viewMouseMove 的参数是一个 QMouseEvent 对象，其实也可以使用自定义结构体来传递鼠标坐标，本案例直接使用 QMouseEvent 是为了简便。在标号②处，设置鼠标跟踪，否则只有当单击视图后，才能收到视图的鼠标滚动事件。在标号③处重写鼠标滚动事件接口 onMouseMoveEvent()，该接口中首先要调用基类的接口，然后在标号④处发射鼠标移动信号。

代码清单 19-8

```
# textedit.py
class CTextEdit(QTextEdit):
    sig_viewMouseMove = pyqtSignal(QMouseEvent)      # 定义一个信号           ①
    def __init__(self, parent = None) :
        super(CTextEdit, self).__init__(parent)
        self.setMouseTracking(True)                                          ②
    def mouseMoveEvent(self, evt):                                           ③
        QTextEdit.mouseMoveEvent(self, evt)          # 首先,调用基类接口
        self.sig_viewMouseMove.emit(evt)                                     ④
```

2. 在主窗口中关联该信号到主窗口的槽函数

如代码清单 19-9 所示,将创建视图对象的工作封装到 initialize() 接口中。标号①处的 textEdit 用来表示主视图对象的成员变量。在标号②处,构建主视图对象 textEdit,并读取测试文件内容,然后将 textEdit 设置为中心部件。在标号③处,将 textEdit 的鼠标滚动信号关联到槽函数。

代码清单 19-9

```python
# mainwindow.py
class CMainWindow(QMainWindow):
    ...
    textEdit = None                    # 视图                                    ①
    def __init__(self, parent = None) :
        ...
        self.initialize()
        ...
    def initialize(self):
        # 构建视图对象
        self.textEdit = CTextEdit(self)                                         ②
        file = QFile()
        trainDevHome = os.getenv('TRAINDEVHOME')
        if None is trainDevHome:
            trainDevHome = 'usr/local/gui'
        strFile = trainDevHome + '/test/chapter19/ks19_02/input.txt'
        file.setFileName(strFile)
        strText = str()
        if (file.open(QFile.ReadOnly | QFile.Text)) :
            input = QTextStream(file)
            input.setCodec('UTF - 8')
            strText = input.readAll()
        self.textEdit.setText(strText)
        self.setCentralWidget(self.textEdit)
        # 关联信号-槽
        self.textEdit.sig_viewMouseMove.connect(self.slot_mouseMoveInView)       ③
```

3. 构建标签以便展示鼠标位置

如代码清单 19-10 所示,标号①处的 mouseLabel 用来在状态栏中显示鼠标坐标。在标号②处,将状态栏的初始化封装到 createStatusBar() 中。在标号③处,构建 mouseLabel 对象。在标号④处,将 mouseLabel 的最小尺寸限制在 100,目的是防止无法完整显示鼠标坐标。最后,将 mouseLabel 添加到状态栏。

代码清单 19-10

```python
# mainwindow.py
class CMainWindow(QMainWindow):
    ...
    mouseLabel = None                  # 显示鼠标位置的标签                        ①
    def __init__(self, parent = None) :
        ...
        self.createStatusBar()
        self.initialize()
```

第19章 PyQt 5开发SDI应用

```python
    ...
    def createStatusBar(self):                                                   ②
        self.infoLabel = QLabel('')
        self.infoLabel.setFrameStyle(QFrame.StyledPanel | QFrame.Sunken)
        self.infoLabel.setAlignment(Qt.AlignCenter)
        self.statusBar().addPermanentWidget(self.infoLabel)
        self.mouseLabel = QLabel('', self.statusBar())                           ③
        self.mouseLabel.setMinimumWidth(100)                                     ④
        self.statusBar().addPermanentWidget(self.mouseLabel)
        self.statusBar().show()
```

4. 在槽函数中更新鼠标位置

在槽函数中将鼠标坐标更新到状态栏的文本中，见代码清单19-11。从evt对象获取鼠标坐标，在mouseLabel中进行展示。

代码清单 19-11

```python
# mainwindow.py
def slot_mouseMoveInView(self, evt):
    ptLocal = evt.localPos()
    pt = ptLocal.toPoint()
    strPos = str.format('{0},{1}', pt.x(), pt.y())
    self.mouseLabel.setText(strPos)
```

本节的案例介绍了在状态栏展示鼠标坐标的方法。在MDI中开发时要稍微复杂一些，因为它的子视图会发生切换，所以需要处理视图切换事件以便重新关联信号。

19.6 知识点 使用QSplashScreen为程序添加启动画面

大型应用程序的启动一般都比较耗时，为了不降低用户体验，这类应用一般都有启动画面。启动画面上一般会用文本或进度条指示进度。本节将介绍带进度条启动画面的开发方法。如果单纯展示一个启动画面，可以直接使用QSplashScreen；如果还要提供进度条，QSplashScreen就不满足需求了，需要自行实现。本节以src.baseline中的代码为基础，为其添加启动界面，对应的源代码目录：src/chapter19/ks19_06。程序运行效果见图19-10。

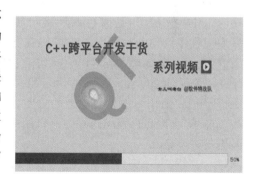

图 19-10 ks19_06 运行效果

1. 编写自定义的 CSplashScreen 类

如代码清单19-12所示，CSpahsScreen派生自QSplashScreen。成员变量progressBar用来展示启动进度。该类的构造函数带一个QPixmap类型的参数，见标号①处。在构造函数中构建了进度条对象progressBar，然后设置进度条的位置、尺寸，此处借用了启动图片的宽度和高度数据。在标号②处，为了让进度条更加美观，为进度条设置样式。槽函数slot_setProgress(int)用来接收主窗口发射的进度信号，以便更新progressBar的进度，见标号③处。

代码清单 19-12

```
# splashscreen.py
from PyQt5.QtWidgets import QSplashScreen, QProgressBar
from PyQt5.QtGui import QPixmap
from ks19_06_rc import *
class CSplashScreen(QSplashScreen):
    progressBar = None
    def __init__(self, pixmap) :                                                    ①
        super(CSplashScreen, self).__init__(pixmap)
        self.progressBar = QProgressBar(self)
        # 设置进度条的位置
        self.progressBar.setGeometry(0, pixmap.height() - 50, pixmap.width(), 30)
        # 设置进度条的样式
        self.progressBar.setStyleSheet('''QProgressBar {color: blackfont: 30pxtext - align:
center } QProgressBar::chunk {background - color: rgb(200, 160, 16)}''')           ②
        # 设置进度条的范围
        self.progressBar.setRange(0, 100)
        # 设置进度条的当前进度(默认值)
        self.progressBar.setValue(0)
    def slot_setProgress(self, step):
        self.progressBar.setValue(step % 101)                                       ③
```

2. 在耗时代码中发射更新进度的信号

如代码清单 19-13 所示，为主窗口 CMainWindow 添加进度信号以及关联信号-槽的代码。在标号①处，sig_progress(int)信号是为主窗口新增的信号，该信号用来通知 CSplashScreen 从而更新进度。在标号②处，为 CMainWindow 的构造函数增加了一个参数 splashScreen，用来传入 CSplashScreen 对象。为什么不提供接口来设置该对象呢？原因很简单，这样做可以在 CMainWindow 构造（用时较长）的过程中展示启动进度，如果在 CMainWindow 构造完成后耗时工作就完成了，这时再调用接口传入 CSplashScreen 对象去更新进度条就已经晚了。如果应用程序启动的时间主要花在其他地方，那么就在耗费时间的代码中发送信号以更新进度条状态。本节以 CMainWindow 构造比较耗时为例进行演示。在标号③处，将信号 sig_progress 关联到 splashScreen 的槽函数。在标号④处，模拟耗时操作，该代码导致的结果是睡眠 1s。然后发射信号更新启动窗的进度，信号中的参数值为 10，这样就会更新进度条的进度值为 10。标号⑤处的 readData()接口用来模拟构造过程中的耗时操作，在该接口中不断发射信号更新进度条。

代码清单 19-13

```
# mainwindow.py
from PyQt5.QtWidgets import QMainWindow, QAction, QActionGroup, QMenu, QLabel, QFrame, QMessageBox
from PyQt5.QtGui import QIcon, QKeySequence
from PyQt5.QtCore import Qt, QFile, QTextStream, pyqtSignal, QThread
from textedit import CTextEdit
import os
from splashscreen import CSplashScreen
class CMainWindow(QMainWindow):
    sig_progress = pyqtSignal(int)                                                  ①
    def __init__(self, splashScreen, parent = None) :                               ②
        super(CMainWindow, self).__init__(parent)
```

```
        ...
        self.sig_progress.connect(splashScreen.slot_setProgress)     ③
        QThread.sleep(1)        # 模拟耗时操作                         ④
        self.sig_progress.emit(10)
        self.initialize()
        ...
    def initialize(self):
        ...
        self.readData()
    # 模拟构造过程中的耗时操作
    def readData(self):                                                ⑤
        QThread.sleep(1)
        self.sig_progress.emit(30)
        QThread.sleep(1)
        self.sig_progress.emit(50)
        QThread.sleep(1)
        self.sig_progress.emit(70)
        QThread.sleep(1)
        self.sig_progress.emit(100)
```

3. 构建启动窗口

最后，在 main() 函数中为应用程序添加启动画面，见代码清单 19-14 所示。在标号①处，构建 CSplashScreen 对象并将其显示出来。在标号②处，app.processEvents() 是为了保证显示启动画面的同时仍可以正常响应鼠标、键盘等操作。在标号③处，构造 CMainWindow 对象时传入了 splashScreen 对象，以便在构造函数中关联信号-槽。标号④处代码的功能是，在 mianWindow 构造函数执行完毕后隐藏 splashScreen。

代码清单 19-14

```
# ks19_06.py
import sys
from PyQt5.QtWidgets import QApplication
from PyQt5.QtGui import QPixmap
from PyQt5.QtCore import QThread
from mainwindow import CMainWindow
from ks19_06_rc import *
from splashscreen import CSplashScreen
if __name__ == "__main__":
    app = QApplication(sys.argv)
    pixmap = QPixmap(":images/logo.png").scaled(600, 400)
    splashScreen = CSplashScreen(pixmap)                                      ①
    splashScreen.show()
    QThread.msleep(10);   # 保证在 Linux 上可以正常显示出来,否则只有进度 100% 时才能显示
    app.processEvents()   # 保证显示启动画面的同时仍可以正常响应鼠标、键盘等操作    ②
    mainWindow = CMainWindow(splashScreen, None)                              ③
    splashScreen.finish(mainWindow)      # 等待主窗口初始化完毕,然后隐藏 splashScreen  ④
    mainWindow.showMaximized()
    sys.exit(app.exec_())
```

本节介绍了为应用程序添加启动界面的方法。其实，不同应用程序的启动过程中的耗时操作可能与本案例的场景不完全相同，但是其处理思路是一致的，就是在耗时操作过程中不断地发射更新进度的信号，以便自定义的 CSplashScreen 对象在接收到信号后更新进度条的进度。

19.7 知识点 工具条反显

当开发图文编辑类模块时,经常会为文本设置一些字体参数,比如粗体、斜体等。当选中编辑区域的文字内容时,需要在工具条上把文字的字体参数进行显示(反显),该怎样实现这个功能呢？本节将介绍它的实现方案,对应的源代码目录:src/chapter19/ks19_07。程序运行效果见图 19-11。反显功能与设置功能是配合实现的。当单击【粗体】按钮时,需要将编辑控件中选中的文本变为粗体;当在编辑控件中选中文本时,如果选中文本的字体是粗体,需要将【粗体】按钮的状态更新为按下的状态,否则需要将【粗体】按钮的状态更新为抬起的状态。下面实现【粗体】按钮的功能。【粗体】按钮按下时将触发槽函数 bold()。在该槽函数中,获取当前光标下的文本,将其字体设置为粗体。

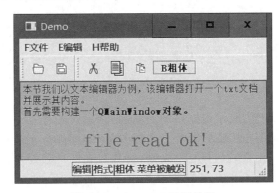

图 19-11 ks19_07 运行效果

```
# mainwindow.py
class CMainWindow(QMainWindow):
    ...
    def bold(self, bChecked):
        self.infoLabel.setText('Invoked <b>Edit|Format|Bold</b>')
        tc = self.textEdit.textCursor()              # 获取当前光标下的文本对象
        textCharFormat = tc.blockCharFormat()        # 获取该对象的格式信息
        ft = textCharFormat.font()                   # 获取字体信息
        ft.setBold(bChecked)                         # 根据按钮的状态设置字体的粗体信息
        textCharFormat.setFont(ft)                   # 重新为格式信息对象设置字体
        self.textEdit.setCurrentCharFormat(textCharFormat)     # 为选中的文本更新格式
    def createToolBars(self):
        ...
        self.editToolBar.addAction(self.boldAct)
```

下面实现反显功能。

1. 将选中文本变化的信号关联到槽函数

```
# mainwindow.py
class CMainWindow(QMainWindow):
    ...
    self.textEdit.selectionChanged.connect(self.slot_selectionChanged)
```

2. 实现槽函数

如代码清单 19-15 所示,获取到光标下的文本对象后,获取它的格式中的字体,然后获取字体的粗体标志,根据该值将【粗体】按钮的状态进行更新。请注意标号①、标号③处对 blockSignals() 的调用,在 5.7 节曾介绍过该接口,它的功能是防止额外触发槽函数调用。如果封掉 blockSignals() 的调用,那么当执行标号②处的代码时,将修改 self.boldAct 的状态,如果程序是通过 self.boldAct 的状态变化信号(changed 信号)去触发槽函数 bold() 槽函数,那么将会导致一次不必要的槽函数调用,因此应通过 blockSignals() 防止发生这种情况;如果程序通过 self.boldAct 的 triggered 信号去触发槽函数 bold(),就无须调用 blockSignals()。

代码清单 19-15

```
# mainwindow.py
class CMainWindow(QMainWindow):
    ...
    def slot_selectionChanged(self):
        tc = self.textEdit.textCursor()              # 获取光标下选中的文本对象
        textCharFormat = tc.charFormat()             # 获取它的格式
        b = textCharFormat.font().bold()             # 获取字体的粗体信息
        # 必须先阻塞信号,否则,setChecked()调用将触发 m_pBoldAct 的 triggered()信号
        self.boldAct.blockSignals(True)              # 阻塞信号                    ①
        self.boldAct.setChecked(b)                   # 设置粗体按钮的状态           ②
        self.boldAct.blockSignals(False)             # 解除信号阻塞                 ③
```

19.8 案例 89　浮动窗里的列表框

本案例对应的源代码目录:src/chapter19/ks19_08。程序运行效果见图 19-12。

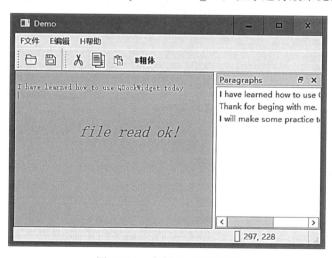

图 19-12　案例 89 运行效果

对于窗体类模块来说,浮动窗是比较常用的界面形式。在本案例中,为主窗体增加一个 QDockWidget 浮动窗对象,并在该对象中添加一个 QListWidget 对象。为了演示浮动窗内部控件与主窗口视图的交互功能,当用户单击 QListWidget 选中某行文本时,将选中的文本串添加到

编辑控件中。首先在主窗体中添加成员变量 paragraphsList 用来构建浮动窗中的 QListWidget。

```
# mainwindow.py
class CMainWindow(QMainWindow):
    ...
    paragraphsList = None
    def __init__(self, splashScreen, parent = None):
        ...
```

然后，添加 createDockWindows() 接口，该接口用来生成浮动窗，见代码清单 19-16。在标号①处，构建 QDockWidet 对象。接着，构建 m_pParagraphsList，并向其添加了 3 行字符串，见标号②处。在标号③处，为浮动窗设置控件。在标号④处，将浮动窗添加到主窗体，Qt::RightDockWidgetArea 表示浮动窗的停靠位置是在窗体的右侧停靠区。

代码清单 19-16

```
# mainwindow.py
class CMainWindow(QMainWindow):
    ...
    def createDockWindows(self):
        dock = QDockWidget('Paragraphs', self)          # 构建浮动窗         ①
        self.paragraphsList = QListWidget(dock)                              ②
        strList = ["I have learned how to use QDockWidget today.", "Thank for beging with me.","I will make some practice tonight."]
        self.paragraphsList.addItems(strList)
        dock.setWidget(self.paragraphsList)                                  ③
        self.addDockWidget(Qt.RightDockWidgetArea, dock)                     ④
```

将所有信号-槽关联都封装到 connectSignalAndSlot() 中。

```
# mainwindow.py
class CMainWindow(QMainWindow):
    ...
    # 关联信号-槽
    def connectSignalAndSlot(self):
        self.textEdit.sig_viewMouseMove.connect(self.slot_mouseMoveInView)
        self.textEdit.selectionChanged.connect(self.slot_selectionChanged)
        self.paragraphsList.currentTextChanged.connect(self.slot_addParagraph)
```

在主窗体的类定义中添加槽函数 addParagraph()。在槽函数中，获取浮动窗中选中的字符串，并将其添加到文本编辑器中当前光标之后。

```
# mainwindow.py
class CMainWindow(QMainWindow):
    ...
    def slot_addParagraph(self, paragraph):
        if not paragraph.strip():
            return
        cursor = self.textEdit.textCursor()
        if cursor.isNull():
            return
        cursor.beginEditBlock()
        cursor.movePosition(QTextCursor.PreviousBlock, QTextCursor.MoveAnchor, 0)
        cursor.insertBlock()
        cursor.insertText(paragraph)
        cursor.insertBlock()
        cursor.endEditBlock()
```

19.9 案例90 拖放

本案例对应的源代码目录：src/chapter19/ks19_09。程序运行效果见图 19-13。

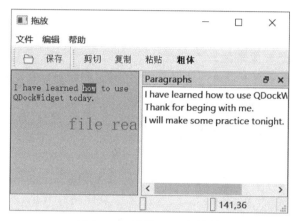

图 19-13 案例 90 运行效果

使用鼠标进行人机交互操作时，拖放是非常方便的一种手段。要实现拖放操作，首先需要确认是否进入拖放状态，也就是要确认是否满足启动拖放的条件；然后构造拖放数据并启动拖放；用鼠标将拖放内容移动到目标区域并松开鼠标后，解析拖放数据并执行相关处理。本节展示的拖放功能是：在编辑控件中选中文本并将文本拖放到悬浮窗的列表框中。本案例仅演示整个功能的开发过程，对于拖放数据的组织等细节问题在开发不同的应用时会有差异，请注意具体情况具体分析。

1. 确认是否满足拖放启动的条件

因为本案例的拖放操作是从编辑控件中发起，所以需要在编辑控件类 CTextEdit 中进行判断。判断分为两步。

1）鼠标按下时进行判断

在鼠标按下时，判断是否单击到单词上，并记录鼠标按下的坐标。本案例中进行了简单的判断，只要光标处选中文本的长度非零，就认为具备启动拖放的初步条件。在进行其他的拖放操作开发时，可根据实际需要判断是否具备启动拖放的条件。

```
# textedit.py
from PyQt5.QtWidgets import QTextEdit, QApplication
from PyQt5.QtGui import QPainter, QFont, QColor, QMouseEvent, QDrag
from PyQt5.QtCore import Qt, QPointF, QPoint, QByteArray, QTextStream, QIODevice, QMimeData
from PyQt5.QtCore import pyqtSignal
from PyQt5.QtXml import QDomDocument, QDomNode
class CTextEdit(QTextEdit):
    sig_viewMouseMove = pyqtSignal(QMouseEvent)    # 定义一个信号
    ptMousePress = QPointF()                        # 单击时的坐标
    bDrag = False                                   # 进入拖放状态
    def __init__(self, parent = None) :
        super(CTextEdit, self).__init__(parent)
```

```
        self.setMouseTracking(True)
    def mousePressEvent(self, evt) :
        QTextEdit.mousePressEvent(self, evt)          # 首先,调用基类接口
        self.ptMousePress = evt.globalPos()
        tc = self.textCursor()                         # 获取光标下选中的文本对象
        if tc.selectedText().strip():
            self.bDrag = True
```

2)在鼠标移动时判断

在鼠标移动时,判断其他条件是否已满足,见代码清单19-17。在标号①处,先判断是否有鼠标按键按下,如果没有则不进入拖放。在标号②处,判断鼠标移动的距离是否满足拖放启动的最小距离。鼠标移动距离是用接口参数中的鼠标移动事件中的坐标减去鼠标按下时的坐标,并用 manhattanLength() 接口获取该差值的曼哈顿距离,用这个距离数值跟 QApplication::startDragDistance() 进行比较,如果超过后者则将拖放标志 bDistance 设置为 True。启动拖放的最小距离可以用 QApplication::setStartDragDistance() 进行设置。接着,就可以对是否允许进入拖放状态进行综合判断。除了 m_bDrag 和 bDistance 之外,还要判断鼠标移动时鼠标左键是否处于按下状态,只有这3个条件同时满足,才认为应启动拖放操作。将 m_bDrag 标志设置为 false,以防后续鼠标移动时重复进入该分支,见标号③处。

代码清单 19-17

```
# textedit.py
class CTextEdit(QTextEdit):
    ...
    def mouseMoveEvent(self, evt):
        self.sig_viewMouseMove.emit(evt)
        # 判断是否进入拖放状态
        btns = evt.buttons()
        if not (btns | Qt.NoButton) :
            self.bDrag = False                                                    ①
        bDistance = False
        ptDistance = evt.globalPos() - self.ptMousePress
        if ptDistance.manhattanLength() > QApplication.startDragDistance():
                                        # 超过允许的拖放距离才启动拖放操作
            bDistance = True                                                      ②
        if (self.bDrag and bDistance and (btns & Qt.LeftButton)):
            self.bDrag = False                                                    ③
        ...
```

2. 启动拖放

满足拖放启动条件,就可以启动拖放操作了。本案例中拖放的内容为编辑控件中选中的文本以及它的字体信息。代码清单19-18中,用 XML 格式传输拖放信息。在标号①处,获取当前选中的文本以及它的格式信息中的字体信息。在标号②处,构建一个 QMimeData 对象用来以 MIME(Multipurpose Internet Mail Extensions,多用途互联网邮件扩展类型)格式保存拖放数据。在标号③处,构建一个 QTextStream 对象 textStream,并且将 textStream 对象关联到一个 QByteArray 对象。构建 textStream 时按照读写的方式构建,并且设置字符集为 UTF-8。在标号④处,构建 doc 对象,将拖放数据以 XML 格式进行组织并存入 doc 对象中。在标号⑤处,将 mimeData 的数据设置为 itemData,即 doc 中的 XML 文本。setData()接口的

参数"dnd/format"表示 MIME 的类型,是开发人员自定义的格式字符串,用来区分不同的拖放数据。使用分隔符"/"的目的是分层区分不同的拖放数据。常用的 MIME 类型见表 9-1(见 9.10 节)。Qt 自带的示例项目 mimetypes/mimetypebrowser 对 QMimeType 有更详细的介绍。在标号⑥处,构建拖放对象 drag。在标号⑦处,为拖放对象设置 MIME 数据。在标号⑧处,执行拖放动作。exec()接口是同步执行接口,也就是阻塞式的,因此只有拖放操作完成(鼠标左键松开)时该接口才执行完毕。exec()的返回值来自接收拖放者的 dropEvent()接口中设置的返回值(见代码清单 19-21 标号④处)。

代码清单 19-18

```
# textedit.py
class CTextEdit(QTextEdit):
    def mouseMoveEvent(self, evt):
        ...
        if ptDistance.manhattanLength() > QApplication.startDragDistance():
                                         # 超过允许的拖放距离才启动拖放操作
            bDistance = True
        if (self.bDrag and bDistance and (btns & Qt.LeftButton)):
            self.bDrag = False
            tc = self.textCursor()              # 获取光标下选中的文本对象       ①
            textCharFormat = tc.charFormat()    # 获取它的格式
            bold = textCharFormat.font().bold() # 获取字体的粗体信息
            # 开始准备拖放的数据
            mimeData = QMimeData()                                          ②
            itemData = QByteArray()
            textStream = QTextStream(itemData, QIODevice.ReadWrite)         ③
            textStream.setCodec('UTF-8')
            doc = QDomDocument()                                            ④
            rootDoc = doc.createElement('root')
            doc.appendChild(rootDoc)
            eleDoc = doc.createElement('document')
            eleDoc.setAttribute('text', tc.selectedText())
            eleDoc.setAttribute('bold', bold)
            rootDoc.appendChild(eleDoc)
            doc.save(textStream, 1, QDomNode.EncodingFromTextStream)
            mimeData.setData('dnd/format', itemData)                        ⑤
            drag = QDrag(self)                                              ⑥
            drag.setMimeData(mimeData)                                      ⑦
            if (drag.exec(Qt.DropActions(Qt.MoveAction | Qt.CopyAction), Qt.CopyAction) ==
Qt.CopyAction) :                                                            ⑧
                pass
            # 如果满足了拖放条件,并执行了拖放操作代码,就不要再执行基类的代码了
            return                                                          ⑨
        QTextEdit.mouseMoveEvent(self, evt)    # 最后再调用基类接口           ⑩
```

3. 响应拖放操作

要在列表框中接收拖放数据,就要响应拖放事件,因此需要使用自定义类 CListWidget,它派生自 QListWidget。如代码清单 19-19 所示,在该类中定义拖放相关的接口。在 CListWidget 的构造函数中设置为允许接收拖放数据,见标号①处。

代码清单 19-19

```python
# listwidget.py
from PyQt5.QtWidgets import QListWidget, QListWidgetItem
from PyQt5.QtCore import Qt
from PyQt5.QtXml import QDomDocument
class CListWidget (QListWidget):
    strFileName = ''
    def __init__(self, parent = None) :
        super(CListWidget, self).__init__(parent)
        self.setAcceptDrops(True)                                          ①
    def dragEnterEvent(self, event) :
        ...
    def dragMoveEvent(self, event) :
        ...
    def dropEvent(self, event) :
        ...
```

1) 重写 dragEnterEvent()

需要重写其拖放进入事件 dragEnterEvent()，见代码清单 19-20。在标号①处，判断是否是期望的拖放数据，方法是调用 hasFormat() 接口，参数是在生成拖放数据时填写的格式字符串"dnd/format"（见代码清单 19-18 标号⑤处）。标号②处 setAccepted(True) 必须调用，否则 Qt 不会调用 dragMoveEvent()。可以封掉标号②处的代码进行验证。

代码清单 19-20

```python
# listwidget.py
class CListWidget (QListWidget):
    ...
    def dragEnterEvent(self, event) :
        if event.mimeData().hasFormat("dnd/format") :         ①
            event.setDropAction(Qt.CopyAction)
            event.setAccepted(True)                            ②
        else:
            event.setAccepted(False)
```

2) 重写 dragMoveEvent()

重写 dragMoveEvent()，该接口的处理同 dragEnetrEvent() 类似。

```python
# listwidget.py
class CListWidget (QListWidget):
    ...
    def dragMoveEvent(self, event) :
        if event.mimeData().hasFormat("dnd/format") :
            event.setDropAction(Qt.CopyAction)
            event.setAccepted(True)
        else:
            event.setAccepted(False)
```

3) 重写 dragLeaveEvent()

最后，还可以重写 dragLeaveEvent()。其实，在本案例中并未真正用到它，但在其他情况下可能会用到。比如，从工具箱拖一个图元到编辑视图时，需要创建一个图元；在鼠标未松开的情况下又将鼠标移出编辑视图时，就会触发 dragLeaveEvent()。在这种情况下，应该把刚创建的图元删除，这种处理就可以在 dragLeaveEvent() 里完成。

```
# listwidget.py
class CListWidget (QListWidget):
    ...
    def dragLeaveEvent(self, event) :
        # do something
        ...
```

4. 接收拖放操作的数据并处理

最后,通过重写 dropEvent()接口来处理拖放数据,见代码清单 19-21。当执行拖放操作时,在接收拖放的有效区域内松开鼠标时将触发该事件。在标号①处,从 QDropEvent 事件对象中获取拖放数据。在标号②处构建 QDomDocument 对象,并解析收到的数据。在标号③处,用解析后的数据构造 QListWidgetItem 对象并添加到 listWidget 控件。在标号④处,用来为 QDrag 对象的 exec()设置返回值(见代码清单 19-18 标号⑧处)。

代码清单 19-21

```
# listwidget.py
class CListWidget (QListWidget):
    ...
    def dropEvent(self, event) :
        if ((event.mimeData() is None) or not event.mimeData().hasFormat("dnd/format")) :
            return
        mimeData = event.mimeData().data("dnd/format")                              ①
        document = QDomDocument()                                                    ②
        document.setContent(mimeData)
        rootDoc = document.firstChildElement()
        if (rootDoc.isNull() or (rootDoc.tagName() != "root")):
            return
        eleDoc = rootDoc.firstChildElement()
        # 判断格式的合法性
        if (eleDoc.isNull() or (eleDoc.tagName() != "document")) :
            return
        strText = eleDoc.attribute("text")
        bBold = eleDoc.attribute("bold")
        item = QListWidgetItem(strText, self)                                        ③
        ft = item.font()
        ft.setBold(int(bBold))
        item.setFont(ft)
        self.addItem(item)
        event.setDropAction(Qt.CopyAction)                                           ④
        event.setAccepted(True)
```

本案例介绍了拖放功能的开发方法,大体上分为 4 步。

(1) 确定是否进入拖放状态。

(2) 创建拖放对象,组织拖放数据。

(3) 为接收拖放数据的类重写 dragEnterEvent()、dragMoveEvent()、dragLeaveEvent()来响应拖放操作。

(4) 为接收拖放数据的类重写 dropEvent(),解析拖放数据并处理,并调用 setDropAction()来设置 QDrag 对象调用 exec()时的返回值。

19.10 案例 91 使用树视图做个工具箱

本案例对应的源代码目录：src/chapter19/ks19_10。程序运行效果见图 19-14。

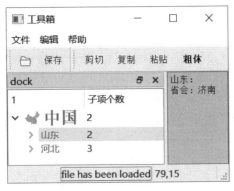

图 19-14 案例 91 运行效果

在主窗体应用程序中，树视图也是常用的控件，本节将介绍树视图的人机交互操作。在 SDI 窗口中增加一个浮动窗，用来显示树视图，当双击该视图中的项时，打开对应的文件并显示在右侧的编辑视图中。对 CMainWindow 进行改造，见代码清单 19-22。在标号①处，定义成员变量 treeView 用来表示树视图对象。在标号②处，调用 self.createTreeView() 构造浮动窗以及树视图，该接口的定义在标号③处。标号④处的槽函数 slot_ItemDoubleClicked() 用来响应树视图的双击信号，以便打开文件。打开文件的接口 openFile() 在标号⑤处定义。

代码清单 19-22

```
# mainwindow.py
...
class CMainWindow(QMainWindow):
    ...
    treeView = None                        # 树视图                      ①
    def __init__(self, splashScreen, parent = None) :
        super(CMainWindow, self).__init__(parent)
        self.createActions()
        self.createMenus()
        self.createToolBars()
        self.createStatusBar()
        self.createTreeView()                                            ②
        ...
    def createTreeView(self):                                            ③
        ...
    def slot_itemDoubleClicked(self, index):                             ④
        ...
    def openFile(self, str) :                                            ⑤
        ...
```

在关联信号-槽的接口 connectSignalAndSlot() 中，将树视图的双击信号关联到槽函数 slot_itemDoubleClicked()。

```
# mainwindow.py
class CMainWindow(QMainWindow):
    ...
    # 关联信号-槽
    def connectSignalAndSlot(self) :
        # 关联信号-槽
        self.textEdit.sig_viewMouseMove.connect(self.slot_mouseMoveInView)
        self.textEdit.selectionChanged.connect(self.slot_selectionChanged)
        self.treeView.doubleClicked.connect(self.slot_itemDoubleClicked)
```

下面介绍树视图的初始化过程。createTreeView()用来生成左侧的浮动窗,为浮动窗添加树视图控件,见代码清单19-23。在标号①处,构建一个浮动窗对象。在标号②处,构建模型和树视图,将树视图设置为浮动窗的部件,并将浮动窗设置为停靠在左侧,然后将模型视图关联。在标号③处开始,对树视图进行配置。在标号④处,禁止对视图的项进行编辑。构建树视图模型数据的方法在18.1节已经介绍过。

代码清单19-23

```python
# mainwindow.py
class CMainWindow(QMainWindow):
    ...
    def createTreeView(self):
        dock = QDockWidget('dock', self)              # 构建浮动窗                    ①
        # 构建模型,并设置一些属性
        model = QStandardItemModel()                                                ②
        self.treeView = QTreeView(dock)
        dock.setWidget(self.treeView)
        self.addDockWidget(Qt.LeftDockWidgetArea, dock)
        self.treeView.setModel(model)
        self.treeView.setRootIsDecorated(True)        # 根分支是否可展开              ③
        self.treeView.header().setFirstSectionMovable(False)
                                                      # False:首列不允许被移动,True:首列允许移动
        self.treeView.header().setStretchLastSection(True)
                                                      # 将最后一列设置为自动拉伸,True:自动拉
                                                      # 伸,False:不自动拉伸
        self.treeView.setEditTriggers(QTreeView.NoEditTriggers)# 禁止对数据项进行编辑 ④
        # 将数据添加到模型,包括子数据
        # 得到根节点
        itemRoot = model.invisibleRootItem()
        # 得到根节点的序号
        indexRoot = itemRoot.index()
        # 构建country节点
        itemCountry = QStandardItem('中国')
        # 将country节点作为根节点的子节点
        itemRoot.appendRow(itemCountry)
        # 设置country的字体、字色
        ft = QFont('宋体', 16)
        ft.setBold(True)
        itemCountry.setData(ft, Qt.FontRole)
        itemCountry.setData(QColor(Qt.red), Qt.TextColorRole)
        image = QImage (":/images/china.png")
        itemCountry.setData(image.scaled(QSize(24, 24)), Qt.DecorationRole)
        # 设置itemRoot的列数以便显示省的个数
        COLUMNCOUNT = 2                               # 列数
        itemRoot.setColumnCount(COLUMNCOUNT)
        # 必须在设置列数之后才能设置标题中该列的数据。即列不存在时,设置数据无效
        model.setHeaderData(1, Qt.Horizontal, "子项个数", Qt.DisplayRole)
        # 在Country节点所在的行的第1列显示省的个数
        model.setData(model.index(0, 1, indexRoot), 2)
        # 构建省节点1,并添加到国家节点的下级
        itemProvince = QStandardItem('山东')
        itemCountry.appendRow(itemProvince)
        # 设置Country的列数
```

```
itemCountry.setColumnCount(COLUMNCOUNT)
# 设置 Province 节点的第 0 列的文本颜色为蓝色
model.setData(model.index(0, 0, itemCountry.index()), QColor(Qt.blue), Qt.TextColorRole)
# 设置 Country 节点第 1 列数据为城市个数
model.setData(model.index(0, 1, itemCountry.index()), 2)
# 构建所有城市
# 构建城市节点 1
itemCity = QStandardItem('济南')
# 添加城市节点 1
itemProvince.appendRow(itemCity)
...
# 构建省节点 2,并添加到国家节点的下级
itemProvince = QStandardItem('河北')
itemCountry.appendRow(itemProvince)
# 设置 Province 节点的第 0 列的文本颜色为蓝色
model.setData(model.index(1, 0, itemCountry.index()), QColor(Qt.blue), Qt.TextColorRole)
# 设置 Country 节点第 1 列数据为城市个数
model.setData(model.index(1, 1, itemCountry.index()), 3)
# 遍历所有城市
# 构建城市节点 1
itemCity = QStandardItem('北戴河')
# 添加城市节点 1
itemProvince.appendRow(itemCity)
...
```

最后介绍槽函数 slot_ItemDoubleClicked()。该槽函数中调用接口 openFile()打开指定名称对应的文件。

```
def slot_itemDoubleClicked(self, index):
    model = self.treeView.model()
    str = model.data(index)
    self.openFile(str)
def openFile(self, str) :
    if str.strip():
        trainDevHome = os.getenv('TRAINDEVHOME')
        if None is trainDevHome:
            trainDevHome = 'usr/local/gui'
        fileName = trainDevHome + '/test/chapter19/ks19_10/'
        fileName += str
        fileName += '.txt'
        str = self.textEdit.currentFileName()
        if (str == fileName) :
            return
        if self.textEdit.openFile(fileName):
            self.infoLabel.setText("file has been loaded")
        else :
            self.infoLabel.setText("file can not open!")
```

在应用程序中使用树视图作工具箱时,大致分为如下几步。

(1) 创建浮动窗,创建树视图,组织树视图的模型,将视图与模型进行关联。
(2) 在树视图中,在用户操作时发射相关信号。
(3) 在合适的代码处将信号与槽函数进行关联。
(4) 在槽函数中进行相关处理,比如打开文件。

19.11 案例92 使用事项窗展示事项或日志

本案例对应的源代码目录：src/chapter19/ks19_11。程序运行效果见图19-15。

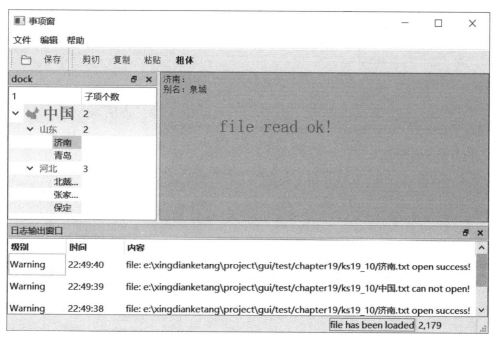

图 19-15 案例 92 运行效果

在各种界面应用中，经常需要输出一些运行日志，以便通知用户关注这些信息。本节介绍在主窗体中添加事项窗以便显示事项或日志，按照如下顺序介绍日志窗口的开发过程。

（1）设计日志结构。
（2）设计日志事件类。
（3）构建日志窗口。
（4）添加日志通知接口。
（5）使用日志通知接口

下面进行详细介绍。

1. 设置日志结构

首先需要定义日志等级 ELogLevel 和日志结构 SLog。在结构体 SLog 的定义中，提供了一个静态接口 translateLevel()，它负责将日志等级翻译为文本。

```
# logevt.py
# 日志级别枚举
class ELogLevel (Enum):
    ELogLevel_Error = 1              # 错误
    ELogLevel_Warning = 2            # 警告
    ELogLevel_Normal = 3             # 一般
# 日志结构
```

```python
class SLog():
    level = ELogLevel.ELogLevel_Normal      # 日志级别
    msg = str()                              # 日志内容
    time = QTime()                           # 接收日志时间
    @staticmethod
    def translateLevel(level):
        if ELogLevel.ELogLevel_Error == level:
            return "Error"
        if ELogLevel.ELogLevel_Warning == level:
            return "Warning"
        if ELogLevel.ELogLevel_Normal == level:
            return "Normal"
        else :
            return ''
```

2. 设计日志事件类

下面设计日志事件类,以便使用 QApplication.postEvent(QObject, QEvent, priority: int = Qt.NormalEventPriority)将该事件发出去。在 postEvent()接口中,参数 1 是该事件的接收者;参数 2 是待发送的事件,即本案例中定义的 CLogEvt 类,它从 QEvent 派生;参数 3 是事件优先级,一般取默认值即可。

```python
# logevt.py
# CLogEvt
class CLogEvt(QEvent):
    ELogEvt_LogOut = QEvent.User + 1
    log = SLog()
    def __init__(self, nType = ELogEvt_LogOut) :
        super(CLogEvt, self).__init__(QEvent.Type(nType))
    def getLog(self):
        return self.log
    def setLog(self, log):
        self.log = log
```

3. 构建日志窗口

下面介绍日志事件展示窗 CLogDockWidget,它是一个浮动窗,派生自 QDockWidget。需要在该类中接收 QApplication.sendEvent()发送的事件,所以要重写 customEvent()接口。该窗口使用 QTableWidget 来展示日志。

```python
# logdockwidget.py
from PyQt5.QtWidgets import QDockWidget, QTableWidget, QTableWidgetItem
from PyQt5.QtCore import Qt
from logevt import SLog
class CLogDockWidget(QDockWidget):
    tableWidget = None
    maxLogNum = 1000                        # 日志窗口显示的最大日志数目
    def __init__(self, title, parent = None, flags = Qt.WindowFlags(0)):
        ...
    def customEvent(self, evt):
        ...
```

如代码清单 19-24 所示,在标号①处,在 CLogDockWidget 的构造函数中,构造日志展示控件对象 tableWidget，并将其设置为 3 列，分别用来显示日志的【级别】【时间】【内容】。在标号②处，设置标题为加粗字体，然后设置标题的高度、对齐方式。在标号③处，设置横标题的文本。在标号④处、标号⑤处，分别设置前两列的宽度。在标号⑥处，隐藏网格线。在标号⑦处，隐藏纵标题。在标号⑧处，设置浮动窗的控件为表格控件 tableWidget。

代码清单 19-24

```
# logdockwidget.py
...
class CLogDockWidget(QDockWidget):
    tableWidget = None
    maxLogNum = 1000                                         # 日志窗口显示的最大日志数目
    def __init__(self, title, parent=None, flags = Qt.WindowFlags(0)) :
        super(CLogDockWidget, self).__init__(title, parent, flags)
        self.ableWidget = QTableWidget(self)                                         ①
        self.ableWidget.setColumnCount(3)
        font = self.ableWidget.horizontalHeader().font()     # 设置表头字体加粗
        font.setBold(True)                                                            ②
        self.ableWidget.horizontalHeader().setFont(font)
        self.ableWidget.horizontalHeader().setFixedHeight(25) # 设置表头的高度
        self.ableWidget.horizontalHeader().setDefaultAlignment(Qt.AlignLeft)
        self.ableWidget.setHorizontalHeaderLabels(["级别", "时间", "内容"])           ③
        self.ableWidget.setColumnWidth(0, 100)                # 设置第 0 列的列宽      ④
        self.ableWidget.setColumnWidth(1, 100)                # 设置第 1 列的列宽      ⑤
        self.ableWidget.horizontalHeader().setStretchLastSection(True)
        self.ableWidget.setShowGrid(False)                    # 设置不显示格子线        ⑥
        self.ableWidget.verticalHeader().setHidden(True)      # 设置垂直表头不可见      ⑦
        strStyle = "QHeaderView.sectionbackground:skyblue"
        self.ableWidget.horizontalHeader().setStyleSheet(strStyle)  # 设置表头背景色
        self.setWidget(self.ableWidget)                                               ⑧
```

下面介绍 CLogDockWidget 的 customEvent() 接口的实现，见代码清单 19-25。在标号①处，获取事件中的日志信息。在标号②处，仅保留最多 maxLogNum 个日志。在标号③处，将新日志添加到控件开头，然后在表格控件中设置日志的具体内容。

代码清单 19-25

```
# logdockwidget.py
...
class CLogDockWidget(QDockWidget):
    ...
    def customEvent(self, evt):
        if evt is None:
            return
        log = evt.getLog()                                                            ①
        rowIndex = self.ableWidget.rowCount()
        while (rowIndex >= self.maxLogNum) :                  # 删除最后的记录          ②
            self.ableWidget.removeRow(rowIndex - 1)
            rowIndex = rowIndex - 1
        # 新增的永远加到最前面
        self.ableWidget.insertRow(0)                                                  ③
        self.ableWidget.setItem(0, 0, QTableWidgetItem(SLog.translateLevel(log.level)))
        self.ableWidget.setItem(0, 1, QTableWidgetItem(log.time.toString()))
        self.ableWidget.setItem(0, 2, QTableWidgetItem(log.msg))
```

为 CMainWindow 添加成员变量 mutex、logDockWidget。其中 mutex 的类型为互斥锁 QMutex，它用来保护 logDockWidget，以防止多线程访问后者时发生异常。当在某个线程中对 QMutex 对象执行加锁操作后，其他线程将会等待该对象解锁后才能进入 QMutex 对象保护的代码。为 CMainWindow 添加 createLogDockWidget() 接口，该接口用来构建日志浮动窗 logDockWidget。

```
# mainwindow.py
from PyQt5.QtWidgets import QApplication, QMainWindow, QAction, QActionGroup, QMenu, QLabel, 
QFrame, QMessageBox, QTreeView, QDockWidget
from PyQt5.QtGui import QIcon, QKeySequence, QStandardItemModel, QStandardItem, QColor, 
QFont, QImage
from PyQt5.QtCore import Qt, QFile, QTextStream, pyqtSignal, QThread, QSize, QMutex, 
QMutexLocker, QTime
from textedit import CTextEdit
import os
from splashscreen import CSplashScreen
from logdockwidget import CLogDockWidget
from logevt import CLogEvt, ELogLevel, SLog
class CMainWindow(QMainWindow):
    logDockWidget = None                          # 日志窗口
    mutex = None
    ...
    def initialize(self):
        mutex = QMutex()
        ...
    createLogDockWidget(self):
        ...
```

createLogDockWidget() 用来生成日志浮动窗，该浮动窗停靠在主窗口底部。

```
# mainwindow.py
class CMainWindow(QMainWindow):
    ...
def createLogDockWidget(self):
    self.logDockWidget = CLogDockWidget("日志输出窗口", self)
    self.addDockWidget(Qt.BottomDockWidgetArea, self.logDockWidget)
```

在类的构造函数中添加对 createLogDockWidget() 的调用。

```
# mainwindow.py
class CMainWindow(QMainWindow):
    ...
    def __init__(self, splashScreen, parent = None) :
        super(CMainWindow, self).__init__(parent)
        self.createActions()
        self.createMenus()
        self.createToolBars()
        self.createStatusBar()
        self.createTreeView()
        self.createLogDockWidget()
```

4．添加日志通知接口

为 CMainWindow 添加 notify() 接口。在 notify() 接口中，为了保护 logDockWidget，使用了锁 mutex。为了方便，在这里使用自动锁 QMutexLocker。QMutexLocker 的作用是在构造

时自动加锁,析构时自动解锁。在notify()中,构建CLogEvt对象并设置日志内容,然后通过QApplication.postEvent()把日志事件发给logDockWidget。

```python
# mainwindow.py
class CMainWindow(QMainWindow):
    ...
    def notify(self, log) :
        mutexLocker = QMutexLocker(self.mutex)
        if self.logDockWidget is None:
            return
        logEvt = CLogEvt(CLogEvt.ELogEvt_LogOut)
        logEvt.setLog(log)
        QApplication.postEvent(self.logDockWidget, logEvt)
```

5. 使用日志通知接口

如代码清单19-26所示,修改openFile()接口,在碰到不同情况时发出不同的日志。构建SLog对象,并调用notify()接口将日志发出,见标号①处。

代码清单 19-26

```python
# mainwindow.py
class CMainWindow(QMainWindow):
    ...
    def openFile(self, strTitle) :
        log = SLog()
        log.time = QTime.currentTime()
        if strTitle.strip():
            trainDevHome = os.getenv('TRAINDEVHOME')
            if None is trainDevHome:
                trainDevHome = 'usr/local/gui'
            fileName = trainDevHome + '/test/chapter19/ks19_10/'
            fileName += strTitle
            fileName += '.txt'
            str = self.textEdit.currentFileName()
            if (str == fileName) :
                return
            if self.textEdit.openFile(fileName):
                self.infoLabel.setText("file has been loaded")
                if strTitle == fileName:
                    log.level = ELogLevel.ELogLevel_Warning
                    log.msg = "file: {0} already open!".format(fileName)
                    self.notify(log);                                          ①
                else:
                    log.level = ELogLevel.ELogLevel_Warning
                    log.msg = "file: {0} open success!".format(fileName)
                    self.notify(log);
            else :
                log.level = ELogLevel.ELogLevel_Warning
                log.msg = "file: {0} can not open!".format(fileName)
                self.notify(log);
```

本节通过QApplication.postEvent()实现日志的发送,通过重写浮动窗的customEvent()接口将收到的日志展示在QTableWidget中。QApplication.postEvent()的参数2是QEvent类型,因此从QEvent类派生了CLogEvt类,然后将SLog中的日志信息保存到CLogEvt中。

建议:将最新的日志显示在最上方是个不错的选择。

19.12　案例 93　剪切、复制、粘贴

本案例对应的源代码目录：src/chapter19/ks19_12。程序运行效果见图 19-16。

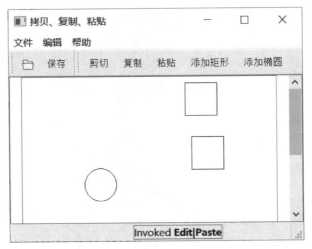

图 19-16　案例 93 运行效果

在界面类软件开发过程中，剪切、复制、粘贴是常用的操作之一。本节以一款绘图软件为例介绍实现剪切、复制、粘贴操作的一种方案。该软件主要功能是在单击的位置创建矩形或椭圆，当执行剪切、复制、粘贴时可以将之前单击位置的图元进行剪切、复制，然后执行粘贴操作。在开始之前，先简单介绍一下本节对应的 src.baseline 中的基线代码。本节基线代码已经具备的功能是：程序的视图类为 CGraphicsView，单击【添加矩形】【添加椭圆】按钮后，在视图中添加矩形、椭圆。

本节所述方案主要分为如下几个步骤。
(1) 为主窗体增加【剪切】【复制】【粘贴】按钮。
(2) 在视图中增加复制功能。
(3) 在视图中增加粘贴功能。
(4) 在视图中增加剪切功能。
下面分别介绍。

1．为主窗体增加【剪切】【复制】【粘贴】按钮

如代码清单 19-27 所示，在主窗体中增加【剪切】【复制】【粘贴】按钮对应的 QAction 对象，顺便把槽函数也一块添加上。这些 QAction 对象对应菜单项或者工具条中的按钮。在标号①处，视图对象 graphicsView 和场景对象 scene 已经在本案例的基线代码中提供。

代码清单 19-27

```
# mainwindow.py
from PyQt5.QtWidgets import QMainWindow, QAction, QLabel, QFrame, QMessageBox, QGraphicsScene
from PyQt5.QtGui import QIcon, QKeySequence
from PyQt5.QtCore import Qt, pyqtSignal, QThread, QRectF
from graphicsview import CGraphicsView
```

```python
from splashscreen import CSplashScreen
class CMainWindow(QMainWindow):
    ...
    cutAct = None                       #【剪切】子菜单
    copyAct = None                      #【复制】子菜单
    pasteAct = None                     #【粘贴】子菜单
    ...
    graphicsView = None                 # 视图
    scene = None                        # 场景

    def slot_cut(self):
        ...

    def slot_copy(self):
        ...

    def slot_paste(self):
        ...
```

在 createActions() 中构建这些 QAction 对象。

```python
# mainwindow.py
class CMainWindow(QMainWindow):
    ...
    def createActions(self):
        ...
        self.cutAct = QAction('剪切', self)
        self.cutAct.setShortcuts(QKeySequence.Cut)
        self.cutAct.setStatusTip("Cut the current selection's contents to the clipboard")
        self.cutAct.triggered.connect(self.slot_cut)
        self.copyAct = QAction('复制', self)
        self.copyAct.setShortcuts(QKeySequence.Copy)
        self.copyAct.setStatusTip("Copy the current selection's contents to the clipboard")
        self.copyAct.triggered.connect(self.slot_copy)
        self.pasteAct = QAction('粘贴', self)
        self.pasteAct.setShortcuts(QKeySequence.Paste)
        self.pasteAct.setStatusTip("Paste the clipboard's contents into the current selection")
        self.pasteAct.triggered.connect(self.slot_paste)
```

然后,把这些 QAction 对象添加到菜单、工具条。

```python
# mainwindow.py
class CMainWindow(QMainWindow):
    ...
    def createMenus(self):
        ...
        self.editMenu = self.menuBar().addMenu('编辑')
        self.editMenu.addAction(self.cutAct)
        self.editMenu.addAction(self.copyAct)
        self.editMenu.addAction(self.pasteAct)
        ...
    def createToolBars(self):
        ...
        self.editToolBar.addAction(self.cutAct)
        self.editToolBar.addAction(self.copyAct)
        self.editToolBar.addAction(self.pasteAct)
```

最后,添加相应的槽函数,见代码清单 19-28。其实,在主窗体的槽函数中调用了视图对象的接口来实现相关功能。

代码清单 19-28

```python
# mainwindow.py
class CMainWindow(QMainWindow):
    ...
    def slot_cut(self):
        self.graphicsView.cut()
    def slot_copy(self):
        self.graphicsView.copy()
    def slot_paste(self):
        self.graphicsView.paste()
```

2. 在视图中增加复制功能

本案例中用到了矩形、椭圆等图元，编写 graphicsitem.py 用来提供图元类型定义。

```python
# graphicsitem.py
from enum import Enum
from PyQt5.QtWidgets import QGraphicsItem
class EGraphItemType(Enum):
    EGraphItemType_Rect = QGraphicsItem.UserType + 1      # 矩形
    EGraphItemType_Ellipse = EGraphItemType_Rect + 1      # 椭圆
```

为什么要先介绍复制、粘贴，最后才介绍剪切功能呢？因为剪切功能会用到复制功能。剪切就是删除加复制。复制、粘贴功能依赖于操作系统的剪切板，对应 QClipBoard 类。先介绍视图的这几个接口。如代码清单 19-29 所示，copy() 接口的实现中调用了 copyItems() 接口。

代码清单 19-29

```python
# graphicsview.py
class CGraphicsView(QGraphicsView):
    ...
    # ifndef QT_NO_CLIPBOARD
    def cut(self):
        ...
    def copy(self):
        scene = self.scene()
        lst = scene.items(self.ptScene)
        if len(lst) == 0:
            return
        self.copyItems(lst)
    def copyItems(self, lst):
        ...
    def paste(self):
        ...
```

copyItems() 接口的实现依赖于剪切板，见代码清单 19-30。其实在 19.9 节的拖放案例中已经介绍过使用 MIME 实现数据复制的方法，此处的复制功能其实跟 19.9 节的方法完全一样，只是对于 XML 文本的组织形式略有不同。在复制之前先清除剪切板中的数据，见标号①处。在标号②处，为 data 对象设置的 MIME 标签为 "gp/copyitem"。

代码清单 19-30

```python
# graphicsview.py
class CGraphicsView(QGraphicsView):
    ...
```

```python
    def copyItems(self, lst):
        # 清除剪贴板的原数据
        clipboard = QApplication.clipboard()
        clipboard.clear()                                                        ①
        # 如果没有图元可复制,则返回
        if len(lst) == 0:
            return
        dataArr = QByteArray()
        # 复制的信息写到数据流
        stream = QTextStream(dataArr, QIODevice.WriteOnly)
        # 只复制选中图元中第一个图元
        item = lst[0]
        type = item.type()
        pt = item.pos()
        document = QDomDocument()
        root = document.createElement("doc")
        # 图元信息
        itemEle = document.createElement("item")
        itemEle.setAttribute("x", pt.x())
        itemEle.setAttribute("y", pt.y())
        if type == EGraphItemType.EGraphItemType_Rect:
            itemEle.setAttribute("type", QGraphicsItem.UserType + 1)
            rectItem = item
            itemEle.setAttribute("w", rectItem.getWidth())
            itemEle.setAttribute("h", rectItem.getHeight())
        elif type == EGraphItemType.EGraphItemType_Ellipse:
            itemEle.setAttribute("type", QGraphicsItem.UserType + 2)
            rectItem = item
            itemEle.setAttribute("w", rectItem.getWidth())
            itemEle.setAttribute("h", rectItem.getHeight())
        else:
            pass
        root.appendChild(itemEle)
        document.appendChild(root)
        stream << document
        data = QMimeData()
        data.setData("gp/copyItem", dataArr)                                     ②
        clipboard.setMimeData(data)
```

3. 在视图中增加粘贴功能

paste()实现的粘贴功能如代码清单19-31所示。在标号①处,访问剪切板并得到剪切板中的数据。在标号②处,使用hasFormat()判断是否有期望的数据"gp/copyItem"。然后,解析其中的数据并生成新图元。

代码清单 19-31

```python
# graphicsview.py
class CGraphicsView(QGraphicsView):
    ...
    def paste(self):
        clipboard = QApplication.clipboard()
        mimeData = clipboard.mimeData()                                          ①
        scene = self.scene()
        if scene is None:
```

```
            return
    if not mimeData.hasFormat("gp/copyItem"):
        return
    doc = QDomDocument()
    doc.setContent(mimeData.data("gp/copyItem"))
    root = doc.firstChildElement()
    itemEle = root.firstChildElement()
    strTagName = itemEle.tagName()
    #qDebug() << strTagName
    if strTagName != "item":
        return
    strValue = itemEle.attribute("type", "0")
    type = int(strValue)
    type = EGraphItemType(type)
    pt = self.ptScene
    if itemEle.hasAttribute("w"):
        w = float(itemEle.attribute("w", "0"))
        h = float(itemEle.attribute("h", "0"))
        if type == EGraphItemType.EGraphItemType_Rect:
            #QPen pn(Qt.darkBlue)
            #QBrush brsh(Qt.darkBlue)
            item = CGraphRectItem(None)
            item.setWidth(w)
            item.setHeight(h)
            item.setPos(pt)
            scene.addItem(item)
        elif type == EGraphItemType.EGraphItemType_Ellipse:
            #QPen pn(Qt.darkBlue)
            #QBrush brsh(Qt.darkBlue)
            item = CGraphEllipseItem(None)
            item.setWidth(w)
            item.setHeight(h)
            item.setPos(pt)
            scene.addItem(item)
```

4. 在视图中增加剪切功能

完成复制、粘贴功能后,剪切功能就简单了。剪切图元时,先把被复制的图元隐藏。

```
# graphicsview.py
class CGraphicsView(QGraphicsView):
    ...
    def cut(self):
        scene = self.scene()
        lst = scene.items(self.ptScene)
        if len(lst) == 0:
            return
        # 剪切时采用隐藏图元、复制得到新图元的方法,也可以复制得到新图元后把原始图元删除。
        # 但是如果删除原始图元,则会影响 redo/undo 功能
        for item in lst:
            item.setVisible(False)
        self.copyItems(lst)
```

本节介绍了剪切、复制、粘贴功能的一种实现方案。本方案通过系统剪切板,把数据用 XML 格式进行传递,并实现了剪切、复制、粘贴功能。因为剪切、复制、粘贴的数据千变万化,本节仅仅引入一种实现思路,开发人员可以以此为参考,设计自己的剪切、复制、粘贴方案。

19.13 案例 94 上下文菜单

本案例对应的源代码目录：src/chapter09/ks19_13。程序运行效果见图 19-17。

9.3 节介绍过为主窗口添加菜单项的方法。在日常界面类软件开发过程中，经常还会用到上下文菜单，也就是右键菜单。本节介绍上下文菜单的开发方法，以 19.12 节案例代码为基础，为项目添加右键菜单功能，把【剪切】【复制】【粘贴】3 个菜单项放到右键菜单中。如代码清单 19-32 所示，为剪切、复制、粘贴分别定义对应的 QAction 对象，并且将在 createActions() 中构建这些对象。

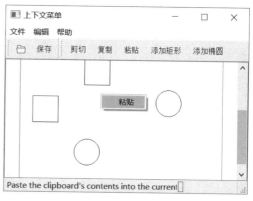

图 19-17 案例 94 运行效果

代码清单 19-32

```
# graphview.py
class CGraphicsView(QGraphicsView):
    ...
    cutAct = None              #【剪切】子菜单
    copyAct = None             #【复制】子菜单
    pasteAct = None            #【粘贴】子菜单
    def __init__(self, parent = None) :
        super(CGraphicsView, self).__init__(parent)
        self.setMouseTracking(True)
        self.createActions()
```

在 createActions() 中构建上下文菜单的各个菜单项对应的 QAction 对象。

```
# graphview.py
class CGraphicsView(QGraphicsView):
    ...
    def createActions(self):
        self.cutAct = QAction('剪切', self)
        self.cutAct.setStatusTip("Cut the current selection's contents to the clipboard")
        self.cutAct.triggered.connect(self.cut)
        self.copyAct = QAction('复制', self)
        self.copyAct.setStatusTip("Copy the current selection's contents to the clipboard")
        self.copyAct.triggered.connect(self.copy)
        self.pasteAct = QAction('粘贴', self)
        self.pasteAct.setStatusTip("Paste the clipboard's contents into the current selection")
        self.pasteAct.triggered.connect(self.paste)
```

最后进入关键步骤，实现 contextMenuEvent() 接口，见代码清单 19-33。在标号①处创建右键菜单。在标号②处，得到鼠标坐标位置并转换为场景坐标，以便获取场景中对应坐标的图元列表。在标号③处进行判断，如果选中了图元，则弹出的上下文菜单中含有【剪切】【复制】菜单项。在标号④处判断，如果没有选中图元，则弹出的菜单中含有【粘贴】菜单项。在标号⑤处执行判断，如果剪切板中含有 "gp/copyItem" 数据，说明执行过剪切、复制操作，那么【粘贴】功能可用，否则禁用该菜单项。在标号⑥处，在视图中单击位置弹出菜单项，这里仍采用视图中的坐标而非场景坐标。

代码清单 19-33

```
# graphview.py
class CGraphicsView(QGraphicsView):
    ...
    def contextMenuEvent(self, event):
        popMenu = QMenu(self)                                          ①
        ptScene = self.mapToScene(event.pos())                         ②
        scene = self.scene()
        lst = scene.items(ptScene)
        if len(lst)!= 0:                                               ③
            popMenu.addAction(self.cutAct)
            popMenu.addAction(self.copyAct)
        else:                                                          ④
            popMenu.addAction(self.pasteAct)
        # 判断一下有没有事先执行过剪切、复制操作
        clipboard = QApplication.clipboard()
        mimeData = clipboard.mimeData()
        if not mimeData.hasFormat("gp/copyItem"):                      ⑤
            self.pasteAct.setEnabled(False)
        else:
            self.pasteAct.setEnabled(True)
        popPt = event.globalPos()
        popMenu.move(popPt)                                            ⑥
        popMenu.show()
```

本节介绍了上下文菜单的实现方案,并且介绍了在不同方式下弹出不同内容的菜单。比如:当在图元上右击时,弹出的菜单中包含【剪切】【复制】菜单项;当在空白处右击时,弹出【粘贴】菜单项,如果之前未执行过【剪切】【复制】操作,则【粘贴】菜单项为灰色,表示禁用。

19.14 配套练习

1. 使用 PyQt 开发一个 SDI 应用。使用自定义类 CWidget 作为中心部件(centeralWidget),该类派生自 QWidget。为 CWidget 设置背景色为黄色。

2. 以练习题 2 为基础,为应用添加【文件】【视图】菜单。为【文件】菜单添加【打开】【打印】子菜单项,为【视图】菜单添加【设置背景色】子菜单项和一个二级菜单【格式】,为【格式】菜单添加分组子菜单【左对齐】【居中对齐】【右对齐】,为【格式】菜单添加【斜体】【粗体】子菜单项。所有菜单项可以空实现。当鼠标在 CWidget 中移动时,在状态栏中显示鼠标坐标。

3. 修改 19.6 节的代码,将 CMainWindow 的构造函数中的 CSplashScreen 参数删除,为 CMainWindow 添加接口设置 CSplashScreen 对象。将耗时操作改为 CMainWindow 对象构造完成后在 main() 函数中调用。将信号 progress() 与槽函数 CSplashScreen::setProgress() 的关联代码放到 main() 函数中。

```
class CMainWindow(QMainWindow):
    def __init__(self, parent = None) :
        ...
```

4. 以 src.baseline 中 19.7 节代码为基础,实现 19.7 节的功能,并为项目添加斜体反显功能。

5. 以 src.baseline 中 19.10 节代码为基础,为项目添加浮动窗 A、浮动窗 B。在浮动窗 A 中添加树视图控件,并为树视图构建模型,在浮动窗 B 中添加表格视图控件。支持从浮动窗 A 的树视图拖放内容到浮动窗 B 中的表格。当双击树视图时,表格中的内容跟双击的内容一致时,将这些单元格背景设置为红色。

第20章 PyQt 5开发MDI应用

MDI 的基本内容介绍见第 10 章。

20.1 案例 95 MDI——采用同一类型的 View

本案例对应的源代码目录：src/chapter20/ks20_01。程序运行效果见图 20-1。

第 19 章介绍了 SDI 应用的开发方法，从本节开始介绍 MDI 应用的开发。在开始介绍开发过程之前，先来看一下 MDI 应用程序的界面结构。如图 20-2 所示，黑色粗框线包围的区域就是视图区域，视图区域可分为 3 个层次。

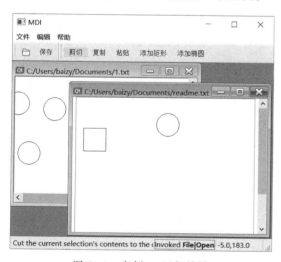

图 20-1 案例 95 运行效果

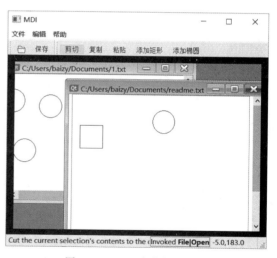

图 20-2 MDI 中的视图区域

（1）QMdiArea。

QMdiArea 负责管理多窗口区域，是 QMainWindow 的直接下级。

（2）QMdiSubWindow。

QMdiSubWindow 负责管理单个视图。QMdiSubWindow 是 QMdiArea 的下一级，用来容纳单个视图，每个视图都需要一个 QMdiSubWindow。QMdiSubWindow 是不可见的，也就是说在界面上看不到 QMdiSubWindow，在界面上只能看到视图。

(3) 自定义视图。

开发 MDI 程序时编写的自定义视图,用来处理业务数据的展示与人机交互,比如本节中的 CGraphicsView。它位于最底层,由 QMdiSubWindow 管理。每个 QMdiSubWindow 管理一个自定义视图对象。如图 10-3(见 10.1 节)所示,展示了这 3 个类层次之间的关系。图 10-4(见 10.1 节)展示了多视图场景的情况。

开发 MDI 应用大概分为下面几个步骤。

(1) 编写或改造自定义视图类,本节中的自定义视图类是 CGraphicsView。

(2) 编写多文档区域处理类 CEditMdiArea,用来处理各个视图对象之间的切换等事务,它派生自 QMdiArea。

(3) 编写主窗体类 CMainWindow。开发 MDI 程序与开发 SDI 程序一样,都需要使用主窗口,因此仍然要从 QMainWindow 派生主窗体。

src.baseline 中本节的项目代码中包含 SDI 应用所需的自定义视图类 CGraphicsView、主窗体类 CMainWindow 等内容,在此基础上执行如下操作。

1. 编写或改造自定义视图类 CGraphicsView

如代码清单 20-1 所示,对自定义视图类 CGraphicsView 进行改造。首先为 CGraphicsView 类增加几个成员变量。在标号①处,定义视图关闭信号 sig_viewClose,用来在关闭视图时通知其他对象解除与本视图的信号槽关联。在标号②处,为构造函数增加一个参数,用来传入文件名。这种改造仅仅针对本案例,其他 MDI 应用中的视图类未必包含该参数。在标号③处,定义接口 getFileName()用来获取视图对应的文件名。在标号④处,重写视图关闭事件 closeEvent(),在该接口中发出信号 sig_viewClose。在标号⑤处,定义接口 isValid()用来判断视图是否有效。

代码清单 20-1

```
# ks20_01.py
...
class CGraphicsView(QGraphicsView):
    sceneOfView = None                              # 场景
    sequenceNumber = 1                              # 全局文档索引号
    strFileName = ''                                # 文件名
    ptScene = QPointF()                             # 鼠标单击时的场景坐标
    sig_viewMouseMove = pyqtSignal(QPointF)
    sig_viewClose = pyqtSignal(QGraphicsView)                          ①
    ...
    def __init__(self, fileName = '', parent = None):                  ②
        ...
    def getFileName(self):                                             ③
        return self.strFileName
    def closeEvent(self, event):                                       ④
        ...
    def isValid(self):                                                 ⑤
        ...
```

下面介绍 CGraphicsView 的实现,此处仅列出改动的代码,见代码清单 20-2。在构造函数中,保存传入的文件名。在标号①处,添加一个整数序号用来组织视图的标题,当新建文件时,传入的文件名为空,此时利用该整数组织文件名,文件名的形式为 File1、File2 等。在标号

②处，在 closeEvent()事件中，通过调用 event.accept()阻止事件继续发送，并恢复鼠标光标状态，然后发射视图关闭信号 sig_viewClose。在标号③处，定义接口 isValid()用来判断视图是否有效，当视图对应的场景(文档)对象非法时，视图无效，该接口用来对视图有效性进行判断，以便进行相应处理。对自定义类的改造关键之处在于重写 closeEvent()接口及新增 isValid()接口。

代码清单 20-2

```python
class CGraphicsView(QGraphicsView):
    ...
    def __init__(self, fileName = '', parent = None) :
        super(CGraphicsView, self).__init__(None, parent)
        self.setMouseTracking(True)
        self.sceneOfView = QGraphicsScene(self)
        self.setScene(self.sceneOfView)
        rct = QRectF(0, 0, 400, 400)
        self.sceneOfView.setSceneRect(rct)
        self.createActions()
        if len(fileName) == 0:
            curFile = "File{0}".format(CGraphicsView.sequenceNumber)
            CGraphicsView.sequenceNumber += 1                              ①
        else:
            strFileName = fileName
            curFile = strFileName
        self.setWindowTitle(curFile + "[ * ]");
    def getFileName(self):
        return self.strFileName
    def closeEvent(self, event):
        event.accept()
        QGuiApplication.restoreOverrideCursor()  # 关闭视图后需要恢复光标，否则可能因为意
                                                 # 外导致光标处于某个操作状态而无法恢复    ②
        self.sig_viewClose.emit()
    def isValid(self):                                                    ③
        if self.scene is None:
            return False
        else:
            return True
```

2. 编写多文档区域处理类 CEditMdiArea

QMdiArea 用于管理多文档区域，包括对各个视图的管理。编写自定义类 CEditMdiArea，该类派生自 QMdiArea。

1) CEditMdiArea 类定义

CEditMdiArea 类定义如代码清单 20-3 所示，这里先对该类的各个接口进行一下整体介绍，并未列出接口的具体实现代码。在 10.1 节的 C++ 版案例中，除了管理视图，还在 CEditMdiArea 中提供对菜单、工具条等的封装，本节并未这样设计，而是仍然将菜单、工具条等对象放在主窗口 CMainWindow 中。成员变量 lastActivatedMdiChild 用来保存上次的活动子窗口对象，以便当活动窗口发生切换时用来解除相关的信号-槽关联。另外在该类的成员变量定义区增加了几个信号：信号 sig_viewMouseMove()用来协助继续转发子视图的鼠标移动信号；信号 sig_editViewChanged()用来表示编辑视图切换；信号 sig_editViewClose()用来表示编辑视图关闭。在标号①处，定义接口 activeMdiChild()用来获得当前活动视图。在标号

②处，getActiveEditView()接口用来通过父对象 mdiChild 找到子视图。在标号③处，createMdiChild()接口用来打开指定文件，并创建一个新的子视图，同时创建子视图的父窗口 QMdiSubWindow 对象。标号④处的 findMdiChild()接口用来根据文件名查找子视图的父窗口 QMdiSubWindow 对象。标号⑤处的槽函数 slot_viewClose()用来处理子视图关闭信号。标号⑥处的槽函数 slot_subWindowActivate()用来处理子窗口 QMdiSubWindow 激活信号。标号⑦处的 connectEditViewWithSlot()用来封装信号-槽关联的代码。标号⑧处的 disconnectEditViewWithSlot_whenInActivate()用来在活动窗口发生切换时将相关的信号-槽解除关联。标号⑨处的 disconnectEditViewWithSlot()用来在关闭视图时将相关的信号-槽解除关联。disconnectEditViewWithSlot()比 disconnectEditViewWithSlot_whenInActivate()多做了一步操作，即将视图的关闭信号与对应的槽函数解除关联。

代码清单 20-3

```python
# mdiarea.py
class CEditMdiArea(QMdiArea):
    lastActivatedMdiChild = None          # 上一个活动子窗口
    mainWindow = None                      # 父窗口
    graphicsView = None                    # 视图
    sig_editViewChanged = pyqtSignal(QWidget)
    sig_viewMouseMove = pyqtSignal(QPointF)
    sig_viewClose = pyqtSignal(QWidget)
    def __init__(self, parent = None) :
        super(CEditMdiArea, self).__init__(parent)
        self.subWindowActivated.connect(self.slot_subWindowActivate)
        self.slot_subWindowActivate(None)
    def activeMdiChild(self):                                               ①
        ...
    def getActiveEditView(self, mdiChild):                                  ②
        ...
    def createMdiChild(self, fileName):                                     ③
        ...
    def findMdiChild(self, fileName):                                       ④
        ...
    def slot_viewClose(self, child):                                        ⑤
        ...
    def slot_subWindowActivate(self, mdiChild):                             ⑥
        ...
    def connectEditViewWithSlot(self, view):                                ⑦
        ...
    def disconnectEditViewWithSlot_whenInActivate(self, view) :             ⑧
        ...
    def disconnectEditViewWithSlot(self, view):                             ⑨
        ...
    def getMainWindow(self):
        ...
    def openFile(self, fileName):
        ...
    def new(self):
        ...
    def open(self):
        ...
```

```
#ifndef QT_NO_CLIPBOARD
    def cut(self):
        ...
    def copy(self):
        ...
    def paste(self):
        ...
#endif
    def addRect(self):
        ...
    def addEllipse(self):
        ...
```

2)CEditMdiArea 构造函数

如代码清单 20-4 所示,在标号①处,将 subWindowActivated 信号关联到槽函数 slot_subWindowActivate(),以便当活动窗口发生切换时进行相关处理。成员变量 mainWindow 用来保存父窗口对象,可以通过 getMainWindow()接口来访问父窗口。

代码清单 20-4

```
# mdiarea.py
class CEditMdiArea(QMdiArea):
    ...
    def __init__(self, parent = None):
        super(CEditMdiArea, self).__init__(parent)
        self.subWindowActivated.connect(self.slot_subWindowActivate)    ①
        self.slot_subWindowActivate(None)
    def getMainWindow(self):
        return self.mainWindow
```

3)与活动窗口相关的接口

下面介绍与活动窗口、活动视图相关的接口,见代码清单 20-5。标号①处的 getActiveEditView(QMdiSubWindow *)接口用来访问子窗口 pMdiChild 对应的视图。标号②处的 activeMdiChild()用来访问当前活动视图,该接口内部首先通过 activeSubWindow()获得当前子窗口,然后调用 getActiveEditView()来获得对应的视图。标号③处的 createMdiChild() 用来创建视图并打开指定文件,同时创建 QMdiSubWindow 类型的子窗口作为视图的父对象。标号④处的 findMdiChild()用来通过文件名查找指定的子窗口,以便检查有没有打开过该文件。标号⑤处提供了 openFile(const QString &fileName, QString * pError)的实现,在该接口中,先通过 findMdiChild()检查有没有打开过该文件,如果已经打开过该文件则直接激活对应的视图并返回,如果没有打开过则调用 createMdiChild()创建视图打开文件。如果打开文件失败,则关闭视图,见标号⑥处。

代码清单 20-5

```
# mdiarea.py
class CEditMdiArea(QMdiArea):
    ...
    def getActiveEditView(self, mdiChild):                               ①
        if not mdiChild:
            return None
        view = None
        if mdiChild.widget():
```

```
            view = mdiChild.widget()
        return view
    def activeMdiChild(self):                                              ②
        view = None
        tActiveSubWindow = self.activeSubWindow()
        if tActiveSubWindow is None:
            tActiveSubWindow = self.lastActivatedMdiChild
        if tActiveSubWindow:
            view = self.getActiveEditView(tActiveSubWindow)
        return view
    def createMdiChild(self, fileName):                                    ③
        view = CGraphicsView(fileName, self)
        if view and view.isValid():
            subWindow1 = QMdiSubWindow()
            subWindow1.setWidget(view)
            subWindow1.setAttribute(Qt.WA_DeleteOnClose)
            self.addSubWindow(subWindow1)
            view.setParent(subWindow1)
        return view
    def findMdiChild(self, fileName):                                      ④
        strFileName = QFileInfo(fileName).fileName()
        for window in self.subWindowList():
            view = self.getActiveEditView(window)
            if view and (view.getFileName() == strFileName):
                return window
        return None
    def openFile(self, fileName):                                          ⑤
        bSucceeded = False
        if len(fileName) != 0:
            existing = self.findMdiChild(fileName)
            if existing:
                self.setActiveSubWindow(existing)
                return True
            child = self.createMdiChild(fileName)
            succeeded = child.isValid()
            if succeeded:
                child.showMaximized()
            else:                                                          ⑥
                if child.parent():
                    subWindow = QMdiSubWindow(child.parent())
                    subWindow and subWindow.close() or child.close()
                else:
                    child.close()
        return bSucceeded
```

4）菜单项、工具条、槽函数

主窗口的各项功能都封装 CEditMdiArea 中，比如【新建】【打开】等功能，见代码清单 20-6。其中，省略了部分代码，具体代码请参见配套资料。需要注意的是标号①处的槽函数中，首先通过 activeMdiChild() 获取当前活动视图，然后通过调用视图对象的接口来实现槽函数功能，其他槽函数的实现与此类似。

代码清单 20-6

```
# mdiarea.py
class CEditMdiArea(QMdiArea):
```

```python
        ...
        def new(self):
            child = self.createMdiChild("")                               ①
            if child is None:
                return
            bSucceeded = child.isValid()
            if bSucceeded:
                child.showMaximized()
            else:
                child.close()
        def open(self):
            strFilter = "text file(*.txt);;XML File(*.xml);;*(*.*)"
            fileName, _ = QFileDialog.getOpenFileName(self, 'select file to open', 'c:\\', strFilter,
"Txt File(*.txt)")
            self.openFile(fileName)
        #ifndef QT_NO_CLIPBOARD
        def cut(self):
            view = self.activeMdiChild()
            if view is None:
                return
            view.cut()
        def copy(self):
            view = self.activeMdiChild()
            if view is None:
                return
            view.copy()
        def paste(self):
            view = self.activeMdiChild()
            if view is None:
                return
            view.paste()
        #endif
        def addRect(self):
            view = self.activeMdiChild()
            if view is None:
                return
            view.addRect()
        def addEllipse(self):
            view = self.activeMdiChild()
            if view is None:
                return
            view.addEllipse()
```

5）关联信号-槽

下面介绍将信号-槽进行关联或解除关联的相关接口，见代码清单 20-7。标号①处的 connectEditViewWithSlot()接口中，将视图的信号与相关槽函数进行关联。标号②处的 disconnectEditViewWithSlot()接口用来将视图的信号与相关槽函数解除关联，该接口比标号 ④处的 disconnectEditViewWithSlot_whenInActivate()多做了一步操作，就是将视图的关闭信号 sig_viewClose()与槽函数 slot_viewClose()解除关联，见标号③处。这是因为 disconnectEditViewWithSlot_whenInActivate()用来在获得视图发生切换时解除信号-槽的关联，此时旧的视图并未关闭，因此无须将视图关闭信号与对应的槽函数解除关联，而

disconnectEditViewWithSlot()则在关闭视图时被调用，见代码清单20-8标号①处。

代码清单20-7

```
# mdiarea.py
class CEditMdiArea(QMdiArea):
    ...
    def connectEditViewWithSlot(self, view):                              ①
        view.sig_viewMouseMove.connect(self.sig_viewMouseMove);
        view.sig_viewClose.connect(self.slot_viewClose)
    def disconnectEditViewWithSlot(self, view):                           ②
        self.disconnectEditViewWithSlot_whenInActivate(view)
        view.sig_viewClose.disconnect(self.slot_viewClose)                ③
    def disconnectEditViewWithSlot_whenInActivate(self, view):
        view.sig_viewMouseMove.disconnect(self.sig_viewMouseMove)
```

槽函数slot_viewClose()的实现见代码清单20-8，首先将child转换为CGraphicsView类型，然后在标号①处调用disconnectEditViewWithSlot(view)将视图的信号与相关槽函数解除关联。在标号②处，设置lastActivatedMdiChild置为None。在标号③处，发射信号sig_editViewClose(child)，以便通知相关对象：编辑视图对象child已关闭。标号④处，重新设置lastActivatedMdiChild为None，其原因在该行代码注释中已明确说明。

代码清单20-8

```
# mdiarea.py
class CEditMdiArea(QMdiArea):
    ...
    def slot_viewClose(self, child):
        if child == None:
            return
        view = CGraphView(child)
        if view:
            self.disconnectEditViewWithSlot(view)  # 将编辑视图与相关槽函数解除关联   ①
        self.lastActivatedMdiChild = None                                              ②
        self.sig_editViewClose.emit(child)                                             ③
        self.lastActivatedMdiChild = None
            # 防止其他对象对于sig_editViewClose信号的处理导致发射activeSubWindow信号，
            # 从而使self.lastActivatedMdiChild重新被赋值为已关闭的窗口              ④
```

6) onSubWindowActivate(QMdiSubWindow *)

下面介绍活动窗口发生切换时调用的槽函数slot_subWindowActivate()，见代码清单20-9。在该接口中，首先判断mdiChild是否为空，如果mdiChild非空才做相关处理，见标号①处。在标号②处，判断活动窗口是否发生切换。在标号③处，如果活动窗口发生切换，并且上次活动活动窗口非空，则需要把槽函数跟旧视图解除关联，防止旧视图信号继续触发槽函数。在标号④处，获得新的编辑视图对象，并在标号⑤处，发射"编辑视图切换"的信号sig_editViewChanged(view)。在标号⑥处，将新的活动视图的信号关联相关槽函数。在标号⑦处，更新lastActivatedMdiChild对象。

代码清单20-9

```
# mdiarea.py
class CEditMdiArea(QMdiArea):
    ...
    def slot_subWindowActivate(self, mdiChild):
```

```
            hasMdiChild = ((mdiChild is None) and False or True)
            if hasMdiChild:                                                           ①
                if mdiChild != self.lastActivatedMdiChild:                             ②
                    if self.lastActivatedMdiChild:                                    ③
                        view = self.getActiveEditView(self.lastActivatedMdiChild)     ④
                        if view:
                            # 需要把槽函数跟旧视图解除关联,防止旧视图信号继续触发槽函数
                            self.disconnectEditViewWithSlot_whenInActivate(view)
                    view = self.getActiveEditView(mdiChild)
                    if view:
                        self.sig_editViewChanged.emit(view)          # 发出信号        ⑤
                        # 将编辑视图挂接到多窗口区域的槽函数
                        self.connectEditViewWithSlot(view)                             ⑥
                    self.lastActivatedMdiChild = mdiChild                              ⑦
            # m_pPasteAct.setEnabled(hasMdiChild)
```

3. 编写主窗体类 CMainWindow

如代码清单 20-10 所示,对 CMainWindow 进行修改,在标号①处,新增成员变量 mdiArea 用来表示多窗口管理对象,并在 initialize()中初始化,见标号②处。

代码清单 20-10

```
# mainwindow.py
from PyQt5.QtWidgets import QMainWindow, QAction, QLabel, QFrame, QMessageBox, QGraphicsScene
from PyQt5.QtGui import QIcon, QKeySequence
from PyQt5.QtCore import Qt, pyqtSignal, QThread, QRectF, QPointF
from splashscreen import CSplashScreen
from mdiarea import CEditMdiArea
class CMainWindow(QMainWindow):
    ...
    mdiArea = None                         # 多窗口管理对象                              ①
    def __init__(self, splashScreen, parent = None) :
        super(CMainWindow, self).__init__(parent)
        ...

    def initialize(self):
        # 构建视图对象
        self.mdiArea = CEditMdiArea(self)                                              ②
        self.setCentralWidget(self.mdiArea)
        self.connectSignalAndSlot()
```

下面介绍 CMainWindow 类的实现,主要介绍改动部分的内容,见代码清单 20-11。标号 ①处的 slot_cut()槽函数中,使用成员对象 mdiArea 的接口实现【剪切】功能。在标号②处,将 mdiArea 的 sig_viewMouseMove 信号关联到槽函数 slot_mouseMoveInView(),以便将鼠标坐标更新到状态栏。

代码清单 20-11

```
# mainwindow.py
class CMainWindow(QMainWindow):
    ...
    def slot_cut(self):
        self.mdiArea.cut()                                                             ①
    ...
```

```
    def slot_mouseMoveInView(self, pt):
        strPos = str.format('{0},{1}', pt.x(), pt.y())
        self.mouseLabel.setText(strPos)
    # 关联信号-槽
    def connectSignalAndSlot(self):
        # 关联信号-槽
        self.mdiArea.sig_viewMouseMove.connect(self.slot_mouseMoveInView)                ②
```

本节介绍了 MDI 应用的开发方法，请重点关注 CEditMdiArea 类的接口。除此之外，还要关注 CGraphicsView 类新增的 isValid()接口、sig_viewClose()信号以及重写的 closeEvent()事件。

20.2 知识点 MDI——采用不同类型的 View

20.1 节介绍了使用 CGraphicsView 类型的视图进行 MDI 开发，本节将介绍如何使用两种不同的视图开发 MDI 应用，对应的源代码目录：src/chapter20/ks20_02。程序运行效果见图 20-3 和图 20-4。大部分情况下，MDI 应用仅支持一种视图就可以满足需求，但是有些情况下，需要在 QMdiArea 区域展示不同类型的视图。有时候需要以图形方式展示图形文件的内容（见图 20-3），而另外一些时候则需要以文本方式展示图形文件的内容（见图 20-4）。那么，该怎样做才能让 20.1 节的 MDI 应用支持两种不同的视图展示方式呢？本节将分 3 步实现。

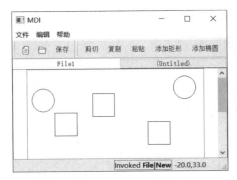

图 20-3 MDI 中的图形视图

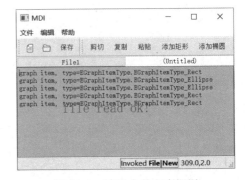

图 20-4 MDI 中的文本视图

（1）对 CGraphicsView 类进行修改，本部分工作只是为了方便案例演示，并非必须。
（2）增加一个新的视图类，本案例中为文本编辑视图 CTextEdit。
（3）修改 CEditMdiArea 中与视图类型有关的内容。

首先看一下实现方案。在本节的示例代码中，【新建】按钮仍然只负责创建 CGraphicsView 视图对象。在 CGraphicsView 视图中空白处右击，弹出的菜单中增加了两个子菜单项。

- 【保存为 TXT 图形文件】，表示将当前图形保存为文本文件。
- 【打开 TXT 图形文件】，表示打开文本格式的图形文件并以文本编辑视图展示。

这两个菜单项分别用来将当前图形保存到文本文件、打开文本格式的图形文件。当单击【打开 TXT 图形文件】时，以文本编辑视图打开之前保存的文本格式的图形文件并创建一个文本编辑视图对象用来展示新打开的图形。也可以用其他方式实现该功能，比如：在单击【新建】或【打开】时让用户选择视图种类。以下对于 CGraphicsView 类的改动并非必须。如果对此不感兴趣可以跳过第 1 部分的内容。

1. 修改 CGraphicsView

先为新增的两个子菜单项设计两个 QAction 对象。

```
# graphicsview.py
...
class CGraphicsView(QGraphicsView):
    ...
    saveGraphAct = None                    #【保存为 TXT 图形文件】菜单项
    openGraphAct = None                    #【打开 TXT 图形文件】菜单项
    sig_openGraphFile = pyqtSignal(str)
```

下面，构建两个子菜单项对应的 QAction 对象。

```
# graphicsview.py
class CGraphicsView(QGraphicsView):
    ...
    def createActions(self):
        ...
        self.saveGraphAct = QAction('保存为 TXT 图形文件', self)
        self.saveGraphAct.setStatusTip("保存为 TXT 图形文件")
        self.saveGraphAct.triggered.connect(self.saveGraph)
        self.openGraphAct = QAction('打开 TXT 图形文件', self)
        self.openGraphAct.setStatusTip("打开 TXT 图形文件")
        self.openGraphAct.triggered.connect(self.openGraph)
```

然后，编写两个槽函数，见代码清单 20-12。其中 saveGraph()在 src.baseline 的代码中已存在。在标号①处，在 openGraph()中打开文件后，发出 sig_openGraphFile(strFile)信号，以便接收者进行相关处理。

代码清单 20-12

```
# graphicsview.py
class CGraphicsView(QGraphicsView):
    ...
    def saveGraph(self):
        lst = self.sceneOfView.items()
        if len(lst) == 0:
            return
        trainDevHome = os.getenv('TRAINDEVHOME')
        if None is trainDevHome:
            trainDevHome = 'usr/local/gui'
        strDir = trainDevHome + '/test/chapter20/ks20_02/'
        dir = QDir()
        if not dir.exists(strDir):
            dir.mkpath(strDir)
        if self.strFileName.find("/") < 0:
            strFile = strDir
            strFile += self.strFileName
            strFile += ".txt"
        else:
            strFile = self.strFileName
        file = QFile(strFile)
        strFileContent = ''
        strTemp = ''
```

```
            if not file.open(QFile.WriteOnly | QFile.Truncate):
                return
            for item in lst:
                if not item.isVisible():
                    continue
                strTemp = "graph item, type = {0}\n".format(item.type())
                strFileContent += strTemp
            file.write(strFileContent.encode("UTF-8"))
            file.close()
        def openGraph(self):
            trainDevHome = os.getenv('TRAINDEVHOME')
            if None is trainDevHome:
                trainDevHome = 'usr/local/gui'
            strDir = trainDevHome + '/test/chapter20/ks20_02/'
            if self.strFileName.find("/") < 0:
                strFile = strDir
                strFile += self.strFileName
                strFile += ".txt"
            else:
                strFile = self.strFileName
            self.sig_openGraphFile.emit(strFile)                           ①
```

2. 增加一个新的视图类 CTextEdit

新的视图类采用了 19.11 节的文本编辑视图 CTextEdit。新的视图类不是本节的重点，因此本节省略该类的介绍。开发人员可以根据自己的业务需求编写自己的视图类。

3. 修改 CEditMdiArea

为了能处理两个不同的视图，对 20.1 节的 CEditMdiArea 进行修改。修改的接口见表 10-1（见 10.2 节）。

1) activeMdiChild(self)

如表 10-1 所示，因为增加了一种视图，因此 activeMdiChild(self) 的返回值类型可能为 CGraphicsView 或 CTextEdit，所以调用该接口的代码应做相应处理，见代码清单 20-13。在标号①处，对 activeMdiChild() 的返回值做了相应判断。这里仅针对 CGraphicsView 类型进行处理，其实，还可以增加功能对 CTextEdit 类型的视图进行相应处理。另外一种方式是，创建基类视图 CMdiSubView 并提供公共接口，让 CGraphicsView、CTextEdit 从该类派生，然后调用 CMdiSubView 的接口即可。

代码清单 20-13

```
# mdiarea.py
class CEditMdiArea(QMdiArea):
    ...
    def cut(self):
        view = self.activeMdiChild()
        if view is None:
            return
        if isinstance(view, CGraphicsView):                                ①
            view.cut()
```

2) getActiveEditView(self, mdiChild)

getActiveEditView()的返回值类型可能为 CGraphicsView 或 CTextEdit, 所以调用该接口的代码也应做相应处理。处理方式同 activeMdiChild()。

3) createGraphViewMdiChild(self, fileName)

对于原来的接口 createMdiChild() 来说，因为要处理两种不同类型视图的创建，所以将原来的接口改名为 createGraphViewMdiChild(),然后新增一个接口 createTexteditMdiChild(), 新增的接口用来创建 CTextEdit 类型的视图。原来调用 createMdiChild() 接口的代码都改为调用 createGraphViewMdiChild()。

```python
# mdiarea.py
class CEditMdiArea(QMdiArea):
    ...
    def createGraphViewMdiChild(self, fileName):
        view = CGraphicsView(fileName, self)
        if view and view.isValid():
            subWindow1 = QMdiSubWindow()
            subWindow1.setWidget(view)
            subWindow1.setAttribute(Qt.WA_DeleteOnClose)
            self.addSubWindow(subWindow1)
            view.setParent(subWindow1)
        return view
    def createTexteditMdiChild(self, fileName):
        textEdit = CTextEdit(self)
        if textEdit is None:
            return
        if len(fileName) > 0:
            textEdit.openFile(fileName)
        subWindow1 = QMdiSubWindow(self)
        subWindow1.setWidget(textEdit)
        subWindow1.setAttribute(Qt.WA_DeleteOnClose)
        self.addSubWindow(subWindow1)
        textEdit.setParent(subWindow1)
        return textEdit
```

4) findMdiChild(self, fileName)

因为原来的接口 findMdiChild(self, fileName) 只能查找一种类型的视图，所以将原来的接口改名为 findGraphViewMdiChild(), 并新增 findTexteditMdiChild() 接口用来查找 CTextEdit 类型的视图。这两个接口中都用到了 getActiveEditView() 接口，但是对返回的视图对象却进行了不同的处理，见代码清单 20-14。在标号①处，判断 view 是否为 CGraphicsView 类型，而在标号②处，判断 view 是否为 CTextEdit 类型。

代码清单 20-14

```python
# mdiarea.py
class CEditMdiArea(QMdiArea):
    ...
    def findGraphViewMdiChild(self, fileName):
        strFileName = QFileInfo(fileName).fileName()
        for window in self.subWindowList():
            view = self.getActiveEditView(window)
            if isinstance(view, CGraphicsView) and (view.getFileName() == strFileName):    ①
```

```
            return window
    return None
def findTexteditMdiChild(self,fileName):
    strFileName = QFileInfo(fileName).fileName()
    for window in self.subWindowList():
        view = self.getActiveEditView(window)
        if view is None:
            continue
        if isinstance(view, CTextEdit) and (view.windowTitle() == strFileName):    ②
            return window
    return None
```

5) openFile(self, fileName)

将 openFile() 接口改名为 openFileByGraphview()，并且新增 openFileByTextview() 接口用来创建 CTextEdit 类型的视图并打开文件名为 fileName 的文件。

```
# mdiarea.py
class CEditMdiArea(QMdiArea):
    ...
    def openFileByGraphview(self, fileName):
        bSucceeded = False
        if len(fileName) != 0:
            existing = self.findGraphViewMdiChild(fileName)
            if existing:
                self.setActiveSubWindow(existing)
                return True
            child = self.createGraphViewMdiChild(fileName)
            succeeded = child.isValid()
            if succeeded:
                child.showMaximized()
            else:
                if child.parent():
                    subWindow = QMdiSubWindow(child.parent())
                    subWindow and subWindow.close() or child.close()
                else:
                    child.close()
        return bSucceeded
    def openFileByTextview(self, fileName):
        bSucceeded = False
        if len(fileName) != 0:
            existing = self.findTexteditMdiChild(fileName)
            if existing:
                self.setActiveSubWindow(existing)
                return True
            child = self.createTexteditMdiChild(fileName)
            if isinstance(child, CGraphicsView):
                succeeded = child.isValid()
            else:
                succeeded = True
            if succeeded:
                child.showMaximized()
            else:
                if child.parent():
```

```
                    subWindow = QMdiSubWindow(child.parent())
                    subWindow and subWindow.close() or child.close()
                else:
                    child.close()
        return bSucceeded
```

6) slot_subWindowActivate(self, mdiChild)

如代码清单 20-15 所示，在标号①、标号②处，得到 getActiveEditView() 返回的活动视图对象后，仅针对 CGraphicsView 类型的视图做相关处理。

代码清单 20-15

```
# mdiarea.py
class CEditMdiArea(QMdiArea):
    ...
    def slot_subWindowActivate(self, mdiChild):
        hasMdiChild = ((mdiChild is None) and False or True)
        if not hasMdiChild:
            return
        if mdiChild != self.lastActivatedMdiChild:
            if self.lastActivatedMdiChild:
                view = self.getActiveEditView(self.lastActivatedMdiChild)
                if isinstance(view, CGraphicsView):                          ①
                    # 需要把槽函数跟旧视图解除关联，防止旧视图信号继续触发槽函数
                    self.disconnectEditViewWithSlot_whenInActivate(view)
            view = self.getActiveEditView(mdiChild)
            if isinstance(view, CGraphicsView):                              ②
                self.sig_editViewChanged.emit(view)       # 发出信号
                # 将编辑视图挂接到多窗口区域的槽函数
                self.connectEditViewWithSlot(view)
            self.lastActivatedMdiChild = mdiChild
```

如代码清单 20-16 所示，为了处理 CGraphicsView 发出的信号，需要修改信号-槽的关联、解除关联的接口，并为 CEditMdiArea 编写槽函数 slot_openTextGraphFile()。在标号①、标号②处，增加了对新增的信号-槽的关联和解除关联操作。

代码清单 20-16

```
# mdiarea.py
class CEditMdiArea(QMdiArea):
    ...
    def connectEditViewWithSlot(self, view):
        view.sig_viewMouseMove.connect(self.sig_viewMouseMove);
        view.sig_viewClose.connect(self.slot_viewClose)
        view.sig_openGraphFile.connect(self.slot_openTextGraphFile)          ①
    def slot_openTextGraphFile(self, fileName):
        self.openFileByTextview(fileName)
    def disconnectEditViewWithSlot(self, view):
        self.disconnectEditViewWithSlot_whenInActivate(view)
        view.sig_viewClose.disconnect(self.slot_viewClose)
        view.sig_openGraphFile.disconnect(self.slot_openTextGraphFile)       ②
    def disconnectEditViewWithSlot_whenInActivate(self, view) :
        view.sig_viewMouseMove.disconnect(self.sig_viewMouseMove)
```

代码清单 20-17 标号①处，使用 TAB 选项卡的模式可以同时展示各个视图的标签。

代码清单 20-17

```
# mdiarea.py
class CEditMdiArea(QMdiArea):
    ...
    def __init__(self, parent = None) :
        super(CEditMdiArea, self).__init__(parent)
        self.setViewMode(QMdiArea.TabbedView)                    ①
        self.subWindowActivated.connect(self.slot_subWindowActivate)
        self.slot_subWindowActivate(None)
```

20.3 配套练习

1. 将 19.2 节的 SDI 应用改造为 MDI 应用。
2. 将 19.12 节的 SDI 应用改造为 MDI 应用。
3. 参考 20.2 节,创建 MDI 应用,视图类型分别为自定义的树视图和文本视图。自定义的树视图可以参考 19.10 节的 CTreeview。文本视图可以参考 20.2 节的 CTextEdit。将树视图的内容保存到 XML 中,用文本视图展示 XML 的内容。

第21章 PyQt 5事件

在开发界面类应用时,经常为了实现某些交互操作而重写 Qt 事件,比如鼠标事件、键盘事件、绘制事件等,本章主要介绍重写 Qt 事件的方法。有关 Qt 事件的基础知识请见第 11.1 节。

21.1 案例 96 通过重写鼠标事件实现图元移动

本案例对应的源代码目录:src/chapter21/ks21_01。程序运行效果见图 21-1。

建议:在学习本节之前,先学习 11.1 节关于事件的知识点介绍。

使用鼠标进行人机交互是界面类应用中最常见的交互方式,本节介绍如何重写鼠标事件来实现人机交互功能。本节以 20.1 节中的绘图软件为基础,通过重写鼠标事件和刷新事件完成如下两个功能。

(1) 单击选中图元后在图元周围绘制虚线,表示该图元被选中,这需要重写绘制事件。

(2) 当单击选中图元后,继续保持鼠标左键按下状态,通过移动鼠标实现移动图元。

下面介绍实现方案。首先为 CGraphicsView 增加相关成员变量和接口,见代码清单 21-1。标号①处的 ptLastMousePosition 用来保存上次鼠标位置,比如上次鼠标按下时或者鼠标移动时的鼠标坐标。在

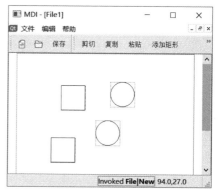

图 21-1 案例 96 运行效果

标号②处,为 CGraphicsView 类增加 selectedItems 成员变量用来保存被选中的图元。在标号③处,重写 mousePressEvent()用来记录鼠标坐标以及选中的图元列表。在标号④处,重写 mouseMoveEvent()以便实现移动选中图元的功能。在标号⑤处,重写 mouseReleaseEvent()以便在移动图元结束后,自动扩充场景的尺寸。在标号⑥处,重写 drawForeground()以便在前景绘制被选中图元周围的虚框。这里引入了前景的概念,跟前景对应的是背景。一般在背景(屏幕上远离观察者的方向)绘制背景图片、水印等内容,而在前景(屏幕上靠近观察者的方向)绘制等高线、蒙版等内容。前景、背景的遮挡关系示意见图 11-2(见 11.2 节)。

代码清单 21-1

```
# graphicsview.py
class CGraphicsView(QGraphicsView):
    ...
    ptLastMousePosition = QPointF()           # 鼠标上次单击的位置        ①
    selectedItems = list()                    # 当前选中的图元列表        ②
    ...
    def mousePressEvent(self, event):                                  ③
        ...
    def mouseMoveEvent(self, event):                                   ④
        ...
    def mouseReleaseEvent(self, event):                                ⑤
        ...
    def drawForeground(self, painter, rect):                           ⑥
        ...
```

通过mousePressEvent()实现选中图元功能,见代码清单21-2。在标号①处,通过QMouseEvent::localPos()得到鼠标的坐标,该坐标是视图坐标系内的坐标。在标号②处,将视图坐标转换为场景坐标系的坐标,原因是调用场景对象的items()接口时需要提供场景坐标系的坐标。在标号③处,保存上次鼠标位置到成员变量ptLastMousePosition。在标号④处,获取鼠标按下位置的图元列表。在标号⑤处,如果鼠标在空白处单击,则清空原来的选中图元列表。在标号⑥处,仅将鼠标按下处的最上边的图元添加到选中图元列表,在添加前判断是否已添加过,没有添加过才继续添加。在标号⑦处,如果没有按下Ctrl键则清空选中图元列表。在标号⑧处,将新选中的图元添加到列表。在标号⑨处,调用基类的接口。在标号⑩处,及时刷新视图,否则可能导致界面出现拖尾现象。

代码清单 21-2

```
# graphicsview.py
class CGraphicsView(QGraphicsView):
    ...
    def mousePressEvent(self, event):
        ptView = event.localPos()                                           ①
        self.ptScene = self.mapToScene(ptView.toPoint())                    ②
        self.ptLastMousePosition = self.ptScene                             ③
        lst = self.items(ptView.toPoint())                                  ④
        if len(lst) == 0:
            self.selectedItems.clear()                                      ⑤
        else:
            item = lst[0]
            if item not in self.selectedItems:                              ⑥
                if not (event.modifiers() & Qt.ControlModifier):            ⑦
                    self.selectedItems.clear()
                self.selectedItems.append(item)                             ⑧
        QGraphicsView.mousePressEvent(self, event)                          ⑨
        self.viewport().update()                                            ⑩
```

重写drawForeground()接口,以便绘制选中图元周围的虚框,见代码清单21-3。在标号①处,用当前选中图元的外接矩形计算虚框的尺寸,该尺寸应比图元大一些,否则会和图元重叠导致看不清楚。但是也不能超过图元的boundingRect(),否则在移动图元时会导致拖尾现象。

代码清单 21-3

```
# graphicsview.py
class CGraphicsView(QGraphicsView):
    ...
    def drawForeground(self, painter, rect):
        if 0 == len(self.selectedItems):
            QGraphicsView.drawForeground(self, painter, rect)
            return
        pn = painter.pen()
        pn.setStyle(Qt.DotLine)
        painter.setPen(pn)
        for item in self.selectedItems:
            if item is None:
                continue
            rct = item.getItemRect()
            rct.setWidth(rct.width() + 3)
            rct.setHeight(rct.height() + 3)                                  ①
            rct.setLeft(rct.left() - 1.5)
            rct.setTop(rct.top() - 1.5)
            path = item.mapToScene(rct)
            painter.drawPolygon(path)
        QGraphicsView.drawForeground(self, painter, rect)
```

如代码清单 21-4 所示，实现移动图元功能。在标号①处，计算本次鼠标坐标与上次鼠标坐标的偏移量并保存到 ptOffset 中。在标号②处，将最新的坐标更新到成员变量 ptLastMousePosition。在标号③处，判断是否按下鼠标左键，只有左键按下时才认为是选中图元操作。然后遍历选中图元列表，并调用它们的 moveBy() 接口来实现移动图元的功能。

代码清单 21-4

```
# graphicsview.py
class CGraphicsView(QGraphicsView):
    ...
    def mouseMoveEvent(self, event):
        pt = self.mapToScene(event.localPos().toPoint())
        self.sig_viewMouseMove.emit(pt)         # 发射信号,以便可以在状态栏显示鼠标坐标
        ptOffset = pt - self.ptLastMousePosition                              ①
        self.ptLastMousePosition = pt                                         ②
        if event.buttons() & Qt.LeftButton:                                   ③
            for item in self.selectedItems:
                item.moveBy(ptOffset.x(), ptOffset.y())
```

如代码清单 21-5 所示，当移动图元后抬起鼠标时，自动扩充场景的尺寸，以防止图元被移动到场景的边界之外。将自动计算场景尺寸的功能封装到 calculateSceneRect() 中，并在 paste()、mouseReleaseEvent() 中调用。

代码清单 21-5

```
# graphicsview.py
class CGraphicsView(QGraphicsView):
    ...
    def paste(self):
        ...
        self.calculateSceneRect()
    def mouseReleaseEvent(self, event):
```

```
        self.calculateSceneRect()
    def calculateSceneRect(self):
        lst = self.items()
        rectScene = self.sceneOfView.sceneRect()
        for item in lst:
            itemRect = item.boundingRect()
            itemRect = item.mapToScene(itemRect)
            itemRect = itemRect.boundingRect()
            if rectScene.left() > itemRect.left():
                rectScene.setLeft(itemRect.left())
            if rectScene.right() < itemRect.right():
                rectScene.setRight(itemRect.right())
            if rectScene.top() > itemRect.top():
                rectScene.setTop(itemRect.top())
            if rectScene.bottom() < itemRect.bottom():
                rectScene.setBottom(itemRect.bottom())
        self.sceneOfView.setSceneRect(rectScene)
```

21.2 案例 97 通过重写键盘事件实现图元移动

本案例对应的源代码目录：src/chapter21/ks21_02。程序运行效果见图 21-2。

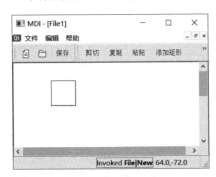

图 21-2 案例 97 运行效果

21.1 节介绍了通过重写鼠标事件实现人机交互。还有些情况下用户需要通过键盘进行操作，本节通过重写键盘事件实现人机交互。本节将继续 21.1 节的案例，在鼠标交互的基础上通过上、下、左、右键实现图元的上、下、左、右移动。本节案例的实现方案非常简单，就是重写键盘事件，见代码清单 21-6。在标号①处，定义一个系数用来保存移动速率。在标号②处，判断是否先按下了 Alt 键，如果 Alt 键是按下状态，则将速率设定为 4。在标号③处，根据按下的按键确定移动方向和距离。在标号④处，遍历选中图元列表并移动图元。

代码清单 21-6

```
# graphicsview.py
class CGraphicsView(QGraphicsView):
    ...
    def keyPressEvent(self, event):
        ptOffset = QPointF()
        dCoef = 1.0                                              ①
        if event.modifiers() & Qt.AltModifier:
            dCoef = 4.0                                          ②
        if event.key() == Qt.Key_Up:                             ③
            ptOffset.setY(-2 * dCoef)
        elif event.key() == Qt.Key_Down:
            ptOffset.setY(2 * dCoef)
        elif event.key() == Qt.Key_Left:
            ptOffset.setX(-2 * dCoef)
        elif event.key() == Qt.Key_Right:
```

```
            ptOffset.setX(2 * dCoef)
        else:
            return
        for item in self.selectedItems:                                    ④
            item.moveBy(ptOffset.x(), ptOffset.y())
```

既然移动了图元，那么就要重新计算场景的尺寸，在 keyReleaseEvent()中调用 calculateSceneRect()来重新计算场景尺寸，如代码清单 21-7 所示。

代码清单 21-7

```
# graphicsview.py
class CGraphicsView(QGraphicsView):
    ...
    def keyReleaseEvent(self, event):
        self.calculateSceneRect()
```

21.3 配套练习

1. 以 19.1 节的示例代码为基础，增加功能：当单击日志窗的某条日志时，在状态栏中显示该日志的内容。

2. 以 19.10 节的示例代码为基础，增加功能：用"上""下"键调整树视图中的焦点项。当按下"上"键时，将树视图中靠上的兄弟项设置为焦点，如果不存在兄弟项，就把父项设置为焦点；当按下"下"键时，将树视图中靠下的兄弟项设置为焦点，如果不存在兄弟项，就把下一个父项设置为焦点。

第22章 PyQt 5开发多线程应用

有些软件可能要同时执行多种并发任务,而QThread可以为软件提供多线程并发操作能力。本章介绍多线程开发的基本知识以及在界面类软件中的应用技巧。

22.1 案例98 多线程和互斥锁

本案例对应的源代码目录:src/chapter22/ks22_01。程序运行效果见图22-1。

图22-1 案例98运行效果

在软件开发中经常会碰到在一个进程内部同时处理不同业务功能的场景,这可以通过多线程的方式解决。本节介绍多线程的开发方法以及互斥锁的使用。在开发多线程软件时,经常碰到数据访问冲突问题,也就是不同的线程可能会同时访问同一个数据。如果不对数据进行保护,就会导致在访问数据时无法在一个CPU指令周期内完成操作,这样就会出现数据访问异常。因此,需要对多线程访问的数据进行加锁保护。QMutex是Qt提供的互斥锁,它可以用来保护数据,在某一时刻只允许一个线程访问被它保护的数据,这样可以防止多线程访问同一数据时发生异常。本节将展示如何使用QMutex保护数据。

本节的示例程序中涉及两个线程。线程1是数据接收线程CRecvThread,它负责从文件读取数据并保存到单体对象中;线程2是数据发送线程CSendThread,它从单体对象读取数据并写入另一个文件。下面以src.baseline中本节对应代码为基础介绍开发过程。首先创建单体类,然后编写两个线程,最后在主界面上单击start thread按钮时启动数据接收线程和数据发送线程,在单击stop thread时停止两个线程。

1. 开发单体类

单体类CConfig用来存储配置数据。单体类不是必需的,这里仅仅是为了方便才在本案例中使用单体类模式。为单体类设计两个数据项:教师人数nTeacherNuber、学员人数nStudentNumber,并设计Get、Set接口用来访问这两个数据,见代码清单22-1。

代码清单22-1

```
# config.py
import types
```

```
class CSingleton(type):
    _instance = None
    def __call__(self, *args, **kw):
        if self._instance is None:
            self._instance = super().__call__(*args, **kw)
        return self._instance
def singleton(cls, *args, **kwargs):
    instances = {}
    def wrapper():
        if cls not in instances:
            instances[cls] = cls(*args, **kwargs)
        return instances[cls]
    return wrapper
@singleton
class CConfig():
    nTeacherNumber = 0
    nStudentNumber = 0
    def __init__(self):
        pass
    def setTeacherNumber(self, n):
        self.nTeacherNumber = n
    def getTeacherNumber(self):
        return self.nTeacherNumber
    def setStudentNumber(self, n):
        self.nStudentNumber = n
    def getStudentNumber(self):
        return self.nStudentNumber
```

2. 接收数据线程 CRecvThread

设计 CRecvThread 线程用来接收数据，CRecvThread 派生自 QThread，见代码清单 22-2。所谓的接收数据，其实是通过从文件读取数据来模拟接收数据的过程。标号①处的成员变量 bWorking 用来表示线程是否在运行，标号②处的 bFinished 表示线程是否已正常退出。标号③处的互斥锁 mtxRunning 用来在并发操作中保护成员 bWorking。标号④处的 run()是重写的 QThread 的接口，当程序中调用线程的 start()接口后，Qt 将自动调用 run()接口。线程的主要业务功能在 run()中实现。在标号⑤处，isWorking()用来获取线程的运行状态，在 run()中，可以通过 isWorking()判断是否需要继续运行。标号⑥处的 exitThread()用来通知线程退出。

代码清单 22-2

```
# recvthread.py
import sys
import os
from PyQt5.QtCore import QMutex, QMutexLocker, QThread, QFile
from config import CConfig
class CRecvThread(QThread):
    bWorking = False                                                    ①
    bFinished = True                                                    ②
    mtxRunning = QMutex()                                               ③
    def __init__(self) :
        super(CRecvThread, self).__init__()
    def run(self):                                                      ④
```

```
    ...
    def isWorking(self):                                                        ⑤
        ...
    def exitThread(self):                                                       ⑥
        ...
```

下面介绍 CRecvThread 的实现,见代码清单 22-3。run()接口中实现了线程的主要工作,即读取文件内容并写入单体对象 CConfig 中。在标号①处,因为线程已启动,所以将 bWorking 设置为 True,并将 bFinished 设置为 False。标号②处是主循环体代码,通过 isWorking() 判断线程是否仍需要继续工作,在调用过线程对象的 exitThread() 接口后,isWorking() 将返回 False。在循环体内部,在标号③处进行休眠,如果不休眠,很有可能会因为线程空转进而导致 CPU 占用率高。在标号④处,线程工作已结束,因此将 bFinished 赋值为 True。在标号⑤处的 isWorking() 接口中,使用互斥锁 mtxRunning 保护对 bWorking 的访问,QMutexLocker 类型的对象 locker 在构造时会自动加锁并在析构时自动解锁。标号⑥处的 exitThread() 接口中,先将 bWorking 赋值为 False,然后等待线程的 run() 接口退出运行。在 exitThread() 中,展示了对 mtxRunning 进行加锁、解锁操作的另一种方法。

代码清单 22-3

```python
# recvthread.py
import sys
import os
from PyQt5.QtCore import QMutex, QMutexLocker, QThread, QFile
from config import CConfig
class CRecvThread(QThread):
    bWorking = False
    bFinished = True
    mtxRunning = QMutex()
    def __init__(self) :
        super(CRecvThread, self).__init__()
    def run(self):
        self.bFinished = False                                                  ①
        self.bWorking = True
        trainDevHome = os.getenv('TRAINDEVHOME')
        if None is trainDevHome:
            trainDevHome = 'usr/local/gui'
        strFileName = trainDevHome + '/test/chapter22/ks22_01/recv.txt'
        strContent = str()
        config = CConfig()
        while self.isWorking():                                                 ②
            QThread.sleep(1)                                                    ③
            file = open(strFileName, 'r')
            strContent = file.read()
            file.close()
            print(strContent)
            strList = strContent.split(",");
            print(strList)
            if 2 == len(strList):
                config.setTeacherNumber(int(strList[0]))
                print(config.getTeacherNumber())
                config.setStudentNumber(int(strList[1]))
                print(config.getStudentNumber())
```

```
            self.bFinished = True                                        ④
    def isWorking(self):
        locker = QMutexLocker(self.mtxRunning)                           ⑤
        return self.bWorking
    def exitThread(self):                                                ⑥
        self.mtxRunning.lock()
        self.bWorking = False
        self.mtxRunning.unlock()
        while not self.bFinished:
            QThread.msleep(10)
```

3. 发送数据线程 CSendThread

CSendThread 线程用来发送数据。所谓的发送数据，其实是将数据写入文件。CSendThread 同 CRecvThread 的定义类似，只是功能不同。CSendThread 的 run() 接口把数据从单体对象中读取出来，然后将数据组织成字符串并写入文件。

```
# sendthread.py
class CSendThread(QThread):
    ...
    def run(self):
        self.bFinished = False
        self.bWorking = True
        trainDevHome = os.getenv('TRAINDEVHOME')
        if None is trainDevHome:
            trainDevHome = 'usr/local/gui'
        strFileName = trainDevHome + '/test/chapter22/ks22_01/send.txt'
        file = QFile(strFileName);
        strContent = str()
        config = CConfig()
        while self.isWorking():
            QThread.sleep(1)
            strContent = "teacher:{0}, student:{1}".format(config.getTeacherNumber(), config
.getStudentNumber())
            if not file.open(QFile.WriteOnly | QFile.Truncate | QFile.Text):
                continue
            file.write(strContent.encode('UTF-8'))
            file.close()
        self.bFinished = True
```

4. 启动、停止线程

在主界面 CDialog 中增加变量 recvThread、sendThread 用来创建线程对象。

```
# cdialog.py
...
class CDialog(QDialog, Ui_CDialog) :
    recvThread = CRecvThread()
    sendThread = CSendThread()
    def __init__(self, parent = None) :
        ...
```

然后在 CDialog 的构造函数中进行信号-槽关联并实现槽函数。

```python
# cdialog.py
...
class CDialog(QDialog, Ui_CDialog):
    ...
    def __init__(self, parent = None):
        super(CDialog, self).__init__(parent)
        self.setupUi(self)
        self.setWindowTitle('多线程')
        trainDevHome = os.getenv('TRAINDEVHOME')
        if None is trainDevHome:
            trainDevHome = 'usr/local/gui'
        strDir = trainDevHome + '/test/chapter22/ks22_01/'
        dir = QDir()
        if not dir.exists(strDir):
            dir.mkpath(strDir)
        self.btnStartThread.clicked.connect(self.slot_startthread)
        self.btnStopThread.clicked.connect(self.slot_stopthread)
    def __del__(self):
        self.slot_stopthread()
    def slot_startthread(self):
        self.recvThread.start()
        self.sendThread.start()
    def slot_stopthread(self):
        self.recvThread.exitThread()
        self.sendThread.exitThread()
```

本节展示了多线程开发的基本方法。现在把关键技术小结如下。

- 开发自定义线程类实现多线程开发，自定义线程类从 QThread 派生。
- start() 接口用来启动线程运行，需要重写线程类的 run() 接口，以便实现业务功能。run() 接口的主循环中应该根据工作标志判断是否需要继续执行循环。
- 编写 exitThread() 接口用来停止线程运行，在该接口内应该等待 run() 接口退出运行。
- 使用 QMutex 保护数据，防止多线程访问数据时异常。可以使用 QMutexLocker 简化对互斥锁的操作。

22.2 知识点 多线程应用中如何刷新主界面

本案例对应的源代码目录：src/chapter22/ks22_02。程序运行效果见图 22-2。

图 22-2 ks22_02 运行效果

在使用 Qt 开发多线程应用时，不应在多线程中直接操作主界面的控件，否则将导致程序异常。那么，在多线程中，该怎样同主界面线程通信呢？解决方案就是发送自定义事件给主界面，然后在主界面中重写自定义事件的处理函数。本节以 22.1 节的案例代码为基础，在发送数据线程中将数据发送到主界面，不再将数据写入文件。

1. 设计自定义事件

需要根据具体的业务需求设计自定义事件中包含的数据。本节案例中将文件中读取的数据存入自定义事件中。

```
# customevent.py
from PyQt5.QtCore import QEvent
class CCustomEvent(QEvent):
    def __init__(self) :
        super(CCustomEvent, self).__init__(QEvent.Type(QEvent.User + 1))
    def setTeacherNumber(self, n):
        self.nTeacherNumber = n
    def getTeacherNumber(self):
        return self.nTeacherNumber
    def setStudentNumber(self, n):
        self.nStudentNumber = n
    def getStudentNumber(self):
        return self.nStudentNumber
```

2. 修改线程类

在19.11节的案例中曾介绍过对象之间传递消息时可以使用QApplication. postEvent(QObject,QEvent,int)接口,该接口的参数1是事件接收者,其类型为QObject。因此,为线程类CSendThread增加接口void setDialog(),用来保存主界面对象,以便通过postEvent()接口发送事件给主界面。postEvent()属于非阻塞式调用,如果希望采用阻塞式调用,则应使用sendEvent()。

```
# sendthread.py
import sys
import os
from PyQt5.QtWidgets import QApplication
from PyQt5.QtCore import QMutex, QMutexLocker, QThread, QFile
from config import CConfig
from customevent import CCustomEvent
class CSendThread(QThread):
    ...
    mainDialog = None                                       # 主窗口
    ...
    def setDialog(self, dialog):
        self.mainDialog = dialog
```

修改发送数据线程CSendThread的run()函数,将数据组织成事件发送给主界面,见代码清单22-4。在标号①处,构建CCustomEvent对象,并在标号②处,将事件发送给主窗口对象。

代码清单22-4

```
# sendthread.py
class CSendThread(QThread):
    ...
    def run(self):
        self.bFinished = False
        self.bWorking = True
        trainDevHome = os.getenv('TRAINDEVHOME')
        if None is trainDevHome:
            trainDevHome = 'usr/local/gui'
        strFileName = trainDevHome + '/test/chapter22/ks22_01/send.txt'
        file = QFile(strFileName);
        strContent = str()
```

```python
        config = CConfig()
        while self.isWorking():
            QThread.sleep(1)
            event = CCustomEvent()                                          ①
            event.setStudentNumber(config.getStudentNumber())
            event.setTeacherNumber(config.getTeacherNumber())
            QApplication.postEvent(self.mainDialog, event)                  ②
        self.bFinished = True
    def setDialog(self, dialog):
        self.mainDialog = dialog
```

既然主界面 CDialog 要接收 CSendThread 对象的事件，就要把自身地址传递给 CSendThread。

```python
# cdialog.py
class CDialog(QDialog, Ui_CDialog):
    ...
    def __init__(self, parent = None):
        ...
        self.sendThread.setDialog(self)
```

为 CDialog 重写 customEvent() 接口，将线程发来的事件类型进行判断并进行处理，并将收到的数据展示在界面上。

```python
# cdialog.py
class CDialog(QDialog, Ui_CDialog):
    ...
    def customEvent(self, event):
        if event.type() == (QEvent.User + 1):
            strText = "teacher:{0}, student:{1}".format(event.getTeacherNumber(), event.getStudentNumber())
            self.label.setText(strText)
```

本节实现了在多线程中更新主界面的功能，本案例的核心是设计自定义事件并将自定义事件发送给主界面，然后重写主界面的 customEvent() 接口，将收到的数据刷新到主界面。如果想实现更大程度的解耦，就应该删除 CSendThread 的 setDialog() 接口，改为由 CSendThread 发射信号，在其他合适的代码处提供槽函数处理该信号，然后通过 QApplication.postEvent() 将事件发送给界面对象。感兴趣的话，可以尝试一下这个思路。

注意：不能在其他工作线程（非主线程）中构建控件或者直接刷新界面，应该采用 QApplication.postEvent() 或者 QApplication.sendEvent() 的方式将数据发送给主界面，并在主界面的 customEvent() 中刷新界面。

22.3 配套练习

1. 参考 22.1 节案例，开发一个多线程应用。该应用包含 1 个线程。线程负责扫描指定目录中的某个指定文件，读取并解析该文件，得到文件中的数据并保存到内存中。自行设计文件格式即可。

2. 参考 22.2 节所讲的知识点，以练习题 1 代码为基础，开发一个界面类应用，将线程读取到的数据刷新到界面。

3. 以 22.2 节代码为基础，删除 CSendThread 的 setDialog() 接口，改为由 CSendThread

发射信号 sig_customEvent，该信号提供一个参数，参数类型为 CCustomEvent。在 CDialog 中编写槽函数 slot_customEvent()处理该信号。并在 CDialog 的构造函数中将 CSendThread 对象的信号 sig_customEvent 与 CDialog 的槽函数 slot_customEvent()进行关联。槽函数 slot_customEvent()中调用 QApplication.postEvent()将事件发送给 CDialog(即 self)。

4. 在练习题 3 的基础上进行修改，在 CDialog 的构造函数中将 CSendThread 对象的信号 sig_customEvent 与 CDialog 的槽函数 slot_customEvent()进行关联时，设置 connect()的最后一个参数为 Qt.QueuedConnection，并在槽函数 slot_customEvent()中直接刷新界面。

第23章 项目实战——敏捷看板(C++版)

前面各个章节已经介绍了利用 Qt 进行界面开发的常用技术,通过本章的项目实战,可以将这些技术串联起来,形成整体性的界面开发思路。

23.1 知识点 项目实战准备——访问 SQLite 数据库

本知识点对应的源代码目录:src/chapter23/ks23_01。程序运行效果见图 23-1。

在进行项目实战前,需要做些准备工作。项目实战中需要访问数据库,因此,本节先通过一个案例介绍如何利用 Qt 访问 SQLite 数据库。SQLite 不需要 Server(服务端),Qt 5 及以上版本可以直接使用自带的 SQLite。

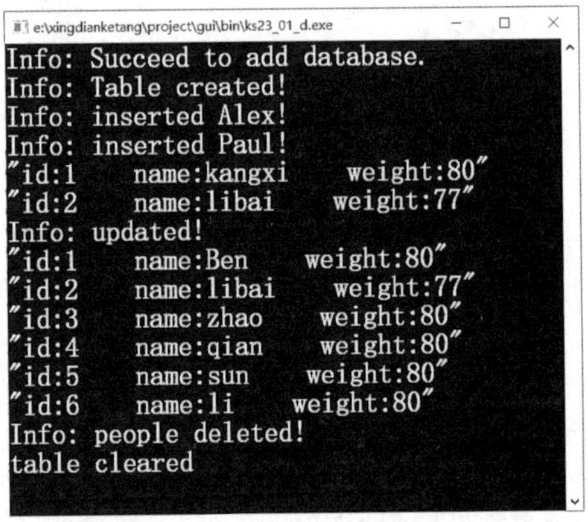

知识点(摘自百度百科):SQLite,是一款轻型的数据库,是遵守 ACID 的关系型数据库管理系统,它包含在一个相对小的 C 库中。它是 D. RichardHipp 建立的公有领域项目。它的设计目标是嵌入式的,而且已经在很多嵌入式产品中使用了它,它占用资源非常低,在嵌入式设备中,可能只需要几百 K 的内存就够了。它能够支持 Windows/Linux/Unix 等主流的操作系统,同时能够跟很多程序语言相结合,比如 Tcl、C♯、PHP、Java 等,还有 ODBC 接口,同样比起 MySQL、PostgreSQL 这两款开源的世界著名数据库管理系统来讲,它的处理速度比它们都快。SQLite 第一个 Alpha 版本诞生于 2000 年 5 月。目前 SQLite 3 已经发布。

图 23-1 ks23_01 运行效果

1. 修改 pro 文件

要使用 Qt 提供的数据库访问封装,首先需要修改 pro 文件。

```
QT += sql
```

2. 使用 QSqlDatabase 连接到数据库

QSqlDatabase 用来创建数据库连接的实例,一个 QSqlDatabase 的实例代表了一个数据库连接。可以使用静态方法 QSqlDatabase::addDatabase() 来创建一个数据库连接。如果程序中只有一个数据库连接,可以使用如下语句创建连接。

```
QSqlDatabase db = QSqlDatabase::addDatabase("QSQLITE");
```

如果要处理多个数据库连接,可以使用如下方式。

```
QSqlDatabase db_1 = QSqlDatabase::addDatabase("QSQLITE","first");
QSqlDatabase db_2 = QSqlDatabase::addDatabase("QSQLITE", "second");
```

QSqlDatabase::addDatabase() 接口的原型如下。

```
static QSqlDatabase addDatabase ( const QString& type, const QString& connectionName =
QLatin1String(defaultConnection));
```

该接口说明如下:

(1) 参数 type 为数据库驱动类型名称,取值见表 23-1。

表 23-1　QSqlDatabase::addDatabase() 中参数 type 的取值说明

type 取值	说　　明
QDB2	IBM DB2 驱动
QIBASE	Borland InterBase 驱动
QMYSQL	MySQL 驱动
QOCI	Oracle Call Interface 驱动
QODBC	ODBC 驱动(包括 Microsoft SQL Server)
QPSQL	PostgreSQL 驱动
QSQLITE	SQLite 3 及以上版本驱动
QSQLITE2	SQLite 2 驱动
QTDS	Sybase Adaptive Server(自适应服务器)

(2) 参数 connectionName 是数据库连接名称,如果不填写,Qt 会提供一个默认名称。

(3) 如果新建的数据库连接名和之前的数据库连接名重复,Qt 会删除之前的连接并重新创建一个连接。

(4) 通过数据库连接名称可以区分不同的数据库连接,见代码清单 23-1。

代码清单 23-1

```
static QSqlDatabase database(const QString& connectionName = QLatin1String(defaultConnection),
bool open = true);
```

首先,在程序中构建数据库连接实例,见代码清单 23-2。在标号①处,构建一个 SQLite 数据库连接实例 database,该对象析构后会自动关闭数据库连接。如果需要一直连接数据库,则需要保证该对象的生命期。在标号②处设置数据库文件名。如果 strFile 不带路径,则表示该文件在程序运行目录下。在标号③处,设置数据库的访问用户名称及密码。一切准备就绪,就可以打开数据库了,见标号④处。

代码清单 23-2

```
// main.cpp
#include <QApplication>
#include <QDebug>
#include <QDir>
#include <QSqlDatabase>
```

```cpp
#include <QSqlError>
#include <QSqlQuery>
#include "base/basedll/baseapi.h"
void queryTable();                                    // 查询数据
int main(int argc, char *argv[]) {
    QApplication a(argc, argv);
    // 创建并打开数据库
    QSqlDatabase database;
    database = QSqlDatabase::addDatabase("QSQLITE");                          ①
    QString strDir = ns_train::getPath("$TRAINDEVHOME/test/chapter23/ks23_01/");
    QDir dir(strDir);
    if (!dir.exists())
        dir.mkpath(strDir);
    QString strFile = strDir + "data.db";
    database.setDatabaseName(strFile);                                        ②
    database.setUserName("admin");             // 数据库用户名              ③
    database.setPassword("admin1235");         // 数据库密码
                                                                              ④
    if (!database.open()) {
        qDebug() << "Error: Failed to add database." << database.lastError();
    }
    else {
        qDebug() << "Info: Succeed to add database.";
    }
    ...
}
```

3. 使用 QSqlQuery 创建表并插入数据

下面开始创建表并向表中插入数据,见代码清单 23-3。利用 QSqlQuery 可以执行 SQL 语句创建表并插入记录。

代码清单 23-3

```cpp
// main.cpp
int main(int argc, char *argv[]) {
    ...
    // 创建表
    QSqlQuery sql_query;
    if(!sql_query.exec("create table people(id int primary key,name text,weight int)")) {
        qDebug() << "Error: Fail to create table." << sql_query.lastError();
    }
    else {
        qDebug() << "Info: Table created!";
    }
    // 插入数据
    if(!sql_query.exec("insert into people values(1, \"kangxi\", 80)")) {
        qDebug() << "Error: " << sql_query.lastError();
    }
    else {
        qDebug() << "Info: inserted Alex!";
    }
    if(!sql_query.exec("insert into people values(2, \"libai\", 77)")) {
        qDebug() << "Error: " << sql_query.lastError();
    }
```

```
        else {
            qDebug() << "Info: inserted Paul!";
        }
        ...
}
```

注意：各数据库厂家对于数据库表中字段的数据类型定义不相同，比如，Oracle 数据库中，带符号的 2 字节整数字段的类型为"number(5)"，而在 MySQL 中则为"smallint"。因此，在组织创建表的 SQL 语句时需要区分不同的数据库类型。

4．查询表中的数据

把查询功能封装到 queryTable() 中，见代码清单 23-4。在标号①处，判断查询时是否有返回记录。在标号②处，获取返回记录中第 0 个数据，该数据对应 select 语句中的第 0 个字段。本案例中使用了"select *"的写法，因此这里其实对应的是表 people 的第 0 个字段。

代码清单 23-4

```
// main.cpp
void queryTable() {
    QSqlQuery sql_query;
    if(!sql_query.exec("select * from people")) {
        qDebug()<< sql_query.lastError();
    }
    else {
        int id = 0;
        QString name;
        int weight = 0;
        while(sql_query.next()) {                                                    ①
            id = sql_query.value(0).toInt();                                         ②
            name = sql_query.value(1).toString();
            weight = sql_query.value(2).toInt();
            qDebug()<< QString("id:%1 name:%2 weight:%3").arg(id).arg(name).arg(weight);
        }
    }
}
```

5．批量插入数据

如代码清单 23-5 所示，可以向表中批量插入数据。在标号①处的 prepare() 接口中，在组织 SQL 语句时，将字段的值用"：变量"的方式代替。在标号②处，使用了 C++ 11 的语法进行遍历。在标号③处，将数据绑定到字段对应的变量（如"：id"），请注意，此处的"：id"与标号①处 SQL 语句中的"：id"含义相同。

代码清单 23-5

```
// main.cpp
int main(int argc, char * argv[]) {
    ...
    // 批量插入数据
    QStringList names;
    names<<"zhao"<<"qian"<<"sun"<<"li";
    // 为每一列标题添加绑定值
    sql_query.prepare("insert into people(id,name,weight) values (:id,:name,:weight)");     ①
```

```
    int id = 3;
    //从 names 表里获取每个名字
    foreach (QString name, names) {                          ②
        sql_query.bindValue(":id", id++);        // id       ③
        sql_query.bindValue(":name", name);      // 名字
        sql_query.bindValue(":weight", 80 );     // weight,使用默认值
        sql_query.exec();                        // 插入记录
    }
    ...
}
```

6. 更新、删除记录

如代码清单 23-6 所示，可以更新、删除表中的数据。

代码清单 23-6

```
// main.cpp
int main(int argc, char *argv[]) {
    ...
    // 更新数据
    sql_query.exec();
    if(!sql_query.exec("update people set name = \"Ben\" where id = 1")) {
        qDebug() << "Error: " << sql_query.lastError();
    }
    // 再次查询数据
    queryTable();
    // 删除数据
    sql_query.exec("delete from people where id = 1");
    ...
}
```

7. 删除表、关闭数据库

如代码清单 23-7 所示，可以删除表、关闭数据库连接。当关闭数据库连接后，如果需要访问数据库，需要再次打开数据库连接。

代码清单 23-7

```
// main.cpp
int main(int argc, char *argv[]) {
    ...
    // 删除表
    sql_query.exec("drop table people");
    // 关闭数据库
    database.close();
    ...
}
```

23.2 知识点 项目实战准备——使用 QCustomPlot 绘制曲线

本知识点对应的源代码目录：src/chapter23/ks23_02。程序运行效果见图 23-2。

在界面类应用中，使用图表可以达到非常直观的展示效果。QCustomPlot 是一款用于 Qt

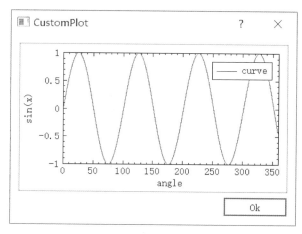

图 23-2 ks23_02 运行效果

开发的开源图表,支持绘制静态曲线、动态曲线、多重坐标、柱状图等。QCustomPlot 官网地址见本书配套资源中【QCustomPlot 官网】。QCustomPlot 的下载页面见图 23-3,从图中可以看出,QCustomPlot 2.0.1 支持 Qt 4.6 至 Qt 5.11,QCustomPlot 2.0.0 支持 Qt 4.6 至 Qt 5.9。

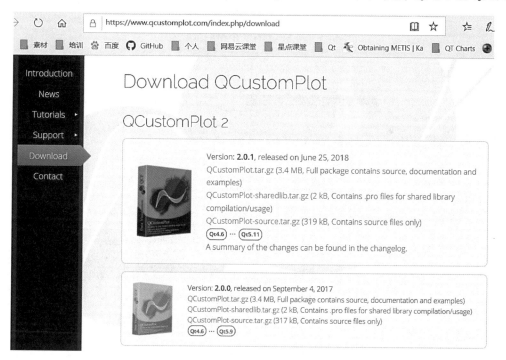

图 23-3 QCustomPlot 下载页面

QCustomPlot 源码包中,有 QCustomPlot 帮助文件,可以将其添加到 QtCreator 中。如图 23-4 所示,选择【工具】|【选项】|【帮助】|【文档】,单击【添加】按钮,然后在下载的 QCustomPlot 源码包中找到 qch 为后缀的文件进行添加,见图 23-5。

使用 QCustomPlot 时只需要在项目中加入头文件 qcustomplot.h 和 qcustomplot.cpp,然后把一个 widget 提升为 QCustomPlot 类,即可使用,见图 23-6。

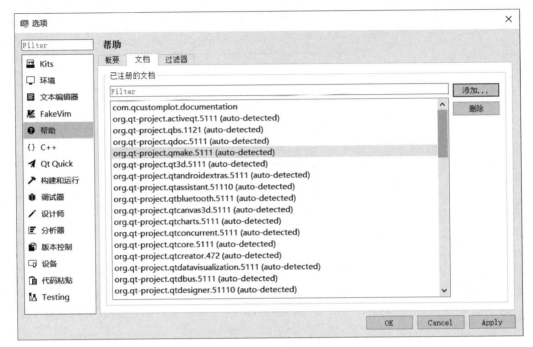

图 23-4　在 QtCreator 中添加帮助文档

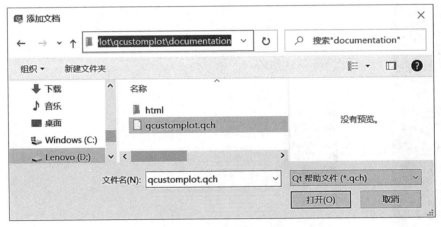

图 23-5　QCustomPlot 源码包中的帮助文件

1. 修改 pro 文件

要使用 QCustomPlot，首先需要在 pro 中添加 printsupport 支持。QCustomPlot 包含了一些打印的功能，如果不添加，编译时会报错。

```
QT += printsupport
```

2. 使用 QCustomPlot 绘制曲线

使用 Designer 绘制 dialog.ui，提升后的控件 plotWidget 见图 23-7。

图 23-6 将控件提升为 QCustomPlot

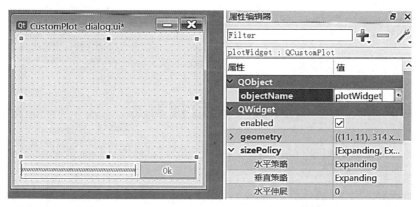

图 23-7 提升为 QCustomPlot 的 plotWidget 控件

如代码清单 23-8 所示,将初始化代码封装在 initialize()中。在标号①处,为控件添加一个图表,如果不添加图表,那么控件上什么也不会显示。在 QCustomPlot 中,可以为控件添加多个图表。在标号②处,将图例显示出来并为图例设置字体。在标号③处定义 X 轴、Y 轴数据的数组 x、y。在标号④处,为图表 0 设置画笔、图例名称。在标号⑤处,为图表设置数据。在标号⑥处,将 X 轴的刻度线、刻度文本显示出来。在标号⑥,设置 X 轴、Y 轴的数据范围,以便正确绘制刻度。在标号⑦处,将坐标轴封装为一个矩形,当然了,也可以不这样做。

代码清单 23-8

```
// dialog.cpp
# include "dialog.h"
# include "qcustomplot.h"
CDialog::CDialog(QWidget * pParent) : QDialog(pParent) { ui.setupUi(this);
    initialize();
    connect(ui.btnOk, &QPushButton::clicked, this, &CDialog::accept);
}
void CDialog::initialize() {
    ui.plotWidget - > addGraph();                                              ①
```

```cpp
    ui.plotWidget->setBackground(QBrush(Qt::gray));          // 设定背景为黑色
    ui.plotWidget->legend->setVisible(true);                 // 设定右上角图例可见                    ②
    ui.plotWidget->legend->setFont(QFont("Helvetica", 9));   //设定右上角图形标注的字体
    QVector<qreal> x(360), y(360);                                                                  ③
    int nData = 0;
    for (int i = 0; i < 360; i++) {                          // 为折线添加数据
        x[i] = i;
        y[i] = sin(i/16.f);
    }
    ui.plotWidget->graph(0)->setPen(QPen(Qt::blue));         // 设置画笔                              ④
    ui.plotWidget->graph(0)->setName("curve");               // 设置右上角图形标注名称
    ui.plotWidget->graph(0)->setData(x, y);                  // 传入数据                              ⑤
    ui.plotWidget->xAxis->setLabel("angle");                 // 设置 X 轴文字标注
    ui.plotWidget->xAxis->setTicks(true);
    ui.plotWidget->xAxis->setTickLabels(true);
    ui.plotWidget->yAxis->setLabel("sin(x)");                // 设置 Y 轴文字标注
    ui.plotWidget->xAxis->setRange(0, 360);                  // 设置 X 轴坐标范围                     ⑥
    ui.plotWidget->yAxis->setRange(-1, 1);                   // 设置 Y 轴坐标范围
    ui.plotWidget->yAxis->setTicks(true);
    ui.plotWidget->yAxis->setTickLabels(true);
    ui.plotWidget->axisRect()->setupFullAxesBox();           // 在坐标轴右侧和上方画线,和
                                                             // X/Y 轴一起形成一个矩形                ⑦
}
```

23.3 案例 99 项目实战——敏捷看板

本案例对应的源代码目录:src/chapter23/ks23_03。程序运行效果见图 23-8。

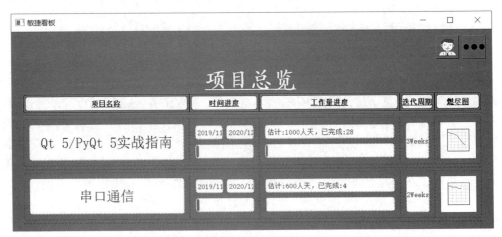

图 23-8 案例 99 运行效果

1. 敏捷看板功能简介

本案例实现了一款简易敏捷看板软件。
1)项目总览
敏捷看板的首页为【项目总览】,用来展示各个项目的进展状态,包括各项目的【项目名称】

【时间进度】【工作量进度】【迭代周期】以及当前迭代的【燃尽图】。单击各项目的【项目名称】时,可以弹出选中项目的【迭代信息】界面,见图 23-9。

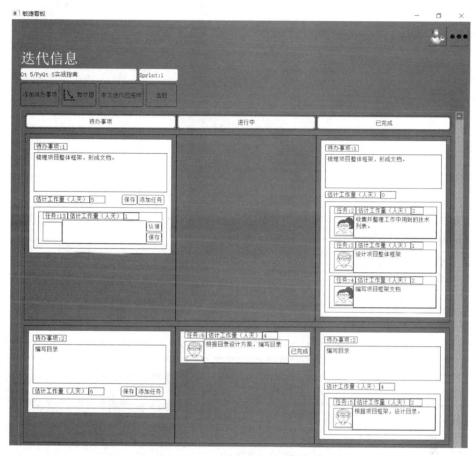

图 23-9　迭代信息界面

2)迭代信息

【迭代信息】界面展示了指定项目的当前迭代信息,包括项目名称、迭代序号、待办事项列表、进行中的任务、已完成的任务。在该界面中,当单击【添加代办事项】时可以为本迭代添加待办事项,可以修改某个待办事项并保存,并且可以通过单击待办事项的【添加任务】为该待办事项添加任务。当用户登录后,可以单击某个任务的【认领】按钮来承担某个任务的开发工作。当任务完成后,可以单击某项任务的【已完成】按钮来更新任务状态为"已完成"。单击【燃尽图】时,可以切换到当前迭代的"燃尽图界面",见 23-10。单击【本次迭代已完成】时,将统计当前迭代的待办事项的工作量并更新当前迭代的"燃尽图数据"和项目的"已完成工作量"数据。当单击【返回】时,将返回到【项目总览】界面。

3)动画菜单

软件提供了主菜单,见图 23-11。当单击"…"时,将弹出或关闭主菜单。弹出或者关闭主菜单时呈现动画效果。

利用主菜单可以实现如下功能。

(1)打开【项目总览】界面。单击主菜单中的【项目总览】,可以打开【项目总览】界面。

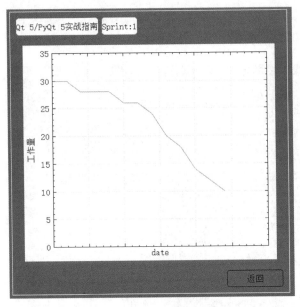

图 23-10 燃尽图界面　　　　　　　　图 23-11 敏捷看板的主菜单

（2）添加新项目。单击主菜单中的【添加项目】，可以进入【项目信息】界面，见图 23-12。

图 23-12 添加新项目界面

（3）为项目添加新的迭代。单击主菜单中的【添加迭代】，可以进入【添加迭代】界面，见图 23-13。

图 23-13 添加新迭代界面

（4）添加用户。单击主菜单中的【添加用户】，可以进入【用户信息】界面，见图 23-14。

(5) 修改用户信息。单击主菜单中的【修改用户信息】,可以进入【用户信息】界面,见图 23-15。

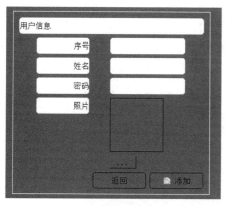

图 23-14　添加新用户界面

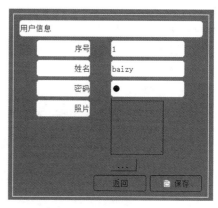

图 23-15　修改用户信息界面

2. 敏捷看板项目关键技术

下面对本项目中用到的关键技术进行详细介绍。

1) 用单体模式实现数据库连接

通过 23.1 节中介绍的用 QSqlDatabase 建立数据库连接的知识可以知道,当 QSqlDatabase 对象析构或者调用 close()接口时,将导致数据库连接断开。在本案例中,需要对数据库保持长连接,因此,将 QSqlDatabase 对象封装到单体类 CConfig 中。在 CConfig 中,提供了对公共样式、数据库连接对象、登录用户及授权有效性等的访问接口。

```cpp
// config.h
#pragma once
#include <QString>
#include <QSqlDatabase>
class CConfig {
public:
    static CConfig& instance();
    QString getStyleSheetLeft() { return m_styleSheetLeft; }
    QString getStyleSheetLeftDark() { return m_styleSheetLeftDark; }
    QString getStyleSheetRight() { return m_styleSheetRight; }
    QString getStyleSheetRightDark() { return m_styleSheetRightDark; }
    QString getStyleSheetBase() { return m_styleSheetBase; }
    QString getStyleSheetBaseDark() { return m_styleSheetBaseDark; }
    QString getStyleSheetA() { return m_styleSheetA; }
    QString getStyleSheetB() { return m_styleSheetB; }
    bool connectToDatabase();
    void setAuthorized(bool b);
    bool isAuthorized();
    void setUser(const QString& strUser);
    QString getUser();
    ...
};
```

2) 主窗体及窗体切换

敏捷看板项目的主窗体采用 CMainWidget 类,该类对应的 ui 为 mainwidget.ui,见

图 23-16。其中 widget 是一个占位控件,为 widget 控件添加 QStackedLayout 布局对象,然后将各个功能界面都添加到该布局对象中,通过切换页面实现各功能界面的切换,见代码清单 23-9。在标号①处,将各个界面控件添加到 QStackedLayout 布局对象。在标号②处,将界面 m_pWidgetUser 的信号 sig_getBack 关联到槽函数 slot_getBack()。该槽函数的实现见标号③处,在槽函数中将页面切换到 m_pWidgetProjects,即【项目总览】。

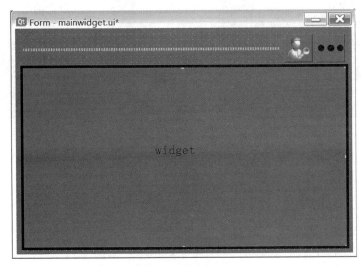

图 23-16 mainwidget.ui 文件

代码清单 23-9

```cpp
// mainwidget.cpp
void CMainWidget::initialize() {
    initialize_database();                                      // 初始化数据库
    m_pWidgetProjects = new CWidgetProjects(this);              // 构建项目一览控件
    m_pWidgetProjectInfo = new CProjectInfo(this);              // 构建项目信息界面
    m_pWidgetUser = new CWidgetUser(this);                      // 构建人员界面
    m_pWidgetSprint = new CWidgetSprint(this, 1);               // 构建迭代界面
    m_pWidgetAddSprint = new CWidgetAddSprint(this);            // 构建添加迭代界面
    m_pWidgetBurndown = new CWidgetBurndown(this);              // 构建燃尽图界面
    m_pStackedLayout = new QStackedLayout(ui.widget);           // 构建 QStackedLayout 布局对象
    /* 将子面对象添加到堆栈布局 */
    m_pStackedLayout->addWidget(m_pWidgetProjects);             // 0                            ①
    m_pStackedLayout->addWidget(m_pWidgetProjectInfo);          // 1
    m_pStackedLayout->addWidget(m_pWidgetUser);                 // 2
    m_pStackedLayout->addWidget(m_pWidgetSprint);               // 3
    m_pStackedLayout->addWidget(m_pWidgetAddSprint);            // 4
    m_pStackedLayout->addWidget(m_pWidgetBurndown);             // 5
    m_pStackedLayout->setCurrentIndex(0);                       // 设置默认页
    ui.widget->setLayout(m_pStackedLayout);
}
void CMainWidget::connectSignalAndSlot() {
    ...
    connect(m_pWidgetUser, &CWidgetUser::sig_getBack, this, &CMainWidget::slot_getBack);②
    connect(m_pWidgetProjectInfo, &CProjectInfo::sig_getBack, this, &CMainWidget::slot_getBack);
```

```
        connect(m_pWidgetProjects, &CWidgetProjects::sig_pressed, this, &CMainWidget::slot_
pressedProject);
        connect(m_pWidgetAddSprint, &CWidgetAddSprint::sig_getBack, this, &CMainWidget::slot_
getBack);
        connect(m_pWidgetSprint, &CWidgetSprint::sig_getBack, this, &CMainWidget::slot_getBack);
        connect(m_pWidgetSprint, &CWidgetSprint::sig_burndown, this, &CMainWidget::slot_
showBurndown);
        connect(m_pWidgetBurndown, &CWidgetBurndown::sig_getBackToSprint, this, &CMainWidget::
slot_getBackToSprint);
}
void CMainWidget::slot_getBack() {                                                        ③
    m_pStackedLayout->setCurrentIndex(0);
}
```

在 Designer 中为各个窗体设置统一的样式,当然,也可以用代码设置样式。

```
background-color: rgb(17, 149, 189);
```

3)【项目总览】界面中动态添加项目

【项目总览】中的各个项目信息在控件 m_pWidgetProjects 中进行展示处理,m_pWidgetProjects 的类型为 CWidgetProjects。add()接口负责将单个项目添加到界面中,见代码清单 23-10。在标号①处,构建项目名称的占位控件,该控件类型为 CCustomWidget(其定义及实现见代码清单 23-11)。在标号②处,设置控件的名称时采用了"项目编号_xxx"的格式,这是为了鼠标在控件上悬浮时可以根据控件的名称解析得到项目编号,从而找到 m_pWidgetProjects 中该项目对应的所有控件(包括项目名称、项目起止日期、项目工作量、项目燃尽图等),并更新其样式,以便使该项目相关的控件看上去是一个整体,鼠标悬浮的效果见图 23-17。在标号③处为占位控件 widgetbase_ProjectName 设置样式,请注意,【项目名称】【时间进度】【燃尽图】等几个部分的占位控件样式不同,因为它们分别位于左侧、中间、右侧,其样式中圆角的描述不同,具体请见配套代码。在标号④处,为占位控件构建布局对象以便将 projectName 添加到布局中。projectName 用来表示【项目名称】,见标号⑤处。为【项目名称】控件 projectName 设计占位控件的目的是使界面看起来更有层次感。在标号⑥处,为 projectName 设置名称时也用到了项目编号。在标号⑦处,将 projectName 添加到布局。在标号⑧处,将占位控件 widgetbase_ProjectName 添加到整体的网格布局中。在标号⑨处开始,将控件的悬浮信号关联到对应的槽函数。在标号⑩处,添加分隔线以便分隔各个项目。

代码清单 23-10

```
// projects.cpp
void CWidgetProjects::add(const QString& strProjectCode) {
    ...
    // 项目名称
    CCustomWidget *widgetbase_ProjectName = new CCustomWidget(this);                      ①
    widgetbase_ProjectName->setObjectName(strProjectCode + "_" + QStringLiteral("widget-
baseProjectName"));                                                                       ②
    QSizePolicy sizePolicy(QSizePolicy::Expanding, QSizePolicy::Preferred);
    sizePolicy.setHorizontalStretch(0);
    sizePolicy.setVerticalStretch(0);
sizePolicy.setHeightForWidth(widgetbase_ProjectName->sizePolicy().hasHeightForWidth());
    widgetbase_ProjectName->setSizePolicy(sizePolicy);
    widgetbase_ProjectName->setMaximumSize(QSize(16777215, 100));
    widgetbase_ProjectName->setStyleSheet(strStyleSheetLeft);                             ③
```

```cpp
    QGridLayout * gridLayout_11 = new QGridLayout(widgetbase_ProjectName);         ④
    gridLayout_11->setObjectName(strProjectCode + "_" + QStringLiteral("gridLayout11"));
    CCustomLabel * projectName = new CCustomLabel(widgetbase_ProjectName);         ⑤
    projectName->setText(strProjectName);
    projectName->setObjectName(strProjectCode + "_" + QStringLiteral("projectName"));  ⑥
    sizePolicy.setHeightForWidth(projectName->sizePolicy().hasHeightForWidth());
    projectName->setSizePolicy(sizePolicy);
    projectName->setStyleSheet(strStyleSheet);
    projectName->setAlignment(Qt::AlignCenter);
    projectName->setFont(ft);
    gridLayout_11->addWidget(projectName, 0, 0, 1, 1);                              ⑦
    ui.gridLayout->addWidget(widgetbase_ProjectName, m_nProjectIndex, 0, 1, 1);     ⑧
    connect(widgetbase_ProjectName, &CCustomWidget::sig_enter, this, &CWidgetProjects::slot_
enterProject);                                                                      ⑨
    connect(widgetbase_ProjectName, &CCustomWidget::sig_leave, this, &CWidgetProjects::slot_
leaveProject);
    connect(widgetbase_ProjectName, &CCustomWidget::sig_pressed, this, &CWidgetProjects::sig_
pressed);
    connect(projectName, &CCustomLabel::sig_pressed, this, &CWidgetProjects::sig_pressed);
    ...
    // 华丽的分隔线
    QFrame * line = new QFrame(this);                                               ⑩
    line->setObjectName(strProjectCode + "_" + QStringLiteral("line"));
    line->setFrameShape(QFrame::HLine);
    line->setFrameShadow(QFrame::Sunken);
    ui.gridLayout->addWidget(line, m_nProjectIndex + 1, 0, 1, 5);
    m_nProjectIndex += 2;
}
```

代码清单 23-11

```cpp
// customwidget.h
#pragma once
#include <QFrame>
class CCustomWidget : public QFrame {
    Q_OBJECT
public:
    CCustomWidget(QWidget * parent);
    ~CCustomWidget(){;}
Q_SIGNALS:
    void sig_enter(const QString&);
    void sig_leave(const QString&);
    void sig_pressed(const QString&);
protected:
    virtual void enterEvent(QEvent * event);
    virtual void leaveEvent(QEvent * event);
    void mousePressEvent(QMouseEvent * event);
private:
};
// -----------------------------------------------------------
// customwidget.cpp
#include "customwidget.h"
#include <QPainter>
#include <QPaintEvent>
```

```cpp
#include <QBrush>
#include <QPointF>
CCustomWidget::CCustomWidget(QWidget * parent) : QFrame(parent) {
}
void CCustomWidget::enterEvent(QEvent * event){
    QFrame::enterEvent(event);
    QString str = objectName();
    int idx = str.lastIndexOf("_");                    // 找到项目编号
    str = str.left(idx);
    emit sig_enter(str);
}
void CCustomWidget::leaveEvent(QEvent * event) {
    QFrame::leaveEvent(event);
    QString str = objectName();
    int idx = str.lastIndexOf("_");                    // 找到项目编号
    str = str.left(idx);
    emit sig_leave(str);
}
void CCustomWidget::mousePressEvent(QMouseEvent * event) {
    QFrame::mousePressEvent(event);
    QString str = objectName();
    int idx = str.lastIndexOf("_");                    // 找到项目编号
    str = str.left(idx);
    emit sig_pressed(str);
}
```

4）实现鼠标悬浮在项目时将项目高亮的效果

当鼠标在各个项目的"项目名称"上悬浮时，整个项目将呈现高亮的效果，见图23-17。如代码清单23-11所示，当鼠标在CCustomWidget上悬浮时，该控件将发射信号sig_enter，该信号会触发槽函数CWidgetProjects::slot_enterProject()，该槽函数的实现见代码清单23-12。在该槽函数中，将遍历所有控件，根据控件的名称判断是否属于指定项目，并分别设置不同的样式。

图 23-17　鼠标悬浮后项目高亮效果

代码清单 23-12

```cpp
// projects.cpp
void CWidgetProjects::slot_enterProject(const QString& strProjectCode) {
    ...
    for (; ite != objList.end(); ite++) {
        strName = (*ite)->objectName();
        if (strName.indexOf(strProjectCode) == 0) {
            pWidget = dynamic_cast<QWidget *>(*ite);
```

```cpp
            if (NULL != pWidget) {
                if (strName.contains("widgetbaseProjectName")) {
                    pWidget->setStyleSheet(strStyleSheetLeft);
                }
                else if (strName.contains("widgetbase_burnDownChart")) {
                    pWidget->setStyleSheet(strStyleSheetRight);
                }
                else {
                    pWidget->setStyleSheet(strStyleSheetBase);
                }
}}}}}
```

5)时间进度的条形图

为了显示进度,除了文字说明之外,敏捷看板中还设计了条形图 CCustomBar,见图 23-12 中的【时间进度】【工作量进度】。CCustomBar 的实现,见代码清单 23-13。CCustomBar 提供了 setValue()接口用来设置条形图的取值范围及当前值,并且在 paintEvent()中实现了条形图的绘制。

代码清单 23-13

```cpp
// custombar.cpp
# include "custombar.h"
...
void CCustomBar::setValue(qreal min, qreal max, qreal value) {
    m_dMin = min;
    m_dMax = max;
    m_dValue = value;
    update();
}
void CCustomBar::paintEvent(QPaintEvent * event){
    QFrame::paintEvent(event);
    QSizeF sizeWidget = geometry().size();
    if (qAbs(m_dMax - m_dMin) < 0.001) {
        return;
    }
    QPainter painter;
    painter.begin(this);
    painter.setRenderHint(QPainter::Antialiasing, true);
    QRectF rct(2, 2, (m_dValue - m_dMin) /(m_dMax - m_dMin) * sizeWidget.width() - 4, sizeWidget.height() - 4);
    QBrush brsh;
    brsh.setStyle(Qt::SolidPattern);
    brsh.setColor(QColor(17, 149, 189));
    painter.setBrush(brsh);
    painter.setPen(Qt::NoPen);
    painter.drawRoundedRect(rct, 5, 5);
    painter.end();
}
```

6)【项目总览】中的燃尽图

在【项目总览】中提供了各个项目的燃尽图的缩略图。该燃尽图采用 QCustomPlot 实现,见代码清单 23-14。为了使缩略图看上去更加简洁,在设计图表时,隐藏了图表的标题、图例、刻度、刻度文本等内容。

代码清单 23-14

```cpp
// projects.cpp
void CWidgetProjects::setBurnDown(QCustomPlot * pCustomPlot, const QString& strProjectCode, int nSprintCycle) {
    int currentSprint = CProjectInfo::getCurrentSprint(strProjectCode);
                                                                // 获取指定项目的当前迭代
    QList<QDate> lstDate;                                       // 获取指定项目当前迭代的燃尽图数据
    QList<int> lstData;
    int nCount = CProjectInfo::getBurndownData(strProjectCode, currentSprint, lstDate, lstData);
    int nSprintDays = nSprintCycle * 5;
    QVector<qreal> x(nCount), y(nCount);
    QList<int>::iterator iteData = lstData.begin();
    qreal min = 99999;
    qreal max = 0;
    for (int i = 0; i < nCount; i++, iteData++) {
        x[i] = i;
        y[i] = *iteData;
        if (y[i] > max) {
            max = y[i];
        }
        if (y[i] < min) {
            min = y[i];
        }
    }
    if (min > 0) {
        min = 0;
    }
    max += 5;
    pCustomPlot->addGraph();                                    // 添加图形
    pCustomPlot->graph(0)->setPen(QPen(Qt::blue));              // 设置画笔
    pCustomPlot->graph(0)->setData(x, y);
    pCustomPlot->xAxis->setTicks(false);
    pCustomPlot->xAxis->setTickLabels(false);
    pCustomPlot->xAxis->setRange(0, nSprintDays);               // 设置 X 轴坐标范围
    pCustomPlot->yAxis->setRange(min, max);                     // 设置 Y 轴坐标范围
    pCustomPlot->yAxis->setTicks(false);
    pCustomPlot->yAxis->setTickLabels(false);
    pCustomPlot->legend->setVisible(false);                     //设置图例是否可用
    pCustomPlot->axisRect()->setupFullAxesBox();
}
```

7)【迭代信息】界面中的透明按钮

在迭代信息界面中，设计了透明按钮效果。按钮的默认状态见图 23-18；鼠标在按钮上悬浮时的效果见图 23-19；鼠标在按钮上单击的效果见图 23-20。本功能通过为按钮设置样式实现，样式内容见代码清单 23-15。

图 23-18　透明按钮默认状态

图 23-19　鼠标悬浮时的按钮效果

图 23-20　单击按钮时的效果

代码清单 23-15

```
QPushButton{
    border:1px solid black;
    border-radius:4px;
    padding:4px;
}
QPushButton::hover{
    border:1px solid black;
    border-radius:4px;
    background-color:lightgray;
    padding:4px
}
QPushButton::pressed{
    border:1px solid black;
    border-radius:4px;
    background-color:gray;
    padding:4px
}
```

8）迭代信息中的代办事项与任务

迭代信息中的代办事项采用了同【项目总览】CWidgetProjects 中类似的方案，代办事项对应的类为 CWidgetBacklog，代办事项分解得到的任务对应的类为 CWidgetTask。当展示代办事项时，将各个任务对应的 CWidgetTask 对象嵌入 CWidgetBacklog 中进行展示。

9）动画菜单

为了达到美观的效果，本案例中使用了动画菜单，其实现方案在 9.15 节已经介绍过，不同之处是本案例中菜单从右侧弹出。

第24章 项目实战——敏捷看板(PyQt版)

前面各个章节的已经介绍了利用PyQt进行界面开发的常用技术,通过本章的项目实战,可以将这些技术串联起来,形成整体性的界面开发思路。

24.1 知识点 项目实战准备——访问SQLite数据库

本知识点对应的源代码目录:src/chapter24/ks24_01。程序运行效果见图24-1。

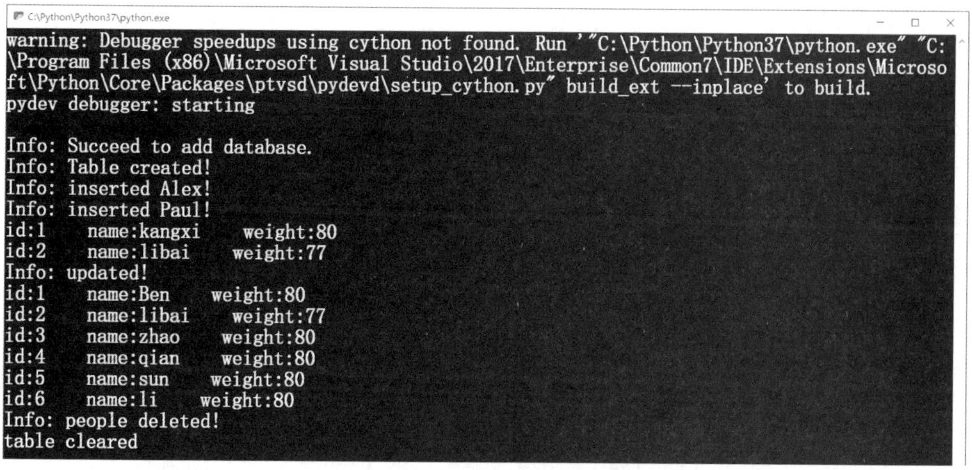

图 24-1 ks24_01运行效果

在进行项目实战前,需要做些准备工作。项目实战中需要访问数据库,因此,本节先通过一个案例介绍如何利用PyQt访问SQLite数据库。SQLite不需要Server(服务端),PyQt 5及以上版本可以直接使用自带的SQLite。

1. 使用QSqlDatabase连接到数据库

QSqlDatabase用来创建数据库连接的实例,一个QSqlDatabase的实例代表了一个数据库连接。使用静态方法QSqlDatabase.addDatabase()来创建一个数据库连接。如果程序中只有一个数据库连接,可以使用如下语句创建连接。

```
db = QSqlDatabase.addDatabase("QSQLITE");
```

如果要处理多个数据库连接,可以使用如下方式。

```
db_1 = QSqlDatabase.addDatabase("QSQLITE","first");
db_2 = QSqlDatabase.addDatabase("QSQLITE", "second");
```

QSqlDatabase 的 addDatabase()接口的原型如下。

```
static QSqlDatabase.addDatabase(type[, connectionName = QLatin1String(defaultConnection)])
```

该接口说明如下:
(1) 参数 type 为数据库驱动类型名称。取值见表 23-1(见 23.1 节)。
(2) 参数 connectionName 是数据库连接名称,如果不填写,PyQt 会提供一个默认名称。
(3) 如果新建的数据库连接名和之前的数据库连接名重复,PyQt 会删除之前的连接并重新创建一个连接。
(4) 通过数据库连接名称可以区分不同的数据库连接,见代码清单 24-1。

代码清单 24-1

```
static QSqlDatabase.database ([connectionName = QLatin1String(defaultConnection)[, open = true]])
```

首先,在程序中构建数据库连接实例,见代码清单 24-2。在标号①处,构建一个 SQLite 数据库连接实例 database,该对象析构后会自动关闭数据库连接。如果需要一直连接数据库,则需要保证该对象的生命期。在标号②处设置数据库文件名。如果 strFile 不带路径,则表示该文件在程序运行目录下。在标号③处,设置数据库的访问用户名及密码。一切准备就绪,就可以打开数据库了,见标号④处。

代码清单 24-2

```
# ks24_01.py
import sys
from PyQt5.QtWidgets import QApplication
from PyQt5.QtSql import QSqlDatabase, QSqlError, QSqlQuery
from PyQt5.QtCore import QDir
import os
if __name__ == "__main__":
    app = QApplication(sys.argv)
    # 创建并打开数据库
    database = QSqlDatabase.addDatabase("QSQLITE")                    ①
    trainDevHome = os.getenv('TRAINDEVHOME')
    if None is trainDevHome:
        trainDevHome = 'usr/local/gui'
    strDir = trainDevHome + '/test/chapter24/ks24_01/'
    dir = QDir(strDir)
    if not dir.exists():
        dir.mkpath(strDir)
    strFile = strDir + "data.db"
    database.setDatabaseName(strFile)                                 ②
    database.setUserName("admin")              # 数据库用户名           ③
    database.setPassword("admin1235")          # 数据库密码
    if not database.open():                                           ④
        print("Error: Failed to add database." + database.lastError().text())
    else:
        print("Info: Succeed to add database.")
    ...
```

2. 使用 QSqlQuery 创建表并插入数据

下面开始创建表并向表中插入数据，见代码清单 24-3。利用 QSqlQuery 可以执行 SQL 语句创建表并插入记录。

代码清单 24-3

```python
# ks24_01.py
if __name__ == "__main__":
    ...
    # 创建表
    sql_query = QSqlQuery()
    if not sql_query.exec("create table people(id int primary key, name text, weight int)") :
        print("Error: Fail to create table." + sql_query.lastError().text())
    else :
        print("Info: Table created!")
    # 插入数据
    if not sql_query.exec("insert into people values(1, \"kangxi\", 80)") :
        print("Error: " + sql_query.lastError().text())
    else :
        print("Info: inserted Alex!")
    if not sql_query.exec("insert into people values(2, \"libai\", 77)") :
        print("Error: " + sql_query.lastError().text())
    else :
        print("Info: inserted Paul!")
```

注意：各种数据库厂家对于数据库表中字段的数据类型定义不相同，比如，Oracle 数据库中，带符号的两字节整数字段的类型为"number(5)"，而在 MySQL 中则为"smallint"。因此，在组织创建表的 SQL 语句时需要区分不同的数据库类型。

3. 查询表中的数据

把查询功能封装到 queryTable() 中，见代码清单 24-4。在标号①处，判断查询时是否有返回记录。在标号②处，获取返回记录中第 0 个数据，该数据对应 select 语句中的第 0 个字段。本案例中使用了"select *"的写法，因此这里其实对应的是表 people 的第 0 个字段。

代码清单 24-4

```python
# ks24_01.py
def queryTable() :
    sql_query = QSqlQuery()
    if not sql_query.exec("select * from people") :
        print(sql_query.lastError())
    else :
        id = 0
        name = str()
        weight = 0
        while sql_query.next() :                                        ①
            id = sql_query.value(0)                                     ②
            name = sql_query.value(1)
            weight = sql_query.value(2)
            print("id:{0} name:{1} weight:{2}".format (id, name, weight))
```

4. 批量插入数据

如代码清单 24-5 所示，可以向表中批量插入数据。在编号①处的 prepare() 接口中，在组织 SQL 语句时，将字段的值用":变量"的方式代替。在标号②处，将数据绑定到字段对应的变量(如":id")，请注意，此处的":id"与标号①处 SQL 语句中的":id"含义相同。

代码清单 24-5

```python
# ks24_01.py
if __name__ == "__main__":
    ...
    # 批量插入数据
    names = ["zhao", "qian", "sun", "li"]
    # 为每一列标题添加绑定值
    sql_query.prepare("insert into people (id, name, weight) values (:id, :name, :weight)")   ①
    id = 3
    # 从 names 表里获取每个名字
    for name in names:
        sql_query.bindValue(":id", id)              # id
        sql_query.bindValue(":name", name)          # 名字                                     ②
        sql_query.bindValue(":weight", 80 )         # weight,使用默认值
        sql_query.exec()                            # 插入记录
        id = id + 1
    ...
```

5. 更新、删除记录

如代码清单 24-6 所示，可以更新、删除表中的数据。

代码清单 24-6

```python
# ks24_01.py
if __name__ == "__main__":
    ...
    # 更新数据
    if not sql_query.exec("update people set name = \"Ben\" where id = 1") :
        print(sql_query.lastError().text())
    else :
        print("Info: updated!")
    # 再次查询数据
    queryTable()
    # 删除数据
    if not sql_query.exec("delete from people where id = 1") :
        print(sql_query.lastError().text())
    else :
        print("Info: people deleted!")
```

6. 删除表、关闭数据库

如代码清单 24-7 所示，可以删除表、关闭数据库连接。当关闭数据库连接后，如果需要访问数据库，需要再次打开数据库连接。

代码清单 24-7

```python
# ks24_01.py
if __name__ == "__main__":
```

```
…
# 删除表
if not sql_query.exec("drop table people") :
    print(sql_query.lastError().text())
else :
    print("table cleared")
# 关闭数据库
database.close()
sys.exit(app.exec_())
```

24.2 知识点 项目实战准备——用 Matplotlib 绘制曲线

本知识点对应的源代码目录：src/chapter24/ks24_02。程序运行效果见图 24-2。

Matplotlib 是 Python 的图表库，它可与 NumPy 配合使用，提供了一种 MATLAB 的开源替代方案。Python 3.7 自带 Matplotlib 库，其他版本的 Python 如果没有带 Matplotlib，可以从官网下载，官网地址见本书配套资源中【Matplotlib 官网】。Windows 系统安装 Matplotlib，进入到命令行（或者 MingW 的命令窗口），执行以下命令：python -m pip install matplotlib。Linux 系统安装 Matplotlib，可以使用 Linux 包管理器来安装。Debian/Ubuntu 请运行：sudo apt-get install python-matplotlib。Fedora/Redhat 请运行：sudo yum install python-matplotlib。

在 PyQt 中使用 Matplotlib 有两种方案：方案一是通过提升控件的方式；方案二是先使用 Designer 绘制占位控件 widget，然后在占位控件 widget 内使用布局对象嵌套 MatplotlibWidget 控件的方式，其中占位控件 widget 的类型可以为 QWidget 或 QFrame。使用方案一提升控件时，提升的类名及头文件均为 MatplotlibWidget，见图 24-3。本案例中采用方案二。

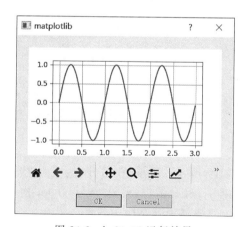

图 24-2 ks24_02 运行效果

图 24-3 提升为 MatplotlibWidget

1. 编写自定义图表控件类

Matplotlib 提供了 FigureCanvas，它派生自 QWidget，因此，可以从 FigureCanvas 派生定义自己的 Matplotlib 图表控件 CustomFigureCanvas，见代码清单 24-8。标号①处至标号②处

之间的代码用来引入相关的类。在标号③处，定义图表控件类 CustomFigureCanvas，该类派生自 FigureCanvas。在标号④处，定义图表对象 fig，并且使用构造函数中传入的参数进行初始化。在标号⑤处，构建一个子图，111 表示子图编号，类似于 MATLAB 的 subplot(1,1,1)。在标号⑥处，调用父类的初始化接口，在此处而非构造函数开头调用父类初始化接口的原因是：父类的初始化接口需要用到 fig 对象，因此需要先初始化 fig 对象才能调用父类初始化接口。在标号⑦处，为控件自身设置父对象，然后设置尺寸策略。在标号⑧处，构建图表数据，并用数据更新图表。

代码清单 24-8

```
# cdialog.py
import sys
from PyQt5.QtWidgets import QApplication, QDialog, QVBoxLayout, QSizePolicy
from ui_dialog import *                                                              ①
import matplotlib
matplotlib.use("Qt5Agg")                    # 声明使用 QT5
from matplotlib.backends.backend_qt5agg import FigureCanvasQTAgg as FigureCanvas
from matplotlib.figure import Figure
from matplotlib.backends.backend_qt5agg import NavigationToolbar2QT as NavigationToolbar
import matplotlib.pyplot as plt                                                      ②
import numpy as np
class CustomFigureCanvas(FigureCanvas):                                              ③
    """CustomFigureCanvas 是一个窗口部件，即 QWidget，也是 FigureCanvasAgg"""
    def __init__(self, parent=None, width=10, height=10, dpi=100):
        fig = Figure(figsize=(width, height), dpi=dpi)                               ④
        # 建一个子图，用于绘制图形用，111 表示子图编号，如 MATLAB 的 subplot(1,1,1)
        self.axes = fig.add_subplot(111)                                             ⑤
        self.axes.grid('on')
        # 调用父类的初始化接口
        super(CustomFigureCanvas, self).__init__(fig)                                ⑥
        self.setParent(parent)                                                       ⑦
        FigureCanvas.setSizePolicy(self,
                                   QSizePolicy.Expanding,
                                   QSizePolicy.Expanding)
        # 生成图表用的数据
        t = np.arange(0.0, 3.0, 0.01)
        s = np.sin(2 * np.pi * t)
        self.axes.plot(t, s)                                                         ⑧
```

2. 使用自定义图表控件

下面，在界面中使用上述图表控件，如代码清单 24-9 所示。在标号①处，为占位控件 widget 构建纵向布局对象。在标号②处，构建图表控件 customFig。在标号③处，构建 Matplotlib 自带的工具条。在标号④处，将图表控件和工具条添加到布局中。

代码清单 24-9

```
# cdialog.py
class CDialog(QDialog, Ui_CDialog):
    def __init__(self, parent=None):
        super(CDialog, self).__init__(parent)
        self.setupUi(self)
        self.setWindowTitle('matplotlib')
```

```
        layout = QVBoxLayout(self.widget)                       ①
        customFig = CustomFigureCanvas(self.widget)             ②
        figToolbar = NavigationToolbar(customFig, self)         ③
        layout.addWidget(customFig)                             ④
        layout.addWidget(figToolbar)
```

24.3 案例100 项目实战——敏捷看板

本案例对应的源代码目录：src/chapter24/ks24_03。程序运行效果见图 23-8。

1．敏捷看板功能简介

本案例实现了一款简易敏捷看板软件。
1）项目总览

敏捷看板的首页为【项目总览】，用来展示各个项目的进展状态，包括各项目的【项目名称】【时间进度】【工作量进度】【迭代周期】、当前迭代的【燃尽图】。单击各项目的【项目名称】时，可以弹出选中项目的【迭代信息】界面，见图 23-9。

2）迭代信息

【迭代信息】界面展示了指定项目的当前迭代信息，包括项目名称、迭代序号、待办事项列表、进行中的任务、已完成的任务。在该界面中，当单击【添加代办事项】时可以为本迭代添加待办事项，可以修改某个待办事项并保存，并且可以通过单击待办事项的【添加任务】按钮为该待办事项添加任务。当用户登录后，可以单击某个任务的【认领】按钮来承担某个任务的开发工作。当任务完成后，可以单击某项任务的【已完成】按钮来更新任务状态为"已完成"。单击【燃尽图】时，可以切换到当前迭代的"燃尽图界面"，见图 23-10。单击【本次迭代已完成】时，将统计当前迭代的待办事项的工作量并更新当前迭代的"燃尽图数据"和项目的"已完成工作量"数据。当单击【返回】时，将返回到【项目总览】界面。

3）动画菜单

软件提供了主菜单，见图 23-11。当单击…按钮时，将弹出或关闭主菜单，弹出或者关闭主菜单时呈现动画效果。

利用主菜单可以实现如下功能。

（1）打开【项目总览】界面。单击主菜单中的【项目总览】，可以打开【项目总览】界面。

（2）添加新项目。单击主菜单中的【添加项目】，可以进入【项目信息】界面，见图 23-12。

（3）为项目添加新的迭代。单击主菜单中的【添加迭代】，可以进入【添加迭代】界面，见图 23-13。

（4）添加用户。单击主菜单中的【添加用户】，可以进入【用户信息】界面，见图 23-14。

（5）修改用户信息。单击主菜单中的【修改用户信息】，可以进入【用户信息】界面，见图 23-15。

2．敏捷看板项目关键技术

下面对本项目中用到的关键技术进行详细介绍。在开始之前，先利用本项目源代码目录中的 uic2py.bat 将 UI 文件、qrc 文件等转换为 py 文件，该脚本还负责抽取源代码中的待翻译文本到 ks24_03.ts 文件中。

1) 用单体模式实现数据库连接

通过 24.1 节中介绍的用 QSqlDatabase 建立数据库连接的知识可以知道,当 QSqlDatabase 对象析构或者调用 close() 接口时,将导致数据库连接断开。在本案例中,需要对数据库保持长连接,因此,将 QSqlDatabase 对象封装到单体类 CConfig 中。在 CConfig 中,提供了对公共样式、数据库连接对象、登录用户名及授权有效性等的访问接口。

```python
# config.py
from PyQt5.QtSql import QSqlDatabase, QSqlError, QSqlQuery
from PyQt5.QtCore import QDir
import os
import types
class CSingleton(type):
    _instance = None
    def __call__(self, *args, **kw):
        if self._instance is None:
            self._instance = super().__call__(*args, **kw)
        return self._instance
def singleton(cls, *args, **kwargs):
    instances = {}
    def wrapper():
        if cls not in instances:
            instances[cls] = cls(*args, **kwargs)
        return instances[cls]
    return wrapper
@singleton
class CConfig():
    m_bAuthorized = False
    m_database = None
    m_strUser = str()
    m_styleSheetLeftDark = 'QWidget{background-color:rgb(17, 149, 189);border-top-left-radius:5px;border-bottom-left-radius:5px;border:1px solid black}'
    m_styleSheetRightDark = 'background-color:rgb(17, 149, 189);border-top-right-radius:5px;border-bottom-right-radius:5px;border-width:1px;border-style:solid'
    m_styleSheetBaseDark = 'background-color:rgb(17, 149, 189);border-width:1px;border-style:solid'
    m_styleSheetLeft = 'background-color: rgb(17, 149, 189);border-top-left-radius:5px;border-bottom-left-radius:5px;border-width:1px;border-style:dashed'
    m_styleSheetRight = 'background-color: rgb(17, 149, 189);border-top-right-radius:5px;border-bottom-right-radius:5px;border-width:1px;border-style:dashed'
    m_styleSheetBase = 'background-color:rgb(17, 149, 189);border-width:1px;border-style:dashed'
    m_styleSheetA = 'background-color: rgb(255, 255, 255);border-radius:5px;border:1px'
    m_styleSheetB = "background-color: rgb(255, 255, 255)"
    def __init__(self):
        # 创建并打开数据库
        self.m_database = QSqlDatabase.addDatabase("QSQLITE")
        trainDevHome = os.getenv('TRAINDEVHOME')
        if None is trainDevHome:
            trainDevHome = 'usr/local/gui'
        strDir = trainDevHome + '/test/chapter24/ks24_03/'
        dir = QDir(strDir)
        if not dir.exists():
```

```python
            dir.mkpath(strDir)
        strFile = strDir + "ks24_03_database.dbfile"
        self.m_database.setDatabaseName(strFile)
        self.m_database.setUserName("admin")              # 数据库用户名
        self.m_database.setPassword("admin1235")          # 数据库密码
        bOpen = self.m_database.open()
        if not bOpen:
            print("Error: Failed to add database." + self.m_database.lastError().text())
        else :
            print("Info: Succeed to add database.")
    ''' 获取左侧控件样式 '''
    def getStyleSheetLeft(self):
        return self.m_styleSheetLeft
    ''' 获取左侧控件样式 '''
    def getStyleSheetLeftDark(self):
        return self.m_styleSheetLeftDark
    ''' 获取右侧控件样式 '''
    def getStyleSheetRight(self):
        return self.m_styleSheetRight
    ''' 获取右侧控件样式 '''
    def getStyleSheetRightDark(self):
        return self.m_styleSheetRightDark
    ''' 获取基准控件样式 '''
    def getStyleSheetBase(self):
        return self.m_styleSheetBase
    ''' 获取基准控件样式 '''
    def getStyleSheetBaseDark(self):
        return self.m_styleSheetBaseDark
    ''' 获取普通控件样式 A '''
    def getStyleSheetA(self):
        return self.m_styleSheetA
    ''' 获取普通控件样式 B '''
    def getStyleSheetB(self):
        return self.m_styleSheetB
    ''' 连接到数据库 '''
    def connectToDatabase(self):
        pass
        # self.m_database.open()
    ''' 设置标志:是否已登录 '''
    def setAuthorized(self, b):
        self.m_bAuthorized = b
    ''' 是否已登录 '''
    def isAuthorized(self):
        return self.m_bAuthorized
    ''' 设置登录人员 '''
    def setUser(self, strUser):
        self.m_strUser = strUser
    ''' 获取登录人员 '''
    def getUser(self):
        return self.m_strUser
```

2）主窗体及窗体切换

敏捷看板项目的主窗体采用 CMainWidget 类，该类对应的 ui 为 mainwidget.ui，见

图 23-16。其中 widget 是一个占位控件，为 widget 控件添加 QStackedLayout 布局对象，然后将各个功能界面都添加到该布局对象中，通过切换页面实现各功能界面的切换，见代码清单 24-10。在标号①处，将各个界面控件添加到 QStackedLayout 布局对象。在标号②处，将界面 m_pWidgetUser 的信号 sig_getBack 关联到槽函数 slot_getBack()。该槽函数的实现见标号③处，在槽函数中将页面切换到 m_pWidgetProjects，即【项目总览】。

代码清单 24-10

```
# mainwidget.cpp
class CMainWidget(QWidget, Ui_CMainWidget):
    ...
    def __init__(self, parent = None):
        super(CMainWidget, self).__init__(parent)
        self.setupUi(self)
        self.initialize()
        self.createActions()
        self.createMenus()
        self.connectSignalAndSlot()
        self.setWindowTitle(self.tr("Scrum Bulletin Board"))
        self.setMinimumSize(160, 160)
        self.showMaximized()
    def initialize(self):
        ''' 初始化数据库 '''
        self.initialize_database()
        #self.btnLogin.setIconSize(self.btnLogin.size())
        ''' 构建项目一览控件 '''
        self.m_pWidgetProjects = CWidgetProjects(self)
        ''' 构建项目信息界 '''
        self.m_pWidgetProjectInfo = CProjectInfo(self)
        ''' 构建人员界面 '''
        self.m_pWidgetUser = CWidgetUser(self)
        ''' 构建迭代界面 '''
        self.m_pWidgetSprint = CWidgetSprint(1, self)
        ''' 构建添加迭代界面 '''
        self.m_pWidgetAddSprint = CWidgetAddSprint(self)
        ''' 构建燃尽图界面 '''
        self.m_pWidgetBurndown = CWidgetBurndown(self)
        ''' 构建 QStackedLayout 布局对象 '''
        self.m_pStackedLayout = QStackedLayout(self.widget)
        ''' 将子面对象添加到堆栈布局 '''
        self.m_pStackedLayout.addWidget(self.m_pWidgetProjects)      # 0    ①
        self.m_pStackedLayout.addWidget(self.m_pWidgetProjectInfo)   # 1
        self.m_pStackedLayout.addWidget(self.m_pWidgetUser)          # 2
        self.m_pStackedLayout.addWidget(self.m_pWidgetSprint)        # 3
        self.m_pStackedLayout.addWidget(self.m_pWidgetAddSprint)     # 4
        self.m_pStackedLayout.addWidget(self.m_pWidgetBurndown)      # 5
        ''' 设置默认页 '''
        self.m_pStackedLayout.setCurrentIndex(0)
        self.widget.setLayout(self.m_pStackedLayout)
    def connectSignalAndSlot(self):
        self.btnMenu.clicked.connect(self.slot_menu)
        self.btnLogin.clicked.connect(self.slot_login)
        self.m_pWidgetUser.sig_getBack.connect(self.slot_getBack)    ②
```

```
        self.m_pWidgetProjectInfo.sig_getBack.connect(self.slot_getBack)
        self.m_pWidgetProjects.sig_pressed.connect(self.slot_pressedProject)
        self.m_pWidgetAddSprint.sig_getBack.connect(self.slot_getBack)
        self.m_pWidgetSprint.sig_getBack.connect(self.slot_getBack)
        self.m_pWidgetSprint.sig_burndown.connect(self.slot_showBurndown)
        self.m_pWidgetBurndown.sig_getBackToSprint.connect(self.slot_getBackToSprint)    ③
    def slot_getBack(self):
        self.m_pStackedLayout.setCurrentIndex(0)
```

在 Designer 中为各个窗体设置统一的样式，当然，也可以用代码设置样式。

```
background-color: rgb(17, 149, 189);
```

3)【项目总览】界面中动态添加项目

【项目总览】中的各个项目信息在控件 m_pWidgetProjects 中进行展示处理，m_pWidgetProjects 的类型为 CWidgetProjects。add()接口负责将单个项目添加到界面中，见代码清单 24-11。在标号①处，构建项目名称的占位控件，该控件类型为 CCustomWidget。在标号②处，设置控件的名称时采用了"项目编号_xxx"的格式，这是为了鼠标在控件上悬浮时可以根据控件的名称解析得到项目编号，从而找到 m_pWidgetProjects 中该项目对应的所有控件（包括项目名称、项目起止日期、项目工作量、项目燃尽图等），并更新其样式为高亮效果，以便使该项目相关的控件看上去是一个整体，鼠标悬浮的效果见图 24-4。在标号③处为占位控件 widgetbase_ProjectName 设置样式，请注意，【项目名称】【时间进度】【燃尽图】等几个部分的占位控件样式不同，因为它们分别位于左侧、中间、右侧，其样式中圆角的描述不同，具体请见配套代码。在标号④处，为占位控件构建布局对象以便将 projectName 添加到布局中。projectName 用来表示【项目名称】，见标号⑤处。为【项目名称】控件 projectName 设计占位控件的目的是使界面看起来更有层次感。在标号⑥处，为 projectName 设置名称时也用到了项目编号。在标号⑦处，将 projectName 添加到布局。在标号⑧处，将占位控件 widgetbase_ProjectName 添加到整体的网格布局中。在标号⑨处开始，将控件的悬浮信号关联到对应的槽函数。在标号⑩处，添加分隔线以分隔各个项目。

代码清单 24-11

```python
# cprojects.py
class CWidgetProjects(QWidget, Ui_CWidgetProjects):
    ...
    def __init__(self, parent = None):
        ...
    def add(self, strProjectCode):
        ...
        # 项目名称
        widgetbase_ProjectName = CCustomWidget(self)                                      ①
        widgetbase_ProjectName.setObjectName(strProjectCode + "_" + "widgetbaseProjectName")
                                                                                          ②
        sizePolicy = QSizePolicy(QSizePolicy.Expanding, QSizePolicy.Preferred)
        sizePolicy.setHorizontalStretch(0)
        sizePolicy.setVerticalStretch(0) sizePolicy.setHeightForWidth(widgetbase_ProjectName
.sizePolicy().hasHeightForWidth())
        widgetbase_ProjectName.setSizePolicy(sizePolicy)
        widgetbase_ProjectName.setMaximumSize(QSize(16777215, 100))
        widgetbase_ProjectName.setStyleSheet(strStyleSheetLeft)                           ③
```

```python
gridLayout_11 = QGridLayout(widgetbase_ProjectName)                              ④
gridLayout_11.setObjectName(strProjectCode + "_" + "gridLayout11")
projectName = CCustomLabel(widgetbase_ProjectName)                               ⑤
projectName.setText(strProjectName)
projectName.setObjectName(strProjectCode + "_" + "projectName")                  ⑥
sizePolicy.setHeightForWidth(projectName.sizePolicy().hasHeightForWidth())
projectName.setSizePolicy(sizePolicy)
projectName.setStyleSheet(strStyleSheet)
projectName.setAlignment(Qt.AlignCenter)
projectName.setFont(ft)
gridLayout_11.addWidget(projectName, 0, 0, 1, 1)                                 ⑦
self.gridLayout.addWidget(widgetbase_ProjectName, self.m_nProjectIndex, 0, 1, 1) ⑧
widgetbase_ProjectName.sig_enter.connect(self.slot_enterProject)                 ⑨
widgetbase_ProjectName.sig_leave.connect(self.slot_leaveProject)
widgetbase_ProjectName.sig_pressed.connect(self.sig_pressed)
projectName.sig_pressed.connect(self.sig_pressed)
...
# 华丽的分隔线
line = QFrame(self)                                                              ⑩
line.setObjectName(strProjectCode + "_" + "line")
line.setFrameShape(QFrame.HLine)
line.setFrameShadow(QFrame.Sunken)
self.gridLayout.addWidget(line, self.m_nProjectIndex + 1, 0, 1, 5)
self.m_nProjectIndex += 2
```

CCustomWIdget 的定义及实现见代码清单 24-12。在标号①处，当鼠标悬浮在该控件上时，将发射信号 sig_enter。当鼠标悬浮离开该控件时，发射信号 sig_leave，见标号②处。当单击时，发射信号 sig_pressed。

代码清单 24-12

```python
# customwidget.py
class CCustomWidget(QFrame):
    sig_enter = pyqtSignal(str)
    sig_leave = pyqtSignal(str)
    sig_pressed = pyqtSignal(str)
    def __init__(self, parent = None):
        super(CCustomWidget, self).__init__(parent)
    def enterEvent(self, event):
        QFrame.enterEvent(self, event)
        tStr = self.objectName()
        idx = tStr.find("_")                            # 找到项目编号
        tStr = tStr[0:idx]
        self.sig_enter.emit(tStr)                                               ①
    def leaveEvent(self, event):
        QFrame.leaveEvent(self, event)
        tStr = self.objectName()
        idx = tStr.find("_")                            # 找到项目编号
        tStr = tStr[0:idx]
        self.sig_leave.emit(tStr)                                               ②
    def mousePressEvent(self, event):
        QFrame.mousePressEvent(self, event)
        tStr = self.objectName()
        idx = tStr.find("_")                            # 找到项目编号
        tStr = tStr[0:idx]
        self.sig_pressed.emit(tStr)                                             ③
```

4）实现鼠标悬浮在项目时将项目高亮的效果

当鼠标在各个项目的名称上悬浮时，整个项目将呈现高亮的效果，见图 24-4。如代码清单 24-12 所示，当鼠标在 CCustomWidget 上悬浮时，该控件将发射信号 sig_enter，该信号会触发槽函数 CWidgetProjects::slot_enterProject()，该槽函数的实现见代码清单 24-13。在该槽函数中，在标号①处，遍历所有控件，根据控件的名称判断是否属于指定项目，并分别设置不同的样式。

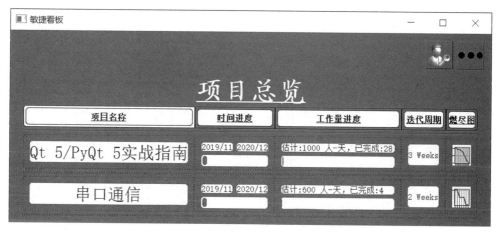

图 24-4　鼠标悬浮后项目高亮效果

代码清单 24-13

```python
# projects.py
class CWidgetProjects(QWidget, Ui_CWidgetProjects):
    m_nProjectIndex = 3
    sig_getBack = pyqtSignal()
    sig_pressed = pyqtSignal(str)
    axes = None
    def __init__(self, parent = None):
        ...
    def slot_enterProject(self, strProjectCode):
        config = CConfig()
        strStyleSheetLeft = config.getStyleSheetLeftDark()
        strStyleSheetRight = config.getStyleSheetRightDark()
        strStyleSheetBase = config.getStyleSheetBaseDark()
        objList = self.children()
        for childObject in objList:                                          ①
            strName = childObject.objectName()
            if strName.find(strProjectCode) != 0:
                continue
            if strName.find("widgetbaseProjectName") >= 0:
                childObject.setStyleSheet(strStyleSheetLeft)
            elif strName.find("widgetbase_burnDownChart") >= 0:
                childObject.setStyleSheet(strStyleSheetRight)
            else:
                childObject.setStyleSheet(strStyleSheetBase)
```

5）时间进度的条形图

为了显示进度，除了文字说明之外，敏捷看板中还设计了条形图 CCustomBar，见图 24-4

中的【时间进度】【工作量进度】。CCustomBar 的实现见代码清单 24-14。CCustomBar 提供了 setValue()接口用来设置条形图的取值范围及当前值,并且在 paintEvent()中实现了条形图的绘制。

代码清单 24-14

```python
# custombar.py
class CCustomBar(QFrame):
    m_dMin = 0
    m_dMax = 0
    m_dValue = 0
    sig_enter = pyqtSignal(str)
    sig_leave = pyqtSignal(str)
    def __init__(self, parent = None):
        super(CCustomBar, self).__init__(parent)
        self.setMinimumSize(QSize(0, 20))
    def setValue(self, min, max, value):
        self.m_dMin = min
        self.m_dMax = max
        self.m_dValue = value
        self.update()
    def paintEvent(self, event):
        QFrame.paintEvent(self, event)
        sizeWidget = self.geometry().size()
        if abs(self.m_dMax - self.m_dMin) < 0.001:
            return
        painter = QPainter()
        painter.begin(self)
        painter.setRenderHint(QPainter.Antialiasing, True)
        rct = QRectF(2, 2, (self.m_dValue - self.m_dMin) /(self.m_dMax - self.m_dMin) * sizeWidget.width() - 4, sizeWidget.height() - 4)
        brsh = QBrush()
        brsh.setStyle(Qt.SolidPattern)
        brsh.setColor(QColor(17, 149, 189))
        painter.setBrush(brsh)
        painter.setPen(Qt.NoPen)
        painter.drawRoundedRect(rct, 5, 5)
        painter.end()
```

6)【项目总览】中的燃尽图

在【项目总览】中,提供了各个项目的燃尽图的缩略图。该燃尽图采用 Matplotlib 实现,见代码清单 24-15。为了使缩略图看上去更加简洁,在设计图表时,仅显示燃尽图的曲线。

代码清单 24-15

```python
# cprojects.py
class CWidgetProjects(QWidget, Ui_CWidgetProjects):
    ...
    def setBurnDown(self, pCustomPlot, strProjectCode, nSprintCycle):
        # 获取指定项目的当前迭代
        currentSprint = CProjectInfo.getCurrentSprint(strProjectCode)
        nSprintDays = nSprintCycle * 5
        # 获取指定项目当前迭代的燃尽图数据
        nCount, lstDate, lstData = CProjectInfo.getBurndownData(strProjectCode, currentSprint)
        s = lstData
```

```
            min = 99999
            max = 0
            nData = 0
            for nData in s:
                if nData > max:
                    max = nData
                if nData < min:
                    min = nData
            if min > 0:
                min = 0
            max += 5
            x_major_locator = MultipleLocator(1)     #把x轴的刻度间隔设置为1,并存在变量里
            y_major_locator = MultipleLocator(10)    #把y轴的刻度间隔设置为10,并存在变量里
            self.axes.xaxis.set_major_locator(x_major_locator)   #把x轴的主刻度设置为1的倍数
            self.axes.yaxis.set_major_locator(y_major_locator)   #把y轴的主刻度设置为10的倍数
            self.axes.set_xlabel("date")             #xlabel、ylabel:分别设置x、y轴的标题文字
            self.axes.set_ylabel(self.tr("workload"))
            t = range(0, nCount)
            self.axes.plot(t, s)
```

7)【迭代信息】界面中的透明按钮

在迭代信息界面中,设计了透明按钮效果。按钮的默认状态见图24-5;鼠标在按钮上悬浮时的效果见图24-6;鼠标在按钮上单击的效果见图24-7。本功能通过为按钮设置样式实现,样式内容见代码清单24-16。

图24-5 透明按钮默认状态

图24-6 鼠标悬浮时的按钮效果

图24-7 单击按钮时的效果

代码清单 24-16

```
QPushButton{
    border:1px solid black;
    border-radius:4px;
    padding:4px;
}
QPushButton::hover{
    border:1px solid black;
    border-radius:4px;
    background-color:lightgray;
    padding:4px
}
QPushButton::pressed{
    border:1px solid black;
    border-radius:4px;
    background-color:gray;
    padding:4px
}
```

8）迭代信息中的代办事项与任务

迭代信息中的代办事项采用了同【项目总览】CWidgetProjects 中类似的方案，代办事项对应的类为 CWidgetBacklog，代办事项分解得到的任务对应的类为 CWidgetTask。当展示代办事项时，将各个任务对应的 CWidgetTask 对象嵌入 CWidgetBacklog 中进行展示。

9）动画菜单

为了达到美观的效果，本案例中使用了动画菜单，其 C++版的实现方案在 9.15 节已经介绍过，不同之处在于本案例中的菜单从右侧弹出。菜单的动画效果可以依赖 Qt 的动画机制实现。Qt 提供了 QPropertyAnimation 类，该类依赖 Qt 的属性机制实现动画。在 Qt 的类体系中，只要是 QObject 类的派生类，就都支持属性访问。QMenu 继承了 QWidget 的属性。Qt 的 QPropertyAnimation 类通过修改类的属性值实现动画效果。如果想实现菜单动画弹出和动画退出的效果，就要修改菜单的 pos 属性，该属性在 QWidget 中提供。要实现菜单的动画效果，需要把菜单从菜单栏移除，然后通过一个按钮来弹出和隐藏菜单，见图 24-4 中的"…"按钮。下面分两步介绍实现菜单动画效果的方法。

（1）构造菜单和按钮。构造菜单和按钮跟普通的主窗体程序开发基本一样。CMainWindow 构建菜单的代码见代码清单 24-17。CMainWindow 的构造函数中增加了构建菜单接口 createMenus()的调用，并将窗口最大化显示，这样做的目的是为了美观。否则，在一个不是最大化状态的窗体中使用动画弹出一个菜单看上去会有点怪，将窗口最大化的另外一个目的是简化坐标的计算。在标号①处，将 m_pMenu 的窗体风格设置为 Qt::CustomizeWindowHint|Qt::Tool|Qt::FramelessWindowHint，这样做目的是防止单击菜单外的其他位置时导致菜单消失，因为只有单击 btnMenu 按钮时或单击菜单项时才应该隐藏菜单。

代码清单 24-17

```
# cmainwidget.py
class CMainWidget(QWidget, Ui_CMainWidget):
    m_pMenu = None                          # 主菜单
    ...
    def __init__(self, parent = None):
        ...
```

```
                    self.createActions()
                    self.createMenus()
                    ...
                    self.showMaximized()
                def createMenus(self):
                    self.m_pMenu = QMenu(self.tr("&File"), self)
                    self.m_pMenu.setMouseTracking(True)           # 接收鼠标事件
                    styleSheet = '''QMenu{border:1px solid black;color:black}
                                    QMenu::hover{border:1px solid black;background-color:lightgray}
                                    QMenu::pressed{border:1px solid black;background-color:gray}'''
                    self.m_pMenu.setStyleSheet(styleSheet)
                    '''flag 设置为 tool 和无边框,消除 qmenu 的 popup 效果'''
                    self.m_pMenu.setWindowFlags(Qt.CustomizeWindowHint | Qt.Tool | Qt.FramelessWindowHint)
                                                                                                      ①
                    self.m_pMenu.addAction(self.m_pProjectBrowserAct)
                    self.m_pMenu.addAction(self.m_pAddProjectAct)
                    self.m_pMenu.addAction(self.m_pAddSprintAct)
                    self.m_pMenu.addAction(self.m_pAddUserAct)
                    self.m_pMenu.addAction(self.m_pModifyPasswordAct)
                    self.m_pMenu.addAction(self.m_pAboutAct)
                    self.m_pMenu.addAction(self.m_pExitAct)
```

（2）利用 QPropertyAnimation 实现动画效果。slot_fileMenu()是本节的核心代码,见代码清单 24-18。在标号①处,获取并保存菜单栏的高度、宽度,以便将菜单在菜单栏和工具栏的下方弹出。标号②处的判断是为了防止重复构建动画对象。在标号③处,构建 m_pAnimaMenuShow,设置操作对象为 m_pMenu、操作属性为 pos。pos 就是位置,本案例通过修改菜单的位置实现动画移动菜单的效果。在标号④处,将动画对象的 finished()信号关联到槽函数 slot_animationMenuFinished(),以便动画结束时执行额外的操作。然后设置动画持续时间,单位是 ms(毫秒),设置动画进展曲线为 QEasingCurve::Linear(与时间呈线性关系)。在标号⑤处,将菜单显示在按钮的下方,然后设置菜单动画的起始位置和终止位置,感兴趣的话可以尝试仅使用 x()、y()来验证效果。在标号⑥处,启动动画。隐藏菜单时的代码跟菜单显示时正好相反。

代码清单 24-18

```
# cmainwidget.py
class CMainWidget(QWidget, Ui_CMainWidget):
    m_pAnimaMenuShow = None                    # 菜单动画
    m_bShowMenu = True                         # 显示菜单
    ...
    def slot_menu(self):
        s_MenubarHeight = self.btnMenu.mapToGlobal(self.btnMenu.pos()).y() + self.btnMenu
.height()                                                                                ①
        s_MenuWidth = self.m_pMenu.width()
        if None == self.m_pAnimaMenuShow:                                                 ②
            self.m_pAnimaMenuShow = QPropertyAnimation(self.m_pMenu, b"pos", self)        ③
            self.m_pAnimaMenuShow.finished.connect(self.slot_animationMenuFinished)       ④
            self.m_pAnimaMenuShow.setDuration(400)
            self.m_pAnimaMenuShow.setEasingCurve(QEasingCurve.Linear)
        if self.m_bShowMenu:                   # 单击时弹出菜单
            self.m_pMenu.show()
            offsetY = s_MenubarHeight                                                     ⑤
            self.m_pAnimaMenuShow.setStartValue(QPoint(self.x() + self.width(), self.y() +
offsetY))
```

```
                    self.m_pAnimaMenuShow.setEndValue(QPoint(self.x() + self.width() - s_MenuWidth,
        self.y() + offsetY))
                    self.m_pAnimaMenuShow.start()                                                    ⑥
                else:           # 再次单击时隐藏菜单
                    offsetY = s_MenubarHeight
                    self.m_pAnimaMenuShow.setStartValue(QPoint(self.x() + self.width() - s_
        MenuWidth, self.y() + offsetY))
                    self.m_pAnimaMenuShow.setEndValue(QPoint(self.x() + self.width(), self.y() +
        offsetY))
                    self.m_pAnimaMenuShow.start()
            def slot_animationMenuFinished(self):
                if not self.m_bShowMenu:
                    self.m_pMenu.hide()
                self.m_bShowMenu = not self.m_bShowMenu
```

10）国际化

所谓Qt国际化,通俗理解就是语言翻译,比如当汉语用户使用软件时界面最好显示汉语,而英语用户在使用软件时应使用英文界面。Qt的国际化提供了一套语言翻译机制。国际化在第3章进行了详细讲解,不过那是C++版的案例。在PyQt版本中没有pro文件,因此需要先执行一步操作,把UI文件转换为.py文件,然后把.py文件中的待翻译文本提取出来。开发时在UI中直接输入英文即可,而在.py文件中则要使用self.tr('xxx'),其中'xxx'为待翻译文本(英文)。本案例提供了脚本文件uic2py.bat,该脚本使用pylupdate5命令来抽取项目文件中的待翻译文本并生成ks24_03.ts翻译文件。得到翻译文件后,使用linguist工具进行人工翻译。PyQt 5安装包中未提供Qt语言家(Qt Linguist),可以使用C++版的Qt中的linguist。启动linguist,选择【文件】|【打开】菜单项打开ts文件。然后选择【上下文】中的类名,在【字符串】的列表框里选中某行源文,将翻译后的文本写在【Translation to 简体中文(中国)】下面的文本框内(见图24-8)。

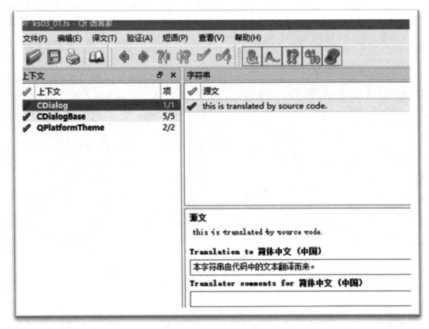

图24-8 Qt语言家界面

注意：标点符号也要一一翻译。

完成一个源文的翻译后，单击源文前面的"？"（见图 24-9）并将其改为"√"。

图 24-9　未翻译的源文

完成全部翻译工作后，可以查看图 24-9 中【上下文】列表框的内容，检查是否还有未翻译的项目（未翻译的源文前面显示"？"，已翻译的显示√）。完成所有翻译后，将 ts 文件发布为二进制的 qm 文件。方法是选择【文件】|【另外发布为】菜单项，然后选择发布目录即可。比如，可以将 qm 文件发布到项目根目录的 system/lang 子目录下。

最后，在代码中加载二进制的 qm 翻译文件即可，见代码清单 24-19。在标号①处，构建一个 QTranslator 对象。在标号②处，加载指定目录下的翻译文件，请注意此处并未使用翻译文件的后缀".qm"。在标号③处，为应用程序实例安装翻译文件。可为应用程序安装多个翻译文件，如果各个翻译文件中存在重复的翻译对照文本，则以最后安装的翻译文件为准。

代码清单 24-19

```
# ks24_03.py
if __name__ == "__main__":
    app = QApplication(sys.argv)
    # 安装我们项目的翻译文件
    trainDevHome = os.getenv('TRAINDEVHOME')
    if None is trainDevHome:
        trainDevHome = 'usr/local/gui'
    strDir = trainDevHome + '/system/lang/'  # $TRAINDEVHOME/system/lang/ksxx_xx.qm
    trans = QTranslator(None)                                                              ①
    trans.load('ks24_03', strDir)                                                          ②
    _app = QApplication.instance()
    _app.installTranslator(trans)                                                          ③
    mainwidget = CMainWidget(None)
    mainwidget.show()
    sys.exit(app.exec_())
```

附录 A PyQt 5 常用类所在模块

表 A-1　PyQt 5 常用类所在模块

类名	所在模块	类名	所在模块	类名	所在模块
pyqtSignal	QtCore	QIntValidator	QtGui	QRectF	QtCore
QAbstractItemView	QtWidgets	QIODevice	QtCore	QRegExp	QtCore
QAction	QtWidgets	QKeySequence	QtGui	QRegExpValidator	QtGui
QActionGroup	QtWidgets	QLabel	QtWidgets	QSize	QtCore
qApp	Qt	QLinearGradient	QtGui	QSizePolicy	QtWidgets
QApplication	QtWidgets	QLineEdit	QtWidgets	QSlider	QtWidgets
QBrush	QtGui	QLineF	QtCore	QSpacerItem	QtWidgets
QByteArray	QtCore	QListWidget	QtWidgets	QSpinBox	QtWidgets
QColor	QtGui	QListWidgetItem	QtWidgets	QSplashScreen	QtWidgets
QComboBox	QtWidgets	QMainWindow	QtWidgets	QSqlDatabase	QtSql
QDate	QtCore	QMdiArea	QtWidgets	QSqlError	QtSql
QDateTime	QtCore	QMdiSubWindow	QtWidgets	QSqlQuery	QtSql
QDialog	QtWidgets	QMenu	QtWidgets	QStackedLayout	QtWidgets
QDialogButtonBox	QtWidgets	QMessageBox	QtWidgets	QStandardItem	QtGui
QDir	QtCore	QMetaType	QtCore	QStandardItemModel	QtGui
QDockWidget	QtWidgets	QMimeData	QtCore	QStyle	QtWidgets
QDomDocument	QtXml	QModelIndex	QtCore	QStyledItemDelegate	QtWidgets
QDomNode	QtXml	QMouseEvent	QtGui	QSystemTrayIcon	QtWidgets
QDrag	QtGui	QMovie	QtGui	Qt	QtCore
QEasingCurve	QtCore	QMutex	QtCore	QTableView	QtWidgets
QEvent	QtCore	QMutexLocker	QtCore	QTableWidget	QtWidgets
QFile	QtCore	QObject	QtCore	QTableWidgetItem	QtWidgets
QFileDialog	QtWidgets	QPainter	QtGui	QTextCursor	QtGui
QFileInfo	QtCore	QPainterPath	QtGui	QTextEdit	QtWidgets
QFont	QtGui	QPaintEvent	QtGui	QTextStream	QtCore
QFrame	QtWidgets	QPalette	QtGui	QThread	QtCore
QGradient	QtGui	QPen	QtGui	QTime	QtCore
QGraphicsItem	QtWidgets	QPixmap	QtGui	QTimer	QtCore

续表

类 名	所在模块	类 名	所在模块	类 名	所在模块
QGraphicsScene	QtWidgets	QPoint	QtCore	QTimerEvent	QtCore
QGraphicsView	QtWidgets	QPointF	QtCore	QTranslator	QtCore
QGridLayout	QtWidgets	QPolygonF	QtGui	QTreeView	QtWidgets
QGuiApplication	QtGui	QProgressBar	QtWidgets	QVariant	QtCore
QIcon	QtGui	QPropertyAnimation	QtCore	QVBoxLayout	QtWidgets
QImage	QtGui	QPushButton	QtWidgets	QWidget	QtWidgets
QInputDialog	QtWidgets				

参 考 文 献

[1] 陆文周. Qt 5 开发及实例[M]. 3 版. 北京：电子工业出版社，2017.
[2] 王硕，孙洋洋. PyQt 5 快速开发与实践[M]. 北京：电子工业出版社，2017.
[3] Wong M,IBM XL 编译器中国开发团队. 深入理解 C++ 11：C++ 11 新特性解析与应用[M]. 北京：机械工业出版社，2013.
[4] PyQt 在线帮助文档[EB/OL]. [2020-03-15]. https://www.riverbankcomputing.com/static/Docs/PyQt5/.
[5] Qt for Python 在线帮助文档[EB/OL]. [2020-03-15]. https://doc.qt.io/qtforpython/index.html.